Heidelberger Taschenbücher Band 115

Fritz Kaudewitz

Molekular- und Mikroben-Genetik

Mit 301 Abbildungen und 20 Tabellen

Springer-Verlag
Berlin · Heidelberg · New York 1973

Prof. Dr. FRITZ KAUDEWITZ, Vorstand des Instituts für Genetik der Universität München.

ISBN-13:978-3-540-06024-6 e-ISBN-13:978-3-642-65479-4
DOI: 10.1007/978-3-642-65479-4

Das Werk ist urheberrechtlich geschützt. Die dadurch begründeten Rechte, insbesondere die der Übersetzung, des Nachdruckes, der Entnahme von Abbildungen, der Funksendung, der Wiedergabe auf photomechanischem oder ähnlichem Wege und der Speicherung in Datenverarbeitungsanlagen bleiben, auch bei nur auszugsweiser Verwertung, vorbehalten. Bei Vervielfältigung für gewerbliche Zwecke ist gemäß § 54 UrhG eine Vergütung an den Verlag zu zahlen, deren Höhe mit dem Verlag zu vereinbaren ist.
Die Wiedergabe von Gebrauchsnamen, Handelsnamen, Warenbezeichnungen usw. in diesem Werk berechtigt auch ohne besondere Kennzeichnung nicht zu der Annahme, daß solche Namen im Sinne der Warenzeichen- und Markenschutz-Gesetzgebung als frei zu betrachten wären und daher von jedermann benutzt werden dürften.

© by Springer-Verlag Berlin · Heidelberg 1973
Library of Congress Catalog Card Number 72-90181
Herstellung: G. Appl, Wemding

Meinem verehrten Lehrer

Prof. Dr. Dr. A. BUTENANDT

in Dankbarkeit gewidmet

VORWORT

Zahlreiche Teilgebiete der modernen Biologie weisen seit geraumer Zeit eine gleichartige Entwicklungstendenz auf: Die Phase des Beschreibens von Einzelbeobachtungen und ihre Zusammenfassung mit dem Ziele des Erkennens von Gesetzmäßigkeiten beim Ablauf bestimmter Grundvorgänge des Belebten ist weitgehend abgeschlossen. In einer zweiten Phase hat vor allem die Forschung der ersten Hälfte des 20. Jahrhunderts an zahlreichen Beispielen die dazugehörigen makroskopisch oder auch mikroskopisch erkennbaren, mechanischen Gesetzen unterliegenden Mechanismen beschrieben und analysiert. Weite Gebiete der modernen biologischen Forschung lassen durch die Art ihrer experimentellen Fragestellung einen weiteren Entwicklungsschritt erkennen: Die Wurzeln der Ursachen solcher Mechanismen, welche die Grundvorgänge des Belebten hervorbringen, werden in den molekularen Bereich verlegt. Der molekulare Aufbau und die sich aus ihm ergebenden chemischen Reaktionen bestimmter Molekülarten sind nach dieser Vorstellung die Grundlage für den Ablauf der vielen, sehr spezifischen Teilvorgänge, welche in ihrer Gesamtheit als Leben bezeichnet werden. Biologische und chemische Forschung reichen sich bei der Schaffung einer molekularen Biologie die Hand.
Ohne Zweifel ist im Vergleich zu den anderen Teilgebieten der Molekularbiologie die molekulare Genetik mit ihren Aussagen am weitesten fortgeschritten, bietet das geschlossenste Bild. Sie weist nach, daß es letzten Endes die Moleküle eines einzigen Bautyps – die Nucleinsäuren – sind, deren besondere Merkmale und Reaktionsbefähigungen die wesentlichen Teilvorgänge der Vererbung bedingen. Aus diesem Gesichtswinkel heraus ist eine Darstellung der molekularen Genetik im weitesten Sinne eine Monographie über die biologische Bedeutung der Nucleinsäuren. Diese Formulierung enthält die wesentliche Zielsetzung eines Büchleins über molekulare Genetik: Sein Thema ist ein biologisches, Gegenstand seiner Darlegungen müssen primär Fragestellungen und Ergebnisse der Vererbungslehre sein. Das genaue Gegenteil davon wäre eine Naturstoffchemie von Verbindungen, die neben vielen, vor allem den Chemiker interessierenden Eigenschaften, eben auch biologische Bedeutung besitzen. Der Leser wird sehr bald bemerken, mit wie wenigen chemischen Einzelheiten die Darstellung einer molekularen Genetik auskommt und dennoch alle wesentlichen molekularen Teilmechanismen des für das Leben so wichtigen Vererbungsvorganges zu beschreiben vermag. Daß dagegen die molekulargenetische Forschung selbstverständlich erhebliches biochemisches Fachwissen voraussetzt, steht dabei allerdings auf einem anderen Blatt.
Die Analyse eines molekularen Geschehens wird umso schwieriger sein, je höher die morphologische Entwicklungsstufe des als Versuchsobjekt benutzten Lebewesens ist. Molekulare Mechanismen von biologischen Grundvorgängen, welche allen Lebewesen eigen sind, werden sich daher am leichtesten an Objekten untersuchen

lassen, die einen niederen Entwicklungsstand und daher eine sehr einfache Morphologie aufweisen. Die Anfangsphase der molekularen Genetik, die auch heute noch nicht beendet ist, hat daher bei den meisten ihrer Untersuchungen Mikroorganismen als Objekte benutzt. Wer daher die bisher vorliegenden Hauptergebnisse molekulargenetischer Forschungen darstellen und einem Leserkreis verständlich machen will, muß gleichzeitig eine Mikrobengenetik schreiben. Aus dieser unentrinnbaren Notwendigkeit ergibt sich der Doppeltitel des vorliegenden Büchleins.

Sein Inhalt ist die erweiterte Fassung einer Einführung in den molekularen Teil der Vererbungslehre, die als Vorlesung seit mehreren Jahren an der Universität München abgehalten wird. Ihr Wert für die Ausbildung von Biologen ergibt sich aus einer Reihe von Sachverhalten, die auch Bedeutung für die Beantwortung der Frage haben, ob die Zeit, welche ein Leser für das Studium des vorliegenden Büchleins opfert, in der rechten Weise angelegt ist. Wer sich heute mit den Inhalten eines naturwissenschaftlichen Faches, wie beispielsweise der Biologie, vertraut machen will, – und in dieser Situation befindet sich jeder Student der Biologie, aber auch der Leser – sollte keineswegs einen Zusammenhang außer acht lassen: Wir befinden uns im Stadium einer Informationsexplosion. Unser naturwissenschaftliches Wissen, gemessen an der Zahl der bekanntwerdenden Einzeltatsachen, verdoppelt sich etwa mit jedem Jahrzehnt. Dieser Zusammenhang verbietet die Befolgung eines vielfach noch immer anerkannten Bildungsideales, des Versuches, enzyklopädisches Wissen über ein bestimmtes Fach zu erwerben. Der einzig offenbleibende Weg, auf dem bei Berücksichtigung dieser Aussage heute Nautrwissenschaftler herangebildet werden können, ist ihre Schulung an sorgfältig ausgewählten Teilgebieten mit Modellcharakter. Der pädagogische Wert dieser Modelle liegt darin, dem Lernenden, welcher sich mit Wesen und Einzelheiten von Gesetzmäßigkeiten, die diese Modelle bieten, vertraut macht, auch das Verständnis zahlreicher, zur gleichen Modellgruppe gehörender anderer Teilgebiete zu ermöglichen. Bei richtiger Modellwahl wird er auch den Aussagegehalt und -wert künftiger Forschungsergebnisse richtig einzuordnen vermögen. Eine solche Ausbildung führt zum Verständnis, zum selbständigen Denken und Urteilen, im Gegensatz zu dem verbalen Beherrschen einer aus unzähligen Einzelheiten zusammengesetzten Kuriositätensammlung, welche als Ergebnis eines übetriebenen dem Ideal der enzyklopädischen Bildung folgenden Lernens erzeugt wird. Der Satz, daß der Gebildete nichts weiß, außer, wo er Einzelheiten über bestimmte Gebiete nachlesen kann, bekommt von diesem Gesichtspunkt her einen positiven Aussagewert.

Weiter oben wurde festgestellt, daß im Bereiche der molekularen Biologie die molekulare Genetik am weitesten fortgeschritten sei und daher das geschlossenste Bild böte. Damit ist bereits der hohe Modellwert dieses Teilgebietes moderner biologischer Forschung für die Ausbildung in Biologie schlechthin gekennzeichnet. Selbstverständlich wird eine Vorlesung oder ein Bändchen über Molekulargenetik zahlreiche Einzelheiten bringen müssen. Ihr Wert oder Unwert, die Notwendigkeit, sie überhaupt zu erwähnen, wird jedoch vor allem daran zu messen sein, ob ihre Kenntnis für das Verständnis grundsätzlich wichtiger Zusammenhänge von Bedeutung ist. Der Autor hofft, aus seiner Vorlesungserfahrung heraus, im vorliegenden Falle das rechte Maß getroffen zu haben. Von einfach überschaubaren, auch dem Nichtbiologen leicht verständlichen Zusammenhängen ausgehend, wird das darzustellende Sachgebiet aufgebaut. Mit dem dabei wachsenden Verständnis und Einfühlungsvermögen in die spezifische Art der Fragestellungen der Molekulargenetik steigt der Schwierigkeitsgrad des Dargestellten, ohne dabei allerdings auch nur annähernd denjenigen zu erreichen, welcher dem Nichtbiologen das Verständnis unmöglich machen würde. Gleichzeitig nähert sich dabei die Darstellung immer stärker der heute lebendigen Forschung, an deren Verlauf der Leser unmittelbar teilnimmt. Dazu trägt besonders bei, daß sich die Darstellungsart eng an die Arbeitsweise der Forschung anlehnt: Aus der Nennung eines Problems ergibt sich eine Fragestellung. Zu ihrer Beantwortung wird eine Arbeitshypothese geschaffen. Deren Aussagen schließlich werden experimentell geprüft. Dabei ergeben sich erneut Aussagen, welche zu neuen Fragestellungen führen.

Nicht von ungefähr wurde diese Darstellungsart gewählt. Unsere Zeit ist in zunehmendem Maße durch eine Entfremdung auch des sogenannten Gebildeten von den Erkenntnissen der modernen naturwissenschaftlichen Forschung gekennzeichnet. Dieser Vorgang führt häufig einerseits zu einer maßlosen Überschätzung der Möglichkeiten der Anwendung naturwissenschaftlicher Forschungsergebnisse – auf sie wird noch zurückzukommen sein – oder zum Gegenteil, nämlich dem mehr oder weniger klar ausgesprochenen Leugnen des Bildungswertes naturwissenschaftlicher Betätigung überhaupt. Dies alles aber geschieht auf dem Hintergrunde einer Gesellschaft, deren Gesicht zu einem erheblichen Teil durch Naturwissenschaft und Technik geprägt wird. Wenn also Darstellung eines als Modellfall moderner biologischer Forschung hervorragend geeigneten Teilgebietes, dann aber auch unter Benutzung der gleichen – für den vorliegenden Zweck selbstverständlich entsprechend vereinfachten – Denkansätze und Fragestellungen, wie die Forschung selbst sie benutzt, und unter Beschreibung der wesentlichen Faktoren für die experimentelle Beantwortung dieser Fragen. Aus eben diesen Zusammenhängen heraus werden im Vorliegenden z. B. als Illustration sehr häufig Kurvendarstellungen verwandt, so wie sie in den Originalarbeiten vorkommen. Der Leser wird sehr bald merken, wie einfach ihre, im Grunde stets gleichbleibende Art der Interpretation ist. Alle diese verschiedenen Komponenten der Darstellungsart haben somit ein gemeinsames, doppeltes Ziel: Zum einen, auch dem Nichtbiologen den Zugang zu einem außerordentlich fruchtbaren Teilgebiet moderner Biologie zu eröffnen, welches in den letzten zwei Jahrzehnten mehr als ein Dutzend Nobelpreisträger hervorgebracht hat. Zum anderen, trotz vereinfachter Darstellung, sich sowenig wie möglich von den Denkweisen, Fragestellungen und Ergebnissen der Molekulargenetik als Forschungsgebiet zu entfernen, und damit dem Leser Verständnis und Wissen über die Art naturwissenschaftlicher Arbeit bei der Gewinnung ihrer Aussagen zu vermitteln.
Gerade letzteres ist, angewandt auf das Modell der molekularen Genetik, für jeden von uns von entscheidender Bedeutung. Sie ist ein Teilgebiet biologischer Grundlagenforschung. Als solche vermag sie sehr häufig, bei freier Austauschbarkeit der Versuchsobjekte, gleich-

bleibende, für alle biologischen Objekte bindende Aussagen zu machen. Dieser Zusammenhang beschreibt ihre hohe Bedeutung für die Medizin im weitesten Sinne. Ein Fragenkomplex steht seit geraumer Zeit im Vorgrund der Diskussion: Die Mikrobengenetik hat bereits zahlreiche Möglichkeiten für die gezielte Veränderung des Erbgutes eben dieser Mikroben erarbeitet. Es liegt aus dem im vorstehenden dargestellten Zusammenhang sehr nahe, daraus den Schluß zu ziehen, daß eine Manipulation auch des menschlichen Erbgutes damit in greifbare Nähe gerückt sei. Partner solcher Diskussionen sind auf der einen Seite häufig Mitglieder einer mit außerordentlich mangelhaftem biologischen Wissen ausgestatteten Gesellschaft, der jede Befähigung zur Abschätzung der praktischen Durchführbarkeit solcher Möglichkeiten fehlt, auf der anderen Seite nicht weniger häufig Publikationsorgane, für welche Nachrichten in vielen Fällen primär eine Ware darstellen, die sich umso besser verkaufen läßt, je sensationeller sie aufgemacht wurde. Die fürchterlichsten, im Gebiet der Science Fiction angesiedelten Alpträume werden dabei mitunter als wissenschaftlich gesicherte Möglichkeiten dargestellt. Es wird auch gar nicht selten völlig vergessen, daß jedes Ding zwei Seiten hat, und daß beispielsweise die Freisetzung der Atomenergie zur Atombombe, aber auch zu den, uns das Überleben im kommenden Jahrhundert möglich machenden Atomkraftwerken führte.
Über den Zeitpunkt, an dem Genmanipulationen am Menschen praktisch durchführbar sein werden, aber auch über ihr dann mögliches Ausmaß vermag niemand heute bindende Auskunft zu geben. Daß dieser Zeitpunkt kommen wird, steht nicht nur für den Autor außer Zweifel. In einer demokratischen Gesellschaft wird es dann Aufgabe eines jeden Bürgers sein, direkt oder indirekt über die Anwendung dieser von der wissenschaftlichen Forschung erarbeiteten Möglichkeiten, etwa zur Heilung Erbkranker, zu entscheiden. Mitbestimmung bedeutet Mitverantwortung. Diese aber kann nur von jemandem ausgeübt werden, der über das zum Fällen von Entscheidungen notwendige Wissen verfügt. Diese auf uns alle zukommende Aufgabe verpflichtet uns daher, die zur Verfügung stehenden Informationsquellen rechtzeitig zu nutzen. Auch in diesem Sinne möchte der Autor das vorliegende Bändchen verstanden wissen.
Molekular- und mikrobengenetische Forschungen werden seit geraumer Zeit in vielen hunderten von Laboratorien, welche über die ganze Welt verstreut sind, betrieben. Die von ihnen veröffentlichten Einzelarbeiten gehen in die hunderttausende. Eine daraus vorgenommene Auswahl für das im folgenden darzustellende konnte daher nur subjektiv erfolgen, ein Vorgehen, das notwendigerweise Schwächen in sich birgt, die nicht zu vermeiden waren.
Zum Schluß soll noch ein Wort des Dankes an den Verlag gerichtet werden, der mit großer Geduld und viel Verständnis und Einfühlungsvermögen in die Wünsche des Autors das Erscheinen des Bändchens in der vorliegenden Form ermöglichte.

München, im März 1973
F. Kaudewitz

INHALTSVERZEICHNIS

I. Die Speicherung genetischer Informationen 1

    A. Vererbung als Informationstransfer 1

    B. Der Weg zur Molekulargenetik 3

    C. Die Desoxy-Ribonucleinsäure (DNS) als Träger genetischer Informationen 6
        1. Übertragung bakterieller Genorte in Gestalt reiner DNS: Transformation 6
        2. Die Phagen-Synthese 9

    D. Der molekulare Aufbau der DNS 14
        1. Die Bausteine des Einzelstranges 14
        2. Das Watson-Crick-Modell der DNS 16
        3. Thermische De- und Renaturierung der Doppelstrang-DNS 22

    E. Fragen zur genetischen Information 30
        1. Wie speichert ein DNS-Molekül genetische Informationen? 30
        2. Welchen Inhalt haben genetische Informationen? 31
        2.1 Die Ein-Gen-ein-Enzym-Hypothese 31
        2.2 Enzym- und Protein-Pathologien des Menschen 33

    F. Die semikonservative Duplikation der DNS 38

    G. Die chemische Mutagenese 46
        1. Reaktions-Mechanismen 46
        2. Verzögerte Ausprägung 64
        3. Praktische Bedeutung 68

    H. Rekombination zwischen Trägern homologer Koppelungsgruppen genetischer Informationen 69
        1. Übertragung bakterieller Genorte aus Spender- in Empfängerzellen 74
        1.1 Transformation 75
        1.2 Chromosomentransfer 75
        1.3 F-Duktion 94
        1.4 Transduktion 95
        1.41 Allgemeine Transduktion 95
        1.411 Der rekombinative Modus 95
        1.412 Die abortive Transduktion 104
        1.413 Cistron-Begriff und interallele Komplementation . . . 108
        1.42 Die begrenzte Transduktion 113
        1.43 Integration bakterieller Genorte in das Phagenpartikel 118
        1.44 Ausweitung des Modus der begrenzten Transduktion auf beliebige Genorte 122
        1.441 Transpositions-Mutanten 123

1.442 Erzwungene Prophagenintegration in anormalen
chromosomalen Positionen 125
2. Mechanismen der Rekombination 127
2.1 Das Bruch-Fusionsmodell (Crossing-over) 127
2.2 Molekulare Mechanismen 135
2.3. Mangelmutanten und Enzyme der Rekombination . . . 141

II. Die Verwirklichung genetischer Informationen 148

A. *Die Informationen werden transportiert* 148
1. Die Entdeckung der Boten-RNS 148
2. Die Übertragung genetischer Informationen von der DNS
auf Moleküle der Boten-RNS (Transkription) 157
3. Die I-DNS der Eukaryonten 163

B. *Die Informationen werden übersetzt (Translation)* 165
1. Die Aminosäure-Codons der Boten-RNS 165
1.1 Grundsätzliche Überlegungen 165
1.2 Die Triplett-Natur der Codons 169
1.3 Ist der Code überlappend? 172
1.4 Die Aminosäure-Bedeutung der Codons 174
1.41 In vitro-Versuche zur Bestimmung des Basengehaltes
der Tripletts 174
1.42 In vitro-Versuche zur Bestimmung der Basensequenz
der Tripletts 178
1.43 Der genetische Code 183
1.44 In vivo-Versuche zur Prüfung der Aminosäure-Bedeutung der Codons 184
1.45 Das Naturexperiment der Globin-Mutanten 189
1.46 Ist der genetische Code universell? 191
1.5 Co-Linearität von DNS- und Protein-Molekül 195
2. Die Transfer-RNS 197
2.1 Molekularer Aufbau 197
2.2 Aminosäure-Erkennungsfunktion des Anticodons . . . 203
2.3 Die Wobblehypothese 210
3. Der Translationsvorgang am Ribosom 211
3.1 Das Startsignal eines Protein-Moleküls 211
3.2 Die Polypeptid-Bildung 213
4. Das Protein-synthetisierende System der Mitochondrien 217

C. *Scheinbare Umkehr des zentralen Dogmas der Molekulargenetik: RNS-abhängige DNS-Synthese* 223
Tumorerzeugende (onkogene) RNS-Viren 224

D. *Protein-Moleküle als Genprodukte* 228
1. Molekülaufbau und Funktion 228
2. Die Homologie von Häm-Proteinen 235
2.1 Hämoglobine 235
2.2 Cytochrom c 243
3. Evolutionsraten von Proteinen 250

E. *Die Regulation der Genwirkung* 256
      1. Negative Kontrolle im Operon 257
      1.1 Koordinierte Enzyminduktion (lac-Operon) 257
      1.11 Das Wirk-System Operator/Repressor 258
      1.12 Der lac-Repressor 263
      1.13 Polycistronische Boten-RNS 266
      1.14 Polare Mutanten im Operon 267
      1.15 Der Promoter 270
      1.16 Isolierung reiner lac-Operon DNS 274
      1.2 Koordinierte Enzymrepression 277
      2. Positive Kontrolle im Operon 282
      3. Regulation der Translation im Operon 284
      4. Regulation der Genwirkung und Evolution 286
      5. Multifunktionelle Enzyme im Operon 287
      6. Allosterische Enzyme 289
      7. Operons bei Eukaryonten? 291
      8. Die genetische Regulation der Phagensynthese 292
      8.1 Kontrollierte Transkription der λ-DNS 292
      8.2 Morphopoese eines Phagenpartikels 298

III. DNS-Synthese in vitro 307

   A. *Synthese biologisch aktiver ΦX-174 Phagen-DNS* 311
   B. *De novo-Totalsynthese eines Genortes* 315

IV. DNS-Synthese in vivo 321

   A. *Das Replikon-Modell* 321
   B. *Sequentielle DNS-Replikation* 324
      1. Nachweis des sequentiellen Modus der Replikation ... 324
      2. Die Lage des Anfangsortes der DNS-Replikationsrunde 329
   C. *Der Replikationsort* 339
   D. *DNS-Replikation und -Transfer bei Escherichia coli K 12* .. 344
      1. Der Chromosomen-Transfer 344
      2. Die F-Duktion 352
   E. *Enzyme des DNS-Stoffwechsels* 355
   F. *Schritte zur Erforschung der Enzym-katalysierten DNS-Replikation in vivo* 361
      1. Defektmutanten; membranhaltige, zellfreie Systeme; DNS-Polymerasen II und III von Escherichia coli 361
      2. Modelle der DNS-Replikation 366
      2.1 Diskontinuierliche DNS-Synthese 366
      2.2 Unsymmetrische DNS-Synthese 375
      2.3 Gegenläufige DNS-Synthese 377
   G. *Restriktion und Modifikation zellfremder DNS* 379

  H. Reparatur-Mechanismen der DNS 385
   1. Photo-Reaktivierung 386
   2. Dunkel- (Exzisions-) Reparatur 388
   3. Rekombinations-Reparatur 393
   4. UV-induzierte Mutagenese und DNS-Reparatur 397

Literaturverzeichnis 399

Autorenverzeichnis 417

Sachverzeichnis 420

I. DIE SPEICHERUNG GENETISCHER INFORMATIONEN

A. *Vererbung als Informationstransfer*

Wenn wir im täglichen Leben von Vererbung sprechen, dann bezeichnen wir meist damit den an uns und unseren Mitmenschen erkennbaren Tatbestand, daß die Angehörigen einer Familie sich in Gestalt und Körperform sowie anderen körperlichen und geistigen Merkmalen gleichen oder zumindest doch sehr ähnlich sind. Gleiche Zusammenhänge erkennen wir an den Objekten der Tier- und Pflanzenwelt. Vielleicht haben wir uns auch schon einmal gefragt, was da eigentlich von Generation zu Generation weitergegeben wird. Diese Frage erscheint auf den ersten Blick völlig überflüssig zu sein, denn es dünkt uns doch gar zu offensichtlich, daß es eben die kennzeichnenden Erbmerkmale sind. Eine derartige Antwort ist, so unwahrscheinlich dies auch zunächst klingen mag, grundfalsch und würde sogar ein weiteres Eindringen in die wichtigen Zusammenhänge unmöglich machen, welche uns erst erlauben, wesentliche Bezüge des Vererbungsvorganges zu verstehen. Die naturwissenschaftliche Forschung hat mitunter derartige Irrwege gehen müssen, welche, auf scheinbar gut fundierten Antworten beruhend, weitere Forschungen auf nicht tragenden Untergrund stellten. Fragen wir daher noch einmal nach dem, was im Vorgang der Vererbung von Generation zu Generation tradiert wird. Beginnen wir mit einem uns allen bekannten Tatbestand: Die Brücke zwischen zwei aufeinanderfolgenden Generationen wird durch eine befruchtete Eizelle, eine Zygote, gebildet. Entstammten die beiden zu ihrer Bildung notwendigen Partner als Ei- und Samenzelle z.B. je einem weißhaarigen, reinrassigen Kaninchen, dann wird aus dieser Zygote schließlich auch ein gleichartig gefärbtes Kaninchen hervorgehen. Weiße Fellfarbe erweist sich in einem solchen Kreuzungsexperiment damit als Erbmerkmal. Es tritt in zwei aufeinanderfolgenden Generationen von uns beobachtet auf. Ist damit gezeigt, daß dieses Merkmal selbst weitergegeben wurde? Wir können mit einem klaren „Nein" antworten. Wäre dies der Fall, dann müßte es ja in dem gesamten Beobachtungszeitraum stets vorhanden sein. Dies trifft aber ganz offensichtlich nicht zu, denn das Erbmerkmal „weiße Haarfarbe" wird immer nur in einem bestimmten Entwicklungszustand des betreffenden Lebewesens realisiert: Die befruchtete Eizelle und der frühe Embryo sind haarlos und lassen damit auch das Merkmal weiße Haarfarbe vermissen. Was aber wird dann eigentlich im Vererbungsvorgang tradiert? Nicht das Merkmal selbst kann, wie unser Beispiel zeigt, unmittelbar Gegenstand der gemeinhin als Vererbung bezeichneten Weitergabe von Generation zu Generation sein. Tradiert wird vielmehr eine Befähigung, welche die Zelle in die Lage versetzt, das betreffende Erbmerkmal zu verwirklichen. Diese Verwirklichung aber erfolgt nicht ständig, sondern in einer für jedes Erbmerkmal spezifischen Entwicklungsphase der Zelle, des lebenden Organismus. Von Generation zu Generation weitergegeben werden damit Befähigungen, Potenzen zur Durchführung bestimmter erbgebundener Leistungen, deren Verwirklichung dann erst zur Ausbildung der Erbmerkmale führt. Wenn wir diesen Zusammenhang mit einem Begriff unseres technischen Zeitalters beschreiben wollen, dann müssen wir sagen: Vererbung ist die Weitergabe von Informationen mit Befehlscharakter über die Art der Ausbildung bestimmter Eigenschaften und Merkmale. Mit einem Wort: Vererbung ist Informationsübermittlung.

Jede einzelne dieser Erbinformationen, die wir auch Erbfaktoren oder Gene nennen, bestimmt die Art der Ausprägung mindestens eines Erbmerkmales. Gene wirken in einer materiellen Welt. Sie müssen daher eine stoffliche Entsprechung, ein materielles Äquivalent aufweisen. Es ist die mehrere Jahrzehnte zurückliegende Erkenntnis der genetischen

Cytologie, also desjenigen Zweiges der Erbforschung, welcher sich mit Zusammenhängen zwischen Vererbung und Zellkunde befaßt, daß die stofflichen Träger der Erbfaktoren in der Zelle niedergelegt sind. Höher entwickelte Tiere und Pflanzen sind aus vielen Zellen aufgebaut, deren jede einen doppelten Satz der für ihre Art bezeichnenden Erbfaktoren aufweist. Alle diese Zellen eines Lebewesens leiten sich, wie wir eingangs feststellten, von einer einzigen befruchteten Eizelle ab, welche damit ebenfalls zwei vollständige Sätze solcher Gene aufgewiesen haben muß. Der eine davon befand sich bereits vor der Befruchtung in eben dieser Eizelle, der andere wurde durch die sich im Vorgang der Befruchtung mit der Eizelle vereinigenden männlichen Samenzelle eingebracht. Auch jeder Mensch ist aus einer solchen befruchteten Eizelle hervorgegangen.

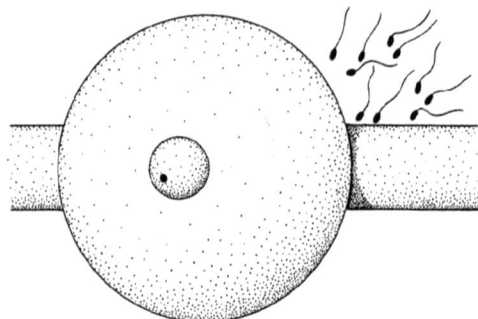

Abb. 1. Im gleichen Größenmaßstab ausgeführte Darstellung eines Haares, einer Eizelle und von Spermien des Menschen

In Abb. 1 sind stark vergrößert aber zueinander im gleichen Größenmaßstab eine menschliche Eizelle als im Schema kugelförmig erscheinendes Gebilde und menschliche Samenzellen oder Spermien dargestellt. Zum Größenvergleich durchzieht in horizontaler Richtung ein menschliches Haar das Bild. Aus Untersuchungen der Cytogenetik wissen wir, daß die Eizelle neben dem Baumaterial eines Gensatzes in großen Mengen Stoffe beherbergt, die der Ernährung des nach der Befruchtung entstehenden Embryos dienen und damit keine Bedeutung für die Vererbung besitzen. Der Kopfteil eines jeden Spermiums dagegen besteht nahezu ausschließlich aus dem Baumaterial jeweils eines Satzes von Erbfaktoren.

Der Rauminhalt von 2 Spermienköpfen reicht damit aus, um das stoffliche Äquivalent der gesamten genetischen Informationen eines Menschen zu beherbergen. Dieser Zusammenhang fordert geradezu eine Größenabschätzung heraus. Wir wollen nach dem Rauminhalt für alle diejenigen Spermienköpfe fragen, welche alle Eizellen befruchteten, deren Entwicklung die heute auf der ganzen Welt lebenden etwa 3,8 Milliarden Menschen entstehen ließ. Die Antwort setzt uns sicher in ungläubiges Erstaunen: Dieser Rauminhalt ist gleich dem der Glasköpfe dreier Stecknadeln. Da jeder Mensch zwei Gensätze aufweist, läßt sich damit in 6 Stecknadelköpfen das Baumaterial der Gene und damit das stoffliche Äquivalent der in ihrer spezifischen Vielfalt so unterschiedlichen und doch homologen genetischen Informationen aller heute lebenden Menschen unterbringen. Doch fragen wir weiter: Die heute lebende Menschheit hat, wie die naturwissenschaftliche Forschung nachwies, eine lange biologische Geschichte hinter sich, an deren Ursprung tierische Vorfahren standen. Sie haben vor mehreren Millionen von Jahren gelebt. Von ihnen zu jedem heute lebenden Menschen besteht eine Brücke von vielen Tausenden von Generationen und damit vielen Tausenden befruchteter Eizellen deren jede Träger zweier

Sätze von Erbinformationen war. Wie groß nun ist der Raumbedarf für das stoffliche Äquivalent aller dieser Informationen, die sich in Zygoten befanden, welche zur Entwicklung aller derjenigen Lebewesen führten, die wir als Menschen bezeichnen dürfen? Hier hilft uns eine Feststellung weiter, welche die geradezu explosive Zunahme der Weltbevölkerung seit Beginn dieses Jahrhunderts berücksichtigt: Etwa die Hälfte aller Menschen, welche jemals lebten, hat noch die Eisenbahn erlebt. Wenn wir dies in Rechnung stellen, dann können wir die eben aufgeworfene Frage wieder unter Verwendung der uns nun schon geläufigen Größenangabe durch das Volumen von Stecknadelköpfen beantworten:

Wir würden etwa 20 solcher Glasköpfe benötigen, um die stofflichen Äquivalente der genetischen Informationen aller Menschen, die jemals lebten, als Volumen zu charakterisieren. In ihnen wären dann alle die Erbinformationen enthalten, die an dem Aufblühen der zahlreichen Kulturen vergangener Völker aber auch am Aufbau unserer eigenen Kultur und Zivilisation beteiligt waren. Sie würden aber auch diejenigen Erbinformationen beherbergen, welche die Entwicklung vieler genialer Menschen ebenso möglich machten, wie das Auftreten von Verbrechern und aller der Angehörigen der weit zahlreicheren Milliardenheere fleißiger, sich nicht über den Durchschnitt erhebender Menschen, durch deren Sein das Bild der Menschheit geprägt wurde und wird.

B. Der Weg zur Molekulargenetik

Das Volumen von 6 Stecknadelköpfen vermag das Baumaterial der Erbfaktoren der heute lebenden Menschen zu beherbergen. Dasjenige von 20 Stecknadelköpfen könnte das stoffliche Äquivalent der Erbinformationen aller jemals gewesenen und heute lebenden Menschen aufnehmen. Das sind Dimensionen, die uns in der Kleinheit ihrer räumlichen Ausdehnung aber auch in der unüberschaubaren Größe ihrer Auswirkungen staunen machen. Dieses fragende Staunen ist Ausganspunkt einer jeden Forschung, so auch der Erbforschung. Was ist ein solcher Erbfaktor, ein solches Gen, das trotz seiner Winzigkeit zu derartigen Leistungen befähigt wird? Wie kann man sein Wesen ergründen, so fragte sich die Erbforschung. Der Versuch zur Beantwortung dieser Frage bestimmte die Entwicklung eines ihrer Teilgebiete. Sie ging von den folgenden Überlegungen aus: Der Vorgang der Vererbung ist, wie wir bereits ableiteten, dem Beobachter daran erkennbar, daß die Angehörigen aufeinanderfolgender Generationen die gleichen Erbmerkmale aufweisen. Daraus ergibt sich der zwingende Schluß, daß auch die Wirkung der Gene, welche die Ausbildung dieser Merkmale steuern, sich in langen Zeiträumen nicht ändert. Die Beständigkeit der Wirkspezifität und damit der Leistung ist ein wesentliches Merkmal eines jeden Erbfaktors. Dennoch treten, und das ist eine wesentliche Voraussetzung für die Evolution als der Fortentwicklung der Lebewesen, wenn auch sehr selten, Änderungen erbbedingter Leistungen auf, welche auf die spontane Änderung der Leistungsfähigkeit eines bestimmten Erbfaktors zurückgeführt werden müssen. Wir bezeichnen solche Erbänderungen als Mutationen. Eine durchaus plausible Vermutung, welche sich an diese Beobachtungen knüpfte, besagt, daß man über die Struktur, den Aufbau und die Wirkungsweise eines Genes sehr wahrscheinlich manches lernen würde, wenn man die Art der Veränderungen studierte, welche die Mutationen bedingen. Die Mutationsforschung erhielt von diesen Überlegungen her einen wichtigen Platz im gesamten Gebiet der Erbforschung.

Sie war über Jahrzehnte an den klassischen Objekten der Erbforschung wie Fruchtfliege, Mehlmotte, Maus, Erbse, Japanische Wunderblume, Löwenmäulchen und vielen anderen Objekten getrieben worden und hatte interessante, für das gesamte Verständnis der Vererbung wichtige Ergebnisse erbracht. Immer aber hatten ihre Bemühungen unter einem sich aus der Natur der Sache ergebenden schweren Handicap gelitten: Spontan erfolgende Erbänderungen sind außerordentlich selten. So beträgt die Wahrscheinlichkeit für die Mutation eines bestimmten Erbfaktors eines Lebewesens zwischen 10^{-7} und 10^{-12}, d. h., daß unter mindestens 10^7 — das sind 10 Millionen — lebender, primär erbgleicher Zellen dieses Lebewesens sich durchschnittlich erst eine einzige befinden wird, welche diese bestimmte, von uns gesuchte Mutation aufweist. Einen derart seltenen Vorgang nun sollte die Erbforschung analysieren. Als dann zu Beginn der 30er Jahre die mutagene Wirkung bestimmter Strahlen und später auch von Chemikalien bekannt wurde, änderte sich dieses Bild zwar etwas durch die nun größer gewordene Wahrscheinlichkeit des Auftretens von Mutationen nach künstlicher Auslösung. Dennoch war damit noch immer keine dramatische Verbesserung der Voraussetzung für die Mutationsforschung gegeben.

Wenige Jahre danach, gegen Ende der 30er Jahre, begann, zunächst nur in Ansätzen erkennbar, eine völlig neue Entwicklung, welche zu dem eigentlichen Objekt unserer Betrachtungen der Molekular- und Mikroben-Genetik führte. Auch hier war wieder eine, ebenfalls für andere Forschungsgebiete anwendbare, allgemein gültige Überlegung der Ausgangspunkt. Diese ging davon aus, daß die Vererbung ein Grundvorgang des Belebten ist. Die Grundgesetze der Vererbung gelten ja für Pflanze und Tier ebenso wie für den Menschen. Um bestimmte Zusammenhänge zu untersuchen, besteht wegen dieser Austauschbarkeit der Objekte bei Erhaltenbleiben der Gleichartigkeit der Aussagen die Möglichkeit, sich besonders geeigneter Versuchstiere und -pflanzen zu bedienen und dabei zu Aussagen zu gelangen, welche auch für alle anderen Tiere und Pflanzen sowie den Menschen zutreffen. Aufgabe der Mutationsforschung war es, einen Vorgang und dessen Auswirkung – die Mutation – zu untersuchen, dessen Seltenheit eine Untersuchung sehr erschwerte. Was lag näher als nach Objekten zu fahnden, welche durch ihre Eigenart für derartige Untersuchungen besonders geeignet sind? Welcher Art aber sollte diese Eignung sein? Seltene Vorgänge werden mit umso größerer Wahrscheinlichkeit beobachtbar, je höher die Anzahl der zur Beobachtung herangezogenen Lebewesen ist, von denen jedes einzelne nur mit außerordentlich geringer Wahrscheinlichkeit den gesuchten Vorgang zeigt. Man brauchte daher als Objekte der Mutationsforschung Lebewesen, die sich leicht in großer Menge züchten lassen. Als solche boten sich die Mikroorganismen an. Aus diesen Überlegungen heraus begann vor 3 Jahrzehnten die Erbforschung Untersuchungen am Brotschimmel Neurospora crassa vorzunehmen. Dem Nicht-Biologen ist dieser zur Gruppe der niederen Pilze gehörende Organismus als ungebetener Gast auf schimmelndem Brot bekannt. Dort fällt er durch seine rosarot gefärbten, ungeschlechtlich entstandenen Fortpflanzungskörper, die Konidien auf, welche als feiner Staub durch Luftbewegungen auf weitere geeignete Nährböden übertragen werden können.

Die am Brotschimmel erzielten erbbiologischen Ergebnisse waren sehr ermutigend, sodaß sich schon wenige Jahre später zahlreiche Arbeitsgruppen von Erbforschern bildeten, die, zunächst hauptsächlich in den Vereinigten Staaten, ausschließlich dieses Versuchsobjekt bearbeiteten. Doch bald kamen weitere mikrobiologische Objekte hinzu. Bakterien wurden so die neuen „Haustiere" der Erbforscher. Aus begreiflichen Gründen wählte man zunächst nicht-pathogene Arten, wie das Darmbacterium Escherichia coli, welches heute das molekularbiologisch bestuntersuchte Lebewesen ist. Aber auch pathogene Formen, wie z.B. Pneumococcus, von dem wir später noch mehr hören werden, und sogar der bakterielle Erreger der Pest wurden in den Kreis der Untersuchungen einbezogen.

Abb. 2 zeigt Kolonien des Darmbacteriums Escherichia coli, welche auf der Oberfläche einer Agarplatte gewachsen sind. Sie wird dadurch hergestellt, daß man eine heiße Lösung von Agar – einem Stoff, der in seinen Eigenschaften der Gelatine ähnelt – mit bestimmten Zusätzen, welche der Ernährung der Bakterien dienen sollen, in eine Glasschale – nach ihrem Erfinder Petrischale genannt – gießt. Sie wird mit einem passenden Glasdeckel verschlossen, worauf das Medium erstarrt. Die Kolonien unserer Abbildung entstanden dadurch, daß nach geeigneter Verdünnung einer Aufschwemmung zahlreicher Bakterien-

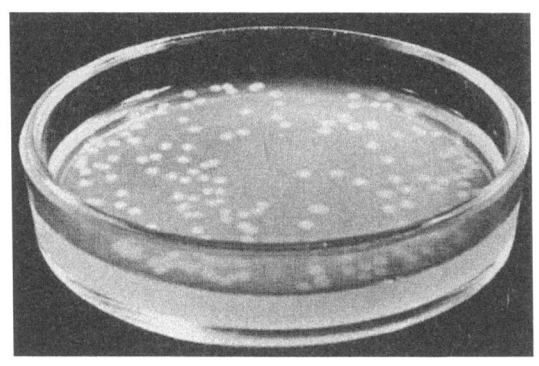

Abb. 2. Kolonien der Bakterienart Escherichia coli auf gelatinösem Vollmedium, das sich in einer Petrischale befindet. Der Durchmesser der einzelnen Kolonie beträgt ungefähr 4 mm

zellen von E. coli in Kochsalzlösung ein Tropfen dieser bakterienhaltigen Flüssigkeit auf die Oberfläche der Agarplatte verteilt wurde. Da die Flüssigkeit schnell eintrocknet, werden die einzelnen Bakterien auf der Agarplatte räumlich festgelegt. Wird ein so beimpfter Nährboden bei 37° „bebrütet", dann beginnen die Bakterienzellen sich bald zu vermehren. Dies geschieht dadurch, daß sich in regelmäßigen Zeitabständen jede in jeweils zwei Schwesterzellen teilt. Dabei beträgt der zeitliche Abstand zwischen zwei Teilungen, die Generationsdauer, je nach der Art der dem Agar beigefügten Zusätze 20–40 min. Die in Abb. 2 dargestellten Kolonien zeigen den Wachstumszustand nach etwa 24 Stdn. während Bebrütung auf einer Agarplatte, welche Fleischbouillon als Nährstoffe für die Bakterien enthielt. Jede der sie aufbauenden Bakterienzellen besitzt etwa die Gestalt eines halben Streichholzes und ist rund $1/_{1000}$ mm (= 1μ) lang. Die einzelnen Kolonien dagegen, deren jede aus einer einzigen, 24 Stdn. zuvor auf die Agarplatte aufgebrachten Bakterienzelle heranwuchs, weisen einen Durchmesser von durchschnittlich 4 mm auf. Jede von Ihnen beherbergt etwa 10^{10}, das sind 10 Milliarden einzelne Bakterienzellen. 10^{10}, das ist eine Zahl, welche kaum noch irgendwelche Vorstellungen vermittelt. Sie wird zu einer verständlichen Aussage, wenn wir uns daran erinnern, daß heute auf der ganzen Erde rund 3.8×10^9, also fast 4 Milliarden Menschen leben. Die einzelne Bakterienkolonie von 4 mm Durchmesser enthält also $2^{1}/_{2}$ mal soviele einzelne Bakterienzellen wie die Erdkugel Menschen beherbergt. Allein dieser Zahlenvergleich erlaubt es uns zu verstehen, wie sehr die Mutationsforschung ihr neues Versuchsobjekt, die Bakterienzellen, schätzen lernten.
Doch damit nicht genug. Man suchte und fand noch kleinere Versuchsobjekte aus dem Bereiche der Mikrobiologie. Es sind dies die Viren. Viele grundlegende Versuche wurden beispielsweise an Bakteriophagen durchgeführt. Das sind Viren, welche nur in Bakterienzellen zur Vermehrung gelangen können. So gibt es zahlreiche pathogene Bakterien, die als Krankheitserreger parasitisch im Menschen leben und die ihrerseits wieder von Viren befallen werden können und daran zugrunde gehen. Wir werden über diese Bakteriophagen im folgenden noch zahlreiche Einzelheiten erfahren. Doch nicht nur Mensch und Tier können von Viren heimgesucht werden. Auch Pflanzen-pathogene Viren sind weit verbreitet. Zahlreiche ihrer Arten erzeugen nach Befall der Wirtspflanze in deren Blätter mosaikartig verteilte, helle Flecken. Manche unserer Kulturpflanzen zeigen derartige Befallsmerkmale wie beispielsweise die Tabakpflanze, deren Mosaikerkrankung in der Hauptsache durch das Tabakmosaikvirus erzeugt wird. Gerade dieses Tabakmosaikvirus

aber wird mit großem Erfolge seit mehr als 3 Jahrzehnten zur Beantwortung genetischer und molekulargenetischer Fragestellungen als Versuchsobjekt benutzt. Gewiß ließen sich diese Mikroorganismen in unvorstellbarer großer Individuenzahl auf engem Raume mit einfachen technischen Hilfsmitteln züchten. Für den Mutationsgenetiker ein vielversprechender Tatbestand! War damit aber die Mutationsforschung notwendigerweise einfacher geworden? Neue Probleme tauchten auf. Wie sollte man unter all den Milliarden einzelner Zellen einer Bakterienkolonie gerade die wenigen herausfinden, die eine bestimmte Mutation aufwiesen, also Mutanten waren. Bei Verwendung der klassischen Objekte der Erbforschung war das mit unbewaffnetem Auge oder doch zumindest unter Zuhilfenahme einer einfachen Leselupe von Hand aus möglich gewesen. Man kann aber unmöglich 10^{10} einzelne Zellen und sei es auch unter Verwendung eines Mikroskops, durchmustern, um etwaige Mutanten zu entdecken. Selbst wenn dabei nur eine halbe Sekunde je Zelle gebraucht würde, wären dazu rund 200 Jahre ununterbrochener Arbeit notwendig und dann wäre erst eine einzige Bakterienkolonie untersucht. Es mußten daher Versuchsanordnungen entwickelt werden, welche eine automatische Selektion der Mutanten ermöglichten. Ein Beispiel dafür ist die Mutation zur Resistenz gegen Wirkungen, welche für die nicht mutierten Zellen, also den Wildtyp tödlich sind. Bei Anwendung solcher Wirkungen, wie etwa bestimmter Antibiotica, überleben dann nur diejenigen wenigen Zellen, welche durch eine Erbänderung unempfindlich, resistent gegen das angewandte Antibioticum geworden sind. Derartige Verfahren benötigen eine im Vergleich zu den bisher angewandten Methoden verfeinerte mathematische Analyse der beobachteten Phänomene. So brachte die Einführung von Mikroorganismen in die experimentelle Erbforschung zwangsläufig die Ausbildung neuer Untersuchungsmethoden mit sich. Sie waren in vielen Fällen für die Erbforschung völlig neu und aus Nachbargebieten wie dem der Biophysik und der Biochemie übernommen worden. Fachwissenschaftler dieser Forschungsgebiete erhielten dadurch einen von ihrem bisherigen Denken her betretbaren Zugang zu der neuen Form der Genetik, ja sehr häufig sogar waren sie es selbst gewesen, welche zusammen mit Genetikern diese neue Methoden und ihre Analyse entwickelt hatten. So kam es bald zu einer regen Zusammenarbeit von Erbforschern, meist der jüngeren Generation, sowie Biochemikern und Biophysikern, welche die Genetik durch biochemische und biophysikalische Fragestellungen bereicherten.

C. Die Desoxy-Ribonucleinsäure (DNS) als Träger genetischer Informationen

1. Übertragung bakterieller Genorte in Gestalt reiner DNS: Transformation

Die Frage nach dem stofflichen Äquivalent genetischer Informationen, die wir eingangs stellten, ließ sich bei diesem Stande der Entwicklung präziser fassen. Sie lautete nun: Welche chemische Verbindung ist das Baumaterial der Erbfaktoren? Ihre Beantwortung, für die gesamte Erbforschung von zentraler Bedeutung, gelang mit letzter Sicherheit durch Versuche an Bakterien. GRIFFITH hatte 1928 die Wirkung zweier ihm zur Verfügung stehender Stämme des Erregers der Lungenentzündung Pneumococcus an Mäusen untersucht (Abb. 3). Der erste der beiden (S III) bildete auf geeigneten Agarplatten leicht zerfließende, schleimige Kolonien. Seine Bezeichnung S leitete sich daher von smooth ab. Diese Kolonieform war an die Befähigung der Zellen gebunden, ein Polysaccharid zu synthetisieren, das jeweils zwei Einzelzellen wie eine Hülle umgab. Der S III-Stamm erwies sich im Versuch als pathogen: Wurden Zellsuspensionen davon in Mäuse injiziert, so starben diese sehr bald (Abb. 3 b). Der zum Tode führende Ablauf der Infektion ließ sich jedoch dadurch verhindern, daß man die Erreger des Stammes S III bis zum Kochen erhitzte und dadurch abtötete (c). Mit solchen Zellen injizierte Mäuse zeigten

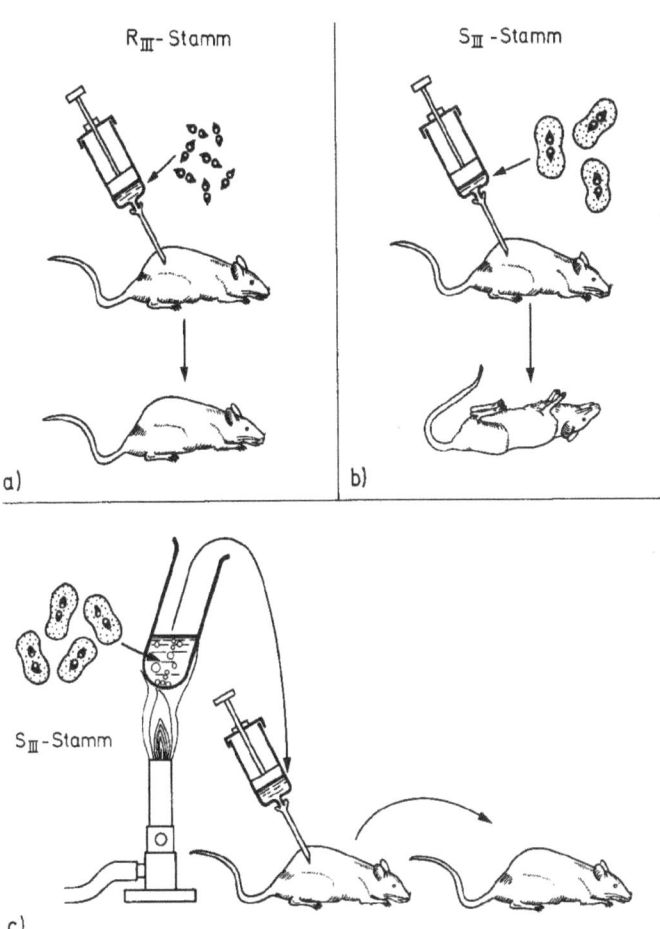

Abb. 3. Vorversuch zu den Experimenten von GRIFFITH, die zur Entdeckung der bakteriellen Transformation führten

verständlicherweise keine Krankheitserscheinungen. Die Zellen des anderen Pneumococcusstammes mit der Bezeichnung R III bildeten auf Agarplatten kleine, kreisförmige, sehr feste (r = rough) Kolonien. Diese Kolonien entstanden dadurch, daß die Zellen dieses Stammes das für den Stamm S III bezeichnende Polysaccharid nicht zu synthetisieren vermochten und daher kapsellos waren. Wurden Zellsuspensionen dieses Stammes in Mäuse injiziert, so traten keine Schädigungen auf (a). Der Stamm R III erwies sich dadurch als nicht-pathogen. Diese Ergebnisse wären an und für sich nicht außergewöhnlich gewesen, denn für nicht-pathogene Unterstämme sonst pathogener Bakterienarten kannte man auch damals bereits zahlreiche Beispiele. Zudem war es selbstverständlich auch bekannt, daß sich pathogene Bakterien durch Kochen abtöten ließen, wodurch ihre pathogene Wirkung vernichtet wurde. Interessant wurden diese Beobachtungen erst durch den folgenden Versuch: Eine Zellsuspension des pathogenen S-Stammes wurde durch Kochen abgetötet und nach Erkalten mit einer Aufschwemmung lebender Zellen des nicht-pathogenen R-Stammes gemischt (Abb. 4). Injizierte GRIFFITH dieses Gemisch in Mäuse, so starben sie unter gleichen Krankheitserscheinungen wie nach Infektion mit lebenden Zellen des pathogenen S-Stammes, obwohl lebende Zellen dieses Stammes im Experiment nicht zur Verwendung gekommen waren.

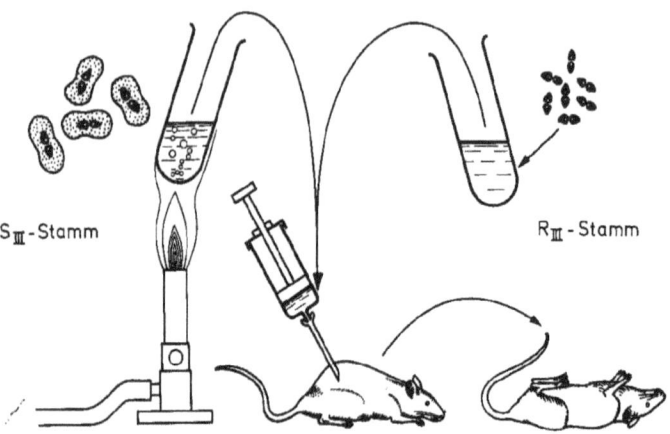

Abb. 4. Versuch von GRIFFITH. Einzelheiten im Text

AVERY, MACLEOD und MCCARTHY gelang es 1944 diese in vivo, also am lebenden Tier vorgenommene Versuchsreihe, auf die Bedingungen eines in vitro, also im Reagensglas durchgeführten Experiments zu übertragen (Abb. 5). Die Autoren stellten aus Zellen des S-Stammes (kapselbildend, pathogen) zellfreie Extrakte her, die nach wiederholter Reinigung zu mehr als 99% aus der chemischen Verbindung Desoxyribonucleinsäure (DNS, englisch: Deoxy-Ribonucleic Acid, daher häufig als DNA abgekürzt) bestanden, welche in jeder Bakterienzelle vorkommt. Ließ man diese DNS einige Minuten auf Zellen des R-Stammes (kapsellos, nicht-pathogen) einwirken, so entstanden unter deren Nachkommen Zellen, welche Kapseln bildeten und sich als pathogen erwiesen. Weiter durchgeführte Prüfungen ergaben, daß sie die Befähigung zur Kapselbildung auf ihre Nachkommen vererbten, also genetisch stabil waren. Es ließ sich weiterhin zeigen, daß die Mutterzelle des R-Stammes durch eine Erbänderung die genetisch bedingte Befähigung zur Kapselbildung verloren hatte. Im Vorgange dieser „Transformation" gelangen der oder die Erbfaktoren, welche den Zellen des S-Stammes die Befähigung zur Kapselbildung verleihen, in Gestalt reiner DNS in Zellen des R-Stammes und teilen diesem die Befähigung zur Kapselbildung mit. Solche R-Zellen werden dadurch wieder pathogen. Sie unterscheiden sich in nichts mehr von Zellen des S-Stammes. Wir verstehen nun auch den auf den ersten Blick scheinbar überraschenden Ausgang des in Abb. 4 dargestellten in vivo-Versuches: Lebenden Mäusen wurden nicht-pathogene, lebende Zellen des R-Stammes und durch Kochen abgetötete Zellen des pathogenen S-Stammes injiziert. Kochen tötet zwar die Bakterienzellen ab, es vernichtet jedoch nicht deren DNS. Diese konnte im Versuch als Träger der genetischen Information für die Verwirklichung der pathogenen Eigenschaften in die ebenfalls in den Mäusekörper injizierten, lebenden R-Zellen gelangen und einzelne davon zu pathogenen S-Zellen transformieren. War dies einmal geschehen, so vermehrten sich derartige Zellen weiter und töteten schließlich die Versuchstiere.

Die Auswertung dieses als Transformation bezeichneten Vorganges und zahlreicher Kontrollen sowie weitere Forschungen an vielen Tier- und Pflanzenarten und am Menschen führten zu einer grundlegenden, heute völlig gesicherten Aussage: Die DNS ist

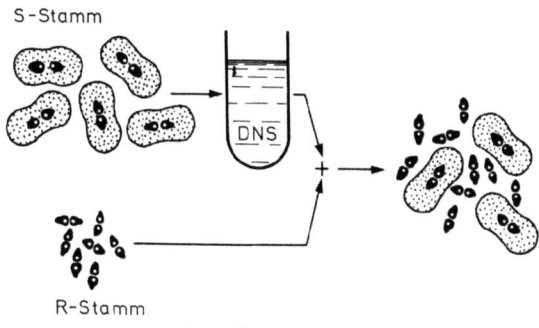

Abb. 5. In vitro Versuch zum Nachweis der als Transformation bezeichneten Übertragung der erbbedingten Befähigung zur Kapselbildung aus Zellen eines Wildtyp-(S) Stammes auf nicht-kapselbildende Zellen des R-Stammes von Pneumococcus

das Baumaterial der Gene aller Lebewesen. Sie bildet in deren Zellen das stoffliche Äquivalent genetischer Informationen.

2. Die Phagen-Synthese

Die Aufgabe der DNS als Träger genetischer Information und gleichzeitig den Charakter der Vererbung als die Weitergabe nicht von Erbmerkmalen, sondern von Informationen über deren Verwirklichung, zeigt sehr anschaulich der Vermehrungsvorgang der Bakteriophagen. Wir erinnern uns: Bakteriophagen sind Viren, welche nur in Bakterien zur Vermehrung gelangen können. Ein Partikel der typischen Form eines virulenten Bakteriophagen besteht (Abb. 6) aus einem Kopf- und einem Schwanzteil. Beide sind umgeben von verschiedenen Hüllproteinen, also von Eiweiß-Stoffen spezifischen Aufbaues. Der Schwanzteil weist eine Endplatte auf, die von einem weiteren spezifischen Eiweiß gebildet wird. Das Ladungsmuster seiner Makromoleküle ist das Negativ für zahlreiche unter sich gleiche Ladungsmusterfelder auf der Oberfläche einer bestimmten Bakterienart. Man nennt sie Phagenrezeptoren. Nur eine derartig ausgestattete Bakterienzelle kann dem

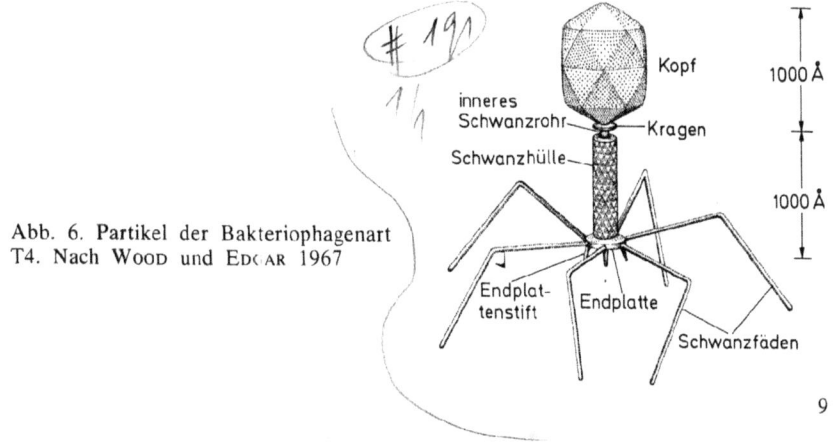

Abb. 6. Partikel der Bakteriophagenart T4. Nach Wood und Edgar 1967

Bakteriophagen als Wirt dienen. Die einzelnen Bakterienarten, ja sehr häufig die Rassen einer einzelnen Art, unterscheiden sich unter anderem auch durch den Aufbau ihrer Zelloberfläche und damit der Phagenrezeptoren. Daraus ergibt sich die hohe Wirtsspezifität der Bakteriophagen, welche dazu führt, daß Partikel einer bestimmten Phagenart nur eine oder ganz wenige Bakterienarten zu infizieren vermögen. Häufig geht diese Wirtsspezifität so weit, daß eine bestimmte Phagenart sich als infektiös für nur eine ganze bestimmte Bakterienrasse erweist. Die Abb. 6 zeigt noch weitere, allerdings nur für einige bestimmte Phagenarten charakteristische Strukturmerkmale wie eine Kragenbildung und Schwanzfäden.

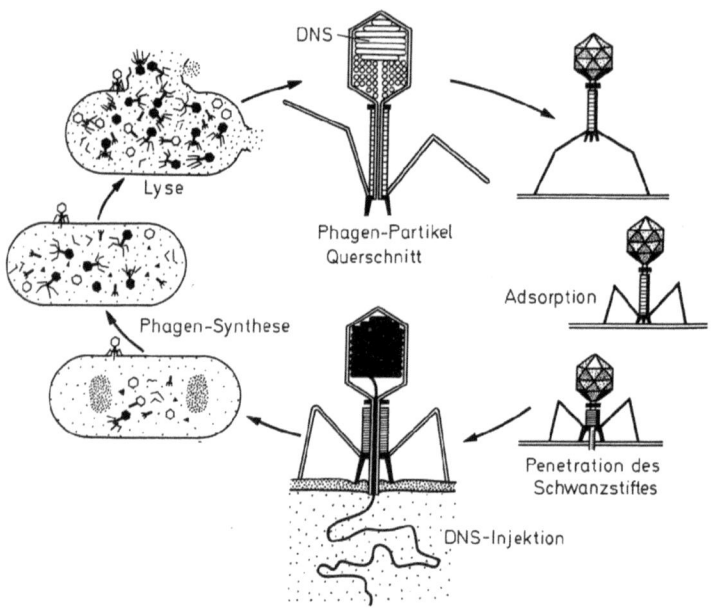

Abb. 7. Vermehrungszyklus des virulenten Bakteriophagen T 4 in Zellen von Escherichia coli

Im Kopf eines Phagenpartikels befindet sich Desoxyribonucleinsäure. Sie ist das stoffliche Äquivalent der genetischen Information des Phagen. Das zeigt sich im Verlaufe des Vermehrungscyclus (Abb. 7) eines solchen Partikels. An dessen Beginn adsorbiert es mit seiner Schwanzspitze an einem geeigneten Rezeptor der Bakterienoberfläche. Sie wird an der Adsorptionsstelle enzymatisch aufgelöst, sodaß dort ein Loch in der Zellwand des Bacteriums entsteht. Durch dieses injiziert das Phagenpartikel nun wie eine Injektionsspritze die in seinem Kopfteil enthaltene DNS in das Zellinnere, während die Phagenhülle mit ihren spezifischen Proteinen an der Bakterienoberfläche zurückbleibt. Diesen Zusammenhang haben der amerikanische Nobelpreisträger HERSHEY und seine Mitarbeiterin CHASE 1952 unter Verwendung radioaktiver Isotope experimentell sehr elegant nachgewiesen (Abb. 8). Ihre Untersuchung war eine der ersten, bei denen radioaktive Isotope zur Markierung und Analyse einer Biosynthese zur Verwendung kamen. Die Autoren ließen Bakterien in einem Nährmedium wachsen, welches chemische Verbindungen enthielt, in denen sich radioaktiver Phosphor (^{32}P) und radioaktiver Schwefel (^{35}S) befanden.

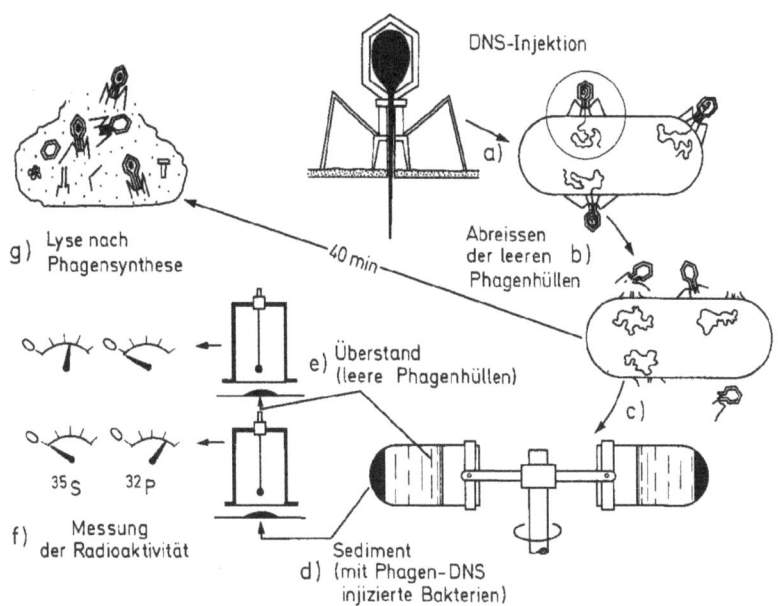

Abb. 8. Versuch von HERSHEY und CHASE zum Nachweis der voneinander unabhängigen Funktionen des Kapselproteins und der DNS eines Bakteriophagenpartikels Einzelheiten im Text

Wurden diese Bakterien mit Phagen infiziert, so konnte bei der einsetzenden Phagensynthese der radioaktive Schwefel nur in die Proteine der Phagenpartikel, der Phosphor dagegen ausschließlich nur in die DNS eingebaut werden. Proteine enthalten nämlich Schwefel aber keinen Phosphor, DNS dagegen ist frei von Schwefel, beherbergt in ihrer Molekularstruktur jedoch Phosphoratome. Derartig radioaktiv markierte Phagen wurden dann zur Infektion nicht radioaktiv markierter Bakterien verwendet. Mit geeigneten Filtern läßt sich im Geiger-Müller-Zähler die energieärmere Strahlung des radioaktiven Schwefels leicht von der energiereicheren des radioaktiven Phosphors unterscheiden. Bakterienzellen, an deren Oberfläche solche markierte Bakteriophagenpartikel adsorbiert sind, (Abb. 8a), zeigen daher sowohl die Strahlung des ^{35}S als auch die des ^{32}P. Im weiteren Versuchsverlauf wurden Suspensionen solcher Bakterien wenige Minuten nach Adsorption doppelt radioaktiv markierter Bakteriophagen in einem Homogenisator – einem Gerät, das einem Küchenmixer sehr ähnlich ist – behandelt (b). Die Bakterienzellen werden dabei nicht zerstört. Die DNS-freien Bakteriophagenhüllen jedoch reißen von der Bakterienoberfläche ab. Wird eine solche Zellensuspension in einer einfachen Tischzentrifuge zentrifugiert (c), dann bilden die Bakterienzellen ein Sediment (d), während die Phagenhäute im Überstand verbleiben (e). Die Messung der Radioaktivität (f) ergibt für beide Fraktionen unterschiedliche Befunde: Das Sediment (d) weist die Markierung des radioaktiven Phosphors auf. Es enthält die Bakterienzellen, in welche Phagen-DNS-injiziert wurde ohne die im Homogenisator abgerissenen Phagenhüllen. Diese befinden sich im Überstand, der daher durch radioaktiven Schwefel, nicht aber durch Phosphor markiert ist (e). Werden solche Bakterienzellen, welche unmittelbar nach Injektion der Phagen-DNS im Homogenisator behandelt wurden, weiter bebrütet, so zeigen sie qualitativ und quantitativ eine völlig normale Phagensynthese (g). Es wird damit bewiesen, daß zur Durchführung der Neusyn-

these von Phagenpartikeln in der lebenden Bakterienzelle einzig und allein die Phagen-DNS, nicht aber die Proteinhülle des Phagenpartikels von Bedeutung ist.
Die Abb. 9 zeigt als elektronenoptische Aufnahme verschiedene Phasen einer Phagenvermehrung. Das Einzelpartikel der dabei verwendeten Phagenart Phagus lacticola zeichnet sich durch einen sehr schlanken und relativ langen Schwanzteil aus. An der in der Mitte

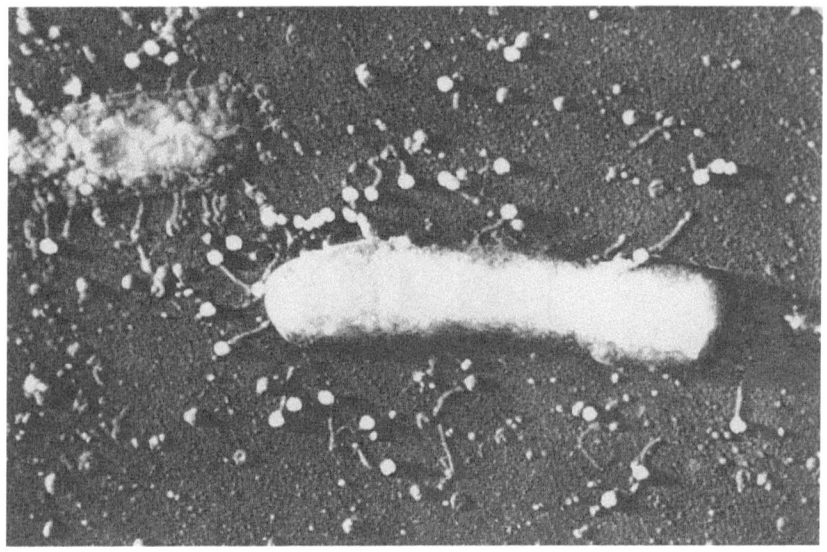

Abb. 9. Vermehrung des Bakteriophagen Phagus lacticola in Zellen von Mycobacterium spec. Elektronenoptische Aufnahme von PENSO

dargestellten Zelle hat die Adsorption zahlreicher Phagenpartikel bereits stattgefunden. Links oben sind die Trümmer einer Zelle erkennbar, welche lysiert. Ihr Inneres ist mit neu synthetisierten Phagenpartikeln gefüllt. Deren Synthese erfolgte nach Injektion der Phagen-DNS, welche aus den an der Zelloberfläche adsorbierten, noch deutlich erkennbaren Phagenpartikeln stammt. (Wir sollten uns dabei daran erinnern, daß bereits die Injektion der DNS eines einzigen Partikels zur Auslösung der Phagensynthese ausreicht. Der besseren Anschaulichkeit halber wurde die für die Abbildung benutzte Infektion mit hoher Phagenmultiplizität vorgenommen). Der Kopfteil dieser Phagen besteht nach Injektionen ihrer DNS nur noch aus der Proteinhülle. Er ist stark eingesunken und wird im Gegensatz zu den noch mit DNS gefüllten Phagenköpfen im Mittelteil der Abbil-

▶

Abb. 10. Elektronenoptische Darstellung von Partikeln des T 4-Phagen nach Adsorption an E. coli-Zellen: a) Die Schwanzhüllen der Phagen sind kontrahiert. b) Der Ultradünnschnitt zeigt die Injektion der Phagen-DNS aus dem oberen, nur als Schwanzteil in der Aufnahme erkennbaren Phagenpartikel. Der Pfeil bezeichnet die Stelle der bakteriellen Zellmembran, welche soeben von dem Schwanzstift eines anderen Phagenpartikels durchdrungen wird (vgl. Abb. 7). Endplattenstifte und Schwanzfäden sind, soweit sie in der Schnittebene liegen, zu erkennen. Die Schwanzhüllen sind kontrahiert. Nach SIMON und ANDERSON, 1967. Eingezeichneter Maßstab = 1000 Å

dung leicht von Elektronen durchdrungen. Er ist daher grau getönt. Abb. 10 stellt als elektronenoptische Aufnahme eines Ultradünnschnittes die Zellwand von E. coli mit adsorbierten T4-Phagen dar. Diese berühren mit den Endplattenstiften die Zellwand.

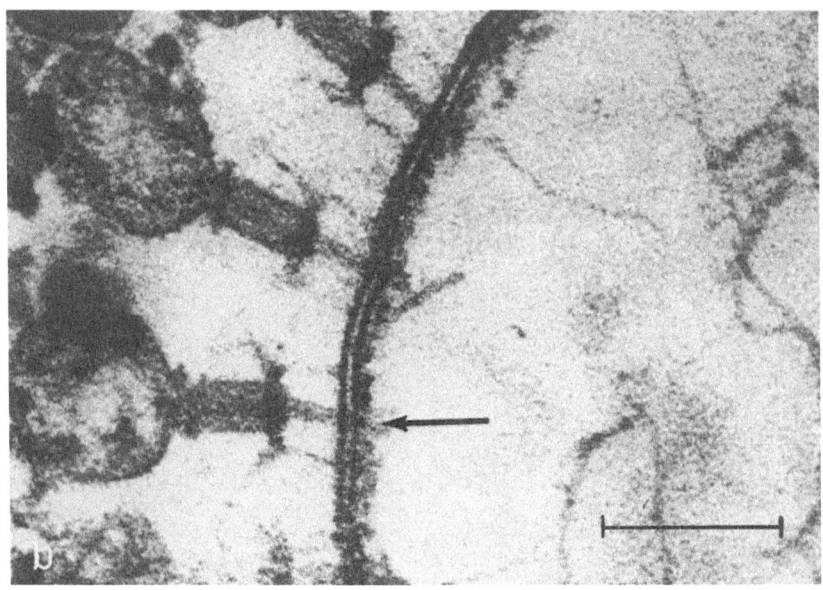

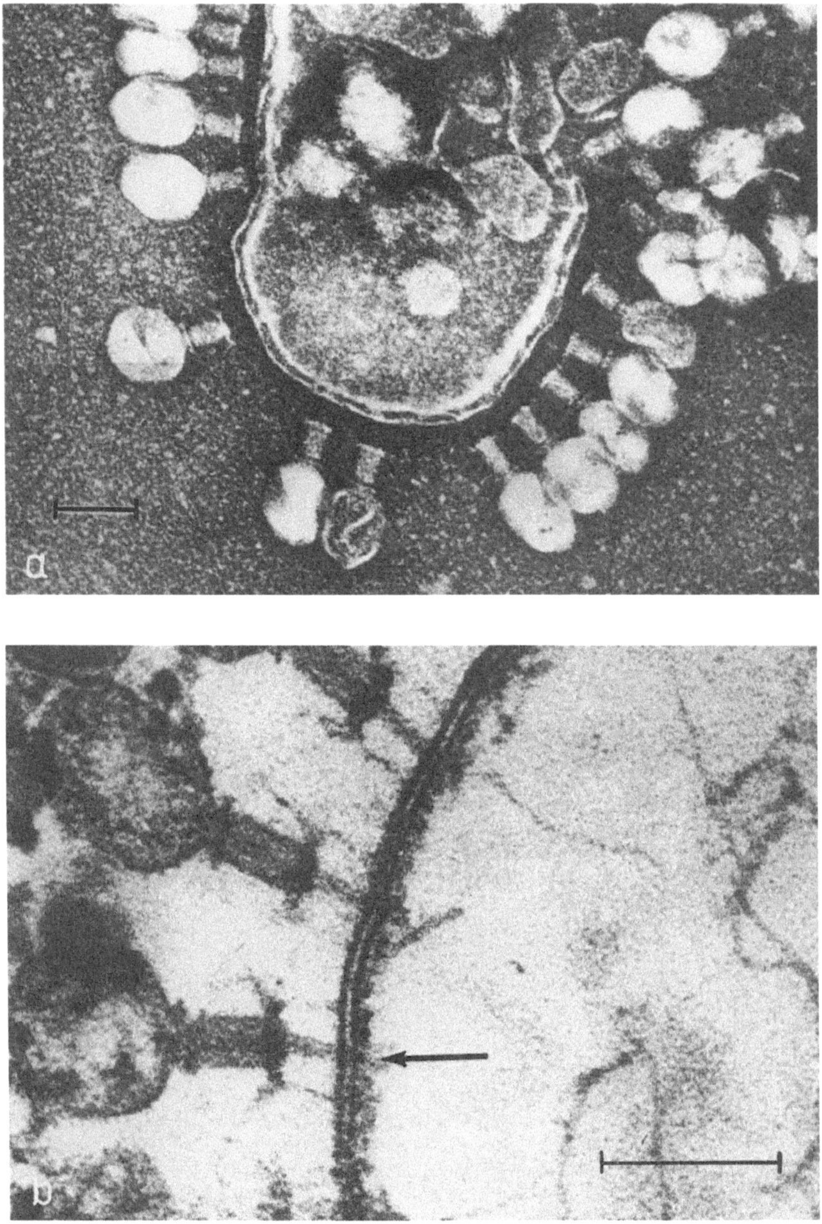

Die ebenfalls von der Endplatte abspreizenden Schwanzfäden, welche Kontakt mit der Zellwand aufgenommen haben, sind gut erkennbar. Das durch Pfeil gekennzeichnete Phagenpartikel durchdringt mit dem nadelförmigen Zentralkanal des kontrahierten Schwanzteiles soeben die Zellwand. Von der Schwanzspitze der übrigen Partikel erstreckt sich die injizierte Phagen-DNS als ein 30 Å breiter Faden in das Zellinnere. Die Einzelheiten des Schemas der Abb. 7 sind nach diesen von SIMON und ANDERSON vorgenommenen Untersuchungen, aus denen die Abb. 10 einen kleinen Ausschnitt bietet, gezeichnet.

Zur Neusynthese der Phagenpartikel wird ein Teil des Syntheseapparates der Bakterienzelle benutzt. Ihre Syntheseketten, welche vor der Infektion zelleigene Endprodukte zur Vergrößerung ihres Zellkörpers oder zum Ersatz verbrauchter Strukturen herstellten, kommen nach der Injektion der Phagen-DNS weitgehend zum Erliegen. In jüngster Vergangenheit ist es, wie wir später noch eingehend erfahren werden, gelungen nachzuweisen, daß im Verlaufe dieser Phagensynthese die einzelnen Phagenpartikel aus zahlreichen unabhängig voneinander synthetisierten Strukturelementen zusammengesetzt werden, fast so, wie das bei der Endmontage eines Kraftwagens in einer Autofabrik geschieht. Die Phagensynthese (Abb. 7) endet schließlich damit, daß unter der Wirkung eines spezifischen Fermentes, des Lysozyms, die Bakterienzellwand aufbricht, lysiert, und die zahlreichen in ihr synthetisierten Phagenpartikel in die Umgebung entläßt. Dort vermögen sie weitere Bakterienzellen zu infizieren.

Was bedeutet dieser Modus der Phagensynthese für unsere Überlegungen über die Aufgabe der DNS? Nicht das ganze Phagenpartikel mit seinen zahlreichen Strukturen sondern lediglich seine DNS gelangt in die bakterielle Wirtszelle. Dort aber werden zahlreiche vollständige Phagenpartikel synthetisiert. Man kann also nicht sagen, daß ein Phagenpartikel *sich* vermehrt. Es werden vielmehr in der Bakterienzelle unter Verwendung der in der Phagen-DNS enthaltenen Information über den Auf- und Zusammenbau der Einzelstrukturen eines Phagenpartikels zahlreiche solche Partikel neu *synthetisiert*. Damit ist die Rolle der DNS als genetischer Informationsträger eindrucksvoll nachgewiesen.

D. Der molekulare Aufbau der DNS

1. Die Bausteine des Einzelstranges

DNS ist das stoffliche Äquivalent genetischer Informationen und damit das Baumaterial der Gene. Eine einzige chemische Verbindung – besser eine Verbindungsklasse – muß damit alle diejenigen Qualitäten aufweisen, welche zu dem führen, was wir als den Vorgang der Vererbung bezeichnen. Dazu gehört in erster Linie die Befähigung zur Speicherung solcher Informationen. Diese Befähigung wiederum muß eng mit der chemischen Struktur der DNS zusammenhängen, denn wie anders als durch einen ganz bestimmten, unverwechselbaren, chemischen Aufbau sollte DNS derartige Informationen zu speichern vermögen? Der Schlüssel zum Verständnis der genetischen Wirkung der DNS liegt daher in der Kenntnis ihres molekularen Aufbaues, der Architektur ihrer Moleküle.

Ein DNS-Molekül, welches beispielsweise die genetischen Informationen einer Bakterienzelle beherbergt, ist groß genug, um mit Hilfe eines Elektronenmikroskops abgebildet zu werden. Abb. 11 zeigt das Ergebnis einer solchen elektronenmikroskopischen Beobachtung. Zu ihrer Durchführung wurden Bakteriophagenpartikel mit Rezeptoren, die man aus der Zellwand ihres Wirtsbacteriums gelöst hatte, zusammengebracht. Die Phagenpartikel adsorbieren an ihnen so, als ob diese Rezeptoren noch Teil der Zellwand einer intakten Bakterienzelle wären. Sie führen auch einen zweiten Schritt zur Einleitung einer Phagensynthese, nämlich die Ejektion der DNS aus. Nur war diesmal keine Zelle vorhanden, in welche hätte injiziert werden können. Daher breitete sich die DNS auf der

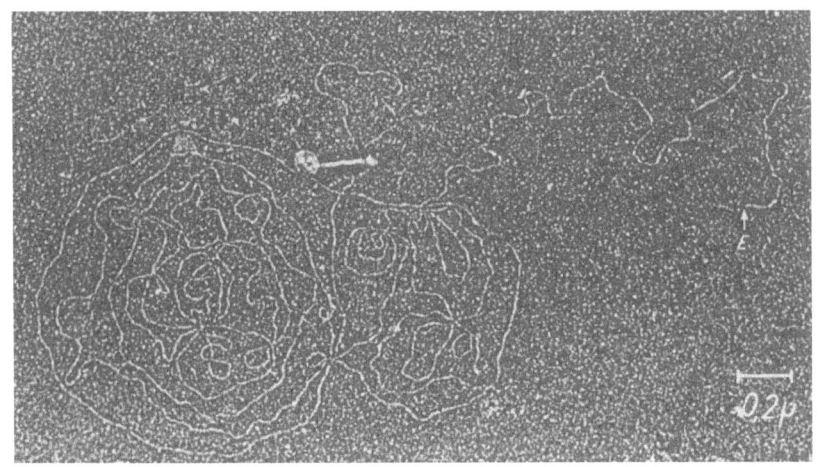

Abb. 11. Ein Partikel des Bakteriophagen T 5 hat sich mit der Schwanzspitze an ein, aus der Membran einer E. coli-Zelle isoliertes Partikel der Rezeptorsubstanz angeheftet. Dadurch wurde die Ejektion der in seinem Kopfteil enthaltenen DNS hervorgerufen. Sie ist in der elektronenoptischen Aufnahme als vielfach gewundener, 34 µ langer Faden erkennbar. E: freies Ende des DNS-Fadens. Nach FRANK, ZARNITZ und WEIDEL, 1963

Oberfläche des elektronenoptischen Objektträgers aus. Wir sehen in der Abbildung ein Phagenpartikel, dessen Kopfteil nach Ejektion der DNS zusammengesunken ist und erkennen weiter den adsorbierten, kugelförmigen, der Bakterienzellwand entstammenden Rezeptor am Schwanzende des Partikels. Aus diesem tritt die DNS als sehr langer, vielfach gewundener und geknäuelter Faden aus. Ihr Fadenende ist mit E bezeichnet. Diese elektronenoptische Aufnahme lehrt uns bereits zwei wichtige Tatbestände über Gestalt und Größe eines DNS-Moleküls: Es ist fadenförmig und es ist ein sehr großes, also ein Makromolekül. Sein Molekulargewicht erreicht 8–9stellige Zahlen und beträgt damit das milliardenfache desjenigen des leichtesten Atoms, nämlich des Wasserstoffes. Auch über die Länge des DNS-Fadens wollen wir uns eine Zahl merken. Während, wie schon ausgeführt, eine Zelle von E. coli etwa $1/1000$ mm lang ist, beträgt die Länge des DNS-Fadens, welcher die gesamte genetische Information einer solchen Zelle beherbergt, in ungeknäueltem Zustand ausgestreckt etwa einen Millimeter.
Der Molekülfaden der DNS ähnelt in vielem einer sehr langen Kette aus einander ähnlichen Perlen. Er ist nämlich wie diese aus der linearen Aufeinanderfolge prinzipiell gleich aufgebauter Einzelelemente zusammengesetzt. Wir nennen sie Mononucleotide. Auch hier wieder eine Zahl, welche uns erlaubt, Dimensionen abzuschätzen: Der DNS-Faden von E. coli besteht aus der Aufeinanderfolge von rund 3×10^6, also 3 Millionen solcher Mononucleotide. Um den chemischen Aufbau der DNS zu verstehen, müssen wir uns daher zuerst mit dem eines Mononucleotids bekanntmachen (Abb. 12). Es ist aus drei Molekülteilen zusammengesetzt: Der eine, die Desoxyribose (ein Zucker mit 5 C-Atomen) gab der DNS den Namen. Den zweiten Molekülteil bildet die Phosphorsäure. Als dritter schließlich wird eine organische Base verwendet. Dies also wäre der Aufbau einer einzigen „Perle" der Molekülkette des DNS-Moleküls. Wie aber werden diese Perlen zusammengehalten? Der Zucker-„Rest" (Z) eines jeden Mononucleotids ist (Abb. 13) über den Phosphorsäure-„Rest" (P) mit dem Zuckerrest des nächsten Mononucleotids durch Esterbindung verknüpft. Dabei geht jeweils diese Brücke von dem dritten Kohlenstoffatom

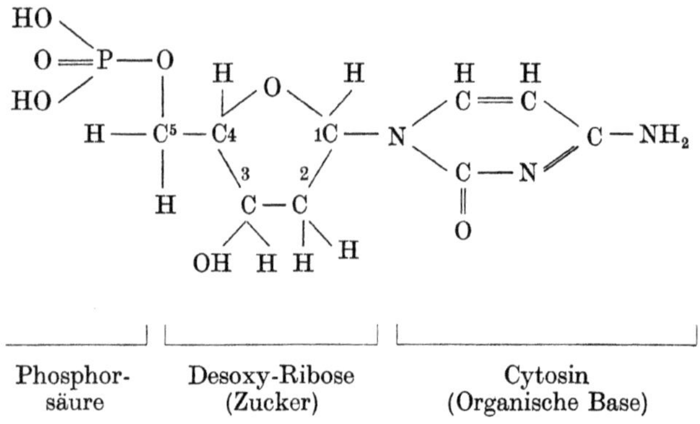

```
HO
  \
   O = P — O         H     H           H   H
  /        |         \   /             C = C
HO         |          \ O \           /     \
   H — C⁵ — C⁴        1C — N         C — N   C — NH₂
           |      \3  2/              ‖
       H   C — C                       O
          / \  | \
         OH  H H  H
```
| Phosphor- | Desoxy-Ribose | Cytosin |
| säure | (Zucker) | (Organische Base) |

Abb. 12. Aufbau eines Mononucleotids der DNS aus je einem Molekülteil Phosphorsäure, Desoxyribose und organischer Base

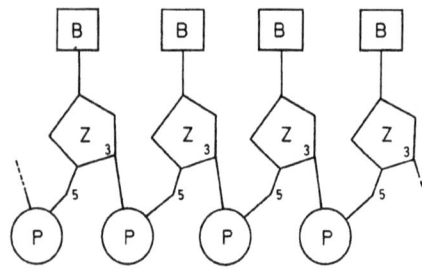

Abb. 13. Die Verknüpfung aufeinanderfolgender Mononucleotide innerhalb eines fadenförmigen DNS-Moleküls. Z = Zucker = Desoxyribose, B = organische Base, P = Phosphorsäurerest

eines Desoxyriboserestes zum Phosphorsäurerest und von dort zum fünften Kohlenstoffatom des nächsten Desoxyriboserestes. Von dort führt dann wieder vom Kohlenstoffatom 3 die Verbindung zum nächsten Phophorsäurerest. Dadurch entsteht eine Polarität des gesamten Moleküls, welches durch die Aufeinanderfolge 3'-5'-3' usw. der fortlaufenden Bindungen gebildet wird. Dieses Rückgrat des DNS-Fadens trägt die Basen (B), von denen jeweils eine von jedem der Zuckerreste abspreizt. Dabei sind vier verschiedene Basen möglich: Adenin, Thymin, Guanin und Cytosin.

2. Das Watson-Crick-Modell der DNS

Wenn wir davon sprechen, daß das biologisch aktive DNS-Makromolekül aus der Aufeinanderfolge von Millionen von Mononucleotiden besteht, so ist diese Aussage unvollständig. Gehen wir zunächst von den experimentellen Befunden aus: Schon bald nachdem die genetische Wirkung der DNS erkannt worden war, begann die biochemische Forschung damit, den Basengehalt der DNS verschiedener Tier- und Pflanzenarten zu untersuchen. Mit fortschreitender Verfeinerung der Untersuchungsmethoden zeigte sich dabei immer eindeutiger, daß das Mengenverhältnis der Basen Adenin (A) zum Thymin (T) einerseits, sowie Guanin (G) zum Cytosin (C) andererseits stets gleich 1 ist (Abb. 14). Dagegen

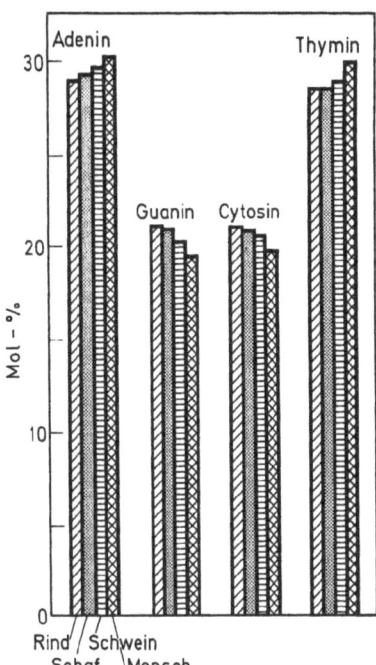

Abb. 14. Basenverhältnisse der DNS von Rind, Schaf, Schwein und Mensch. Nach CHARGAFF und LIPSHITZ

konnte bei verschiedenen Tierarten in unterschiedlichem Ausmaß das Verhältnis des Adenins zum Cytosin oder Thymin zum Guanin beträchtliche Unterschiede aufweisen (Tab. 1). Im DNS-Molekül erwies sich damit die Anzahl thyminhaltiger Mononucleotide als identisch mit derjenigen Adenin-tragender. Gleiches gilt für guaninhaltige und Cytosinführende. Diese Aussage erhält ihre Sinngebung durch die Beschreibung der Raumstruktur des DNS-Makromoleküls durch WATSON und CRICK, welche unter Verwendung der Daten von Röntgenstrukturanalysen vorgenommen wurde, die WILKINS zuvor durchgeführt hatte. Die Bedeutung dieser Arbeiten wird eindrucksvoll durch die Verleihung des Nobelpreises an die drei Forscher demonstriert.

Was versteht man unter Röntgenstrukturanalyse? Ihre Aufgabenstellung ist leicht zu beschreiben: Sie soll Aussagen über die räumliche Anordnung der Atome eines Makromoleküls machen. Die Entfernung solcher Atome voneinander beträgt im Durchschnitt 1,5 Ångström (Å); 1 Å = 10^{-8} cm. Sehr kleine, mit unbewaffnetem Auge nicht sichtbare Objekte werden gewöhnlich mit Hilfe eines Mikroskops untersucht. Ein solches Instrument besitzt ein seine Leistungsfähigkeit bezeichnendes Auflösungsvermögen. Dieses bedeutet die Fähigkeit zwei nahe beieinanderliegende Punkte nicht als gemeinsamen Punkt abzubilden, sondern ein getrenntes Bild der beiden zu liefern, mit einem Wort, jeden von ihnen in einen getrennten Bildpunkt aufzulösen. Der Grad der Auflösungsfähigkeit hängt von der Wellenlänge der Strahlung ab, welche zur Bildgewinnung benutzt wird. Zwei Objekte können nämlich nur dann getrennt voneinander abgebildet werden, wenn ihr gegenseitiger Abstand größer ist als die Hälfte der Wellenlänge der benutzten Strahlung. Nun erweist sich aber die kürzest verwendbare Wellenlänge des sichtbaren Lichtes am äußersten Rande des violetten Spektrums als noch immer rund 2000mal größer als der mittlere Abstand von Atomen eines Moleküls: Mit dem Lichtmikroskop können keine Bilder erzeugt werden, welche die räumliche Anordnung der Atome in Molekülen darstellen.

Tabelle 1. Adenin-, Guanin-, Cytosin- und Thymin-Gehalt der DNS verschiedener Organismen. Nach CHARGAFF 1955

Organismenart	Gewebeart	Adenin	Guanin	Cytosin	Thymin	$\dfrac{A+T}{G+C}$
T 2 Phage	–	32.5	18.2	16.7*⁾	32.6	1.86
T 6 Phage	–	32.5	17.8	16.3*⁾	33.5	1.93
E. coli K 12	–	26.0	24.9	25.2	23.9	1.00
Serratia marcescens	–	20.7	27.2	31.9	20.1	0.69
Mb. tuberculosis	–	19.3	28.2	34.9	17.5	0.58
Bäckerhefe	–	31.7	18.3	17.4	32.6	1.80
Psammechinus miliaris (Seeigel)	Spermien	32.6	17.8	17.8	31.9	1.81
Arbacia lixula	Spermien	32.6	19.1	19.2	30.5	1.61
Locusta migratoria (Wanderheuschrecke)	–	29.3	20.5	20.7	29.3	1.41
Lachs	Spermien	29.7	20.8	20.4	29.1	1.43
Hering	Spermien	27.9	19.5	21.5	28.2	1.28
Taube	Erythrozyten	28.7	22.0	21.3	27.9	1.31
Huhn	Erythrozyten	28.8	20.5	21.5	29.2	1.38

*) Anstelle von Cytosin tritt das 5-methyl-cytosin

Ein größeres Auflösungsvermögen zeigen Elektronenstrahlen. Sie werden bei der Konstruktion von Elektronenmikroskopen benutzt. Aber auch in solchen Geräten ist bisher hauptsächlich aus technischen und nicht prinzipiellen Gründen die Grenze des Auflösungsvermögens bei Abständen von rund 5 Å erreicht. Dieser Wert wird gar nur mit sehr leistungsfähigen Instrumenten und mit erheblichem technischen Aufwand verwirklicht. Damit erweist sich auch die Elektronenstrahlung als ungeeignet, Aussagen über die räumliche Anordnung der atomaren Bausteine von Molekülen zu machen. Weiter führt dagegen eine andere noch kurzwelligere Strahlung, die Röntgenstrahlen. Ihre Wellenlänge vermag die Abstände von Atomen aufzulösen. Läßt sich daher auch schon ein Röntgenstrahlenmikroskop konstruieren?
Um diese Frage zu beantworten, müssen wir uns zunächst ein wenig mit der Theorie der Bildentstehung in einem Mikroskop beschäftigen. Sie geschieht in zwei Phasen. Fällt auf das zu betrachtende Objekt Licht, so wird es von dessen Oberfläche in verschiedene Richtungen gestreut. Die Intensität dieser Streuung und die Richtung der gestreuten Lichtbündel hängen von der Art und Form der Oberfläche ab. Als Ergebnis entsteht ein Beugungsmuster der Lichtwellen dadurch, daß von verschiedenen Teilen des Objektes gestreute Lichtwellen miteinander interferieren. Dabei bilden sich Wellen verschieden großer Schwingungshöhe, je nach dem, ob die sich vereinigenden Wellenbündel in oder außer Phase sind. In den beiden denkbaren Extremsituationen trifft entweder Wellenberg auf Wellenberg und addiert sich daher (in Phase) oder ein Wellenberg wird durch ein Wellental eines anderen Strahlenbündels ausgelöscht (außer Phase). Trifft Licht nicht nur die Oberfläche des Objektes, sondern vermag es sie zu durchdringen, dann tritt anstelle der Streuung die Lichtbrechung, welche ebenfalls zu kennzeichnenden Beugungsmustern führt. Im zweiten Prozeß der Bildentstehung werden die gebeugten Lichtwellen durch eine Objektivlinse gesammelt und zu einem Bild vereinigt, welches meist durch

ein Linsensystem von vergrößernder Wirkung, dem Okular betrachtet wird. Die bisher durchgeführten Überlegungen machen es verständlich, daß die Qualität des Bildes umso besser wird, je mehr Beugungsmuster bei der Bildentstehung verwertet werden. Eine möglichst hohe Leistung wird daher dann erreicht, wenn die Objektivlinse so beschaffen ist, daß auch Strahlenbündel, die in flachem Winkel auf das Objekt fallen, noch zu Beugungsmustern verwertet werden können. Man spricht dann von einer großen Öffnung oder Apertur des optischen Systems. Die Vereinigung der Beugungsmuster zu einem Bild wird im Lichtmikroskop durch Glaslinsen hervorgebracht. Elektronenstrahlen können durch Glaslinsen nicht gebündelt werden. An ihrer Stelle verwendet man Magnetfelder, die auch als magnetische Linsen bezeichnet werden. Für Röntgenstrahlen sind bisher überhaupt keine Anordnungen bekannt geworden, die ihre Bündelung erlauben: Die Konstruktion eines Röntgenstrahlenmikroskopes ist vorläufig technisch unmöglich. Sind daher aber auch Röntgenstrahlen für die Herstellung von Bildern der Objekte atomarer Dimensionen überhaupt ungeeignet? Glücklicherweise ist das nicht der Fall. Die erste Phase der Bildentstehung, die Erzeugung eines Beugungsmusters solcher Objekte, ist durchaus möglich. Zur Bilderzeugung aus derartigen Beugungsmustern dagegen müssen andere Wege als die für das Licht- und Elektronenmikroskop üblichen eingeschlagen werden. Das Beugungsmuster wird photographisch aufgezeichnet und das Bild daraus errechnet. Dazu benutzt man heute Computer. Das klingt zunächst ganz einfach, birgt jedoch eine prinzipielle Schwierigkeit in sich. Das Aufzeichnen eines Beugungsmusters anstelle ihrer Vereinigung zur Bildentstehung läßt die Phasenbeziehungen der einzelnen Wellenbündel untereinander unbeachtet. Damit geht eine für die Errechnung des Bildes wichtige Information verloren. Jedes Beugungsmuster erlaubt daher eine mehr oder weniger große Anzahl verschiedener Deutungen, die mit anderen Beobachtungsdaten abgestimmt werden müssen. In neuerer Zeit ist es gelungen, Methoden zu entwickeln, dieses Phasenproblem der Röntgenstrahlenkristallographie einer Lösung entgegenzuführen, sodaß in Sonderfällen auch Aussagen über die Phasenbeziehungen der Wellen gemacht und für die Bilderzeugung verwertet werden können. Es bleibt nun noch übrig hinzuzufügen, daß als Objekt einzelne Kristalle der zu untersuchenden Verbindung verwendet werden. Sie können bis zu 10^{15} identischer Moleküle enthalten. Deren streng geregelte Anordnung führt dazu, daß sie Röntgenstrahlen so beugen, als seien sie ein einziges Riesenmolekül.

Ein solches Kristall entwirft dann ein dreidimensionales Beugungsgitter, dessen zweidimensionale Abbildung – im vorliegenden Falle eines DNS-Kristalles – in Abb. 15 dargestellt ist. Die darin enthaltenen Schatten weisen auf periodisch wiederkehrende Abstände von Atomgruppen innerhalb des Gesamtmoleküls hin. Die eigentliche Analyse eines solchen Strukturdiagramms, welche zur Erarbeitung der Raumstruktur des untersuchten DNS-Makromoleküls führt, besteht hauptsächlich darin, Modelle zu konstruieren, welche gleichartige Strukturdiagramme ergeben würden, den bekannten Molekularaufbau der untersuchten Verbindungen aufweisen und gleichzeitig noch weitere experimentelle Befunde, wie die Gleichheit der Menge von A und T sowie G und C im DNS-Molekül berücksichtigen. Einer der drei Autoren hat die Art dieser Untersuchung einmal durch einen treffenden Vergleich geschildert. „Unsere Aufgabe ähnelte etwa derjenigen eines Mannes, der aus dem Schatten eines Liegestuhles, den dieser auf eine Hauswand wirft, auf die räumliche Anordnung der Einzelteile dieses Stuhles und ihre Funktion schließen sollte".

Die Untersuchungen von WATSON und CRICK führten schließlich zur Feststellung, daß in biologisch aktiven DNS-Molekülen nicht ein Einzelstrang, sondern zwei Schwesterstränge in einer gemeinsamen Überstruktur vorliegen. Die beiden Molekülfäden können wir dabei mit den beiden Seilen einer Strickleiter vergleichen. Diese werden in jedem der zwei Schwesternmoleküle durch die Aufeinanderfolge Phosphorsäurerest – Zucker – Phosphorsäurerest – Zucker usw. gebildet. Die Stufen der Leiter entstehen dadurch, daß jeweils zwei gegenüberliegende Basen beider Molekülfäden miteinander durch Wasserstoffbrücken in Verbindung (Abb. 16) treten. Diese Verbindung ist nur zwischen einem Thymin und

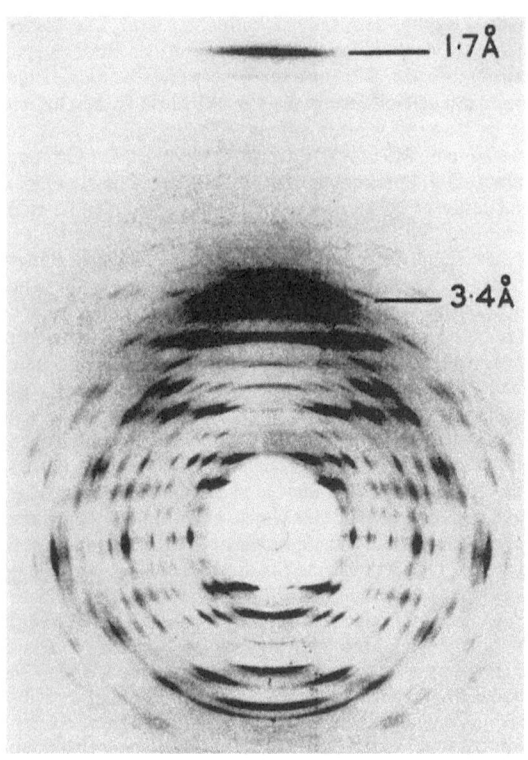

Abb. 15. Röntgenstrahlen-Beugungsbild makrokristalliner DNS-Fasern. Die regelmäßige Anordnung der Moleküle in den Kristallen führt zu scharfen Reflexen, welche auf Abstände atomarer Gruppen bis herab zu 1,7 Å schließen lassen. Nach WILKINS, 1963

Adenin sowie Guanin und Cytosin möglich. Aus diesem Grunde bestimmt die Art der Aufeinanderfolge der unterschiedlichen Basen des einen Schwesterstranges diejenige des anderen: Sie sind einander komplementär. Man kann auch sagen, daß jeder Strang das Negativ des Schwesterstranges ist. Es bleibt noch hinzuzufügen, daß die Art der Verknüpfung der Mononucleotide also die 3'-5'-3'-5'-Aufeinanderfolge, die wir weiter oben kennenlernten, dazu führt, daß die beiden Schwesterfäden entgegengesetzte Polarität aufweisen. Abb. 17 zeigt als Schema den Aufbau eines solchen als WATSON-CRICK-Modell bezeichneten DNS-Doppelstranges unter Berücksichtigung der für seine Eigenschaften als Träger genetischer Information wichtigen Strukturelemente. Die entgegengesetzte Polarität beider Schwesterstränge ist durch die pfeilförmigen Gebilde an der Basis der einzelnen Mononucleotidsymbole charakterisiert. Die beiden möglichen Basenpaarungen werden durch Punktierung der Symbole oder deren Wegfall markiert. Die beiden Purine Adenin und Guanin sind durch je ein großes, Thymin und Cytosin als Pyrimidine durch je ein kleines Symbol bezeichnet. Die Base, welche das jeweilige Mononucleotid kennzeichnet, wird dabei mit ihrem Anfangsbuchstaben angegeben. Wir vermögen nun die Basenschrift der genetischen Information bereits direkt – allerdings in einer uns unverständlichen Codierung – zu lesen. Im unteren Faden bildet sie als

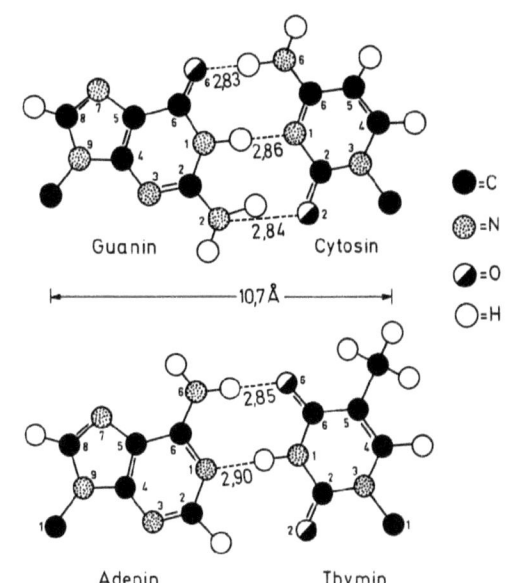

Abb. 16. Molekulare Paarung von Guanin mit Cytosin (oben) und Adenin mit Thymin (unten) durch Wasserstoffbrückenbildung. Die Wasserstoffbrücken sind als gestrichelte Linien dargestellt.

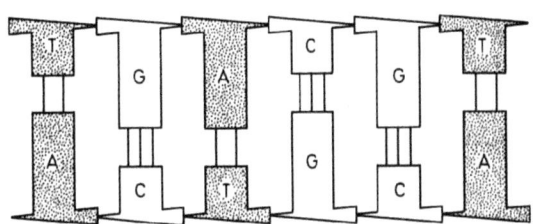

Abb. 17. Schema des Aufbaues eines DNS-Doppelstranges unter Berücksichtigung der für seine Eigenschaften als Träger genetischer Informationen wichtigen Strukturmerkmale. Aus KAUDEWITZ, 1960

die Aufeinanderfolge der Basen die Buchstabenreihe ACTGCA. Das Strickleitermodell müssen wir schließlich noch etwas verformen, um damit die wirklich in der Natur vorkommende Raumstruktur des DNS-Moleküls nachzuahmen. Es genügt dazu eine schraubenförmige Windung der Art, daß 10 aufeinanderfolgende Nucleotidpaare gerade eine 360° ausmachende Verdrehung der Strickleiter ergeben. Die Abb. 18 links zeigt diese Zusammenhänge an einem Drahtmodell, während Abb. 18 rechts ein Kalottenmodell der DNS und damit die Raumerfüllung der einzelnen Atome und Atomgruppen des Doppelmoleküls darstellt. Ein solches Modell vermittelt am nachhaltigsten einen Eindruck der dichten Packung der Atomgruppen des DNS-Doppelfadens.

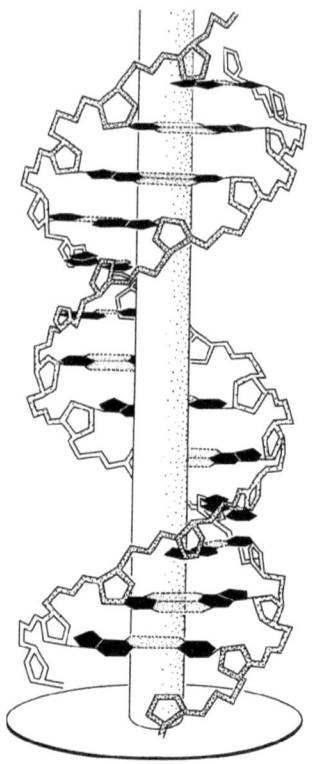 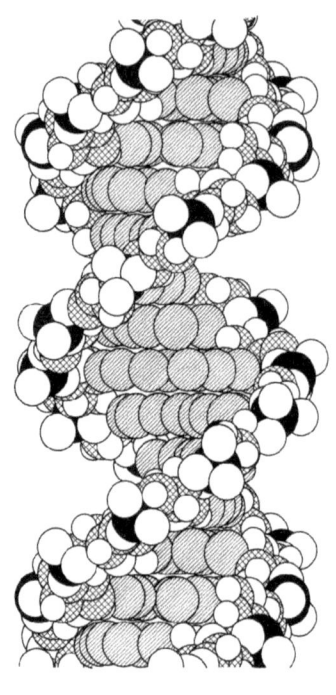

Drahtmodell der Doppelspirale nativer, genetisch wirksamer DNS (WATSON-CRICK-Modell)

Kalottenmodell des gleichen DNS-Abschnittes wie links

Abb. 18. Darstellung eines Ausschnittes aus einem DNS-Doppelstrang

3. Thermische De- und Renaturierung der Doppelstrang-DNS

Die beiden Schwester-Molekülfäden des Watson-Crick-Modelles werden durch Wasserstoffbrücken miteinander verbunden, eine, verglichen mit der Stabilität chemischer Bindungen relativ lockere Aneinanderfügung. Es ist daher möglich, durch einfaches Erhitzen einer DNS-Lösung bis zum Siedepunkt Doppelstränge in Einzelstränge zu zerlegen. Wird dann rasch auf Raumtemperatur abgekühlt, so bleibt die Einzelstrangform erhalten. Man kann zu diesem Versuch Doppelstrang-DNS benutzen, welche sich im Transformations-Versuch als genetisch aktiv erweist. Die daraus nach Temperaturbehandlung erhaltene Einstrang-DNS dagegen hat diese Aktivität verloren.

MARMUR und LANE konnten experimentell nachweisen, daß durch geeignete Behandlung derartig zu Einzelsträngen denaturierte DNS sich wieder zur Doppelstrangform zurückführen, renaturieren läßt. Dazu muß in einem bestimmten Ionenmilieu diejenige Temperatur eingehalten werden, bei der die Fluktuation der Wasserstoffbindungen nicht zu groß ist, um völlige Strangtrennung hervorzurufen, sich aber auch nicht als zu klein erweist, um bei etwaigen Fehlpaarungen einmal geknüpfte Wasserstoffbrücken beizubehalten.

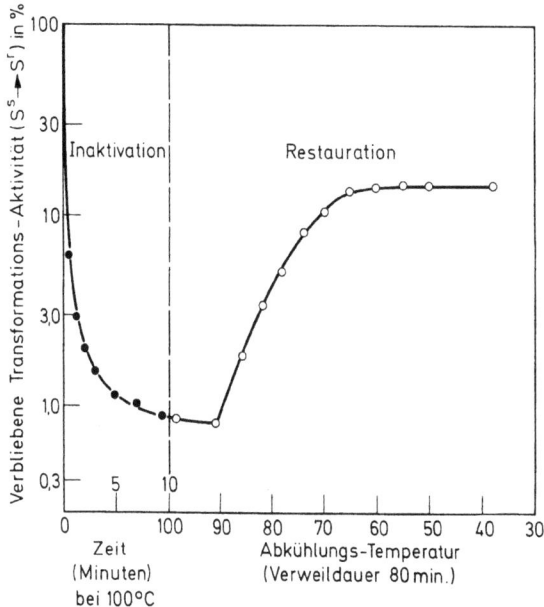

Abb. 19. Das Ausmaß der Änderung der biologischen Aktivität transformierender bakterieller DNS im Verlauf einer Hitzedenaturierung in Einzelstränge und nachfolgender Restauration zu Doppelsträngen bei gleicher Verweildauer, aber unterschiedlichen Restaurationstemperaturen. Nach MARMUR und LANE, 1960

Unter diesen Bedingungen besteht die Wahrscheinlichkeit, daß homologe Abschnitte zweier Kompelmentärstränge sich wieder miteinander verbinden. Die für eine solche Renaturierung geeignete Temperatur liegt je nach Basenverhältnis der betreffenden DNS und Art des Ionenmilieus der Lösung bei ungefähr 60°–70° C. Wie Abb. 19 zeigt, wird bei der Wiederherstellung des Doppelstrang-Charakters der durch thermische Behandlung aus Doppelsträngen erhaltenen Einstrang-DNS zu einem Teil auch deren genetische Aktivität im Transformationsversuch zurückgewonnen. Die Deutung dieses Befundes im Sinne der Wiederherstellung des Doppelstranges erfährt ihre Bestätigung durch eine Reihe experimenteller Daten, von denen nur zwei genannt werden sollen. Phospho-Diesterase, welche nur DNS-Einzelstränge abzubauen vermag, erzielt nach Renaturierung der Einstrang-DNS nur noch eine sehr beschränkte Wirkung. Deren Orte lassen sich aus elektronenoptischen Bildern erschließen. In diesen erscheinen DNS-Einzelstränge als statistische Knäuel. Nach Renaturierung werden dagegen lange Doppelstrang-Abschnitte erkennbar, deren Ende jedoch meist noch aus jeweils zwei nicht miteinander gepaarten Einzelsträngen bestehen. Diese und die noch nicht renaturierten Einzelstränge werden offensichtlich durch Diesterase abgebaut.

Man kann das experimentell sehr anschaulich nachweisen. Dazu wird die Gradientenzentrifugierung benutzt, eine Technik, die heute aus der molekular-genetischen Forschung nicht mehr wegzudenken ist. Ihre Entwicklung ging von der Überlegung aus, daß in dem Schwerefeld des laufenden Rotors einer Ultrazentrifuge sich die Moleküle oder Ionen eines in Flüssigkeit gelösten Stoffes zentrifugal sammeln müssen. Mit anderen Worten gesagt: Die Zentrifugalwirkung bedingt nicht nur, daß sichtbare Partikel sich am Boden eines im Zentrifugenrotor befindlichen Zentrifugenröhrchens ansammeln. Diese Wirkung läßt sich ebenso, wenn auch beträchtlich abgeschwächt, an größeren Molekülen und Ionen beobachten. Tatsächlich zeigte sich, daß eine wäßrige Lösung des Salzes Caesiumchlorid (CsCl) nach tagelangem Zentrifugieren in einer Ultrazentrifuge in Zentrifugalrichtung, also in Richtung von der Zentrifugenachse weg, eine deutliche Konzentrationszunahme, zur Achse hin (zentripetal) dagegen eine Konzentrationsabnahme aufwies: Es war im Zentrifugengläschen ein Konzentrationsgradient des Caesiumchlorids aufgebaut worden. Für derartige Versuche hatte man Caesiumchlorid deshalb gewählt, weil sich daraus leicht Lösungen herstellen lassen, deren spezifisches Gewicht etwa der Schwimmdichte gelöster DNS entspricht. Mit Schwimmdichte bezeichnet man dabei alle diejenigen Faktoren, welche die Befähigung dieses Moleküls bestimmen, innerhalb des sich aufbauenden Dichtegradienten in einer ganz bestimmten Dichtezone zu schwimmen. Zur technichen Durchführung einer Gradientenzentrifugation wird in eine solche Caesiumchloridlösung DNS eingebracht und dieses Gemisch tagelang in der Ultrazentrifuge zentrifugiert. In dem Dichtegradienten sammeln sich als Bande in einer ganz bestimmten Zone, deren spezifisches Gewicht der Schwimmdichte der betreffenden DNS entspricht, die im Röhrchen vorhandenen, zunächst gleichmäßig verteilten DNS-Moleküle an (Abb. 20).

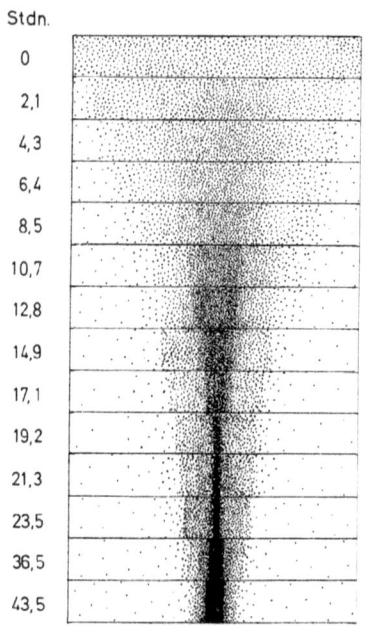

Abb. 20. Entstehung einer DNS-Bande im Verlaufe der Dichtegradientenzentrifugierung in Caesiumchlorid (CsCl)-Lösung

Im Versuch lassen sich derartige Banden leicht nachweisen. Dazu sind in Boden und Deckel des Zentrifugenkessels, in welchem der Rotor einer analytischen Ultrazentrifuge läuft, genau übereinanderliegend je ein Quarzfenster eingelassen. Von unten her wird nun ein Strahl ultravioletten Lichtes durch den Kessel geschickt. Da die Zentrifugenzelle ebenfalls in Boden und Deckel je ein Quarzfenster aufweist, vermag der Strahl immer dann den Kessel zu durchqueren, wenn die Zentrifugenzelle genau zwischen den Fenstern des Kessels steht. Das ist nach jeder Umdrehung des Rotors die bis zu 80000mal je Minute erfolgt, der Fall. DNS absorbiert sehr stark UV-Licht. Die DNS-Bande erscheint daher schwarz. Sie läßt sich photographisch festhalten, wobei der Grad der Schwärzung der photographischen Platte Auskunft über die Konzentration der DNS in der Bande gibt (Abb. 20).

Abb. 21a zeigt die Lage der Bande nativer DNS von Bacillus subtilis bei einer Dichte von 1,703. Die dargestellte Kurve ist die quantitative Auswertung der UV-Absorption der betreffenden Bande. Durch Erhitzen erhaltene Einstrang-DNS (b) bildet eine Bande bei 1,720. Durch Verweilen bei 68° wird ein Teil dieser Einstrang-DNS wieder in die Doppelstrang-DNS überführt. Im Gradienten bildet sich bei Zentrifugieren dieses Gemisches eine Doppelbande, welche in (c) als Doppelmaximum dargestellt ist. Das kleinere Maximum repräsentiert die noch nicht renaturierten Einzelstränge. Wird vor Zentrifugierung das gleiche Material mit Phospho-Diesterase behandelt, dann führt dies zum nahezu vollständigen Abbau aller Einzelstränge und der nicht-gepaarten Einzelstrangenden der erneut entstandenen Doppelstrang-DNS. Im Dichtegradienten bildet sich daher eine einheitliche Bande, deren Maximum nun (d) bei 1,704 liegt und damit nahezu identisch mit dem nativer Doppelstrang-DNS ist.

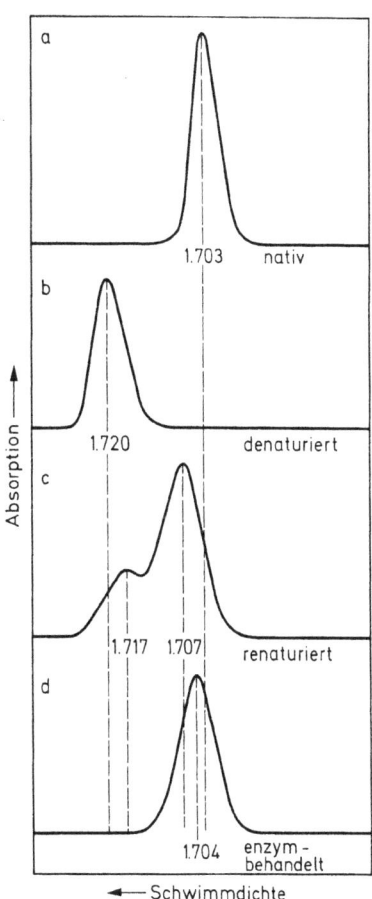

Abb. 21. Photometrische Auswertung des Ergebnisses der Dichtegradientenzentrifugierung a) nativer, b) denaturierter, c) renaturierter und d) renaturierter mit einstrangspezifischer Phospho-Diesterase behandelter DNS von B. subtilis. Nach SCHILDKRAUT, MARMUR und DOTY, 1961

Die Renaturierung zuvor durch thermische Behandlung denaturierter Doppelstrang-DNS oder in anderen Worten die Wiederherstellung der Doppelstrang-Struktur aus einem Gemisch von Einzelsträngen setzt deren Komplementarität voraus. Sie allein ist die Ursache dafür, daß erneut Wasserstoffbrücken unter Einhaltung des Gesetzes der Basenpaaarung geknüpft werden können. Dieser Zusammenhang erlaubt den Schluß, daß eine derartige Renaturierung von Einzelsträngen zum Doppelstrang mit umso geringerer Ergiebigkeit vor sich gehen wird, je weniger deren Mononucleotid-Sequenzen einander komplementär sind. Entstammen die Einzelstränge der Doppelstrang-DNS den Zellen einer bestimmten, genetisch einheitlichen Tier- oder Pflanzenart, so werden sie völlige Komplementarität aufweisen. Diese wird umso geringer sein, je entfernter die Verwandtschaft zweier Arten ist, welche als gemeinsame Quelle der DNS dienen. Wir wollen dazu die beiden komplementären DNS-Einzelstränge der einen Art mit A^+ und A^- und diejenigen der anderen Art mit B^+ und B^- bezeichnen. Sind weite Strecken der Basenfolge der DNS beider Arten identisch, dann wird es möglich sein, Hybridmoleküle durch Renaturierung der Einzelstränge ihrer DNS aufzubauen. Sie hätten dann die Zusammensetzung A^+B^- und A^-B^+. Ist die genetische Verwandtschaft beider Arten weniger nahe, gleichen sich ihre Mononucleotidsequenzen nur noch in einigen Abschnitten, dann wird die experimentelle Herstellung solcher Hybrid-DNS-Moleküle mit nur geringer Ausbeute oder überhaupt nicht mehr gelingen.

SCHILDKRAUT, MARMUR und DOTY haben, von diesen Überlegungen ausgehend, Hybridisierungsversuche zwischen DNS-Einzelsträngen nahe und entfernt miteinander verwandter

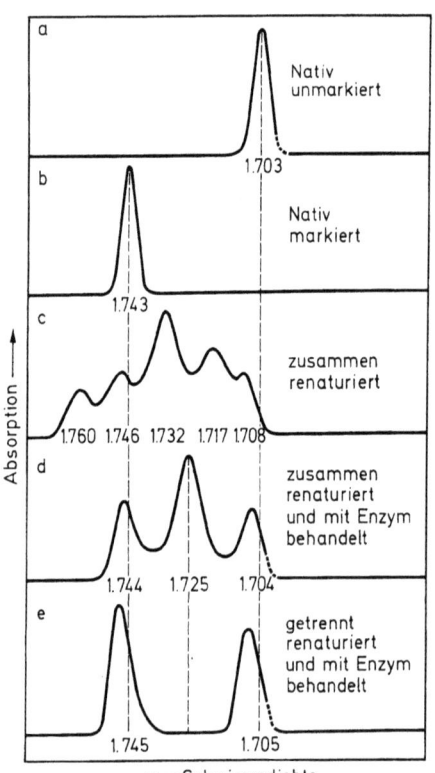

Abb. 22. Wirkung von Phospho-Diesterase aus E. coli auf ein hitzedenaturiertes und wieder renaturiertes Gemisch aus schweremarkierter und normaler DNS von B. subtilis. Nach SCHILDKRAUT, MARMUR und DOTY

Bakterienarten angestellt. Um im Dichtegradienten die DNS der beiden Arten unterscheiden zu können, benutzten sie die Technik der Markierung mit schweren Isotopen. Diese macht sich die folgenden Zusammenhänge zu Nutze: Eine in Minimalmedium befindliche Bakterienzelle synthetisiert die zur DNS-Vermehrung notwendigen molekularen Bausteine aus Atomen und Atomgruppen, welche sie den Salzen des Nährmediums entnimmt. Die vier in der DNS vorkommenden Basen enthalten Stickstoffatome. Sie entstammen stickstoffhaltigen Verbindungen des Nährmediums, welche die Zelle zuvor aufnahm. Normalerweise kommt Stickstoff in der Natur als Element ^{14}N vor. Die Zahl 14 gibt in dieser Schreibweise das Gewicht seiner Atome an, welches damit das 14fache des Gewichtes eines Wasserstoffatoms beträgt. Ein weiteres, sehr seltenes Stickstoffisotop zeichnet sich durch höheres Atomgewicht, nämlich 15 aus. Seine Existenz eröffnet die Möglichkeit die gleiche stickstoffhaltige Verbindung unter Verwendung von ^{14}N oder von ^{15}N, dann aber mit höherem Molekulargewicht, aufzubauen. Ähnliches gilt für Wasserstoff (^{1}H) und sein schweres Isotop Deuterium (^{2}H). Da Wasserstoff einer der häufigsten atomaren

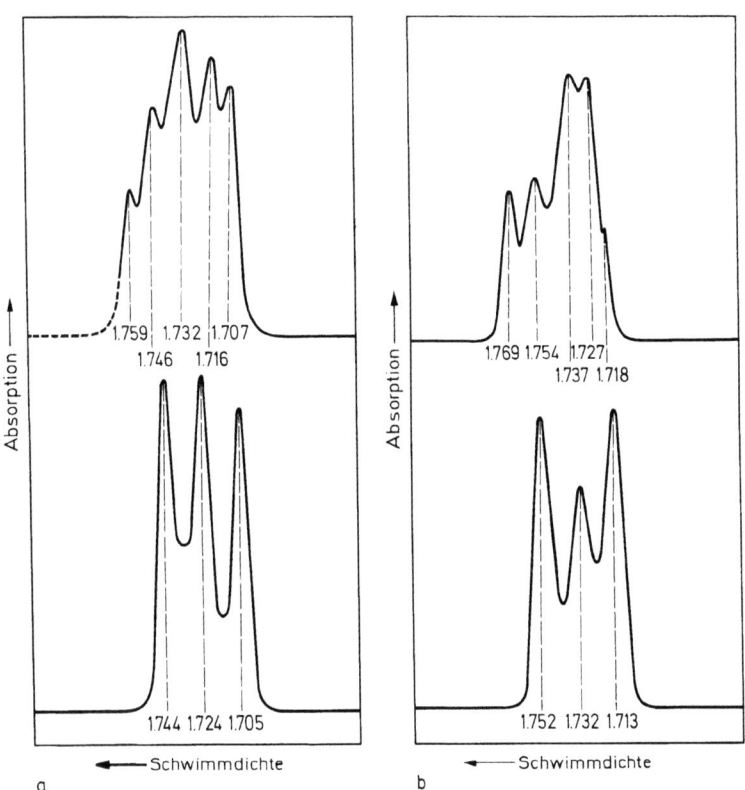

Abb. 23. Wirkung der Phospho-Diesterase auf ein hitzedenaturiertes und wieder renaturiertes Gemisch aus a) schwere-markierter DNS von B subtilis und Normal-DNS von B. natto, sowie b) schwere-markierter DNS von E. coli und Normal-DNS von Shigella dysenteriae. Die Entstehung einer Hybridbande beweist jeweils nahe genetische Verwandtschaft der beiden Bakterienarten. Nach SCHILDKRAUT, MARMUR und DOTY

Bausteine des DNS-Moleküls ist, wird der Einbau von ^{2}H merklich zur Erhöhung des Molekulargewichts derartiger DNS beitragen. Bei Züchtung von Bakterienzellen in Minimalmedium, welches in seinen anorganischen Salzen ^{15}N und ^{2}H enthält, werden diese Atome in gleicher Weise wie zuvor ^{14}N und ^{1}H aufgenommen und in den zahlreichen Biosynthesen weiter verarbeitet. In ^{14}N ^{1}H-Nährmedium entsteht eine ^{14}N ^{1}H-DNS; die in ^{15}N^{2}H-haltiger Nährlösung synthetisierte ^{15}N ^{2}H-DNS unterscheidet sich davon durch höheres spezifisches Gewicht. Dies muß zu erkennen sein, wenn Gemische aus beiden gemeinsam im CsCl-Gradienten zentrifugiert werden.

Der Kontrollversuch (Abb. 22) zeigt, daß diese Überlegungen zutreffen. In (a) ist die Lage des Gradienten, der nicht markierten „leichten" Doppelstrang-DNS, in (b) diejenige der ^{15}N^{2}H markierten „schweren" Doppelstrang-DNS von Escherichia coli erkennbar. Zur Erlangung der Kurve (c) wurden beide denaturiert und die Denaturierungsprodukte miteinander gemischt der Renaturierung unterworfen. 5 Maxima als Beweis für das Vorhandensein von 5 aufeinanderfolgenden Banden im Dichtegradienten sind erkennbar. Von rechts nach links, also zentrifugal gelesen, bedeuten sie: Leichte Doppelstränge, leichte Einzelstränge, Hybriddoppelstränge, schwere Doppelstränge und schwere Einzelstränge. Den Beweis für die Richtigkeit dieser Zuordnung ergibt (d). Sie zeigt die Banden

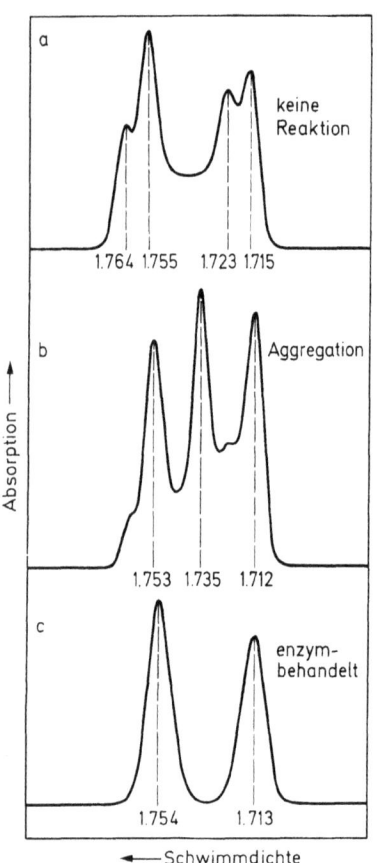

Abb. 24. Ausbleiben der Bildung einer phospho-diesterase-stabilen Hybridbande zwischen DNS von Salmonella typhimurium und E. coli als Beweis weniger naher genetischer Verwandtschaft.
Nach SCHILDKRAUT, MARMUR und DOTY

des gleichen renaturierten Gemisches, nun aber nach Behandlung mit Phospho-Diesterase, wobei die 3 Maxima, in zentrifugaler Richtung gelesen, bedeuten: Leichte, Hybrid- und schwere Doppelstrang-DNS. Renaturierung der getrennten Denaturierungsgemische mit nachfolgender Enzymbehandlung (e) führt wegen der Verhinderung der Hybridbildung durch die räumliche Isolierung schließlich wieder zu je einem Maximum für leichte und schwere Doppelstrang-DNS.

Eine gleichartige Bandenverteilung ergibt sich bei Verwendung von Doppelstrang-DNS zweier nahe verwandter Bakterienarten, deren eine in markierter schwerer Form vorliegt. Abb. 23 a zeigt dies für Bacillus natto und Bacillus subtilis, Abb. 23 b für Shigella dysenteriae und Escherichia coli, wobei jeweils die letztgenannte Art die markierte DNS liefert.

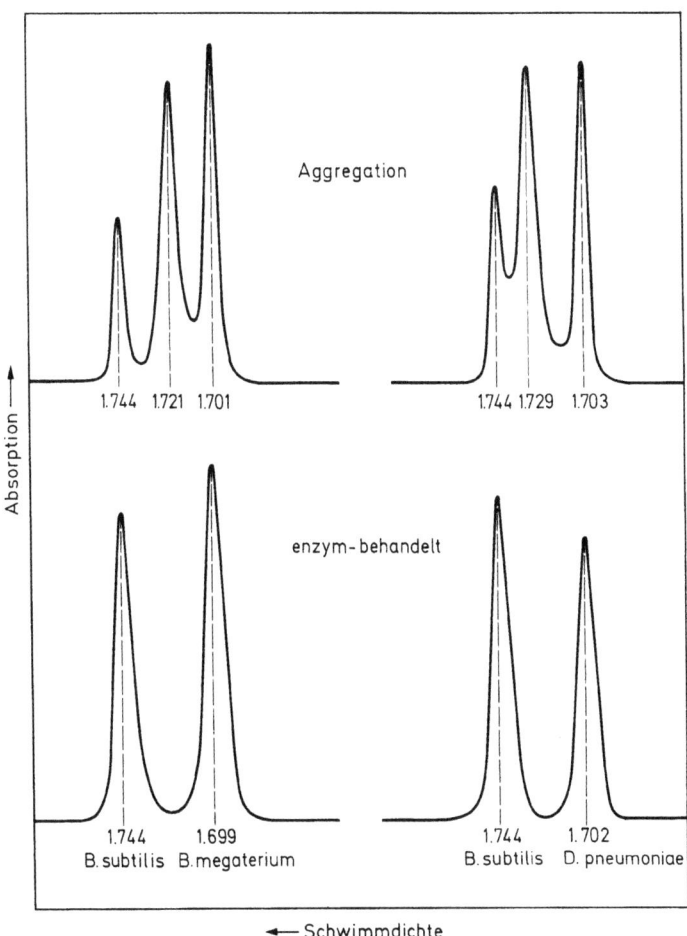

Abb. 25. Ausbleiben der Bildung einer phospho-diesterase-stabilen Hybridbande zwischen DNS von B. subtilis und B. megaterium sowie B. subtilis und D. pneumoniae

Die Entstehung der in der Mitte liegenden Hybridbande, welche nach Phospho-Diesterase-Behandlung nicht verschwunden ist, bildet den Beweis für die nahe genetische Verwandtschaft der beiden betreffenden Arten. Wie empfindlich dieser Hybridisierungsversuch arbeitet, zeigt der Vergleich zweier weiterer Bakterienarten, nämlich von Salmonella typhimurium und Escherichia coli. Beide sind noch relativ nahe miteinander verwandt. Die genetische Kartierung ihres Chromosoms hat weite Strecken als in ihrem Gengehalt übereinstimmend nachweisen können. Dennoch scheinen sich im Laufe der Evolution innerhalb der Genorte in beiden Arten voneinander unterschiedliche mutative Veränderungen ergeben zu haben, deren Häufigkeit ausreicht, die Bildung von Hybrid-DNS-Doppelsträngen unmöglich zu machen. Werden die in den Versuchen der Abb. 23 verwendeten DNS-Konzentrationnen benutzt, dann ergibt das Gemisch aus den Einzelsträngen beider Arten keine Reaktion. Es entsteht auch bei Verdoppelung der DNS-Konzentration auf 10 µg/ml (Abb. 24a) keine Hybridbande. Bei 20 µg/ml tritt schließlich (b) eine Mittelbande auf. Diese erweist sich jedoch bei Anwendung von Phospho-Diesterase als unstabiles Aggregationsprodukt: Die Enzymbehandlung läßt sie völlig verschwinden (c). Ein gleiches Verhalten der DNS und damit der Hinweis auf nur weitläufige genetische Verwandtschaft ergibt sich auch für Bacillus subtilis mit Bacillus megaterium und Bacillus subtilis mit Diplococcus pneumoniae (Abb. 25).

E. *Fragen zur genetischen Information*

1. Wie speichert ein DNS-Molekül genetische Informationen?

Die Kenntnis des Bauprinzips der DNS erlaubt es, einen für die Molekulargenetik grundlegenden Zusammenhang zu verstehen. Wir hatten festgestellt, daß die Vielfalt genetischer Informationen eine Zelle in der molekularen Struktur der DNS niedergelegt sein muß. Diese aber besteht aus einer monotonen Aufeinanderfolge von Mononucleotiden. Wie vermag eine solche Struktur genetische Informationen einer großen Vielfalt zu speichern? Am einfachsten werden wir die Antwort auf diese Frage erhalten, wenn wir beim Versuch ihrer Beantwortung bereits gemachte Erfahrungen verwerten. Der Mensch hat ja vielfach komplizierte Mechanismen bei Tier und Pflanze erst dann verstehen gelernt, nachdem er sie selbst erfand: Das Fliegen lernten wir nicht von den Vögeln, sondern verstanden Einzelheiten ihrer Flugtechnik erst als wir selbst Flugzeuge bauten. Die Ultraschallorientierung der Fledermäuse wurde entdeckt und analysiert nachdem das Echolot und die Radarorientierung bereits bekannt waren. Fragen wir also danach, wie wir im eigenen Leben Informationen speichern. Das weiß ein jeder. Wir benutzen dazu etwa 30 Buchstaben des Alphabetes und einige Satzzeichen. Aber nicht einmal so viele verschiedenartige Einzelelemente werden unbedingt benötigt. Das beweist die Morseschrift, die mit nur drei davon, den Punkten, Strichen und Zwischenräumen auskommt. Auch sie vermögen bereits, in zahlreichen Einzelstücken sinnvoll aneinandergereiht, jede nur mögliche Information auszudrücken. Ganz ähnliche Zusammenhänge zeigt die DNS. Ihre „Morseschrift" benötigt vier verschiedene Elemente. Es sind dies die vier Basen Adenin, Thymin, Guanin und Cytosin, welche in der DNS das Vorhandensein von vier verschiedenen Mononucleotidtypen bedingen. Von ihnen sind viele Millionen von Einzelstücken aneinandergereiht und bilden dadurch das fadenförmige Makromolekül der DNS. Seine genetische Wirkung und damit seine Eigenschaft als Träger genetischer Information erhält dieses Molekül dadurch, daß die Zugehörigkeit jedes dieser Mononucleotide zu einem der vier verschiedenen möglichen Typen nicht zufällig ist, sondern einer ganz bestimmten unverwechselbaren Ordnung folgt, welche die Spezifität der Information ausmacht.

Reicht ein DNS-Doppelfaden tatsächlich aus, um all die Vielfalt genetischer Informationen zu speichern, über welche eine Zelle verfügt? Wir wollen einmal diesen Informationsschatz mit dem einer Bibliothek vergleichen. Setzen wir den Informationswert eines Mononucleotidpaares der DNS jeweils einem Buchstaben gleich, von denen erst mehrere ein Wort, sehr viele einen Satz ergeben, dann kommen wir zu den folgenden Zahlen: Die Bakterienzelle weist rund 3×10^6 Mononucleotidpaare auf. Die Seite eines Buches mit normal großem Druck enthält etwa 1600, also $1,6 \times 10^3$ Buchstaben. Wir müssen diese Zahl mit $1,9 \times 10^3$, also mit 1900 multiplizieren, um als Ergebnis ungefähr 3×10^6 zu erhalten. Der Multiplikant 1900 gibt uns dann an, wieviele Buchseiten dem Informationsschatz der DNS einer einzigen Bakterienzelle entsprechen. Binden wir diese Seiten so, daß je 480 Blatt einen Band ergeben, so können wir die genetischen Informationen einer Bakterienzelle in 4 recht ansehnlichen Bänden unterbringen. Um diese Überlegungen abzuschließen, wollen wir noch daran denken, daß die DNS einer menschlichen Zelle die mehrhundertfache Größe derjenigen einer Bakterienzelle besitzt. Das ergäbe in unserem Vergleich schon eine recht ansehnliche Bibliothek von fast tausend dicken Bänden.

Auch diese Zahlenabschätzungen zeigen, welche gewaltigen Möglichkeiten der Makromolekülcharakter eines DNS-Moleküls bedingt. Sie reichen sicher aus um alle genetischen Informationen einer Zelle zu speichern.

2. Welchen Inhalt haben genetische Informationen?

2.1 Die Ein-Gen-ein-Enzym-Hypothese

Nun nachdem wir die Desoxyribonucleinsäure als Träger genetischer Informationen kennengelernt haben, soll die Frage nach dem Inhalt dieser Informationen beantwortet werden. Betrachten wir im übertragenen Sinne DNS als eine Art Befehlssammlung für das Verhalten der einzelnen Zelle, dann werden wir auch fragen, welcher Art diese Befehle sind. Der Biochemiker wird diese Fragestellung anders formulieren. Er wird davon ausgehen, daß jedes Erbmerkmal das Ergebnis einer chemischen Wirkkette ist, deren Anfangsglied der für das betreffende Erbmerkmal bezeichnende Genort bildet. Erbmerkmale können sehr verschiedener Natur sein. Auf den ersten Blick weisen sie daher kaum Gemeinsamkeiten auf, welche auf gemeinsame Gesetzmäßigkeiten ihrer genisch gesteuerten Entstehung hindeuten. Eine Feststellung aber müssen wir treffen. Mögen zwar die Endprodukte aller dieser zahlreichen gengesteuerten Wirkketten auch beträchtlich voneinander unterschieden sein, und beispielsweise aus Farb- und Formmerkmalen oder auch Verhaltensweisen bestehen. Ihrer aller Anfang bildet ein bestimmter Abschnitt der spezifischen Struktur eines biologisch wirksamen DNS-Moleküls. Liegt da nicht die Vermutung nahe, daß auch der erste Reaktionsschritt all diese Wirkketten und damit das erste Reaktionsprodukt, so wie die verschiedenen Desoxyribonucleinsäuren einer einheitlichen Stoffklasse angehören, nach einem für alle gleichen Reaktionsschema entsteht? Der Biochemiker wird daher unsere Frage nach dem Inhalt genetischer Informationen präziser formulieren. Er wird davon ausgehen, daß Desoxyribonucleinsäuren Verbindungen hoher Spezifität der Struktur sind und danach fragen, auf welche andere chemische Verbindungsklasse als erstem Reaktionsschritt jeder Wirkkette die vom Gen zum Erbmerkmal führt, diese Spezifität übertragen wird. Die Antwort auf diese Frage wollen wir wieder unter Verwendung von Versuchsergebnissen ableiten, welche an Mikroorganismen vor allem durch die Arbeiten der beiden Nobelpreisträger BEADLE und TATUM gewonnen wurden. Die beiden Forscher verwandten dazu den Schimmelpilz Neurospora. Die erst danach aufblü-

hende Bakteriengenetik erlaubt die erarbeiteten Zusammenhänge vereinfachter darzustellen:
Die Zellen des in der Natur vertretenen Wildtyps zahlreicher Bakterienarten vermögen unter Laborbedingungen auf einem sogenannten Minimalmedium zu wachsen. In ihm sind nur anorganische Salze sowie eine Energiequelle, welche die Bakterien unter Energiegewinn abbauen können, enthalten. Als letztere wird meist ein Zucker oder Milchsäure verwendet. Dieses Minimalmedium enthält somit alle chemischen Bausteine, welche die Bakterienzelle benötigt, um daraus die zahlreichen chemischen Verbindungen zu synthetisieren, aus denen sich ihr wachsender Zelleib aufbaut oder welche sie im Verlaufe ihres intermediären Stoffwechsels verwendet. Eine solche Leistung ist durchaus nicht alltäglich. Das erkennen wir am besten daran, daß der menschliche Körper zu ihr nicht befähigt ist. Wir müssen, um leben zu können, zahlreiche Vitamine und eine ganze Reihe essentieller Aminosäuren mit unserer Nahrung aufnehmen, da unsere Zellen sie nicht aus ihren Grundbausteinen aufzubauen vermögen. Alle diese Synthesen aber beherrscht eine einfache kaum $^1/_{1000}$ mm große Bakterienzelle.

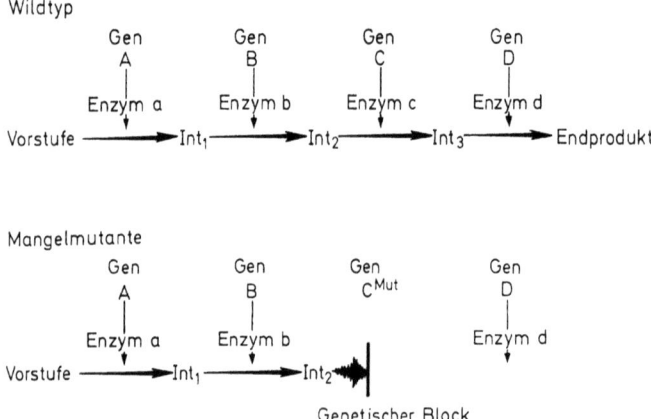

Abb. 26. Oben: Schema der Steuerung einer Biosynthesekette, ausgehend von einer Vorstufe über mehrere Intermediärprodukte durch spezifische Enzyme, deren Entstehung jeweils an die Wirkung eines bestimmten Genortes gebunden ist (genetische Situation einer Wildtypzelle)
Unten: Unterbrechung der gleichen Synthesekette durch Mutation des Genortes C und dadurch erzeugter Ausfall der Bildung des Enzyms c (durch genetischen Block gekennzeichnete genetische Situation einer Mangelmutante). Nach KAUDEWITZ, 1960

Sie stellt (Abb. 26) die zahlreichen Endprodukte etwa nach dem gleichen Schema her wie dies in den Werken der chemischen Großindustrie geschieht. Jedes davon entsteht durch Abwandlung eines Ausgangsproduktes im Verlauf zahlreicher aufeinanderfolgender Syntheseschritte. Und noch eine weitere Gleichheit zwischen derartigen Biosynthesen und industrieller, chemischer Produktion besteht. Beide bedienen sich bei der Durchführung ihrer Syntheseschritte spezifischer Katalysatoren. Ohne solche Reaktionsbeschleuniger würden die betreffenden Reaktionen nur in sehr langen Zeiträumen ablaufen. Wir nennen diese Biokatalysatoren innerhalb der lebenden Zelle Fermente oder Enzyme. Sie treten in großer Vielfalt und Spezifität auf. Die letztere zeigt sich darin, daß nahezu jeder Schritt der zahlreichen Biosynthesen ein besonderes, von den anderen unterschiedliches,

Enzym voraussetzt. Was aber haben diese Tatbestände mit den von uns zu besprechenden genetischen Zusammenhängen zu tun? Jedes dieser zahlreichen Enzyme wird in der Zelle nur dann hergestellt und steht ihr damit nur dann zur Verfügung, wenn ein ganz bestimmtes Gen, also eine bestimmte Sequenz zahlreicher Mononucleotidpaare der DNS wirksam werden kann. Diese Mononucleotidsequenz beherbergt damit die Aussage über die spezifische Struktur eines ganz bestimmten Enzyms. Wie genau diese Aussage ist, zeigen die Einzelheiten ihrer Veränderungsmöglichkeiten. Ändert sich auch nur ein einziges Mononucleotidpaar gegenüber der für den Wildtyp kennzeichnenden Mononucleotidsequenz so ist damit in den meisten Fällen eine Mutation, eine Erbänderung vor sich gegangen. Sie führt dazu, daß zwar häufig unter der Befehlsgewalt dieser veränderten Mononucleotidsequenz noch ein dem Enzymmolekül sehr ähnlicher Eiweißkörper gebildet wird. Dieser aber besitzt meist keine enzymatische Wirkung mehr. Mutiert also ein solches, die Strukturinformation eines Enzyms beherbergendes Gen, so werden gewöhnlich keine enzymatisch ausreichend wirksamen Moleküle des betreffenden Typs mehr gebildet. Auch der entsprechende Reaktionsschritt kann dann nicht mehr ausgeführt werden. Das vor dem Reaktionsschritt liegende Intermediärprodukt bleibt meist unverarbeitet liegen und wird daher angehäuft. Die Synthesekette ist unterbrochen, das Endprodukt entsteht nicht mehr. Die betreffende Zelle weist einen für die gegebenen Bedingungen tödlichen Mangel auf. Er entstand als Folge eines genetischen Blocks, welcher durch eine Mutation hervorgerufen wurde. Eine solche Zelle wird daher als Mangelmutante bezeichnet. Im Gegensatz zum prototrophen Wildtyp ist sie „auxotroph". Im Versuch kann die Lebensfähigkeit einer Mangelmutante wieder dadurch hergestellt werden, daß man dem Minimalmedium als Wuchsfaktor diejenige chemische Verbindung zusetzt, zu deren Synthese die mutierte Zelle nicht mehr befähigt ist.

Diese heute zur Theorie erhärtete Ein-Gen-ein-Enzym-Hypothese besagt damit, daß die Molekularstruktur jedes Enzyms durch ein bestimmtes Gen festgelegt ist. Die Kenntnis dieses Zusammenhanges ist nicht völlig neu. Schon vor mehr als 3 Jahrzehnten konnte an klassischen Objekten der Erbforschung wie z. B. an Augenfarbmutanten von Drosophila gezeigt werden, daß deren veränderte Erscheinungsform auf den genetisch bedingten Verlust der Aktivität mindestens eines bestimmten Enzyms zurückzuführen ist. Freilich war es nicht möglich die Allgemeingültigkeit dieser Aussage auch nur wahrscheinlich zu machen. Sicher wäre auch die sich an diese Erkenntnisse anschließende geradezu explosive Entwicklung der biochemischen Genetik kaum denkbar gewesen, wenn nicht Mikroorganismen als Versuchsobjekte zu derartigen Forschungen herangezogen worden wären. Dennoch können wir in der genetischen Forschung noch wesentlich weiter zurückgehen und stoßen auch dann immer noch auf Mangelmutanten, freilich ohne daß deren wahre Natur damals schon erkannt worden wäre. Gregor MENDEL kreuzte vor rund 100 Jahren weißblühende mit rotblühenden Erbsen und beobachtete in der ersten Folgegeneration das Entstehen von Hybriden sowie das Aufspalten dieser Mischerbigen in der darauffolgenden zweiten Generation, also Zusammenhänge, welche die Mendelschen Regeln beschreiben. Die beiden Erbsenrassen unterschieden sich somit durch den genetisch bedingten Besitz oder das Fehlen der Befähigung zur Synthese eines roten Blütenfarbstoffes. Die weißblühende Erbsenrasse ist daher nichts anderes als eine Mangelmutante, welche ursprünglich durch Mutation aus der rotblühenden hervorging.

2.2 Enzym- und Protein-Pathologien des Menschen

Eingangs stellten wir fest, daß die Grundlagenforschung bei freier Wahl ihrer Versuchsobjekte in der Lage ist, für alle Tier- und Pflanzenarten gültige Zusammenhänge zu erkennen. Einen solchen beschreibt die Ein-Gen-ein-Enzym-Hypothese. Sie hat, ergänzt durch weitere Zusammenhänge, auf die noch später zurückzukommen sein wird, für alle Lebewesen Gültigkeit, also auch für den Menschen. Die Entwicklung dieser Erkenntnis geht bis auf die Jahrhundertwende zurück. Damals hatte der englische Arzt GARROD sich für

Stoffwechselkrankheiten interessiert. Besonders beschäftigte ihn die Alcaptonurie. Diese Erkrankung ist leicht an einer zunehmenden Dunkelfärbung des Harns erkennbar, wenn dieser mit der Luft in Berührung kommt. Auch die Windeln von Säuglingen, welche diese Stoffwechselerkrankung zeigen, weisen eine derartige Schwarzfärbung auf, ohne daß allerdings zunächst weitere krankhafte Symptome erkennbar werden. In fortgeschrittenem Alter allerdings kommen Veränderungen des Knorpels und der Bänder hinzu, welche zu artritischen Beschwerden und Versteifungen der Wirbelsäule führen. Man wußte auch damals schon, daß die Dunkelfärbung des Harns durch den Gehalt an Homogentisinsäure verursacht wird, die im Harn eines gesunden Menschen fehlt. Die erste wichtige neue Erkenntnis, die GARROD erarbeitete, war der Zusammenhang zwischen Alcaptonurie und Vererbung. Der englische Arzt konnte klar beweisen, daß die Erkrankung gewöhnlich bei Mitgliedern bestimmter Familien auftritt, wobei die Erkrankten häufig Geschwister sind, während in diesem Falle sich die Eltern als merkmalsfrei erweisen. Dieser Tatbestand führte ihn zu der richtigen Annahme, daß das Merkmal Alcaptonurie einem Mendelschen Erbgang folgend, vererbt wird.

Der dem Wissen und Verständnis seiner Zeit weit vorauseilende Forscher kam zu zusätzlichen sehr wichtigen Schlüssen: Alcaptonuriekranke vermögen im Gegensatz zu Gesunden in ihrer Leber die Homogentisinsäure nicht abzubauen. Diese wird daher im Harn ausgeschieden. Er schloß weiter, daß dafür das Fehlen eines spezifischen Enzyms verantwortlich sei und daß dieser Mangel vererbt würde. In seinem Buch „Inborn Errors of Metabolism" (Angeborene Irrtümer des Stoffwechsels) drückt er diese Zusammenhänge, welche erst ein halbes Jahrhundert später experimentell bestätigt wurden, klar aus: „Wir können uns weiterhin vorstellen, daß die Sprengung des Benzolringes der Homogentisinsäure im Stoffwechsel des Gesunden das Werk eines besonderen Enzyms ist und daß bei angeborener Alcaptonurie dieses Enzym fehlt". Diese Arbeiten GARRODS erlauben eine Aussage zu machen, welche sich mit derjenigen der Ein-Gen-ein-Enzym-Hypothese deckt: Die Alcaptonurie entsteht durch den Ausfall der Wirkung eines Genes und damit dem Ausbleiben der Bildung eines spezifischen Enzyms (Abb. 27), welches in gesunden Menschen die Homogentisinsäure abbaut. Dieses Zwischenprodukt wird daher im Kranken angehäuft und schließlich im Harn ausgeschieden. GARRODS Arbeiten blieben fast völlig unbeachtet. In genetischen Lehrbüchern wurden sie entweder gar nicht oder nur am Rande erwähnt. So erklärt sich, daß die endgültige Beantwortung der Frage nach dem Mechanismus der primären Genwirkung erst viel später experimentell möglich wurde.

Wir wissen heute, daß beim Menschen zahlreiche weitere unterschiedliche Typen derartiger „Mangelmutanten" verbreitet sind, die zur Gruppe der Erbkrankheiten zählen. Ihr Vor-

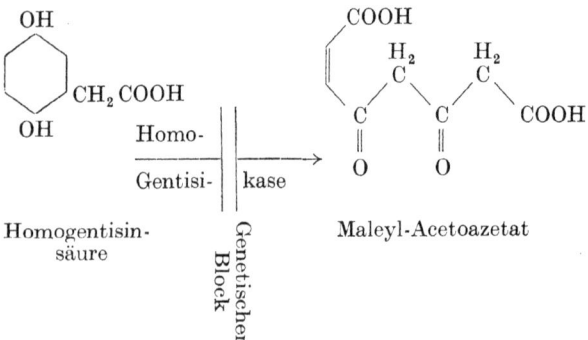

Abb. 27. Lage des genetisch bedingten Blockes, welcher zur Entstehung der Alcaptonurie führt

kommen als Ausfallserscheinung nach Veränderung einer für den Gesunden bezeichnenden genetischen Information beweist, daß im Menschen in gleicher Weise wie bei Tier und Pflanze genetische Informationen die molekulare Struktur der Enzyme und biologisch wichtigen Proteine bestimmen. Als ein solches, auch klinisch wichtiges Beispiel einer erblichen Enzympathologie wäre die Phenylketonurie zu nennen. Sie beruht auf einer Unterbrechung der Synthesekette vom Phenylalanin (Abb. 28) zum Tyrosin durch genetisch bedingten Ausfall der Wirkung der Phenylalanin-Hydroxylase, welche den betreffenden Syntheseschritt katalysiert. Die dadurch hervorgerufene Anhäufung des Phenylalanins führt zu einer Vielzahl klinischer und biochemischer Folgen im Körper des Erbkranken. Im klinischen Bild herrscht die drastische Senkung des Intelligenzquotienten vor. Wichtig erscheint dabei, daß bei der Geburt und in den ersten Wochen danach das Kind völlig normal ist. Die rapide Senkung des Intelligenzquotienten tritt erst später auf, um bei Einsetzen der Pubertät schließlich unverändert auf dem erreichten niedrigen Werte stehenzubleiben. Da die primäre Ursache dieser schweren Krankheit eine Veränderung genetischer Art ist, läßt sich beim heutigen Stande der praktischen Anwendbarkeit von Ergebnissen der genetischen Grundlagenforschung nicht diese Ursache selbst ausschalten, sondern lediglich ihre Auswirkung abschwächen oder beseitigen. Der Arzt verordnet bei rechtzeitig erkannten Fällen daher phenylalaninarme Diät und vermeidet damit weitgehend die Anhäufung nicht weiter umgesetzten Phenylalanins, aus dem im Körper Phenyl-Brenztraubensäure entsteht und die sich daraus ergebenden krankhaften, irreversiblen Veränderungen.

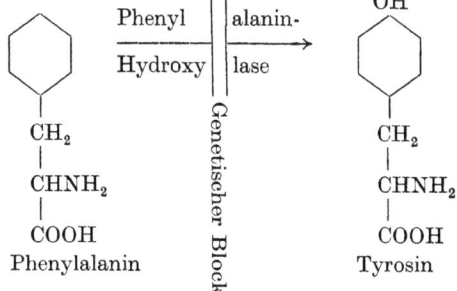

Abb. 28. Lage des genetisch bedingten Blockes, welcher die Phenylketonurie bedingt

Die Phenylketonurie ist ein rezessives Erbmerkmal. Um diese Aussage zu verstehen, müssen wir uns daran erinnern, daß der Mensch zur Gruppe der diploiden Lebewesen gehört: Jede seiner Zellen besitzt einen doppelten Satz aller Erbinformationen. Damit ein rezessives Erbmerkmal zur Ausprägung gelangt, müssen die beiden dieses Merkmal bedingenden Gene im gleichen Mutationszustand vorliegen. Für das Beispiel der Phenylketonurie bedeutet dies, daß die beiden die molekulare Struktur der Phenylalanin-Hydroxylase bestimmenden Gene in einem Mutationszustand sein müssen, welcher die Synthese des genannten Enzyms unmöglich macht und dadurch das Erscheinungsbild eines Phenylketonurikers hervorruft. Das trifft in der Gesamtbevölkerung auf etwa jeden zehntausendsten Menschen zu. Aus dieser Zahl läßt sich nach dem von HARDY und WEINBERG aufgestellten Gesetz unschwer die Häufigkeit der nicht erkrankten Menschen ausrechnen, die für die Phenylketonurie mischerbig sind. Die diesem Gesetz zugrundeliegenden Gleichungen lauten)

(1) $p^2 + 2pq + q^2 = 1$
(2) $p + q = 1$

Dabei bedeuten p^2 die Häufigkeit der reinerbig Gesunden, q^2 diejenige der reinerbig Kranken und $2pq$ die Häufigkeit der Mischerbigkeit. p bezeichnet die Häufigkeit des Normal-Gens, q diejenige des die Phenylketonurie hervorrufenden Mutationszustandes.

Nach dem oben über die Häufigkeit Phenylketonurie-Kranker Gesagten gilt:

$q^2 = 0{,}0001 \quad (100\% = 1)$
daher $q = \sqrt{0{,}0001} = 0{,}01$

aus (2) ergibt sich:
$p = 1 - 0{,}01 = 0{,}99$

Die Mischlingshäufigkeit 2 pq beträgt damit:

$2\,pq = 2 \times 0{,}99 \times 0{,}01 = 0{,}0198$

0,0198 ist ungefähr $^1/_{50}$.

Somit ist jeder fünfzigste Mensch als Mischerbiger der Träger einer genetischen Anlage für Phenylketonurie.
Bei dieser Lage der Dinge wird im Verlauf der Erbberatungen von Heiratswilligen dem Genetiker recht häufig die Frage nach einem etwaigen Vorhandensein eines solchen mischerbigen Zustandes bei einem oder beiden Ehepartner gestellt. Aus den Mendelschen Gesetzen ergäbe sich für die Nachkommen aus einer solchen Ehe, in der beide Partner mischerbig sind, eine 25%ige Wahrscheinlichkeit für das Auftreten reinerbiger Phenylketonurie-Kranker. Es ist daher von hoher praktischer Bedeutung, bereits solche klinisch gesunden Mischerbigen zu erkennen. Dies ist bei der Anwendung von Erkenntnissen der Ein-Gen-ein-Enzym-Hypothese möglich. Im Mischerbigen steht ja pro Zelle nur ein einziges Gen und damit die halbe Wirkungsdosis verglichen mit den Bedingungen eines Gesunden zur Verfügung, um die Synthese der Phenylalanin-Hydroxylase zu steuern. Seine Abbaukapazität für Phenylalanin sollte dadurch verringert sein. Das bedeutet, daß die Synthesekapazität für Tyrosin aus Phenylalanin verglichen mit der des Gesunden niedriger liegen müßte. Diese Aussage erweist sich im Phenylalanin-Toleranztest als richtig.

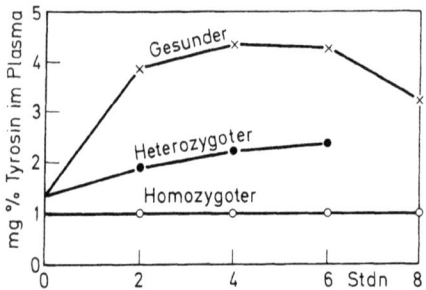

Abb. 29. Tyrosinkonzentration im Plasma von Gesunden, homozygoten Phenylketonurikern und Heterozygoten im Phenylalanintoleranztest. Nach JERVIS aus FUHRMANN und VOGEL

In ihm wird dem zu Prüfenden eine geringe Menge Phenylalanin verabfolgt und danach die Menge des entstehenden Tyrosins bestimmt. Abb. 29 zeigt, daß sich dabei deutliche Unterschiede zwischen Gesunden, Mischerbigen und reinerbigen Phenylketonurie-Kranken ergeben. Die ersteren lassen einen beträchtlichen Anstieg des Tyrosins im Blutplasma erkennen. Er ist bei Mischerbigen weit geringer aber gut nachweisbar. Reinerbige Phenylketonurie-Kranke dagegen weisen keine Erhöhung des vor Beginn der Belastung vorhandenen Tyrosinspiegels auf.
Es gibt eine ganze Reihe weiterer auf erbliche Enzympathologien beruhende Erbkrankhei-

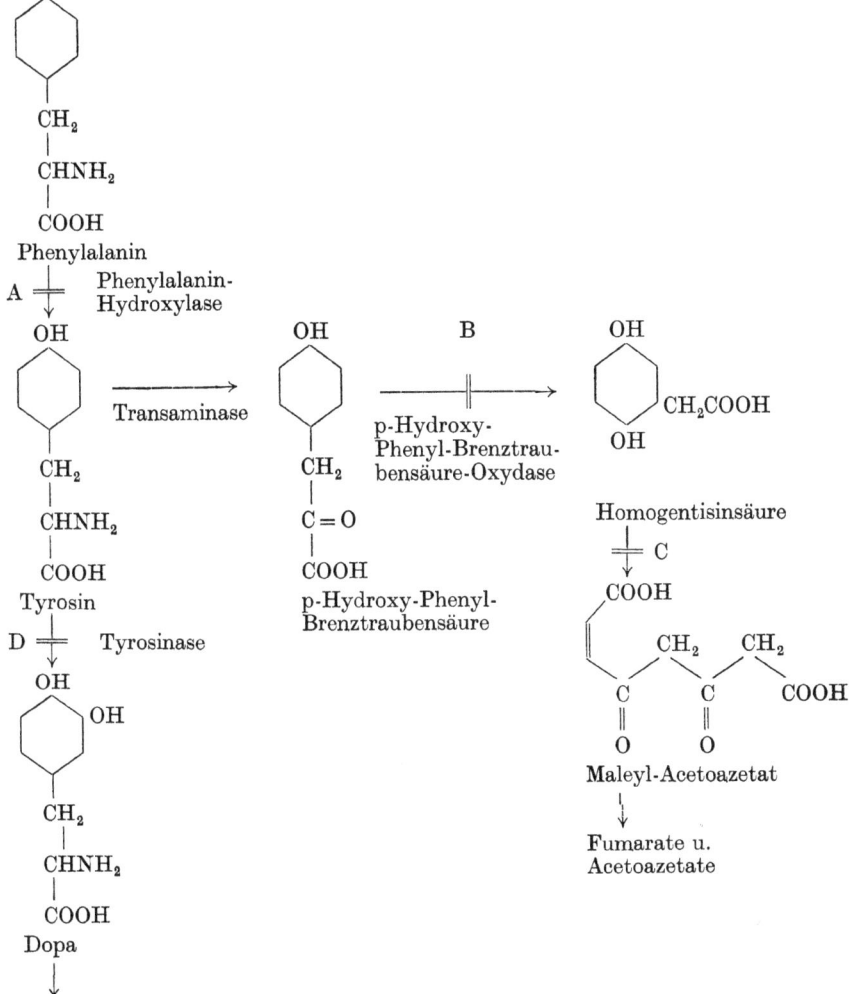

Abb. 30. Enzympathologien, welche durch Blockierung des Abbauweges des Phenylalanins und seiner Folgeprodukte entstehen: A = Phenylketonurie, B = Tyrosinose, C = Alcaptonurie, D = Albinismus

ten des Aminosäurestoffwechsels und immer neue werden aufgefunden. Abb. 30 zeigt solche, die durch Blockierung von Abbauschritten des Phenylalanins und seiner Folgeprodukte entstehen. Neben der uns schon bekannten Alkaptonurie (C) und Phenylketonurie (A) weist das Schema die Tyrosinose (B) und den Albinismus (D) auf. Enzympathologien sind jedoch nicht nur auf den Aminosäurestoffwechsel beschränkt. Auch erblich bedingte Störungen des Kohlenhydrat- und Fettstoffwechsels sowie Störungen der Synthese der Hormone und Blutgerinnungsproteine ebenso wie der Antikörper und eine ganze Reihe weiterer erblicher Stoffwechseldefekte sind bekannt. Ihre Besprechung würde uns zu weit ab vom eigentlichen Thema führen. Wir wollen daher nur noch die zur Gruppe der Störungen des Kohlenhydratstoffwechsels gehörende Pentosurie näher betrachten. Ihre Träger scheiden konstant im Harn den Zucker L-Xylulose aus. Diese Verbindung erscheint auch im gesunden Körper als normales Stoffwechselprodukt und bildet dort ein Glied eines wichtigen Synthesecyclus, wird also weiter verarbeitet. Es ließ sich unter Verwendung radioaktiv-markierter Verbindungen nachweisen, daß im Pentosurie-Kranken dieser Cyclus durch genetisch bedingten Ausfall einer Enzymwirkung, welche im gesunden Körper die L-Xylulose weiter verarbeitet, unterbrochen ist. Die L-Xylulose wird nach dem allgemeinen Schema der Abb. 31 daher angehäuft und schließlich im Harn ausgeschieden. Ein ähnliches geschieht ja auch teilweise bei der Phenylketonurie durch Ausscheidung des der Nahrung entstammenden, nicht weiter umgesetzten Phenylalanins, während in diesem Falle allerdings ein anderer Teil im Körper angehäuft wird und die schweren klinischen Veränderungen hervorbringt. In einem unterscheiden sich die klinischen Auswirkungen beider Enzympathologien ganz erheblich: Die Phenylketonurie führt, wie wir schon gesehen haben, zu schweren irreparablen Schädigungen des Erbkranken. Die Pentos-

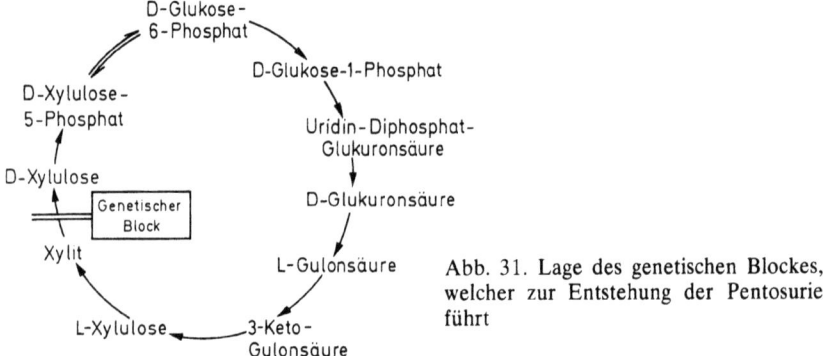

Abb. 31. Lage des genetischen Blockes, welcher zur Entstehung der Pentosurie führt

urie dagegen bringt wesentlich leichter zu ertragende Symptome wie Migräne und gesteigerte Nervosität hervor, welche die Lebenserwartung ihres Trägers nicht wesentlich beeinflussen. Hinzuzufügen wäre noch, daß sie sehr wahrscheinlich häufiger als die Phenylketonurie auftritt, wobei genaue Angaben der relativen Geringfügigkeit der Symptome wegen schwer zu erlangen sind.

F. Die semikonservative Duplikation der DNS

DNS als Träger, als Bewahrer genetischer Information war das Thema unserer bisherigen Überlegungen. Mit dieser Funktion ist jedoch die Aufgabenstellung, welche DNS als Baumaterial der Erbfaktoren zu erfüllen hat, bei weitem nicht erschöpft. Ein bezeichnendes Merkmal des Erbvorganges ist es ja, daß jeder Träger einer genetischen Information diese an zahlreiche Nachkommen weiterzugeben vermag. Denken wir nur daran, daß aus jeder befruchteten Eizelle sich die Millionen oder gar Milliarden von Körperzellen eines Lebewesens herleiten, welche die gleichen Gene wie diese befruchtete Eizelle enthalten. Die Zellen einer Bakterienkolonie stammen alle von einer einzigen Mutterzelle ab. Dies gilt nicht nur für den stäbchenförmigen Körper, sondern auch für ihren Genbestand.

Erinnern wir uns weiter daran, daß Erbänderungen extrem selten sind, so sehen wir eine außerordentlich wichtige Eigenschaft des DNS-Moleküls vor uns. Es muß sich vermittels eines Mechanismus verdoppeln können, welcher dafür sorgt, daß während dieser Verdopplung, der identischen Duplikation, Fehler nahezu ausgeschlossen und Mutationen daher außerordentlich selten sind. Dieser Zusammenhang ist mit wenigen Worten gesagt. Er umschreibt aber den grundsätzlichen Unterschied zwischen der Vermehrung des stofflichen Trägers genetischer Information und demjenigen der Vermehrung aller übrigen chemischen Verbindungen des Körpers durch Neusynthese. LEONARDO DA VINCI hat in seinen Schriften diesen Körper mit einer Kerzenflamme verglichen und damit ein durch die biologische Forschung erst Jahrhunderte danach bewiesenes Prinzip bereits vorweggenommen: Jede lebende Zelle ist wie die Flamme einer Kerze auch chemisch gesehen ein Vorgang. Ihre über kürzere oder längere Zeitperioden sich erhaltende, scheinbare Konstanz der Gestalt und Größe täuscht darüber hinweg, daß ihre Bausteine als Atome und Moleküle ein ständiges Kommen und Gehen aufweisen. Untersuchungen dieser Zusammenhänge mit Hilfe radioaktiver Isotope haben nachgewiesen, daß allein die DNS auch in der molekularen, ja sogar atomaren Individualität ihrer Einzelbausteine einen von allen übrigen die Zelle aufbauenden Verbindungen sich in ihren Dimensionen grundsätzlich unterscheidenden Grad der Stabilität aufweist. Nur so ist ihre Aufgabenstellung als Bewahrer der an ihre molekulare Struktur gebundenen Information lösbar. Wie aber können dann „Druckfehler" bei der Vermehrung dieser Molekularstruktur, welche jeder Zellteilung vorangehen muß, vermieden werden? Daß dies tatsächlich geschieht, beweist die außerordentliche Seltenheit des Auftretens solcher Vermehrungsfehler als Mutationen. Jeder Verleger wäre ganz sicher froh, wenn bei der ihm geläufigen Art der Vermehrung eines Informationsträgers, beim Drucken von Büchern und Zeitschriften, die Wahrscheinlichkeit für einen Druckfehler auch so niedrig wäre, wie das für das Auftreten einer Erbänderung gilt.

Es ist bezeichnend, daß zur Lösung dieser Frage von zentraler Wichtigkeit, für die Sicherstellung einer fehlerfreien Vermehrung der Nucleinsäuremoleküle, die Natur einen Weg beschreitet, welcher sich von dem der Vermehrung aller übrigen in der Zelle vorkommenden Verbindungen unterscheidet. Sie benutzt dabei das bereits vorhandene Molekül, welches verdoppelt werden soll, als Vorbild, als Matrize, auf deren Oberfläche das Tochtermolekül entsteht. Die Komplementarität der beiden Schwesterstränge des Watson-Crick-Modells legt dabei einen ganz bestimmten Vermehrungsmodus nahe, welcher im Einklang mit der außerordentlich niedrigen Fehlerquote der DNS-Duplikation steht. Wir wollen dazu die beiden Einzelstränge des zu verdoppelnden Moleküls mit 1 und 2 bezeichnen. Wird von Strang 1 unter Beachtung des Gesetzes der Basenpaarung die komplementäre Kopie 2′ hergestellt, dann muß deren Basensequenz völlig derjenigen des Stranges 2 gleichen. Dasselbe gilt für die Komplementärkopie des Stranges 2, welche mit 1′ zu bezeichnen wäre und die Basensequenz des Stranges 1 aufweist. Damit ist eine fehlerfreie Verdopplung beider Stränge erfolgt.

Die Art und Weise, in welcher diese Vermehrung im einzelnen vor sich geht, war Gegenstand zahlreicher Untersuchungen und ist heute zumindest in den wichtigsten Bezügen geklärt. Am Beginn der Erforschung des Mechanismus der DNS-Vermehrung stand ein Dilemma wie dies im Fachjargon mancher biophysikalischer Arbeitskreise so anschaulich heißt. Seine Ursache ergab sich aus folgenden Tatbeständen: Identische Duplikation der DNS unter Verwendung jeder der beiden Einzelstränge als Matrize für einen neu zu synthetisierenden Doppelstrang setzt voraus, daß sich beim Vorgang der Vermehrung die beiden spiralig umeinandergewundenen Schwestermolekülstränge voneinander trennen.

Nun können aber zwei umeinandergewundene Stränge diese Windung in zwei verschiedenen Formen vorgenommen haben. Sind sie paranemisch (Abb. 32a), dann kann man die Doppelspirale dadurch in ihre beiden Schwesterspiralen zerlegen, daß eine der beiden Spiralen wie ein in einem etwas weiteren Rohr steckendes engeres Rohr aus der Schwesterspirale herausgezogen wird. Es ist dazu also nicht nötig, die spiralige Windung wieder rückgängig zu machen. Leider liegt dieser Art der Doppelspirale nicht beim WATSON-

a) paranemisch

b) plektonemisch

Abb. 32. Paranemischer und plektonemischer Aufbau einer Doppelspirale. Nach DELBRÜCK und STENT, 1957

CRICK-Modell des Doppelstranges der DNS vor. Er ist plektonemisch (b) gewunden, d.h., die Trennung der beiden Schwesterspiralen ist nur unter Aufhebung der spiraligen Windung möglich. Nachdem dieser Tatbestand bekannt war, begann man zu rechnen: Ungefähr 3×10^6 Mononucleotidpaare besitzt die DNS einer Bakterienzelle. Da immer 10 Mononucleotidpaare eine Windung der Doppelspirale ergeben, weist sie 3×10^5 Windungen auf. Die Verdoppelung dieses DNS-Moleküls nimmt etwa 40 min in Anspruch. Wenn bei ihr gleichzeitig die Doppelspirale entspiralisiert werden muß, dann ergibt das $3 \times 10^5 : 40 = 7,5 \times 10^3$ oder 7500 Umdrehungen in der Minute. Das aber ist eine Umdrehungsgeschwindigkeit, welche derjenigen des Rotors einer mittelschnellen Zentrifuge entspricht. Das müßte, so wurde vermutet, verheerende Folgen für die Zelle haben. Es darf gleich gesagt werden, daß das genannte Problem mindestens zum Teil bis heute noch nicht gelöst ist.

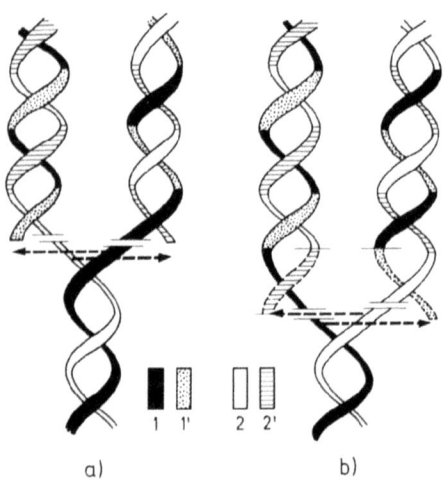

Abb. 33. Hypothetische Vorstellung über einen Mechanismus der DNS-Replikation, welcher einen Bruch-Fusions-Mechanismus nach Replikation der Mononucleotide einer halben Umdrehung der DNS-Helix postuliert. Die alten Einzelstränge brechen dabei und die im Schema nach unten gerichteten Enden ihrer Brüche werden mit den freien Enden der neusynthetisierten Strangstücke gleicher Polarität vereinigt. a) und b) zeigen zwei aufeinanderfolgende Bruch-Fusions-Stadien. Einzelheiten im Text

Die dargestellten Überlegungen führten zu sehr interessanten Hypothesen über den Mechanismus der DNS-Verdoppelung. Um die Notwendigkeit eines Rotierens des gesamten sich beim Vermehrungsvorgang entspiralisierenden DNS-Moleküls zu umgehen, schlug man Mechanismen vor, welche nach jeder Schraubenwindung des Doppelstranges diesen mit Hilfe eines Fermentsystems durchtrennen (Abb. 33). Dadurch würde das abgeschnittene, 10 Mononucleotide umfassende Stück des Stranges 1 an die nächsten 10 Mononucleotide von 1', die Stücke von 2 an 2' angeheftet werden. Bei diesem Vermehrungsmechanismus hätte also eine völlige Zerkleinerung jedes der beiden DNS-Schwesterstränge des zur Vermehrung kommenden Doppelstranges stattgefunden. Man sprach daher von einer dispersen Vermehrung (Abb. 34a). Diejenigen Forscher, welche die oben vorgenommenen Abschätzungen nicht übermäßig beunruhigten, vertraten dagegen zwei andere Hypothesen. Die erste davon besagte, daß der DNS-Doppelstrang sich möglicherweise erst entspiralisierte, daß er aber als ganzes erhalten bliebe und in dieser Form die Matrize für eine Verdoppelung bilde (b). Nach der Verdoppelung würden dann ein in allen Teilen neusynthetisierter Tochterdoppelstrang 1', 2' und der unveränderte Mutterdoppelstrang 1, 2 vorliegen. Dieser wäre also bei der Vermehrung völlig konserviert worden.

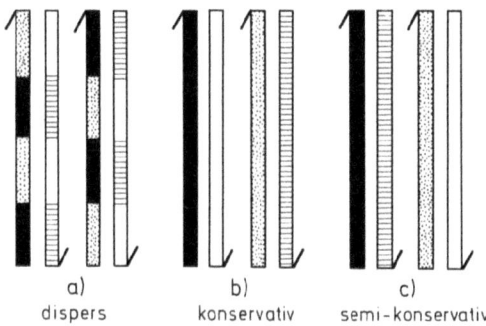

Abb. 34. Schematische Darstellung des Ergebnisses einer a) dispersen, b) konservativen, c) semikonservativen Replikation eines DNS-Doppelstranges. (Bedeutung der Punktierung und Schraffur wie in Abb. 33.)

Man nannte daher einen solchen möglichen Modus der Vermehrung des DNS eine konservative Vermehrung. Die zweite Hypothese dagegen postulierte, daß sich zur Vermehrung beide Schwesterstränge trennen würden. Jeder von ihnen aber bliebe als Einheit erhalten und diente so als Matrize für die Neusynthese eines Komplementärstranges (c). Nach Abschluß der identischen Verdoppelung bestünde damit jeder der beiden Schwesterdoppelstränge aus je einem Muttereinzelstrange und einem neusynthetisierten komplementären Einzelstrang. Nur die Hälfte des Mutterdoppelstranges, nämlich nur je ein Einzelstrang wäre damit als Einheit in jedem der beiden Tochterdoppelstränge konserviert worden. Man sprach von einer semi-konservativen Vermehrung.
Diese und viele andere Hypothesen besaßen einen für die weitere Forschung wichtigen Vorzug. Sie waren Arbeitshypothesen. Aus ihnen ließen sich Voraussagen über Einzelheiten der DNS-Vermehrung ableiten, welche prüfbar und wenn tatsächlich vorhanden, nachweisbar hätten sein müssen. Und so kam es wie es immer bei konsequent durchgeführter naturwissenschaftlicher Forschung der Fall ist: Die Periode des Schmiedens von Hypothesen wurde endgültig beendet durch die eindeutigen Aussagen eines hervorragend geplanten und technisch brillant durchgeführten Experimentes. Es erlaubt die experimentelle Entscheidung zwischen den drei Hypothesen über die Art der DNS-Vermehrung nämlich

denen einer dispersen, semikonservativen oder konservativen DNS-Duplikation: MESELSON und STAHL züchteten dazu während zahlreicher aufeinanderfolgender Generationen eine aktiv wachsende Population aus sich vermehrenden E. coli-Zellen in Minimalmedium, welches als einzige Stickstoffquelle ^{15}N-haltige Salze enthielt. Am Ende dieser Phase waren daher die DNS-Moleküle aller Bakterienzellen vollständig mit ^{15}N-Atomen markiert. Und nun begann der eigentliche Versuch: Die Zellsuspension wurde auf das 100fache mit Minimalmedium verdünnt, das als alleinigen Stickstoffträger ^{14}N-haltige Salze aufwies. Durch die starke Verdünnung des ^{15}N-Mediums standen von nun an den sich weiter vermehrenden Bakterien fast ausschließlich nur noch ^{14}N-Atome zum Einbau in die neu synthetisierten Basen der Mononucleotide zur Verfügung. Diese Versuchsanordnung macht es damit möglich, neusynthetisierte DNS von solcher zu unterscheiden, welche noch von der Mutterzelle stammt. Derartige neusynthetisierte DNS sollte ^{14}N, nicht aber ^{15}N aufweisen.

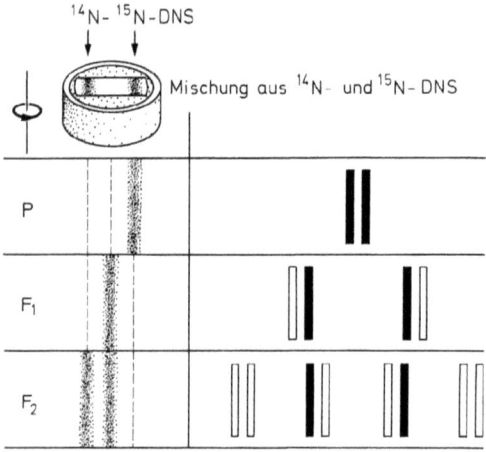

Abb. 35. Versuch von MESELSON und STAHL zum Nachweis der semikonservativen Replikation der DNS von E. coli durch Gradientenzentrifugierung nach Schweremarkierung. Einzelheiten im Text

In kurzen Zeitabständen entnahmen die Autoren im weiteren Versuchsablauf Proben aus der wachsenden Zellsuspension. Ihre DNS wurde im Dichtegradienten zentrifugiert und die Lage ihrer Bande mit derjenigen von Vergleichsbanden aus ^{14}N- und ^{15}N-DNS verglichen. Die linke Hälfte der Abb. 35 zeigt das Ergebnis eines solchen Versuches. Oben links sind in der Zelle der analytischen Ultra-Zentrifuge die Bande der ^{14}N- und diejenigen der ^{15}N-DNS erkennbar. Und nun das Versuchsergebnis: Die Parentalgeneration (P) zeigt voll mit ^{15}N markierte DNS. Sie weist diesen Zustand unmittelbar vor der Verdünnung mit ^{14}N-Medium auf. Eine Generation später läßt sich aus der ersten Filial- oder Nachkommengeneration (F_1) eine DNS isolieren, deren Bande genau zwischen derjenigen der ^{14}N- und ^{15}N-DNS-Bande liegt. Nach einer weiteren Generation (F_2) schließlich, sammelt sich die DNS der Zellen in zwei Banden. Die Lage der einen davon ist identisch mit derjenigen der ^{14}N-Vergleichsbande, die zweite gleicht völlig der in der F_1-Generation ausschließlich aufgetretenen Zwischenbande. Welche Aussagen über die Art der DNS-Duplikation erlaubt dieser experimentelle Befund? Wenden wir uns dazu der rechten Seite der Abb. 35 zu. Sie zeigt als Balkendarstellung schematisch die beiden Stränge eines DNS-Moleküls: In der P-Generation sind beide Stränge (schwarz) mit ^{15}N markiert. Die Mittellage der DNS-Bande der F_1-Generation zwischen der ^{14}N und ^{15}N-DNS-Vergleichsbande schließt eine konservative Vermehrung bereits aus. Diese würde ja zu einem reinen ^{15}N- und einem weiteren reinen ^{14}N-Doppelstrang führen. Das Ergebnis wären eine ^{14}N- und eine ^{15}N-DNS-Bande gleicher Stärke. Da dies nicht zutrifft, bleibt die Möglichkeit einer dispersen, aber auch einer semikonservativen Vermehrung bestehen. Die Mittellage der DNS-Bande der F_1 erlaubt keine Entscheidung zwischen diesen beiden Hypothesen. Sie wird erst durch die Ergebnisse der F_2-Generation gefällt. Bei disperser Vermehrung wäre im Gegensatz zum Versuchsergebnis eine einzige Bande zu erwarten, welche nahe der ^{14}N-Vergleichsbande läge. Eine derartige DNS bestünde ja zu $^1/_4$ aus ^{15}N- und zu $^3/_4$ aus ^{14}N-markierten Abschnitten. Sie wäre durch erneuten Einbau von ^{14}N-Abschnitten in eine in der F_1 im gleichen Verhältnis aus ^{14}N- und ^{15}N-Abschnitten gebildeten DNS entstanden. Wie aber sollten DNS-Moleküle markiert sein, die sich semikonservativ vermehren? In der F_1-Generation bestünde jeder der beiden Tochterdoppelstränge aus einem der beiden ^{15}N-Stränge des Muttermoleküls und einem neu synthetisierten ^{14}N-Strang. Diese Hybrid-DNS würde in der Vermehrung zur F_2 wieder auseinandergenommen. Der ^{15}N-Strang ergäbe zusammen mit einem neu synthetisierten ^{14}N-Strang wieder ein Hybrid-DNS-Molekül (wobei unter „Hybrid" immer nur die Zusammensetzung des Doppelstranges aus einem ^{14}N- und einem ^{15}N-Strang zu verstehen ist). Der ^{14}N-Schwesterstrang würde dagegen zum reinen ^{14}N-Doppelstrang vermehrt. Zwei Banden, eine mit Mittellage und eine mit ^{14}N-Lage, sollte daher die F_2-DNS im Caesiumchloridgradienten ergeben. Dies trifft, wie wir sahen, auch tatsächlich zu. Damit ist die Hypothese einer dispersen Vermehrung widerlegt, diejenige der semikonservativen Vermehrung als richtig nachgewiesen.

Die Übertragung des Prinzips dieses Befundes auf molekulare Dimensionen, in denen die identische Duplikation des DNS-Moleküls erfolgt, zeigt das Schema der Abb. 36. In der uns bereits aus Abb. 17 geläufigen Darstellungsart ist ein Ausschnitt des sich verdoppelnden DNS-Doppelfadens dargestellt. Die beiden Schwesterfäden öffnen sich Y-förmig, während gleichzeitig an jedem der beiden Einzelfäden Mononucleotide neu eingebaut werden. Diese Eingliederung erfolgt nicht regellos, sondern gehorcht dem Gesetz der Basenpaarung. Adenin vermag nur mit Thymin, Guanin nur mit Cytosin gepaart zu werden. So determiniert jeder der Einzelfäden des Muttermoleküls die Basensequenz seines neu entstehenden Schwesterfadens und zwingt ihm die gleiche Basensequenz auf, welche im Mutterdoppelstrang sein Schwesterfaden besaß. Der Ort der identischen Duplikation eines DNS-Fadens läuft während einer Verdoppelungsrunde über diesen, ähnlich wie der Gleiter eines Reißverschlusses, hinweg. Der Gleiter ist in diesem Bild gleichbedeutend mit dem in vivo wirkenden Enzym oder Enzymkomplex der DNS-Polymerase. In dem Kapitel über die DNS-Synthese in vivo wird noch darzustellen sein, daß die besonderen Eigenschaften der DNS-Polymerasen zusätzliche Aussagen über den molekularen Mechanismus der DNS-Replikation ermöglichen, welche die Darstellung der Abb. 36 ergänzen. Hinzu kommt die experimentell gewonnene Aussage, daß das DNS-Molekül einer Escherichia coli-Zelle, aber auch zahlreicher anderer Bakterien- und Phagenarten Ringgestalt besitzt. Auf den ersten Blick scheint eine solche Ringstruktur den Vorgang der DNS-Verdoppelung zu komplizieren. Daß er dennoch unter Beibehaltung des Ringschlußes möglich ist, zeigt die Abb. 37. Von dem gleichen Autor stammt die Abb. 38, eine vergrößerte Autoradiographie. Zur ihrer Gewinnung wurde die Markierung bakterieller DNS mit Tritium, einem radioaktiven Isotop des Wasserstoffs, benutzt. Bakterienzellen erhielten dieses Tritium eingebaut in Moleküle des Thymidins – das ist Thymin mit einem daranhängenden Zuckerrest – und bauten es in die neu synthetisierte DNS ein. Diese wurde nach chemischer Aufarbeitung der solcherart markierten Zellen rein dargestellt und auf der Oberfläche einer photographischen Spezialemulsion ausgebreitet. Nach einigen Tagen war dann überall dort, wo ein Tritiumatom einen radioaktiven Zerfall durchgemacht hatte, ein Silberkorn der Emulsion verändert worden, so daß es nach erfolgter Entwicklung der Platte eine mikroskopisch kleine, punktförmige Schwärzung ergab. Der DNS-Faden zeichnet sich auf einem solchen Negativ – und die Abbildung ist ein Negativ – durch eine Folge schwarzer Punkte ab.

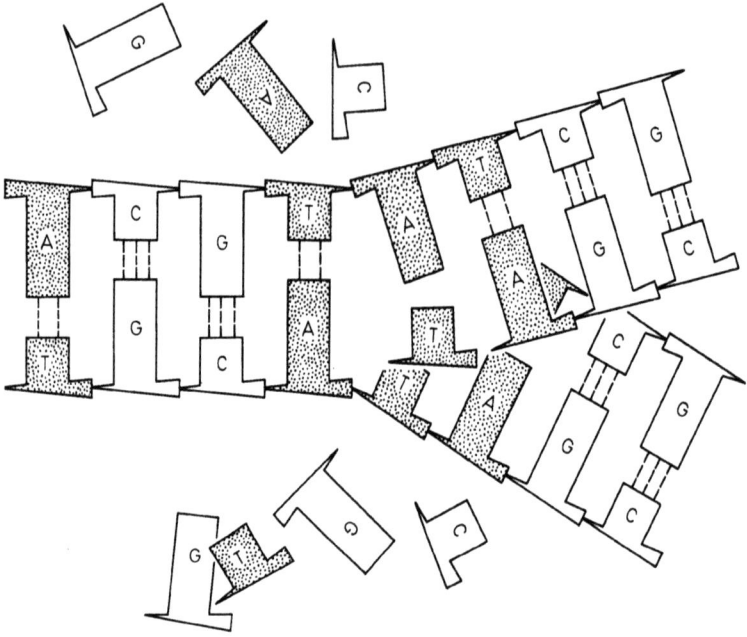

Abb. 36. Schematische Darstellung der semikonservativen Replikation von Doppelstrang-DNS unter Verwendung der Symbole aus Abb. 17 so, wie sie die Versuche von MESELSON und STAHL erschlossen haben

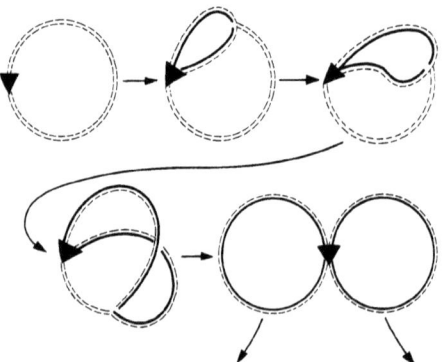

Abb. 37. Schematische Darstellung der Replikation ringförmiger Doppelstrang-DNS des E. coli-Chromosoms. Die beiden entstandenen Schwesterchromosomen bleiben bis zur Beendigung der Replikationsrunde am Anfangspunkt der Replikation (als Dreieck gezeichnet) miteinander verbunden. Nach CAIRNS, 1963

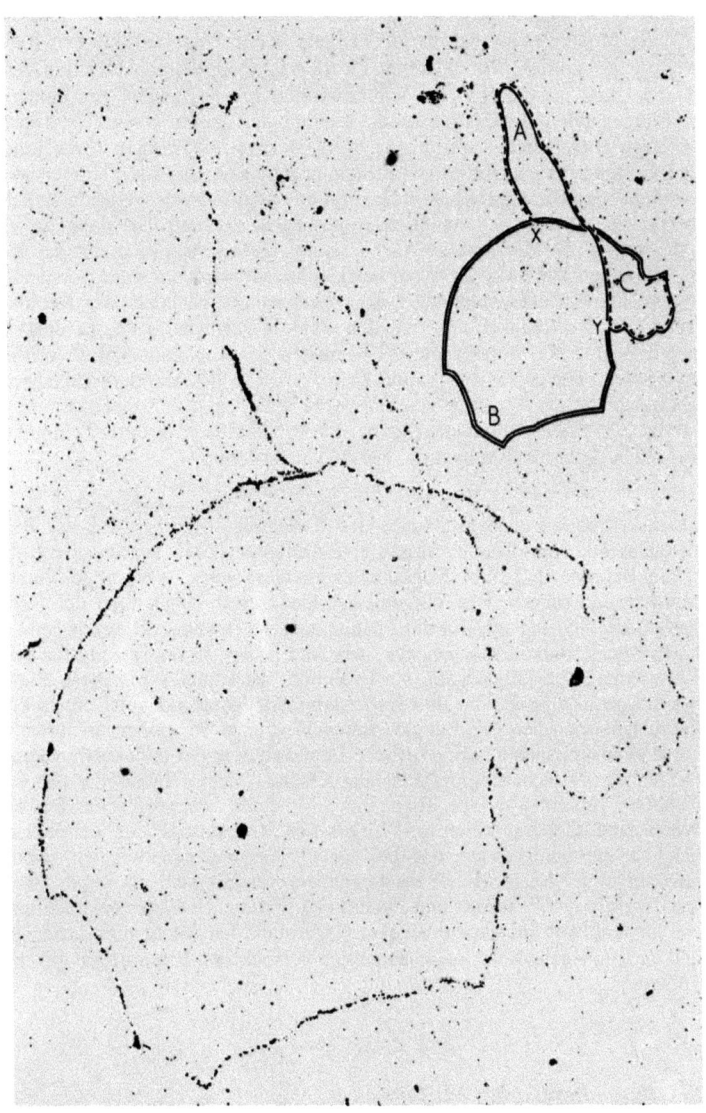

Abb. 38. Autoradiographie eines in Replikation befindlichen DNS-Makromoleküls (Chromosoms) von E. coli. Nach CAIRNS, 1963. Die Auswertung der Korndichte der verschiedenen Abschnitte des DNS-doppelstranges erlaubt eine Aussage darüber, ob beide Einzelstränge oder nur einer von ihnen markiert vorliegt. Sie wurde zur Herstellung der Umzeichnungen in der rechten oberen Ecke der Abbildung benutzt. In ihr ist jeder ^{3}H-markierte Einzel-

strang als durchgehende, jeder nicht markierte Einzelstrang als gestrichelte Linie dargestellt. $^2/_3$ des Moleküls sind bereits im Verlaufe der in Gang befindlichen Replikationsrunde verdoppelt worden. Sie umfassen die beiden Doppelstrangabschnitte XAY und XBY. Der letztere besteht aus zwei vollmarkierten Einzelsträngen, von denen einer aus der vorhergehenden Replikationsrunde stammt, der andere soeben repliziert wurde. XBY dagegen enthält neben einem neu synthetisierten, markierten Einzelstrang einen nicht markierten Schwesterstrang. Dieser stammt aus einem, durch semikonservative Replikation während der vorangegangenen Generation synthetisierten Hybridmolekül, dessen nicht markierter Einzelstrang vor Markierungsbeginn entstand. Die doppelte Markierung des Abschnittes XC der Strecke XCY erlaubt es, den Anfangspunkt der Replikation des ringförmigen DNS-Moleküles zu bestimmen: Sie wird nur dann verständlich, wenn der zweite markierte Einzelstrang synthetisiert wurde, nachdem der Replikationsort nahe am Ende der Replikationsrunde den Punkt C erreicht hatte. In dem Versuch fielen somit Beginn der Markierung und Einsetzen der Replikationsrunde zeitlich nicht völlig zusammen. Die DNS-Replikation hatte vielmehr bei Markierungsbeginn erst den Ort C erreicht und synthetisierte von ihm aus in Richtung nach X einen markierten Schwesterstrang. X muß daher der Anfangspunkt der Replikation, Y der zum Zeitpunkt der Abtötung der Zelle eben in Replikation befindliche Ort sein.

Doch kehren wir zu dem Schema der Abbildung 36 zurück. Bei der Betrachtung und dem Durchdenken all der interessanten Einzelheiten der ihr zugrundeliegenden experimentellen Befunde und ihrer Konsequenzen sollten wir eine wichtige Vorstellung in den Vordergrund rücken. Der Vorgang der identischen Duplikation der DNS ist eine der molekularen Grundlagen für das Phänomen der Vererbung. Dieser in seinen Grundzügen leicht überschaubare Mechanismus war und ist die Voraussetzung für das, was als die Entwicklung des Lebendigen, als Evolution bezeichnet wird. Diese Evolution können wir in Fortführung der uns nun vertrauten Gedankengänge unter einem einzigen großen Gesichtspunkt sehen: Sie war das Sammeln von Informationen. In ihrem Verlaufe ging keine einmal errungene als genetische Information in der molekularen Struktur der DNS festgelegte Verbesserung der Leistungsfähigkeit eines Organismus verloren. Sie wurde vielmehr, gebunden an spezifische DNS-Moleküle, weitergegeben. Diese unveränderte Weitergabe aber war durch das Wirken des Mechanismus der identischen Duplikation möglich, der dafür sorgte, daß bei der Vermehrung genetisch wirksamer DNS deren Struktur in der Folge der Generationen unverändert blieb. Dadurch unterscheidet sich das Begriffspaar Vererbung und Evolution grundsätzlich von einem anderen, das ebenfalls ein Sammeln von Informationen zum Gegenstand hat. Es ist dies dasjenige des Lernens und Zugrundegehens der so gesammelten persönlichen Erfahrungen mit dem Tode ihres Trägers.

G. Die chemische Mutagenese

1. Reaktions-Mechanismen

Die Aussage, daß die Mutation eines Genes in den allermeisten Fällen zum Ausfall der Aktivität eines bestimmten Enzyms und damit zur Entstehung einer Mangelmutante führt, erlaubt die Prüfung einer anderen zuvor getroffenen Feststellung. Wir hatten abgeleitet, daß die Spezifität genetischer Informationen in einer bestimmten, für das betreffende Gen bezeichnenden Aufeinanderfolge der Basen seiner Mononucleotide begründet liegt. Der experimentelle Beleg für diese Behauptung war bisher nicht erbracht worden. Um einer derartigen Versuchsdurchführung folgen zu können, müssen wir zunächst einige

Überlegungen anstellen. Wenn die Spezifität genetischer Informationen in einer spezifischen Aufeinanderfolge der Basen der Mononucleotide innerhalb des DNS-Moleküls niedergelegt ist, dann sollte es möglich sein, diese Information durch die Änderung bereits einer einzigen der zahlreichen Basen abzuwandeln und dadurch eine Mangelmutante zu erzeugen. Wie aber kann man unter den rund 3×10^6 Basen eines DNS-Moleküls, beispielsweise einer Bakterienzelle, nur eine einzige verändern? Am besten eignen sich dafür chemische Methoden, Reaktionen also, welche nach genau bekanntem Reaktionsmechanismus diese Basenänderung vornehmen. Bei ihrer Benutzung erweist es sich als relativ einfach, durch Wahl der geeigneten Konzentration der mit den Basen der DNS reagierenden Verbindung und unter Einhaltung konstanter Reaktionsbedingungen wie Temperatur und Zeitdauer der Reaktion, diese so langsam ablaufen zu lassen, daß durchschnittlich je DNS-Molekül nur eine einzige Base verändert wird. Die mit der DNS reagierende und damit Mutationen hervorrufende Verbindung bezeichnen wir dann als chemisches Mutagen.

Die Geschichte der chemischen Mutagenese ist nahezu ein Vierteljahrhundert alt. In diesem Zeitraum wurden viele chemische Verbindungen als mutagen nachgewiesen. Dies ist ein Tatbestand, welcher hohe praktische Bedeutung in zweierlei Hinsicht besitzt. Einmal vermag man mit Hilfe von mutagen wirkenden chemischen Verbindungen künstlich Mutationen zu induzieren, welche dann wesentlich häufiger auftreten als dies der spontanen Mutationsrate entspricht. Heute wird davon in der Forschung aber auch in der Züchtung vor allem neuer Nutzpflanzenrassen ausgedehnter Gebrauch gemacht. Zum anderen aber ergibt sich aus der realtiven Häufigkeit mutagener chemischer Verbindungen die Vermutung, daß unter den zahlreichen Pharmaca und Nahrungsmittelzusatzstoffen, die wir zusammen mit unserer Nahrung einnehmen, sich auch Mutagene befinden. Es sind daher heute bereits sehr ernstzunehmende Bestrebungen im Gange, alle diese Stoffe bezüglich ihrer vermuteten mutagenen Eigenschaften einer Untersuchung zu unterziehen und Mutagene vom Gebrauch auszuschließen.

Die allermeisten dieser mutagenen chemischen Verbindungen sind jedoch für den uns im Vorliegenden interessierenden Zusammenhang ungeeignet. In vielen Fällen ist der Reaktionsmechanismus nicht bekannt oder aber sie bringen nicht durch direkte Reaktionen mit Basen der DNS Mutationen hervor. Eine dritte Gruppe schließlich verändert in höheren Lebewesen nicht die DNS sondern die Architektur bestimmter Bestandteile des Zellkerns der Chromosomen, welche die DNS beherbergen. Einige wenige Verbindungen, die erst seit etwa einem Jahrzehnt als Mutagene bekannt sind, entsprechen dagegen unseren Anforderungen. Zu ihnen gehört die salpetrige Säure. Sie reagiert, wie Arbeiten von SCHUSTER und SCHRAMM zeigten, mit dem Guanin, Adenin und Cytosin der DNS. Diese drei Basen besitzen, wie Abb. 39 zeigt, eine Aminogruppe, welche sich aus einem Stickstoff-Atom (N) und zwei Wasserstoffatomen (H) zusammensetzt und daher mit der Formel NH_2 bezeichnet wird. Durch Reaktion mit salpetriger Säure werden die genannten drei Basen „desaminiert", d.h. ihre NH_2-Gruppe wird durch eine andere, eine OH-Gruppe, ersetzt. Dabei bezeichnet das Symbol OH die Zusammensetzung dieser Gruppe aus einem Sauerstoff(O)- und einem Wasserstoff-(H)-Atom. Wie die Abb. 39 zeigt, entsteht dabei aus dem Guanin das Xanthin, aus dem Adenin das Hypoxanthin und aus dem Cytosin schließlich das Uracil (Abb. 40). Wie aber kann auf diesem Wege eine stabil mutierte Zelle, eine Mutante entstehen? Die Basen Hypoxanthin, Xanthin und Uracil sind ja für die DNS unphysiologisch. Sie besitzen keinen Informationsgehalt. Das Enzymsystem, welches die identische Duplikation der DNS durchführt, vermag doch nur den Einbau von Mononucleotiden vorzunehmen, welche eine der vier physiologischen Basen der DNS, nämlich Adenin, Thymin, Guanin und Cytosin enthalten!

Daß dennoch durch die Veränderung einer physiologischen in eine unphysiologische Base innerhalb der Struktur des DNS-Makromoleküls die Induktion einer Mutation hervorgerufen werden kann, wollen wir aus dem Schema der Abb. 41, oben links beginnend, ableiten. In einem der zahlreichen G-C-Paare eines DNS-Doppelstranges soll das Cytosin

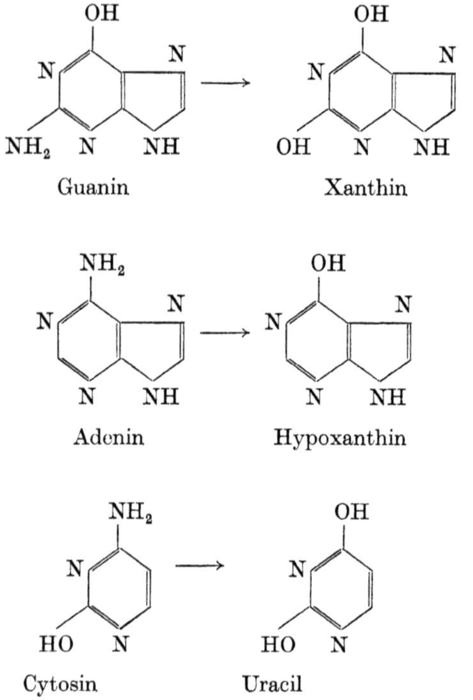

Abb. 39. Die Desaminierung von Guanin, Adenin und Cytosin zu Xanthin, Hypoxanthin und Uracil unter der Wirkung salpetriger Säure. Aus KAUDEWITZ, 1960

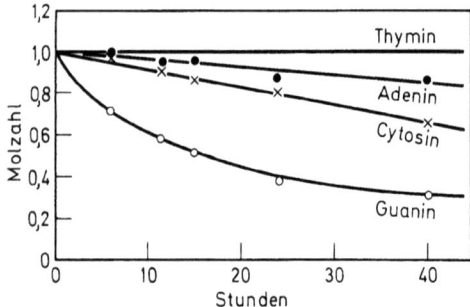

Abb. 40. Die Abhängigkeit der Molverhältnisse der Basen von Thymus-DNS von der Reaktionszeit mit salpetriger Säure bei P_H 4,2. Aus SCHUSTER, 1960

durch Reaktion mit einem Molekül salpetriger Säure in ein Uracil-Molekül überführt worden sein. Diese Paarung heißt nun Guanin-Uracil. In der folgenden identischen Duplikation wird das unverändert gebliebene Guanin mit Cytosin gepaart und damit für diejenige Tochterzelle, welche das, diese Paarung beherbergende DNS-Doppelmolekül enthält, wieder der Wildtypzustand hergestellt. Was aber geschieht mit dem Uracil? Findet es

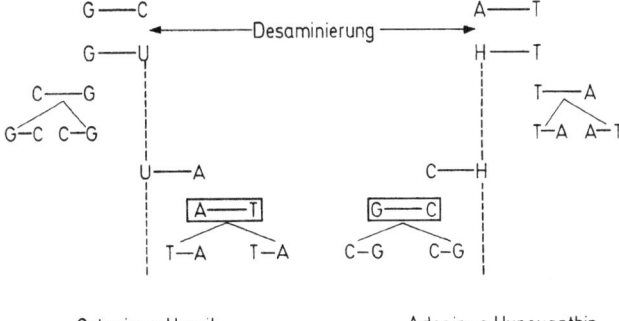

Cytosin→Uracil Adenin→Hypoxanthin

Abb. 41. Schematische Darstellung der Manifestation einer neuen Basenpaarung als Folge der Desaminierung eines im DNS-Doppelstrang genetisch wirksamer DNS vorliegenden Cytosin- oder Adeninrestes. Die neue, für die entstandene Mutante bezeichnende Basenpaarung ist in der Abb. jeweils eingerahmt. Aus KAUDEWITZ, 1960

ebenfalls einen Paarungspartner? Dieser kann nur zu den vier, für die DNS physiologischen Basen gehören, denn nur diese vermag die DNS-Replicase einzubauen. Der Paarungspartner wird unter Berücksichtigung der Eigenschaften des Uracils, nicht aber der Herkunft dieses Moleküls aus einem Cytosin ausgesucht werden. Nun ähnelt aber das Uracil bezüglich seiner Strukturformel und was wahrscheinlich noch wichtiger ist, in seiner Fähigkeit der Bildung von Wasserstoffbrücken, als Voraussetzung einer Paarung mit einer der vier Basen der DNS sehr stark dem Thymin. Das Uracil-Molekül wird daher bei der DNS-Verdoppelung „falsch abgelesen" und so behandelt, als sei es ein Thymin-Molekül. Dieses aber erhält als Paarungspartner stets ein Adenin. Dadurch entsteht nach Fehllesung des Uracils anstelle der ursprünglichen Paarung G-C eine A-U-Paarung (Abb. 42a). Doch damit ist noch keine stabile Mutante erzeugt. Noch immer ist ja ein Uracil-Molekül Teil eines DNS-Doppelstranges und damit Ursache einer unphysiologischen Molekular-

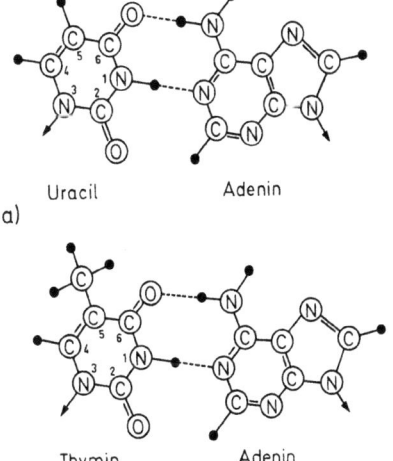

Abb. 42. Vergleich der Paarung zwischen
a) Uracil und Adenin mit der Paarung von
b) Tymin und Adenin.
Nach HAYES, 1964

struktur. Erst mit der darauffolgenden Verdoppelung ändert sich dieser Zustand. Das Adenin wird dann neu gepaart und zwar wie dies für Adenin spezifisch ist, mit einem Thymin-Molekül. Damit ist anstelle der ursprünglichen G-C- eine A-T-Paarung getreten, eine Veränderung, welche für die DNS physiologisch ist, und sich daher in den folgenden Verdopplungen als stabil erweist. Wahrscheinlich ist das zurückbleibende Uracil weiterhin Anlaß zu Fehlablesungen und Paarungen mit Adenin-Molekülen, so daß im Verlaufe der weiteren DNS-Verdopplungen und Zellteilungen immer wieder erneut Mutanten der gleichen Art induziert werden. Gleichzeitig vermehren sich aber die bereits mutierten Zellen, welche die stabile A-T-Paarung aufweisen, weiter, sodaß die heranwachsende Bakterienkolonie aus zahlreichen solcher Zellen zusammengesetzt ist. Ebenfalls durch Fehllesung eines Hypoxanthins, welches durch Desaminierung eines Adenins vermittels salpetriger Säure entstand (Abb. 41 rechte Seite) kommt es zu der Paarung Hypoxanthin – Cytosin (Abb. 43). Aus dieser geht in den nächsten Teilungen die Paarung G-C hervor, welche in der durch sie gekennzeichneten Mutante anstelle der ursprünglich den Wildtyp kennzeichnenden A-T-Paarung steht.

Das Schema der Abb. 41 läßt erkennen, daß durch Behandlung mit salpetriger Säure induzierte Mutanten durch eine gleichartige Behandlung wieder zum Wildtyp zurückmutiert werden können. G-C läßt sich ja in A-T verwandeln, während auch A-T in G-C mutiert

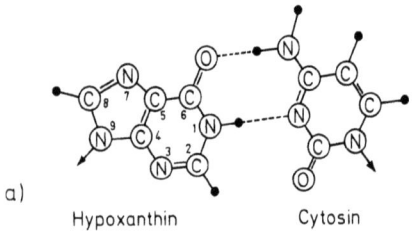

a)
Hypoxanthin   Cytosin

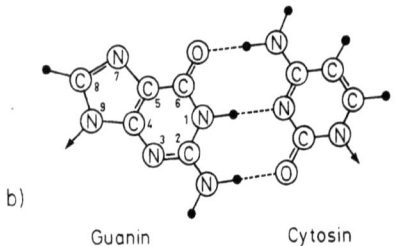

b)
Guanin   Cytosin

Abb. 43. Vergleich der Paarung zwischen
a) Hypoxanthin und Cytosin mit der Paarung von
b) Guanin und Cytosin.
Nach HAYES, 1965

werden kann. Da es dem Zufall überlassen bleibt, welches der 3×10^6 Mononucleotidpaare eines DNS-Moleküls der E. coli-Zelle nun gerade desaminiert wird, ist eine solche induzierte Rückmutation recht selten und benötigt zu ihrer Entdeckung ein geeignetes Selektionssystem. Sehr leicht lassen sich solche Versuche mit Hilfe auxotropher Mutanten durchführen. Um diese Feststellung zu verstehen, wollen wir dem Ablauf eines Versuches folgen, bei dem mit Hilfe salpetriger Säure in einer Suspension von Bakterienzellen von Escherichia coli derartige auxotrophe Mutanten induziert werden (Abb. 44).

Einer in geeignetem flüssigen Medium befindlichen Bakterienpopulation wird dazu sehr stark verdünnte salpetrige Säure beigefügt und diese Inkubationsflüssigkeit einige Minuten bei 37° C bebrütet. Unter der Einwirkung des Mutagens werden in einzelnen Bakterienzellen Basen der DNS nach oben erläutertem Schema desaminiert, während eine in den Grundzügen bekannte Nebenreaktion mit der wir uns hier nicht befassen wollen, einen

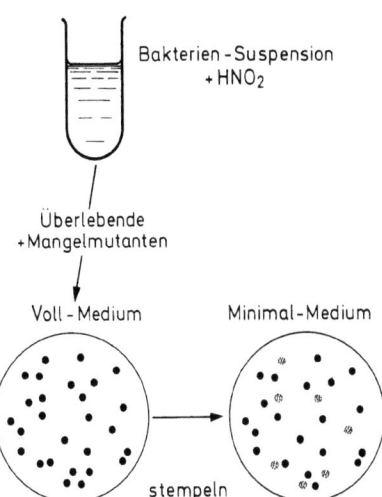

Abb. 44. Versuchsablauf bei der Induktion auxotropher Mutanten von E. coli durch Behandlung mit salpetriger Säure. Aus KAUDEWITZ, 1960

beträchtlichen Teil der Zellen abtötet. Die überlebenden Zellen werden in geeigneter Verdünnung auf einer mit Vollmedium beschickten Agarplatte ausgesät. Ein solches Vollmedium enthält neben allen für die Ernährung von Bakterienzellen des Wildtyps wichtigen anorganischen Salzen und einer Energiequelle noch Fleischbouillon und meist auch Hefeextrakt. In beiden letztgenannten Zusätzen sind alle diejenigen Stoffe enthalten, welche von auxotrophen Mutanten nicht mehr synthetisiert werden können. Vollmedium erlaubt daher in jedem Falle das Wachstum derartiger Mutanten, welche auf diesem Medium Kolonien bilden. Alle ausgesäten, noch lebenden Zellen wachsen somit während der nun folgenden Bebrütung zu Kolonien heran. Unter ihnen sollten neben solchen mit unverändertem Erbgut sich auch Kolonien befinden, welche aus Zellen jeweils einer bestimmten Mangelmutante zusammengesetzt sind. Um dies zu prüfen, wird mit Hilfe eines sterilen, auf einer mit Griff versehenen Holzscheibe befestigten Samtfleckes das Koloniemuster auf eine andere Agarplatte überstempelt, welche aus Minimalmedium besteht. Auf diesem Medium vermögen nur Wildtypkolonien weiterzuwachsen, nicht aber solche aus Mangelmutanten. Nach mehrstündiger Bebrütung wird daher jeder Stempelabdruck einer Wildtypkolonie zu einer linsenförmig gewölbten, größeren Bakterienkolonie herangewachsen sein, während derjenige von Mangelmutanten in Wachstumsruhe verharrte und sich deutlich als kreisrunder nur schwach trüber Fleck von der Größe einer Kolonie auf der glatten Agaroberfläche abzeichnet (Abb. 44 u. 45).

Eine einfache Technik erlaubt es, für Hunderte solcher Mangelmutanten mit geringem Aufwand den von ihnen benötigten Wuchsfaktor festzustellen. Auf eine aus Vollmedium gegossene Platte werden dazu nebeneinander Zellsuspensionen der verschiedenen Mutanten aufgetüpfelt und so lange bebrütet, bis jeder Typ zu einer Kolonie von wenigen mm Durchmesser herangewachsen ist. Gleichzeitig werden Gemische verschiedener Vitamine, Aminosäuren, Purine und Pyrimidine hergestellt, wobei jede dieser Substanzen in zwei Gemischen vorkommt. Die Zusammensetzung der Gemische folgt dabei grundsätzlich dem schachbrettartigen Schema der Abb. 46 in welcher die Gemische durch Zahlen und die in diesem Beispiel 16 Wuchsfaktoren durch Buchstaben gekennzeichnet sind. Jedes der Gemische wird einer von acht aus Minimalmedium bestehenden Agarplatten zugefügt und auf alle der gleiche Stempelabdruck des zuvor auf Vollmedium herangewachsenen Koloniemusters der Mangelmutanten abgedrückt. Nach Bebrütung der Platten ergibt sich in den meisten Fällen, daß auf jeweils 2 der 8 verschiedenen Platten der

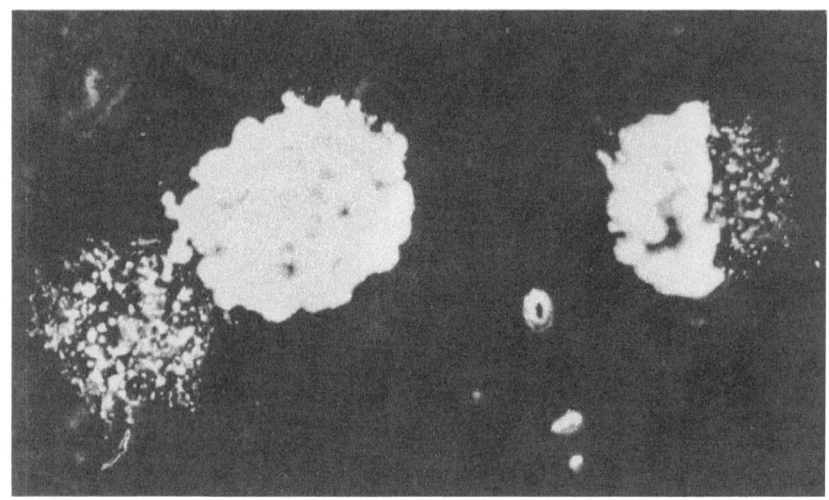

Abb. 45. Stempelabdrücke von Kolonien, deren jede durch Vermehrung einer zuvor mit salpetriger Säure behandelten Mutterzelle auf Vollmedium heranwuchs, nach stattgefundener Bebrütung des Stempelabdruckes auf Minimalmedium. Links unten die Kolonie einer Mangelmutante, daneben eine Wildtypkolonie. Rechter Bildrand: Eine aus einer Wildtyp- und Mutanten-Hälfte zusammengesetzte Kolonie

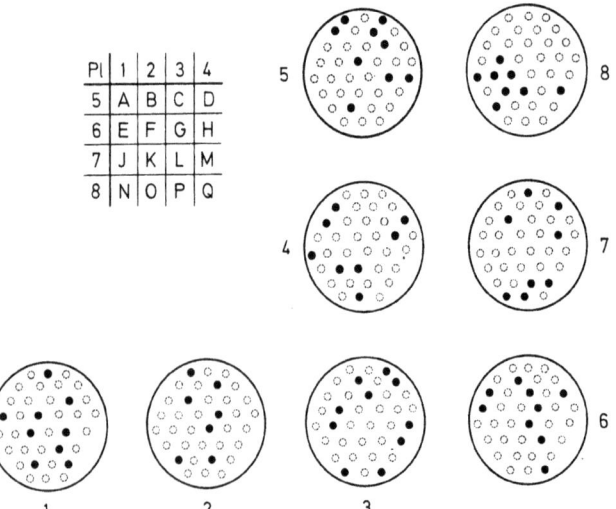

Abb. 46. Schema der Methode nach HOLLIDAY zur Analyse der Art der Defizienz auxotropher Mutanten. Einzelheiten im Text

Stempelabdruck einer bestimmten Kolonie weiter gewachsen ist. Hat dies beispielsweise auf Platte 2 und 7 stattgefunden (2. Kolonie in der 3. Reihe), dann sind, wie sich aus dem schachbrettartigen Zusammensetzungsmuster der Wuchsstoffgemische erkennen läßt, die Zellen der Kolonie Mangelmutanten für den Stoff K.
Durch Induktion mit salpetriger Säure lassen sich bis zu mehrere Prozent der heranwachsenden Kolonien als aus Mangelmutanten eines von Kolonie zu Kolonie unterschiedlichen Typs nachweisen. Die quantitative Auswertung aller Einzelheiten der Versuchsdurchführung und damit der Kinetik der Desaminierung, welche zur Mutagenese führt, zeigt darüber hinaus eindeutig, daß die Veränderung eines einzigen der rund 3×10^6 Basenpaare der DNS einer Bakterienzelle ausreicht um eine Mangelmutante zu erzeugen. Damit ist nachgewiesen, daß die biologische Wirksamkeit der DNS, ihr Informationsinhalt in der für jedes DNS-Molekül spezifischen Aufeinanderfolge der Basen ihrer Mononucleotide beruht.
Wir waren bei der Auswertung der Abb. 41 weiter oben zu der Feststellung gelangt, daß sich mit Hilfe einer Behandlung mit salpetriger Säure Mutanten, die durch das gleiche Mutagen induziert worden waren, wieder zurückmutieren lassen müßten. Als besonders geeignet für derartige Versuche hatten wir das Auxotrophiesystem bezeichnet. Nun vermögen wir diese Behauptung zu verstehen. Um solche Rückmutanten nachzuweisen, benötigen wir experimentelle Bedingungen, welche alle nicht rückmutierten Zellen am Wachstum hindern, während die Rückmutanten zur Koloniebildung gelangen. Dies ist unbedingt notwendig, da ja alle Mononucleotidpaare eines DNS-Moleküls ungefähr die gleiche Chance haben durch salpetrige Säure zur Mutation induziert zu werden. Später, wenn wir weitere Einzelheiten über experimentelle Befunde der chemischen Mutagenese kennengelernt haben werden, wird es nötig sein, diese Aussage einzuschränken. Doch zunächst gilt sie in erster Annäherung und reicht für die nun folgenden Betrachtungen völlig aus. Durch die chemische Reaktion der Desaminierung soll ein ganz bestimmtes, nämlich das zuvor hinmutierte Mononucleotidpaar getroffen werden. Ein solcher Treffer wird also sehr selten sein. Wir benutzen im Versuch Zellen einer auxotrophen Mutante, welche zuvor durch salpetrige Säure zur Auxotrophie-Mutation induziert wurde. Es muß noch erweiternd gesagt werden, daß mitunter auch sogenannte „Suppressor"-Mutanten auftreten. Sie bilden Kolonien, welche zwar wieder Wildtypwachstum zeigen, wobei diese Fähigkeit jedoch auf eine zweite Mutation zurückgeht, welche nicht im Mononucleotidpaar der zur Auxotrophie führenden Mutation sondern einem anderen vor sich ging. Ihr Name leitet sich von ihrer Eigenschaft ab: Sie sind Suppressoren (Unterdrücker) der hier als Ausfall einer Wirkung gekennzeichneten Funktion des ersten Mutationsortes. Zwischen echten Rückmutanten und Suppressoren vermag die genetische Analyse leicht zu unterscheiden. Zur Erzeugung einer Rückmutation zum Wildtyp wird die Zellsuspension einer auxotrophen Mutante erneut mit salpetriger Säure behandelt und nach kurzer Zwischenbebrütung auf der Oberfläche einer aus Minimalmedium bestehenden Agarplatte verteilt. Auf ihr werden nur Wildtypzellen zur Koloniebildung gelangen. Gerade diese aber können nur durch Rückmutation entstanden sein, welche durch die Behandlung mit salpetriger Säure induziert wurde. Ihr Auftreten beweist damit, daß sich eine durch salpetrige Säure induzierte auxotrophe „Hin"-Mutation durch eine gleichartige Behandlung wieder zum Wildtyp „zurück"-mutieren läßt.
Salpetrige Säure ist nicht das einzige Mutagen, welches unmittelbar an der DNS angreift und zu einer Veränderung der Basensequenz führt. Für sie gilt, daß ihre Einwirkung als Desaminierung an nicht in Duplikation befindlicher DNS vor sich geht und daß die dabei entstehende Änderung zunächst zu unphysiologischen Basen und schließlich durch falsches Ablesen und physiologisch richtige Paarung der Fehllesungen zwei Generationen später zur Manifestation der Mutante führt. Einen davon unterschiedlichen, ebenfalls Mutationen hervorrufenden, molekularen Reaktionsmechanismus bedingt eine Gruppe von Substanzen, welche als Basenanaloge bezeichnet werden. Sie entstehen nicht etwa durch Veränderung bereits in der DNS vorhandener Basen, sondern werden vielmehr

als Einzelmoleküle in sich vermehrende DNS eingebaut. Das Molekül eines Basenanaloges muß daher demjenigen von zumindest einer der vier physiologischen Basen der DNS außerordentlich ähnlich sein, so ähnlich, daß sein Einbau in die DNS zu keiner Paarungsbehinderung führt. Einmal in der DNS befindlich, ruft ein solches Basenanalog wieder Fehlablesungen und damit die Entstehung des alternativen Basenpaares in der betreffenden Position des DNS-Doppelstranges hervor.

Das bekannteste dieser Basenanaloge ist das 5′-Bromuracil (BU). Der Aufbau seiner Moleküle unterscheidet sich von dem derjenigen des Thymins nur dadurch, daß an die Stelle der Methyl-(CH_3)-Gruppe des Thymins ein Brom (Br)-Atom getreten ist (Abb. 47).

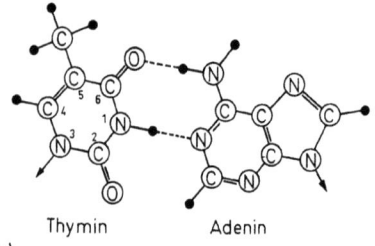

5′- Bromuracil   Thymin

Abb. 47. Strukturformel des Basenanalogs 5′-Bromuracil im Vergleich zu der des Thymins

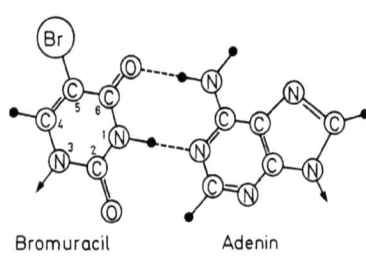

Abb. 48. Vergleich der Paarung zwischen a) Thymin und Adenin mit derjenigen von b) 5′-Bromuracil und Adenin. Nach HAYES, 1965

Bromuracil wurde experimentell vor allen Dingen dazu benutzt, Mutationen von Bakteriophagen zu induzieren. In der wachsenden Bakterienzelle wird bei der Phagensynthese und der damit zusammenhängenden DNS-Verdoppelung Bromuracil anstelle von Thymin eingebaut. Im DNS-Strang vermag ein solches BU-Molekül ganz in gleicher Weise wie dasjenige des Thymins, Wasserstoffbrücken zum Adenin zu bilden, wobei sich die Paarung A-T und A-BU nur durch die Methylgruppe des Thymins und das Br-Atom des BU unterscheiden (Abb. 48). Ein derartiges Paarungsverhalten zeigt das BU-Molekül immer dann, wenn es sich in einer molekularen Konfiguration befindet, die als Keto-Zustand bezeichnet wird. Relativ selten dagegen weist es einen davon abweichenden, den Enolzustand auf. Er ist dadurch gekennzeichnet, daß das Wasserstoffatom, welches sich im Keto-Zustand am Stickstoffatom (N) der Position 1 befand, nun an den Sauerstoff gelangt, welcher mit dem C-Atom der Position 6 verbunden ist (Abb. 49). Dadurch verändern

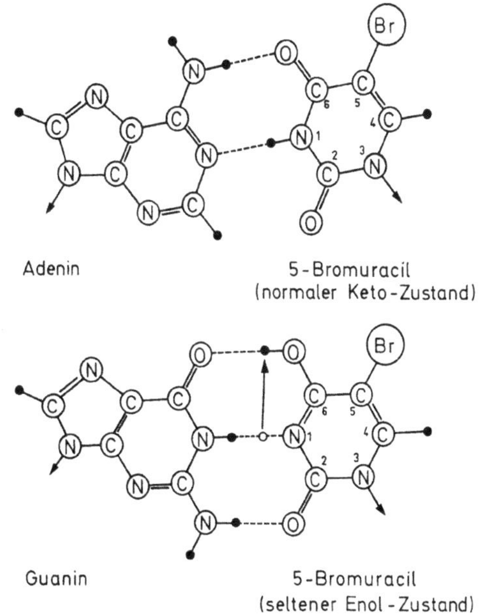

Adenin 5-Bromuracil
(normaler Keto-Zustand)

Abb. 49. Paarung von Adenin mit 5'-Bromuracil im Ketozustand, sowie von Guanin mit Bromuracil im Enolzustand. Nach HAYES, 1965

Guanin 5-Bromuracil
(seltener Enol-Zustand)

sich die Möglichkeiten des Moleküls, Wasserstoffbrücken zu bilden. Es ähnelt im Enolzustand nun nicht mehr dem Thymin sondern dem Cytosin. Daher wird es bei der Paarung im Verlauf der DNS-Vermehrung als solches behandelt und mit Guanin gepaart. Keto- und Enolzustand des BU-Moleküls können wechselseitig ineinander übergehen. Sie machen dadurch zwei Wege möglich, durch Einbau von BU-Molekülen in die DNS Mutationen auszulösen (Abb. 50). Erfolgt in sich vermehrende DNS der Einbau eines BU-Moleküls in der weit häufigeren Keto-Form, so nimmt es die Stelle eines Thymins ein, dadurch, daß es sich mit einem Adenin des sich verdoppelnden Stranges paart (Abb. 50 links). Verharrt es auch in den folgenden DNS-Verdoppelungen im Keto-Zustand, so verlaufen die damit verbundenen Basenpaarungen völlig normal. Eine zur Mutation führende Bedingung ergibt sich erst durch den Übergang in den Enolzustand. Nun kommt es zur Fehlablesung und Paarung mit Guanin, welches sich in der folgenden Verdoppelung mit Cytosin vereinigt. Dadurch wird anstelle einer A-T eine G-C-Paarung gesetzt. Seltener wird der Fall eintreten (Abb. 50 rechts), daß der Einbau eines BU-Moleküls im Enolzustand vor sich geht. Es wird dann mit Guanin gepaart, nimmt also die Stelle eines Cytosins ein. Nun aber ist wegen der Seltenheit des Enolzustandes die Wahrscheinlichkeit sehr groß, daß zum Zeitpunkte der Neupaarung in der folgenden DNS-Duplikation der Ketozustand eingenommen und damit die Ablesung als Thymin durchgeführt wird. Es erfolgt

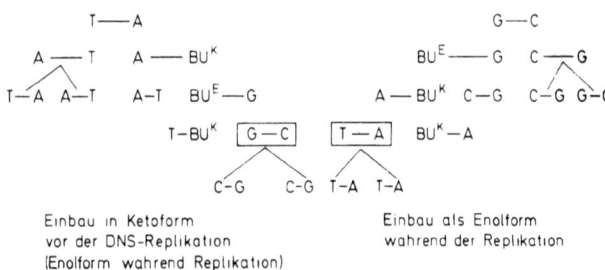

Einbau in Ketoform
vor der DNS-Replikation
(Enolform während Replikation)

Einbau als Enolform
während der Replikation

Abb. 50. Manifestation einer neuen Basenpaarung (Transition) als Folge des Einbaues des Basenanalogs Bromuracil

Paarung mit Adenin, welches sich bei der nächsten DNS-Verdoppelung mit Cytosin paart. Damit ist in diesem Falle eine G-C- durch eine A-T-Paarung ersetzt.

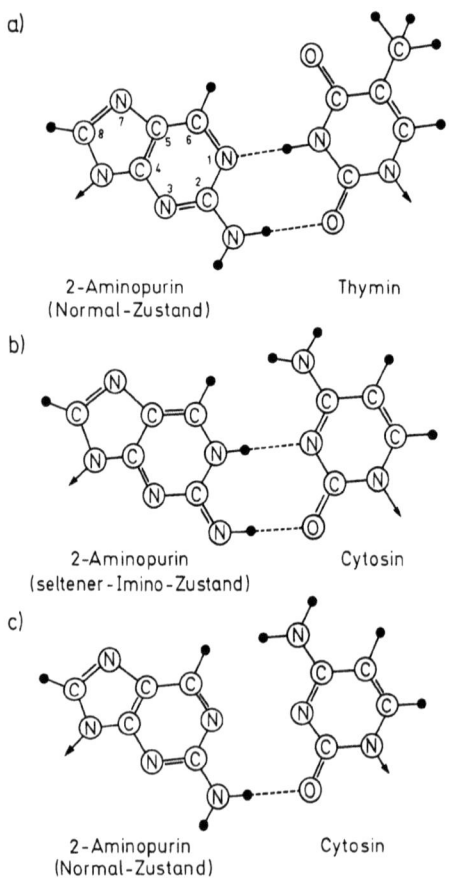

Abb. 51.
a) Paarung von 2-Aminopurin mit Thymin,
b) Paarung von 2-Aminopurin im Iminozustand mit Cytosin
c) Paarung von 2-Aminopurin mit Cytosin.
Nach HAYES, 1965

Ein weiteres, sehr häufig benutztes Basenanalog ist das 2-Aminopurin (AP). Im Normalzustande wird sein Molekül anstelle von Adenin in die DNS eingebaut (Abb. 51a). Es vereinigt sich dort durch zwei Wasserstoffbrücken mit einem Thymin-Molekül. Sein seltenerer Iminozustand (Abb. 51b) dagegen erlaubt dem AP-Molekül eine Paarung mit Cytosin. Daraus ergibt sich wieder, wie aus den beiden Zuständen des Bromuracils, die Möglichkeit für Fehlablesungen und damit zur Induktion von Mutationen. Vom BU unterscheidet sich AP jedoch dadurch, daß sein Normalzustand auch eine Verbindung mit Cytosin durch eine einzige Wasserstoffbrücke herzustellen vermag (Abb. 51c). AP kann daher in diesem Zustande als Paarungspartner von Thymin aber auch von Cytosin auftreten. Wichtige Befunde der molekulargenetischen Mutationsforschung wurden durch die Anwendung des Hydroxylamins (HA) als Mutagen ermöglicht. In der lebenden Zelle reagiert HA fast ausschließlich nur mit Cytosin (Abb. 52). Diese Base wird dabei so verändert, daß sie in ihrem Paarungsverhalten dem Thymin sehr stark ähnelt. Dadurch entsteht schließlich anstelle einer G-C- eine A-T-Paarung.

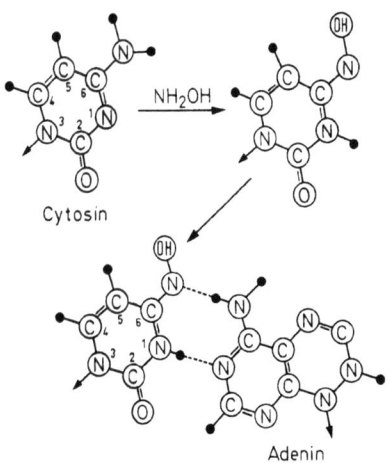

Abb. 52. Zur Mutation durch Fehlpaarung führender, vermuteter Wirkungsmechanismus des Hydroxinamins (NH$_2$OH) auf Cytosin. Aus HAYES, 1965

Nach der Nennung dieser Mutagene und ihrer Reaktionsmechanismen sind wir nun in der Lage auch ihren experimentellen Einsatz zu verstehen. Weiter oben waren wir der Durchführung eines Versuches gefolgt, in dem durch salpetrige Säure induzierte Mutanten durch das gleiche Mutagen wieder zurückmutiert wurden. Ein solches Versuchsergebnis beweist, daß salpetrige Säure die Veränderung eines G-C- in ein A-T-Paar aber auch die entgegengesetzte Änderung zu induzieren vermag. Der Reaktionsmechanismus mit DNS, welcher für die Basenanaloge Bromuracil und Aminopurin erläutert wurde, darf jedoch nicht zu der Annahme verleiten, daß auch für diese beiden Mutagene ein gleiches gilt, daß durch Bromuracil induzierte Mutanten durch das gleiche Mutagen wieder zum Wildtyp zurückmutierbar seien. Experimentelle Befunde, vor allem an Mutanten des Bakteriophagen T 4 erhoben, zeigen dies deutlich. Nur in sehr seltenen Fällen gelang bei Bromuracil-induzierten Mutanten durch Behandlung mit dem gleichen Mutagen die Rückmutation zum Wildtyp. Dagegen war es zu einem hohen Prozentsatz möglich bei derartigen Mutanten durch Behandlung mit Aminopurin Rückmutationen auszulösen. Gleiches gilt für Mutanten, welche durch Aminopurin induziert wurden und durch Bromuracilbehandlung wieder Wildtypeigenschaften erlangten. Dieses Ergebnis zeigt, daß jedes der beiden Mutagene bei weitem bevorzugt nur eine von zwei Möglichkeiten, nämlich entweder die Verwandlung eines G-C-Paares in ein A-T-Paar oder die umgekehrte Reaktion induziert. Welches der beiden Mutagene aber bringt welche der zwei Möglichkeiten hervor? Hier hilft uns die Erkenntnis der Reaktionsweise des Hydroxylamins weiter. Es reagiert ja nur mit Cytosin und löst daher die Veränderung von G-C in A-T aus. Wir müssen daher zur Beantwortung unserer Frage den Versuch unternehmen, einmal Mutanten, welche durch Bromuracil ausgelöst wurden und das andere Mal solche, welche nach Behandlung mit Aminopurin entstanden sind, der Wirkung von Hydroxylamin auszusetzen. In derjenigen Gruppe, welche dann Rückmutanten ergibt, müssen diese durch Veränderung einer G-C in eine A-T-Paarung entstanden sein. Die zur Hin-Mutation führende Reaktion muß sich daher im entgegengesetzten Sinne, also von A-T nach G-C abgespielt haben. Es zeigt sich in solchen Versuchen, daß Hydroxylamin nur Mutationen, welche mit Aminopurin erzeugt wurden zurückmutiert, nicht aber solche, welche durch Behandlung mit BU entstanden. Damit ist unsere Frage beantwortet: Bromuril induziert bei weitem vorwiegend Basenpaar-Änderungen von G-C nach A-T, Aminopurin solche in umgekehrter Richtung, nämlich von A-T nach G-C.

Die Kenntnis dieser Zusammenhänge hat der amerikanische Forscher BENZER dazu benutzt, mit Hilfe der genannten Methoden, wie mit Mikrosonden, einzelne Mononucleotidpaare eines Genortes zu untersuchen. Er benutzte dazu den Bakteriophagen T 4. Wie schon bei der Besprechung der Phagensynthese mitgeteilt, wird auch die Form des Plaques, also der Zone in einem Bakterienrasen, welche durch Lyse der Bakterienzellen nach Phagensynthese entsteht, durch das Erbgut des Phagenpartikels bestimmt. Der Phage T 4 bildet in seiner Wildtypform kleine Plaques, deren Rand nicht scharf abgegrenzt erscheint (Abb. 53). Mit der Wahrscheinlichkeit von 10^{-7} treten spontan Plaques auf, welche größer sind als der des Wildtypphagen und einen scharfen Rand besitzen (Abb. 53). Sie gehen auf eine Mutation in der DNS desjenigen Phagenpartikels zurück, aus dessen Nachkommenschaft der Plaque entstand. Ihre im Vergleich zum Wildtyp veränderte

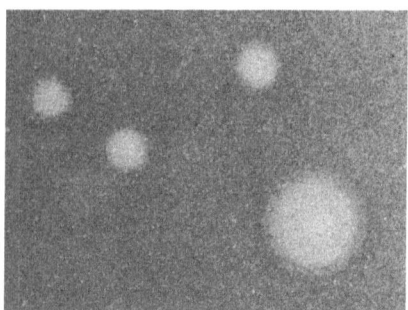

Abb. 53. Plaqueform des Wildtyps sowie einer (oben links) r-Mutante des Phagen T 4

Form entsteht durch beschleunigte Lyse der Wirtsbakterien. Solche Mutanten werden daher als r-Mutanten (rapid lysis) bezeichnet. Auch durch Behandlung ruhender Phagenpartikel oder in Phagensynthese befindlicher Bakterienzellen mit salpetriger Säure, Basenanalogen oder Hydroxylamin lassen sich derartige r-Mutanten auslösen. Ein einfacher Versuch zeigt, daß diese Gruppe der r-Mutanten nicht einheitlich ist. Dazu werden zwei verschiedene Stämme von E. coli benutzt, der Stamm B und K. Während (Tabelle 2) der Wildtypphage T 4 in Bakterienrasen beider Stämme Wildtyp (r^+)-Plaques bildet, verhalten sich die r-Mutanten auf einem Rasen von E. coli K von Fall zu Fall verschieden. Sie bilden entweder r-Plaques, gar keine Plaques oder Wildtyp-Plaques. Dadurch kann man sie in drei Gruppen, nämlich r_I, r_{II} und r_{III} einteilen. Eine genetische Analyse, deren Durchführung wir später kennenlernen werden zeigt, daß die Mutationsorte der Mutanten jeder der drei Gruppen in einem anderen Abschnitt der Phagen-DNS liegen.

Tabelle 2. Die Befähigung des Wildtyps und von r-Mutanten des Phagen T4 zur Vermehrung in und Lyse von Zellen der E. coli-Stämme B und K unter gleichzeitiger Angabe der Morphologie der gebildeten Plaques. Nach BENZER 1957

T4-Phage	Art der gebildeten Plaques in den E. coli-Stämmen	
	B	K
Wildtyp	wt	wt
r_I-Mutante	r	r
r_{II}-Mutante	r	–
r_{III}-Mutante	r	wt

Über 300 Mutanten des r_{II}-Typs wurden von CHAMPE und BENZER daraufhin geprüft, ob und mit welchem Mutagen behandelt, sie eine Rückmutation zum Wildtyp r_{II}^+ ergäben. 62 davon erlaubten nach dem Schema der Tab. 3 eine eindeutige Aussage, wodurch 16 der Mutationsorte einer A-T und 46 einer G-C-Paarung in der DNS des Wildtyps zugeordnet werden konnten (Abb. 54). Es war dadurch möglich, wenigstens für einige Punkte der Genorte der r_{II}-Region die molekulare Struktur, ausgedrückt durch die Art der dort vorhandenen Basenpaare, einzuzeichnen. Wie solche Genkarten erarbeitet werden, die Aussagen über die lineare Aufeinanderfolge bestimmter Mutations- und Genorte zu machen gestatten, werden wir im weiteren Verlauf unserer Betrachtung noch in allen Einzelheiten kennenlernen. Zunächst wollen wir uns damit begnügen, sie ganz einfach als Tatbestand hinzunehmen.

Tabelle 3. Rückmutationsversuche von r-Mutanten des Phagen T4 durch Behandlung mit 2AP, 5-BU und HA als Mittel der Bestimmung der Basenpaarung des Wildtyphomologen des jeweiligen Mutationsortes. Nach BENZER, FREESE und anderen Autoren

Basenpaaränderung bei Entstehung der r_{II}-Mutante	Rückmutation zum Wildtyp (r^+) bei Behandlung mit		
	2-Aminopurin	5-Bromuracil	Hydroxylamin
	[GC $\rightleftharpoons$ AT]	[GC $\rightleftharpoons$ AT]	[GC $\rightarrow$ AT]
GC $\rightarrow$ AT	+	–	–
AT $\rightarrow$ GC	[+]	+	+

Die Reaktion der DNS mit jedem der im Vorstehenden genannten Mutagene führt dazu, daß schließlich in der manifest gewordenen Mutanten anstelle der Paarung A-T diejenige von G mit C oder umgekehrt getreten ist. In jedem der beiden Einzelstränge wird dabei jedoch stets ein Purin durch das andere den vier möglichen Basen der DNS

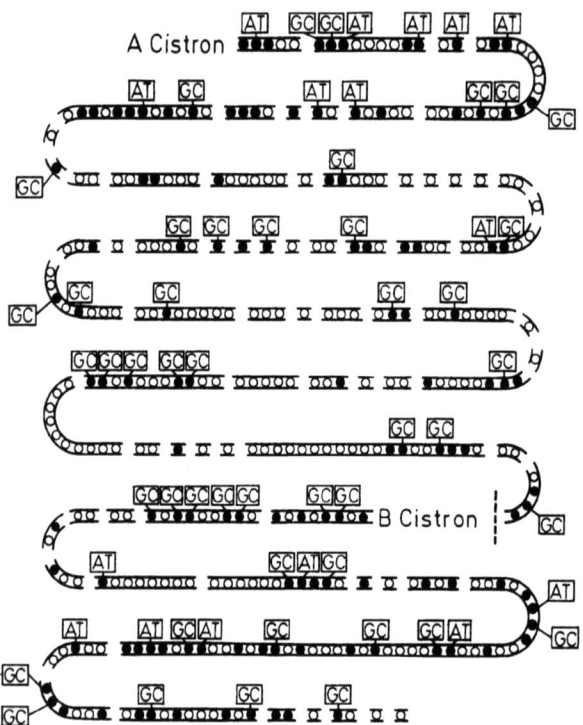

Abb. 54. Genetische Karte der r_{II}-Region des Wildtyps des Phagen T 4 mit eingezeichneten Basenpaarungen der DNS, die durch ihr Mutationsverhalten nach den Angaben der Tab. 3 ermittelt wurden. Ausgefüllte Kreise = Basenpaare, die im mutierten Zustand durch 2-AP, BU oder Hydroxylamin zum Wildtyp rückmutierten. Offene Kreise = nicht durch diese Mutagene revertierbare Basenpaare der betreffenden r^{II}-Mutante. Aus CHAMPE und BENZER, 1962

zugehörende Purin, ein Pyrimidin dagegen immer durch das andere mögliche Pyrimidin ersetzt: A mit G und C mit T werden gegeneinander ausgewechselt. Eine solche Reaktion unter Beibehaltung des Pyrimidin- oder Purin-Charakters der betreffenden Position der Mononucleotidsequenz eines DNS-Einzelstranges wird als Transition bezeichnet. Es sind jedoch auch chemische Mutagene bekannt, welche zur Substitution eines Purins durch ein Pyrimidin und umgekehrt führen. Einen solchen molekularen Mutationsmechanismus nennt man Transversion. Depurinierende chemische Verbindungen vermögen derartige Transversionen hervorzubringen. Zu ihnen gehört das Äthyläthansulfonat. Es wird in der englischsprachigen Literatur und im folgenden als EES bezeichnet. EES vermag die meisten der durch AP induzierten Mutanten nicht aber diejenigen, welche durch BU ausgelöst wurden, wieder zurückzumutieren. Daraus ergibt sich nach Tab. 3 daß EES mit der GC-Paarung reagiert und sie in den beschriebenen Fällen auf dem Wege einer Transition in AT überführt. Weitere Untersuchungen zeigen, daß den Anlaß dazu die Herausnahme des Guanins aus einzelnen Mononucleotiden bildet. Wegen des Fehlens der selektiven Wirkung durch einen Paarungspartner sollten bei der folgenden Replikation mit der gleichen Wahrscheinlichkeit Einzelstücke jedes der vier möglichen Mononucleotid-Typen in den neu synthetisierten Schwesterstrang gegenüber der Guaninlücke eingebaut werden. 75 % der Fälle müßten dabei (Abb. 55) zu Mutationen führen. $^2/_3$ der letzteren wären Transversionen. Das restliche Drittel bestünde aus den bereits beschriebenen Transitionen. Die experimentelle Prüfung dieser Aussage bestätigt ihre grundsätzliche Richtigkeit.

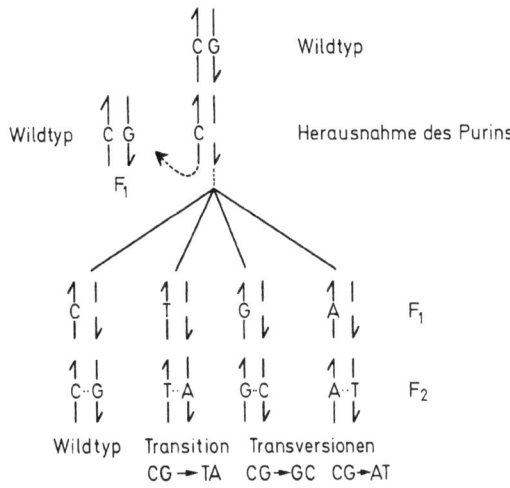

Abb. 55. Mutagenese durch Äthyläthansulfonat als Beispiel eines Transitionen und Transversionen erzeugenden molekularen Mechanismus

Sie korrigiert jedoch die quantitativen Feststellungen und läßt daher auf nicht-statistischen Einbau der vier Nucleotidtypen gegenüber der Guaninlücke schließen: 70% der EES-induzierten Mutanten können durch Basenanaloge wieder rückmutiert werden. Sie müssen also durch Transition entstanden sein. Da EES nur am G angreift, vermag es von ihm selbst induzierte Transitionen nicht rückgängig zu machen. Aus dem gleichen Grunde sollte es nur die selbst zuvor erzeugte Transversion GC → CG und damit nur einen der beiden möglichen Transversions-Typen wieder in den Wildtyp zurückführen können. Experimentelle Befunde bestätigen die Richtigkeit dieser Aussage: Diejenigen EES-induzierten Mutanten, welche durch EES zurückmutiert werden, sind durch BU, AP und salpetrige Säure nicht reveitierbar. Darüber hinaus zeigten BAUTZ und FREESE, daß von 5 als Transversionen nachgewiesenen EES-induzierten Mutanten nur zwei durch das gleiche Mutagen zum Wildtyp rückmutiert werden konnten.
Die Anwendung von Mutagenen und die Intensivierung der Erforschung des Vorganges der Spontanmutation hat noch einen weiteren, sehr wichtigen Zusammenhang aufgezeigt. Weiter oben hatten wir festgestellt, daß in erster Annäherung jedes Adenin-, Guanin-, oder Cytosin eines DNS-Moleküls etwa mit der gleichen Wahrscheinlichkeit durch die Reaktion mit salpetriger Säure desaminiert werden sollte. Diese Aussage muß in zweifacher Weise eingeschränkt werden. Bei Veränderung des Säuregrades, in dem die Desaminierung vor sich geht, verschiebt sich die Häufigkeit der Reaktion mit jeder der drei Basen in unterschiedlicher Weise. Doch noch eine weit wichtigere Abweichung von unserer oben gemachten Annahme, welche nicht nur spezifisch für die Reaktion mit salpetriger Säure gilt, sondern allgemeine Gültigkeit besitzt, müssen wir kennenlernen. Sammelt man die spontan entstandenen Mutanten eines beliebigen Lebewesens – in der Praxis werden es aus technischen Gründen meist Mikroorganismen sein – deren

Mutationsorte im gleichen Genort liegen und ordnet experimentell die einzelnen Mutationsorte bestimmten Punkten dieses Genortes zu, so ergibt sich, daß die Mutationsorte der einzelnen Mutanten nicht zufällig, also mehr oder weniger gleichmäßig über den Genort verteilt, angeordnet sind. Sie bilden vielmehr Häufungsstellen, im Fachjargon „hot spots" genannt, welche durch mehr oder weniger große Strecken des Genortes getrennt werden, in denen sich keine Mutationsorte nachweisen lassen. Derartige hot spots treten auch bei Induktion von Mutanten durch Mutagene auf. Dabei ist jedoch das hot-spot-Muster, die Lage der Mutationsorte innerhalb des Genortes, für jedes angewandte Mutagen spezifisch und damit von Mutagen zu Mutagen, aber auch vom hot spot-Muster nach spontanem Auftreten verschieden. Die Abb. 56 zeigt die Verteilung der Mutationsorte von r_{II}-Mutanten des Phagen T 4, welche spontan und nach Induktion mit Bromuracil auftraten.

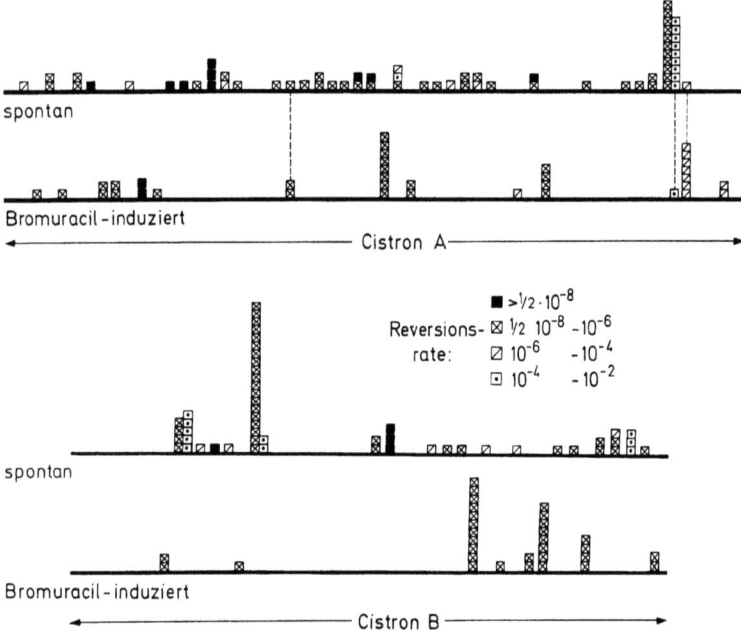

Abb. 56. Die Orte spontaner und durch Bromuracil induzierter Mutationen in den Cistrons A und B der r_{II}-Region der DNS des Phagen T 4 als Beispiel für „hot spots" der Mutagenese. Nach BENZER, 1957

Noch ein weiterer Zusammenhang ist bei der Isolierung spontan entstehender oder induzierter Mutanten erkennbar. Ein beträchtlicher Prozentsatz, mitunter mehr als 50%, sind unstabil: Sie mutieren weiter, wobei auch durch echte Rückmutation der ursprüngliche Zustand der DNS des Wildtyps wieder hergestellt werden kann. Für den experimentell arbeitenden Forscher sind solche Mutanten, abgesehen von ganz bestimmten speziellen Fragestellungen, nutzlos. Er nennt sie „dirty" und wirft sie weg. Uns aber weisen sie auf eine wichtige Seite des Evolutionsgeschehens hin. Weiter oben war gesagt worden, daß Evolution das Sammeln von neuen, besseren Informationen bedeutete und bedeutet, welche auf spontane und ungerichtet entstehende spezifische Strukturänderung des Informationsträgers, der DNS, zurückgehen und durch den Vorgang der Selektion gefördert wurden und werden. Der molekulare Aufbau der DNS-Moleküle war daher ganz sicher Gegenstand einer ständigen Auslese. Nur diejenigen Informationsträger mit brauchbaren, den gegebenen Umweltverhältnissen entsprechenden, genetischen Informationen wurden weitervererbt. Träger ungeeigneter und damit schädlicher Informationen dagegen gingen zugrunde. Aber nicht nur der Inhalt der Information war Gegenstand der Selektion. Das lehrt uns das Auftreten instabiler Mutanten. Vererbung setzt ja eine schier unwahrscheinliche Stabilität der DNS als Informationsträger voraus. Diese Stabilität des molekularen Aufbaues hängt sicher auch mit einer spezifischen Aufeinanderfolge bestimmter Mononucleotid-Typen zusammen. So dürfte im Verlaufe der Evolution auch diese Stabilität Gegenstand der Auslese und damit der Evolution gewesen sein. DNS-Moleküle wurden auf ihren Informationsgehalt aber auch auf das Ausmaß ihrer molekularen Beständigkeit hin während vieler hunderter von Millionen Jahren ausgewählt, das geeignete gefördert, das weniger gute verworfen. Wenn nun spontan oder durch die Einwirkung eines Mutagens diese hohe molekulare Ordnung verändert wird, dann dürfte zufällig nur in sehr seltenen Fällen eine gleich hohe oder gar höhere Ordnung entstehen. Mutanten werden daher meist den Verlust oder die Verringerung einer bestimmten genetischen Information und häufig auch eine erhöhte Instabilität des Trägers dieser Information, der DNS, aufweisen. Dieser Zusammenahng macht klar, warum nicht-stabile Mutanten auftreten.

Einen weiteren von den bisher dargestellten völlig abweichenden aber sehr interessanten Reaktionsmechanismus mit der DNS weist eine andere Gruppe von Mutagenen, die Acridinfarbstoffe, auf, deren bekanntester das Proflavin ist. Mit ihrer Hilfe wurden wichtige Untersuchungen bei der Entschlüsselung des genetischen Codes gemacht, auf die wir daher bei der Darstellung dieses Sachgebietes noch zurückkommen werden. Es spricht heute manches dafür, daß bei Anwendung geringer Konzentrationen eines Acridins einzelne seiner Moleküle sich jeweils zwischen zwei benachbarte Mononucleotide des DNS-Stranges schieben, wobei das aus der Aufeinanderfolge Zucker-Phosphorsäure-Zucker usw. (Abb. 57) gebildete DNS-Rückgrat streckt. Die Größe des Acridinmoleküls bedingt die Vergrößerung des Abstandes zwischen den beiden solcherart auseinandergeschobenen Mononucleotiden von 3,4 Å auf 6,8 Å, also genau eine Verdopplung. Findet die Einschiebung eines Acridinmoleküls in einen DNS-Strang vor der Verdopplung statt, so bildet sich zwischen den beiden auseinandergerückten Basen ein Zwischenraum, der in dem während der folgenden Replikation neu entstehenden Schwesterstrang durch die Einfügung einer der vier möglichen Mononucleotide gefüllt werden kann (Abb. 58a). In der folgenden Verdopplung wird dieses Mononucleotid ganz normal gepaart. Dadurch entsteht schließlich ein DNS-Doppelstrang, welcher an dem ursprünglichen Ort der Acridineinschiebung als Insertions-Mutante ein Mononucleotidpaar zuviel aufweist.

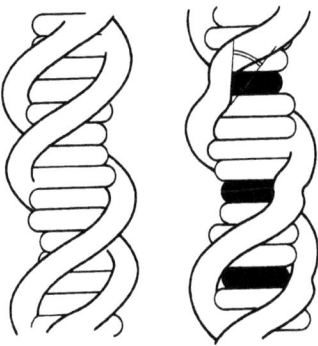

Abb. 57. Interkalation von Acridinmolekülen zwischen gepaarte Mononucleotide einer Doppelhelix als Ursache für die mutagene Wirkung der Acridine. Nach WARING, 1968

Zu genau dem entgegengesetzten Ergebnis kommt es, wenn im Verlaufe der DNS-Replikation das Acridinmolekül sich in den neu entstehenden Strang anstelle eines einzubauenden, in seiner Base durch das gegenüberliegende Mononucleotid des bereits vorhandenen Stranges bestimmte Mononucleotid setzt. Ein solcher Doppelstrang weist an der betreffenden Position dann einander gegenüberliegend (Abb. 58b) ein Acridinmolekül und ein normales für die betreffende Position bezeichnendes Mononucleotid auf. In der folgenden Verdopplung wird das letztere durch das Acridinmolekül markiert. Es kann nicht abgelesen werden. Im neu synthetisierten Schwesterstrang entfällt daher diese Position. Nach seiner weiteren Verdopplung liegt schließlich ein DNS-Doppelstrang vor, dem ein Mononucleotidpaar fehlt. Das Ergebnis ist eine Deletions-Mutante.

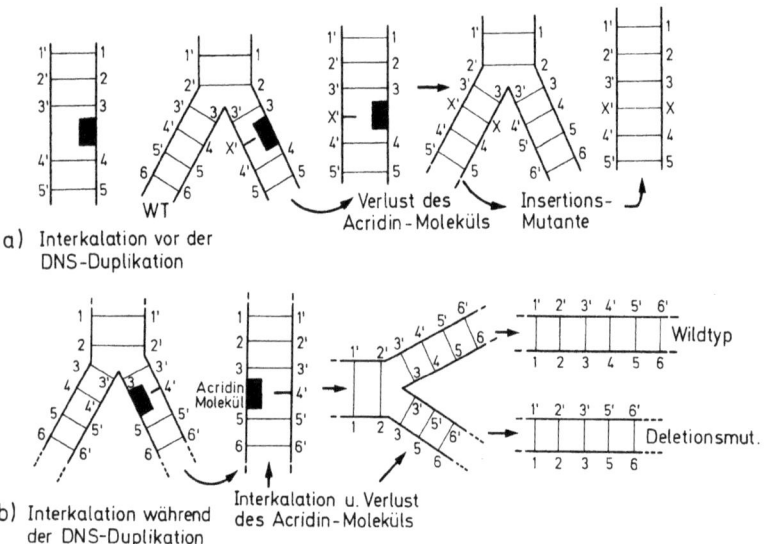

Abb. 58. Postulierter Wirkungsmechanismus bei der Induktion von Insertions- und Deletionsmutanten durch Acridin. Nach HAYES, 1965

2. Verzögerte Ausprägung

Alle im vorstehenden beschriebenen chemischen Reaktionen bedingen, daß Veränderungen der Basensequenz der DNS und damit des Inhaltes genetischer Informationen entstehen. Die Folge davon ist das Auftreten von Mutanten. Gehen beide Ereignisse gleichzeitig vor sich? Diese für die biologische Betrachtung so entscheidende Frage ist erst mit der Verwendung von Mikroorganismen als Objekte experimenteller Mutationsforschung beantwortet geworden. Bei den zuvor benutzten vielzelligen Lebewesen wurden vorwiegend durch Bestrahlen von Eizellen, Spermien oder Pollenkörnern Mutationen induziert und ihr Auftreten erst nach der Entwicklung des vielzelligen Organismus aus der befruchteten Eizelle an diesem beobachtet. Dazwischen aber lagen viele Zell-Generationen. Für die Fruchtfliege (Drosophila) beträgt deren Zahl etwa 20. Bei Einzellern dagegen sind Zell- und Individual-Generation identisch. Geeignete Versuchsanordnungen erlauben daher Aussagen darüber, ob bereits die einer mutativen Wirkung ausgesetzte Zelle oder erst einzelne ihrer Nachkommen in darauffolgenden Generationen als Mutanten erkennbar werden.

Bei derartigen Untersuchungen hat sich fast stets gezeigt, daß zwischen Induktion und Ausprägung einer Mutation eine bestimmte Zeit oder Anzahl von Zellgenerationen ablaufen. Beide sind durch einen Zwischenstand voneinander getrennt. Wodurch entsteht dieser? Es gibt mindestens drei in ihrem Mechanismus unterschiedliche Ursachen für eine derartige Verzögerung. Eine davon haben wir bereits kennengelernt. Die Induktion von Mutanten durch salpetrige Säure führte (Abb. 41) zunächst zur Entstehung eines für die DNS unphysiologischen Mononucleotids. In der folgenden Generation wurde durch Fehllesung dieser Base eine erneute Paarung möglich, wobei einer der beiden Paarungspartner die unphysiologische Base blieb. Erst in der darauffolgenden Generation, also zwei Generationen nach stattgefundener Desaminierung als dem zur Mutation führenden Primärereignis wurde der physiologische Partner dieser Paarung ebenfalls mit einem für die DNS physiologischen Mononucleotidtyp gepaart und dadurch die Mutation manifest. Zwei Zellgenerationen vergehen bei diesem Reaktionsmechanismus zwischen Auslösung und Verwirklichung einer induzierten Mutation. Man spricht daher von einer Mutationsverzögerung. Sie ist ein recht häufiger Vorgang nicht nur bei der chemischen Mutagenese. Auch die mutagene UV-Strahlung, deren Wirkungsmechanismus uns später noch eingehend beschäftigen wird, erzeugt zunächst einen potentiell mutagenen Zustand der Zelle, der durch geeignete Nachbehandlung in einem Teil derartig induzierter Zellen wieder rückgängig gemacht werden kann (Abb. 59). Auch in diesem Falle liegt somit eine Mutationsverzögerung vor.

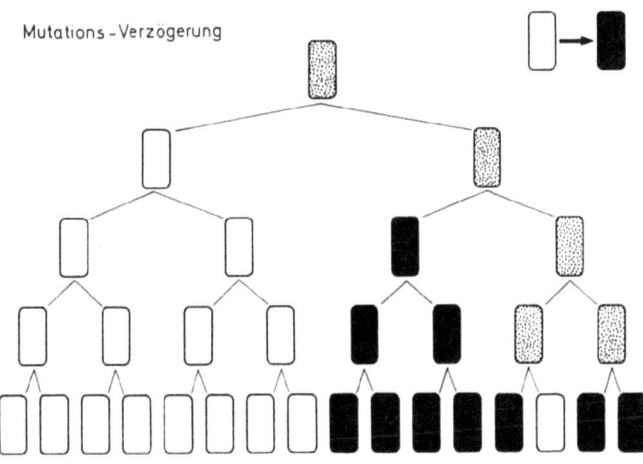

Abb. 59. Auswirkung einer Mutationsverzögerung. Der potentiell mutagene Zustand ist durch Punktierung des Zellsymbols bezeichnet

Aber selbst dann, wenn die Periode der Mutationsverzögerung beendet ist, muß sich die Mutante als solche nicht bereits durch die Veränderung einer ihrer erbgebundenen Leistungen zu erkennen geben. Dafür sind zahlreiche Beispiele bekannt. Eines davon ist die Ausprägung der durch Mutation erworbenen Befähigung einer Bakterienzelle zur Resistenz gegen einen bestimmten Bakteriophagen (Abb. 60). Die im Wildtyp vorhandene Sensibilität gegen den betreffenden Phagentyp wird durch eine besondere Molekularstruktur der Bakterienoberfläche hervorgerufen, welche Phagenpartikeln die Adsorption gestattet. Die Zahl solcher Rezeptoren für einen bestimmten Phagentyp kann pro Zelle mehrere Hunderte betragen. Ist die Mutation zur Phagenresistenz manifest geworden,

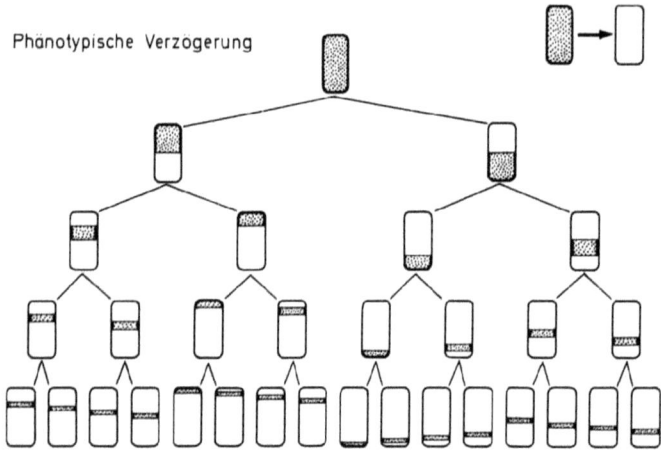

Abb. 60. Auswirkung einer phänotypischen Verzögerung nach Mutationsinduktion zur Phagenresistenz. Die Phagenrezeptoren sind als Punkte auf der Zelloberfläche dargestellt

so bedeutet dies, daß nun unter dem Einfluß der veränderten genetischen Information eine abgeänderte Bakterienoberfläche synthetisiert wird, welche die zuvor in ihr eingebauten Rezeptorenstellen nicht mehr aufweist. Im normalen Leben einer in aktivem Vermehrungsstoffwechsel befindlichen Bakterienzelle nützt sich die Zellwand nur unmerklich ab. Ihre Neusynthese mit dem für die Mutante kennzeichnenden Molekularaufbau wird daher nicht als Ersatz der bereits vorhandenen durchgeführt werden, sondern fast ausschließlich als Vergrößerung der Zelle zur Vorbereitung auf eine Zellteilung erfolgen. Dadurch findet von Generation zu Generation ein Verdünnen der auf der Zelloberfläche befindlichen, nicht mehr synthetisierten Rezeptoren statt, wobei die beiden Schwesterzellen jeder Generation rund die Hälfte der Anzahl der Rezeptoren der Mutterzelle aufweisen. Die Sensibilität der Nachkommen der Zellen einer solchen genotypisch phagenresistenten Mutterzelle nimmt daher phänotypisch mit steigendem Ausmaß des Generationenabstandes ab. Genotyp, d.h., der Inhalt der in der Zelle vorliegenden genetischen Information und Phänotyp als augenblicklicher Zustand der Merkmalsbildung unterscheiden sich somit zunächst, bis schließlich im Verlaufe dieser phänotypischen Verzögerung nach mehreren Zellgenerationen die Erscheinungsform und genetische Information einander entsprechen.
Von weit geringerer Bedeutung ist eine phänotypische Verzögerung meist beim Rückgewinn der genetisch bedingten Befähigung zur Synthese eines physiologisch wirksamen Enzyms. Ein häufig in der experimentellen Forschung verwendetes Beispiel dafür ist die Rückmutation vom Zustand der Auxotrophie einer Mangelmutanten zur Prototrophie des Wildtyps. Nicht selten genügt in diesem Falle bereits ein Einzelstück des betreffenden Fermentmoleküls, um, freilich zunächst in qualitativ begrenztem Maße, Wildtypeigenschaften zu erzeugen. Im Verlaufe einer Zellgeneration werden jedoch fast stets eine ausreichende Anzahl weiterer Moleküle, der rückerworbenen genetischen Befähigung entsprechend, neu synthetisiert, sodaß bald volles Wildtypwachstum einsetzt.
Bakterienzellen weisen im Zustand regen Stoffwechsels meist mehrere Kernäquivalente und damit vollständige Sätze genetischer Information auf. Das zur Mutation führende Ereignis spielt sich dagegen wegen seiner relativen Seltenheit nur in einem dieser Kerne ab. Führt es beispielsweise zur Auxotrophie, dann ist bei Vorliegen von 4 Kernen pro Zelle – einem häufigen Zustand – in dieser die homologe Wildtyp-Information noch

dreimal vorhanden. Sie genügt fast stets um die volle Wildtypleistung der Zelle zu gewährleisten. Der Genetiker spricht dann davon, daß die Wirkung eines Genes – in unserem Falle des Wildtypgenes – über diejenige eines anderen – im vorliegenden Beispiel des mutierten homologen Genes – dominiert. Das erstere ist dominant, das letztere rezessiv. Als Vorbereitung für die Zellteilung werden sich die DNS-Moleküle identisch duplizieren.

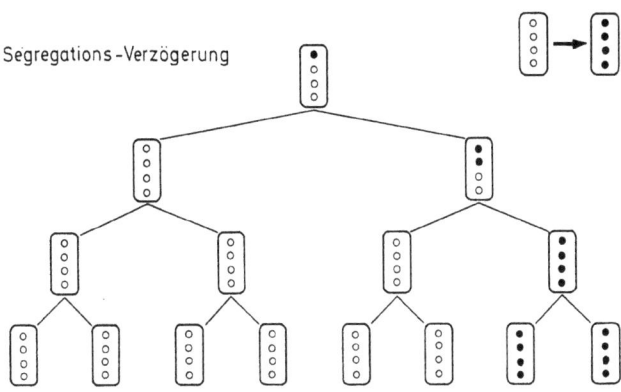

Abb. 61. Segregationsverzögerung dargestellt am Beispiel der Segregation der Kernäquivalente einer mit mehreren dieser Einheiten ausgestatteten Bakterienzelle, von denen nur eines mutiert wurde

Dann liegen acht dieser homologen Moleküle vor, von denen zwei durch die Mutation gekennzeichnet sind. Günstigenfalls werden sie (Abb. 61) gemeinsam in eine der beiden Schwesterzellen gelangen: Sie segregieren von den die homologen Wildtypgene tragenden DNS-Molekülen. Auch diese Zellen sind, wenn vielleicht auch quantitativ etwas reduziert, Wildtypzellen. Erst in der folgenden Zellteilung können, wieder den für die Segregation günstigsten Aufteilungsmodus vorausgesetzt, genotypisch reinerbige Mutantenzellen entstehen, deren jede 4 Kerne aufweist, wobei jeder der Kerne den in gleicher Weise mutierten Genort führt. Segregation ist die Ursache dieses Types, der verzögerten Ausprägung einer Mutante. Sie wird daher Segregationsverzögerung genannt. Aus dem Vorstehenden ist leicht abzuleiten, daß meist erst nach ihrer Vollendung die phänotypische Verzögerung einsetzt. Die genotypisch reinerbige Mutante hat ja von der Mutterzelle noch die Hälfte der Ausstattung jener Enzymmoleküle mitbekommen, welche sie nun nicht mehr zu synthetisieren in der Lage ist. Sie müssen erst verschlissen und in weiteren Teilungen ausverdünnt werden, bis schließlich auch der Phänotyp, die Erscheinungsform der Mutante, voll ausgeprägt vorliegt.

Eine Segregationsverzögerung muß nicht auf den Fall mehrerer Kerne pro Zelle beschränkt sein. Dann käme nur bei Mikroorganismen vor. Ein Beispiel dafür bildet wieder der uns schon bekannte Reaktionsmechanismus der Induktion von Mutanten mit salpetriger Säure, der auch für höher entwickelte Lebewesen nachgewiesen wurde. Ort des Primärereignisses ist nicht der DNS-Doppelstrang sondern nur einer der beiden Schwesterstränge. Die folgende Duplikation führt zu deren Segregation. Der nicht veränderte Einzelstrang gibt nach seiner semikonservativen Vermehrung Anlaß zur Entstehung von Wildtypzellen, die sich alle von einer Mutterzelle herleiten. Sie sind, wie der Genetiker sagt, ein Klon. Der andere führt zur Bildung des Mutantenklones. Die Abb. 45 zeigt als Lupenaufnahme den auf Minimalmedium nachbebrüteten Stempelabdruck einer Kolonie, welche als Mutterkolonie auf Vollmedium aus einer einkernigen E. coli-Zelle nach Behandlung mit salpetriger

Säure hervorging. Die eine Hälfte der Kolonie ist weitergewachsen, also aus Wildtypzellen aufgebaut. Sie entstand aus dem Wildtypklon, welcher sich von dem nicht veränderten DNS-Einzelstrang ableitet. Die andere, nicht weitergewachsene, auxotrophe Koloniehälfte dagegen baut sich aus untereinander gleichen Mutantenzellen auf, deren DNS sich von dem zweiten, eine desaminierte Base tragenden DNS-Einzelstrang der mit salpetriger Säure behandelten Mutterzelle herleitet.

3. Praktische Bedeutung

Eröffnen die im Vorstehenden beschriebenen Forschungsergebnisse über die Wirkungsweise einiger chemischer Mutagene und die für den Nachweis ihrer Wirkung an Mikroorganismen ausgearbeiteten Verfahren neben ihrem hohen Wert für die Grundlagenforschung auch praktische Anwendungsmöglichkeiten? Eingangs wurde bereits darauf hingewiesen, daß vor allem in der Pflanzenzüchtung die Induktion von Mutanten bereits auf diesem Wege durchgeführt wird. Wegen ihrer hohen Ergiebigkeit beginnt diese Induktion durch chemische Mutagene immer mehr neben der bisher üblichen Form der Mutantenauslösung durch energiereiche Strahlung einen wichtigen Platz einzunehmen. Ein weiterer, im wahrsten Sinne des Wortes für die Zukunft der gesamten Menschheit wichtiger Zusammenhang wurde bisher nicht erwähnt: Im Laufe der Evolution sind jede Tier- und Pflanzenart und auch der Mensch zu ihrer heutigen Form hauptsächlich durch das Zusammenwirken zweier Faktoren gelangt. Spontan und ungerichtet entstanden ständig neue Mutationen, die ihrem Träger die Vollbringung abgeänderter erbbedingter Leistungen gestatteten. Der zweite in der Evolution wirksame Faktor, die Selektion, sorgte dafür, daß nur solche Mutanten toleriert oder gefördert wurden, deren abgeänderte Leistung entweder sich in das bisherige Anforderungsgefüge der Umwelt ohne Leistungsverbesserung einpaßte oder den Leistungen des bisher vertretenen Typs überlegen war. Diese einfache Gesetzmäßigkeit, deren Kenntnis auf die Forschungen Darwins zurückgeht, hat auch zur Ausbildung des Menschen in seiner heutigen Form geführt. Es ist einleuchtend, daß ein Beharren auf dieser Entwicklungsstufe oder gar eine Fortentwicklung nur dann möglich ist, wenn keine Störung des Gleichgewichtes zwischen Mutationsrate und Selektionsdruck erfolgt. Erhöht sich die Mutationsrate dann steigt auch die Anzahl letaler und subletaler Mutationen, die den weitaus größten Anteil der Gesamtmutationsrate ausmachen. Wie häufig sie bereits unter Normalbedingungen sind, zeigt die Feststellung, daß rund 20% aller menschlichen Spermien eine solche Mutation tragen. Diese führen zu Konzeptionen, welche bereits durch sehr frühen Abgang beendet werden und häufig daher unentdeckt bleiben. Seit wenigen Jahrzehnten scheint sich jedoch darüber hinaus eine Entwicklung anzubahnen, welche zur Erhöhung der Mutationsrate führen muß. Die bisher verflossene Zeit ist wegen der relativ langen Generationsdauer des Menschen zu kurz um genaue Analysen einer Veränderung dieser Rate zu erlauben. Dagegen lassen sich zahlreiche mutagene Einflüsse nachweisen, welche es vor einem halben Jahrhundert noch nicht gab, die aber heute auf jeden von uns einwirken. Die steigende genetische Strahlengefährdung des Menschen gehört in diesen Zusammenhang. Aber auch die chemische, pharmazeutische und kosmetische Industrie dürfte ihren Teil beitragen. Sie bringt jährlich viele Tausende neuer Produkte auf den Markt. Deren Toxidität wird zwar vor der Freigabe sorgfältig geprüft, wer aber kümmert sich um ihre etwaige mutagene Wirkung? Wer vermag eine Aussage darüber zu machen, ob sich nicht unter den ständig verwendeten Nahrungsmittelzusatzstoffen, deren schönende Wirkung vor allem der Verkäufer als Kaufanreiz zu schätzen weiß, auch solche mit mutagener Wirkung befinden? Wie steht es mit den zahlreichen Bekämpfungsmitteln gegen tierische und pflanzliche Schädlinge unserer Nutzpflanzen? Sie gelangen mitunter in erheblicher Konzentration in Acker- und Gartenfrüchte. Daß sich auch unter ihnen Mutagene befinden, braucht nicht nur vermutet zu werden. Dafür gibt es zumindest ein bewiesenes Beispiel. Erst kürzlich mußte die Produktion eines in den USA sehr häufig und ausgedehnt benutzten Fungicids eingestellt werden, da es sich als starkes Mutagen erwiesen hatte.

Die Zunahme der Vielfalt und Konzentration mutagener Stoffe, welche auf den verschiedensten Wegen in den Körper des Menschen gelangen, erweist sich somit als Teil des Problemkreises Umweltverschmutzung, dessen Bedeutung für die Zukunft der gesamten Menschheit nicht hoch genug eingeschätzt werden kann. Es ist daher höchste Zeit Prüfungen durchzuführen, ob bereits auf dem Markt befindliche und neu einzuführende Pharmaca, Nahrungsmittelzusatzstoffe, Schädlingsbekämpfungsmittel, Kosmetika und andere chemische Verbindungen zur Gruppe der chemischen Mutagene gehören. Wie aber soll dies geschehen? Bereits eine Erhöhung der Mutationsrate um den 3–4fachen Wert derjenigen der bisher spontan entstehenden Mutationen sollte einen solchen Stoff von der allgemeinen Benutzung ausschließen. Wieviele Individuen müßten aber bei der sehr niedrigen spontanen Mutationsrate für einen derartigen Test eingesetzt werden? Mit Säugetieren, wie etwa Mäusen, ist das allein schon aus technischen Gründen nicht durchzuführen. Hier helfen Mikroorganismen weiter. Im Vorstehenden haben wir einfache Prüfungsverfahren kennengelernt. Sie und andere werden bereits heute in Mutagenitätsprüfungen mit dem Ziele der Verbannung mutagener Substanzen aus unserer täglichen Umwelt angewandt.

Andere Prüfungsverfahren benutzen selbstverständlich auch vielzellige Lebewesen, wie die Fruchtfliege sowie Gewebezuchtzellen. Sie vermögen sogar einen mit Recht gegenüber der ausschließlichen Benutzung von Mikroorganismen zu derartigen Untersuchungen erhobenen Einwand zu entkräften: Es gibt eine Reihe chemischer Verbindungen, die selbst nicht zu der Gruppe der Mutagene gehören. Erst ihre Umwandlungsprodukte, die im Säugetierorganismus, also auch im Menschen entstehen, zeigen mutagene Wirkung. Nun unterscheidet sich aber der intermediäre Stoffwechsel eines Säugetieres in vielerlei Hinsicht von dem einer Bakterienzelle. Die mutagene Wirkung solcher Stoffe wird daher in einem Bakterientest nicht erkennbar werden, ganz einfach deshalb, weil dort die für den Säugetierorganismus charakteristische Umwandlungsart nicht realisierbar ist. Amerikanische Forscher haben ein Verfahren entwickelt, welches diesem Einwand begegnet. Eine Zellsuspension eines genetisch gut untersuchten Bakterienstammes oder von Neurospora wird in Organe einer Maus, wie beispielsweise den Hoden injiziert und lebt dort weiter. Das Wirtstier wird dadurch zunächst nicht geschädigt. Verfüttert man die zu prüfende Substanz an dieses Versuchstier, dann können in seinem Körper die vermuteten Umsetzungen vor sich gehen, welche zur Bildung der mutagenen Verbindung führen. Diese wirkt natürlich auch auf die injizierten Mikroorganismen ein. Nach einigen Tagen wird die Maus getötet. Die Mikroorganismen können zurückgewonnen werden. Die Feststellung einer etwaigen Erhöhung des Wertes ihrer spontanen Mutationsrate, welche an gleichen Mikroorganismen in einer nicht mit der zu prüfenden Verbindung gefütterten Maus zu beobachten ist, bietet den Beweis für die mutagene Wirkung des geprüften Stoffes.

H. Rekombination zwischen Trägern homologer Koppelungsgruppen genetischer Informationen

Im vorstehenden wurde die Gesamtheit der genetischen Informationen als Einheit betrachtet. Die Ein-Gen-ein-Enzymhypothese hatte uns dabei das Gen jeweils als Träger einer diese Einheit zusammensetzenden Einzel-Information gezeigt. Sein Ort erweist sich als klar umrissener Abschnitt eines zu genetischer Aktivität befähigten DNS-Makromoleküles. Wie aber steht es mit der Gesamtheit der Genorte einer Zelle, dem Genom? Sind alle Genorte auf einem einzigen DNS-Molekül miteinander vereint, oder liegen sie auf einer Anzahl verschiedener DNS-Moleküle, also in mehreren Verpackungseinheiten"?

Beide Möglichkeiten sind in der Natur verwirklicht. Das Genom im Kopfteil eines Bakteriophagen besteht aus einer einzigen Verpackungseinheit, einem einzigen DNS-Makromolekül. Beim Phagen T4 beherbergt es etwa 160000 Mononucleotidpaare und weist im gestreckten Zustande eine Länge von 55 μ auf. Die Größe des DNS-Moleküles, welches alle Genorte einer E. coli-Zelle beherbergt, haben wir bereits im Zusammenhang mit der Frage kennengelernt, ob seine Größe wohl ausreiche, um die zu erwartenden zahlreichen genetischen Informationen zu tragen. Die Natur hat somit in vielen Fällen den Weg gewählt, alle Genorte in einer Verpackungseinheit zusammenzufassen. Diese Möglichkeit ist jedoch nur bei Organismen verwirklicht, die auf der Stufenleiter der Evolution sehr weit unten stehen. Alle anderen weisen Zellen auf, deren Genom jeweils in eine für die betreffende Art kennzeichnende Anzahl verschiedener solcher Einheiten aufgeteilt vorliegt. Dabei ist die Zugehörigkeit bestimmter Genorte zu einer bestimmten Verpackungseinheit oder, wie der Genetiker sagt, Koppelungsgruppe, stets die gleiche und spezifisch für die betreffende Art. Die stofflichen Äquivalente dieser Kopplungsgruppen der Genorte haben einen schon vor mehreren Jahrzehnten geprägten Namen. Es sind die Chromosomen.

Die Bezeichnung Chromosom oder Farbträger stammt aus der Cytologie, der Zellforschung. Sie kennzeichnet zunächst lediglich ein Objekt, das in einer bestimmten Phase des Lebens einer Einzelzelle im Zellkern mikroskopisch sichtbar wird und dann, nach Abtöten der Zelle, eine Gruppe von Farbstoffen stärker aufnimmt und auch zurückhält als die übrigen Zellbestandteile dies vermögen. In der Chromosomentheorie der Vererbung, die heute ein über jeden Zweifel erhabener Tatbestand ist, wurde später ausgesagt, daß diese Chromosomen der Sitz der Genorte sind. Die Anzahl der Chromosomen und die der Kopplungsgruppen erwies sich nämlich als gleich. Chromosomen sind damit lichtmikroskopisch erkennbare Gebilde mit ausgeprägter, zahlreiche Einzelheiten aufweisender Morphologie (Abb. 62). Sie zeigen eine Vielfalt verschiedenartiger Formen, welche mitunter nur bestimmte Entwicklungsstufen oder Stoffwechselzustände ihrer Wirtszelle kennzeichnen. Sie alle enthalten DNS, daneben aber in der Hauptsache auch Ribonucleinsäuren und Proteine verschiedener Art. Wir brauchen uns nur daran zu erinnern, daß der Durchmesser eines DNS-Doppelstranges etwa 20 Å, der eines Chromosoms aber mehrere μ beträgt, um einen weiteren Zusammenhang zu verstehen, welcher eine beträchtliche Lücke unseres heutigen Wissens kennzeichnet: Chromosomen sind sehr komplexe Gebilde.

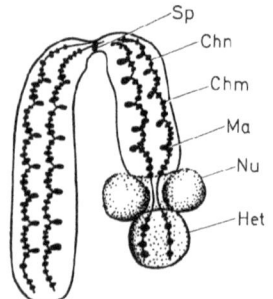

Abb. 62. Schema des Aufbaues eines Chromosoms der Eukaryonten. Chm. = Chromomer, Chn = Chromonema, Het = Heterochromatin, Ma = Matrix, Nu = Nucleolus, Sp = Spindelfaseransatzstelle. Aus KAUDEWITZ, 1957

Ihre DNS weist neben der für das Watson-Crick Modell kennzeichnenden Primärspiralisierung sicher noch eine Sekundär- und Tertiärspiralstruktur auf. DNS-Doppelstränge lassen sich elektronenoptisch gut erkennen. Lichtoptisch bleiben sie unsichtbar. Elektronenoptische Bilder von Schnitten durch Chromosomen zeigen eine verwirrende Vielfalt von Spiralen und anderer Form-Elemente. Es ist deshalb bis jetzt noch nicht gelungen, eine befriedigende Beschreibung des molekularen Aufbaues eines lichtoptisch erkennbaren

Chromosoms zu geben und damit unsere Wissenslücke zwischen der Kenntnis der Molekularstruktur der DNS und der mikroskopischen Struktur des sie beherbergenden Chromosoms zu schließen. Dazu mag wohl auch noch ein weiterer Zusammenhang beigetragen haben. Molekulare Genetik arbeitete und arbeitet mit indirekten Methoden. Elektronenoptische Befunde haben relativ wenig dazu beigetragen, bisher unbekannte, in ihr Forschungsgebiet fallende Zusammenhänge aufzudecken. Sie dienten dagegen sehr häufig dazu, solche zu bestätigen und bereits gemachte Aussagen differenzierter zu gestalten. Das Interesse der Molekulargenetik an morphologischen Fragestellungen war daher relativ gering. Die cytologische und cytogenetische Forschung dagegen ging primär von der mikroskopischen Beobachtung aus. Sie hat erst in jüngster Vergangenheit gelernt, in ihren Fragestellungen auch die Ergebnisse molekulargenetischer Untersuchungen zu berücksichtigen. In der englischsprachigen, genetischen Literatur wird trotz dieser Wissenslücke seit mehr als zwei Jahrzehnten ein Genorte tragendes, in der Zelle gelegenes, durch mehr oder weniger zahlreiche morphologische Einzelheiten seine Differenzierung bekundendes Objekt ebenso Chromosom genannt, wie der im Bakteriophagenkopf enthaltene, die Genorte des Phagen beherbergende reine DNS-Doppelstrang. In beiden Fällen ist dies die Benennung eines Objektes gleicher Funktion, nämlich des Trägers von Genorten. Gleichzeitig wird dabei davon ausgegangen, daß es Aufgabe und Sachgebiet der Cytologie ist, morphologische Einzelheiten zu beschreiben und wenn sich dies als notwendig erweist, verschiedene mit unterschiedlichen Namen zu belegende Chromosomtypen zu kennzeichnen. Wir wollen uns im folgenden dieser Sprachregelung anschließen. Ist in jeder der Zellen eines Lebewesens das Genom in einer Anzahl von Kopplungsgruppen aufgeteilt und damit die verschiedenen Genorte auf unterschiedlichen Chromosomen lokalisiert, so bilden diese einen Chromosomensatz (Abb. 63). Jedes seiner Einzelstücke, das einzelne Chromosom, weist dabei eine in jeder Zelle wiederkehrende spezifische Form auf. Gleichzeitig ist die Zahl der Chromosomen eines Satzes konstant und für die betreffende Art von Lebewesen kennzeichnend.

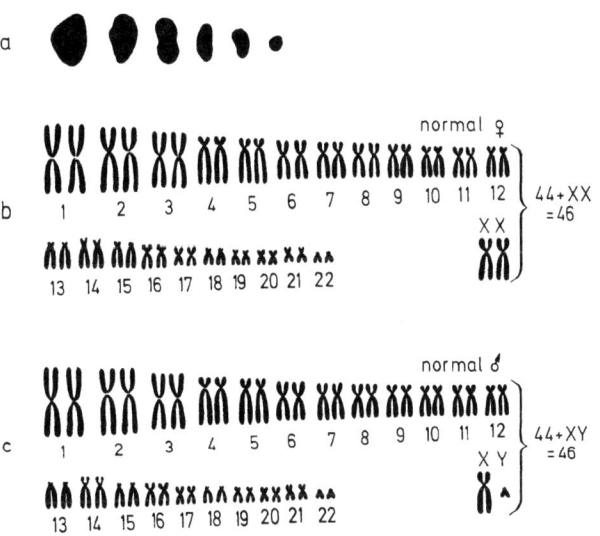

Abb. 63. Chromosomensätze: a) Haploider Satz des Einzellers Aggregatha eberthi, b) und c) (nach PENROSE) Diploider Satz des Menschen, b) der Frau, c) des Mannes

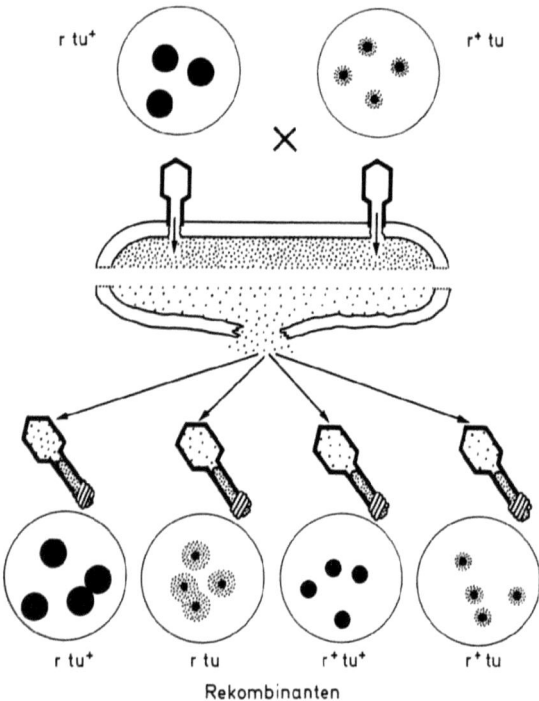

Abb. 64. Schematische Darstellung der Kreuzung einer tu- mit einer r-Mutante des Bakteriophagen T 4. Als Ergebnis treten neben den Typen der beiden Kreuzungspartner als reziproke Rekombinanten der Wildtyp r^+tu^+ und die Doppelmutante r tu auf. Einzelheiten im Text (Vergleiche Abb. 53)

Ein Phagenpartikel enthält nur ein einziges DNS-Makromolekül, welches alle Genorte beherbergt. Es bildet die einzige Kopplungsgruppe des Phagengenoms. Wie Abb. 64 zeigt, ist es möglich, Phagen der gleichen Art, deren Genom sich durch den Mutationszustand von mindestens einem Genpaar unterscheidet, miteinander zu kreuzen. Die dabei auftretenden Neukombinationen des Genotyps sind nur dann möglich, wenn die dazu nötige „Rekombination" zwischen Orten eines homologen Paares der einzigen überhaupt vorhandenen Kopplungsgruppe stattfindet. In Abb. 65 ist das Ergebnis eines solchen Rekombinationsvorganges schematisch dargestellt, ohne daß damit gleichzeitig Aussagen über den zugrunde liegenden Mechanismus gemacht werden sollen. Zwei homologe DNS-Stränge mögen sich im Mutationszustand ihrer Genorte A bis E bzw. a bis e voneinander unterscheiden. Als Ergebnis des Rekombinationsvorganges entstehen zwei homologe Stränge, deren einer die Orte AB des Stranges 1 mit cde des Stranges 2 vereint, während der andere Strang die reziproke Kombination aufweist. Der Rekombinationsort liegt bei diesem Beispiel zwischen B und C, sowie b und c. In erster Annäherung dürfen wir vermuten, daß die Wahrscheinlichkeit für das Auftreten eines Rekombinationsereignisses innerhalb des DNS-Moleküls für gleiche Streckenlängen gleich groß sein wird. Diese Aussage läßt sich zu einem wichtigen Werkzeug genetischer Forschung ausbauen. Ist,

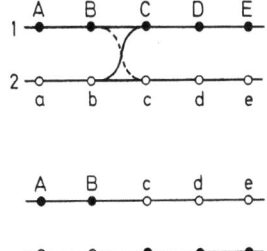

Abb. 65. Rekombinationsschema für die Entstehung reziproker Rekombinanten

etwas anders formuliert, die Rekombinationshäufigkeit zwischen von einander entfernt liegenden DNS-Abschnitten, seien dies Mononucleotidpaare oder ganze Genorte, annähernd proportional zu ihrer gegenseitigen Entfernung, dann kann diese Rekombinationshäufigkeit dazu genutzt werden, die lineare Reihenfolge bestimmter Orte auf dem DNS-Molekül oder dem Chromosom zu bestimmen. Rekombination führt zur Trennung von Orten, die an den beiden Seiten des Rekombinationsortes liegen. Man kann daher auch sagen, daß zwei Orte umso näher benachbart liegen werden, je höher ihr Kopplungsgrad und damit umso geringer die Wahrscheinlichkeit des Auftretens einer Rekombinationsstelle zwischen ihnen ist. Dieser Zusammenhang wird in Abb. 66 dargestellt. Sie sagt aus, daß Ort A umso häufiger von einem der Orte B, C, D, E und F getrennt wird, je weiter entfernt der betreffende Ort von A liegt.

Kreuzungen erbungleicher Partner, in deren Verlauf Rekombinationen auftreten, lassen sich damit zur Aufstellung der Genkarte des betreffenden Organismus auswerten. Die

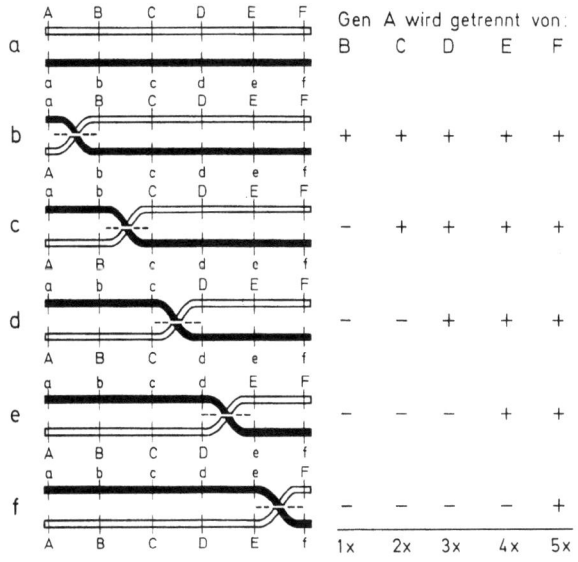

Abb. 66. Schema zur Darstellung des Zusammenhanges zwischen der Häufigkeit einer Aufhebung der Kopplung durch Rekombination und dem Abstand zweier Genorte bei linearer Aufeinanderfolge dieser Orte auf dem Chromosom. Aus KAUDEWITZ, 1957

zu kartierenden Genorte sind dabei meist in dem einen Partner im Wildtypzustand, im anderen gekennzeichnet durch einen nicht mehr im Wildtypzustand befindlichen Mutationsort vorhanden. Folgen wir dem Beispiel einer solchen Lageortbestimmung dreier Mutationsorte des Bakteriophagen T 4, so wie sie der amerikanische Forscher DOERMAN bereits 1953 durchführte. Durch die Orte tu_{42}, tu_{43} und tu_{44} wird je ein Mutantenstamm charakterisiert, welcher trübe (turbid) Plaques bildet. Die Häufigkeit des Auftretens von Wildtyprekombinanten als Bildner normaler, klarer Plaques nach gemeinsamer Infektion der Escherichia coli-B-Wirtszelle durch Partikel zweier Mutanten wird im Versuch quantitativ ausgewertet. Die Versuchsdurchführung entspricht damit dem in Abb. 64 dargestellten Schema, freilich unter Verwendung anderer Mutanten. Die Kreuzung von $tu_{42} \times tu_{43}$ ergibt 25,5%, die von tu_{43} mit tu_{44} dagegen 20,5% Rekombinanten. Aus beiden Ergebnissen läßt sich schließen, daß der Ort 42 vom Ort 43 25,5 Einheiten, der Ort 44 von 43 dagegen nur 20,5 Einheiten entfernt liegt. Nimmt man die lineare von links gelesene Reihenfolge 42, 43 an (Abb. 67a), dann kann damit der Ort 44 zwischen den beiden erstgenannten, aber auch rechts davon, in jedem Falle aber 20,5 Einheiten von dem Ort 43 entfernt angeordnet sein (Abb. 67b). Zwischen beiden Alternativen unterscheidet die Kreuzung von tu_{42} mit tu_{44}. Sie ergibt 9,5% Rekombinanten.

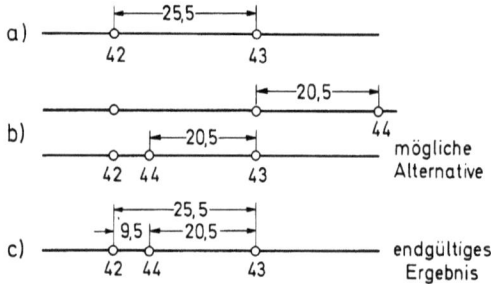

Abb. 67. Schema zur Ermittlung der linearen Anordnung der Mutationsorte tu_{42}, tu_{43} und tu_{44} auf dem T 4-Chromosom durch Rekombinationsanalyse nach Zweifaktorenkreuzungen

Damit kann Ort 44 nur zwischen 43 und 45 liegen (Abb. 67c). Nach dem amerikanischen Erbforscher MORGAN, der als erster derartige Kartierungen durchführte, wird die Entfernung zweier Genorte, die zur Rekombinationshäufigkeit von 1% führt, als Morgan-Einheit bezeichnet. Vergleicht man die Gesamtzahl der Rekombinationshäufigkeit $tu_{42} \times tu_{44}$ mit der Summe der Häufigkeiten $tu_{42} \times tu_{44} + tu_{43} \times tu_{44}$, dann ergibt sich keine strenge Additivität, eine häufig zu machende Beobachtung bei derartigen Kreuzungen.

1. Übertragung bakterieller Genorte aus Spender- in Empfängerzellen

Rekombination findet definitionsgemäß nur zwischen homologen Chromosomen oder DNS-Molekülen statt. Haploide Organismen, wie Neurospora, weisen im Zygotenstadium einen, wenn auch nur vorübergehenden diploiden Zustand auf, welcher damit die Vorbedingung der Anwesenheit homologer Chromosomen als Rekombinationspartner in der gleichen Zelle schafft. Anders liegen die Verhältnisse bei Bakterien, dem bevorzugten Objekt molekular-genetischer Forschung. Sie vermehren sich vegetativ. Ihre Zellen vergrößern sich durch Neusynthese und darauffolgenden Einbau von Molekülen, welche als Bausteine des Zelleibes dienen. Gleichzeitig befindet sich unter optimalen Bedingungen die DNS ständig im Zustand der Duplikation. Eine solche Duplikationsrunde dauert bei Escherichia coli bei 37° etwa 40 min. Dann teilt sich die Zelle in zwei Schwesterzellen, ohne daß irgendwelche sexuellen Vorgänge und damit der Zustand vorübergehender Diploidisierung eintritt. Rekombination zwischen erbungleichen, homologen Kopplungsgruppen ist bei diesem Vermehrungsmodus daher nicht möglich.

1.1 Transformation

Dennoch gibt es auch bei Bakterien eine Reihe verschiedener Vorgänge, welche dazu führen, daß von einer Spenderzelle ausgehend, Genorte gebunden an Teile oder die Gesamtheit des DNS-Makromoleküls in eine Empfängerzelle gelangen. Dort vermögen sie mit der homologen DNS zu rekombinieren. Einer der Übertragungsmechanismen war uns bereits am Beginn unserer Betrachtung begegnet (Abb. 5): Die Transformation. Im Transformationsvorgang wird reine DNS eines Spenders aktiv vom Empfänger aufgenommen. Diese Fähigkeit besitzen bei weitem nicht alle Bakterienarten. Die Empfängerzellen müssen sich, um aufnahmebereit zu sein, in einem bestimmten Stoffwechselzustand, dem der Kompetenz, befinden. Sie synthetisieren dann einen Faktor, an dessen Vorhandensein die DNS-Aufnahme gebunden ist. Es hat sich herausgestellt, daß dieser von Zelle zu Zelle wandern kann, also infektiös wirkt. Die Aufnahme der Spender-DNS durch die Empfängerzelle ist ein aktiver Vorgang. Einsträngige DNS wird nicht aufgenommen, doppelsträngige DNS muß eine bestimmte Mindestmolekülgröße aufweisen, um durch Pinocytose in die Empfängerzelle gelangen zu können. Die Aufnahme selbst läßt sich in mehrere Phasen untergliedern, deren erste eine Adsorption des DNS-Moleküls an die Zelle bildet.

1.2 Chromosomentransfer

Es hat relativ lange gedauert, bis Bakteriologen und Genetiker von der Entdeckung der Transformation Kenntnis nahmen. Anfang der 40er Jahre herrschte daher noch in weiten Kreisen die Meinung, Bakterien zeigten, wenn überhaupt, nur in sehr beschränktem Maße Vererbungserscheinungen. Rekombinationsvorgänge, die ja, wie man damals glaubte, in jedem Falle Sexualität voraussetzen, schienen ganz und gar außerhalb des Bereichs des Möglichen zu liegen. Zu denen, die diese Frage einer experimentellen Prüfung für würdig erachteten, gehörte der amerikanische Forscher und spätere Nobelpreisträger TATUM. Er stellte seinem Mitarbeiter LEDERBERG, ebenfalls einem späteren Nobelpreisträger, für dessen Doktorarbeit die Aufgabe, bei Escherichia coli nach solchen sexuellen Vorgängen als Voraussetzung von Rekombinationen zu suchen. LEDERBERG wählte als Versuchsobjekt den in der Stammsammlung des Instituts vorhandenen Escherichia coli-Stamm K-12 und machte in der Folge mit seiner Hilfe Wissenschaftsgeschichte.

Rekombinationsvorgänge lassen sich nur dann nachweisen, wenn der Austausch homologer Genorte solche verschiedenen Mutationszustandes betraf. LEDERBERG stellte sich daher zunächst Mutanten her. Da aus den bisherigen Beobachtungen zu erwarten war, daß Rekombinationsvorgänge, wenn überhaupt, nur außerordentlich selten auftreten würden, mußte zu ihrem Nachweis ein System außerordentlicher Empfindlichkeit benutzt werden. Er wählte dazu das Auftreten von Wildtyprekombinanten aus zwei Mangelmutanten und ging von folgenden Überlegungen (Abb. 68) aus: In Mutante 1 soll durch Mutation im Genort A^- Auxotrophie hervorgerufen sein, in Mutante 2 dagegen in Genort C^-. Dann sind in der Mutante 1 der Genort C^+, in der Mutante 2 der Genort A^+ im Wildtypzustand. Die Vereinigung der beiden letztgenannten durch Rekombination müßte eine Wildtypzelle ergeben, welche im Gegensatz zu den Zellen der beiden auxotrophen Mutterstämme auf Minimalmedium zu wachsen vermöchte. Die Rückmutationsrate solcher Mutanten zum Wildtyp liegt in der Größenordnung von etwa 10^{-8}. Diese Zahl würde das Auflösungsvermögen der Nachweismethode in unerwünschter Weise begrenzen. Lederberg stellte daher Doppelmutanten vom Typ A^-B^- und C^-D^- her. Die Wahrscheinlichkeit

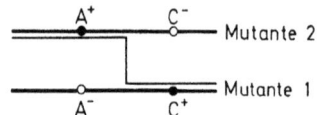

Abb. 68. Schematische Darstellung der Entstehung einer Wildtyprekombinanten durch Rekombination der Wildtyphomologen der Mutationsorte zweier miteinander gekreuzter Mangelmutanten von E. coli

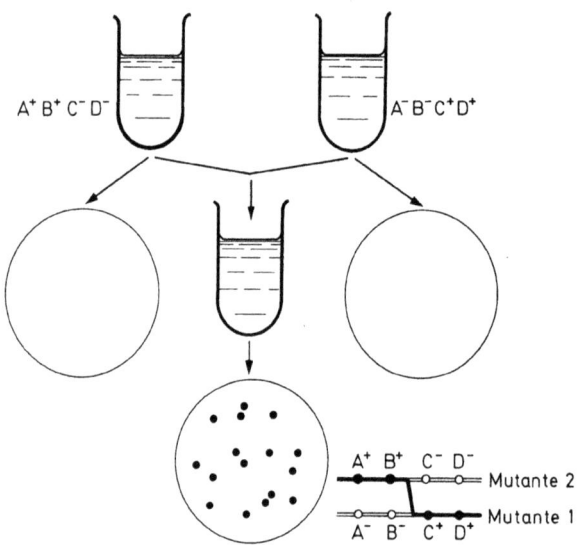

Abb. 69. Schema der Versuchsdurchführung von TATUM und LEDERBERG zum Nachweis der Entstehung von Wildtyprekombinanten bei Kreuzung zweier geeigneter Doppelmutanten von E. coli K 12. Die drei als Kreise gezeichneten Petrischalen enthalten Minimalmedium

der Rückmutation einer solchen Zelle zum Wildtyp beträgt dann 10^{-16}. Eine solche Zellzahl wird in Versuchsreihen, wie sie geplant waren, niemals auch nur annähernd erreicht. Das etwaige, im Versuch zu beobachtende, Auftreten von Wildtypzellen könnte daher nicht durch Rückmutation hervorgerufen worden sein. Abb. 69 zeigt den Versuchsablauf. Die Zellen zweier auxotropher Doppelmutanten $A^- B^-$ und $C^- D^-$ werden getrennt vermehrt. Kontrolle jeder der Mutanten für sich auf Minimalmedium ergibt keine Koloniebildung. Werden jedoch annähernd gleiche Mengen der beiden Kulturen miteinander gemischt und wieder auf Minimalmedium verteilt, dann wächst mit einer Häufigkeit von etwa 10^{-5}, also je 100000 eingesetzter Zellen, eine Wildtypkolonie heran. Die derart erzeugten Wildtypstämme erweisen sich als genetisch stabil. Jede der Wildtypkolonien ist aus einer einzigen Wildtypmutterzelle hervorgegangen. Diese kann nach den im Vorstehenden getroffenen Feststellungen nur eine Rekombinante sein, welche nach dem in der Abbildung unten rechts angegebenen Schema entstand.

LEDERBERG hatte zu seinen Versuchen eine Reihe verschiedener Mutantenstämme benutzt, die wir als Unterstämme bezeichnen wollen. Streptomycinresistente Mutanten dieser

Unterstämme ließen sich leicht gewinnen. Sie wurden zu Versuchen folgenden Typs verwendet: Zellen des Streptomycinsensiblen (S^s), für A^- und B^- auxotrophen Unterstammes 1 wurden mit Zellen des Streptomycin-resistenten (S^r), für C^- und D^- auxotrophen Unterstammes 2 gemischt und auf Streptomycin-haltige Minimalmedien-Platten ausgestrichen. Es entstanden Wildtyperekombinanten. Wurde dagegen die für das Genpaar S^s / S^r reziproke Mischung $A^-B^-S^r + C^-D^-S^s$ vorgenommen, so wuchsen nach Aufbringen auf die Streptomycin-Platten keine Rekombinanten-Kolonien. Zahlreiche Unterstämme wurden auf diesem Wege mit gleichartigem Ergebnis geprüft. Es erlaubte nur einen Schluß: Der Rekombination ging ein Transfer von Genorten aus einer Spender- in eine Empfängerzelle voraus. Dabei aber waren beide von vornherein in ihrer Funktion festgelegt. Nur die Empfängerzellen wurden zum Ort der Rekombination. Aus ihnen gingen die Rekombinantenkolonien hervor. Waren sie S^s, so wurden sie auf dem Streptomycinagar getötet. Es entstanden keine Rekombinantenkolonien. Die Übertragung der Genorte erfolgte somit nur in einer von zwei prinzipiell möglichen Richtungen. Sie geschah auf einer Einbahnstraße. Bei derartigen Kreuzungsversuchen war die Beobachtung gemacht worden, daß nicht jeder der Unterstämme mit jedem beliebigen anderen Unterstamm Rekombinanten bildete. Es ließen sich vielmehr zwei Gruppen erkennen. Die eine Gruppe mit F^+ (fertility positive) bezeichnet, ergab Rekombinanten mit den Angehörigen der anderen Gruppe, welche die Bezeichnung F^- erhielt, aber auch in geringerem Maße mit Unterstämmen der eigenen F^+-Gruppe. F^--Stämme dagegen waren miteinander nicht fertil: Aus Mischungen ihrer Zellen gingen keine Rekombinanten hervor. Die Fertilität der F^+-Stämme erwies sich als infektiös für F^--Stämme: Wurden durch unterschiedliche Auxotrophie-Mutationen markierte Zellen eines F^+ und eines F^- Stammes in einem gemeinsamen Zuchtröhrchen bebrütet, so traten bereits nach wenigen Stunden unter den durch ihre genetische Markierung sicher erkennbaren F^--Zellen solche auf, die F^+-Eigenschaften aufwiesen. Die Infektiösität erwies sich als sehr hoch und konnte nahezu alle eingesetzten F^--Zellen erfassen. Sie setzte, wie Versuche mit bakteriendichten Filtern, durch welche in negativ verlaufenden Kontrollversuchen die F^+- von den F^--Populationen getrennt waren, den körperlichen Kontakt zwischen Einzelstücken der beiden Zelltypen voraus. Später ließ sich zeigen, daß die F^+-Eigenschaft auf der Anwesenheit eines mit F bezeichneten Episoms in der Zelle zurückführbar ist.

Episomen sind genetische Einheiten, welche der Gruppe der nicht notwendigen Zellbestandteile angehören und als genetische Determinanten wirken. Sie bestehen aus DNS oder enthalten zumindest solche. Neuere Untersuchungen ergaben als Größe des F-Faktors eine Sequenz von $2,5 \times 10^5$ Mononucleotidpaaren. Das entspricht etwa 200 bis 250 Genorten, eine DNS Molekülgröße, die etwa derjenigen der DNS eines virulenten coli-Phagen der T-Serie gleicht. Die DNS des F-Faktors weist das selbe AT/GC-Verhältnis wie diejenige von Escherichia coli auf. Der F-Faktor läßt sich aus E. coli-Zellen in Zellen anderer Bakterienarten übertragen, deren DNS ein von Escherichia coli abweichendes AT/GC-Verhältnis und damit eine andere Lage im Dichtegradienten aufweist. Ein Beispiel dafür ist Serratia marcescens, eine Bakterienart, welche auf Brot oder Kartoffeln blutrot gefärbte Kolonien bildet. Abb. 70 zeigt das Ergebnis der Gradientenzentrifugierung von DNS eines mit F-Episomen infizierten Serratia-Stammes. Deutlich ist als Schulter des DNS-Maximums der Serratia-DNS dasjenige der F-DNS erkennbar.

In den F^+-Zellen liegen die bakterielle DNS und diejenige des F-Episoms wie auch die Abb. 70 beweist, in zwei von einander getrennten Molekülen vor. Dem entspricht auch, daß ihre Duplikation nicht miteinander synchronisiert vor sich geht. Durch bestimmte Zuchtbedingungen läßt es sich sogar erreichen, daß die episomale DNS einen langsameren Teilungsrhythmus aufweist als die bakterielle DNS. Dies führt zum Herausverdünnen der F-DNS im Verlaufe der Zellgenerationen, so daß dann in einer F^+-Population F^--Zellen auftreten. Auf diesem Wege waren in den von Lederberg benutzten Unterstämmen des F^+-Ausgangsstammes von E. coli K-12 solche vom F^--Typ aufgetreten. Bei optimalen

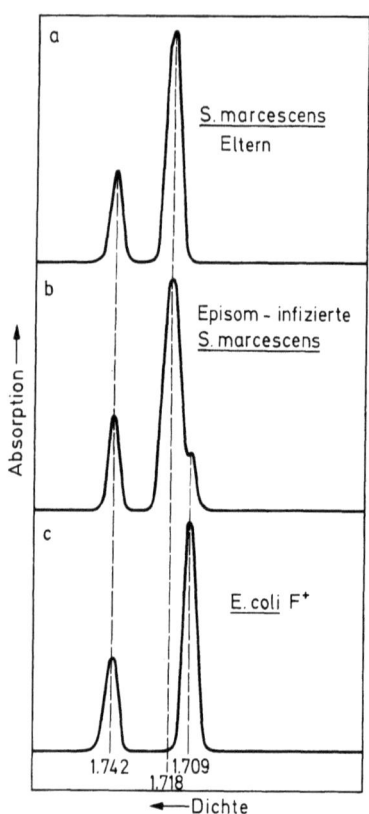

Abb. 70. Nachweis der DNS des F-Faktors im Dichtegradienten nach F-Infektion einer Population von Zellen der Bakterienart Serratia marcescens. Das links gelegene Maximum wird von ^{15}N-markierter Pseudomonas-DNS gebildet und dient als Bezugsbande. Nach MARMUR et al.

Lebensbedingungen dagegen läßt sich eine Korrelation zwischen der Anzahl der F-Episomen und derjenigen von Kernäquivalenten der Wirtszelle feststellen. Wir müssen uns bei dieser Aussage daran erinnern, daß unter derartigen Wachstumsbedingungen E. coli-Zellen meist mehrere gleiche Kernäquivalente, also mehrere identische DNS Moleküle aufweisen, deren jedes die Gesamtheit der genetischen Informationen der Zelle beherbergt. Gewöhnlich ist dann die Anzahl der Kernäquivalente und die der F-DNS-Moleküle annähernd gleich. Darauf gründet sich die Vermutung, daß in diesem „autonomen" Zustand des F-Episoms in der F$^+$-Zelle eine wenn auch lockere Regulation der Vermehrung beider DNS-Arten vorliegt.

Weiter oben war gezeigt worden, wie sich Rekombinationshäufigkeiten zu Aussagen über die lineare Anordnung von Genorten verwenden lassen. Es lag daher nahe, die Untersuchungen der Rekombinationshäufigkeiten bei Escherichia coli K-12 dem gleichen Zwecke dienstbar zu machen. Als Ergebnis entstanden Chromosomenkarten, welche wegen der zunächst geringen Anzahl der durch Mutation markierten Genorte noch das Vorhandensein mehrerer Kopplungsgruppen vermuten ließen. Weitere Versuche führten dann schließlich zu Aussagen, die einander widersprachen. Ihre formale Auswertung ergab verzweigte Kopplungsgruppen (Abb. 71) mit einer von Kreuzung zu Kreuzung wechselnden Gestalt. Diese scheinbare Sackgasse, in welche die Rekombinationsforschung an K-12 geraten war, erwies sich in der Folge als einer der möglichen Zugänge zum vertieften Verständnis desjenigen Mechanismus, dem die bei Escherichia coli K-12 der Rekombination vorangehenden Vorgänge gehorchen:

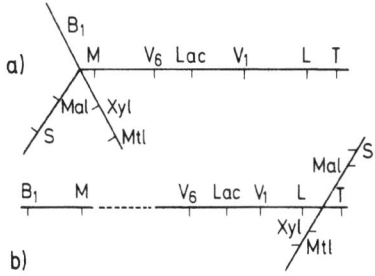

Abb. 71. Schematische Darstellung der Lage von Genorten, welche aus den als Ergebnis zahlreicher Kreuzungen zwischen F$^+$- und F$^-$-Stämmen von E. coli K 12 sich ergebenden Kopplungsbeziehungen abgeleitet wurden. Das Diagramm hat ausschließlich formale Bedeutung und unterstellt keineswegs ein verzweigtes E. coli-Chromosom. Nach LEDERBERG et al., 1951

Bei Einsatz von etwa 10^5 F$^+$-Zellen entsteht in einer K-12-,,Kreuzung" durchschnittlich eine einzige Rekombinante. Ist diese relative Seltenheit des Rekombinationsereignisses dadurch bedingt, daß jede F$^+$-Zelle mit der gleichen, sehr geringen Wahrscheinlichkeit die zur Rekombination führende Leistung zu vollbringen vermag? Oder ist die F$^+$-Population uneinheitlich? Sind in ihr mit der Wahrscheinlichkeit von 10^{-5} Zellen vorhanden, welche mit sehr hoher Wahrscheinlichkeit Rekombinationen hervorrufen? Diese Fragen wurden von Forschern des Pariser Institut Pasteur gestellt. Sie lassen sich experimentell mit verschiedenen Methoden beantworten, von denen wir die Stempelmethode bereits im Zusammenhang mit der Isolierung auxotropher Mutanten kennenlernten (Abb. 44): Eine Petrischale mit Vollmedium (Platte 1) wird mit etwa 10^8 Zellen einer durch Mutation des Genes A$^-$ auxotrophen F$^+$-Population beschickt und anschließend bebrütet bis ein dichter Zellrasen entstanden ist (Abb. 72). Dann wird die Oberfläche einer Minimalmedienplatte (Platte 2) mit etwa der gleichen Anzahl von durch Mutation des Genortes B$^-$ markierten F$^-$-Zellen versehen und nach Bebrütung die Oberfläche des nun aus rund 10^8 Mikrokolonien bestehenden Zellrasens der Platte 1 auf diese Platte 2 überstempelt. Da sie aus Minimalmedium besteht, können sich auf ihr nur Wildtypkolonien bilden. Diese entstehen nach Bebrütung als Rekombinanten. Einige Quadratmillimeter desjenigen Teils des Zellrasens der im Kühlschrank aufbewahrten Platte 1, welcher den Stempelabdruck lieferte, der auf Platte 2 eine Rekombinantenkolonie entstehen ließ, werden dann zur Beimpfung einer Vollmedien-Flüssigkeitskultur benutzt. Nach Bebrütung wird ein Tropfen der entstandenen dichten Zellsuspension auf eine Minimalmedienplatte (Platte 3) mit einem etwa die gleiche Anzahl von F$^-$-Zellen enthaltenen Tropfen gemischt und das Gemisch auf der Plattenoberfläche ausgestrichen. Nach weiterer Bebrütung entsteht eine große Anzahl von Wildtypkolonien. Die Rekombinationshäufigkeit ist also durch die Versuchsanordnung sehr stark erhöht worden. Dies ist nur dadurch möglich, daß die F$^+$-Population der Platte 1 uneinheitlich war und sich dort während der Bebrütung entstandene Mikrokolonien aus Zellen hoher Rekombinationswahrscheinlichkeit befanden, die aus einer Mutterzelle gleicher Eigenschaft hervorgingen. Solche Mutterzellen sind offenbar mit der Wahrscheinlichkeit von 10^{-5} in einer F$^+$-Population enthalten und für die Entstehung der Rekombinanten ausschließlich verantwortlich. Derartige Zellen hoher Rekombinationswahrscheinlichkeit werden mit Hfr (High frequency of recombination) bezeichnet. Ihre Isolierung gelang bald mit der in Abb. 72 angegebenen Technik. Mischt man sie mit F$^-$-Zellen, so entstehen je nach dem Grad der bei der Versuchsdurchführung

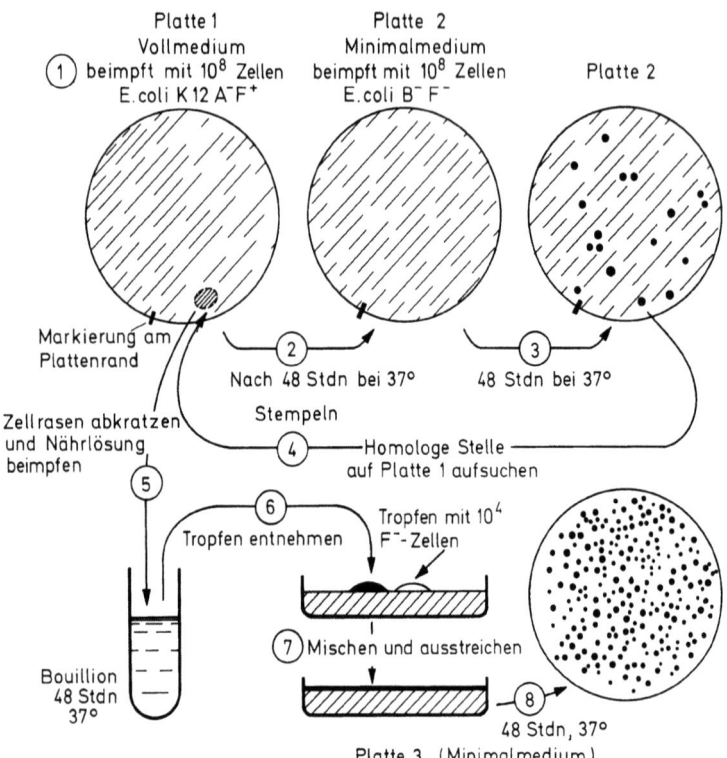

Abb. 72. Versuchsablauf zur Isolierung von Hfr-Zellen aus F^+-Populationen von E. coli K 12

angewandten Sorgfalt und der Auswahl der Mutantentypen Rekombinanten in einer Häufigkeit, welche bezogen auf die Anzahl eingesetzter Hfr-Zellen 50% erreichen kann. Auch Hfr-Zellen weisen F-Episomen auf. Diese befinden sich jedoch in einem Zustand, welcher sich von dem in F^+-Zellen unterscheidet. Hfr-Zellen sind bei Mischung mit F^--Zellen für diese nicht mehr infektiös. Dieser Tatbestand ist ein Hinweis darauf, daß der autonome Zustand des F-Episoms in der F^+-Zelle einem anderen, dem integrierten des F-Faktors der Hfr-Zelle gewichen ist. „Integration" bedeutet in diesem Zusammenhang den Einbau der F-DNS in die Sequenz der Mononucleotidpaare der bakteriellen DNS. Es erscheint heute voll gesichert, daß diese Isertion als Rekombinationsereignis (Abb. 73) vor sich geht.
Die Integration des F-Faktors bereitet das ringförmige DNS-Makromolekül des Escherichia coli-Chromosoms zur Öffnung, also zur Umwandlung in eine stäbchenförmige Struktur vor. Es hat noch eine zweite Wirkung. Die dabei vorbereitete lineare Struktur wird gleichzeitig polarisiert: Ihr Vorder- und Hinterende wird bestimmt. Die Integration des F-Episoms in das K-12 Chromosom setzt, wie aus Abb. 73 hervorgeht, mit 1 und 1' sowie 2 und 2' bezeichnete Stellen homologer Nucleotidsequenzen in beiden DNS-Molekülen voraus, an denen die Synapsis erfolgt. Offenbar sind solche Stellen im E. coli DNS-Molekül in Vielzahl vorhanden. Die auf diesem Wege entstandenen Hfr-Stämme gehören zwei verschiedenen Gruppen der Polarisierung des Chromosoms an, in dem einen Falle

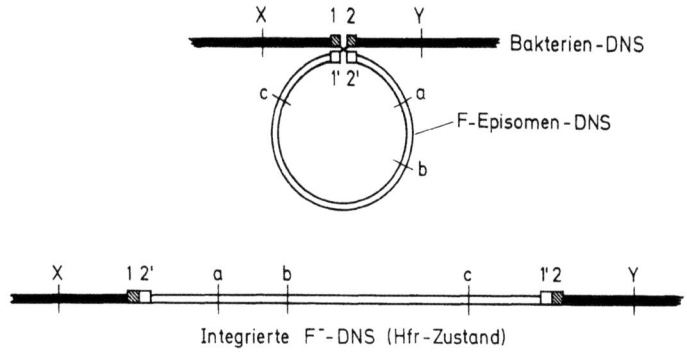

Abb. 73. Integration eines F-Episoms in das Chromosom einer E. coli K 12-Zelle, wodurch diese in den Hfr-Zustand überführt wird. Nach CAMPBELL, 1962

ist diese, auf die Ringstruktur des Chromosoms bezogen, nach rechts, im anderen Falle nach links gerichtet.

F^--Zellen unterscheiden sich von F^+- und Hfr-Zellen auch morphologisch. Beide Zelltypen sind mit Pili besetzt, feinen haarförmigen Gebilden, welche der Zelloberfläche entspringen. F^+- und Hfr-Zellen besitzen im Gegensatz zu F^--Zellen einen weiteren Typ von Pili, die Sexualpili. Die genetische Information für deren Proteinstruktur ist in der DNS des F-Episoms niedergelegt. Dies läßt sich am einfachsten dadurch beweisen, daß der Verlust des F-Episoms auch den Verlust der Befähigung zur Synthese von Sexualpili nach sich zieht. Die gleiche Wirkung hat aber auch eine Mutation des F-Episoms, welche

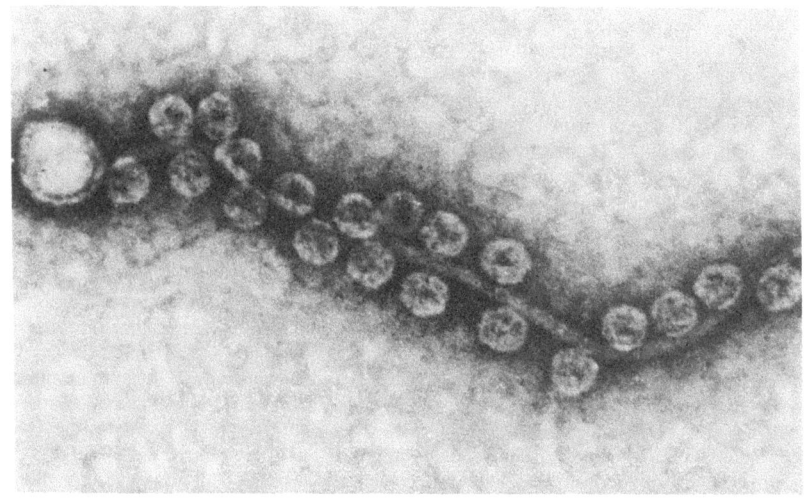

Abb. 74. Elektronenoptische Aufnahme eines mit Partikeln von RNS-Phagen besetzten Sexualpilus von E. coli K 12 Hfr. Aus DATTA et al., 1966

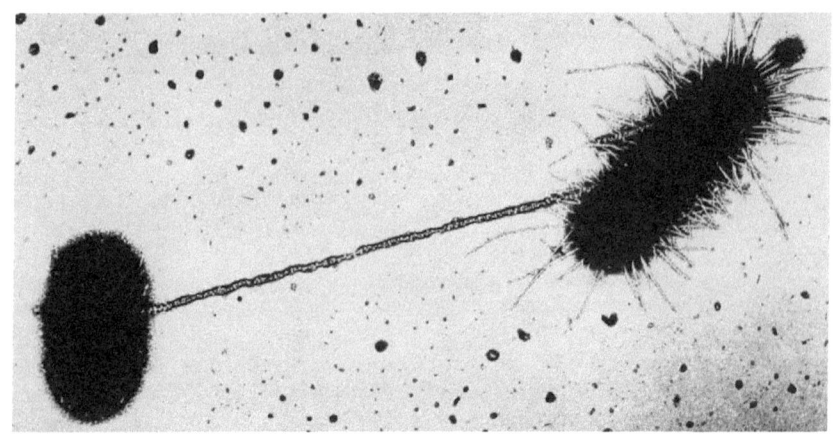

Abb. 75. Verbindung einer F⁻-Zelle (rechts) mit einer Hfr-Zelle von E. coli K 12 durch einen von der letzteren ausgehenden Sexualpilus. An diesen wurden zum Nachweis seiner spezifischen Oberflächenstruktur Partikel eines RNS-Phagen adsorbiert. Elektronenoptische Aufnahme von BRINTON und CARNAHAN aus WATANABE, 1967

in dem für die Synthese dieser Pili verantwortlichen Genort stattfand. Sexualpili konnten zunächst durch Untersuchungen nachgewiesen werden, welche nichts mit der Befähigung von Escherichia coli K-12 zu tun hatten, Rekombinanten zu bilden. Ende der 50er Jahre wurden Bakteriophagen entdeckt, welche nur in F⁺- und Hfr-Zellen, nicht aber in solchen vom F⁻-Typ zur Vermehrung gelangen können. Ihre Untersuchung brachte den überraschenden Befund, daß diese „sexualspezifischen" Bakteriophagen als genetische Substanz Ribonucleinsäure und nicht wie die Phagen der T-Serie Desoxyribonucleinsäure besitzen. Wir werden diesen Befund später noch besser verstehen lernen. Im vorliegenden Zusammenhang war eine zweite Beobachtung von Bedeutung: Elektronenoptische Aufnahmen zeigten, daß die Adsorption dieser Phagen ausschließlich an den Sexualpili vor sich geht (Abb. 74). Damit wurde die Unempfindlichkeit von F⁻-Zellen gegen derartige Phagen verständlich. Diese Sexualpili nun sind es, welche als Einleitung der zur Rekombination führenden Folge von Ereignissen den ersten Kontakt zwischen einer Hfr- und F⁻-Zelle herstellen (Abb. 75). Sehr wahrscheinlich erfolgt als zweiter Schritt eine Kontraktion des Pilus, so daß schließlich zwischen beiden Zellen eine Plasmabrücke (Abb. 76) entsteht. Durch sie erfolgt die Übertragung von DNS der als Spender wirkenden Hfr-Zelle, in die als Empfänger dienende F⁻-Zelle (Abb. 77). Dieser Chromosomentransfer ist an DNS-Synthese gebunden. Einzelheiten darüber werden wir im Kapitel über die in vivo-DNS-Synthese kennenlernen.
Für Escherichia coli K-12 dauert ein solcher Chromosomentransfer bei 37° C unter optimalen Bedingungen rund 90 min. Diese relativ lange Zeitspanne erlaubt Versuchsanordnungen, welche überhaupt erst zum Nachweis des Transfers führten. Wenn die DNS des Spenders als lineare Struktur, mit dem Anfang O beginnend, durch die Plasmabrücke in die F⁻-Zelle hinüberwandert, dann müssten die auf der DNS ebenfalls linear angeordneten Genorte nacheinander in der Empfängerzelle eintreffen. Die zeitliche Aufeinanderfolge des Eintreffens der Genorte sollte daher ihre lineare Anordnung auf dem Chromosom widerspiegeln. JACOB und WOLLMAN prüften diese Aussage dadurch, daß sie Hfr-Zellen eines bestimmten Stammes mit F⁻-Zellen zu Versuchsbeginn mischten und dann in

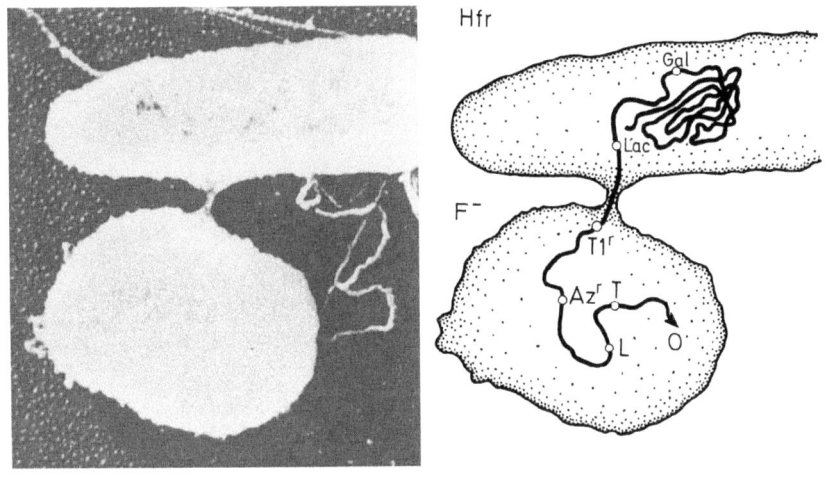

Abb. 76   Abb. 77

Abb. 76. Zwei im Zustande des Chromosomentransfers befindliche, durch eine Plasmabrücke verbundene E. coli K 12-Zellen. Als F⁻-Partner wurde wie in Abb. 75 zur besseren Unterscheidbarkeit von der (im oberen Bildrand befindlichen) Hfr-Zelle eine morphologische, sich durch kurze, gedrungene Zellform auszeichnende Mutante verwendet. Elektronenoptische Aufnahme aus ANDERSON et al., 1957

Abb. 77. Schematische Darstellung des Chromosomentransfers aus dem Hfr- in den F⁻-Partner des in Abb. 76 wiedergegebenen Zellpaares. Das Schema macht keine Aussagen über den Mechanismus des Transfers, sondern gibt nur die experimentell durch unterbrochenen Chromosomentransfer gewonnenen Befunde wieder (Vgl. Abb. 273)

Zeitabständen der Zellsuspension Proben entnahmen, welche sie einer mechanischen Beanspruchung in einem Apparat unterwarfen, der große Ähnlichkeit mit einem Küchenmixer besitzt. Dabei blieben zwar die einzelnen Zellen intakt. Zellpaare aber, die sich im Zustand des Chromosomentransfers befanden, wurden auseinandergerissen. In der Empfängerzelle trat dann ein umso längeres, vom Spender herrührendes Chromosomenstück auf, je weiter zeitlich der Beginn des Versuchsanfanges und damit des Chromosomentransfers zurücklag. Abb. 78 zeigt das Ergebnis eines solchen Versuches des unterbrochenen Chromosomentransfers (interrrupted mating) bei dem das Eintreffen der Wildtypgenorte Az^r (Resistenz gegen Azide) $T1^r$ (Resistenz gegen den Phagen T1(Lac_l (Befähigung zum Abbau von Milchzucker) und Gal_b (Befähigung zum Abbau von Galaktose) in der für diese Genleistungen zur Auxotrophie mutierten F⁻-Zelle geprüft wurden. Die auf der Ordinate abgetragenen Werte sind nicht Absolutwerte, sondern geben die Häufigkeit wieder, mit welcher die genannten Genorte mit dem während der ersten Minuten übertragenen, also ganz vorn am Chromosom gelegenen Genortpaar Thr/Leu (Befähigung zur Synthese der Aminosäuren Threonin und Leucin) gekoppelt als Rekombinanten in der Empfängerzelle auftreten. Im Versuch werden dazu die Rekombinantenkolonien auf Selektivmedien ausgezählt. Die Resistenz gegen T1 dagegen wird auf mit T1 beschickten Vollmedienplatten, die Fähigkeit zum Abbau von Milchzucker auf solchen, bei denen die Glukose durch Milchzucker ersetzt wird, geprüft. Da nur das Wachstum von Kolonien, welche aus F⁻-Zellen nach Rekombination hervorgingen, zu diesen Prüfungen benutzt

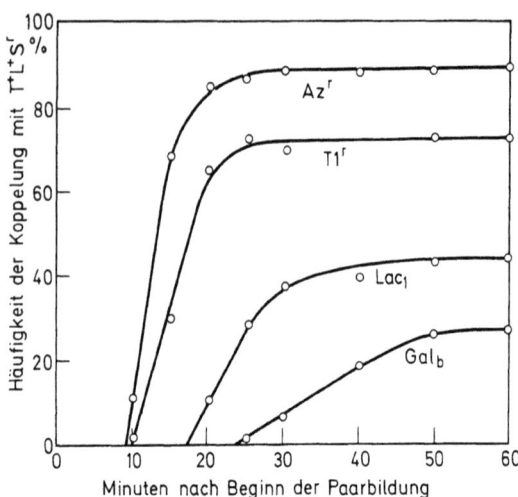

Abb. 78. Als Abzissenwerte ablesbare zeitliche Aufeinanderfolge des Eintreffens der Genorte Az^r, $T1^r$, Lac_1 und Gal_b in der F^--Zelle im Verlaufe des Chromosomentransfers aus dem Spender HfrH. Das Diagramm gibt die Ergebnisse einer, mit der Technik des unterbrochenen Chromosomentransfers vorgenommenen Kreuzung wieder. Die Häufigkeit des Vorliegens der vier Genorte der Spenderzelle zu jedem Zeitpunkt des Transfers wird in der Kurvendarstellung für die entstehenden Rekombinanten als Abhängigkeit der Kopplungshäufigkeit der genannten Genorte mit dem am Transferbeginn übertragenen Genkomplex Thr^+/Leu^+ von der seit Übertragungsbeginn verflossenen Zeit erkennbar. Einzelheiten im Text. Nach WOLLMAN et al., 1956 verändert

		T	L	Az^r	$T1^r$	Lac_1	Gal_b	R	
a)		8	8	9	11	18	25	26	min
b)				90	70	40	25	15	%

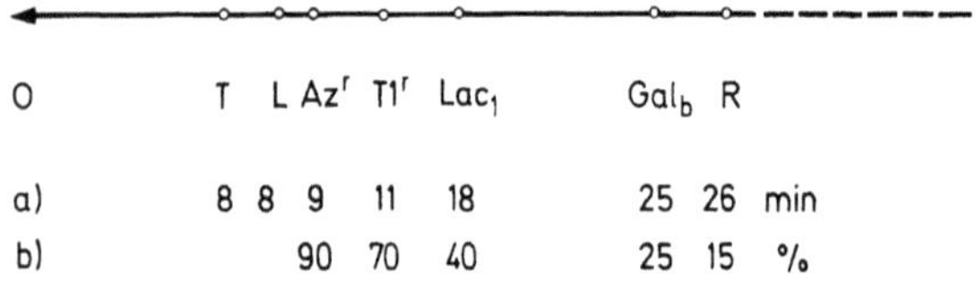

Abb. 79. Genorte des proximalen Abschnittes des Chromosoms von E. coli HfrH. a) Aus dem in Abb. 78 dargestellten Versuchsergebnis gewonnene Zeitwerte für das erste Auftreten des betreffenden Genortes in der Empfängerzelle, ausgedrückt in Minuten seit Übertragungsbeginn, bei 37° C. b) Kopplungshäufigkeit der gleichen Genorte mit dem proximal gelegenen Ort T (= Thr). Vgl. Abb. 80. Nach WOLLMAN et al., 1956 verändert

wird, müssen Hfr-Zellen an der Koloniebildung gehindert werden. Dies geschieht dadurch, daß als F$^-$-Zellen Streptomycin-resistente Mutanten eingesetzt werden und die Selektivplatten Streptomycin enthalten, welches die Streptomycin-sensiblen Hfr-Zellen nach Plattierung des Transfergemisches abtötet. Die Abzissenwerte der Abb. 78 zeigen, daß die vier genannten Genorte in der oben angegebenen Reihenfolge erstmals in der Empfängerzelle eintreffen. Die Abnahme der Rekombinanten-Häufigkeit in eben der gleichen Reihenfolge entsteht aus der Summierung zweier Ursachen. Einmal nimmt mit fortschreitender Zeit des Chromosomentransfers die Wahrscheinlichkeit gleichmäßig zu, daß auch unter

Normalbedingungen die beiden Partner getrennt werden und dadurch das im Transfer befindliche fadenförmige DNS-Molekül abreißt. Die noch nicht in die Empfängerzelle gelangten Genorte verbleiben dann im Spender. Außerdem nimmt, wie bei der Besprechung der Methodik der Kartierung gezeigt wurde, die Kopplungswahrscheinlichkeit zweier Genorte mit der Zunahme ihrer linearen Entfernung ab. Da in Abb. 78 auf der Ordinate die Häufigkeit der Kopplung von Az^r, $T1^r$, Lac_1 und Gal_b mit den ganz am Chromosomenanfang gelegenen Genorten Thr und Leu abgetragen ist, wird die Häufigkeit dieser Kopplung mit zunehmender Entfernung jedes einzelnen der erstgenannten Genorte von Thr und Leu abnehmen. Unter Berücksichtigung dieser Zusammenhänge läßt sich für das E. coli-Chromosom eine Genkarte zeichnen (Abb. 79a), welche die zeitliche Aufeinanderfolge des Eintreffens von Genen in der Spenderzelle in eine lineare Aufeinanderfolge ihrer Orte auf dem DNS-Molekül übersetzt. Ihre Aussage ist qualitativ identisch mit derjenigen, welche sich aus den Kopplungsbeziehungen (Abb. 79b) ergibt. Abb. 80 zeigt noch einmal schematisch an vier Genorten die Beziehungen zwischen Entfernung der Genorte und Grad der Koppelung.

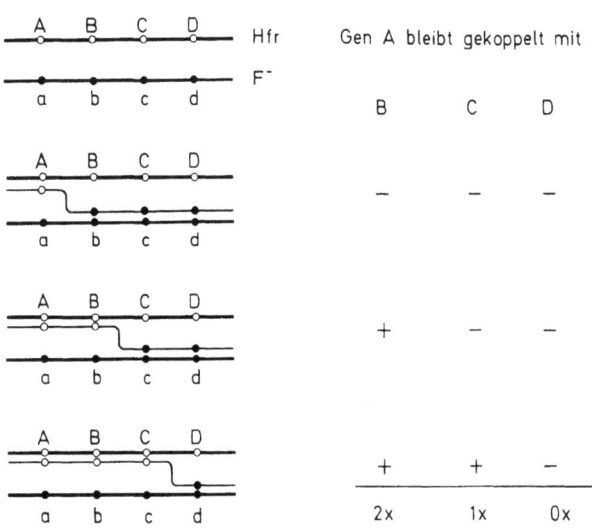

Abb. 80. Schema der Beziehung zwischen Häufigkeit gekoppelter Rekombination zweier Genorte und ihrem linearen Abstande voneinander. Aus KAUDEWITZ, 1960

Der Transfer des DNS-Moleküls aus dem Spender in den Empfänger verläuft pro Längeneinheit bei unveränderten Stoffwechselbedingungen in gleichbleibender Abhängigkeit von der Zeit. Je Zeiteinheit werden damit die gleiche Anzahl von Mononucleotidpaaren in die Empfängerzelle geschleust. Gehen wir von dem Wert von rund 3×10^6 Mononucleotidpaaren als der Größe des DNS-Moleküls von E. coli aus, dann entspricht das etwa der Anzahl von 3×10^3 Genorten. Diese werden bei 37° in etwa 90 also rund 10^2 Minuten transferiert. Je Minute gelangen damit etwa 30 Genorte des Spenders in den Empfänger. Die Konstanz der Transfergeschwindigkeit macht die auf diesen Aussagen aufbauende Kartierung der Abstände von Genorten in Form des Zeitintervalles ihres aufeinanderfolgenden Eintreffens in der Empfängerzelle der üblichen Kartierungstechnik unter Verwendung der Rekombinationswahrscheinlichkeiten überlegen. Die letztere geht ja, wie oben abgeleitet, von der Annahme aus, gleiche lineare Abstände von Genorten wiesen die gleiche Rekombinationswahrscheinlichkeit auf. Daß diese Annahme nur in erster Annäherung gilt, haben Versuche bewiesen, welche zeigten, daß sich bei gleichen Genabständen die Rekombinations-Wahrscheinlichkeiten in bestimmten Chromosomenabschnitten um den Faktor 10 unterscheiden können. Die Anwendung der Methodik des unterbrochenen Chromosomentransfers zu Lageortbestimmungen der Genorte des Escherichia coli-Chromosoms trug mit dazu bei, daß diese Bakterienart heute die nicht nur genetisch, sondern gesamtbiologisch und biochemisch bestuntersuchte Art von Lebewesen überhaupt ist.

Eine solche Chromosomenkarte, in der noch längst nicht alle heute bekannten Genorte eingezeichnet sind, ist in Abb. 81 dargestellt. Das ringöfmige Chromosom ist dabei in Einzelabschnitte eingeteilt, welche zusammen 90 min als Gesamttransferzeit ergeben.

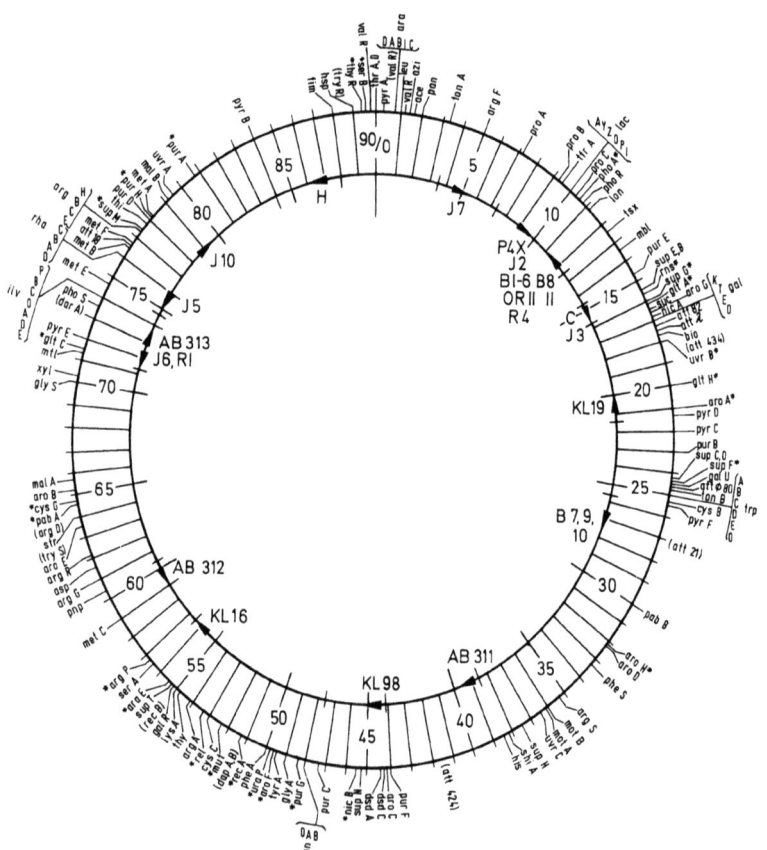

Abb. 81. Kreisförmige Chromosomenkarte von E. coli K 12. Der Kreis ist in 90 gleiche Abschnitte unterteilt, deren jeder der Chromosomenlänge entspricht, welche beim Transfer unter der Voraussetzung gleichbleibender Transfergeschwindigkeit bei 37° in einer Minute transferiert wird. Im inneren Kreis sind die Integrationsorte des F-Episoms zahlreicher Hfr-Stämme eingezeichnet. Die Pfeile geben dabei die Transferrichtung an. Aus Hayes, unter Verwendung der Angaben von Taylor und TROTTER, 1967, und anderer Autoren. Die eingezeichneten 166 Genorte sind:

Genort-Bezeichnung	Lage in der Genkarte (Minuten)	Enzym oder Funktion
ace	1	Acetat-Verwertung
araA	0	Arabinose-Verwertung: Arabinose Isomerase
araB	0	Ribulokinase
araC	0	Arabinose Regulator Gen
araD	0	Ribulose 5-Phosphat 4-Epimerase
araE	55	Arabinose Permease
araI	0	Initiator
argA	54	
argB	77	
argC	77	
argD	64	
argE	77	Arginin Synthese
argF	5	
argG	61	
argH	77	
argP	56	Arginin Permease
argR	62	Arginin Regulator Gen
argS	35	Arginyl t-RNS Synthetase
aroA	21	
aroB	65	Enzyme der allgemeinen aromatischen Stoff-
aroC	44	wechselwege über Shikimat zur Chorismat-Syn-
aroD	32	these
aroE	63	
aroF	49	Isoenzyme des ersten Schrittes im Aromaten-
aroG	16	Stoffwechsel, spezifisch reprimierbar durch Tyro-
aroH	32	sin (F), Phenylalanin (G) und Tryptophan(H)
asp	61	Aspartat Synthese
attλ	17	Integrationsort für Prophage λ
att18	76	Integrationsort für Prophage 18
att21	27	Integrationsort für Prophage 21
att Φ80	24	Integrationsort für Prophage Φ80
att82	17	Integrationsort für Prophage 82
att424	41	Integrationsort für Prophage 424
att434	17	Integrationsort für Prophage 434
azi	1	Natriumazid Resistenz/ Sensitivität
bio	17	Biotin Synthese
cysB	25	Cystein Synthese:
cysC	53	Reduktion von Thiosulphat oder Sulfit zu Sulfid
cysG	64	
dapA, B	51	Diaminopimelat Synthese

Genort-Bezeichnung	Lage in der Genkarte (Minuten)	Enzym oder Funktion
darA	73	Dunkel-Reparatur von UV-Schäden der DNS
dsdA	44	D-Serin Desaminase: D-Serin Resistenz
dsdC	44	Regulator Gen
fim (pil)	88	Fimbrien (pilus) Synthese
galE	17	Galactose-Verwertung: Epimerase
galK	17	Galactokinase
galO	17	Galactose Operon; Operatur locus
galT	17	Transferase
galR	55	Galactose Operon: Regulator Gen
galU	24	UDPG Pyrophosphorylase
gltA	16	Glutamat Synthese
gltC	71	Glutamat Permease
gltH	20	Glutamat Synthese
glyA	49	Glycin Synthese
glyS	70	Glycyl t-RNS Synthetase
guaA	48	Guanin Synthese
guaB	48	
guaO	48	Guanin Operon: Operator locus
his	38	Histidin Synthese
hsp	89	Wirtsspezifität: DNS-Restriktion und Modifikation
ilvA	74	
ilvB	74	Isoleucin-Valin Synthese
ilvC	74	
ilvD	74	
ilvE	74	
ilvO	74	Isoleucin-Valin Synthese; Operator für Gene A, D, E
ilvP	74	Isoleucin-Valine Synthese: Operator für Gen B
lacA	10	Lactose-Verwertung: Transacetylase
lacI	10	Lactose-Verwertung: Regulator Gen
lacO	10	Lactose Operon: Operator locus
lacP	10	Lactose Operon: Promoter locus
lacY	10	Lactose-Verwertung: Galactosid Permease
lacZ	10	Lactose-Verwertung: β-Galactosidase
leu	1	Leucin Synthese
lon	11	Mutation führt zu Filament- und Schleimbildung und zu Bestrahlungs-Empfindlichkeit
lysA	55	Lysin Synthese
malA	65	Maltose Verwertung
malB	79	Maltose Verwertung: wahrscheinlich Permease

Genort-Bezeichnung	Lage in der Genkarte (Minuten)	Enzym oder Funktion
mbl	13	Mutation bedingt Empfindlichkeit für Methylenblau und Acridine und Immunität gegen Colicin EI
metA	78	
metB	76	
metC	59	Methionin Synthese
metE	74	
metF	76	
motA	36	Beweglichkeit: Mutation erzeugt flagellare Paralyse
motB	36	
mtl	71	Mannitol Verwertung
mut	52	allgemeine Mutabilität
nicA	16	Nicotinsäure
nicB	45	Synthese
pabA	64	p-Aminobenzoesäure
pabB	30	Synthese
pan	2	Pantothensäure Synthese
pheA	50	Phenylalanin Synthese: Prephensäure Dehydrase
pheS	33	Phenylalanyl t-RNS Synthetase
phoA	10	Alkalische Phosphatase
phoR	10	Alkalische Phosphatase Regulator Gen
phoS	73	Alkalische Phosphatase Regulator Gen
pnp	60	Polynucleotid Phosphorylase
proA	7	
proB	9	Prolin Synthese
proC	10	
purA	80	
purB	23	
purC	47	
purD	78	Purin Synthese
purE	14	
purF	44	
purG	48	
purH	78	
pyrA	0	
pyrB	84	
pyrC	22	Pyrimidin Synthese
pyrD	21	
pyrE	72	
pyrF	25	
recA	51	Genetische Rekombination und Strahlenresistenz
recB	55	

Genort-Bezeich-nung	Lage in der Genkarte (Minuten)	Enzym oder Funktion
rel	53	Regulation der RNS-Synthese; Mutation bedingt Fortführung der RNS-Synthese in Abwesenheit von Protein Synthese
rhaA	76	Verwertung von Rhamnose: Isomerase
rhaB	76	Verwertung von Rhamnose: Rhamnulokinase
rhaC	76	Verwertung von Rhamnose: Regulator Gen
rhaD	76	Verwertung von Rhamnose: Rhamnuose-1-Phosphat-Aldolase
rns	15	Ribonuclease I
serA	56	Serin Synthese
serB	89	
shiA	38	Shikimat Permease
str	64	Streptomycin Sensitivität/ Resistenz/Abgängigkeit
suc	16	α-Ketoglutarat-Dehydrogenase: Mutation erzeugt aerobe Defizienz für Succinat oder für Lysin + Methionin
supB	15	Suppressoren für ochre Mutationen
supC	24	
supE	15	Suppressoren für amber Mutationen
supF	24	
supG	16	Suppressoren für ochre Mutationen
supH	37	Suppressoren
supM	77	Suppressoren für ochre Mutationen
supN	45	
supO	24	
supT	55	Suppressoren
tfrA	9	Resistenz/Sensitivität für Phagen T4, T3, T7 und λ
thi	77	Thiamin (Vitamin B1) Synthese
thrA	0	Threonin Synthese
thrD	0	
thyA	54	Thymidylat Synthese
thyR	89	Mutation erzeugt niedriges Thymin-Erfordernis in thyA Mutanten

Genort-Bezeichnung	Lage in der Genkarte (Minuten)	Enzym oder Funktion
tonA	3	Phage T1 (und T5) Resistenz/Sensitivität
tonB	24	Phage T1 Resistenz/Sensitivität
trpA	25	Tryptophan Synthese: Tryptophan Synthetase, A-Protein
trpB	25	Tryptophan Synthese: Tryptophan Synthetase, B-Protein
trpC	25	Tryptophan Synthese: Indol-3-Glycerol
trpD	25	Tryptophan Synthese: Phosphoribosyl-Anthranilat
trpE	25	Tryptophan Synthese: Anthranilat-Synthese
trpO	25	Tryptophan Operon: Operator locus
trpR	89	Tryptophan Synthese: Regulator-Gen
trpS	63	Tryptophan Synthese: Regulator-Gen
tsx	12	Tsix; Phage T6 Resistenz/Sensitivität
tyrA	49	Tyrosin Synthese: Prephensäure-Dehydrogenase
uraP	49	Uracil Permease
uvrA	79	Exzisionsreparator von UV-Schäden der DNS
uvrB	17	
uvrC	36	
valR	0	Mutation erzeugt Resistenz gegen Wachstumshemmung durch Valin
valR	1	
valR	89	
xyl	70	Verwertung von Xylose

Im äußeren Kreis ist die Lage zahlreicher Genorte angegeben, deren Großteil genetisch gesteuerte Biosyntheseleistungen als Phänotyp betrifft. Der Innenkreis stellt die Integrationsstellen des F-Episoms einzelner Hfr-Stämme dar und bezeichnet gleichzeitig die Schubrichtung ihres Chromosoms beim Transfer.

Aus dieser Darstellung wird die Aussage verständlich, daß durch Kartierungsversuche die Ringstruktur des E. coli DNS-Moleküls erschlossen werden konnte. Wird beispielsweise der in Abb. 81 mit Öffnungsstelle bei 5 min eingezeichnete Hfr J7 zu Transferversuchen benutzt, dann muß das Gen T1^r nach 1,5 min, Gen pro-A dagegen ganz am Ende des Transfers in der Empfängerzelle erscheinen. Bei Verwendung von Hfr J3 tritt pro-A nach 8,5 min, T1^r dagegen nach 11 min erstmals im Empfänger auf. Eine solche Unterschiedlichkeit der Aussage ist bei Verwendung verschiedener in gleicher Richtung schiebender Hfr-Stämme unterschiedlicher Öffnungsstellen stets in regelmäßiger Weise zu beobachten. Sie kann nur durch die Ringstruktur des E. coli DNS-Moleküls erklärt werden.

Die Tatsache der vielfältigen, möglichen Öffnungsstellen unterschiedlicher Hfr-Stämme erklärt auch, warum Lederberg bei F$^+$ × F$^-$-Kreuzungen schließlich zu Ergebnissen kommen mußte, welche formal nur durch Koppelungsbeziehungen der Genorte dargestellt werden konnten, wie sie in Abb. 71 für zwei Beispiele gegeben werden. Eine F$^+$-Population enthält ja Zellen von zahlreichen Hfr-Stämmen, die alle unabhängig voneinander entstanden. Sie weisen daher unterschiedliche Schubrichtungen und Öffnungsstellen auf. Wie oben am Beispiel von T1^r und pro-A gezeigt, können Koppelungsbeziehungen, verursacht durch die unterschiedliche Lage der Öffnungsstelle, von Hfr-Stamm zu Hfr-Stamm verschieden sein, auch wenn diese Verschiedenheit den Gesetzen der Permutation folgt. Eine nach Abb. 71 gezeichnete Karte der Koppelungsbeziehungen gibt dann die Gesamtheit der Aussagen eines Kreuzungsversuches wieder, welche durch die zufällige statistische Mischung der in der betreffenden F$^+$-Population vorhandenen unterschiedlichen Hfr-Typen entsteht.

Findet ein solcher Transfer aus der Hfr in die F$^-$-Zelle statt und unterscheiden sich beide durch den Mutationszustand mindestens zweier homologer Gene voneinander, so gelangt eine von der bisherigen abweichende genetische Information in die F$^-$-Zelle. Nach Beendigung des Transfers liegt dann eine je nach der Länge des transferierten DNS-Abschnittes mehr oder weniger vollständige Zygote, einer Merozygote vor. In ihr findet die Rekombination statt. In Abb. 82 ist ähnlich wie in Abb. 78 als Kurve a noch einmal dargestellt, daß bei der Versuchsanordnung des unterbrochenen Chromosomentransfers in einer Kreuzung Hfr/Lac$^+$/S^s × F$^-$/Lac$^-$/S^r das Lac$^+$-Gen etwa 19 min nach Versuchsbeginn zum ersten Male in der Empfängerzelle auftritt. Dieser Zeitpunkt unterscheidet sich von dem in Abb. 78 vorliegenden deshalb, weil in der Kreuzung nach Abb. 82 ein anderer Hfr-Stamm benutzt wurde, dessen chromosomale Öffnungsstelle in der Nähe des Hfr 6 (vergl. Abb. 81) liegt. Werden danach Zellproben entnommen, so entstehen aus einem mit fortschreitender Zeitdauer zunehmenden Prozentsatz von Zellen nach Ausstreichen auf Laktose-Agar Rekombinantenkolonien des Typs Lac$^+$. Dies geschieht nach der Zygotenbildung. Wie aber verhält sich das Gen Lac$^+$ vor diesem Ereignis unmittelbar nachdem es in die F$^-$ -Zelle gelangte? Wie Abb. 82 Kurve b zeigt, treten schon wenig später als eine Minute danach die ersten Einzelstücke des Enzyms β-Galaktosidase auf, dessen Strukturinformation im Genort Lac enthalten ist. Die Entfaltung der genetischen Aktivität der Genorte des Spenderchromosoms erfolgt somit vor Beginn der Rekombination und ist von dieser unabhängig. Der Transfer bestimmter Wildtypgenorte in Empfängerzellen, deren homologe Genorte mutiert sind, erlaubt daher

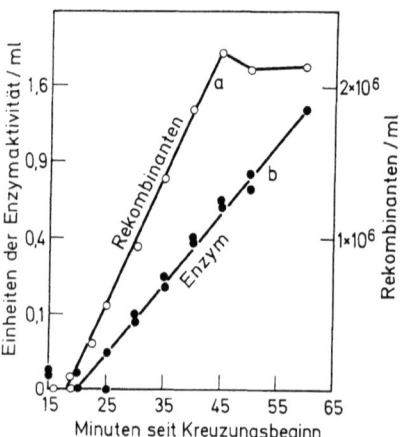

Abb. 82. Kinetik der Enzymproduktion in Merozygoten nach Transfer des Genortes gal$^+$ in konstitutive gal$^-$-Empfänger.
a) Auftreten des zur Bildung der gal$^+$-Rekombinanten nötigen gal$^+$-Genortes in den Empfängerzellen. b) Galactosidaseaktivität in Abhängigkeit von der Zeitdauer seit Beginn des Transfers

die am Ende des Kapitels „Chemische Mutagenese" getroffenen Feststellungen einer verzögerten, phänotypischen Ausprägung durch Mutation neu erworbener genetischer Informationen zu überprüfen. In Abb. 83 sind die Ergebnisse eines solchen Versuches dargestellt, der die Kreuzung Hfr val^r/azi^r/T1^r/S^s/T6^s × F$^-$ thr$^-$/leu$^-$/S^r/T6^r zum Gegenstand hat. Der Hfr-Stamm ist der gleiche wie derjenige der in Abb. 78 dargestellten Kreuzung. Der Genort T1^r erscheint daher 10 min nach Versuchsbeginn in der Empfängerzelle. Zur Versuchsdurchführung werden Kulturen beider Stämme gemischt. Etwa 20 min danach werden die Spenderzellen durch Zugabe einer Suspension des Phagen T6 getötet, gegen den die Empfängerzellen resistent sind. In Zeitintervervallen werden nun Proben entnommen und jeweils auf vier verschiedene Agarplatten ausgestrichen. Diese setzen sich wie folgt zusammen: Platte 1: Minimalmedium mit Streptomycin für Selektion prototropher leu$^+$/thr$^+$-Rekombinanten. Platte 2: gleicher Agar plus Valin hoher Konzentration zur Selektion der durch das Gen val^r hervorgerufenen Resistenz gegen Valin. Platte 3: gleicher Agar plus Calcium-Azid zur Selektion Azid-resistenter (azi$^+$) Zellen. Platte 4: gleicher Agar plus T1-Phagen zur Prüfung auf T1-Resistenz (T1^r). Abb. 83 zeigt das Ergebnis. Die Kurve 1 der Prototrophen bleibt für etwa 100 min konstant und steigt dann als Gerade in steilem Winkel an. Zu diesem Zeitpunkt ist die Rekombination abgeschlossen und die Vermehrung der Prototrophen beginnt. Das leu$^+$/thr$^+$ Genpaar

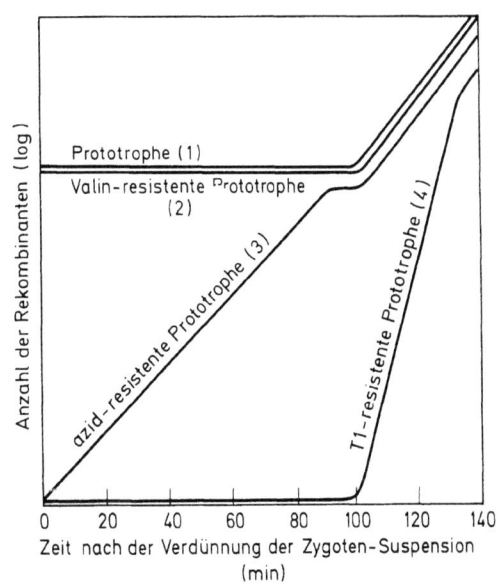

Abb. 83. Manifestation der Wirkung dreier Genorte, von denen jeweils einer die Resistenz gegen Valin, Natriumazid und den Phagen T1 hervorruft, nach Transfer der Wildtyporte in eine, für die drei genbedingten Leistungen defiziente Empfängerzelle. Nach HAYES, 1957

muß seine genetische Aktivität schon lange zuvor begonnen haben, denn Zygotenbildung und Rekombination sind an Energieverbrauch und chemische Syntheseleistungen gebunden. Diese aber ist auf dem verwendeten Medium nur bei Funktionieren der Leucin-Synthese möglich. Die Kurve der Valinresistenz (Kurve 2) verläuft in gleicher Weise. Auch diese genetisch bedingte Leistung muß daher unmittelbar nach Eintreffen des val^r-Genes in die Empfängerzelle voll einsetzen. Sie erweist sich als dominant über die in der Empfängerzelle vorhandene genetische Information zur Sensibilität gegen Valin. Anders verhält sich die Ausprägung der Azidresistenz (Kurve 3). Sie setzt zwar mit dem Eintreffen des azi^r-Genortes im Empfänger ein, aber erst 100 min danach, dann wenn die Rekombination abgeschlossen ist, sind schrittweise alle Empfängerzellen Azid-resistent geworden. Auch dieser Phänotyp ist dominant. Den höchsten Grad verzögerter phänotypischer Ausprägung schließlich zeigt die Ausbildung der T1-Resistenz (Kurve 4). Bis zum Beginn der ersten Zellteilung nach Zygotenbildung sind die Zellen gemäß ihrer vor Erhalt des Genes T1^r synthetisierten Zelloberfläche vollsensibel. Mit dem nun einsetzenden Zellwachstum und der dadurch bedingten Neusynthese von Zellwandbezirken treten T1-resistente Zellen auf, bis mehrere Generationen danach schließlich in allen Nachkommen der Zygote die neue genetische Information T1^r realisiert ist.

1.3 F-Duktion

Unterschiedliche Hfr-Stämme weisen einen verschiedenen Grad der Stabilität der Integration ihres F-Episoms auf. Der in Abb. 73 dargestellte rekombinative Einbau des F-Episoms in das Bakterienchromosom erweist sich damit als ein reversibles Ereignis. Bei der Desintegration des Episoms kann es, wenn auch selten, zu Fehlern kommen, derart, daß ein freiwerdendes F-Episom anstelle oder seltener zusätzlich zu eigener DNS ein Stück des DNS-Moleküls der Wirtszelle mitnimmt. Man spricht dann von einem F' oder substituierten Episom. Enthält die DNS eines solchen F'-Faktors noch die Genorte, welche für den Chromosomentransfer und für die Vermehrung des Faktors notwendig sind, dann ist damit ein Episomentyp entstanden, der seiner Wirtszelle genetische Informationen vermittelt, welche aus denen einer F$^+$- und Hfr-Zelle gemischt sind. Die dem Bakterienchromosom entstammende Nucleotidsequenz, welche eine Anzahl von Genorten umfassen kann, bildet einen Abschnitt absoluter Homologie mit dem entsprechenden Abschnitt der DNS der neuen Wirtszelle. Eine Integration wird daher nur an dieser und keiner anderen Stelle des Chromosoms erfolgen. Diese ausgedehnte Homologieregion erleichtert aber auch den zum autonomen Zustand führenden, ebenfalls als Rekombination vorgenommenen Vorgang der Exzision des integrierten F'-Episoms. Der Zustand der Integration ist daher relativ unstabil, so daß eine solche Zelle ständig zwischen dem Hfr- und F'-Zustand wechselt. F'-Stämme sind daher im Gegensatz zu Hfr-Stämmen bezüglich ihres F-Episoms gegenüber F$^-$-Stämmen infektiös. Wegen der an dieser Infektiosität erkennbaren Häufigkeit des autonomen Zustandes ihres Episoms besitzen sie im Vergleich zu Hfr-Stämmen eine um ein bis zwei Zehnerpotenzen geringere Häufigkeit des Chromosomentransfers. Die Infektion von F$^-$-Zellen durch F'-Episomen hat zwei von einer Infektion durch nicht substituierte F-Episomen abweichende Folgen. Geschieht die Integration in das Wirtszellenchromosom, dann geht dies, hervorgerufen durch die dominierende Homologie des substituierten Abschnittes immer an der gleichen Stelle vor sich. F'-Episomen weisen damit eine Art Gedächtnis für ihre Integrationsstelle auf. Der substituierte Chromosomenabschnitt macht sie darüber hinaus zu Überträgern genetischer Informationen, die aus einer Spenderzelle – der ursprünglichen Zelle ihrer Entstehung – stammen und bei der F'-Infektionen in Empfängerzellen des F$^-$-Typs gelangen. Sie werden dort genetisch aktiv und als Teil des F'-Episoms synchron mit dessen DNS vermehrt. Eine solche Übertragung genetischen Materials, gebunden an ein substituiertes F'-Episom heißt F-Duktion oder auch Sex-Duktion. Chromosomentransfer und F-Duktion lassen sich im gleichen Versuch durch ihre unterschiedliche Häufigkeit leicht auseinanderhalten. In weitaus der Mehrzahl der Fälle entfaltet der substituierte, einer Bakterienzelle entstammende DNS-Abschnitt seine genetische Aktivität als Teil des Episoms. Relativ selten jedoch treten Rekombinationen mit dem homologen Abschnitt des Wirtszellchromosoms auf. Dann kommt es zu einem reziproken Austausch der homologen Genorte beider DNS-Moleküle. Die Integration des F-Episoms sowie die Entstehung des substituierten F'-Faktors verlaufen formal nach dem gleichen Schema wie die Integration eines Prophagen und die Entstehung transduzierender Phagen-DNS von Phagenpartikeln mit der Befähigung zu begrenzter Transduktion. Wir werden in diesem Zusammenhange die betreffenden molekularen Mechanismen noch eingehend kennenlernen. (Abschnitte 1.42 und 1.43.)

Neben diesen F'-Faktoren gibt es noch andere verwandte Gruppen von Episomen, welche ebenfalls genetische Informationen in bakterielle Wirtszellen zu übertragen vermögen. Hier sollen nur die Resistenztransferfaktoren (RT-Faktoren) genannt werden. Sie kommen in verschiedenen Typen vor und vermögen in Zellen unterschiedlicher Bakterienarten, zu denen auch die Salmonellen als Erreger des Typhus und typhoider Erkrankungen gehören, gleichzeitig die Resistenz gegen eine ganze Anzahl von Antibiotika und Metallen zu übertragen. Sie sind bisher hauptsächlich in Ostasien aufgetreten, wo sie auch medizinische Bedeutung erlangten. Von Interesse im vorliegenden Zusammenhang ist die Beobachtung, daß einige RT-Faktoren nach Integration in das Chromosom der Wirtszelle diese zum Chromosomentransfer befähigen.

Auch der Transfer eines F-Episoms, sei es substituiert oder nicht, ist an gleichzeitige Replikation der episomalen DNS gebunden. Wir werden uns daher mit ihm noch einmal im Zusammenhang mit der DNS-Synthese in vivo zu beschäftigen haben und dabei erkennen, daß Chromosomentransfer und F-Duktion gemeinsamen Gesetzmäßigkeiten unterliegen.

1.4 Transduktion

1.41 Allgemeine Transduktion

1.411 Der rekombinative Modus

Die Entdecker des Vorganges der Transduktion sind ZINDER und LEDERBERG. Sie arbeiten mit Mangelmutanten der Bakterienart Salmonella typhimurium, des Erregers des Mäusetyphus. In dem zur Entdeckung der Transduktion führenden Versuch wurden eine Histidin- und eine Tryptophan-Mangelmutante verwendet. Die erstere wies damit eine Blockierung der Histidin-Biosynthese auf, welche durch die Mutation eines der die Histidin-Synthese steuernden Gene (his$^+$) zu dem Mutationszustand his$^-$ hervorgerufen wurde. Diese Mutante war selbstverständlich zur Durchführung der Tryptophan-Synthese befähigt. Sie beherbergte daher das Gen trp$^+$. Die zweite Mutante dagegen vermochte Histidin zu synthetisieren, enthielt also das Gen his$^+$, wies jedoch eines der im Wildtypzustand die Tryptophan-Synthese steuernden Gene in dem mutierten Zustand trp$^-$ auf, so daß sie zur Biosynthese des Tryptophans nicht mehr in der Lage war. Beide Mutanten vermochten daher nicht auf Minimalmedium Kolonien zu bilden (Abb. 84, Mitte rechts und links). Im Versuch wurden in die Schenkel eines U-Rohres je eine Zellsuspension beider Mutanten gegossen. Ein die beiden Schenkel voneinander trennendes, bakteriendichtes Filter verhinderte dabei die Mischung der Zellsuspensionen und damit die körperliche Berührung von Zellen verschiedenen Typs. Dennoch war es möglich, schon wenige Stunden nach Beginn des Versuches aus dem die Zellsuspension der Tryptophan-Mangelmutante beherbergenden Schenkel des U-Rohres Zellen zu isolieren, welche auf Minimalmedium Kolonien bildeten, also dem Wildtyp angehörten. Ihre Entstehung durch Rückmutation von trp$^-$ zu trp$^+$ konnte ausgeschlossen werden. Die Wildtypzellen mußten daher durch Übertragung des trp$^+$-Genortes aus Zellen der Histidin-Mangelmutante in Zellen der Tryptophan-Mangelmutante und anschließende Rekombination entstanden sein (Abb. 84, Rekombinations-Schema). Da beide Zellsuspensionen durch ein bakteriendichtes Filter voneinander getrennt waren, konnte diese Rekombination nicht als Folge eines Chromosomtransfers, wie er für Escherichia coli K-12 kennzeichnend ist, entstanden sein. Die

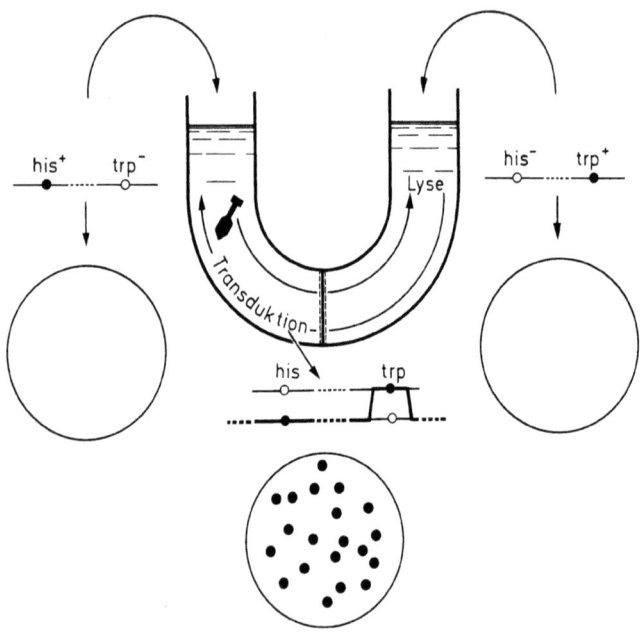

Abb. 84. Schematische Darstellung des Versuches von ZINDER und LEDERBERG, der zur Entdeckung der Transduktion führte

weiteren Untersuchungen ergaben vielmehr, daß die Übertragung des trp^+-Genortes durch Partikel von Virusgröße, welche bakteriendichte Filter leicht zu passieren vermögen, vor sich gegangen war. Sie erwiesen sich als Bakteriophagen. Die betreffende Phagenart erhielt die Bezeichnung PLT 22, oder abgekürzt P22.
Wie aber waren Phagen in den Versuchsansatz gelangt? Um dies zu verstehen, müssen wir unsere Kenntnisse, die sich bisher ausschließlich auf virulente Phagenarten beschränkten, erweitern. Außer diesen gibt es eine Gruppe von Phagen, die als temperiert oder auch temperent (temperate) bezeichnet werden. Die Injektion ihrer DNS (Abb. 85) führt nicht sofort zum Einsetzen der Synthese gleichartiger Phagenpartikel, wie dies für virulente Phagenarten kennzeichnend ist. Nach Durchlaufen eines Zwischenstadiums (b) besetzt die injizierte DNS als stoffliche Äquivalent der genetischen Information des Phagenpartikels vielmehr innerhalb der DNS der bakteriellen Wirtszelle einen ganz bestimmten, für die betreffende Phagenart voraussagbaren Ort (d). Die Sequenz ihrer Mononucleotidpaare wird dabei ganz in gleicher Weise in diejenige der Wirtszell-DNS integriert (c), wie es bereits für die Integration des F-Episoms im Hfr-Zustand beschrieben wurde. Voraussetzung ist auch im vorliegenden Falle das Vorhandensein von Homologiestellen zwischen beiden DNS-Molekülen. Die Phagen-DNS verbleibt danach während einer mehr oder weniger großen Anzahl von Bakteriengenerationen in diesem integrierten Zustand und wird bei jeder DNS-Duplikation synchron mit der DNS der Wirtszelle repliziert (e). Phagen-DNS in diesem Zustand (d) eines „reduzierten Phagen" wird als Prophage bezeichnet. Der Zwischenzustand (b) unmittelbar nach Injektion bis zur Integration und damit Manifestation des Prophagen, der mehrere Zellgenerationen andauern kann, heißt Präprophage. Der lysogene Cyclus kann spontan beendet werden (f). Die Phagen-DNS tritt dann in den lytischen Cyclus ein, welcher mit der Lyse der Zelle und der Freisetzung neu synthetisierter Phagenpartikel endet. Eine Zelle, welche einen Prophagen beherbergt,

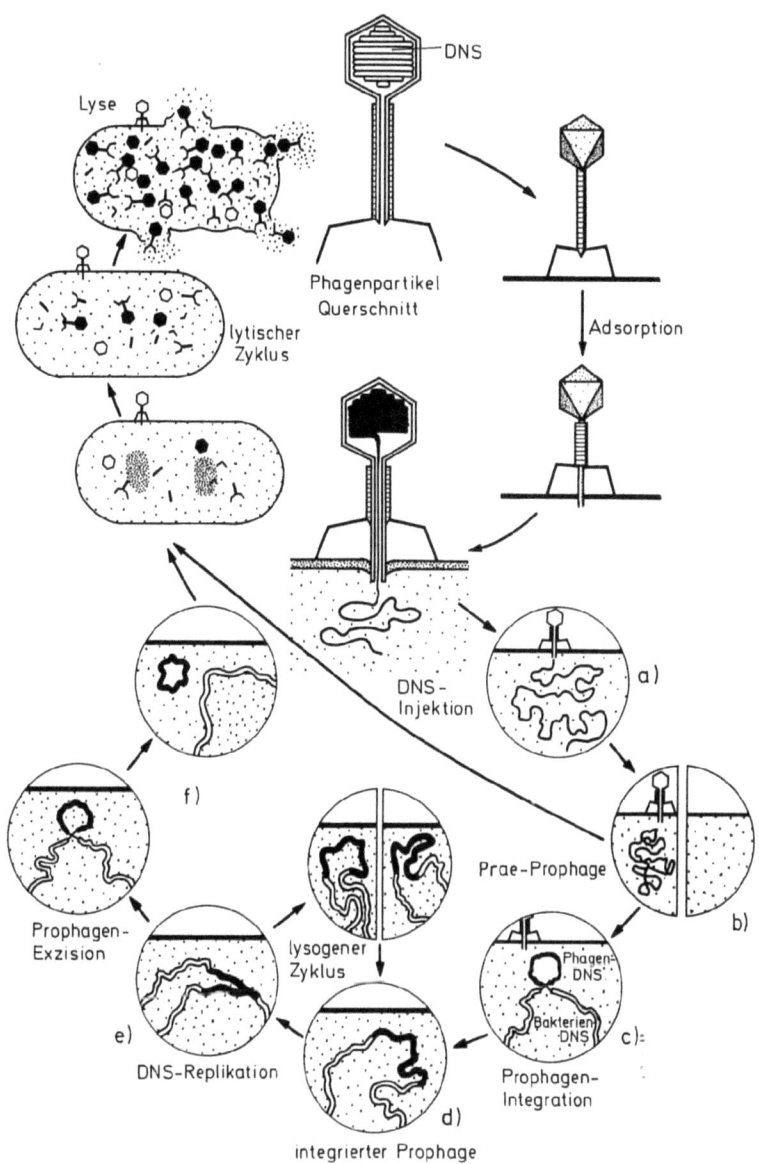

Abb. 85. Vermehrungscyclus eines temperierten Bakteriophagen

wird daher als lysogen bezeichnet. Der Übergang vom lysogenen in den lytischen Cyclus läßt sich bei zahlreichen aber nicht allen temperierten Phagen auch durch äußere Einflüsse wie etwa UV-Bestrahlung induzieren. Von dieser Möglichkeit wird, wie wir noch bei der Besprechung der begrenzten Transduktion erfahren werden, experimentell Gebrauch gemacht. Die Zellen der von ZINDER bei seinen zur Entdeckung der Transduktion führenden Versuchen benutzten Tryptophan-Mangelmutante waren für den transduzierenden Phagen P22 lysogen. Durch spontane Lyse hatten einige wenige dieser Zellen Phagenpartikel in den sie beherbergenden U-Rohrschenkel freigesetzt (Abb. 84). Letztere waren dann durch das Filter in den anderen Schenkel gelangt und hatten ihre DNS in Zellen der Histidin-Mangelmutante injiziert. Bei der später erfolgten Lyse der Wirtszellen waren einige der zahlreichen neu synthetisierten Phagenpartikel dabei zu Trägern des trp^+-Genortes geworden, den sie nach erneutem Passieren des Filters in Zellen der trp^--Mutante injizierten und damit eine Transduktion vornahmen.

Prophagen haben in macherlei Beziehung Ähnlichkeit mit F-Episomen. Sie werden daher auch als ein weiterer Episomentyp, der integriert vorliegt, betrachtet. Es gibt eindrucksvolle Beispiele dafür, daß sie ebenfalls wie F-Episomen genetische Informationen beherbergen, welche Leistungen und Strukturen der Wirtszelle betreffen. Die Auswirkung dieser Informationen wird unter der Bezeichnung Phagen-Konversion zusammengefaßt. Ein gutes Beispiel dafür bildet die Gruppe der Salmonellen. Sie wird in zahlreiche Arten und Unterstämme gegliedert, die sich durch unterschiedlichen Aufbau der Zellwand unterscheiden. Das läßt sich auf serologischem Wege nachweisen. Dazu wird eine Zellpopulation der betreffenden Art in die Blutbahn eines Kaninchens injiziert. Dieses bildet Antikörper gegen die Oberfläche der betreffenden Salmonellazellen, welche sich im Blutserum ansammeln. Sie führen zu nachweisbaren spezifischen Reaktionen mit den als Antigen bezeichneten Oberflächenstrukturen der Zelle. Wir erinnern uns, daß Teile der letztgenannten gleichzeitig spezifisch aufgebaute Phagenrezeptoren sind. Zu einer in bestimmter Weise antigen wirkenden Zelloberfläche gehört damit auch ein spezifisches Rezeptorenmuster. Dieses läßt sich durch die Sensibilität der Zelle gegen ganz bestimmte Phagenarten nachweisen. Die Oberflächen- oder somatischen Antigene der verschiedenen Salmonella-Arten werden mehreren Gruppen zugeordnet, zu denen die Gruppe E gehört. Sie weist die Untergruppen E_1, E_2 und E_3 auf. Diese produzieren die Antigene 3, 10; 3, 15 und 34. Zellen von E_1 sind sensitiv für den Phagen ε^{15}. Diejenigen von E_2 und E_3 für die nicht miteinander verwandten temperierten Phagen ε^{15} und ε^{34}. Werden E_1-Zellen mit ε^{15} infiziert, so beginnen sie sofort mit der Produktion des Antigens 15 und stellen diejenige des Antigens 10 ein. Unter Wirkung der genetischen Information des Prophagen ε^{15} wird somit eine in ihrer molekularen Struktur veränderte Form der Bakterienoberfläche synthetisiert, welche dem Antigentyp E_2 entspricht. Derartige für ε^{15} lysogene Zellen, die nun Antigen 15 aufweisen, sind dadurch sensibel für den Phagen ε^{34} geworden. Werden sie mit ihm infiziert, so beginnen sie mit der Produktion eines neuen Typs der Zelloberfläche. Diese ist gekennzeichnet durch Abwandlung der beiden bisher synthetisierten Typen 3 und 15 und durch die Neusynthese eines weiteren Typs mit der Bezeichnung 34. Damit werden sie zum Typ der Untergruppe E_3. Dieses Beispiel (Abb. 86) zeigt in aller Deutlichkeit, wie völlig vergleichbar mit den genetischen Leistungen des F-Episoms auch Phagen-DNS auf dem Wege der Konversion durch in ihr enthaltene genetische Informationen die Struktur der Zelloberfläche ihrer Wirtszelle zu beeinflussen vermag.

Infektions-verlauf	E_1 $\xrightarrow{\varepsilon^{15}}$	E_2 $\xrightarrow{\varepsilon^{34}}$	E_3
O-Antigene	3, 10	3, 15	(3), (15), 34
S. anatum-Lysogenie	E	E(ε^{15})	E(ε^{15}, ε^{34})

Abb. 86. Genetische Wirkung der Bakteriophagen ε^{15} und ε^{34} auf die Ausbildung verschiedener O-Antigene der als Phagenwirte dienenden Zellen von Salmonella anatum als Beispiel einer Phagen-Konversion. Nach UETAKE et al., 1958

Aber nicht nur Strukturinformationen, ihre Wirtszelle betreffend, können in der Phagen-DNS enthalten sein. Von Corynebacterium diphtheriae, dem Diptherie-Erreger, sind nicht-pathogene Stämme bekannt, welche kein Toxin produzieren. Nachdem sie mit Bakteriophagen infiziert wurden erlangen sie Eigenschaften, welche spezifisch und kennzeichnend für pathogene Stämme der gleichen Bakterienart sind. Ihre Pathogenität erweist sich dabei als erblich. Geht der Prophage solcher Zellen verloren, so endet genauso wie die F^+- oder Hfr-Eigenschaft von E. coli-Zellen durch Verlust des F-Faktors die Befähigung von Corynebacterium-Zellen zur Produktion des Toxins. Diese ist damit an den lysogenen Zustand des Bacteriums gebunden: Die genetische Substanz des betreffenden Prophagen enthält die Information über die Molekularstruktur der Toxinmoleküle in gleicher Weise wie der F-Faktor diejenige der Molekularstruktur von Bauelementen der Bakterienoberfläche beherbergt. Dieser Tatbestand wird durch eine weitere Gruppe von Versuchen untermauert: Von dem die Toxicität verursachenden Bakteriophagen sind Mutanten bekannt, welche, offensichtlich durch Erbänderung, diese Befähigung eingebüßt haben. Durch Rekombination mit Phagen, welche Toxinproduktion verursachen, können sie diese Befähigung wiedererlangen. Sie erhalten bei diesem Rekombinationsvorgang das Wildtyp-Allel desjenigen Genortes, der zur Toxinproduktion notwendig ist, und daher bisher in ihrer DNS in mutiertem Zustand vorlag. Auch vom F-Faktor gibt es vergleichsweise Mutanten, welche nicht mehr in der Lage sind, funktionsfähige Sexualpili zu induzieren.

Die Pathogenität des bakteriellen Diphtherie-Erregers scheint nicht das einzige Beispiel dafür zu sein, daß die sie bedingende Toxinproduktion durch Prophagen verursacht wird. Seit 1893 ist bereits bekannt, daß von Clostridium tetani, dem Tetanus-Erreger, nicht-pathogene Stämme existieren. Seit jener Zeit weiß man außerdem, daß die Toxicität dieser Stämme dadurch wieder hergestellt werden kann, daß man sie mit zellfreien Kulturflüssigkeiten zusammenbringt, in der sich zuvor Tetanusbacillen vermehrten, welche die Befähigung zur Exotoxinbildung besaßen. Wie anders läßt sich dies als durch die Annahme einer Konversion der nicht-pathogenen Stämme durch Prophagen erklären? Ja, man kann sich der rhetorischen Frage eines Autors dieser Zusammenhänge anschließen, welcher formulierte: „In welchem Ausmaße mögen wir wohl bisher ungerechtfertigt bakterielle Erreger wegen der Sünden ihrer Bakteriophagen verurteilen!"

Doch kehren wir zu den Untersuchungen von ZINDER und LEDERBERG zurück. Die Aussage über die Identität von Phagenartikeln mit den dabei von den Autoren nachgewiesenen Überträgern genetischen Materials aus einer Spender- in eine bakterielle Empfängerzelle wurde durch verschiedenartige Prüfungen erhärtet: Filtrierungsversuche ergaben stets, daß mit Verkleinerung der Porengröße der Filter der Titer einer Suspension des Phagen P22 und die Transduktionskapazität gleichermaßen zurückgingen. Inaktivierungsversuche durch die verschiedensten Agenzien zeigten dieselbe gekoppelte Wirkung. Trotz zahlreicher Versuche gelang es niemals, das transduzierende Agens von den Phagenartikeln zu trennen. Ein besonders eindrucksvoller und leicht verständlicher Versuch wurde schon 1953 von ZINDER durchgeführt: Eine einzelne Zelle des Salmonella typhimurium-Stammes LT22, welcher zu den Transduktionsexperimenten benutzt wurde, weist etwa zwanzig Rezeptoren für den Phagen P22 auf. Wenn in einem Transduktionsversuch mit steigender Multiplizität des Phagen gearbeitet wird, dann nimmt in gleicher Weise auch die Häufigkeit der Transduktion zu, bis bei Multiplizität 20 (die Zahl der Phagenartikel ist dabei zwanzigmal größer als die der Bakterienzellen) die maximale Effizienz erreicht ist. Es gibt jedoch eine Salmonella typhimurium Mutante, deren Zellen eine größere Zahl von P22-Rezeptoren aufweisen. Sie zeigt daher in gleichem Verhältnis auch eine höhere Transduktionsrate, gebunden an das Erreichen der Maximaleffizienz bei höherer Phagen-Multiplizität als zwanzig.

Alle diese Befunde erlauben nur einen Schluß: Bakterielle DNS oder besser gesagt, DNS einer Mononucleotidsequenz, die in gleicher Weise im ehemaligen Wirtsbacterium vorhanden, dort genetische Information beherbergte, wird im Kopfteil des transduzierenden

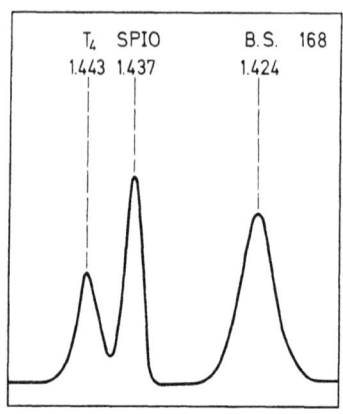

Abb. 87. Trennung der DNS von Bacillus subtilis und seines Phagen SP 10 im CsCl-Gradienten. Nach UKOBO et al., 1963

Phagenartikels in die Spenderzelle transportiert. Man nennt diesen Transport eine Transduktion. Das Vorhandensein von DNS des Spendertyps im transduzierenden Phagenpartikel läßt sich unmittelbar am Transduktionssystem Phage SP10 und seinem Wirtsbacterium BS 168 der Bakterienart Bacillus subtilis nachweisen. Wie später noch abgeleitet werden wird, vermögen transduzierende Phagenpartikel in einem Rasen des Wirtsbakteriums im allgemeinen keine Plaques mehr zu bilden. Verursacht durch ein unterschiedliches AT/GC-Verhältnis weisen die DNS dieses Phagen und die seines bakteriellen Wirtes außerdem eine unterschiedliche Schwimmdichte auf. Sie bilden im Dichtegradienten (Abb. 87) zwei voneinander getrennte Maxima. Enthält ein transzudierendes Phagenpartikel DNS vom Typ des bakteriellen Spenders, dann muß es sich im Dichtegradienten von nicht transduzierenden Partikeln, welche reine Phagen-DNS beherbergen, trennen lassen. Dies ist, wie Abb. 88 zeigt, der Fall: Plaquebildende und transduzierende Phagenpartikel sammeln sich in je einer von zwei Banden, welche als sich einander überlappende Maxima auftreten. Eine solche Graduentenzentrifugierung wird nicht, wie in Abb. 35 angedeutet, mit einem analytischen Rotor der Ultrazentrifuge durchgeführt. Nicht die Lage der Banden soll ja fotografisch festgestellt, sondern der Inhalt solcher Banden genetisch untersucht werden. Diesen Zwecken dient die präparative Ultrazentrifuge, deren Schwingbecherrotoren Zentrifugenröhrchen aus Kunststoff enthalten, welche während des Zentrifugiervorganges bei senkrecht stehender Zentrifugenachse durch die Zentrifugalkraft in aufrechter Lage gehalten werden. Nach Durchführung der viele Stunden dauernden Zentrifugierung im Dichtegradienten werden die Kunststoffröhrchen dem Rotor entnommen. Zur Gewinnung der in Abb. 88 dargestellten Kurven wurde in die Mitte des Bodens eines solchen Röhrchens ein kleines Loch gestochen, durch das langsam der Röhrcheninhalt austropfte und jeder Tropfen einzeln, als Fraktion bezeichnet, aufgefangen. Ja am Boden des Röhrchens der Gradient die höchste Dichte aufweist, nimmt mit zunehmender Tropfenzahl die Dichte kontinuierlich ab. Sie ist durch Messungen leicht feststellbar, während außerdem, der vorliegenden Fragestellung entsprechend, durch Ausplattieren jedes Tropfens die Anzahl der Phagenpartikel festgestellt werden kann. Diese ist gesondert als Ordinatenwert über dem betreffenden Abzissenwert der Tropfennummer abgetragen.

Schon ZINDER hatte beobachtet, daß in seinen Transduktionsversuchen der einzelne Genort mit einer Wahrscheinlichkeit von 10^{-5} bis 10^{-6} pro eingesetztem Phagenartikel transduziert wird. Die Transduktion ist damit ein seltenes Ereignis. Aus dieser Größenordnungsangabe läßt sich jedoch noch nicht abschätzen, mit welcher Häufigkeit transduzierende Partikel in der Gesamtpopulation aller Phagenartikel auftreten. Dazu ist die Kenntnis zweier weiterer Tatbestände Voraussetzung. Der Phage P22, ebenso wie der oben erwähnte

Abb. 88. Trennung plaquebildender und transduzierender Partikel des Phagen SP 10 von Bacillus subtilis im Dichtegradienten. Nach UKOBO et al., 1963

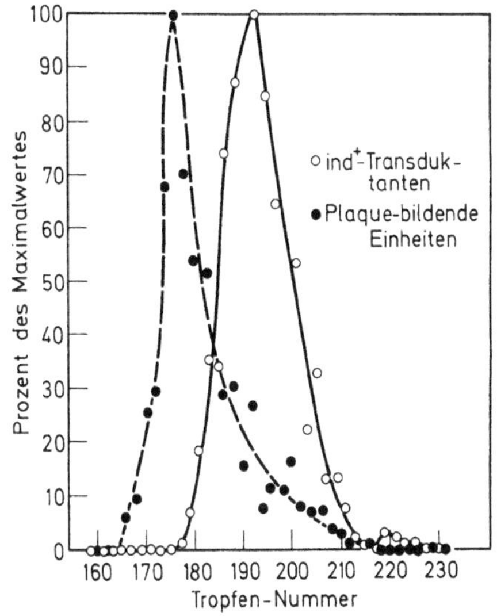

○ ind$^\pm$-Transduktanten
● Plaque-bildende Einheiten

Prozent des Maximalwertes / Tropfen-Nummer

B. subtilis-Phage SP10, vermögen alle Genorte der Wirtszelle in Empfängerzellen zu transportieren. Dabei ist die relative Häufigkeit der Transduktion für den einzelnen Genort charakteristisch und unterscheidet sich von Genort zu Genort im Extrem um einen Faktor 1:80 (Tab. 4). Alle Genorte also können, wenn auch mit unterschiedlicher Häufigkeit, übertragen werden. Man spricht daher von einer allgemeinen (generalized) Transduktion. Wieviele davon sind dann in einem einzigen transduzierenden Phagenpartikel enthalten? Das ist zunächst ein Transportproblem. Welche DNS-Menge vermag der „Laderaum" eines Phagenkopfes aufzunehmen? Für das bisher noch nicht genannte Transduktionssystem Escherichia coli und Phage P1 ergeben sich die folgenden Zahlen: Gewicht der Bakterien-DNS 2.8×10^9 Dalton, das der Phagen-DNS 6×10^7 Dalton. Die letztere entspricht damit etwa einem Fünfzigstel der ersteren. Unter der Annahme, daß im nicht transduzierenden Partikel der Kopfteil dicht mit DNS gefüllt ist und daß die DNS einer Escherichia coli-Zelle etwa 3×10^3 Genorte beherbergt, sollten bei vollständigem Ersatz der Phagen-DNS durch bakterielle Spender-DNS maximal rund 60 bakterielle Genorte in einem Phagenkopf von P 1 unterkommen können.

Was ergibt die experimentelle Prüfung dieser Abschätzung? Sie weist zunächst einmal bei Verwendung geeigneter Mutanten nach, daß es sehr wohl eine gekoppelte (linked) Transduktion (auch Co-Transduktion genannt) gibt. Man versteht darunter, daß mindestens zwei Genorte gemeinsam durch ein Phagenpartikel in den Empfänger gelangen. Experimentell läßt sich wegen der Seltenheit der Transduktion ausschließen, daß eine Doppeltransduktion, also der voneinander unabhängige Transport zweier Genorte durch je ein Phagenpartikel in eine gemeinsame Empfängerzelle vorliegt. Der Vergleich gekoppelt transduzierter Genorte mit der durch Chromosomtransfer erarbeiteten Genkarte von Escherichia coli K-12 ergibt dabei stets, daß solche Genorte sehr nahe beieinander liegen müssen. Ein gutes Beispiel für diese Aussage sind die Genorte thr, leu und azi. leu und azi treten in 50 Prozent aller Transduktanten, die für einen der beiden Typen selektiert wurden, gekoppelt auf. Die Koppelungsrate für leu und thr beträgt 3 Prozent. Unter 450 Transduktanten dieser an sich schon seltenen Gruppe fand sich jedoch keine, welche gleichzeitig noch gekoppelt azi aufwies. So scheint der DNS-Abschnitt, an dessen beiden Enden leu und thr liegen, die maximale Größe für die Inkorporation in einen P1-Kopf zu

Tabelle 4. Vergleich der Häufigkeiten abortiver und rekombinativer Transduktion verschiedener Genorte von Salmonella typhimurium. Die von 4×10^8 Phagen des Typs P22 eines Lysates, das in dem gleichen Wildtypspenderstamm vermehrt wurde, erzielte Transduktionshäufigkeit ist für jede der Kreuzungen angegeben. Genorte mit gekoppelter Transduktion werden durch Klammern verbunden. Nach OZEKI 1959, aus HAYES 1965

Empfänger	Transduktanten abortiv	rekombinativ	abortiv / rekombinativ
⎧ adeC-7	1,120	81	13.7
⎨ adthC-5	1,240	105	11.8
⎩ guaA-1	1,030	190	5.4
⎧ trpD-10	3,810	346	11.0
⎨ cysB-12	3,430	503	6.8
⎩ trpD-10/cysB-12	3,070	136	22.5
⎧ ser-1	1,440	160	9.0
⎩ ser-5	1,260	152	8.3
hisD-39	18,880	1,988	9.5
adthA-4	7,160	644	10.8
proA-46	1,760	376	4.7
cysA-1	1,700	188	9.0
metC-50	900	64	14.0
adthD-12	480	25	19.2

repräsentieren. Im Chromosomtransfer sind beide Genorte zwischen ein und zwei Minuten voneinander entfernt. Das entspricht einem Neunzigstel bis einem Fünfundvierzigstel der Gesamtlänge des Chromosoms. Wir sehen also, daß die weiter oben gemachte Abschätzung über die maximale Größe des transduzierten bakteriellen DNS-Abschnittes sich auch experimentell bestätigen läßt.

Die allgemeine Transduktion ist heute in der Bakteriengenetik ein häufig angewandtes Mittel genetischer Analyse. Ihr einfachster Fall eine sogenannte Wildtyptransduktion (Abb. 89) verläuft dabei nach folgendem Schema: Als Spender dienen Zellen des Wildtyps, als Empfänger solche einer Mangelmutante. Zur Transduktion befähigte Phagen werden in Zellen des Spenders vermehrt und durch Zentrifugieren gereinigt. Sie enthalten neben anderen den Ort desjenigen Gens im Wildtypzustand (B^+), welcher in der Mangelmutante durch seinen Mutationszustand (B^-) den Anlaß des genetischen Blockes bildet. Solche Phagen werden mit Zellen der Mangelmutante gemischt. Ein Teil davon beherbergt Genorte der früheren bakteriellen Wirtszelle und ist damit zur Transduktion befähigt. Unter diesen Phagenpartikeln wiederum sind einige, welche als Verwirklichung einer Vielzahl von Möglichkeiten den Wildtyp-Genort B^+ mit sich führen. Nach Adsorption an der Zelloberfläche injizieren sie diesen als Teil eines DNS-Abschnittes, der damit in die Empfängerzelle gelangt. Dort ersetzt er durch Rekombination den Abschnitt, der B^- enthält. Es entstehen dadurch Wildtypzellen, welche im Gegensatz zu den Zellen des Empfängers vor Transduktion zum Wachstum auf Minimalmedium befähigt sind (Abb. 89 unten Mitte).

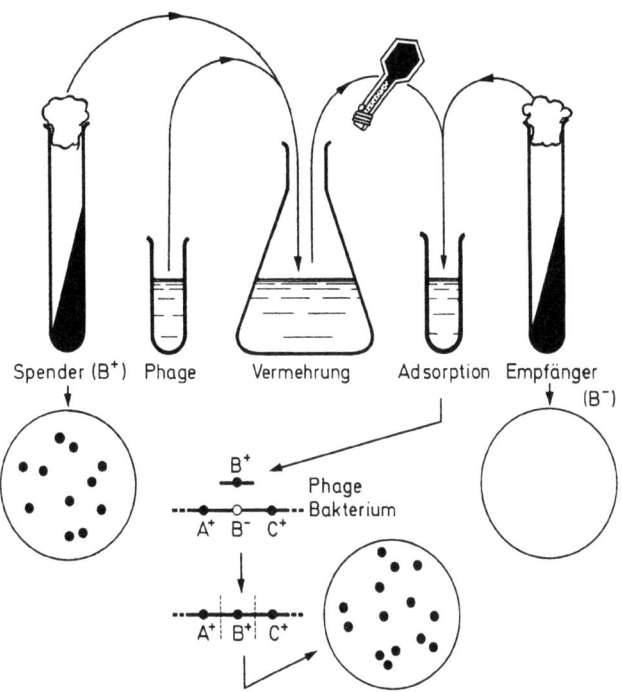

Abb. 89. Schematische Darstellung des Verlaufes der rekombinativen Transduktion einer Mangelmutante B⁻ zum Wildtyp B⁺. Aus KAUDEWITZ, 1960

Für eine rationale Durchführung von Transduktionsversuchen muß, von Spezialfällen abgesehen, der tranduzierende Phage zwei einander widersprechende Forderungen erfüllen. Es muß möglich sein, von ihm eine ausreichend hochtitrige Suspension zu gewinnen. Sein Lysegrad darf damit nicht zu niedrig liegen. Andererseits aber sollte es möglich sein, transduzierte Zellen weiterzuzüchten und ihre genetisch bedingten Eigenschaften zu untersuchen. Ein gar zu hoher Prozentsatz infizierter Zellen sollte daher nicht sofort nach Injektion der DNS in den lytischen Cyclus eintreten. Nur ein bestimmter Anteil der Partikel einer solchen Phagensuspension vermag zu transduzieren. Diese Partikel sind dann nicht in der Lage, in der Zelle eine Phagensynthese zu induzieren oder diese lysogen zu machen. Wegen der Seltenheit des Transduktionsvorganges wird jedoch unter Normalbedingungen mit hohen Multiplizitäten des Phagen gearbeitet, so daß eine, durch ein transduzierendes Partikel injizierte Zelle gleichzeitig oder später zusätzlich durch nicht transduzierende zur Phagensynthese oder Lysogenie führende Partikel infiziert wird. Wiese die zur Transduktion verwendete Phagenart daher unter den verwendeten Versuchsbedingungen einen zu hohen Lysegrad auf, so käme nur ein geringer Prozentsatz der transduzierten Zellen zur Koloniebildung und damit zur Beobachtung. Aus diesem Grunde werden zur Vornahme von Transduktionsversuchen halbtemperierte Phagen verwendet. Unter Normalbedingungen führt die Injektion ihrer DNS etwa mit der gleichen Wahrscheinlichkeit zum lysogenen oder lytischen Cyclus. Von allen diesen Phagenarten sind virulente Mutanten bekannt. Auch sie vermögen zu transduzieren, ein Beweis dafür, daß die Befähigung zur Transduktion den Partikeln einer bestimmten Phagenart, wenn überhaupt, dann unabhängig vom Grad ihres Temperiertseins zukommt.

Eine Wildtyptransduktion läßt nicht die eigentlichen Vorteile der Transduktionsmethode als Kreuzungstechnik zur Gewinnung von Aussagen über die räumliche Anordnung von DNS-Abschnitten erkennen. Diese beruht auf der Begrenztheit des im Phagen transportierten DNS-Stückes. Waren mit der Technik des unterbrochenen Chromosomtransfers von Escherichia coli K-12 die Genorte thr und leu bei sehr präziser Versuchsdurchführung gerade noch auseinanderzuhalten, so bilden sie bei Transduktion durch P1-Phagen, wie wir oben erkannt haben, die äußerste Grenze der gekoppelten Transduktion. Die dazwischenliegenden Genorte oder Teile davon sind somit das eigentliche Objekt der Transduktionsanalyse. Mit anderen Worten: Das Auflösungsvermögen dieser Methode ist außerordentlich groß. Es erlaubt eine Kartierung der Feinstruktur sehr kleiner DNS-Abschnitte des Bakterienchromosoms. Wie wir noch aus in vivo-Versuchen, welche im Zusammenhang mit der Brechung des genetischen Codes durchgeführt wurden, (Abb. 148) erkennen werden, dringt diese Analyse bis zum einzelnen Mononucleotidpaar vor. Es ist daher nicht verwunderlich, daß viele genetische Untersuchungen, welche an Bakterien Mechanismen beschrieben, die sich auf Mononucleotidsequenzen innerhalb eines Genortes oder auf solche nahe benachbarter Genorte beziehen, von genetischen Analysen mittels Transduktion ausgingen. Ein sehr bekanntes Beispiel dieser Art wird uns noch im Zusammenhang mit der ebenfalls genetisch bedingten Regulation der Genwirkung begegnen.

1.412 Die abortive Transduktion

1956 berichtete der englische Forscher STOCKER von Beobachtungen, welche er beim Versuch der Transduktion der Befähigung zur Beweglichkeit von Salmonella-Zellen gemacht hatte. Eine Salmonella typhimurium-Zelle besitzt zahlreiche Geißeln, welche ihr in Flüssigkeit hohe Beweglichkeit verleihen. Werden solche Wildtypzellen auf Weichagar ausgestrichen, so entstehen durch ihre Vermehrung nicht die auf Normalagar zu beobachtenden linsenförmigen Kolonien, sondern große, getrübte, von Bakterien besiedelte Flächen. Bestimmte Typen von Mutanten (fla$^-$) haben die Befähigung zur Beweglichkeit auf Grund einer Mutation verloren. STOCKER „kreuzte" nun unter Verwendung der Transduktionstechnik unbewegliche (fla$^-$) Mutanten mit dem Wildtyp (fla$^+$), wobei der letztgenannte als Spender diente (Abb. 90). Es entstanden, wie zu erwarten war, sehr selten weit ausgedehnte Bakterienkolonien, welche die wiedergewonnene Befähigung zu Beweglichkeit anzeigten, die den Wildtyp fla$^+$ auszeichnet. Sie waren durch Rekombination nach Transduktion entstanden. Viel häufiger jedoch ließen sich Kolonien des linsenförmigen Typs beobachten, welcher bei dem verwendeten Weichagar auf fehlende Befähigung zur Beweglichkeit also den unverändert gebliebenen Empfängertyp fla$^-$ schließen ließ.

Einige davon zeigten eine interessante Besonderheit: Von jeder von ihnen ging eine oft vielfach gewundene Reihe zahlreicher, mit zunehmendem Abstand zur Mutterkolonie an Größe abnehmender Einzelkolonien aus, deren Zahl zwanzig und mehr betragen konnte (Abb. 91). Die Analyse der Ursache dieses Phänomens ergab folgenden Zusammenhang: Aus der als Spender benutzten Wildtypzelle war durch Transduktion ein DNS-Stück in die Empfängerzelle gelangt, welches den Genort fla$^+$ beherbergte. Diese Zelle wurde zur Mutterzelle der ersten großen, linsenförmigen Kolonie. Eine Rekombination zwischen dem in der Zelle vorhandenen fla$^-$ und dem erhaltenen fla$^+$ Genort war unterblieben. Daher hatte das transduzierte Spender-DNS-Stück auch nicht die Befähigung zur identischen Duplikation erlangt. Die in ihm enthaltene genetische Information war jedoch verwirklicht worden. Die der unbeweglichen Zelle bisher fehlenden Einzelstücke der Moleküle des „Beweglichkeits"-Enzyms waren synthetisiert worden, die Zelle hatte ihre Bewegungsfähigkeit wieder erlangt. Nach einer gewissen Zeit hatte sie sich geteilt, wobei das nicht rekombinierte, also abortiv transduzierte Stück der Spender-DNS in einer der beiden entstandenen Schwesterzellen verblieb. Auch diese erlangte unter seinem genetischen Einfluß Beweglichkeit, während aus ihrer Schwesterzelle nach wenigen Zellteilungen

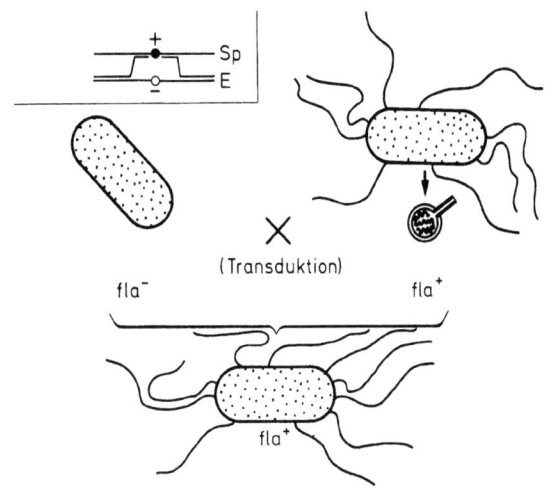

Abb. 90. Übertragung der genetischen Befähigung zur Geisselbildung von einer begeisselten in eine unbegeisselte Salmonella-Zelle durch Transduktion. Nach Untersuchungen von STOCKER, ZINDER und LEDERBERG aus KAUDEWITZ 1961

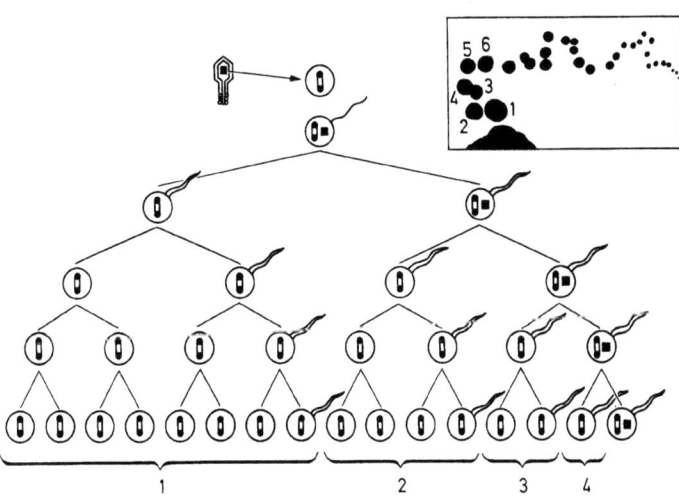

Abb. 91. Ergebnis der abortiven Transduktion der genetisch bedingten Befähigung zur Ausbildung beweglicher Geißeln. Nach STOCKER, 1956. Einzelheiten im Text

durch Herausverdünnen und Verschleiß des nicht mehr neu synthetisierten „Beweglichkeits"-Enzyms völlig unbewegliche Zellen entstanden. Sie bildeten eine unbewegliche Kolonie, die in Abb. 91 mit 1 bezeichnet ist. Die bewegliche Schwesterzelle hatte sich von dem Ort des späteren Entstehens dieser Kolonie entfernt, sich danach wieder in eine, das transduzierte DNS-Stück enthaltende und daher bewegliche und eine zweite zur Mutterzelle eines Klones unbeweglicher Zellen werdende Schwesterzelle geteilt. Die letztere wurde damit zur Mutterzelle der Kolonie Nr. 2 des sich aufbauenden Bandes voneinander isolierter, linsenförmiger Kolonien. Die erstgenannte Zelle wanderte weiter, um sich später in gleicher Weise zu teilen und damit Anlaß zur Entstehung der Mutterzelle der Kolonie 3 und einer weiteren beweglichen Zelle zu geben. Die Anzahl der Einzelstücke einer solchen Spur aus Kolonien gibt also in diesem Beispiel einer abortiven Transduktion, welche wir der bisher besprochenen rekombinativen Transduktion gegenüberstellen wollen, die Anzahl der Generationen wieder, die seit dem eigentlichen Transduktionsvorgang durchlaufen wurden.

Abortive Transduktion ist nicht etwa nur auf das genannte Beispiel der genetischen Steuerung der Beweglichkeit von Salmonella-Zellen beschränkt. OZEKI konnte zeigen, daß sie auch bei Transduktion anderer genetischer Informationen regelmäßig auftritt. Er wählte dazu das Beispiel der Wildtyptransduktion eines auxotrophen Empfängers, wie wir sie bereits (Abb. 89) kennenlernten. Auch in diesem Falle beherbergt in der aus einer abortiv transduzierten Mutterzelle entstandenen Kolonie stets nur eine einzige Zelle den der Spenderzelle entstammenden, die Wildtypinformation tragenden DNS-Abschnitt. Nur diese Zelle vermag das der auxotrophen Zelle fehlende Wildtypenzym zu synthetisieren. Die Teilung einer solchen Zelle ergibt zwei Tochterzellen, deren jede mit der halben Anzahl von Einzelstücken der Moleküle dieses Enzyms ausgestattet ist (Abb. 92). Die eine davon vermag auf Grund des Besitzes des abortiv transduzierten DNS-Abschnittes solche Enzymmoleküle neu zu synthetisieren und weist daher Wildtypeigenschaften auf. Die andere dagegen zeigt diese Eigenschaften bereits in abgeschwächter

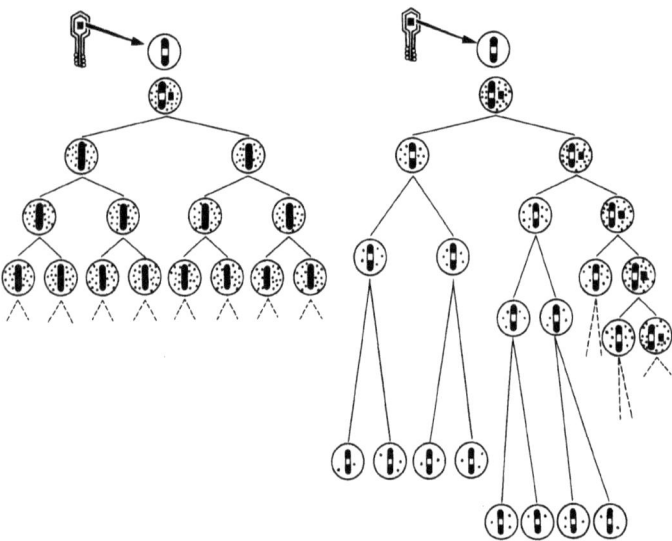

Abb. 92. Schema je eines Zellklones nach rekombinativer (linke Bildseite) und abortiver (rechte Bildseite) Transduktion. Die Anzahl der Punkte in jeder Zelle versinnbildlicht die Zahl von Molekülen desjenigen Enzyms, welches der Empfängerzelle als Mangelmutante fehlt, zum Wildtypwachstum aber notwendig ist. Der Abstand der einzelnen Zellen in der Senkrechten stellt die relative Länge der Generationsdauer auf Minimalmedium dar. Einzelheiten im Text

Form. Sie wächst wegen der reduzierten Zahl der Moleküle des „Wildtypenzyms" auf Minimalmedium langsamer. Ihre Teilung führt zu zwei Schwesterzellen, deren Ausstattung mit diesen Enzymmolekülen abermals halbiert und zusätzlich durch den Verschleiß während der vorangehenden Generation verkleinert ist. Ihre Generationsdauer wird sich daher auf Minimalmedium abermals verlängern. So entsteht eine Kolonie, in welcher eine einzige Zelle die Wachstumseigenschaften des Wildtyps aufweist und die übrigen Zellen mit abnehmendem Verwandtschaftsgrad zu dieser Zelle zunehmend die physiologischen Eigenschaften einer auxotrophen Mutante zeigen. Auf Minimalmedium wachsen daher die Zellen einer solchen Kolonie unterschiedlich schnell. Wildtypwachstum findet in einem eng begrenzten Bereich der Kolonie statt, nämlich dort, wo sich diejenige Zelle befindet, welche das abortiv transduzierte Stück enthält. Kolonien, die aus abortiv transduzierten, auxotrophen Zellen hervorgehen, sind daher Mikrokolonien und zeigen einen azentrischen Aufbau (Abb. 93).

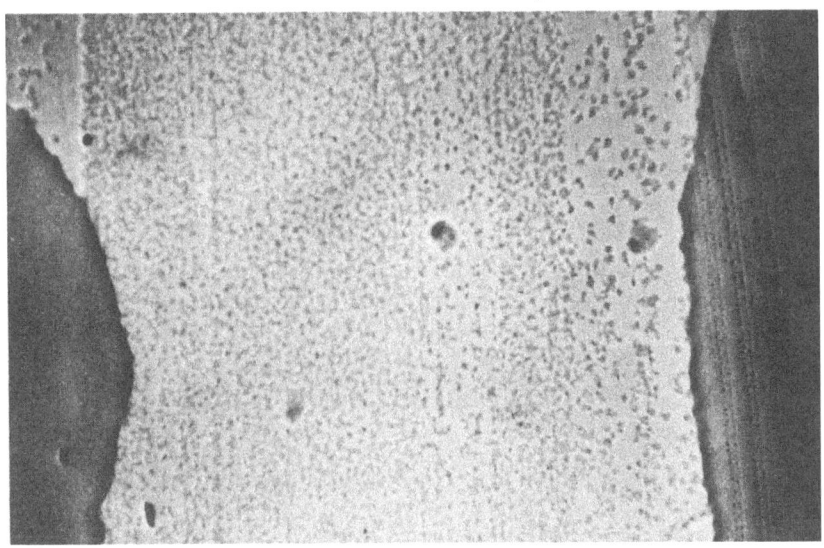

Abb. 93. Mikroskopische Aufnahme der auf Minimalmedium aus Empfängerzellen einer Transduktion herangewachsenen Kolonien. Sie gehören drei Typen an: Den Untergrund bilden Mikrokolonien, welche aus nichttransduzierten Zellen durch einige wenige Teilungen entstanden und dann das Wachstum einstellten. Am rechten und linken Bildrand erscheinen die Außenbezirke zweier, nach rekombinativer Transduktion entstandener Wildtypkolonien. Zwischen ihnen sind drei aus abortiv transduzierten Mutterzellen hervorgegangene, azentrische Kolonien erkennbar

Unmittelbar nach der Injektion in die Empfängerzelle wird für die meisten der Moleküle der Spender-DNS die Entscheidung darüber gefällt, ob sie durch Rekombination integriert oder als abortiv transduzierte Moleküle in dem durch Zellteilung der transduzierten Zelle entstehenden Stammbaum linear weitergegeben werden. SCHMIEGER und KAUDEWITZ konnten jedoch für das Transduktionssystem E. coli/Phage P1 nachweisen, daß abortiv transduzierte DNS-Moleküle noch viele Zellgenerationen nachdem sie in die Empfängerzelle gelangt waren, den abortiven Zustand durch Rekombination beenden können. Aus einer abortiv transduzierten, azentrischen Mikrokolonie wächst dann im Falle einer Wildtyptransduktion eine echte Wildtypkolonie heran. Das Zahlenverhältnis von rekombinativen zu abortiven Transduktanten schwankt in Bereichen von 1:5 bis 1:20. Es ist für einen bestimmten Genort konstant (Tab. 4). Untersuchungen von OZEKI sprechen dafür, daß der Phage P22 von Salmonella typhimurium nicht-statistisch entstandene Bruchstücke der Spender-DNS einbaut. Sie scheint vielmehr an ganz bestimmten stets wiederkehrenden Stellen in die zur Transduktion gelangenden Abschnitte zerlegt zu werden. Dieser Modus ist jedoch kein für den Vorgang der Transduktion allgemein gültiger, denn für E. coli verlief ein Versuch, das Vorhandensein ähnlicher voraussagbarer Bruchstellen nachzuweisen, negativ: Der Phage P1 beherbergt Stücke der Spender-DNS, die statistisch aus dem Gesamtmolekül von Escherichia coli herausgeschnitten sind.

1.413 Cistron-Begriff und interallele Komplementation

Als Ergebnis einer abortiven Wildtyptransduktion entstehen azentrische Kolonien nur unter bestimmten Voraussetzungen. Wir wollen sie am Beispiel zweier Genorte kennenlernen, welche, unmittelbar nebeneinander liegend, die Information über die Molekularstruktur zweier Enzyme beherbergen, deren jedes einen anderen Schritt der Synthese der Aminosäure Histidin katalysiert. Es sind die Genorte his-B und his-C. Wird beispielsweise die Mangelmutante his-31 von Salmonella typhimurium, deren mutierter Genort im Locus des Genes C liegt mit einer anderen Mangelmutante his-2 des gleichen C-Locus gekreuzt (Abb. 94 oben rechts), so entstehen zwar durch rekombinative Transduktion Wildtypkolonien; durch abortive Transduktion erzeugte azentrische Mikrokolonien dagegen treten dabei niemals auf. Sie gelangen jedoch stets dann zur Beobachtung, wenn his-31 mit Phagen infiziert wird, welche in Zellen einer Histidin-Mangelmutante des Locus B synthetisiert wurden (Abb. 94 unten rechts). Einzelne solcher Phagen tragen nämlich im Gegensatz zu denen aus Zellen der Mutante his-2 den gesamten C-Locus in Wildtypkonfiguration, so wie er in den Zellen dieser als Spender benutzten Mangelmutanten vorliegt. In dieser Verschiedenheit ist das Ausbleiben des Auftretens abortiv transduzierter Zellen bei Kreuzung von his-31 mit his-2 begründet. Wie Abb. 94 erkennen läßt, sind nach Vornahme der beiden genannten Transduktionen in der Empfängerzelle jeweils die Orte his-31 und his-2 in Wildtypkonfiguration vorhanden. Bei Transduktion his-31 × his-2 befinden

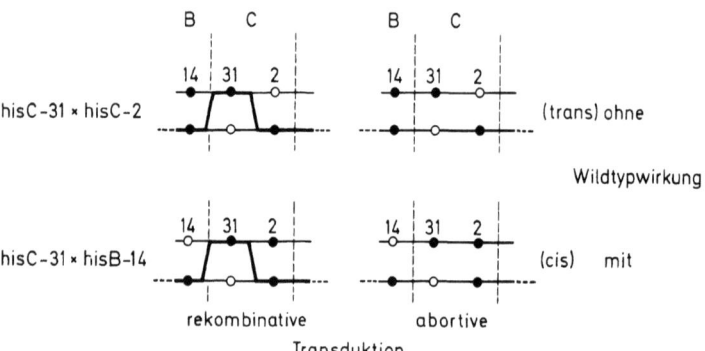

Abb. 94. Cis/Trans-Test durch Beobachtung des Ausbleibens oder Auftretens abortiver Transduktion nach Kreuzung zweier Paare von Histidin-Mangelmutanten von Salmonella typhimurium durch Transduktion. Der Abschnitt C des Genoms erweist sich dabei als Komplementationseinheit (Cistron). Einzelheiten im Text

sich die beiden Wildtyporte jedoch auf zwei verschiedenen Chromosomen oder Chromosomstücken, also in Trans-Konfiguration. Nach Transduktion von his-31 mit his-14 dagegen liegen beide Wildtyporte his-31 und his-2 des Locus C auf einem, nämlich dem transduzierten Chromosomenstück und damit in Cis-Konfiguration vor. Nur als Ganzes vermag dieses, wie der Versuch zeigt, genetisch wirksam zu sein und damit zur Bildung azentrischer Kolonien zu führen. Im vorliegenden Falle erweist sich der C-Locus als ein „Cistron". Dieses ist damit eine, durch den positiven Ausfall des cis/trans-Testes definierte Einheit der Komplementation genetischer Funktionen. Im Gegensatz zu anderen Loci bakterieller Gene besteht der C-Locus der Histidin-Synthese nur aus einem einzigen Cistron. Oft bauen sich dagegen Genorte aus mehreren solchen Einheiten auf, wie der ebenfalls genannte Locus B der gleichen Synthesekette.

Komplementationsversuche sind selbstverständlich nicht auf Bakterien beschränkt. Der ihnen zugrunde liegende Cis-Transtest wurde vielmehr von LEWIS bereits an Drosophila entwickelt, der Terminus „Cistron" 1961 von BENZER nach Komplementationstesten am Phagen T 4 geprägt. Der Autor verwendete Mutanten des r_{II}-Typs (vergleiche Tabelle 2) die sich in zwei, mit A und B bezeichnete Gruppen einteilen ließen: Die Benutzung je eines Vertreters beider Gruppen zur gemeinsamen Infektion einer E. coli K12-Zelle, ergab Phagenpartikel, die in der einzelnen Wirtszelle als gemischte Population beider Typen synthetisiert worden waren. Da die Infektion einer K12-Zelle durch ein oder mehrere Partikel derselben r_{II}-Mutante nicht zur Phagensynthese führt, muß bei dieser aus r_{IIA}- und r_{IIB}-Typen gemischten Infektionen der durch die Mutation bedingte Ausfall der Funktion der einen Mutante jeweils durch die andere, ohne daß eine Rekombination stattgefunden hatte, komplementiert worden sein. Die Kartierung der Mutationsorte (Abb. 54,56) der r_{IIA}- und r_{IIB}-Mutanten ergab zwei unmittelbar aneinander grenzende Abschnitte der Phagen-DNS, niemals aber die Lage eines r_{IIA}-Mutationsortes im r_{IIB}-Sektor oder umgekehrt. Die beiden Komplementationseinheiten, als A- und B-Cistron bezeichnet, erwiesen sich damit als identisch mit zwei voneinander getrennten, linear aufeinanderfolgenden DNS-Abschnitten. Dieser Befund führte zu dem Schluß, daß jedes der beiden Cistrons für die Molekularstruktur einer Polypeptidkette als Baustein eines Proteins verantwortlich sei. Von dieser Feststellung ausgehend, trat in der Folge mit steigender Häufigkeit in Lehrbüchern und anderen Darstellungen an Stelle der „Ein-Gen-ein-Enzym-Hypothese" die „Ein-Cistron-ein-Polypeptid-Hypothese". Sie machte den Terminus „Cistron" besonders unter Biochemikern populär. Er wurde zum Synonym für eine Mononucleotidsequenz der DNS, welche die Entstehung der linearen Aufeinanderfolge derjenigen Aminosäuren steuert, die zusammen ein Polypeptid bilden. Bei dieser Betrachtungsweise trat die oben genannte, durch den positiven Ausfall eines cis/trans-Testes gegebene Definition des Cistrons, mitunter bis zu ihrer völligen Aufgabe, in den Hintergrund.

Schon vorher, aber auch gleichzeitig und danach vorgenommene Komplementationsversuche unter Verwendung von bakteriellen Mutanten, noch mehr aber von Neurospora und verschiedener Hefen ergaben bald ein zunächst verwirrendes Bild, welches den durch die Ein-Cistron-ein-Polypeptid-Hypothese definierten Cistron-Begriff als nicht notwendigerweise identisch mit demjenigen einer Komplementationseinheit erscheinen ließ. Das Mittel, ein Ergebnis solcher Komplementationsteste übersichtlich darzustellen, sind Komplementationskarten. Sie bestehen aus einer Anzahl von Strecken die, ausgehend von einer Kartierung der Mutationsorte der verwendeten Mutanten, jeweils in einer gemeinsamen Strecke die Mutationsorte aller derjenigen Mutanten vereinigen, welche miteinander keine Komplementation zeigen. Im Gegensatz zu den Cistrons r_{IIA} und r_{IIB} des Phagen T4 überlappen sich dabei häufig einzelne Komplementationsgruppen (Abb. 95) oder neben mehreren einander linear folgenden Gruppen stehen solche, welche einzelne oder alle diese Gruppen übergreifen. Weiter vorangetriebene Analysen nötigten bald dazu, solche Komplementationskarten wenigstens teilweise kreisförmig, schließlich sogar drei-dimensional darzustellen, wenn sie allen in cis/trans-Testen erarbeiteten Ergebnissen gerecht

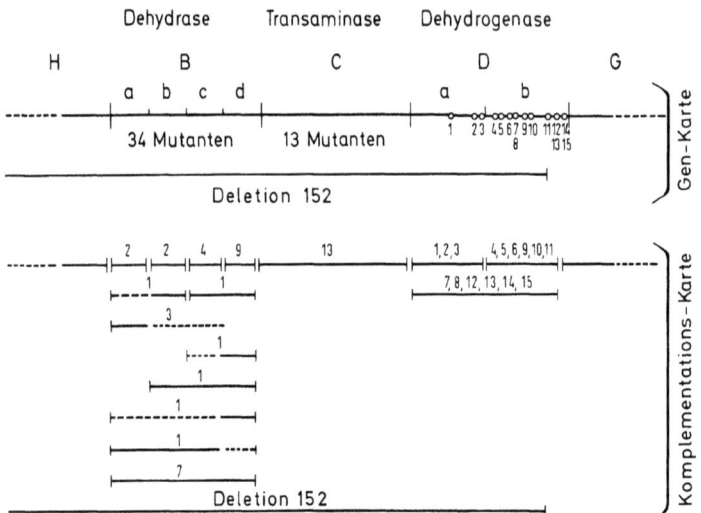

Abb. 95. Gen- und Komplementationskarte der Genorte, welche die Strukturinformationen dreier Enzyme der Histidin-Synthese von Salmonella typhimurium enthalten. Die Zahlen im locus D der Komplementationskarte sind Bezeichnungen der Mutationsorte einzelner Mutanten, diejenigen in den loci B und C bezeichnen die Anzahl der bisher bekannten, zu der betreffenden Komplementationseinheit gehörenden, durch verschiedene Mutanten repräsentierten Mutationsorte. Nach HARTMAN et al., 1960, aus HAYES, 1965

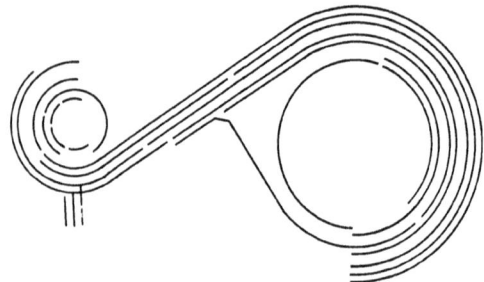

Abb. 96. Komplementationskarte des ad-6 locus von Schizosaccharomyces pombe. Nach LEUPOLD et al., 1965

werden sollten (Abb. 96) Durch diese Befunde war somit die Vorstellung einer Identität von Komplementations- und Genkarte widerlegt. Die Ursache dafür liegt darin, daß Komplementationskarten primär keine Lageortbeziehungen bestimmter Mutationsorte zueinander, sondern das gemeinsame Komplementationsverhalten von Gruppen von Mutanten wiedergeben. Wie ist diese Feststellung zu verstehen?

Schon 1944 hatte BEADLE und COONRADT nachgewiesen, daß die gemischte Beschickung eines aus Minimalmedium bestehenden Nährbodens mit zwei verschiedenen auxotrophen Mutanten von Neurospora bei der Wahl geeigneter Mutanten eindeutig zum Wachstum führte. Ursache dafür war die Verschmelzung von Zellen beider Stämme, wobei solche entstanden, welche mindestens je einen Kern beider Mutanten beherbergten und daher Heterokaryons genannt werden. In ihnen findet eine Komplementation des unterschiedlichen Funktionsausfalles beider Genome unter Wiederherstellung der Wildtypleistung statt. Häufig wurde dabei auch Komplementation zwischen zwei Mutanten beobachtet deren Mutationsorte innerhalb eines gemeinsamen Genortes lagen, von dem mit Sicherheit bekannt war, daß er die Synthese nur eines einzigen Enzyms steuerte. Für einige dieser Fälle war zuvor gezeigt worden, daß der betreffende Genort die Strukturinformation für ein einziges Polypeptid beherbergte. Dieser Komplementationstyp erhielt die Bezeichnung intragenisch oder, da er Allele des gleichen Genortes betraf, interallel. Interallele Komplementation wurde in der Folge in zahlreichen Fällen auch für Genorte anderer Organismen wie Hefen und Bakterien nachgewiesen (Abb. 95). Damit war die Identität des Cistrons als Informationsträger für die Synthese einer Polypeptidkette mit der im cis/transfer-Test nachgewiesenen Komplementationseinheit erneut in Frage gestellt. Die interallele Komplementation zeigt eine Reihe von Gesetzmäßigkeiten welche eine Deutung des molekularen diesen Komplementationstyp verursachenden Mechanismus erlauben: Die Aktivität desjenigen Enzyms, dessen Funktionsausfall in den beiden Komplementationspartnern Auxotrophie hervorruft, erreicht bei Komplementation niemals Wildtypwerte. Ihre absolute Höhe wechselt von Mutantenpaar zu Mutantenpaar und bewegt sich zwischen sehr niedrigen Werten, welche gerade erkennbares Wachstum ermöglichen, bis zu rund 50% der Wildtypaktivität. Wildtypenzym und homologes Komplementationsenzym unterscheiden sich in allen bisher untersuchten Fällen in mindestens einer Eigenschaft, wie Thermostabilität, Befähigung zur Regulierbarkeit durch allosterische Hemmung (siehe Kapitel über die Regulation der Genwirkung) sowie andere Besonderheiten. Dabei ist die Art der Änderung gegenüber dem Wildtypenzym für ein bestimmtes, der Komplementation unterworfenes Mutantenpaar spezifisch. In drei Fällen, dem der Tryptophan-Synthetase, Adenyl-Succinase und Glutamat-Dehydydogenase von Neurospora konnte durch Mischen der Rohextrakte oder gereinigten inaktiven Enzymhomologen zweier zu interalleler Komplementation befähigter Mutanten bei nachgewiesener Abwesenheit einer Proteinsynthese auch in vitro die Enzymaktivität wieder hergestellt werden.

Der Schlüssel zur Deutung dieser Befunde liegt in der Kenntnis des molekularen Aufbaus enzymatisch wirksamer Proteine. In dem Kapitel über Proteine als Objekte der Evolution werden die Beziehungen zwischen Molekülbau und Funktion der Eiweißkörper im Zusammenhang darzustellen sein. Im Vorliegenden können wir uns daher auf die zur Beantwortung der gegebenen Fragestellung wichtigen Tatbestände beschränken. Proteine bestehen aus Polypeptidketten. Jede davon ist die spezifische, lineare Aufeinanderfolge zahlreicher Aminosäurereste, deren Einzelstücke 20 verschiedenen Typen angehören. Sehr häufig bildet das aktive Enzymmolekül ein Aggregat identischer Untereinheiten. Die Strukturinformation über die Aminosäuresequenz dieser Untereinheiten, welche stets Polypeptide sind, ist in der Mononucleotidsequenz eines bestimmten Genortes niedergelegt. Die Aggregation der Untereinheiten zum Enzymkomplex dagegen erfolgt spontan ohne direkte genetische Kontrolle, da das Aggregat gegenüber der einzelnen Untereinheit der energetisch bevorzugte Zustand ist. Werden zwei Mutanten des gleichen, die Aminosäuresequenz einer solchen Untereinheit bestimmenden Genortes unter Bedingungen gebracht, welche Komplementation gestatten, so entstehen bei statistischer Zusammensetzung der Aggregate solche, die ausschließlich aus Untereinheiten jeweils nur einer der Mutanten zusammengesetzt sind, aber auch Hybride zwischen beiden. Die beiden erstgenannten sind identisch mit denen jeder der beiden Mutanten und daher inaktiv. Das Hybridaggregat dagegen zeigt die in der Komplementation beobachtete Aktivität. Dieser Zusammenhang erklärt auch die Möglichkeit einer in vitro-Komplementation. Die Darstellung der Abb. 97, welche diese Zusammenhänge illustriert, geht von einem Enzymmolekül aus, dessen aktive Form aus zwei identischen Untereinheiten (Polypeptidketten) besteht. In a sind als Schraffur fünf verschiedene Möglichkeiten eingezeichnet, welche als Veränderung der Aminosäuresequenz die Aktivität der Untereinheit zerstören. Die Ergebnisse der

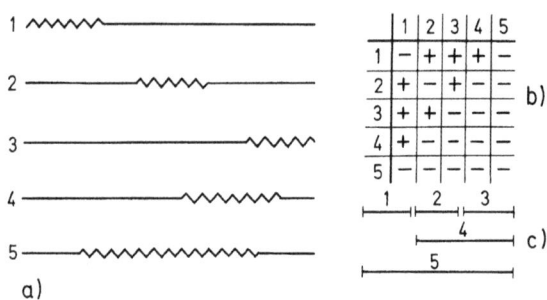

Abb. 97. Interallele Komplementation. In fünf verschiedenen Mutanten wird die Struktur derselben Polypeptidkette eines Enzyms, im Vergleich zum Wildtyp jeweils in anderer im Schema als Zick-zack-Linie angedeuteter für die betreffende Mutante spezifischen Weise verändert synthetisiert (a). Das aktive Enzymmolekül baut sich aus zwei derartigen identischen Polypeptidketten auf. Jeweils zwei verschiedene Mutanten komplementieren sich nach b. Ihr Komplementationsverhalten führt zur Aufstellung einer Komplementationskarte (c). Nach FINCHAM, 1971 und HAYES, 1965 verändert

Komplementation zwischen jeweils zwei der fünf Mutanten, von denen jede eine andere dieser Veränderung trägt, sind in b und die sich daraus ergebende Komplementationskarte in c eingezeichnet. Die Abbildung läßt erkennen, daß die Anzahl der Komplementationsgruppen keine Rückschlüsse auf die Zahl der im aktiven Enzymmolekül enthaltenen identischen Untereinheiten zuläßt. Beispiele für solche Enzyme und deren durch mehrere Komplementationsgruppen gekennzeichnetes Komplementationsverhalten sind bekannt, wie beispielsweise die aus zwei Untereinheiten zusammengesetzte Imidazol-Glycerol-Phosphat-Dehydrogenase von Salmonella typhimurium, deren Struktur durch den in Abb. 95 dargestellten Genort his-B bestimmt wird.

Die genetische Analyse komplementierender, auxotropher Mutanten hat ergeben, daß diese sehr häufig durch die Veränderung eines einzigen Basenpaares ihrer DNS entstanden. Sie sind also Punktmutanten. Dennoch können sie zu Komplementationseinheiten gehören, welche andere kleinere Komplementationseinheiten überlappen oder sich gar über mehrere von ihnen erstrecken. Die Erklärung dieses Zusammenhanges und der weiter oben erwähnten, mitunter aufgetretenen Notwendigkeit, Komplementationskarten in Kreisform oder gar dreidimensional darzustellen, liegt in der molekularen Struktur des betreffenden Enzyms. Der dazugehörige Genort beherbergt die Information über die Sequenz der Aminosäurereste dieses Proteins und damit deren lineare, zweidimensionale Anordnung. Sie führt automatisch ohne weitere genetische Kontrolle zur Entstehung eines dreidimensionalen Gebildes der Tertiär- und Quartärstruktur des Enzymmoleküls. Erst diese Struktur gibt den die Enzymreaktion katalysierenden Gruppen die für die Durchführung ihrer Leistung notwendige räumliche Anordnung. Bei der zur Raumstruktur führenden Faltung gelangen regelmäßig Aminosäurereste in unmittelbare Nachbarschaft, deren Positionen in der linearen Sequenz weit auseinanderliegen. Ihr Austausch durch Mutation muß zum Ausfall der gleichen Teilfunktion innerhalb des Moleküls führen der durch die selbe Komplementationswirkung wieder korrigiert werden kann. Dieser Zusammenhang dürfte zumindest einen Teil der übergreifenden Komplementationsgruppen erklären. Der Vorgang der Komplementation ist damit eng mit der spezifischen, dreidimensionalen Struktur desjenigen Enzymmoleküls verknüpft, welches in den beiden Komplementationspartnern in nicht aktiver Form vorliegt. Die Vielfalt dieser Strukturen spiegelt sich dabei in der Unterschiedlichkeit des Komplementationsverhaltens einzelner Genorte und Mutantenpaare wieder.

1.42 Die begrenzte Transduktion

Von der im vorstehenden beschriebenen allgemeinen Transduktion unterscheidet sich klar der Modus der begrenzten Transduktion. Die ihm zugrunde liegenden Gesetzmäßigkeiten sollen am Beispiel Escherichia coli K12 und Phage λ dargestellt werden. λ ist ein temperenter Bakteriophage. Das sein Genom bildende DNS-Molekül besteht aus ungefähr 46500 Mononucleotidpaaren, beherbergt also rund 50 Genorte (Abb. 228). Die aus Phagenpartikeln isolierte DNS ist linear (Abb. 98a). Von links nach rechts gelesen sind ihre Genorte in der Reihenfolge A, J, b2, aa′, N, c_I, R angeordnet. Die beiden Enden m und m′ sind, alternierend einsträngig mit komplementärer Nucleotidsequenz ausgebildet und 12 Nucleotide lang. Nach der Injektion des Genoms in die Wirtszelle paaren beide Enden miteinander, so daß eine durchlaufend doppelsträngige DNS von Ringform (b) entsteht. Deren Enden werden schließlich unter Mitwirkung der Wirtszell-Ligase kovalent miteinander verknüpft. Die Injektion eines λ-Genoms führt entweder sofort zur Phagensynthese und folgender Lyse unter Freisetzen der neu synthetisierten Phagenpartikel oder zur Lysogenie. Diese ist durch die Integration des λ-Genoms in die Wirts-DNS gekennzeichnet. Als erster Schritt dazu paart sich die Region a a′ (attachment site) des λ-Genoms mit der Region b b′ des Wirtszellgenoms (c). Unter Mitwirkung des vom λ-Genort „int" kodierten Proteins findet in gleicher Weise, wie schon bei der Integration des F-Episoms dargestellt (Abb. 73), eine Rekombination statt. Dadurch wird der Ring des

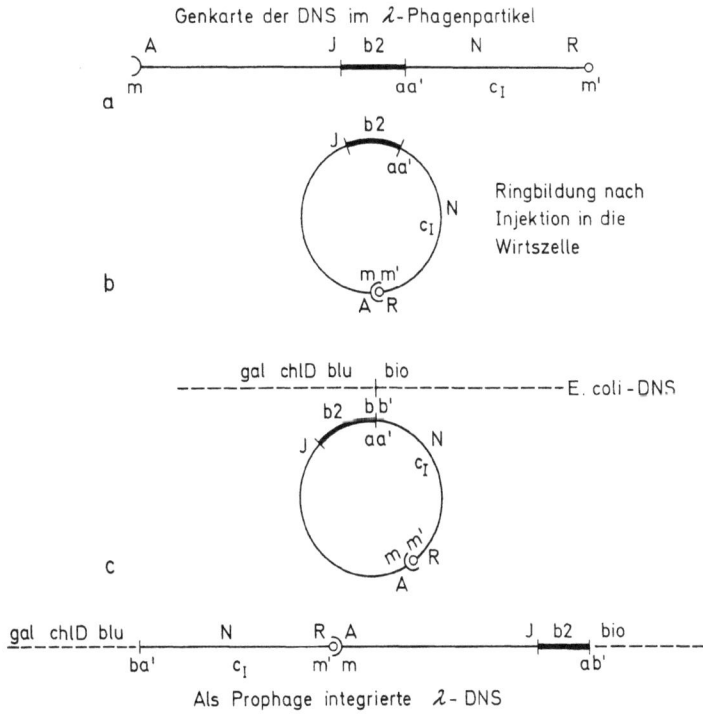

Abb. 98. Der Wechsel des DNS-Makromoleküls des Phagen λ zwischen linearer und Ringform im Verlaufe eines Vermehrungscyclus. Nach SZYBALSKI et al., 1970

λ-Genoms zwischen a und a' geöffnet und in das Bakteriengenom eingebaut. Die Sequenz der Genorte lautet jetzt: a' N, c_I, R, m', m, A, J, b2, a.
Das λ-Genom des Prophagen und das des infektiösen Phagenpartikels sind somit beide lineare Gebilde. Sie leiten sich von dem gleichen ringförmigen DNS-Molekül ab, aus dem sie durch Öffnen dieses Ringes an zwei verschiedenen Stellen entstanden. Eine Reihe ihrer Genorte, wie zum Beispiel R und A, müssen damit unterschiedliche Kopplungsbeziehungen aufweisen, je nachdem eine der Öffnungsstellen zwischen oder seitlich von ihnen liegt. Im Phagenpartikel sind diese Genorte an beiden Enden des durch Öffnung zwischen m und m' entstandenen, linearen DNS-Moleküls angeordnet. Der integrierte Prophage, dessen Öffnung zwischen a und a' erfolgte, zeigt sie dagegen in enger Kopplung. Man beschreibt diesen Zusammenhang als zirkuläre Permutation. An den beiden Flanken der Prophagen-DNS befinden sich die Orte b a' und a b'. Jenseits von b' liegt der bakterielle Genort bio, jenseits von b eine Folge von bakteriellen Genorten, welche mit der gemeinsamen Bezeichnung gal belegt sind. Sie kodieren die Molekularstruktur von Proteinen, welche der Zelle den Abbau des Zuckers Galaktose unter Energiegewinn ermöglichen.
Dafür, daß die DNS des λ-Prophagen tatsächlich linear in die Wirtszell-DNS integriert vorliegt, gibt es außer der zirkulären Permutation eine Reihe weiterer Beweise. Die an den Flanken der Prophagen-DNS gelegenen bakteriellen Genorte sind vor der Integration unmittelbar benachbart. Die Integration entfernt sie um die Länge des Phagengenoms voneinander. Dies muß sich in ihren Kopplungsbeziehungen zu erkennen geben. Tatsächlich zeigen K12-Kreuzungen, deren Partner entweder λ-lysogen (lys^+) oder nicht lysogen lys^-) sind, im erstgenannten Falle geringere Kopplung zweier Genorte an beiden Flanken des Prophagen als im letztgenannten. Noch empfindlicher reagiert die gekoppelte Transduktion zweier Genorte auf die zwischen diesen erfolgte Insertion eines Prophagen: Der Phage P1 cotransduziert die Orte bio und gal von Wirtszellen, die λ-lys^- sind mit einer Wahrscheinlichkeit von 47%. Das Auseinanderrücken beider Orte in λ-lys^+-Zellen reduziert diesen Wert auf 30%. SHAPIRO konnte zeigen, daß in λ-lys^+-Zellen Deletionen auftreten, welche von der gal-Region mehr oder weniger weit in den Prophagen hineinreichen. Auf dem Wege der Deletionskartierung war es ihm möglich, das jeweilige Ausmaß der Deletion zu bestimmen. Eine solche Kartierung geht davon aus, daß Deltionsmutanten nicht rückmutieren und auch keine Wildtyprekombinanten mit anderen Deletionsmutanten ergeben können, deren Deletion innerhalb des Gebietes der Deletion des Kreuzungspartners liegt. Abb. 99 zeigt, wie die Ergebnisse der wechselseitigen Kreuzungen von 8 Deletionsmutanten zur Aufstellung einer Genkarte benutzt werden können, welche das Ausmaß der Deletion der einzelnen Mutanten erkennen läßt. Deletionskartierung wird im großen Maßstab dazu angewandt, die Orte von Punktmutationen einem bestimmten Abschnitt einer Kopplungsgruppe zuzuordnen. Der Nachweis, daß der Mutationsort einer solchen Mutante (Abb. 99) beispielsweise in H liegt, wird dadurch geführt, daß ihre Kreuzungen mit den Deletionsmutanten 2, 6 und 8 keine, diejenigen mit den Deletionsmutanten 1, 3, 4, 5 und 7 jedoch Widtyprekombinanten ergeben.
Die spontane Lyserate λ-lysogener Zellen ist sehr niedrig. Der vegetative Cyclus, welcher zur Lyse führt, läßt sich jedoch durch UV-Bestrahlung induzieren, so daß auf diesem Wege hochtitrige Phagensuspensionen gewonnen werden können. Durch spontane Lyse entstandene Partikel vermögen nicht zu transduzieren. Als Vorbereitung des Transduktionsversuches wird daher (Abb. 100a) eine λ-lysogne K12-Kultur mit UV bestrahlt. Dadurch wird die Synthese von λ-Partikeln eingeleitet, welche nach Lyse der Wirtszellen in die Flüssigkeit gelangen. Sie werden durch Zentrifugation (b) von den nicht-lysierten Zellen und Zelltrümmern getrennt. Mit der Wahrscheinlichkeit mit 10^{-6} befinden sich unter ihnen Partikel, welche den Genort gal^+ ihrer Wirtszelle tragen. Eine genügend hoch konzentrierte Phagensuspension (c) wird mit Zellen einer gal^--Mutante von K12 (d), welche lysogen oder nicht-lysogen für λ sein kann, gemischt(e). Die Phagen adsorbieren und injizieren ihre DNS in die neuen Wirtszellen. Daß diese mit der oben genannten

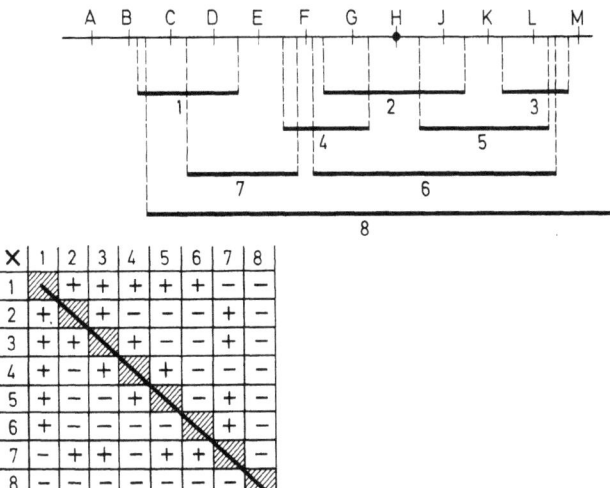

Abb. 99. Schema zur Durchführung einer Deletionskartierung. Oben: Genkarte mit den Orten A–M, darunter als wagerechte Balken die in den Deletionsmutanten 1–8 fehlenden Genomabschnitte. Links unten: Das mit + bezeichnete Auftreten von Wildtyprekombinanten in gegenseitigen Kreuzungen dieser Mutanten.

Wahrscheinlichkeit von 10^{-6} gleichzeitig Empfängerzellen für das transduzierte gal^+-Gen sind, ergibt sich aus der nachfolgenden Plattierung von beispielsweise 10^8 Zellen auf eine als Indikator für die Befähigung zum Galaktoseabbau dienende EMB-Gal-Platte (f). Deren Eosin-Methylenblau-Zusatz färbt gal^+-Kolonien, welche die in der Platte vorhandene Galaktose abzubauen vermögen, dunkelviolett. gal^--Kolonien dagegen gewinnen die von ihnen benötigte chemische Energie ausschließlich durch Fermentierung des im Medium ebenfalls vorhandenen Rohrzuckers. Ihre Kolonien färben sich schwach rosarot.

Aus den 10^8 aufgebrachten Zellen entstehen durch Bebrütung Mikrokolonien, die einen dichten, schwach rosa gefärbten Zellrasen bilden. In ihnen befinden sich ungefähr einhundert kleine, dunkelviolette Papillen als Beweis entstandener, auf Transduktion ihrer Mutterzelle zurückgehender Mikrokolonien vom Typ gal^+. Eine der Papillen wird mit einer sterilen Drahtöse isoliert und in Nährlösung suspendiert. Mit einer anderen Öse wird die Suspension in einer Wellenlinie auf einer EMB-Gal-Platte ausgestrichen (g). Diese Technik läßt durch nachfolgende Bebrütung im Impfstrich aus jeder isoliert liegenden Einzelzelle eine Kolonie entstehen. Die Zellen einer durch ihre violette Färbung als gal^+ ausgewiesenen Kolonie werden isoliert und in Nährlösung suspendiert. Ihre Bebrütung führt zu einer hochtitrigen Zellsuspension (i). In ihr wird (k) wie schon bei (a) durch UV-Bestrahlung die Phagensynthese induziert. Die entstandene Phagensuspension wird wieder durch Zentrifugation (l) gereinigt. An ihr fällt auf, daß bei gleich hohem Titer der Bakteriensuspension wie bei (a) der Phagentiter im Vergleich zu (c) nun merklich geringer ist. Dieses Phagenlysat besitzt jedoch noch eine weitere, von demjenigen nach (a) gewonnenen abweichende Eigenschaft. Das zeigt ein Transduktionsversuch (m), bei dem als Empfänger wieder K-12 gal^--Zellen (n) dienen. Die Zellen der transduzierten Suspension werden dabei nicht mehr wie bei (f) in sehr großer Anzahl auf die EMB-Gal-Platte gebracht. Die Begründung dafür wird nach 24stündiger Bebrütung (o) erkennbar: Etwa die Hälfte der entstandenen Kolonien sind gal^+. Die Transduktionshäufigkeit weist damit einen Wert von rund 50 Prozent auf. Das sie hervorbringende Phagenlysat unterschei-

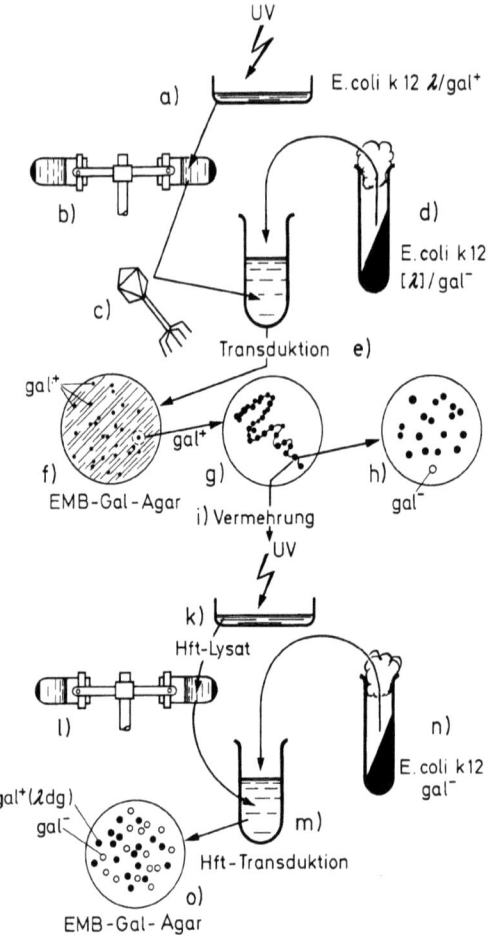

Abb. 100. Versuchsablauf bei der Herstellung eines Hft-Lysates des Phagen λ

det sich somit grundsätzlich von dem nach a, b, c gewonnenen. Es wird als Hft (high frequency of transduction) bezeichnet.

Kehren wir zur Erklärung der Entstehung der Hft-Eigenschaft dieses Lysates zu den einzelnen Schritten des oben beschriebenen Versuchsablaufes zurück. Schritt (a) und (b) zeigen, daß die Induktion einer λ-lysogenen K 12-Zelle zu einer Phagensynthese führt, bei welcher mit der Wahrscheinlichkeit von 10^{-6} der Prophage von seinem Integrationsort den ihm nächstgelegenen gal-Genort mitnimmt. Er wird in das Phagenpartikel eingebaut und zusammen mit Phagen-DNS in die Empfängerzelle transportiert. Was geschieht dort mit ihm? Antwort darauf gibt Versuchsschritt (h). Kolonien, die aus zu gal^+ transduzierten Zellen entstanden, spalten mit der Wahrscheinlichkeit von 10^{-3} gal^--Zellen ab. Das kann nichts anderes bedeuten, als daß diese gal^+-Zellen auch noch das sie ursprünglich als Empfängerzellen bezeichnende gal^--Gen aufweisen. Sie sind damit für dieses Gen diploid und werden als Heterogenoten bezeichnet. Ihre genetische Konstitution ist gal$^-$/gal$^+$. Der gal$^+$-Genort kam von außen, Genort gal$^-$ war bereits innerhalb der Zelle vorhanden. Der erstere heißt daher Exogenote, der letztere Endogenote. Die benutzte Bezeichnung gal$^+$ wird im folgenden noch weiter zu differenzieren sein. Werden diese heterogenoten Zellen vermehrt, so entlassen sie nach UV-Induktion Phagen des Hft-Lysates. Die notwendige hohe, zum Nachweis der Transduktion (e) benutzte Multiplizität führte dazu, daß durch Sekundärinfektion mit λ praktisch alle Zellen, auch die transduzierten, lysogen für λ wurden. Dies geschieht durch Prophagen, welche keine gal-Region enthalten, also nicht transduzieren. Die Heterogenoten gal$^-$/gal (g) beherbergen als Prophagen also zusätzlich noch λ. Bei Induktion der Heterogenoten (k) wird daher entweder der Phage λ-gal$^+$ oder der nichttransduzierende Phage λ induziert. Das Hft-Lysat enthält somit etwa zu je der Hälfte gal-freie λ-Partikel und transduzierende λ-gal$^+$-Partikel Wie aber ist die DNS der letzteren beschaffen?

Eine Antwort darauf ergibt ein Transduktionsversuch, bei dem ein Hft-Lysat sehr niedriger Multiplizität verwendet wird, oder bei dem Antiserum gegen den Phagen λ zur Anwendung kommt. Beide Methoden stellen sicher, daß pro Zelle nur ein einziges Phagen-Partikel seine DNS injizieren kann. Bei solchen Versuchen zeigt sich, daß in den meisten Fällen transduzierte und damit heterogenote Zellen defekt lysogen sind: Sie lysieren zwar nach Induktion ihre Wirtszelle. Es werden jedoch keine Phagenpartikel freigesetzt. Offensichtlich enthält ihre λ-gal-DNS nicht mehr die vollständige genetische Information über die Synthese von Phagenpartikeln. Ein Teil dieser Information aber ist noch vorhanden. Das zeigt eine gemischte Infektion, bei der Zellen gleichzeitig mit λ-gal$^+$ und nichttransduzierenden λ infiziert werden. Es entstehen dann Heterogenoten, deren UV-Induktion normale Hft-Lysate hervorbringt.

Solche λ-gal$^+$-Phagen weisen somit eine unvollständige, defekte Phagen-DNS auf. Sie werden daher als λdg (defective gal) bezeichnet. Eine genauere Analyse des Ausmaßes dieses Defektes läßt sich unter Benutzung von Erkenntnissen der Phagengenetik durchführen. Von λ sind zahlreiche Mutanten bekannt, deren Mutationsort in einer Genkarte des λ-Chromosoms dargestellt wird (Abb. 228). Solche Mutanten können für die Vornahme von „Gen-Rettungs"-Experimenten (marker rescue) verwendet werden. Infiziert man heterogenote Zellen des Typs gal$^-$/λ dg mit Phagen einer bestimmten λ-Mutante, so kommt es in gleicher Weise wie für den Phagen T4 dargestellt (Abb. 64), zu Rekombinationen zwischen beiden Phagengenomen. Da λdg definitionsgemäß alle in ihm erhalten gebliebenen Phagen-Genorte im Wildtyp-Zustand aufweist, zeigt das Fehlen bestimmter Klassen von Wildtyp-Rekombinanten in solchen Kreuzungen das Fehlen dieser Wildtyp-Genorte im defekten λdg an. Daraus ergibt sich der Verlust von bis zu $^1/_3$ der ursprünglichen Chromosomlänge. Der fehlende Abschnitt kann entweder an der rechten oder linken Flanke des in linearer Form integrierten λ-Genoms liegen. Dem entspricht, daß λ entweder den an der einen Seite seines integrierten Prophagen gelegenen Genort gal des Wirtschromosoms oder den an der anderen Seite befindlichen Genort bio (Biotinsynthese) zu transduzieren vermag.

In der DNS von λdg ist somit offensichtlich ein Teil der Phagen-DNS durch Wirtszell-DNS ersetzt. Bleibt dadurch die Größe des DNS Moleküls erhalten? Durch Zentrifugierung im Dichtegradienten läßt sich diese Frage beantworten. λ-DNS und E. coli-DNS besitzen das gleiche AT/GC-Verhältnis. Ersatz von Teilen der λ-DNS durch E. coli-DNS-Abschnitte sollte daher die Lage der Bande dieser Phagenpartikel im Gradienten nicht verschieben. Werden jedoch verschiedene, unabhängig voneinander gewonnene λ-Hft-Lysate also Suspensionen ganzer Phagenpartikel und nicht etwa deren reine DNS der Gradienten-Zentrifugierung unterworfen, so bildet jedes zwei Banden (Abb. 101). Die eine ist identisch mit derjenigen nicht transduzierender λ-Phagen, die andere weist von Fall zu Fall unterschiedliche Lage, entweder zentrifugal oder zentripetal von der λ-Bande auf. Die Auswertung dieses Ergebnisses führt zu dem Schluß, daß die Größe des Moleküls der λ dg-DNS sich maximal um -14% bis $+8\%$ von derjenigen nicht transduzierender λ-DNS unterscheidet.

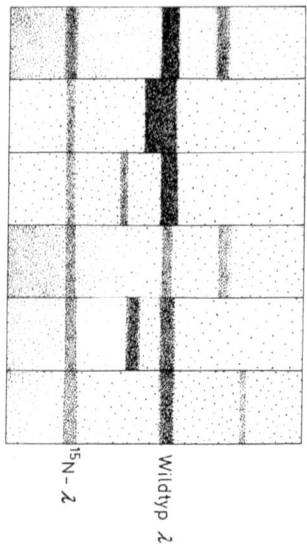

Abb. 101. Gradientenzentrifugierung der Phagenpartikel von sechs verschiedenen λ-Hft-Lysaten. Jedem der Lysate wurden ^{15}N-markierte, nichttransduzierende λ-Phagen beigemischt. Sie bilden im Gradienten eine Bezugsbande. Jedes Hft-Lysat bildet zwei Banden: Diejenige der nichttransduzierenden Partikel ist in allen Banden identisch. Die Bande der transduzierenden Partikel zeigt von Lysat zu Lysat eine unterschiedliche Lage, da in den darin enthaltenen λ-Partikeln die Größe des DNS-Moleküls der einzelnen Lysate verschieden ist. Nach WEIGLE et al., 1959

1.43 Integration bakterieller Genorte in das Phagenpartikel

Eine Frage, deren Beantwortung zum Verständnis der Transduktion von Wichtigkeit ist, wurde im vorstehenden nicht gestellt. Wie gelangen bakterielle DNS-Abschnitte in transduzierende Phagenpartikel? Der Nachweis des defekten, unvollständigen Zustands des Genoms transduzierender Partikel zusammen mit dem Beweis für die unterschiedliche Größe der DNS von Phagen verschiedener Hft-Lysate erlaubt nur einen Schluß: Zumindest in Phagen, welche begrenzte Transduktion zeigen, tritt bakterielle DNS anstelle mehr oder weniger großer Abschnitte der Phagen-DNS. Nach spontaner Lyse ist dies nicht der Fall. Transduzierende λ-Partikel entstehen nur nach Induktion durch UV-Bestrahlung λ-lysogener Bakteriensuspensionen. In deren Zellen liegt das λ-Genom als Prophage, integriert in die Sequenz der Mononucleotid-Paare der Wirtszell-DNS vor (Abb. 98c).

Die UV-Bestrahlung induziert offensichtlich den lytischen Cyclus. Dabei wird das zur Integration führende Ereignis wieder rückgängig gemacht, die Phagen-DNS aus dem Verbande der bakteriellen DNS gelöst. Dies geschieht unter Mitwirkung des schon bei der Integration beteiligt gewesenen, vom Genort int codierten Proteins zusammen mit einem weiteren, dessen Aminosäuresequenz durch den λ-Genort xis (Excision) bestimmt wird. Mit sehr geringer Wahrscheinlichkeit (10^{-6}) treten dabei Fehler auf dadurch, daß nicht genau die gleiche Sequenz von Nucleotidpaaren, welche vor vielen Generationen eingebaut wurde, nun auch wieder in Freiheit gesetzt wird. Das ist nur dann möglich, wenn der Ort des nunmehrigen Rekombinationsgeschehens sich von demjenigen des zum Einbau führenden unterscheidet (Abb. 102a). Ursache dafür ist eine „illegitime Paarung" zwischen Strecken zufällig vorhandener Homologie (BB'/PP') und nachfolgende reziproke Rekombination. Dadurch verbleibt ein mehr oder weniger großer Abschnitt der Phagen-DNS im Wirtszell-Genom, welches bei der späteren Lyse zerstört wird, während ein, wie die Ergebnisse der Gradientenzentrifugierung zeigen (Abb. 101), meist nicht gleich großer Abschnitt des Wirtszell-Genoms an der anderen Flanke der Phagen-DNS

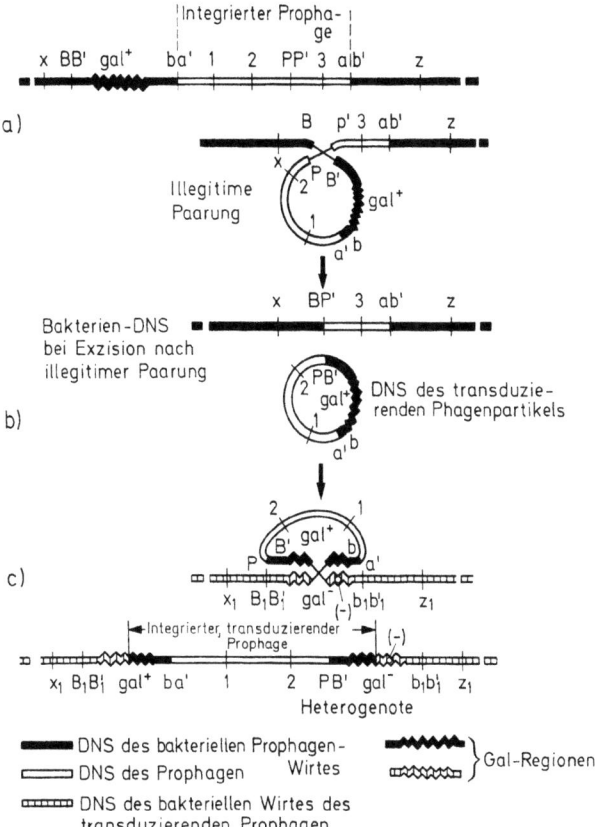

Abb. 102. Die molekularen Grundlagen der Transduktion durch den Phagen λ als Beispiel der begrenzten Transduktion: Einzelschritte der Entstehung transduzierender Phagen-DNS durch a) illegitime Paarung des Prophagen. b) danach stattfindende Exzision. c) Integration des transduzierenden Prophagen in die homologe Region der DNS der Empfängerzelle unter Bildung einer Heterogenote

inkorporiert wird. Diese DNS gelangt dann im Vorgang der Transduktion in die neue Wirtszelle, welche damit zum Empfänger wird.

Das auf diesem Wege entstandene λdg-Partikel weist nun in einem Teil seiner DNS absolute Homologie mit der Bakterien-DNS auf. Diese Nucleotidsequenz wird dadurch zur bevorzugten Stelle der Paarung mit dem Bakterienchromosom (Abb. 102b), welche einer Integration vorangeht. Dabei entsteht dann (Abb. 102c) ein Bakteriengenom, welches zwei gal-Genorte enthält. Diese Zusammenhänge erklären außerdem, wie es zu einem mit der Wahrscheinlichkeit von 10^{-3} zu beobachtenden, auf Rekombination zurückzuführenden Austausch zwischen Exogenote und Endogenote kommt. Im Versuch wird ein solcher Austausch daran erkennbar, daß nach Transduktion mit λdg Kolonien entstehen welche ein λdg$^-$-Hft-Lysat ergeben, aus denen somit transduzierende Phagenpartikel induziert werden können, welche den gal-Genort im gal$^-$-Zustand aufweisen. War die Integration des bakteriellen DNS-Abschnittes in die Phagen-DNS rechts vom gal-Marker erfolgt, so muß zur Durchführung des Austausches zwischen Endo- und Exogenote die dafür notwendige Rekombination nun links davon vor sich gehen (Abb. 103).

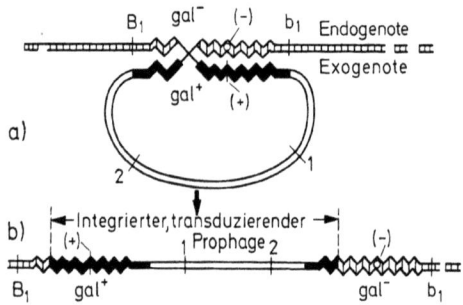

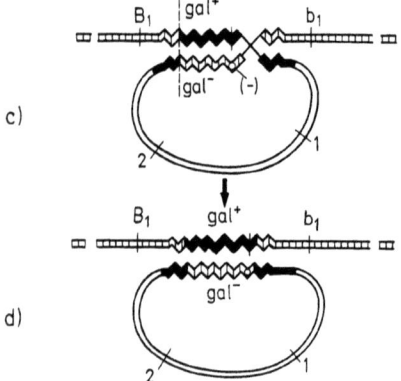

Abb. 103. Austausch zwischen Exo- und Endogenote in der transduzierten Empfängerzelle durch Rekombination bei der Exzision des zur Transduktion befähigten, bakterielle DNS des Spenders enthaltenden Prophagen. a) b): Integration des transduzierenden Prophagen (vgl. Abb. 102, c). c) Einleitung der Rekombination am Beginn des Exzisionsvorganges. d) Prophage nach Exzision und stattgefundenem Austausch zwischen Exo- und Endogenote

Wie aber gelangt die bakterielle DNS in Phagenpartikel, welche zur allgemeinen Transduktion befähigt sind? Sie zeigen diese Befähigung auch nach spontaner Lyse. Nur in seltenen Fällen konnten Hft-Lysate gewonnen werden. Es scheint jedoch aus einer großen Vielzahl von Beobachtungen und Versuchen hervorzugehen, daß der für die begrenzte Transduktion im vorstehenden geschilderte Mechanismus der Aufnahme bakterieller Genorte in das Phagenpartikel für die allgemeine Transduktion eine Ausnahme darstellt. Auch solche transduzierenden Phagenpartikel sind nicht in der Lage, Phagensynthese in ihrer Wirtszelle zu induzieren. Ihr eigenes Genom ist somit unvollständig oder fehlt ganz. Für den letztgenannten Zustand liegen eine Reihe von Beobachtungen am Phagen P1 von Escherichia coli und SP10 vom Bacillus subtilis vor. Die ersteren stützen sich auf Markierungsversuche, welche erkennen lassen, daß von allgemein transduzierenden Phagen nur solche Teile des Bakteriengenoms inkorporiert werden, die bereits zum Zeitpunkt der Injektion der

Phagen-DNS vorliegen. Die Aufnahme der Wirtszell-DNS erfolgt damit vorzugsweise während des lytischen Cyclus und nicht an seinem Beginn durch den Prophagen beim Verlassen des Bakteriengenoms. Sehr wahrscheinlich entstehen daher transduzierende Phagenpartikel des Typs der allgemeinen Transduktion durch einen Vorgang, der sich als ähnlich dem phenotypic mixing (Mischung des Phänotyps) erweist. Unter dieser Bezeichnung beschreibt die Phagengenetik eine Beobachtung, die erstmals 1946 bei Versuchen mit virulenten Phagen des Typs T 2 und T 4 von DELBRÜCK und BAILEY gemacht wurde (Abb. 104). Beide Phagenarten sind eng verwandt, weisen jedoch im Schwanzteil Unterschiede derjenigen Strukturen auf, welche ihre Adsorption an der Bakterienoberfläche ermöglichen. In Zellen von Escherichia coli B können beide vermehrt werden. Die Unterschiedlichkeit ihrer Schwanzstrukturen bedingt, daß es Mutanten des Wirtsbacteriums

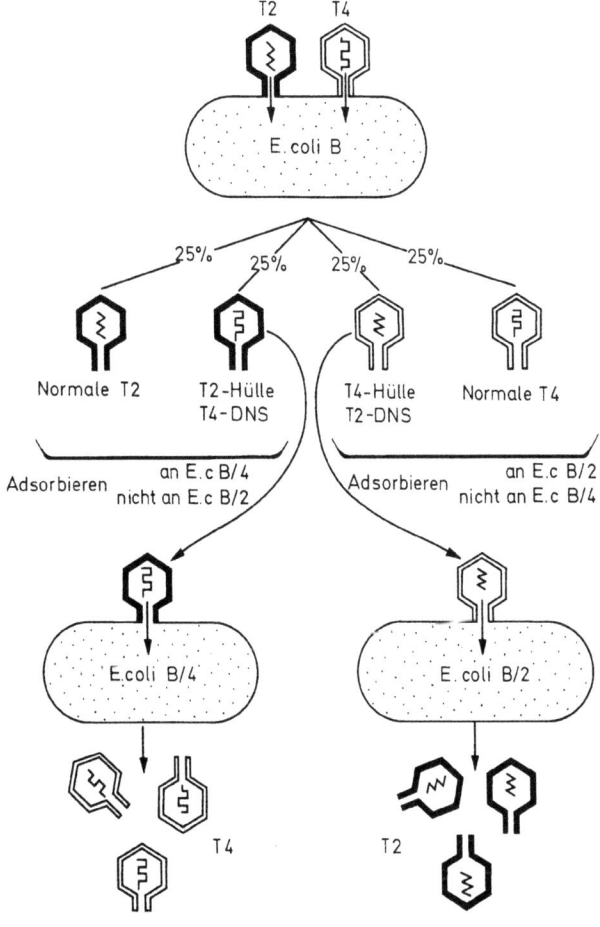

Abb. 104. Schema für die Mischung des Phänotyps (phenotypic mixing) zwischen T 2 und T 4

gibt, die jeweils nur gegen Partikel einer der beiden Arten resistent sind (B/2 gegen T2, B/4 gegen T4). Werden Escherichia coli B-Zellen des Wildtyps mit einer Mischung von Partikeln beider Phagenarten infiziert, so entstehen je zur Hälfte Partikel, welche an B/2 oder B/4 adsorbieren können. Man sollte daher annehmen, daß in dieser ersten „Generation" je zur Hälfte normale T2- und T4-Partikel gebildet wurden. Daß dies nicht richtig wäre, zeigt die Prüfung der 2. Phagen-„Generation", welche aus solchen B/2- oder B/4-Zellen hervorgeht. Betrachten wir den erstgenannten Fall: Aus 50% der Wirtszellen entstehen Partikel, welche wie zu erwarten, T4-Phagen sind und daher nicht an B/4-Wirten zu adsorbieren vermögen. Die übrigen 50% jedoch erweisen sich als T2-Partikel (Abb. 204). Sie vermögen B/4-Bakterien zu infizieren, aber nicht mehr an B/2-Zellen, also dem Mutations-Typ, in dem sie eben synthetisiert wurden, zu adsorbieren. Die reziproke Aussage gilt für die aus 50% der B/4-Zellen als zweite Generation freigesetzten Partikel.

Diese zunächst verblüffende Beobachtung läßt sich leicht erklären: Die nahe Verwandtschaft zwischen T2 und T4 schließt während der Synthese nach gemeinsamer, gemischter Infektion aus, daß beim Zusammenbau der neu synthetisierten Phagenbauteile zwischen T4- und T2-DNS sowie T4- und T2-Phagenhüllen unterschieden werden kann. Es findet daher eine statistische Kombination beider statt, die zu je ein Viertel normale T2- und T4-Partikel, und zu je einem weiteren Viertel zu T2-Hüllen mit T4-DNS (T2H/4DNS) sowie T4-Hüllen mit T2-DNS (T4H/2DNS) führt. Die erstgenannten können nicht an B/2-Zellen, die letztgenannten nicht an B/4-Zellen adsorbieren. Solche T4H/2DNS-Partikel vermögen daher B/2-Zellen zu injizieren, in denen dann unter Wirkung der T2-DNS normale T2-Partikel entstehen. Diese besitzen nun T2-Hüllen und damit auch Schwanzteile dieses Typs, welche an B/2 nicht mehr zu adsorbieren vermögen. Auf die Frage angewandt, wie die Spender-DNS in Phagenpartikel gelangt, welche allgemeine Transduktion zeigen, würde diese Beobachtung besagen: Bakterielle DNS wird anstelle der Phagen-DNS in die Phagenhüllen eingebaut. Sie enthalten daher nur diese und keine oder nur in geringen Mengen eigene Phagen-DNS. Wie schon oben ausgeführt, sprechen Beobachtungen an P1 und SP10 dafür, daß dies der am häufigsten zu beobachtende Zustand transduzierender Partikel von Phagenarten ist, welche zur allgemeinen Transduktion befähigt sind.

1.44 Ausweitung des Modus der begrenzten Transduktion auf beliebige Genorte

Die begrenzte Transduktion ist im wesentlichen durch zwei Merkmale gekennzeichnet: Der für die Vornahme der Transduktion notwendige Abschnitt der Wirtszell-DNS wird bei der Exzision des Prophagen durch illegitime Rekombination mit der Phagen-DNS vereinigt. Da dieser Vorgang nur die den beiden Enden des Prophagen unmittelbar benachbarten Genorte des Bakterien-Genoms umfassen kann, ergibt sich daraus als Nachteil die Beschränkung dieses Transduktionsmodus auf die Möglichkeit des Transportes nur weniger, ganz bestimmter Genorte, die in unmittelbarer Nähe der Integrationsstelle des Prophagen liegen. Das zweite Merkmal der begrenzten Transduktion bietet der experimentellen Arbeit einen bedeutsamen Vorteil. Alle transduzierenden Partikel eines in seiner Populationsgröße praktisch unbegrenzten Hft-Lysates beherbergen DNS, welche aus der identischen Replikation der DNS eines einzigen transduzierenden Partikels hervorging. In diesem fand die Inkorporation des bakteriellen DNS-Segmentes als Ergebnis eines mit illegitimer Rekombination verbundenen individuellen Exzisionsvorganges statt. Die Partikel eines solchen Hft-Lysates gleichen sich daher auch in molekularen Dimensionen völlig in Art und Umfang des transduzierten bakteriellen Genom-Abschnittes. Im Gegensatz dazu findet der Integrationsvorgang bakterieller Genorte in ein zur allgemeinen Transduktion befähigtes Phagenpartikel als ein für dieses Partikel individuelles Ereignis statt, das sich von allen anderen analogen Ereignissen, welche zur Bildung weiterer transduzierender Partikel führen, unterscheidet. Dem Vorteil der unbegrenzten Vermehrbarkeit eines ganz bestimmten transduzierenden Phagenpartikels steht somit der Nachteil gegenüber, daß diese Transduktionsbefähigung der Partikel einer bestimmten Phagenart sich immer nur auf einige wenige bestimmte Genorte bezieht. Zwei in jüngster Vergangenheit ausgearbeitete Methoden erlauben es, diesen Nachteil weitgehend zu beseitigen und den Modus der begrenzten Transduktion auf eine Vielfalt von Genorten auszuweiten. Das System der begrenzten Transduktion wird dadurch noch mehr als bisher zu einer vielseitig anwendbaren Methodik genetischer Analyse. Die Ausarbeitung der neuen Methoden erlaubte darüber hinaus interessante Einblicke in das Rekombinationsgeschehen.

1.441 Transpositions-Mutanten

Die Arbeiten von BECKWITH, SIGNER und EPSTEIN gingen von Untersuchungen aus, welche CUZIN und JACOB 1964 unter Verwendung eines (Abb. 105) temperaturempfindlichen, die lac$^+$-Region beherbergenden F-Episoms (F_{TS}lac$^+$) durchführten. Wie noch bei der Darstellung des Replikon-Modells auszuführen sein wird, vermehrt sich dieses Episom in autonomem Zustand bei normaler (erlaubter) Zuchttemperatur mit der Rate eines unmutierten F-Partikels. Wird die Zelle in höhere (nicht erlaubte) Temperatur, wie beispielsweise 42° C. überführt, dann stellt das Episom die Replikation ein, während sich die Wirtszelle weiter normal vermehrt. Am einfachsten läßt sich dies durch Infektion einer durch eine Punktmutation zu lac$^-$-mutierten Wirtszelle mit diesem F_{TS}lac$^+$-Episom nachweisen. Bei erlaubter Temperatur vermögen alle Nachkommen dieser Zelle Laktose abzubauen: Sie sind für den lac-Abschnitt diploid. ($F^T{}_S$lac$^+$/lac$^-$). Nach Überführung in nicht erlaubte Temperatur wird das nicht mehr vermehrungsfähige Episom aus der Population herausverdünnt. Die Zellen werden für lac$^-$ haploid und vermögen keine Laktose mehr zu verwerten. Etwa 1% dieser Zellen machen davon eine Ausnahme. Sie sind lac$^+$. Als Ergebnis einer Rekombination zwischen den homologen lac-Regionen liegt (Abb. 105 unten links) in ihnen das Episom integriert vor. Die Zellen sind vom Hfr-Typ. Die episomale DNS wird in ihnen nun synchron mit der Bakterien-DNS repliziert. Ihre Verdopplung zeigt keine Temperaturempfindlichkeit mehr. Das lac$^+$-Gen wird daher, wie jeder andere bakterielle Genort, an die Nachkommen weitergegeben. Anders liegen die Verhältnisse, wenn als Empfänger für F_{TS}lac$^+$ die Zellen eines Stammes benutzt werden, welche eine größere Deletion des lac-Abschnittes aufweisen. Das Fehlen des zur lac-Region des F-Faktors homologen DNS-Abschnittes des Bakterien-Chromosoms macht die Paarung zwischen zwei lac-Regionen unmöglich. Dennoch treten mit der Wahrscheinlichkeit von 10^{-4} in einer solchen Population Zellen auf, welche das F_{TS}lac$^+$-Episom wieder integriert enthalten (Abb.105 unten rechts). Nur ist diesmal die Integration nach illegitimer Paarung mit einem von Fall zu Fall anderen Abschnitt der Bakterien-DNS, gebunden an eine kurze Nucleotidsequenz zufälliger Homologie vor sich gegangen. Das geringe Ausmaß dieser Homologie wird durch die Verringerung der Integrationswahrscheinlichkeit von 10^{-2} auf 10^{-4} angezeigt. In derartigen Hfr-Stämmen befindet sich die lac-Region an einem vom Wildtyp unterschiedlichen Ort. Sie ist transponiert. Man spricht von Transpositions-Mutanten. Die neue Lage der lac-Region läßt sich in ihnen, da sie dem Hfr-Typ angehören, leicht durch unterbrochenen Chromosomen-Transfer nach Paarung mit lac$^-$-Empfängerzellen feststellen.
Eine weitere Bedingung mußte erfüllt werden, um von der Herstellung der Transpositions-Mutanten zur Ausweitung der begrenzten Transduktion auf Genorte zu gelangen, welche im Wildtyp nicht in unmittelbarer Nachbarschaft des Prophagen liegen. Transponierte Genorte werden nach Excision des zu begrenzter Transduktion befähigten Prophagen durch illegitime Rekombination nur dann transduziert, wenn deren Integrationsort in unmittelbarer Nähe desjenigen des Prophagen liegt. Es waren daher Methoden zu entwickeln, welche die Transposition bakterieller, im temperaturempfindlichen F-Faktor integrierter Genorte in die unmittelbare Nähe eines zu spezieller Transduktion befähigten Prophagen selektieren. Beobachtungen hatten gezeigt, daß die Integration des F_{TS}lac$^+$-Fak-

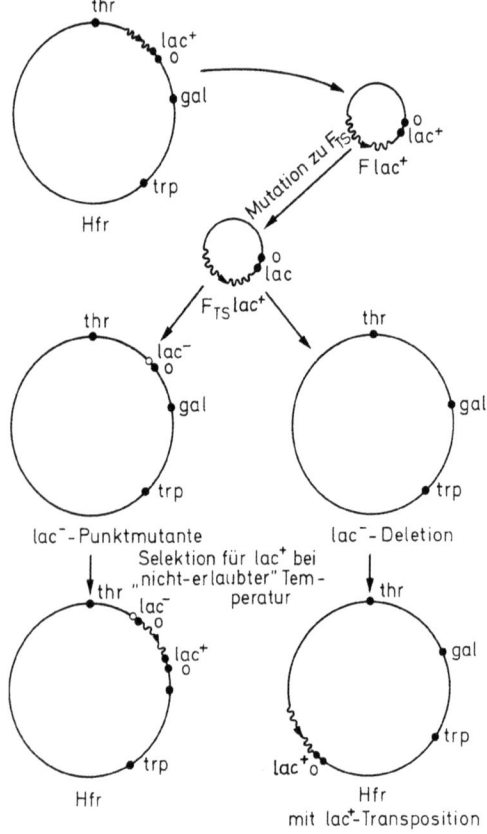

Abb. 105. Entstehungsgeschichte des $F_{TS}lac^+$-Episoms und seine Eigenschaften in lac^--Stämmen. Nach BECKWITH et al., 1966

tors nach illegitimer Rekombination innerhalb eines bakteriellen Genortes und nicht an der Grenze zwischen zwei benachbarten Genorten vor sich geht. Dabei kommen die Gen-Hälften an die beiden Flanken des F-Faktors zu liegen. An diesem Genort kann daher die Information für ein physiologisch wirksames Genprodukt nicht mehr verwirklicht werden. Experimentell ließ sich dieser Zusammenhang durch Auftreten von Phagenresistenzen nach jeweiliger Integration des F-Faktors in einem Genort der bakteriellen DNS nachweisen, welcher mit T1 rec bezeichnet, die Strukturinformation über die an der Bakterienoberfläche gelegenen Rezeptoren des betreffenden Phagen beherbergt. Im Versuch wurden dazu beispielsweise Zellen von E. coli K12 F^- lac^- als Empfänger mit $F_{TS}lac^+$-Episomen infiziert und die nach Vermehrung bei nicht erlaubter Temperatur auftretenden lac^+-Zellen des Hfr-Typs isoliert. Durch Zugabe von T1 erfolgte die Selektion der unter ihnen befindlichen T1-resistenten Zellen. Sie sind mit einer Wahrscheinlichkeit von 10^{-9} in der Gesamtpopulation vertreten. Das genannte doppelte Selektionsverfahren erlaubt es jedoch, sie relativ leicht zu isolieren. Eine dieser Transpositions-Mutanten der lac-Region in dem Ort T1 rec trägt die Bezeichnung EC8. Sie wird uns noch im folgenden beschäftigen.

Die Wahl der T1-Resistenz und damit des Gendortes T1rec zur Selektion von Zellen, welche den lac$^+$-Ort in dessen unmittelbarer Nähe integriert aufweisen, besitzt doppelte Bedeutung. Zum einen erlaubt die durch dieses Modell vertretene Methode als Selektionsverfahren gezielt Bakterienstämme aufzubauen, in denen die lac-Region in einen ganz bestimmten, feststellbaren Abschnitt des Bakterienchromosoms transponiert wurde. Eine Benutzung von substituierten, temperatursensiblen F-Faktoren, welche anstelle von lac$^+$ andere bakterielle Genorte beherbergen, verleiht dieser Methode allgemeine Bedeutung. Zum anderen liegt der Genort T1 rec unmittelbar neben att$_{80}$, dem Integrationsort des Prophagen Φ 80. Dieser ist ganz ähnlich wie λ zu spezialisierter Transduktion der benachbarten bakteriellen Genorte befähigt. Sie können selbstverständlich auch durch Transposition in diese Nähe gelangt sein, wie der folgende Versuch beweist: Für Φ 80 lysogene Zellen der Mutante EC 8 wurden durch UV induziert und die nach Lyse freigesetzten Φ 80-Partikel gewonnen. Sie transduzierten den Ort lac$^+$ und einen Teil des in EC8 integrierten F-Faktors. Es war damit gelungen, die lac-Region in Partikel eines zu spezialisierter Transduktion befähigten Phagen einzubauen. Das Φ 80 lac-Transduktionssystem hat sich als vielseitige und wirksame Methode bei der Erforschung des lac-Operons und damit der Regulation der Genwirkung erwiesen. Darüber hinaus erfuhr es eine zusätzliche Ausweitung. Aus Teilen der Genome der beiden, serologisch nicht verwandten Phagenarten λ und Φ 80 gelang es, Hybride herzustellen. Damit ist ein Weg eröffnet, auch den Phagen λ in das System transduzierbarer Genorte von Transpositions-Mutanten einzubeziehen.

1.442 Erzwungene Prophagenintegration in anormalen chromosomalen Positionen

BECKWITH und Mitarbeiter hatten die Ausweitung des Spektrums transportabler bakterieller Genorte durch Partikel einer zu begrenzter Transduktion befähigten Phagenart dadurch erzielt, daß sie beliebige, an substituierte F-Episomen gebundene bakterielle Genorte in die unmittelbare Nähe eines Prophagen integrierten. SHIMADA und WEISBURG wählten zur Lösung der gleichen Aufgabenstellung den dazu entgegengesetzten Weg. Sie sorgten dafür, daß die Integration des Prophagen nicht mehr an einer einzigen, voraussagbaren Stelle des Bakteriengenoms vor sich ging. Der experimentelle Ansatzpunkt für eine solche erzwungene Prophagenintegration in für die betreffende Phagenart anormale Orte des Bakterienchromosoms ist die Benutzung von Wirtszellen, deren Chromosom eine, die Befestigungsstelle att des Prophagen mit einschließende Deletion aufweist. Die Autoren konnten zeigen, daß eine solche bakterielle Deletionsmutante der att-bb'-Region für λ die Integrationshäufigkeit auf etwa 1/200 senkt (Tab. 5, Vergleich zwischen a und d). Der Beweis wurde durch Superinfektion geführt: Wie noch im Kapitel über die Regulation der Genwirkung ausführlich dargestellt werden soll, wird der Zustand der Lyogenie einer Bakterienzelle dadurch aufrechterhalten, daß der Prophage durch ein unter seiner genetischen Kontrolle produziertes, als Repressor bezeichnetes Protein die Verwirklichung seiner eigenen genetischen Information verhindert und damit die Synthese von Phagenpartikeln blockiert. Der Repressor unterdrückt jedoch nicht nur die Aktivierung von Genen der eigenen DNS, sondern auch diejenige zusätzlich in die Zelle injizierter DNS eines oder mehrerer anderer Phagenpartikel der gleichen Art. Ein Prophage macht dadurch die Zelle immun gegen eine solche „Superinfektion". Unter Benutzung dieser Gesetzmäßigkeiten wurde in den von SHIMADA und WEISBURG vorgenommenen Versuchen der Prozentsatz von att-defekten Wirtszellen, welche durch Integration von λ-DNS an anormalen Integrationsorten lysogen geworden waren, als Anteil der gegen Superinfektion immun gewordenen Zellen an der Gesamtpopulation bestimmt. Die Verwendung einer λ-int$^-$-Mutante erlaubte darüber hinaus Aussagen über die Beteiligung des die Integration katalysierenden, durch Gene des λ-Genoms gesteuerten Enzymsystems. Wie der Vergleich von d und e in Tab. 5 zeigt, beträgt die Integrationsrate von λ-int$^-$-Mutanten nur etwa

Tabelle 5. Integrationshäufigkeit der DNS vom Wildtyp sowie red⁻- und int⁻-Mutanten des Phagen λ in das Chromosom von rec⁻-Mutanten und Wildtypzellen der Wirtsstämme HfrH und seiner att bb' -Deletionsmutanten HfrH Δ att bb'. Aus SHIMADA et al. 1972

Bakterieller Wirts-Stamm		λ red	int	E. Coli rec	% Integration
HfrH	a	+	+	+	88
	b	+	−	+	~0.005
	c	+	+	−	40
HfrH Δ att bb'	d	+	+	+	0.43
	e	+	−	+	~0.001
	f	+	+	−	0.033

$1/400$ derjenigen von λ-int⁺, ein Tatbestand, der beweist, daß auch die Integration der DNS in anormalen Orten des E. coli-Genoms durch dieses Enzym gesteuert wird.

Bei Fehlen von att bb' kann die Integration des Prophagen an einer Vielzahl von Orten des Bakterienchromosoms stattfinden. Wie schon BECKWITH und Mitarbeiter für die Integration des substituierten F-Faktors zeigen konnten, werden dabei mit einem nicht näher bestimmten Häufigkeitgrad Genorte in zwei Abschnitte geteilt. Diese kommen an den beiden Flanken der integrierten λ-DNS zu liegen und sind durch ihre Zweiteilung funktionslos. Bei Integration in Genorte der Aminosäuresynthese entstehen dadurch Mangelmutanten, als deren Beispiel die Autoren zwei des leu⁻- und des pro⁻-Typs isolierten. Daß deren Auxotrophie tatsächlich durch λ-Integration hervorgerufen worden war, bewies die Analyse spontaner Rückmutanten zur Prototrophie. Da die Lage der Genorte für die Steuerung der Aminosäureynthesen bekannt ist, erlaubt das Auftreten solcher auxotropher, gleichzeitig λ-lysogener Zellen die Festlegung des anormalen Integrationsortes des Prophagen. Als einen zweiten Weg zur Lokalisation des Prophagen benutzten die Autoren die Kartierung durch zygotische Induktion nach Chromosomentransfer. Dazu mußte als Empfänger ein nicht λ-lysogener F⁻-Stamm benutzt werden. Gelangt ein Hfr-Chromosom, welches einen Prophagen beherbergt, in eine solche nicht-lysogene und daher λ-repressorfreie F⁻-Zelle, dann entfällt die Blockierung der genetischen Aktivität des transferierten λ-Prophagen und die Phagensynthese wird in der entstandenen Zygote induziert. Das Ausmaß der zygotischen Induktion läßt sich durch die Anzahl gebildeter Phagenplaques bestimmen, während der Sitz des Prophagen mit der Methode des unterbrochenen Chromosomentransfers in gleicher Weise wie die Lage eines beliebigen Genortes kartiert werden kann. Eine dritte Methode der Lageortbestimmung des Prophagen schließlich ist die Deletionskartierung: Die zu den Versuchen verwendete λ-Mutante $c_1 857$ produziert einen wärmelabilen Repressor, welcher bei 33° Wildtypwirkung zeigt, durch Erwärmen der Kulturen auf die „nicht erlaubte" Temperatur von 41° jedoch inaktiviert wird. Die meisten Zellen, welche für diese Mutante lysogen sind, sterben nach Übertragen in die nicht erlaubte Temperatur dadurch ab, daß für die Zellen letale Phagensynthesen induziert werden. Es treten jedoch, wenn auch selten, Wärmeresistente auf. Sie überleben die nicht erlaubte Temperatur deshalb, weil in ihnen Deletionen vorliegen, welche die λ-Gene für die zell-letalen Synthesen entfernten. Häufig reichen solche Deletionen über den

Prophagen hinaus und schließen Abschnitte der bakteriellen DNS mit ein. Die von diesen gesteuerten Stoffwechselleistungen fehlen dann ebenfalls und ermöglichen in gleicher Weise wie die durch anormale Integration der λ-DNS auftretenden Auxotrophien die Lokalisation des Integrationsortes. Deletionskartierung erlaubte auch die Beantwortung der Frage, ob die Integration in anormalen Stellen unter Benutzung der Befestigungsstelle att aa' der Phagen-DNS vor sich geht. Die erzielten Ergebnisse beweisen, daß dies der Fall ist: Die Öffnungsstelle der ringförmigen λ-DNS liegt immer zwischen a und a'.

Die Prophagenexzision nach Integration in anormalen Orten ist weniger häufig als nach normaler Integration. Sie benötigt jedoch ebenfalls wie die letztere die Aktivität der λ-Gene int und xis, wie die drastische Reduzierung ihrer Häufigkeiten in xis⁻- oder int⁻Mutanten zeigt. Die Induktion anormal integrierter λ-Prophagen führt ebenso wie diejenige nach normaler Integration mit geringer Wahrscheinlichkeit zur Bildung transduzierender Phagenpartikl, welche zusätzlich bakterielle DNS enthalten. Diese entstammt der unmittelbaren Nachbarschaft der anormalen Integrationsstelle in einem Bereich von etwa der halben Länge des λ-Genoms. Den Autoren gelang die Isolierung einer Anzahl von Populationen solcher transduzierender Phagen, deren jede jeweils eine bestimmte, eng umgrenzte Region des Bakterienchromosms transduzierte. Ihre genetische Aktivität konnte in Rekombinanten festgestellt werden. Die Regionen verteilen sich über das gesamte E. coli-Chromosom. Die Autoren glauben jedoch, einzelne, für die anormale Integration des Prophagen besonders geeignete Stellen durch das bevorzugte Auftreten bestimmter bakterieller Gensequenzen in solchen transduzierenden Phagen nachgewiesen zu haben.

2. Mechanismen der Rekombination

2.1 Das Bruch-Fusionsmodell (Crossing-over)

Am Ende des Rekombinationsvorganges liegt als dessen Ergebnis – ausgedrückt unter Verwendung von Termini der Molekulargenetik – ein DNS-Doppelstrang vor, welcher, aufeinanderfolgend, Nucleotid-Sequenzen aus den beiden Rekombinationspartnern in einem gemeinsamen Makromolekül vereint. Diese Formulierung ergibt sich als Folgerung aus der Beobachtung des erfolgten Austausches homologer, nicht identischer Träger genetischer Teilinformationen zwischen zwei homologen Kopplungsgruppen. Rekombination als ein solchermaßen zu formulierendes Ergebnis ist seit vielen Jahrzehnten an Objekten der klassischen Genetik nachgewiesen und zur Kartierung von Genorten benutzt worden. Die Frage nach dem Mechanismus solcher Rekombinationen orientierte sich an der in jener Periode genetischer Forschung im Vordergrund stehenden chromosomalen Theorie der Vererbung. Sie verlegte den Zeitpunkt des Rekombinationsgeschehens in die Meiose, die Reifungsteilung. Was versteht man darunter?

Das DNS-Makromolekül eines Phagenpartikels enthält jeweils ein Einzelstück jedes Genortes. Das Gesamtgenom ist damit nur einmal vorhanden. Gleiches gilt für das „Kernaquivalent" einer Escherichia coli-Zelle. Man nennt diesen Zustand haploid, Organismen, die ihn zeigen, Haplonten. Zu ihnen gehört auch der Brotschimmel Neurospora crassa. In zwei, für den vorliegenden Themenkreis wichtigen Tatbeständen unterscheidet sich dieser jedoch deutlich von E. coli und anderen Bakterien. Seine Zellen besitzen echte Zellkerne, deren jeder durch eine Doppelmembran nach außen abgegrenzt ist. Damit verbunden ist das gleichzeitige Vorhandensein von im Lichtmikroskop deutlich erkennbaren Chromosomen, welche alle die vom Cytologen für derartige Gebilde zu fordernden Strukturmerkmale aufweisen. Neurospora wird daher im Gegensatz zu E. coli zu den Eukaryonten gezählt. Der zweite hier zu nennende Unterschied besteht in der Art der Fortpflanzung. E. coli-Zellen vermehren sich vegetativ. Sie sind unter optimalen Bedingungen ständig im Zustand der Neusynthese aller ihrer Bausteine. Ist ihre DNS verdoppelt und die

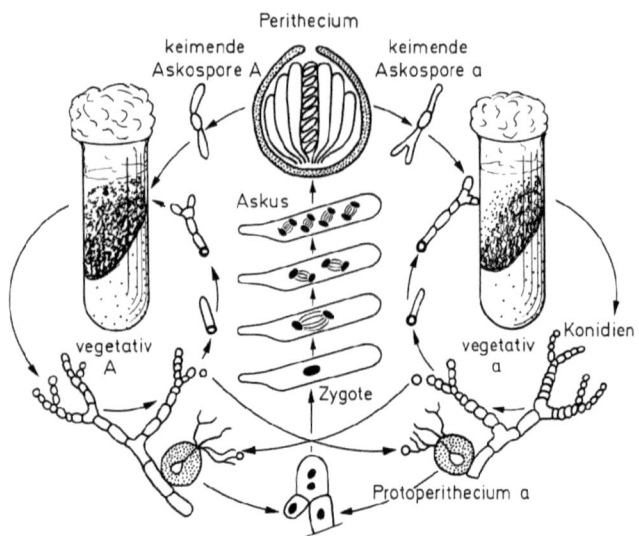

Abb. 106. Der Vermehrungskreislauf des Brotschimmels Neurospora crassa. Aus KAUDEWITZ, 1957

Zelle zu doppelter Größe herangewachsen, dann teilt sie sich in zwei Schwesterzellen, welche sofort wieder zu wachsen beginnen. Auch Neurospora kennt diesen vegetativen Cyclus (Abb. 106). Aus einer Askospore keimt ein Zellschlauch, der dadurch wächst, daß sich seine haploiden Einzelzellen teilen. Dadurch entstehen Hyphen, welche den bekannten Schimmelrasen bilden. An den Hyphenenden schnüren sich kleine Zellen ab, die Konidien, die der vegetativen Fortpflanzung dienen und wie kleine Staubkörnchen überallhin gelangen können. Nach ihrer Keimung lassen sie einen neuen Schimmelrasen entstehen. An den gleichen Hyphen können sich auch Protoperithecien bilden. Diese enthalten haploide, weibliche Geschlechtszellen. Gelangen Hyphenstückchen oder Konidien in ein Protoperithecium, so vereinigt sich eine solche „männliche" Zelle mit der dort befindlichen „weiblichen" Eizelle. Aus dieser Befruchtung entsteht eine Zygote.

In ihr sind auch die beiden Zellkerne der miteinander verschmolzenen Zellen zu einem einzigen Kern vereinigt. Er weist damit zwei Genome auf. Von jedem Einzelstück der beiden Chromosomensätze sind in ihm zwei, nämlich je eines männlicher und weiblicher Herkunft, vorhanden. Man nennt einen solchen Zustand diploid. Würden aus der diploiden Zygote wieder Hyphen entstehen, dann wäre das Ergebnis der nächsten Befruchtung eine Zygote mit vier Chromosomensätzen. Beim folgenden Male wären es schon acht. Es ist leicht abzusehen, daß es einen Mechanismus geben muß, welcher dies verhindert. Man nennt ihn die Reifungsteilung (Abb. 107) oder Meiose. Sie reduziert den diploiden Chromosomensatz auf die haploide Chromosomenzahl. Um die für das Verständnis des Folgenden notwendigen Einzelvorgänge der Meiose darstellen zu können, muß zunächst auf eine Beobachtung zurückgegriffen werden, die während der Kernteilung gemacht werden kann.

Chromosomen sind mit wenigen Ausnahmen nur während dieser Kernteilung, der Mitose, sichtbar. In ihrem ersten Stadium, der Prophase, zeigt ein solches Chromosom bereits einen Längsspalt, der es in zwei homologe Chromatiden teilt. Jedes davon beherbergt

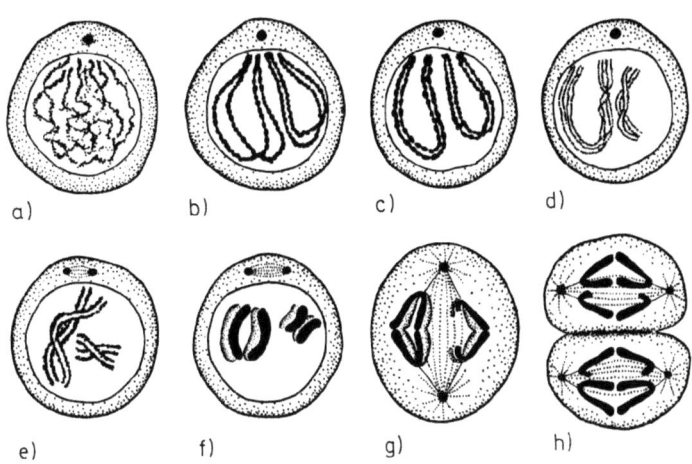

Abb. 107. Schema der einzelnen Stadien der Meiose. Nach KÜHN aus KAUDEWITZ, 1957

als identisches Teilungsprodukt die Gesamtheit der für dieses Chromosom kennzeichnenden genetischen Information. Dies zeigt sich darin, daß in den folgenden Teilungsschritten beide Schwesterchromatiden getrennt werden, worauf aus jedem Einzelchromatid ein neues Chromosom entsteht. Auch am Beginn der Reifungsteilung werden Chromatiden sichtbar. Sie sind zunächst jedoch in Einzahl vorhanden: Ihre Anzahl ist gleich der Chromosomenzahl des diploiden Satzes. Im weiteren Meioseverlauf legen sich jeweils zwei homologe Chromatiden der Länge nach aneinander. Sie paaren sich. Erst jetzt wird in jedem Chromatid ein Längsspalt erkennbar. In vielen Fällen, wie z. B. bei Neurospora crassa, werden die beiden Schwesterchromatiden weiterhin durch ein Centromer zusammengehalten. Da gleichzeitig die Paarung mit dem homologen Chromatidpaar aufrechterhalten bleibt, liegen in diesem Stadium jeweils Viererbündel von Chromatiden, die Tetraden, vor. In ihnen sind zwei Einzelstücke väterlicher, die beiden anderen mütterlicher Herkunft. In der nächsten Phase der Meiose kommt es zu einem als Chiasmabildung bezeichneten Umeinanderwickeln und Überkreuzen der durch Entspiralisierung stark verlängerten Chromatiden innerhalb der Tetrade. Nach einer Reihe cytologisch sehr interessanter Vorgänge folgen schließlich zwei Teilungen relativ schnell aufeinander. Die eine davon sondert aus jeder Tetrade jeweils die väterlichen von den mütterlichen Chromatid-Paaren. In der anderen werden auch sie voneinander getrennt. Die Teilungsprodukte gelangen schließlich in vier haploide Zellen. Bei Neurospora folgt eine weitere Vermehrungsteilung, so daß endlich acht haploide Askosporen entstehen. Die schlauchförmige Gestalt des Askus als Ort der Entstehung dieser Askosporen erlaubt nur eine ganz bestimmte, räumliche Orientierung der Teilungsspindeln: Die Produkte der beiden Reifungsteilungen nehmen nach jeder Teilung einen bestimmten, voraussagbaren Platz ein.

Daher ist es auch nachträglich noch möglich, mit Sicherheit zu bestimmen, nach welchem Muster in den drei zur Sporenbildung führenden Teilungen die Chromatiden voneinander gesondert wurden. Auskunft darüber möge eine Kreuzung zwischen dem Wildtypstamm c^+ und ihrer Mutante c^- geben (Abb. 108). Letztere unterscheidet sich durch kolonieförmiges Wachstum von der lockeren, rasenförmigen Wuchsform des Wildtyps. Die acht Askosporen eines aus einer solchen Kreuzung hervorgegangenen Askus werden unter Zuhilfenahme des Mikroskops in der im Askus vorhandenen Reihenfolge aus diesem entnommen und in der gleichen Reihenfolge auf dem Nährboden je eines von acht Schrägagarröhrchen

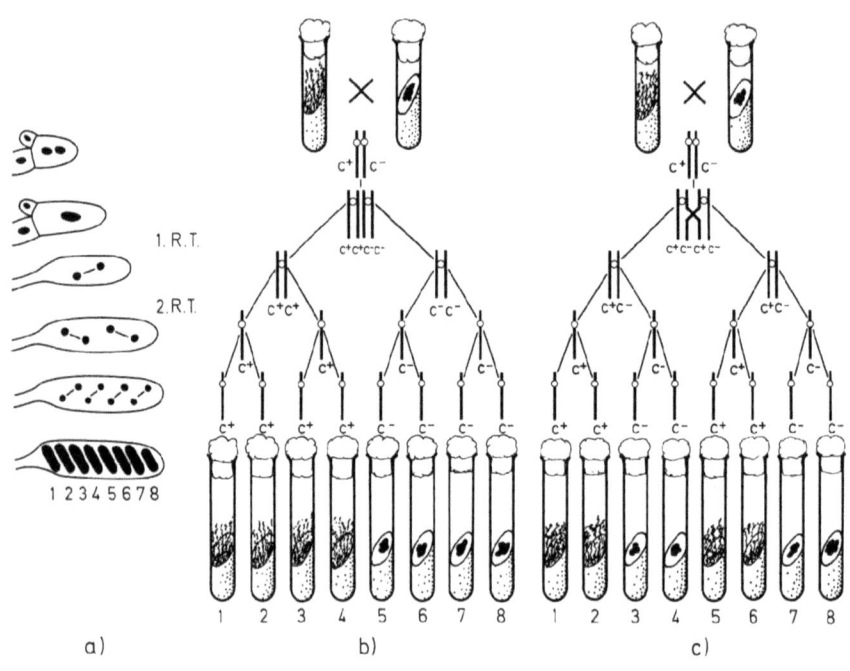

Abb. 108. Prä- und Postreduktion bei der Askosporenbildung von Neurospora crassa. Aus KAUDEWITZ, 1957

ausgesät. Nach mehrtägiger Bebrütung ergibt sich das Bild der Abb. 108b: Die ersten vier Askosporen zeigen das Wachstum des einen der beiden Kreuzungspartner, die letzten der vier dagegen die des anderen. Aus der in (a) dargestellten Aufeinanderfolge der Teilungen und der daraus resultierenden räumlichen Anordnung der Askosporen, sowie aus der in (b) dargestellten Segregation der Chromatiden ergibt sich eindeutig, daß bereits in der ersten Teilung die Trennung der väterlichen von den mütterlichen Chromatidpaaren erfolgte. Da sie somit die eigentliche Reduktionsteilung ist, spricht man in diesem Falle von einer Präreduktion. Die Reihenfolge der Askosporen als Ergebnis der gleichen Kreuzung bei Vorliegen einer Rekombination ist in (c) dargestellt. Aus der 4:4 ist jetzt eine 2:2:2:2 Verteilung geworden. Das Segregationsschema läßt erkennen, daß die Sonderung des Erbgutes der beiden Kreuzungspartner, bezogen auf das zur Beobachtung gelangende Genpaar c^+/c^-, erst in der zweiten Teilung als Reduktion erfolgte. Es liegt eine Postreduktion vor.

Die cytologische Beobachtung der Vorbereitung der Meioseteilung hatte das häufige Auftreten einer Chiasmabildung, des Umeinanderwickelns der Chromatiden einer Tetrade, ergeben (Abb. 107d, e). Die dabei zu beobachtenden Überkreuzungen wurden als Crossing-over bezeichnet. In ihnen glaubte man die Ursache des Rekombinationsvorganges zu erkennen. Überkreuzungen der Chromatiden sollten zu Verklebungen führen. Diese wieder konnten an den Überkreuzungsstellen Brüche nach sich ziehen, als deren Folge mitunter eine Vereinigung zweier solcher Bruchstücke erfolgen würde, welche zuvor je einem der homologen Chromatiden beider Kreuzungspartner angehörten (Abb. 109). Dieses Bruch-Fusionsmodell, häufig weniger präzise einfach als Crossing-over bezeichnet,

Abb. 109. Schema des Austausches von Chromatidstücken innerhalb einer Tetrade nach dem Bruch-Fusionsmodell der Rekombination. Aus KAUDEWITZ, 1957

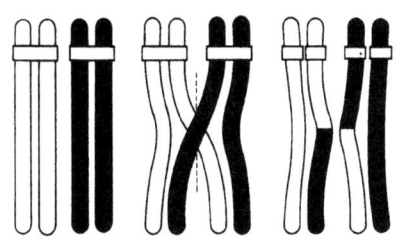

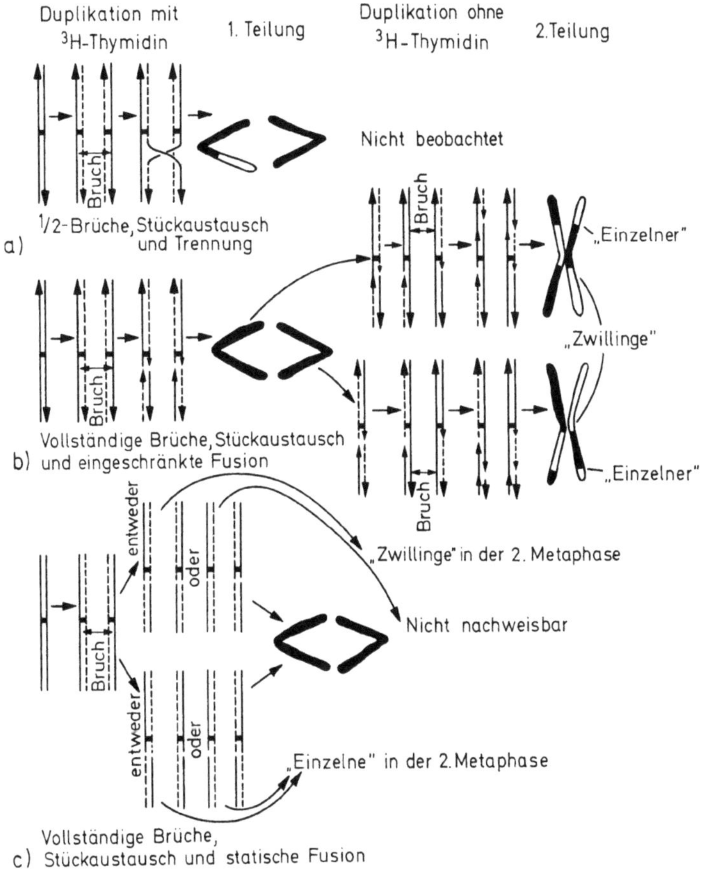

Abb. 110. Schematische Darstellung der Ergebnisse von Chromatidaustauschen mit Angabe des zu erwartenden Verhältnisses zwischen Einzel- und Doppelaustauschen (Einzelne und Zwillinge). a) Im Versuch nicht beobachtete $^1/_2$-Austausche. b) Austausche bei einer durch Unterschiede zwischen den beiden Chromatidstücken eingeschränkten Fusion der Bruchstücke. c) Austausch bei nicht eingeschränkter statistischer Fusion der Bruchstücke. Markierte Stränge sind gestrichelt gezeichnet. Die experimentellen Befunde sprechen für das Vorliegen des Mechanismus b). nach TAYLOR, 1958. Einzelheiten im Text

galt lange als die einzige mögliche Erklärung des Rekombinations-Mechanismus. Der Rekombinations-Vorgang spielt sich nach dieser Hypothese an fertig vorliegenden Chromatiden oder DNS-Molekülen ab und ist damit unabhängig von der DNS-Duplikation. Eine Änderung dieser Vorstellungen ergab sich auch dann nicht, als man herausfand, daß Rekombinationsereignisse nicht nur auf Meiosen beschränkt sind. Die somatische Rekombination, die bald entdeckt wurde, geht in diploiden, heterozygoten Körperzellen vor sich, ohne daß dazu eine Meiose nötig wäre.

Läßt sich das Vorhandensein eines Bruch-Fusionsmechanismus der Rekombination, der zum Austausch ganzer Abschnitte homologer Chromosomen führt, nachweisen? TAYLOR benutzte zur experimentellen Beantwortung dieser Frage Spermienbildungsstadien einer Heuschrecke, sowie Mitosestadien der Saubohne Vicia faba. Sie wurden nach Markierung mit Tritium durch Aufenthalt in Colchicin an der Bildung der Teilungsspindel und damit der Durchführung der Zellteilung gehindert. Dadurch entstanden tetraploide Zellen, deren Chromosomen in der sogenannten Metaphase gut sichtbar verharrten. Solche Zellen weisen von jedem Chromatid acht Einzelstücke auf, wobei jeweils zwei Schwesterchromatiden miteinander verbunden sind. Nach der radioautographischen Darstellung ihrer Markierung ließen sich in solchen Chromosomen Stückaustausche nachweisen (Abb. 110 und 111).

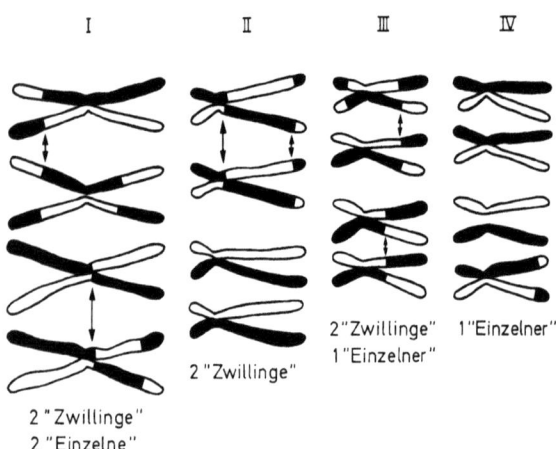

Abb. 111. Die 16 Metaphase-Chromosomen eines tetraploiden Satzes von Bellevalia romana während der zweiten Meioseteilung nach Markierung mit Tritium bei Colchicinhemmung der Teilung. Die markierten Abschnitte sind schwarz gezeichnet. Doppelaustausche sind durch Pfeile miteinander verbunden. Aus TAYLOR, 1958

Chromosomen zeigen damit echten Stückaustausch. Gilt eine gleiche Aussage auch auf molekulargenetischer Ebene? Lassen sich ähnliche Stückaustausche ebenfalls an DNS-Molekülen nachweisen? 1961 konnten MESELSON und WEIGLE hierfür den experimentellen Beweis erbringen. Die Autoren benutzten Zuchtbedingungen, die bei den verwendeten Stämmen des Phagen λ nach Injektion der Phagen-DNS sofort zur Einleitung des lytischen Cyclus führten. Bei hoher Phagenmultiplizität werden die injizierten λ-DNS-Moleküle entweder ohne, nach einmaliger, oder nach mehrmaliger semikonservativer Vermehrung in die neu synthetisierten Phagenhüllen eingeschlossen. Dies läßt sich zeigen, wenn zur

Infektion Phagenpartikel benutzt werden, welche mit den beiden schweren Isotopen ^{13}C und ^{15}N markiert sind und in unmarkierte Bakterien injizieren. Die neu synthetisierte DNS kann dann nur vom leichten ^{12}C-^{14}N-Typ sein. Die Dichtegradientenzentrifugierung von Suspensionen der bei der Lyse freigesetzten Phagenpartikel (Abb. 112 Kurve 1) zeigt daher drei Maxima: Maximum a besteht aus Partikeln mit konservierter, schwerer Doppelstrang-DNS. Maximum b aus solchen mit schweren/leichten Hybridsträngen, welche durch einmalige semikonservative Replikation eines schweren DNS-Doppelstranges ent-

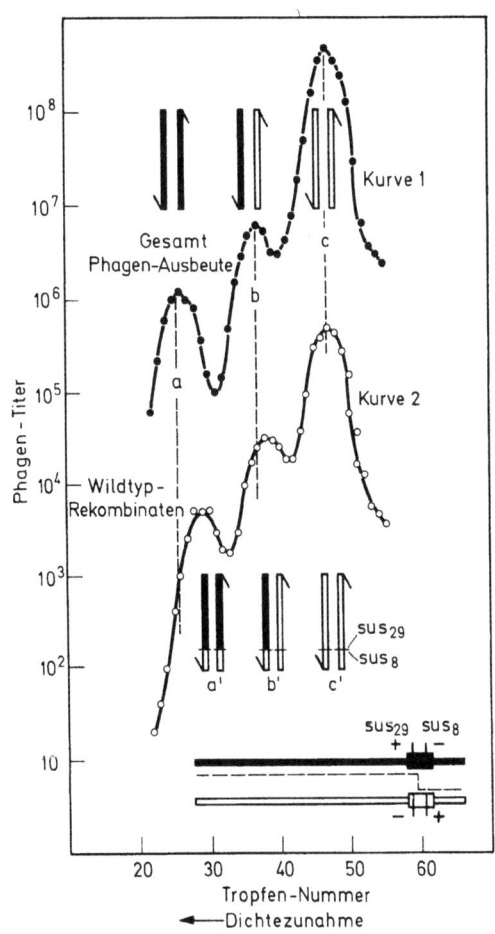

Abb. 112. Dichtegradientenverteilung aller Phagentypen (Kurve 1) und der Wildtyp-Rekombinanten (Kurve 2) einer Kreuzung aus ^{13}C ^{15}N-schweremarkierten λ sus_8 mit unmarkierten λ sus_{29}-Mutanten (Kreuzungsschema unten rechts.) Schweremarkierte DNS-Einzelstränge = schwarz ausgezeichnete Balken. Einzelheiten im Text. Nach MESELSON 1967

standen. Maximum c schließlich vereint beidsträngig leichte DNS-beherbergende Partikel, die erstmals nach zweimaliger, semikonservativer Replikation eines vollmarkierten DNS-Doppelstranges auftreten können.

Die von MESELSON und WEIGLE vorgenommenen Zwei-Faktoren-Kreuzungen zwischen markierten und nicht-markierten λ-Phagen sind unter Verwendung anderer Mutanten, welche gegenüber den ursprünglichen Kreuzungspartnern Vorteile verschiedener Art bieten, stets mit dem gleichen Ergebnis wiederholt worden. Im folgenden werden Grundlagen und Ergebnisse eines solchen Experiments dargestellt, welches MESELSON 1965 beschrieb und das als Kreuzungspartner die λ-Mutanten sus_8 und sus_{29} benützt. Die beiden Mutationsorte liegen im gleichen Genort. Dieser ist 20 Prozent der Gesamtlänge des 5×10^4 Mononucleotidpaare umfassenden DNS-Moleküls von dem einen der beiden Molekülenden entfernt. Zwischen ihnen muß der Ort der Rekombination liegen, wenn Wildtyprekombinanten entstehen sollen (siehe Rekombinationsschema der Abb. 112 unten). Nach Gradientenzentrifugierung der aus der Kreuzung hervorgehenden Phagenpartikel ergaben auch solche Wildtyprekombinanten wieder drei Maxima. Während die Lage von c' mit der von c identisch ist, sind b' und a' in Richtung der Dichteabnahme verschoben. Die quantitative Auswertung ergibt, daß in a' Phagen enthalten sind, welche DNS beherbergen, die zu 80% mit ^{13}C und ^{15}N markiert ist, während die DNS der in b' vereinigten Partikel 40% Markierung aufweist. Dies sind genau diejenigen Werte, welche bei Vorhandensein eines Stückaustausches als Ursache der Entstehung der Rekombinanten zu erwarten wären: Die 80% der Ausgangsmarkierung enthaltenden Wildtyprekombinanten der Partikel von a' entstanden dadurch, daß der lange, den Ort sus_8^+ tragende Abschnitt eines mit schweren Isotopen markierten DNS-Doppelstranges ohne vorherige Replikation mit einem kurzen, den Ort sus_{29}^+ tragenden Abschnitt vereinigt wurde. Letzterer entstammte entweder einem der nichtmarkierten, injizierten DNS-Moleküle, oder wahrscheinlicher einem seiner durch Duplikation entstandenen, ebenfalls unmarkierten Nachkommen. In b' sind Partikel enthalten, welche DNS beherbergen, die entweder vor der Rekombination bereits einmal semikonservativ repliziert worden war und daher nur 40% des Betrages der möglichen Gesamtmarkierung des schweren Doppelstranges zur Rekombination mit dem unmarkierten kurzen Abschnitt beisteuern konnte oder durch nachträgliche Replikation einer a'-DNS entstand. In c' schließlich sind Wildtyprekombinanten vereinigt, die ausschließlich DNS führen, deren langer Abschnitt mindestens zweimalige semikonservative Vermehrung durchlaufen hat und daher aus zwei nichtmarkierten Einzelsträngen aufgebaut ist. Dieser liegt wieder mit dem nichtmarkierten leichten Abschnitt vereint vor. Die beiden Abschnitte rechts und links eines Rekombinationsortes sind damit auch bei einem DNS-Molekül aus Material verschiedener Herkunft zusammengesetzt.

Dieser Befund erlaubt jedoch bei der im vorstehenden geschilderten Versuchsanordnung nicht, einen etwa vorliegenden Bruch-Fusions-Mechanismus von einem zweiten theoretisch möglichen zu unterscheiden, der als Bruch-Kopier-Mechanismus bezeichnet werden soll. Das Bruch-Fusions-Modell unterstellt, daß nach Bruch eines DNS-Doppelstranges in die beiden Abschnitte A und B das rekombinante DNS-Molekül durch Vereinigung eines Bruchstückes A mit dem Bruchstück B' eines DNS-Moleküles des Kreuzungspartners entsteht, welches dem eigenen in Verlust geratenen Abschnitt B homolog ist. Beim Bruch-Kopier-Mechanismus dagegen wird, vom Abschnitt A ausgehend, der fehlende Abschnitt durch Synthese an dem als Matrize benützten Abschnitt B' eines DNS-Moleküls des Kreuzungspartners ergänzt. Die Verwendung von λ-Mutanten als Kreuzungspartner, die beide markierte DNS enthalten, führt zu Aussagen, welche die Bruch-Kopier-Hypothese widerlegen: Unter den aus einer solchen Kreuzung hervorgehenden Phagenpartikeln befinden sich Rekombinanten, deren DNS vollständig markiert vorliegt. Damit wird gezeigt, daß auch im molekularen Bereich Rekombinationen durch Stückaustausch erfolgen. Ist damit aber gleichzeitig jeder andere Mechanismus ausgeschlossen? Reicht das Bruch-Fusionsmodell aus, alle mit dem Rekombinationsgeschehen zusammenhängenden Beobachtungen zu erklären? Es sind in der Hauptsache drei Gruppen von Befunden welche gegen diese Annahme sprechen:

2.2 Molekulare Mechanismen

Die Erstellung von Genkarten aus den bei Kreuzungen beobachteten Rekombinationshäufigkeiten geht davon aus, daß in erster Annäherung die Rekombinationshäufigkeit zwischen zwei Mutationsorten direkt proportional zu ihrer gegenseitigen Entfernung auf dem linearen DNS-Makromolekül oder bei Eukaryonten dem Chromosom ist. Der gleichen Gesetzmäßigkeit sollte auch das Auftreten zweier Rekombinationsereignisse (R_1 und R_2) in einer Kopplungsgruppe unterliegen, sodaß für einen beliebigen DNS-Abschnitt die Rekombinationshäufigkeit R, die auch als $R_{1,2}$ bezeichnet werden kann, gleich der Summe der Einzelrekombinationshäufigkeiten $R_1 + R_2$ seiner beiden Abschnitte sein sollte. Bei höheren Organismen erweist sich mitunter $R_1 + R_2$ kleiner als $R_{1,2}$: Das Vorhandensein einer Rekombination im Abschnitt 1 interferiert mit einem möglichen Rekombinationsereignis im Abschnitt 2. Dabei ist der Interferenzindex i kleiner als 1. Diese Aussage gilt nur für weit entfernte Mutationsorte, welche damit eine positive Interferenz aufzeigen. Mit kürzer werdender Entfernung zwischen beiden übersteigt i jedoch bald den Wert 1. Dies ist für λ dann der Fall, wenn beide Rekombinationsereignisse in einen Bereich fallen der weniger als einem Viertel der Genkarte des λ-Genoms entspricht. Werte von i, die über 1 liegen, signalisieren dann einen Tatbestand welcher mit der recht unglücklich gewählten Bezeichnung „lokalisierte negative Interferenz" belegt wird. Die dabei beobachteten Rekombinationshäufigkeiten werden nach der Formel

$$R = R_1 + R_2 - 2iR_1R_2$$

berechnet, wobei gilt:

$$i = \frac{R_{1,2}}{R_1 \cdot R_2}$$

Wird R kleiner als ein Genort, so können bei λ i-Werte erreicht werden, die bis zu 75 betragen. In Abb. 113 sind die Beobachtungswerte dreier verschiedener Autoren zusammengefaßt, welche aus Kreuzungen unterschiedlicher Mutanten des Phagen λ gewonnen wurden. Es liegt auf der Hand, daß das Bruch-Fusionsmodell keine Erklärung für diese, an zahlreichen Objekten nicht nur der mikrobiologischen Genetik beobachtete lokalisierte negative Interferenz zu bieten vermag.

Das Bruch-Fusions-Modell führt zu reziproken Rekombinationsprodukten: Stücke werden ausgetauscht. Ihre Anzahl innerhalb einer Tetrade bleibt, wie die Abbildungen 108 und 109 erkennen lassen, konstant. Auf Neurospora oder verwandte andere Pilze mit Askusbildung angewandt, sollte daher als Ergebnis einer Kreuzung nach stattgefundener Rekombination, wie in Abb. 108c gezeigt, für die Askosporen stets das Zahlenverhältnis 2:2:2:2 Gültigkeit haben. Die Analyse solcher Aski ergibt eine andere Aussage. Mit einer Häufigkeit, die in der Größenordnung von 1% liegt, treten Askosporenverteilungen innerhalb eines Askus auf, welche die Zahlenverhältnisse 5:3, 6:2, 7:1 oder gar 8:0 zeigen. Die Reziprozität der Rekombination als Ergebnis eines vermuteten Austausches ist in diesen Fällen somit nicht gewahrt und damit eine für das Vorhandensein eines Bruch-Fusionsmechanismus wichtige Voraussetzung nicht erfüllt. Ähnliche Beobachtungen lassen sich bei Kreuzungen von Hefemutanten machen, deren Tetraden dann anstelle einer 2:2-Segregation das Zahlenverhältnis 1:3 zeigen. Diese nicht-reziproke Rekombination wird als Gen-Konversion bezeichnet, ohne daß damit ein bestimmter Reaktionsmechanismus angedeutet werden soll. Im englischen Sprachgebrauch wird ihr die reziproke Rekombination gegen-

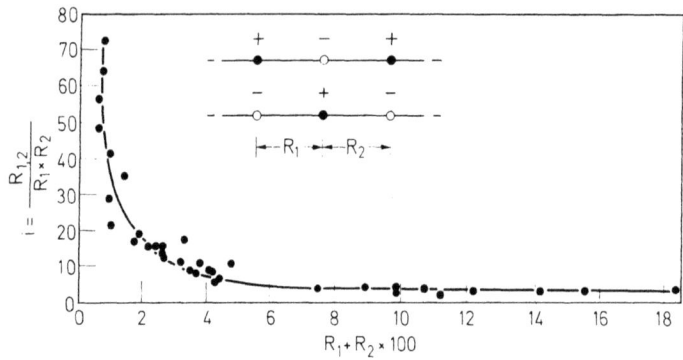

Abb. 113. Abhängigkeit des Ausmaßes der negativen Interferenz (ausgedrückt durch den Interferenzindex i) von der Summe der Einzelrekombinantionshäufigkeiten innerhalb zweier benachbarter Genomabschnitte $R_1 1$ und $R_2 1$ in 3-Faktoren-Kreuzungen. Kreuzungsschema siehe Bildmitte. Nach AMATI, 1965, aus MESELSON, 1967 verändert

übergestellt, welche dort meist die Bezeichnung Crossing-over trägt. Auch mit diesem ursprünglich von einem lichtmikroskopisch erkennbaren Vorgang abgeleiteten Terminus wird heute keine Aussage über einen bestimmten Mechanismus mehr verbunden. Die Existenz der Konversion ist seit nahezu vier Jahrzehnten immer wieder an einzelnen Beispielen beschrieben worden. Da sie nicht in das Konzept der damals allgemein anerkannten Bruch-Fusionshypothese paßte, wurde jedoch die Beobachtung solcher ,,aberranter Tetraden" zumeist als Beobachtungsfehler abgetan. Erst die amerikanische Forscherin MITCHELL hat 1955 durch ihre Arbeiten das Vorhandensein der Konversion zweifelsfrei dargestellt und der Diskussion über die Bedeutung dieser Erscheinung für das Verständnis des molekularen Rekombinationsmechanismus neuen Auftrieb gegeben. Ihre und die Untersuchungen zahlreicher anderer Forscher ergaben darüber hinaus einen zusätzlichen Tatbestand: Die Nichtreziprozität des Rekombinationsgeschehens bezieht sich nur auf ganz kurze Abschnitte, meist nur auf Mutationsorte eines einzigen Genes. Dies ließ sich durch Verwendung von sogenannten Außenmarkern nachweisen. Das Kreuzungsschema ist in Abb. 114 dargestellt.

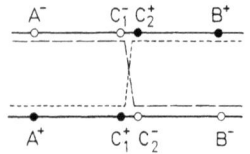

Abb. 114. Schema einer Kreuzung bei Verwendung von ,,Innen- und Außen-Markern" zum Nachweis der Genkonversion. Einzelheiten im Text

A und B sind Genorte, deren Entfernung mindestens ein Zehntel der Länge des Chromosoms beträgt. C_1 und C_2 sind Mutationsorte innerhalb des gleichen Genortes. In solchen Kreuzungen überwiegt für die beiden Innenmarker C_1/C_2 gegenüber der reziproken Rekombination die Konversion bei weitem, während die Außenmarker A und B nahezu ausschließlich reziproke Rekombination zeigen. Damit erweist sich Konversion als bevorzugter Rekombinationsmodus für Orte, deren Entfernung maximal die Länge eines Genortes beträgt. Erinnern wir uns in diesem Zusammenhang daran, daß auch die negative Interferenz – eine durch das Bruch-Fusionsmodell nicht deutbare Erscheinung – für ihre maximale Ausprägung ebenfalls Mononucleotidsequenzen gleicher Größenordnung voraussetzt. Auch die Nichtreziprozität der Konversion läßt sich sicher nicht durch das Bruch-Fusionsmodell erklären. Es muß vielmehr daran gedacht werden, daß die zweimalige Duplikation eines kurzen Abschnittes eines der beiden Einzelstränge ihre Ursache ist. Von besonderem Interesse erscheint in diesem Zusammenhang eine experimentell gut fundierte Beobachtung, welche aus den Untersuchungen des Arbeitskreises um den Freiburger Genetiker MARQUARDT hervorgeht: Mutationsauslösende Chemikalien sind nahezu stets auch konversionsauslösend.

Die Verwendung von Außen- und Innenmarkern zur Analyse der Konversion führte zu einer zusätzlichen Beobachtung. Aberrante, also nicht-reziproke Tetraden ergaben eine starke Bevorzugung der doppelten Kopierung eines bestimmten der beiden Innenmarker. Das Verhältnis 3:1 bedeutet damit, daß die Zahl 3 dadurch zustande kam, daß in unserem Schema entweder der Mutationsort C_1 oder C_2 in der weitaus größeren Zahl der Fälle dreimal in der Tetrade vorlag. Wurden mehrere Innenmarkerpaare auf diese Erscheinung hin untersucht, so zeigte sich eine eindeutige Bevorzugung der Seite der Doppelkopierung: Entweder war stets der rechte oder stets der linke der beiden Innenmarker in der Tetrade dreimal vorhanden. Die Häufigkeit der Konversion liegt damit in einer bestimmten Richtung. Sie ist polarisiert. RIZET prägte für einen derartigen Bereich gerichteter Konversionszunahme den Begriff Polaron. Mit Hilfe des Cis-Trans-Testes ließ sich feststellen, daß ein solches Polaron etwa die Größe eines Genortes aufweist. Die Vermutung liegt nahe, daß diese Polarität der Konversion durch Bindung an die DNS-Duplikation hervorgerufen wird, die ja ebenfalls polarisiert verläuft.

Soweit experimentelle Befunde, welche erkennen lassen, daß der Mechanismus der Rekombination sicher nicht mit der Nennung der Bruch-Fusionshypothese ausreichend und erschöpfend beschrieben ist. Gibt es Denkmodelle, Hypothesen für weitere Mechanismen? Da ist zunächst einmal das Modell des Copy Choice. Es geht in seiner Urform auf BELLING zurück, der es 1931 erstmals beschrieb. Weite Publizität erhielt es durch Veröffentlichungen LEDERBERGS und anderer, welche glaubten, mit diesen nun in molekulare Dimensionen der DNS-Duplikation transponierten Modellvorstellungen zwei die Molekulargenetiker jener Zeit besonders beunruhigende Tatbestände aufklären zu können. Einmal erschien es unverständlich, wie bei Vorliegen eines Bruch-Fusionsmechanismus der Rekombination die Orte der beiden dazu notwendigen Brüche homologer Chromosomen oder DNS-Moleküle derart präzise aufeinander abgestimmt sein könnten, daß auch nicht ein einziges Nucleotidpaar zu viel oder zu wenig in beide Rekombinationspartner eingebaut wurde. Zum zweiten befaßten sich die damaligen Phagengenetiker besonders intensiv mit der Entstehung heterozygoter Phagenpartikel als Ergebnis einer Kreuzung.

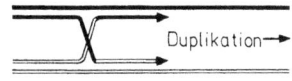

Abb. 115. Schematische Darstellung des Rekombinationsvorganges nach der copy choice-Hypothese

Das Copy Choice-Modell war das erste, welches den Rekombinationsvorgang nicht an fertigen Partnern vor sich gehen ließ, sondern ihn als möglichen Teilvorgang der Replikation der DNS beschrieb. Die Hypothese des Copy Choice unterstellt, daß bei der Replikation die beiden neu entstehenden Replika, die bis zu diesem Zeitpunkt benutzte Vorlage verlassen und wechselseitig nun die andere Vorlage verwenden (Abb. 115). Die dabei entstandenen Rekombinationsstränge bestehen somit nicht aus Baumaterial welches beiden

Elternteilen entstammt. Sie sind vielmehr völlig aus neu synthetisiertem Material aufgebaut, welches jedoch genetische Informationen tragende Nucleotidsequenzen beider Elternteile miteinander vereinigt. Wird diese Hyothese auf die molekulare Struktur der DNS übertragen, so entstehen Schwierigkeiten. Zwei miteinander rekombinierende DNS Doppelstränge würden in jedem Falle Hybrid-DNS ergeben: Die neu gebildeten Doppelstränge bestünden aus einem konservierten, genetisch einheitlichen Einzelstrang, welcher vor Durchführung des Copy Choice vorlag und einem neu hinzusynthetisierten Einzelstrang, der Nucleotidsequenzen beider Kreuzungspartner miteinander vereint (Abb. 116a, b). Als Ausweg aus diesem Dilemma sind zwei Annahmen möglich. Entweder es entstehen Brüche an den Wechselpunkten des Copy Choice, welche zum Austausch und Verheilen jeweils der Strangstücke väterlicher und mütterlicher Strukturen führen (c), oder die DNS-Verdopplung erfolgt in den kurzen Strecken konservativ. Ohne solche Zusatzhypothesen erweist sich die Annahme eines Copy Choice daher als schwer anwendbar. Sie hat in der jüngsten Vergangenheit zahlreiche Abwandlungen erfahren, wie beispielsweise durch die Zusatzhypothese, daß bei der Duplikation das eine der neu entstehenden Replika hinter dem anderen zurückbleibt. Mit dieser Annahme läßt sich die Entstehung nicht-reziproker Rekombinanten deuten, allerdings immer unter der Voraussetzung, daß die oben für die Übertragung auf molekulare Dimensionen sich ergebenden Schwierigkeiten behoben werden.

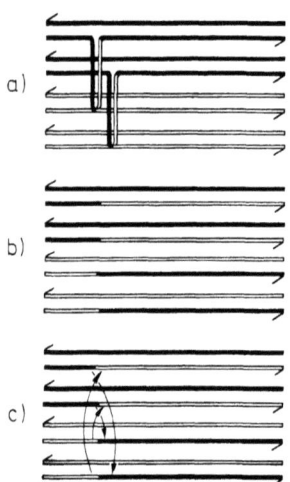

Abb. 116. Übertragung des copy choice-Mechanismus auf molekulare Dimensionen. Die Polarität jedes der DNS-Einzelstränge ist durch ein Pfeilsymbol angedeutet.

Seit einem Jahrzehnt sind weitere Hypothesen in den Vordergrund gerückt. Sie haben zur Bildung von Modellvorstellungen geführt, deren Einzelaussagen sich zur Zeit im Stadium experimenteller Prüfung befinden. Ihnen kommt somit der Charakter von Denkmodellen oder Arbeitshypothesen zu. Allen gemeinsam ist die Annahme einer Entstehung von Hybrid-DNS-Doppelsträngen, welche im Verlaufe des Rekombinationsgeschehens durch Herausschneiden einzelner Regionen mit nachfolgender Reparatursynthese zumindest teilweise wieder in den homozygoten Zustand überführt werden. Ein Ausschnitt aus der Vielzahl der Möglichkeiten soll an zwei Denkmodellen erläutert werden: MESELSON geht von 2×2 DNS-Doppelsträngen aus, welche als Träger der genetischen Information der beiden Kreuzungspartner zu Beginn der Meiose vorliegen (Abb. 117a). Die beiden inneren des Abbildungsschemas sind Gegenstand des Rekombinationsvorganges. Innerhalb einer eng begrenzten Region findet zwischen ihnen an zwei verschiedenen Stellen je ein Crossing-over statt. An ihm sind jeweils zwei Einzelstränge verschiedener Herkunft

Abb. 117. Rekombinationsmodell nach MESELSON, 1967, als eine der möglichen Erklärungen des Auftretens aberranter Tetraden

beteiligt (b). Es führt zur Entstehung heterozygoter DNS-Doppelstränge. Ihr folgt im Bereich dieser Heterozygotie das Herausschneiden von Einzelstrangabschnitten (c). Die entstandenen Lücken werden durch Reparatursynthese geschlossen, wobei als Vorlage der Schwesterstrang dient. Dadurch wird in diesen Bereichen der homozygote Zustand wiederhergestellt. Das Schema (d) läßt deutlich erkennen, daß bei Vorliegen eines solchen Mechanismus die Sporenverteilung in aberranten Tetraden als Ergebnis einer Konversion erklärbar wird. Die beiden Flanken jenseits der Crossing-over-Stellen zeigen normale 4:4-Aufteilung. An sie grenzen Zonen einer 5:3-Aufteilung, in denen jeweils nur in einem der beiden Doppelstränge Exzision und Reparatursynthese stattfand. Der Mittelabschnitt, in dem beide DNS-Doppelstränge Gegenstand eines solchen Vorganges waren, weist dagegen 6:2-Aufteilung auf.

Im Modell von WHITEHOUSE entstehen in den beiden inneren, miteinander gepaarten DNS-Doppelsträngen des Vierstrangmodells an nicht-homologen Stellen innerhalb eines engen Bereiches in je einem Einzelstrange Lücken (Abb. 118a, b). Hier kann damit die Wirkung einer Endonuclease angenommen werden. Die Wasserstoffbrücken werden, von diesen Lücken ausgehend, aufgelöst, und die dadurch freigewordenen Einzelstrangschenkel paaren sich: Es entsteht eine Brücke zwischen beiden Doppelsträngen (c). Durch Reparatursynthese werden die dadurch hervorgerufenen Lücken der beiden Doppelstränge unter Verwendung des noch intakten, in der Abbildung außengelegenen Einzelstranges als Matrize geschlossen (d). Diese neu entstandenen Einzelstrangabschnitte schwenken wieder nach innen ein (e) und paaren sich miteinander (f). Es entsteht erneut eine Brücke zwischen beiden Doppelsträngen und damit das morphologische Bild eines „Crossing-over". Die in diesem Bereich liegenden Einzelstrangabschnitte, welche bisher im Rekombinationsvorgang unbeteiligt blieben, werden nun enzymatisch abgebaut (g). Der

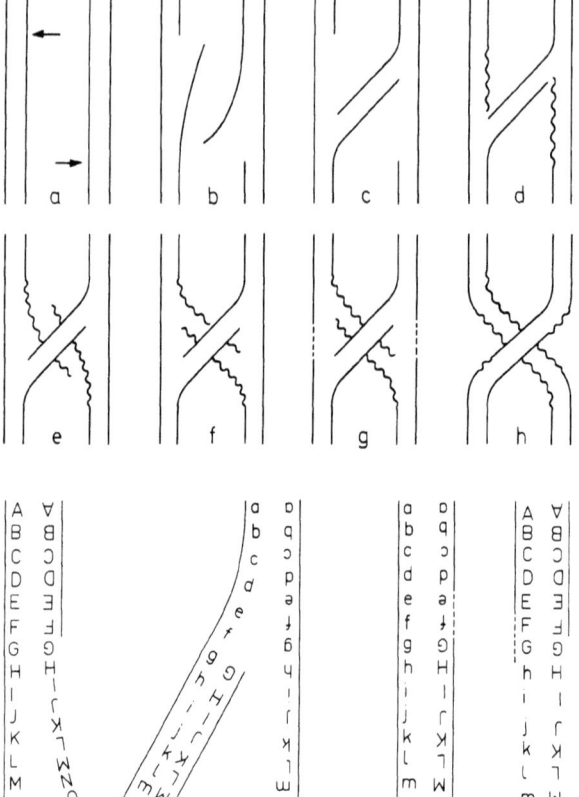

Abb. 118. Rekombinationsmodell von WHITEHOUSE, 1963. Während des Rekombinationsvorganges neu synthetisierte Einzelstrang-DNS als Wellenlinie, enzymatisch abgebaute DNS punktiert gezeichnet.

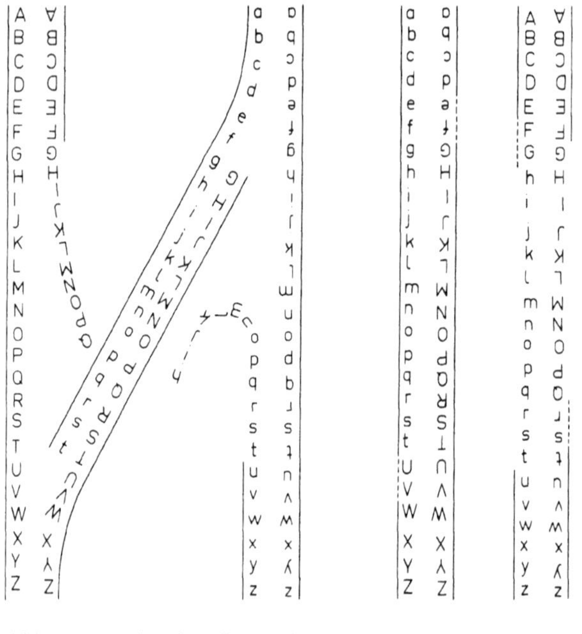

Abb. 119. Molekulare Dimensionen der Schritte e und h der Abb. 118. Die spezifische Basensequenz der Einzelstränge ist durch die Aufeinanderfolge der Buchstaben des Alphabetes, die unterschiedliche Herkunft von je einem der beiden Kreuzungspartner durch Klein- und Groß-Schreibweise und die entgegengesetzte Polarität der Einzelstränge durch Auf-den-Kopf-stellen der Buchstaben eines der beiden Schwesterstränge symbolisiert. Durchgezogene Linie = vor Beginn der Rekombination vorhandener Strang. Buchstabenfolge ohne begleitende Linie = während des Rekombinationsvorganges synthetisierter Strangabschnitt. Unterbrochene Linie = alter oder neu-synthetisierter Strang. Nach WHITEHOUSE, 1963

Vorgang kommt schließlich nach Verbindung der dadurch entstandenen freien Schenkel dieser DNS-Abschnitte mit denen der jeweiligen Doppelstrangbrücken durch Reparatursynthese zum Abschluß (h). Auch das Modell von WHITEHOUSE bietet einen Mechanismus für die Entstehung einer Konversion an. Abb. 119 zeigt eines von vielen möglichen Beispielen für die Erklärung der dabei zu beobachtenden, aberranten Sporenverteilungen.

2.3 Mangelmutanten und Enzyme der Rekombination

Molekulare Mechanismen bedienen sich enzymkatalysierter, chemischer Reaktionen. Die im vorstehenden beschriebenen, als Arbeitshypothesen aufgestellten Rekombinationsmechanismen setzen sich aus solchen Reaktionen zusammen. Sie postulieren die Entstehung von Einzelstrangbrüchen im Verlauf eines Rekombinationsvorganges. Diese werden von Endonucleasen erzeugt, welche die Verbindung zwischen Desoxyribose-Rest und Phosphorsäure-Rest des Rückgrates des DNS-Einzelstranges spalten. Die auf diesem Wege entstandenen Lücken eines DNS-Einzelstranges können, durch schrittweisen Abbau, von jedem der beiden freigelegten Einzelstrangenden ausgehend, erweitert werden. Dies geschieht durch Exonucleasen, welche DNS nur vom Ende her abzubauen vermögen. Dabei gibt es solche, welche nur Einstrang-DNS als Substrat verwenden, neben anderen Exonucleasetypen, die Doppelstrang-DNS bevorzugen. Auch die Abbaurichtung – entweder von 3' nach 5', oder von 5' nach 3' – gehört zur Spezifität einer bestimmten Nuclease. Die im vorstehenden angeführten Modelle sehen als weiteren Schritt des Rekombinationsvorganges die Ausfüllung der in Einzelsträngen entstandenen Lücken durch begrenzte DNS-Synthese vor, wobei zur nicht-reziproken Rekombination als Matrize ein DNS-Einzelstrang der homologen, sich in ihrem Mutationszustand unterscheidenden Doppelstrang-DNS, welche dem Kreuzungspartner entstammt, verwendet wird. Solche, bei der Rekombination nur das Ausmaß von Reparaturvorgängen erreichende DNS-Synthesen werden durch DNS-Polymerasen bestimmten Typs katalysiert. Weist der dabei neu entstandene, eine zuvor vorhandene Lücke eines Einzelstranges ausfüllende Polynucleotidabschnitt zwei freie Enden auf, so wird er zunächst nur durch die von seinen Einzelnucleotiden ausgehenden Wasserstoffbrücken im Verband des Doppelstranges gehalten. Die notwendig werdende Verknüpfung mit den beiden freien Enden des zuvor unterbrochenen Einzelstranges des DNS-Makromoleküls schließlich wird – so besagen die Modellvorstellungen – durch ein weiteres Enzym, die Polynucleotid-Ligase katalysiert. Geben diese Modellvorstellungen tatsächlich den möglichen Ablauf des molekularen Geschehens bei der Rekombination wieder, dann sind Vertreter aller dieser Enzyme, der DNS-Endo- und Exonucleasen, Polymerasen und Ligasen an der Rekombination beteiligt. Näheres über ihre Substratspezifitäten und die Einzelschritte der von ihnen katalysierten Reaktionen werden wir im Kapitel über Enzyme des DNS-Stoffwechsels kennenlernen.

Die Steuerung von Synthesen oder Abbauwegen des intermediären Stoffwechsels durch spezifische Enzyme weist der Genetiker durch den Ausfall einer bestimmten enzymgesteuerten Reaktion in einer Mangelmutante nach. Der in ihr durch Mutation veränderte Genort vermag keine Bildung von Proteinmolekülen zu veranlassen, welche die enzymatische Wirkung des Wildtypproduktes aufweisen. Das Endprodukt einer solchen Synthese- oder Abbaukette entsteht nicht mehr. Betrachtet man die besondere Struktur des Genoms einer Rekombinante ebenfalls als das Endprodukt eines solchen enzymkatalysierten Synthese- oder Abbauweges, dann muß gleichzeitig auch gefolgert werden, daß Mutanten für die daran beteiligten Enzyme quantitativ die Entstehung eben dieses Endproduktes „rekombiniertes Genom" beeinflussen. Sie sollten homolog zu auxotrophen Mutanten in mehr oder weniger starkem Ausmaß den Verlust der Befähigung zur Rekombination aufweisen. Solche Rekombinationsmutanten sind tatsächlich bekannt. Bei E. coli verteilen sie sich auf mindestens 4 Genorte, von denen zwei die Bedeutung von Cistrons haben und wahrscheinlich die Synthese eines gemeinsamen, zwei enzymatische Funktionen aufweisenden Enzymmoleküls steuern. Mutanten des rec A-locus weisen überhaupt keine Rekombinationsbefähigung auf, diejenige von Mutanten der loci rec B und C ist stark verringert. Im Gegensatz zu den letztgenannten bauen rec A^--Mutanten spontan ihre DNS ab. rec A^-/rec B^--Doppelmutanten zeigen spontan diese Erscheinung nicht mehr, woraus geschlossen werden kann, daß im Wildtyp das Genprodukt von rec A die DNS vor einem Abbau durch das rec B-Produkt schützt. Zellextrakten von rec B^- und rec C^- fehlt eine Exonuclease, welche DNS-Doppelstränge als Substrat benutzt. Die Zellen beider Mutantentypen sind außerdem durch den Verlust der im Wildtyp vorhandenen Aktivität einer Endonuclease gekennzeichnet, welche für DNS-Einzelstränge spezifisch ist. Sehr wahrscheinlich sind beide Enzymaktivitäten an ein gemeinsames Proteinmolekül gebunden. Dafür spricht auch, daß die Orte von rec B und rec C eng benachbart zwischen 54 und 55 min des E. coli-Chromosoms liegen (Abb. 81) und daher wahrscheinlich im Sinne der Ein-Cistron-ein-Polypeptid-Hypothese je ein Cistron darstellen. Das Genprodukt von rec A ist noch nicht bekannt. Die Lage seines Genortes ist bei 51 min. Der vierte, die Rekombination steuernde Genort von E. coli ist lex. Seine Mutanten weisen eine auf 1/3 bis 1/4 verringerte Rekombinationshäufigkeit auf. Alle vier Mutantentypen zeigen gleichzeitig erhöhte Sensibilität gegenüber UV-Strahlung. Wie noch in einem weiteren Kapitel darzustellen sein wird, ist die Ursache dafür eine Verringerung oder der Verlust der Befähigung, bestimmte, enzymatisch kontrollierte Reparaturvorgänge an der durch UV-Bestrahlung veränderten DNS vorzunehmen. Da diese Reparaturmechanismen in engem Zusammenhang mit der genetischen Manifestation UV-induzierter Mutationen stehen, weisen Rekombinationsmutanten von E. coli im Vergleich zum Wildtyp veränderte Raten UV-induzierter Mutationen auf. Auch dieser Zusammenhang wird noch Gegenstand einer besonderen Darstellung sein. Er zeigt die enge Verknüpfung zwischen DNS-Rekombination und DNS-Reparatur.

Die DNS des Phagen λ ist der Wirkung dreier verschiedener Rekombinationssysteme, welche über eigene Enzyme verfügen, ausgesetzt. Das rec/lex-System wird durch Gene der Wirtszelle gesteuert. Die Phagen-DNS dagegen beherbergt die Orte int und xis, deren Aufgabe es ist, die als Rekombination ablaufende Integration und Excision des Prophagen zu katalysieren. Neben diesen Genen für eine spezielle, nur an einem bestimmten Ort des λ-Genoms vor sich gehende Rekombination verfügt λ über einen eigenen, dem rec-System der Wirtszelle vergleichbaren Steuerungsmechanismus der allgemeinen Rekombination, welcher durch die Gene des red-Abschnittes der λ-DNS katalysiert wird. λ red^--Mutanten vermögen nach Injektion ihrer DNS in λ-lysogene E. coli-Wirtszellen, deren Prophage eine Deletion der red-Region aufweist, nicht zu rekombinieren und sind daher bei geeigneter Mutantenwahl leicht am Ausbleiben des marker-rescue zu erkennen. Der red-Abschnitt liegt nahe dem Ende des λ-Chromosoms und geht daher bei unkorrekter Excision des Prophagen unter Bildung transduzierender λ-bio-Partikel verloren. Die red-Region besteht aus zwei Genorten, wobei redα die Synthese der λ-Exonuclease und redβ diejenige des β-Proteins steuert. redα besteht aus zwei Cistrons, redβ aus einem einzigen. Gereinigtes β-Protein präzipitiert mit λ-Exonuclease in annähernd gleichmolaren Mengen. Die Moleküle beider Proteine bilden daher sehr wahrscheinlich im Verhältnis 1 : 1 einen gemeinsamen Komplex, wobei sich, wie Versuche zeigen, die Exonucleaseaktivität erhöht. Das red-Enzymsystem von λ besteht somit ebenso wie das vergleichbare rec-System des bakteriellen Wirtes aus je einer Nuclease (der Exonuclease, welche in rec B und rec C fehlt, einerseits, und der λ-Exonuclease andererseits) sowie einem zweiten Protein (rec A-Protein und β-Protein). Dabei verringert den Ausfall des letztgenannten die Rekombinationsbefähigung weit mehr als der Verlust der Nucleaseaktivität. Ein dritter Genort des λ-Genoms, mit γ bezeichnet, ist sehr wahrscheinlich Teil des red-Systems. Sein Ausfall reduziert die Rekombinationshäufigkeit auf $^1/_3$ bis $^1/_4$. Auch hier liegt ein Vergleich zum lex-Produkt der Wirtszelle nahe.

Die λ-Exonuclease bevorzugt als Substrat DNS-Doppelstränge gegenüber Einzelsträngen.

Dabei baut sie in jedem Falle nur Einzelstränge ab und beginnt damit an dem freien 5'-Ende. Außerdem adsorbiert das Exonucleasemolekül an Einzelstrang-Unterbrechungen, ohne jedoch im Anschluß daran Mononucleotide freizusetzen. Ein Einzelstrangbruch ist somit ungeeignet, den endonuclease-katalysierten Abbau einzuleiten. Von diesem, durch in vitro-Versuche erschlossenen Reaktionsmodus ausgehend, stellten CASSUTO und RADDING eine Arbeitshypothese über den in vivo-Mechanismus der von red gesteuerten allgemeinen Rekombination des Phagen λ auf. Die Autoren gehen (Abb. 120) von homologen DNS-Doppelstrangabschnitten aus, welche sich überlappen. Ihrem Modell liegt somit die bereits vollzogene erste Phase eines Bruch-Fusionsmechanismus zugrunde, bei dem, wie angenommen werden kann, die Bruchstellen der beiden homologen DNS-Doppel-

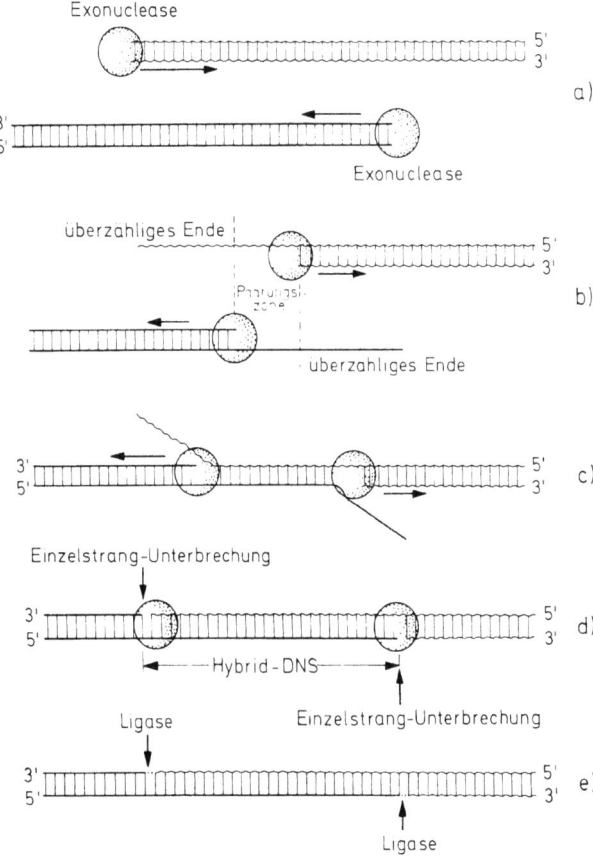

Abb. 120. Modell für die Wirkung der λ-Exonuclease bei der allgemeinen genetischen Rekombination der λ-DNS. a) Die Exonuclease bereitet homologe DNS-Segmente für die Basenpaarung vor. b) Die Paarungszone ist freigelegt. Sie wird von zwei überzähligen Enden eingerahmt. c) Die Paarung ist erfolgt. Die Exonuclease baut die den überzähligen Enden homologen Nucletidsequenzen schrittweise ab, wobei die dadurch freigelegten Sequenzen der jeweiligen Komplementärstränge sich mit denen der überzähligen Enden paaren. d) Der Exonuclease-katalysierte Abbau ist beendet. e) Die beiden, die Hybridregion begrenzenden Einzelstrangbrüche werden durch Ligase geschlossen. Nach CASSUTO et al., 1971 verändert

stränge nicht bis auf das einzelne Mononucleotidpaar genau an der gleichen Stelle liegen. Aufgabe des Modelles ist es, die enzymatischen Reaktionen zu beschreiben, welche dafür verantwortlich sind, daß die Fusion zweier solcher Bruchstücke mit nicht-identischen Bruchstellen nahtlos geschieht, ohne daß dabei eine Deletion oder in Tandemanordnung vor sich gehende Duplikation von Nucleotidsequenzen auftritt: Jeweils am 5'-Ende beginnend, bauen Moleküle der Exonuclease in gegenläufiger Richtung schrittweise je einen der beiden Schwesterstränge ab (a). Die Gegenläufigkeit bedingt, daß die dem Abbau unterworfenen Einzelstränge komplementär und nicht homolog sind. Zum Stillstand kommt die Reaktion nach Freilegen zweier Einzelstränge in den überlappenden DNS-Segmenten (b), deren komplementäre Abschnitte kürzer als die ursprüngliche Zone der Homologie zwischen beiden DNS-Doppelsträngen sind. Diese Abschnitte paaren miteinander unter Wasserstoffbrückenbildung, wobei ihre freien, zunächst überzähligen Mononucleotidsequenzen enthaltenden Enden ungepaart bleiben. In ihrem Bereich baut (c) die Exonuclease in jedem der beiden zum Doppelstrang gepaarten Einzelstränge, also im gleichen Strang wie bisher, schrittweise die den überzähligen (redundant) Enden identischen Mononucleotidsequenzen ab, wobei in gleichem Rhythmus die freien Enden mit dem Gegenstrang gepaart werden. Wenn schließlich (d) das letzte Nucleotid jedes der beiden freien Enden mit seinem Paarungspartner verbunden ist, liegt in der Richtung des bisherigen Abbaues vor der Nuclease ein Einzelstrangbruch. Er besitzt für sie die Bedeutung eines Stopsignals: Die Abbaureaktion kommt zum Stillstand. Die Enden des Einzelstrangbruches werden durch eine DNS-Ligase miteinander verbunden.

Aus ^{3}H-markierter λ-DNS stellten die Autoren ein für die in vitro-Prüfung dieser Hypothese geeignetes Substrat her. Sie verwendeten dabei eine Technik, die sich aus folgenden Zusammenhängen ergibt: Im Tier- und Pflanzenreich weist die DNS einer jeden sytematischen Art ein für sie spezifisches Mengenverhältnis von A-T zu G-C auf. Dieses kann sich weit von dem Mittelwert 1 entfernen und dadurch ein ungleiches spezifisches Gewicht der beiden Schwesterstränge hervorrufen. Ein Beispiel dafür ist die DNS des Phagen λ. HRADECNA und SZYBALSKI entwickelten eine Technik mit deren Hilfe aus hitzedenaturierter, in Einzelstränge zerlegter λ-DNS beide Strangtypen nahezu quantitativ in zwei verschiedenen Fraktionen gewonnen werden können. Sie zentrifugierten dazu im CsCl-Gradienten zusammen mit dem Einzelstranggemisch synthetisch hergestellte RNS, welche als Basen entweder ausschließlich Uracil oder Uracil und Guanin in gleichen Mengen enthielt und daher als Poly-U und Poly-UG bezeichnet wird. Die leichten (l-) Einzelstränge der λ-DNS sammeln sich dabei in der Poly-UG Bande. Die schweren (h- oder auch mit r-bezeichneten) Stränge dagegen können zusammen mit der Poly-UG Bande gewonnen werden. Aus ^{32}P-markierten, mit Hilfe dieser Technik rein dargestellten r-Strängen wurden Bruchstücke erzeugt, welche das 3'-terminale Ende enthielten und mit den homologen 5'-Enden von l-Strängen gepaart (Abb. 121a). Danach wurde (b) mit ganzen r-Strängen gemischt, wobei außerhalb des Bereiches des kürzeren, bereits gepaart vorliegenden terminalen r-Strangfragmentes Paarung zwischen r und l-Strang stattfand. Auf diese Weise war ein λ-DNS-Doppelstrang entstanden, dessen durch den Genort A gekennzeichnetes Ende den terminalen Abschnitt des durchgehenden r-Stranges als überzählige Mononucleotidsequenz in ungepaartem Zustand aufwies. Die lineare Doppelstrang-DNS wurde (c) durch Paarung der beiden, homologe Nucleotidsequenzen tragenden Einzelstrangenden, so wie dies nach Injektion der λ-DNS in die Wirtszelle geschieht, zum Ring geschlossen.

Nach der im vorstehenden dargestellten Arbeitshypothese sollte λ-Exonuclease das in Abb. 121c als Wellenlinie dargestellte, ^{32}P-markierte r-Strangfragment, von dem durch einen Punkt gekennzeichneten freien Ende beginnend, in Pfeilrichtung abbauen, wobei gleichzeitig schrittweise die homologen Sequenzen des freien Endes des r-Stranges in den Doppelstrang eingebaut würden. Dabei entstände der in (d) dargestellte ringförmige DNS-Doppelstrang. Ein solcher „Hershey-Ring" ist gegen λ-Exonuclease unempfindlich. Experimentell wäre dieser Vorgang durch λ-Endonuclease-katalysiertes Freisetzen der

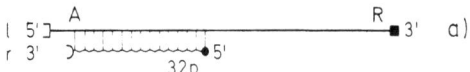

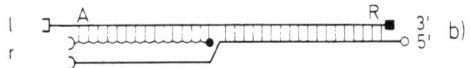

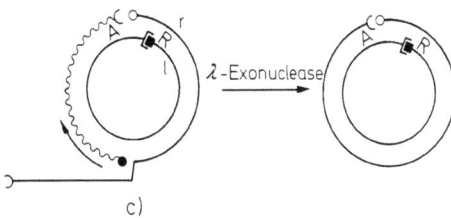

Abb. 121. Schematische Darstellung der Einzelschritte a und b der Herstellung eins „Hershey-Ringes" zum Nachweis des in Abb. 120 beschriebenen Reaktionsmechanismus der λ-Exonuclease (c, d) im Verlaufe der allgemeinen genetischen Rekombination. Nach CASSUTO, 1971 verändert

^{32}P-Markierung unter gleichzeitiger Abnahme der Menge ^{3}H-markierter Einzelstrang-DNS nachweisbar, welche noch durch λ-Exonuclease abgebaut werden kann. Die experimentellen Befunde, welche unter Verwendung einer, mit β-Protein komplettierten λ-Exonuclease erhoben wurden, bestätigen diese Voraussage. Sie sprechen für die Richtigkeit der von den Autoren entwickelten Modellvorstellung für die durch red katalysierte allgemeine Rekombination der λ-DNS.

Eine λ-infizierte E. coli-Zelle beherbergt in Gestalt von red, rec sowie int und xis Genorte für drei unterschiedliche Rekombinationssysteme. Daraus ergibt sich die Frage, ob und in welchem Umfange sich deren Funktionen ergänzen können. Ihre Beantwortung wird durch die Verwendung von Mangelmutanten, die für jedes der betreffenden Gene bekannt sind, ermöglicht. Schon orientierende Vorversuche ergaben, daß der Ausfall der rec-Aktivität der Wirtszelle weder durch das int- noch das red-Produkt des Phagen kompensiert werden kann: Auch λ-infizierte rec A$^-$-Wirte zeigen keine Rekombination. Im Gegensatz dazu vermag die λ-DNS bei den an ihr ablaufenden Rekombinationen an der Enzymaktivität ihrer Wirtszelle zu partizipieren. Der Vergleich der in Tab. 5 angegebenen Werte für a und c zeigt, daß die Aktivität des bakteriellen rec-Produktes zum Erreichen der maximalen Häufigkeit der Integration, die durch eine Rekombinationsvorgang hervorgerufen wird, notwendig ist. Das Fehlen des int-Produktes des Phagen (b) hemmt jedoch den Integrationsvorgang vollständig: Das rec-Produkt vermag ihn, im Gegensatz zum int-Produkt, nicht allein zu katalysieren. Die Beteiligung von red, int und rec an der allgemeinen Rekombination zweier verschiedener Abschnitte des λ-Genoms ist in Tab. 6 dargestellt. Segment J-aa'-c_I beherbergt die Homologiestelle zum Bakterienchromosom, deren Paarung die Integration einleitet. In ihm wird daher sowohl allgemeine als auch an aa' gebundene spezielle Rekombination zu beobachten sein. Der Abschnitt c_I-R dagegen zeigt nur allgemeine Rekombination. Der gemeinsame Ausfall der Aktivitäten von int, red und rec (f) führt zum Verlust der Rekombinationsbefähigung in beiden DNS-Abschnit-

Tabelle 6. Häufigkeit allgemeiner und für die Integrationsstelle aa' ortsspezifischer Rekombination bei Vorliegen verschiedener Kombinationen des Wildtyp- und Mutationszustandes der λ-Genorte red und int und des E. coli-Genortes rec A für zwei λ-Genomabschnitte. Aus SIGNER in HERSHEY 1971

	Genorte des			% Rekombination im λ-Genomabschnitt	
	λ-Genoms		E. coli-Genoms		
	red	int	rec A	J-aa'-c_I	c_I-R
a	+	+	+	7.5	3.6
b	+	−	−	4.1	3.0
c	−	+	−	2.0	≤0.05
d	−	−	+	1.3	1.3
e	+	+	−	7.8	3.1
f	−	−	−	≤0.05	≤0.05

ten. Fehlen der von der Wirtszelle gesteuerten rec-Aktivität (e) ergibt keine wesentliche Veränderung der Rekombinationshäufigkeit des λ-Genoms. Kommt jedoch der Verlust der int-Aktivität hinzu (b), so wird im J-aa'-c_I-Segment die Gesamtrekombinationsrate, welche die Häufigkeit spezieller und allgemeiner Rekombination zusammenfaßt, durch den totalen Ausfall der erstgenannten auf etwa die Hälfte verringert. Die Kombination red⁻/rec⁻ führt (c) zum Verlust der Befähigung zur allgemeinen Rekombination. Das aa'-beherbergende Segment weist dann noch die von int gesteuerte Restaktivität der Befähigung zur speziellen Rekombination auf. Bei gemeinsamem Ausfall der Wirkung beider Phagenorte red und int ist nur noch (d) das von der Wirtszelle gesteuerte Rekombinationssystem wirksam. Die angegebenen Zahlenwerte lassen erkennen, daß an der λ-DNS, wenn auch mit einer gegenüber dem Wildtypzustand merklich verminderten Häufigkeit, unter der enzymatischen Beteiligung dieses Systems immer noch Rekombinationen vor sich gehen. Die gleiche Häufigkeit in beiden Abschnitten spricht dafür, daß unter diesen Bedingungen der Modus der allgemeinen Rekombination bei weitem vorherrscht.

Welche Wege weisen alle diese Befunde zu einem Verständnis des Mechanismus der Rekombination? Sie zeigen einerseits daß die Aussagen des Bruch-Fusions-Modells sowohl im Bereich der Überstruktur des Chromosoms als auch in molekularen Dimensionen des DNS-Makromoleküls als reziproke Rekombination verwirklicht werden. Lokalisierte negative Interferenz, Genkonversion und aberrante Tetraden beweisen, daß mit diesen Aussagen keineswegs die Darstellung des Rekombinationsmechanismus ausgeschöpft ist. Mangelmutanten und Enzyme der Rekombination schließlich lassen einen Weg erkennen, beide scheinbar widersprechenden Gruppen experimentell gewonnener Ergebnisse miteinander in Einklang zu bringen: Der Zustand eines Chromosoms oder DNS-Moleküls nach stattgefundener Rekombination ist das Ergebnis einer enzymatisch gesteuerten Reaktionsfolge, die sich in molekularen Dimensionen abspielte. Sie umfaßt den Bereich eines einzigen, seltener weniger benachbarter Genorte. In ihr müssen die Produkte der Rekombination keineswegs und ausschließlich durch Austauschvorgänge und damit reziprok entstehen. Eine Vielzahl solcher molekularer Reaktionsfolgen ist denkbar. Wir stehen erst ganz am Anfang ihrer tastend, experimentell vorangetragenen Analyse. Die in vitro-Versuche von Cassuto und Radding sind ein Schritt auf diesem Wege. An seinem Ende wird die Kenntnis des Rekombinationsgeschehens innerhalb einer, verglichen mit der Größe des beteiligten DNS-Makromoleküls nur sehr kurzen, Sequenz von Mononucleotidpaaren stehen.

Im Gegensatz dazu befassten sich die erfolgreichen Versuche zum Beweise des Wirkens eines Bruch-Fusions-Mechanismus der Rekombination mit ganzen DNS-Makromolekülen, mit vollständigen Chromosomen. Sie untersuchten damit die Herkunft des Baumaterials derjenigen DNS-Abschnitte, welche in mehr oder weniger großem Abstande den Ort des eigentlichen Rekombinationsgeschehenes flankieren. Wenn wir diesen mit Hunderten bis maximal wenigen Tausenden von Mononucleotiden angeben können, so beobachten wir daher Reziprozität der Rekombination sowie Bruch und Fusion regelmäßig nur bei der Analyse ganzer DNS-Moleküle welche eine um mehrere Zehnerpotenzen höhere Anzahl von Mononucleotidpaaren aufweisen. Diese Art der Analyse läßt dabei gleichzeitig die Frage nach dem Zustande des Ortes des eigentlichen Rekombinationsgeschehens unbeantwortet. Einander zunächst scheinbar widersprechende Begriffspaare wie Reziprozität und Genkonversion, Bruch-Fusion und enzymatisch gesteuerte Reaktionskette in molekularen Bereichen werden somit weitgehend durch die Wahl der Größe des der experimentellen Analyse zu unterwerfenden DNS-Abschnittes hervorgerufen. Ihre scheinbar widersprechenden Aussagen entstehen durch Befunde, die auf verschiedenen Ebenen gewonnen werden und dadurch verschiedene Teilaspekte des gleichen Vorganges wiedergeben. Seine einzelnen, enzymatisch katalysierten Reaktionsfolgen mögen bei verschiedenen Objekten mehr oder weniger unterschiedlich verlaufen. Man wird daher nicht von dem Vorhandensein eines einzigen derartigen Reaktionsablaufes bei allen Lebewesen ausgehen dürfen. Das Ergebnis dieser sehr wahrscheinlich vorhandenen Verschiedenheit in molekularen Dimensionen jedoch ist stets das gleiche: Ein aus Mononucleotdisequenzen der DNS zusammengesetzter Träger genetischer Informationen, deren spezielle Aussagen vor dem Rekombinationsvorgang in nicht-homologen Abschnitten zweier homologer DNS-Moleküle niedergelegt waren.

II. DIE VERWIRKLICHUNG GENETISCHER INFORMATIONEN

A. Die Informationen werden transportiert

1. Die Entdeckung der Boten-RNS

Wir haben im vorstehenden die DNS als Träger genetischer Informationen kennengelernt. Vererbung ist jedoch nicht nur Bewahren einer Fülle solcher Erbinformationen. Damit der Vorgang der Vererbung überhaupt erst sichtbar werden kann, müssen diese in die Wirklichkeit umgesetzt, realisiert werden. Der Chemiker formuliert diesen Tatbestand präziser. Er geht davon aus, daß die spezifischen Strukturen der Desoxyribonucleinsäuren Ursache des Zustandekommens ebenso spezifischer chemischer Reaktionsketten sind, die schließlich in der Ausbildung der Erbmerkmale enden.
Die Aussagen der Ein-Gen-ein-Enzym-Hypothese (Abb. 26) hatten uns gelehrt, daß es Enzyme, molekulare Einzelstücke ganz bestimmter Eiweißstoffe sind, die unter der Wirkung von Genorten entstehen. Sie bilden den Anfang der Wirkkette vom Gen zum Merkmal. Wie aber wird die Spezifität der molekularen Struktur eines Genortes, bestehend aus einer großen Anzahl von Mononucleotidpaaren der DNS, übersetzt in die ebenfalls spezifische Struktur eines bestimmten Proteinmoleküls? Zwei Problemkreise sind Inhalt dieser Fragestellung. Die DNS, und damit auch ihre Genorte, befinden sich im Zellkern einer jeden Zelle. Die genetische Information weist also eine strenge Lokalisierung an einem bestimmten Ort der Zelle auf. Die Synthese der Enzyme oder anderer unter Genwirkung entstehender spezifischer Eiweißmoleküle findet jedoch außerhalb des Zellkernes statt. Seit nahezu zwei Jahrzehnten ist der Forschung ein lamellares System, das endoplasmatische Reticulum, bekannt, welches in der Zelle zahlreiche, voneinander getrennte Reaktionsräume erzeugt (Abb. 122). Die Membranen dieses Reticulums sind mit annähernd kugelförmigen, submikroskopischen Partikeln besetzt. Diese enthalten zahlreiche spezifische Proteine und eine bisher noch nicht erwähnte Form der Nucleinsäuren, die Ribonucleinsäure (RNS). Man nennt die Partikel daher Ribosomen. Solche Ribosomen lassen sich bei einiger Sorgfalt der angewandten Präparationsmethodik aus der Zelle gewinnen und durch Zentrifugierung reinigen. Auch für derartige Untersuchungen ist das Bacterium Escherichia coli ein sehr geeignetes Objekt. Seine Ribosomen haben ein Molekulargewicht von $2,7 \times 10^6$. Die Längen ihrer Hauptachsen betragen 400 Å, 200 Å und 135 Å (Abb. 123). Jedes Ribosom ist aus zwei unterschiedlich großen Bauelementen zusammengesetzt, die sich in geeignet verdünnter Magnesiumsalzlösung voneinander trennen. Ihre Größe wird gemessen in Swetberg- oder S-Einheiten. Sie geben Auskunft darüber, mit welcher Geschwindigkeit ein Partikel im Schwerefeld der Ultrazentrifuge sedimentiert. Diese Geschwindigkeit ist vom spezifischen Gewicht, der Größe und der Form des Partikels abhängig. Die größere Einheit eines Ribosoms mit einem Molekulargewicht von $1,8 \times 10^6$ wird als 50 S-Einheit, die kleinere (Molekulargewicht $0,9 \times 10^6$) als 30 S-Einheit bezeichnet. Beide zusammen weisen, wie aus dem oben gesagten verständlich wird, nun nicht etwa den Wert von 80 S auf, sondern sedimentieren mit 70 S. Die Ribosomen werden daher auch 70 S-Partikel genannt.
Die 30 S-Einheit enthält 21, die 50 S-Einheit 34 verschiedene Proteine. In beiden kommen außerdem beträchtliche Mengen RNS vor. Mit ihr wollen wir uns zunächst beschäftigen.

Ein RNS-Molekül ist nach dem gleichen Prinzip aufgebaut wie ein solches der DNS: Mononucleotide sind über ein Rückgrat aus Zucker und Phosphorsäure miteinander

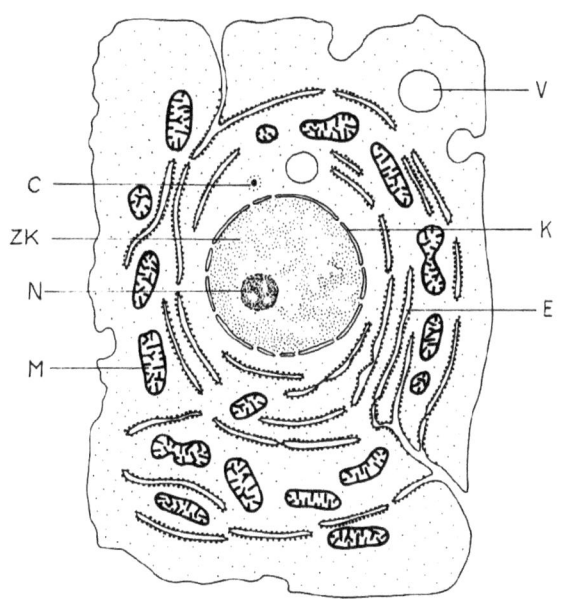

Abb. 122. Umzeichnung der elektronenoptischen Aufnahme eines Dünnschnittes durch eine tierische Gewebezelle. C = Centriol, E = Endoplasmatisches Reticulum, KM = Kernmembran, M = Mitochondrium, N = Nucleolus, V = Vakuole, ZK = Zellkern

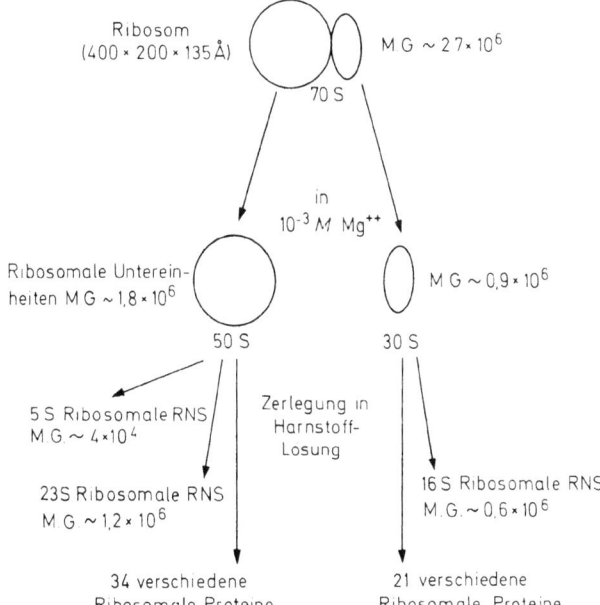

Abb. 123. Die Bauteile eines Ribosoms von Escherichia coli

verknüpft. Jeder Zuckeranteil trägt eine organische Base. Auch sie gehören vier verschiedenen Typen an: Dem Guanin, Cytosin, Adenin und, im Gegensatz zur DNS, dem Uracil (Abb. 39). Als Zuckerrest ist nicht, wie in der DNS, die Desoxyribose, sondern der sehr nahe verwandte Zucker (Abb. 124) Ribose eingebaut. RNS liegt in Einzelstrangform vor. Ein solcher Einzelstrang vermag aber streckenweise dadurch Doppelstrangcharakter anzunehmen, daß er nach Rückfaltung mit sich selbst Wasserstoffbrücken und damit Doppelstrangabschnitte bildet. Im Ribosom sind drei Ribonucleinsäure-Moleküle enthalten. Die 50 S-Einheit beherbergt zwei davon mit den Molekulargewichten $1{,}2 \times 10^6$ = 23 S und 4×10^4 = 5 S, die 30 S-Einheit ein einziges des Molekulargewichtes $0{,}6 \times 10^6$ = 16 S. Durch Rückfaltung liegt etwa die Hälfte ihrer Nucleotidsequenzen in Doppelstrangform vor. Die meisten ribosomalen Proteine sind stark basisch. Ihr Molekulargewicht liegt zwischen 10 000 und 30 000.

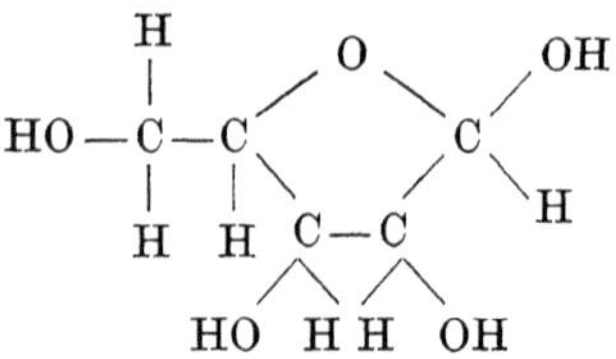

Abb. 124. Strukturformel des in den Mononucleotiden der Ribonucleinsäure enthaltenen Zuckers, der Ribose

Wie aber gelangt die genetische Information von der DNS zu den Orten der Proteinsynthese, zu den Ribosomen? Besonders geeignet für die Beantwortung dieser Frage schien ein Vorgang zu sein, bei dem die Bakterienzelle ihre gesamte Synthesekapazität auf die Herstellung weniger, unterschiedlicher Proteinmoleküle konzentriert, diese aber in großer Stückzahl produziert. Das ist nach der Injektion der DNS eines Phagenpartikels der Fall. Für diesen Vorgang war bereits nachgewiesen worden, daß nach Eindringen der Phagen-DNS keine Zunahme der zelleigenen RNS mehr zu verzeichnen ist. Es hatte sich außerdem herausgestellt, daß innerhalb der RNS ein mengenmäßig sehr kleiner Anteil rasch auf- und abgebaut wird. Die Basenzusammensetzung dieser RNS-Fraktion unterscheidet sich eindeutig von derjenigen der Wirtszelle, zeigt dagegen starke Ähnlichkeit zur Phagen-DNS. Bei vorsichtig durchgeführter Fraktionierung erwies sich ein erheblicher Teil davon als an Ribosomen gebunden. Durch drei einander ausschließende Arbeitshypothesen lassen sich diese Beobachtungen deuten:

1. Nach Injektion der Phagen-DNS wird die Synthese bakterieneigner Verbindungen eingestellt. Die Phagen-DNS synthetisiert neue Ribosomen, welche die genetische Information der Phagengene enthalten und einem raschen Auf- und Abbau unterliegen (Abb. 125a).

2. Im besonderen Fall der Phagensynthese werden Proteine direkt an der DNS synthetisiert. Ein Protein-Typ besitzt die Aufgabe, die Bildung spezifischer RNS hervorzurufen, welche in die Ribosomen eindringt und dort weitere Synthese zelleigener Proteine verhindert (Abb. 125b).

3. Eine besondere Art der RNS transportiert als Boten-RNS (messenger-RNS = m-RNA) genetische Information von der DNS zum Ribosom. Das letztere ist stabil. Die Boten-RNS dagegen wird rasch auf- und abgebaut. Die Injektion der Phagen-DNS hat dann eine doppelte Aufgabe: Sie stoppt die Synthese neuer Ribosomen und führt zum Ersatz der zelleignen Boten-RNS durch solche des Phagen (Abb. 125c).

BRENNER, JACOB und MESELSON benutzten zur experimentellen Prüfung des Wahrheitsgehaltes dieser von ihnen aufgestellten Hypothesen E. coli-Zellen nach Infektion mit dem Phagen T4. Das Prinzip der Versuchsdurchführung beruhte darauf, Bakterien während

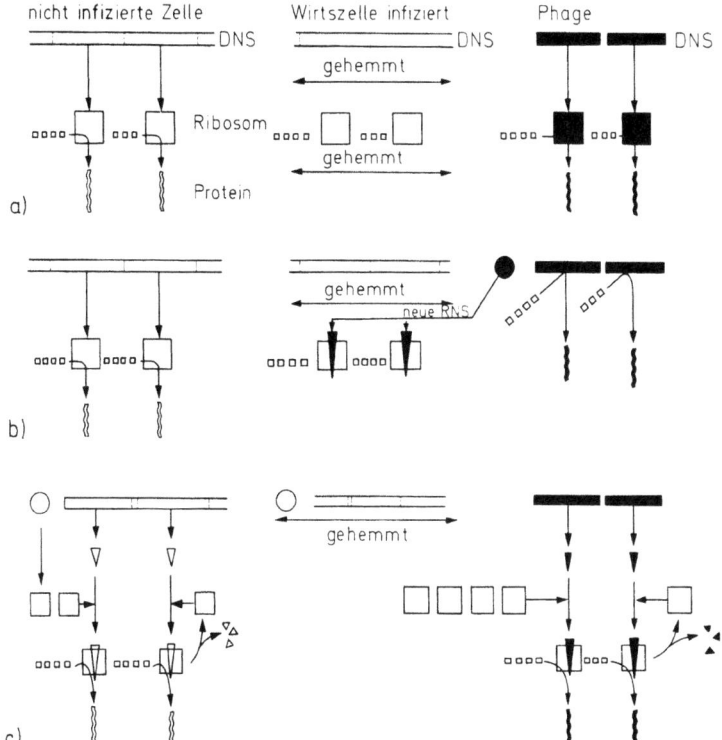

Abb. 125. Drei Modelle für den genetischen Informationstransfer in phagen-infizierten Zellen, deren experimentelle Prüfung zum Nachweis der Boten-RNS führte. Aus BRENNER et al., 1961

mehrerer aufeinanderfolgender Generationen in einem Medium zu züchten, das die schweren Isotope des Kohlenstoffs (^{13}C) und des Stickstoffes ^{15}N enthält. Dabei werden alle die Bakterienzellen aufbauenden Verbindungen als „schwer" markiert. Danach kommen solche Zellen in normales „leichtes" Medium und werden gleichzeitig mit dem Phagen infiziert. Alle nun synthetisierten Verbindungen können nur noch „leichten" Stickstoff ^{14}N und „leichten" Kohlenstoff ^{12}C enthalten. Im Dichtegradienten der Ultrazentrifuge lassen sich schwere und leichte Ribonucleinsäuren, Ribosomen und Proteine durch ihre Zugehörigkeit zu Banden unterschiedlicher Lage voneinander trennen. Abb. 126a zeigt das Ergebnis einer solchen Gradientenzentrifugierung. Das dazu verwendete Material entstammte E. coli-Zellen, die in schwerem Medium, welches zusätzlich das radioaktive Phosphorisotop ^{32}P enthielt, gezüchtet worden waren. Nach ihrer Mischung mit der 50fachen Menge von Zellen aus leichtem, nicht radioaktivem Medium wurden die Ribosomen dieses Gemisches aus den zuvor zerstörten Zellen gewonnen. Darauffolgendes Aufschwemmen in Magnesiumsalzlösung zerlegte einen Teil dieser 70 S-Partikel in die 30 S + 50 S Untereinheiten. Die so gewonnene Suspension kam im CsCl-Gradienten zur Zentrifugierung. Nach deren Beendigung wurde der Inhalt des Zentrifugenröhrchens, vom Boden beginnend, durch Austropfen in Fraktionen aufgeteilt. Der Gehalt jeder Fraktion an schweren Ribosomen und deren getrennt vorliegenden Untereinheiten wurde durch die

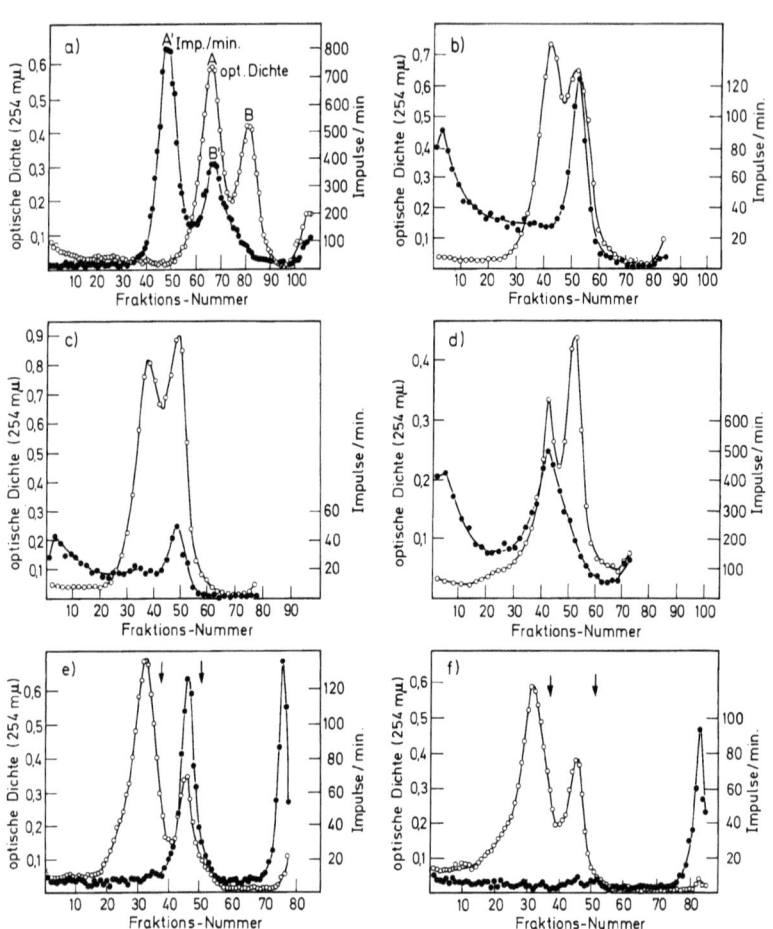

Abb. 126. Die experimentellen Schritte zur Prüfung der in Abb. 125 wiedergegebenen Modelle. Aus BRENNER et al., 1961. Einzelheiten im Text

Radioaktivität des in ihm enthaltenen ^{32}P, als Impulse pro Minute bestimmt. Zum Nachweis der im 50fachen Überschuß vorhandenen „kalten" Ribosomen bedienten sich die Autoren einer häufig angewandten Meßtechnik. Nucleinsäuren absorbieren sehr stark ultraviolettes Licht. Das Ausmaß dieser Absorption, als optische Dichte bezeichnet, erlaubt quantitative Aussagen über die vorliegende RNS-Konzentration. Beide Kurvenverläufe – für die optische Dichte der unmarkierten und die Radioaktivität der außerdem noch schwermarkierten Ribosomen – zeigen je zwei Maxima. Die jeweils zentrifugaler gelegenen, mit A und A' bezeichneten, enthalten beides, ribosomale 30 S- und 50 S-Untereinheiten, wobei in A die unmarkierten Formen vorliegen. In B und B' dagegen sind unzerlegte Ribosomen als 70 S-Partikel vereinigt. Die Schweremarkierung bedingt, daß A und B' im Gradienten die gleiche Lage einnehmen. Zugabe von Magnesiumacetat stabilisierte die 70 S-Partikel. Es sorgte dafür, daß während der Zentrifugierung reversible Zerlegung der 70 S-Partikel in die Untereinheiten oder Bildung neuer 70 S-Partikel aus diesen unterblieb. Die

Abb. 126b zeigt wieder als Kurve aus den Meßpunkten der optischen Dichte das schon von Abb. 126a her bekannte doppelte Maximum für leichte, nicht-dissoziierte Ribosomen und das Gemisch ihrer Untereinheiten. Die außerdem dargestellte Kurve gibt die Radioaktivitätsverteilung einer RNS im CsCl-Gradienten wieder, welche in folgender Weise entstand: Eine für Uracil auxotrophe Mutante von E. coli wurde in Uracil-haltigem, leichtem Medium gezüchtet und mit T4-Phagen infiziert. In der Zeitspanne zwischen 3 und 5 Minuten nach Infektion wurde das nicht-radioaktive „kalte" Uracil durch ^{14}C-markiertes „heißes" ersetzt, die eine Hälfte der Bakteriensuspension zur Ribosomengewinnung abgetötet und die teilweise dissoziierte Ribosomenfraktion dann der Dichtegradientenzentrifugierung unterworfen. Abb. 126b zeigt eindeutig, daß eine mit ^{14}C markierte, also während der Zeitspanne 3 bis 5 min nach Infektion neu synthetisierte RNS zu erheblichem Teil an nicht-markierte vollständige Ribosomen gebunden vorliegt. Der zweite Teil der Bakteriensuspension erhielt einen 100fachen Überschuß von nicht-radioaktivem Uridin und wurde 16 min weiter bebrütet. Danach erfolgte ebenfalls Aufarbeitung und Gradientenzentrifugierung der Ribosomen. Abb. 126c zeigt das Ergebnis: Die Menge der in Abb. 126b erkennbaren, radioaktiv markierten und zu beträchtlichem Teil an Ribosomen gebundenen RNS-Fraktion hat ganz erheblich abgenommen. Sie muß während der 16 min langen Nachbebrütung in kaltem Medium größtenteils abgebaut worden sein. Ihre Moleküle besitzen daher eine kurze Lebensdauer.

Ein Einwand wird durch diese Versuche nicht beseitigt. Er geht davon aus, daß mit Hilfe der radioaktiven Markierung noch verschwindend geringe RNS-Mengen nachweisbar gemacht werden können. Bei der kurzlebigen, mit Ribosomen vergesellschafteten RNS-Fraktion kann es sich daher um eine sehr geringe Anzahl neu synthetisierter Ribosomen handeln, welche in Caesiumchlorid besonders unstabil sind. Um diesen Einwand zu untersuchen, wurde nun mit Bakteriensuspensionen gearbeitet, die im Gegensatz zu den oben beschriebenen Versuchen vor Versuchsbeginn während mehrerer Generationen mit schwerem Stickstoff und Kohlenstoff aber ohne Zusatz radioaktiver Isotope gefüttert worden waren und daher ausschließlich schwere, kalte Ribosomen enthielten. Gleichzeitig mit der Phageninfektion erfolgte dann Überführung in leichtes Medium, dem zwischen der 2. bis 7. Minute nach Infektion ^{32}P zugesetzt wurde. Danach wurde eine solche Kultur mit einem großen Überschuß infizierter Zellen gemischt, die sich stets in kaltem, leichten Medium befunden hatten. Abb. 126d zeigt, daß das Maximum der radioaktiven RNS-Fraktion nun mit demjenigen zusammenfällt, welches die 30 S + 50 S-Untereinheiten der leichten Ribosomen, aber auch nach Abb. 126a die undissoziierten schweren Ribosomen enthält. Da nach den vorhergehenden Versuchen diese RNS an ganze Ribosomen adsorbiert, muß sie auch in diesem Falle an die vollständigen, schweren Ribosomen gebunden vorliegen. Das bedeutet, daß nach Infektion keine Ribosomen mehr synthetisiert wurden, sondern die nachgewiesenen, neu entstandenen RNS-Moleküle an Ribosomen gebunden sind, welche vor der Infektion in schwerem Medium gebildet wurden. Damit ist die oben genannte, in Abb. 125a dargestellte Arbeitshypothese widerlegt: Es werden nach Phagensynthese keine Phagen-genetische Informationen tragende Ribosomen neu synthetisiert.

Ist die schnell vergängliche, an intakte Ribosomen adsorbierte RNS tatsächlich der gesuchte Boten-Stoff? Wenn dies zutrifft, müßte sie der Ort der Proteinsynthese sein. Diese Aussage galt es noch zu beweisen. Wieder wurden Bakterien in schwerem Medium gezüchtet, mit Phagen infiziert und in leichtes Medium überführt. Diesem wurde unmittelbar nach 2 min lang mit radioaktivem Schwefel markiertes Sulfat zugesetzt. Schwefel kommt, wie uns bereits aus dem Versuch von HERSHEY und CHASE zum Nachweis des Informationscharakters der DNS bei der Phagen-Synthese (Abb. 8) her bekannt ist, nicht in Nucleinsäuren, dagegen in Proteinen vor. Nach der Infektion synthetisierte Proteine sollten bei diesen Versuchsbedingungen im Gegensatz zu ebenfalls nach der Infektion synthetisierter RNS mit radioaktivem Schwefel markiert sein. Um das zu prüfen, wurde die Hälfte der Kultur sofort zur Ribosomengewinnung und Gradientenzentrifugierung verwendet.

Abb. 126e zeigt in der Zone der schweren Ribosomen ein Maximum der Radioaktivität als Beweis dafür, daß, an diese gebunden, frisch synthetisiertes Protein vorliegt. Die zweite Hälfte der Kultur wurde mit einem Überschuß von nicht-radioaktivem Sulfat versehen und 8 min weiter bebrütet. In Abb. 126f ist das Ergebnis der Gradientenzentrifugierung dieser Ribosomensuspension dargestellt. Das zuvor beobachtbare Maximum der Radioaktivität im Gebiet der schweren Ribosomen ist nun verschwunden: Das markierte „heiße" Protein hat sich offensichtlich von den Ribosomen gelöst und ist durch nichtmarkiertes, später in „kaltem" Medium synthetisiertes, gleichartiges Protein ersetzt worden. Wieder wird in beiden Versuchshälften gleichermaßen ein uns schon bekannter Tatbestand erkennbar: Im Gebiete des Gradienten, in dem leichte Ribosomen auftreten sollten, ist weder ein RNS- noch ein Protein-Maximum vorhanden. Nach der Infektion sind somit keine neuen Ribosomen mehr synthetisiert worden. BRENNER, JACOB und MESELSON haben mit diesen Experimenten bewiesen, daß nach Phageninfektion die Zelle keine neuen Ribosomen mehr synthetsiert. Die alten werden vielmehr als Orte der Proteinsynthese benutzt. Andere, bereits zuvor erhobene Befunde hatten gezeigt, daß es sich dabei ausschließlich um Phagen-spezifische Proteine handelt. Deren Spezifität wird offensichtlich durch die von den Autoren nachgewiesene, nach Phageninfektion hergestellte RNS bedingt, welche als Boten-RNS dient und die genetische Information von der Phagen-DNS auf die Ribosomen überträgt. Ihre Moleküle weisen zumindest im Falle der Phagensynthese eine sehr kurze Lebensdauer auf. Damit hatte sich von den zuvor dargestellten drei Arbeitshypothesen die dritte als richtig herausgestellt (Abb. 125c).

Gelten diese Zusammenhänge nur für die Phagensynthese, bei der die Zelle ja nicht eigene genetische Informationen sondern solche verwirklicht, die in der eingedrungenen, fremden Phagen-DNS enthalten sind? Gab es zur Prüfung dieser Frage ein ähnlich gut geeignetes Versuchsmodell für eine durch bakterielle Gene gesteuerte Stoffwechselleistung von E. coli? Nicht der ständig in einer solchen Zelle vermutete, gleichmäßig vor sich gehende Informationsstrom von der DNS zu den Ribosomen konnte Gegenstand der Untersuchungen sein. Es mußte ja die Möglichkeit bestehen die Bildung solcher Boten-RNS-Moleküle, um ihre Existenz überhaupt nachzuweisen, beliebig ein- und ausschalten zu können. Ein ganz bestimmter Zusammenhang bot sich an: Die Escherichia coli-Zelle beherbergt unter der Vielzahl ihrer genetischen Informationen auch solche, die sich auf den Abbau ganz bestimmter Zucker beziehen. Genorte tragen die Information über die Struktur von Enzymen, welche beispielsweise Milchzucker, Malzzucker, Xylose, Mannose, Mannitol und viele andere Zucker in die Zelle einschleusen, wo andere Enzyme sie unter Energiegewinnung abzubauen vermögen. Für jeden davon muß somit ein ganzer, nur auf diesen Zucker anwendbarer Satz verschiedener Enzyme bereitgestellt werden. Es wäre sehr unökonomisch, wenn die Zelle stets Moleküle aller diese Enzyme in großer Anzahl vorrätig hielte, obwohl es sehr wahrscheinlich ist, daß sie während ihres Daseins nur mit ganz wenigen der vielen möglichen und abbaubaren Zuckerarten in Berührung kommen wird. Ein Regulationsmechanismus, der noch Gegenstand späterer Betrachtungen sein soll, sorgt dafür, daß erst nach Auftreten der Moleküle eines ganz bestimmten dieser Zucker die für seinen energieliefernden Abbau notwendigen Enzyme hergestellt, die dafür notwendigen genetischen Informationen also abgerufen werden. Man nennt diesen Vorgang adaptive Fermentbildung. Sie setzt neben dem schnell ansprechenden Mechanismus des beginnenden Informationstransportes über die Herstellung bestimmter Enzyme der von der DNS zu den Ribosomen bei Auftreten eines geeigneten Zuckers im Außenmedium stattfindet, noch einen weiteren Zusammenhang voraus, welcher uns von der Phagensynthese her bereits vertraut ist. Schnelle Adaptation an eine neue Situation bedeutet nicht nur rasche Reaktion auf die neuen Bedingungen, sie muß auch ebenso schnell zu beenden sein. Sonst würden in unserem Beispiel noch lange nach dem Verschwinden des betreffenden Zuckers Fermente zu seinem Abbau hergestellt werden, eine unter diesen Umständen sinnlose, unökonomische Syntheseleistung der Zelle. Für den Botenstoff von der DNS zum Ribosom bedeutet dies, daß er, wenn sein Inhalt sich auf die adaptive Fermentsynthese für den Zuckerabbau bezieht, von nur kurzer Lebensdauer sein muß.

GROS, HIALT, GILBERT, KURLAND, RISEBROUGH und WATSON benutzten für ihre Versuche dieses System. E. coli-Zellen wurden in ein Kulturmedium überführt, welches Milchzucker (Lactose) als Nahrungsquelle enthielt. Durch adaptive Fermentbildung begannen sie die für den Abbau dieses Zuckers notwendigen Fermente herzustellen. Dies geschieht in so ausgedehntem Maße, daß bis zu 10% des neu gebildeten Eiweißes derartige Fermentmoleküle sind. Dann wurde 5 sec lang der Nährlösung „heißes" Uracil zugesetzt, das durch ^{14}C markiert war. Danach wurden die Zellen in einem Medium suspendiert, welches in 100facher Überschuß nicht-radioaktives „kaltes" Uracil enthielt. Die Hälfte der Suspension (a) wurde sofort untersucht, die andere Hälfte (b) noch 15 min länger weitergezüchtet. Die Untersuchung hatte die Ribonucleinsäuren sowie die Ribosomen und ihre Untereinheiten der Zellen zum Gegenstand. Ihre Auftrennung in Fraktionen, welche sich durch ihre Molekülgröße unterscheiden, geschah wie in der zuvor beschriebenen Versuchsreihe durch Gradientenzentrifugation, diesmal jedoch in einem Rohrzucker-Gradienten. Die Messung der RNS erfolgte wieder in 2facher Weise: Die absolute RNS-Menge je Röhrchen wurde als Ausmaß der UV-Absorption bestimmt sowie die Radioaktivität der einzelnen Fraktionen festgestellt. Im Versuchsablauf war 5 sec lang ^{14}C-markiertes Uracil verfüttert worden. Als Baustein der RNS, mußte es in alle diejenigen RNS-Moleküle eingebaut worden sein, welche während dieses kurzen Zeit-Intervalls neu synthetisiert worden waren. Abb. 127a zeigt in Kurvenform die Meßergebnisse. Das Maximum der Radioaktivität liegt in einem Gebiet, in welchem, die optische Dichte und damit die absolute Konzentration der betreffenden RNS-Moleküle relativ klein ist. Diese RNS-Fraktion besitzt also eine hohe „spezifische Aktivität", ein großer Prozentsatz ihrer Moleküle ist radioaktiv markiert. Das wiederum läßt sich nur durch die Annahme erklären, daß die allermeisten dieser Moleküle innerhalb der 5 sec andauernden Fütterung mit heißem Uracil, also unmittelbar vor Beginn der Aufarbeitung der Zellen gerade synthetisiert wurden. Besitzt diese hochmarkierte RNS-Fraktion tatsächlich eine sehr kurze Lebensdauer, die sie von den anderen RNS-Arten, wie etwa der ribosomalen unterscheidet? Abb. 127b weist das sehr eindrucksvoll nach. Sie zeigt den Kurvenverlauf der Verteilung der RNS-Fraktionen 15 min nach Beendigung der Markierung mit radioaktivem Uracil.

Während dieser Zeitspanne stand nicht markiertes Uracil in hundertfachem Überschuß zur Verfügung: Neu synthetisierte RNS wurde sicher nicht mehr markiert. Abb. 127b weist daher im Gebiete des für Abb. 127a kennzeichnenden Maximums der Radioaktivität ein ausgesprochenes Minimum auf. Gleichzeitig aber ist zu erkennen, daß, wie die gleichbleibende optische Dichte bei 260 nm beweist, die Absolutmenge der RNS dieser Molekülgröße, der Boten-RNS, gleichgeblieben ist. Es hat sich daher die spezifische Aktivität dieser Fraktion sehr stark verändert: Die Häufigkeit radioaktiv markierter Moleküle ist fast auf den Nullwert gesunken. Dies wird nur möglich, wenn die noch 15 min vorher nachweisbaren, markierten Boten-RNS-Moleküle abgebaut und durch neu synthetisierte ersetzt wurden.
Die Versuchsreihen, welche zur Entdeckung der Boten-RNS führten, benutzten Systeme, deren Boten-RNS-Typen eine nur kurze Lebensdauer aufweisen. Ihre Versuchsanordnungen waren so gewählt, daß nur bei eben dieser kurzen Lebensdauer ihr Nachweis erfolgreich durchgeführt werden konnte. Daß dadurch eine Selektion kurzlebiger Boten-RNS-Fraktionen, nicht aber der Beweis für die allgemeine Gültigkeit der Feststellung dieser kurzen Lebensdauer für alle Boten-RNS-Typen geführt wurde, zeigen Untersuchungen anderer Boten-RNS-Fraktionen. Sie ergaben für derartige Moleküle Halbwertzeichen in der Größenordnung von Stunden oder gar Tagen. Der entwicklungsphysiologischen Forschung sind bereits seit mehreren Jahrzehnten Tatbestände bekannt, welche diese Feststellungen ergänzen. Eier zahlreicher Tierarten, wie beispielsweise des Seeigels, weisen vor der Befruchtung nur einen sehr geringen Stoffwechsel auf. Unmittelbar nach Befruchtung

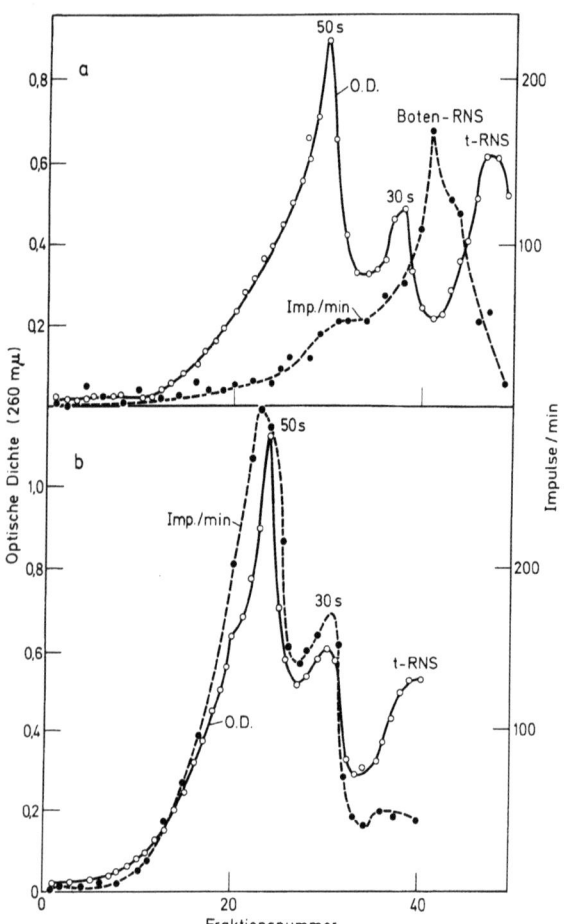

Abb. 127. Einbaugeschwindigkeit und Verweildauer von radioaktiv-markiertem Uracil in Boten-RNS von Escherichia coli nach Induktion der Enzyme des Laktoseabbaues. Nach Gros et al., 1961

dagegen setzt eine intensive Proteinsynthese bei gleichzeitiger DNS-Replikation ein, welche im Abstand von jeweils rund 40 min zur Zellteilung führt. 6 Std nach der Befruchtung ist das Stadium der Blastula erreicht, einer Hohlkugel, welche aus einer Schicht von Zellen besteht, deren nach außen gerichtete Cilien aktive Fortbewegung ermöglichen.

Woher kommen die zahlreichen, für die nach der Befruchtung plötzlich einsetzenden Proteinsynthese notwendigen Boten-RNS-Moleküle? Hemm- und Zentrifugierversuche geben darüber Auskunft: Actinomycin-D hemmt spezifisch die Neubildung der Boten-RNS. Werden befruchtete, sich entwickelnde Seeigeleier mit diesem Hemmstoff behandelt und dadurch rund 90% der RNS-Synthese blockiert, dann entwickeln sich die Embryonen dennoch weiter. Durch Zentrifugieren läßt sich eine eben befruchtete Seeigeleizelle in zwei Hälften trennen, deren eine das Plasma mit dem Zellkern, die andere außer Plasma in der Hauptsache Reservestoffe enthält. In dieser letztgenannten Hälfte findet, trotz Abwesenheit des Zellkernes und damit der Unmöglichkeit einer Neusynthese von Boten-RNS, dennoch rege Proteinsynthese statt. Alle diese Beobachtungen führen zur Hypothese, daß die dazu notwendigen Boten-RNS-Moleküle bereits während der Eireifung im mütterlichen Organismus in die Oocyten gelangen und dort zunächst inaktiv verharren. Raff, Colot, Selvig und Gross haben für diese Annahme experimentelle Belege geliefert. Sie konnten zeigen, daß zumindest ein Teil dieser „mütterlichen" Boten-RNS-Moleküle die Synthese monomerer Proteine verursachen, welche cytoplasmatische Mikrotuben bilden. Der Einbau radioaktiv markierter Aminosäuren in diese Proteine erfolgt auch dann, wenn die Seeigelembryonen bei hohen Konzentrationen von Actinomycin-D gehalten werden. Kontrollversuche schließen dabei eine spezifische Resistenz bestimmter Boten-RNS-Typen gegen diesen Hemmstoff, sowie eine Markierung der Proteine durch endständige Addition von markierten Aminosäuren aus. Sie führen zu dem Schluß, daß im Seeigelei nur ein geringer Vorrat von Mikrotuben-Protein vorliegt, der erst unmittelbar nach der Befruchtung beginnend, durch fortgesetzte Synthese ergänzt und vergrößert wird. Sie sprechen gleichzeitig für die Inhibition maskierter Boten-RNS vor der Befruchtung durch einen bisher unbekannten Mechanismus.

2. Die Übertragung genetischer Informationen von der DNS auf Moleküle der Boten-RNS (Transkription)

Mit den vorstehend dargestellten Arbeiten wurde zum ersten Male eindeutig gezeigt, daß die in vivo-Synthese spezifischer Proteine nur dann erfolgt, wenn zuvor Moleküle der Boten-RNS gebildet werden, welche im Falle der adaptiven Enzymbildung und der Phagensynthese durch ihre kurze Lebensdauer gekennzeichnet sind. Sie bewiesen außerdem, daß neusynthetisierte Proteine, an diese Boten-RNS gebunden auftreten. Wie vermag diese RNS ihre Botenrolle zu vollbringen? Sie ist nur dann durchführbar, wenn ihr molekularer Aufbau den spezifischen Bau desjenigen DNS-Abschnittes widerspiegelt, dessen Informationsgehalt auf ein Ribosom übertragen werden soll. Es liegt selbstverständlich sehr nahe, anzunehmen, daß dieses Widerspiegeln das Gesetz der Basenpaarung zur Grundlage hat. Dazu müsste Boten-RNS an der Oberfläche der DNS gebildet werden, wobei, wie bei der DNS-Verdopplung, nur A mit T und G mit C gepaart werden kann. Eine Erweiterung dieser Aussage kommt hinzu: RNS enthält anstelle von T das Uracil. Ein Adenin-Molekül der DNS müsste daher den Einbau eines Uracil-Moleküls in den entstehenden Boten-RNS-Faden zur Folge haben. Boten-RNS und DNS wären dann komplementär. Diese Vorstellung geht somit davon aus, daß Boten-RNS in Abhängigkeit von DNS synthetisiert wird und dabei deren Basensequenz „transkribiert".
Ein dafür geeignetes Enzym, die DNS-abhängige RNS-Polymerase, konnte aus der Zelle isoliert werden. Es bildet ein aus mehreren Untereinheiten zusammengesetztes Makromolekül.
Sein Gewicht beträgt 470 000 bis 490 000. Die Untereinheiten werden mit α, β, β' σ und ω bezeichnet. Das Holo-Enzym enthält zwei α-Einheiten und weist daher die Gesamtzusammensetzung $\alpha_2\beta\beta'\sigma\omega$ auf. Von ihm kann der σ-Faktor (Molekulargewicht 85 000 – 95 000) abgespalten werden, wobei das Kernzym $\alpha_2\beta\beta'$ zurückbleibt. Nach Markierung der Proteinsynthese mit ^{14}C-Arginin ließ sich der Anteil der RNS-Polymerase am Gesamtproteingehalt der Zelle bestimmen. Aus ihm wurde errechnet, daß rund 1500 RNS-Polymerase-Moleküle pro Zellgenom vorhanden sind. Messungen anderer Art zeigen, daß während der exponentiellen Wachstumsphase nahezu alle diese Moleküle gleichzeitig aktiv sind. Die Erforschungen der funktionellen Bedeutung der einzelnen Untereinheiten befindet

sich noch in vollem Flusse. Sie konnte nachweisen, daß der σ-Faktor für die Initiation der RNS-Synthese an spezifischen Orten der DNS-Vorlage verantwortlich ist. Beobachtungen deuten darauf hin, daß er sich am Lösen der Wasserstoffbrücken der DNS am Ort der RNS-Synthese beteiligt. Er wird für den eigentlichen Synthesevorgang bei dem stets die Nucleotide an das 3'-Ende einer wachsenden RNS-Kette angeheftet werden, nicht benötigt. Für diesen ist das Kernenzym notwendig, in dem sich mindestens ein, sehr wahrscheinlich aber zwei Katalyseorte für die RNS-Polymerisation befinden. Der DNS-Bindungsort wird aufgrund von positiv verlaufenden Bindungsversuchen der isolierten β'-Einheit an DNS in dieser Untereinheit vermutet.

Die Benutzung spezifischer Hemmstoffe, wie Heparin und Rifampicin, hat die Erforschung des molekularen Mechanismus der RNS-Synthese sehr gefördert. Eine Modellvorstellung, die diese Erkenntnisse benutzt, der jedoch nur der Wert einer Arbeitshypothese zukommt, beschreibt die einzelnen Schritte der RNS-Synthese wie folgt: 1. Die RNS-Polymerase wird, ohne die Mitwirkung eines σ-Faktors, unspezifisch und reversibel an Doppelstrang-DNS gebunden. Inhibitoren dieser Bindung sind hohe Ionen-Konzentration und Heparin. 2. Das Enzym erkennt einen spezifischen Bindungsort, der sehr wahrscheinlich aus einer unmittelbaren Aufeinanderfolge mehrere Pyrimidine besteht. 3. Unter der Wirkung des σ-Faktors wird der DNS-Doppelstrang am Initiationsort in die beiden Einzelstränge zerlegt, wobei ein sehr stabiler DNS-RNS-Polymerase-Komplex entsteht. Dazu sind Temperaturen über 15° C und niedrige Ionen-Konzentration notwendig. 4. Eine Veränderung der Konformation des Enzym-Moleküls führt zur Bildung eines Rifampicin-resistenten Präinitiations-Komplexes, der wahrscheinlich durch σ stabilisiert ist und wegen seiner relativen Unstabilität leicht in Phase 3 oder 1 zurückverwandelt werden kann. 5. Das Nucleosid-Triphosphat mit einer freien 5'-Endgruppe, welches fast immer ein Purin enthält, verbindet sich mit dem Enzym. 6. Das zweite Nucleosid-Triphosphat wird gebunden und ermöglicht damit die Bildung der ersten Phosphordiesterbindung und danach die Initiation des RNS-Stranges.

Mehrere zusätzliche Faktoren von Proteinstruktur sind wahrscheinlich neben den Untereinheiten des Holo-Enzyms an der RNS-Synthese beteiligt. Der M-Faktor scheint, ähnlich wie der σ-Faktor, die Initiation zur Synthese zu stimulieren. Ein mit psi (ψ) bezeichneter Faktor katalysiert spezifisch die Initiation ribosomaler RNS, nicht aber diejenige von Boten-RNS. Dem rho (ϱ)-Faktor schließlich kommt die Bedeutung eines Terminators der RNS-Synthese zu. Es konnte nachgewiesen werden, daß die DNS für diesen Faktor spezifische Erkennungsorte besitzt. An ihnen verringert das Holo-Enzym die Transkriptionsgeschwindigkeit, oder kommt völlig zum Stillstand. Dieser Mechanismus führt dazu, daß bei sehr niedrigen Substratkonzentrationen die Transkription aufhört und bei Anwesenheit von ϱ die in Synthese befindlichen RNS-Stränge von der DNS-Matrize abgelesen werden. ϱ ist ein Tetramer aus vier Polypeptidketten, die zusammen ein Molekulargewicht von 200 000 besitzen. Die Aktivität von M, Ψ und ϱ wird durch die Konzentration einer Anzahl von niedermolekularen Kofaktoren reguliert.

Die Injektion von Phagen-DNS in die Zellen von E. coli führt, je nach Phagenart, zu unterschiedlichen Veränderungen der Transkriptionsmaschinerie. Bereits eine Minute nach Eindringen von T4-DNS erweist sich die σ-Einheit der RNS-Polymerase der Wirtszelle als inaktiv. Später treten σ-ähnliche Faktoren auf, welche bei weitem bevorzugt die Transkription der T4-DNS anregen. Inzwischen hat sich unter der Wirkung der in Gestalt des Phagengenoms eingedrungenen, neuen genetischen Information auch die Aminosäurezusammensetzung aller übrigen Untereinheiten des RNS-Polymerase-Holo-Enzyms verändert. Damit verbunden ist eine verringerte Affinität zu σ und damit die Notwendigkeit einer höheren σ-Konzentration. Während so T4 die Molekularstruktur der von seiner Wirtszelle kodierten RNS-Polymerase ändert, wird unter der steuernden Wirkung injizierter DNS der Phagen T3 und T7 ein völlig neues, in seiner Wirkung homologes Enzym synthetisiert. Dessen Molekulargewicht beträgt nur 110 000. Hervorstechende Eigenschaft

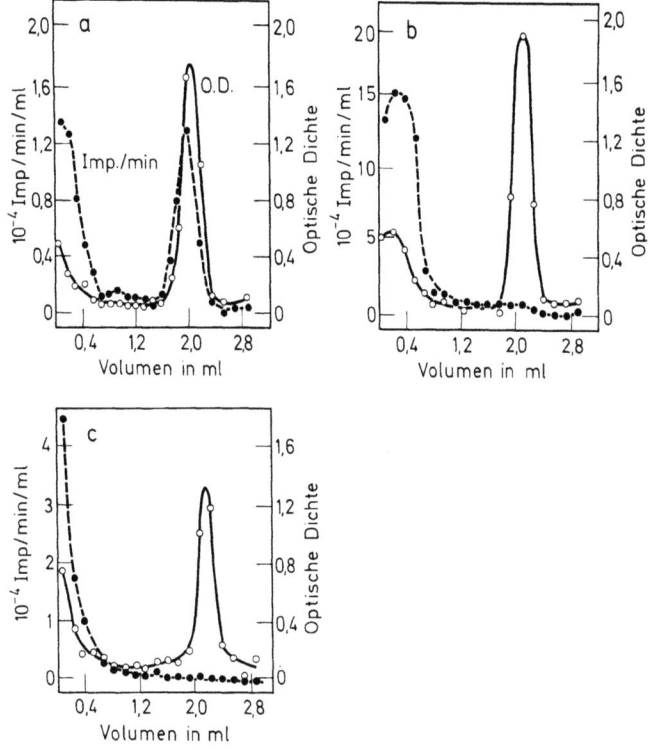

Abb. 128. Spezifische Hybridisierung zwischen in vitro an T 2 DNS synthetisierter, markierten Boten-RNS mit T 2-Einzelstrang-DNS a) sowie Unterbleiben der Hybridisierung mit Einzelstrang-DNS von b). Seeigel und c) Escherichia coli. Nach GEIDUSCHECK et al., 1961

dieser RNS-Polymerase ist eine sehr hohe Spezifität bei der Wahl der zu transkribierenden DNS. Das von T7 kodierte Enzym benutzt dazu native oder denaturierte DNS dieses Phagen, nicht aber die von λ oder T2. Die T3-RNS-Polymerase zeigt eine vergleichbare Spezifität der Matrizenwahl. Dieser Zusammenhang berührt eine bisher noch nicht erwähnte Problemstellung, nämlich diejenige der Regulation und Kontrolle der Genwirkung auf der Ebene der Transkription. Sie wird später noch Gegenstand weiterer Erörterungen sein.

Vorstehend war gesagt worden, daß sich Doppelstrang-DNS dadurch in die beiden Einzelstränge zerlegen läßt, daß eine DNS-Lösung stark erhitzt wird. Wie wir weiter hörten, ist dieser Vorgang zu einem gewissen Grade reversibel: Aus je zwei komplementären Einzelsträngen entsteht wieder ein Doppelstrang. Das ist allerdings nur dann möglich, wenn eine Temperatur gewählt wird, bei der zwar Wasserstoffbrücken gebildet werden, diese aber leicht wieder zu lösen sind. Nur so können Paarungsfehler berichtigt werden. Ganz ähnlich müsste, die Komplementarität eines Boten-RNS-Moleküls mit seiner DNS-Matrize vorausgesetzt, es möglich sein, Hybridmoleküle aus je einem Einzelstrang der Boten-RNS und der DNS herzustellen. Dazu wäre es nur nötig, Moleküle einer bestimmten spezifischen Boten-RNS mit DNS-Molekülen aus verschiedenen Tier- und Pflanzenarten,

aber auch mit DNS der eigenen Herkunftsart zusammenzubringen. Nur im letzteren Falle dürfte dann eine Hybridisierung von nennenswertem Umfang eintreten.
Einen solchen Versuch hat der in den Vereinigten Staaten arbeitende Forscher GEIDUSCHEK durchgeführt. Die Boten-RNS wurde unter Zuhilfenahme DNS-abhängiger RNS-Polymerase mit T2-DNS als Vorlage im Reagensglas synthetisiert. Sie war radioaktiv markiert. Abb. 128a zeigt das Ergebnis eines Hybridisierungsversuches mit T2-DNS. Die Maxima der durch ihre UV-Absorption ausgewiesenen T2-DNS und der durch die radioaktive Markierung gekennzeichneten Boten-RNS fallen zusammen: Es hat in einem hohen Prozentsatz der Fälle Hybridisierung der eingebrachten Boten-RNS mit der spezifischen DNS-Matrize stattgefunden. Ganz anders das Ergebnis bei Verwendung der gleichen Boten-RNS mit Seeigel-DNS (Abb. 128b) und Escherichia coli-DNS (Abb. 128c), wobei das A-T/G-C-Verhältnis der letzteren dem der T2-DNS sehr nahe kommt. Die Kurve der Radioaktivität als Zeichen der Anwesenheit markierter Boten-RNS zeigt kein Maximum. Eine Hybridisierung ist nicht eingetreten. Zahlreiche solche Versuche wurden in der Folgezeit mit Boten-RNS-Typen anderer Herkunft ausgeführt. Sie alle bestätigen die Aussage des dargestellten Experimentes: Jedes Boten-RNS-Molekül besitzt eine spezifische Nucleotidsequenz, die komplementär zu derjenigen des DNS-Abschnittes ist, an dem sie synthetisiert wurde. Boten-RNS-Moleküle entstehen somit durch den Vorgang der Transkription, der Überschreibung genetischer Informationen nach dem Gesetz der Basenpaarung. Erst dieser Vorgang macht sie geeignet als Mittler genetischer Informationen zwischen der DNS, als dem Bewahrer dieser Information und den Ribosomen, als den Orten der Informations-Verwirklichung tätig zu sein.

Einsträngige Boten-RNS entsteht unter Benutzung einer DNS-Vorlage. Sie ist ihr komplementär. Besteht aber diese DNS nicht selbst bereits aus zwei komplementären Einzelsträngen? Wird jeder davon als Vorlage benutzt? Gibt es mithin für jede genetische Botschaft zwei verschiedene Ausführungen, eine „Positiv"- und eine „Negativ"-Konfiguration? Aus informationstechnischen Gründen, die wir voll nach der Besprechung des Aminosäure-Codes verstehen werden, ist eine solche Annahme sehr unwahrscheinlich. Weit naheliegender dagegen scheint es, daß nur einer der beiden DNS-Stränge als „Positiv", die genetische Information enthält, welche auf die Boten-RNS transkribiert wird. Eine große Reihe von Beobachtungen und Versuchsergebnissen sprechen dafür: Entstünden für jeden Genort zwei komplementäre Boten-RNS-Einzelstränge, dann sollten diese – geeignete experimentelle Bedingungen vorausgesetzt – ebenfalls miteinander hybridisieren. Die experimentellen Bedingungen sind von der DNS-RNS-Hybridisierung her bekannt. Ihre Anwendung führte jedoch niemals zu Boten-RNS-Doppelsträngen. Werden Hybridisierungsversuche zwischen DNS-Einzelsträngen und der für sie spezifischen Boten-RNS im Sättigungsbereich durchgeführt, wobei die RNS bei weitem im Überschuß vorliegt, dann hybridisieren maximal 50% der DNS-Einzelstränge, die durch Auflösen eines Doppelstranges erhalten wurden, mit Boten-RNS. Nur einer der beiden Schwesterstränge eines DNS-Doppelstranges ist somit der Boten-RNS komplementär.

Einen eindrucksvollen Nachweis dafür, daß tatsächlich nur dieser die genetische Information beherbergt und daher als Matrize für die Boten-RNS-Synthese dient, erlaubt die Verwendung von Phagen-DNS besonderer Charakteristika. Der im Bacillus subtilis, dem Heubacillus, zur Vermehrung gelangende Phage SP 8 beherbergt eine DNS, deren beide Schwesterstränge durch unterschiedliches A-T/G-C Verhältnis ein verschiedenes spezifisches Gewicht aufweisen. Abb. 129 zeigt als Maxima die Lage seiner DNS-Bande im Gradienten der Ultrazentrifuge. Bei Hitzedenaturierung zerfällt der Doppelstrang in zwei Einzelstränge, die als h (heavy = schwer) und l (= leicht) bezeichnet werden. Die Schwimmdichte des schweren h-Stranges beträgt 1,762, die des leichten (l) 1,756. Es ist somit möglich, durch Ultrazentrifugierung beide Stränge präparativ voneinander zu trennen. Darauf gründet sich ein Versuch, bei dem wieder ^{14}C-markierte Boten-RNS zur Anwendung kam, die aus lebenden, in Phagensynthese begriffenen Bakterienzellen

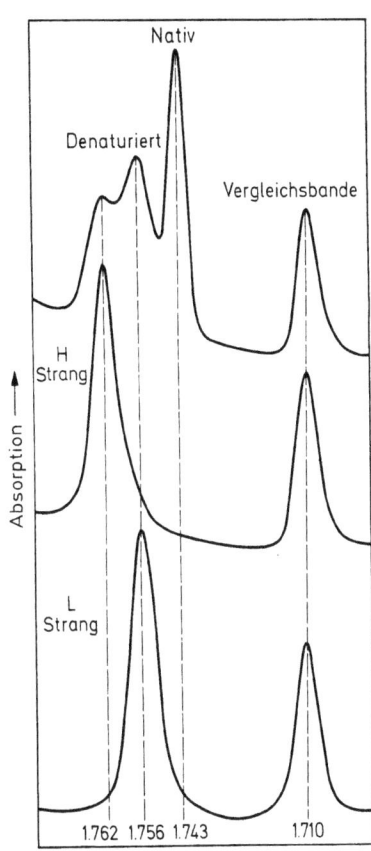

Abb. 129. Photometrische Auswertung der Banden nativer und denaturierter (obere Kurve) NDS des Phagen SP 8 von B. subtilis, sowie der Banden der beiden Einzelstrang-Fraktionen (h und l) im CsCl-Gradienten. Aus MARMUR et al., 1963

gewonnen worden war. In zwei getrennten Ansätzen wurde diese unter Hybridisierungsbedingungen einmal mit leichten, das andere Mal mit schweren Einzelsträngen inkubiert. Das Ergebnis der dann folgenden Ultrazentrifugierung im CsCl-Gradienten zeigt Abb. 130. Dort, wo sich die DNS vom Leichtstrangtyp sammelte, tritt keine Radioaktivität auf. Eine Hybridisierung hat also mit dieser DNS nicht stattgefunden. Anders dagegen die Zone des schweren Stranges: Sie ist durch ein mächtiges Maximum der Radioaktivität gekennzeichnet, das dadurch entsteht, daß die markierte Boten-RNS selektiv mit schweren Strängen hybridisierte. Zusammenfassend können wir somit feststellen: Die experimentellen Befunde beweisen eindeutig die aus Plausibilitätsgründen zuvor aufgestellte Hypothese.

Beim Vorgang der Transkription genetischer Information von der DNS auf Moleküle der Boten-RNS dient nur einer, und zwar ein ganz bestimmter der beiden DNS-Schwesterstränge als Vorlage. Gilt diese Aussage für die ganze Länge eines genetisch aktiven DNS-Moleküls? Moleküle der Boten-RNS sind ja im Vergleich zu denen der bakteriellen DNS nur sehr klein:
Während der DNS-Doppelstrang einer E. coli-Zelle etwa 3000 Genorte umfaßt, beherbergt ein Boten-RNS-Molekül die Komplementärstruktur nur eines einzigen oder weniger Genorte. Die oben dargestellten Hybridisierungsversuche scheinen die Frage eindeutig zu verneinen. Dennoch gibt es experimentell belegte Ausnahmen davon. Hybridisierungs-

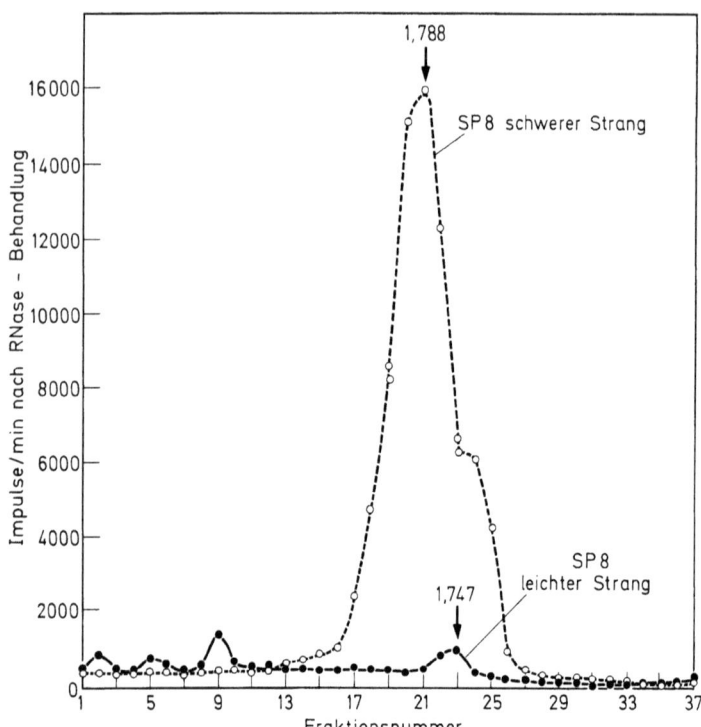

Abb. 130. Spezifische Hybridisierung der radioaktiv markierten Boten-RNS aus SP 8-infizierten Zellen von B. subtilis mit den schweren Einzelsträngen der SP 8-DNS. Aus MARMUR et al., 1963

versuche unter Verwendung der beiden Einzelstrangfraktionen der T4-DNS mit T4-induzierter Boten-RNS ergaben eine deutlich erkennbare Verschiedenheit, wenn einmal dazu die in der Frühphase der Phagensynthese entstehende Boten-RNS, das andere Mal diejenige der späteren Phase benutzt wurde. Es war bereits seit längerer Zeit bekannt, daß in beiden Phasen verschiedene Proteine synthetisiert werden. Frühe Boten-RNS hybridisiert mit dem l-Strang, späte vorwiegend mit dem s-Strang. Ganz offensichtlich enthalten in diesem Fall beide Stränge genetische Informationen, wobei es jedoch als ausgeschlossen gelten darf, daß es sich dabei um jeweils einander gegenüberliegende, komplementäre Regionen handelt.

Wie können derartige DNS-Doppelstränge entstanden sein, in denen keine durchgehende klare Scheidung zwischen einem „Informationsstrang" und einem „Negativ-Strang" ohne Informationsgehalt mehr besteht? Auf diese Frage geben Beobachtungen aus der Bakteriengenetik die Antwort. Von Escherichia coli-Stamm K12 wurden mehrfach Unterstämme isoliert, deren lac-Region gegenüber dem Wildtyp um 180° gedreht vorlag, dabei aber seine genetische Wirkung nicht eingebüßt hatte. Die lac-Region ist die Aufeinanderfolge von mehreren nebeneinanderliegenden Genorten, deren Aktivität die Zelle zum energieliefernden Abbau der Lactose befähigt. In vitro-und in vivo-Versuche haben eindeutig ergeben, daß die Synthese der Boten-RNS in 5' nach 3'-Richtung vor sich geht. Der Informationsstrang der DNS wird somit in der Gegenrichtung, also von 3' nach 5' transkri-

Abb. 131. Schema des Mechanismus der Verlagerung eines Abschnittes des Informationseinzelstranges der Transkription in den Komplementäreinzelstrang der DNS-Doppelhelix durch Inversion eines Doppelstrangstückes

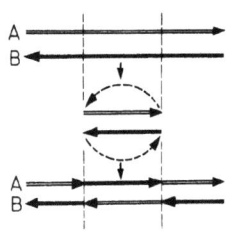

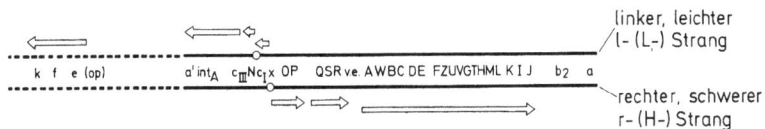

Abb. 132. Lineare Genkarte des Phagen λ mit eingezeichneter Transkriptionsrichtung einander nicht komplementärer Abschnitte der beiden Einzelstränge. Aus GUHA et al., 1968. Vgl. Abb. 228

biert. Liegt eine längere Mononucleotidsequenz – dabei handelt es sich bei der lac-Region – um 180° verdreht in ein DNS-Molekül eingebaut vor, dann müßten dadurch bei Umdrehung der Strangpolarität in diesem Bereich des DNS-Stranges die identische Duplikation und die Boten-RNS-Synthese unterbrochen werden. Warum aber bleibt eine solche invertierte lac-Region funktions- und replikationsfähig? Dies ist nur dann möglich, wenn nach Drehung um 180° die aus dem A-Strang stammende Nucleotid-Sequenz (Abb. 131) in den B-Strang, und die dem B-Strang entstammende in den A-Strang eingebaut wird. Die Polarität beider Stränge erleidet dabei keine Unterbrechung. Eines aber hat sich geändert. War vor der Inversion der A-Strang alleiniger Informationsträger, so ist nun im Bereiche der Inversion diese Funktion auf den B-Strang übergegangen, während der komplementäre Abschnitt des A-Stranges zum Negativ-Strang wurde. Ähnlich müssen wir uns die Entstehung der Mononucleotid-Sequenz von T4 in seiner heutigen Form vorstellen. Es ist nicht das einzige Beispiel für eine solche Verteilung informationtragender Nucleotidsequenzen auf beide Stränge. Abb. 132 zeigt ähnliche Zusammenhänge für den Phagen λ. In ihr ist auch die Ableserichtung eingetragen, die, wie unsere Überlegungen klar ergeben, für beide Schwesterstränge, der entgegengesetzten Polarität folgend, ebenfalls in entgegengesetzter Richtung vor sich gehen muß.

3. Die I-DNS der Eukaryonten

In jüngster Vergangenheit hat BELL von Versuchen berichtet, welche für die Zellen höher entwickelter Lebewesen mit echten Zellkernen, den Eukaryonten, die Zwischenschaltung eines weiteren Trägers beim Transport der genetischen Information von der Kern-DNS zum Ribosom sehr wahrscheinlich machen. Die dabei angewandte Technik ähnelt stark derjenigen, welche zur Entdeckung der Boten-RNS führte. Wird Muskelgewebe von Embryonen 2 Std. mit Tritium-haltigem Thymidin markiert, so erscheint nach Aufarbeitung und Gradientenzentrifugierung diese Markierung zum größten Teil in der 7 S-Fraktion (Abb. 133a). Wird dagegen im Anschluß an eine gleichartige, 4 Std. lang durchgeführte Markierung für weitere 2 Std nicht-radioaktives Thymidin verabreicht, so verschwindet dadurch das Radioaktivitätsmaximum vollständig aus der 7 S-Fraktion

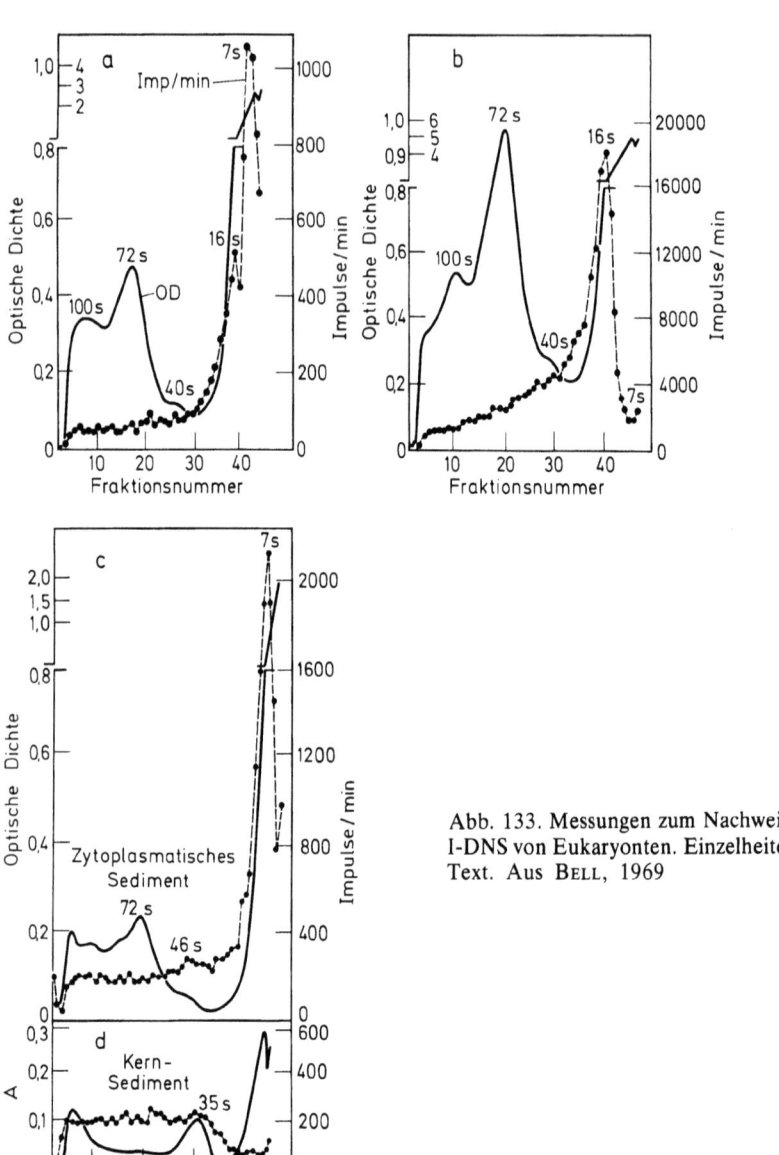

Abb. 133. Messungen zum Nachweis der I-DNS von Eukaryonten. Einzelheiten im Text. Aus BELL, 1969

und findet sich fast quantitativ in der 16 S-Fraktion wieder (Abb. 133b). Es läßt sich nachweisen, daß die 16 S-Partikel dem Cytoplasma und nicht dem Zellkern angehören. BELL schließt aus diesen Ergebnissen auf das Vorhandensein einer im Kern synthetisierten, relativ klein-molekularen DNS, welche als 7 S-Fraktion erkennbar wird. Sie trägt nach seiner Auffassung Teile der genetischen Information der Kern-DNS und wird daher als I-DNS bezeichnet. Im Plasma vereinigt sie sich mit Eiweißmolekülen und bildet dann Partikel von Nucleoproteid-Charakter, welche als 16 S-Einheiten auftreten und I-somen genannt werden.

Die Thymidin-Markierung wurde in den vorstehenden Versuchen als Nachweis des Vorliegens von DNS verwendet. Markierung mit Tritium-haltigem Uridin ergibt Auskünfte darüber, ob I-DNS mit RNS assoziiert. Werden embryonale Muskelzellen mit Tritium-haltigem Uridin markiert und die aufgearbeiteten Zellen der Gradientenzentrifugierung unterworfen, so ergibt sich der Kurvenverlauf der Abb. 133 c: Nur in der Cytoplasma-Aufarbeitung findet sich ein intensiv ausgebildetes 7 S-Maximum der Tritium-Markierung. Es muß daher RNS mit der I-DNS zu einer durch Ultrazentrifugierung nicht trennbaren Einheit verbunden vorliegen. Der Kernfraktion fehlt dieses Maximum. Ihre I-DNS ist damit im Bereiche der Nachweisgrenzen frei von RNS. Dieses Versuchsergebnis läßt sich am einfachsten durch die Hypothese deuten, daß die I-DNS außerhalb des Kernes ihre genetische Information an eine RNS weitergibt, welche wohl identisch mit der Boten-RNS ist. Es bleibt zunächst noch offen, wo diese Transkription erfolgt. Untersuchungen des Autors eröffnen die Möglichkeit, daß dieser Vorgang erst am Ribosom selbst vor sich geht. BELL konnte nämlich zeigen, daß in der Zelle Komplexe aus mehreren Ribosomen und RNS-bildender I-DNS vorhanden sind.

Die beschriebenen Beobachtungen und Versuche sprechen somit dafür, daß in den Zellen höher entwickelter Lebewesen die Transkription genetischer Informationen von der Kern-DNS in zwei Stufen erfolgt. Die erste davon bestünde in der Übertragung der genetischen Information der chromosomalen DNS auf DNS-Moleküle relativ kurzer Kettenlängen, welche als I-DNS, die von dem Autor beobachtete 7 S-Fraktion bilden. Sie treten später an Proteine gebunden, als I-somen auf und sind in der 16 S-Fraktion enthalten. Die genetische Information der I-DNS wird in der darauffolgenden zweiten Stufe der Transkription auf RNS-Moleküle übertragen, welche wohl identisch mit denen der Boten-RNS sind. Diese zweite Phase der Transkription erfolgt möglicherweise erst am Ribosom unmittelbar vor der Translation. Die geschilderten Versuche sind bisher erst Gegenstand kurzer Veröffentlichungen. Ihre Bestätigung durch andere Arbeitskreise bleibt abzuwarten.

B. *Die Informationen werden übersetzt (Translation)*

1. Die Aminosäure-Codons der Boten-RNS

1.1 Grundsätzliche Überlegungen

Wir waren von der Frage ausgegangen, wie die genetische Information vom Ort ihres Bewahrtseins an den Ort ihrer Verwirklichung transportiert wird. Als Überträger haben wir die Boten-RNS kennengelernt und die spezifische Art besprochen, in welcher sie im Vorgang der Transkription die für einen jeden Genort bezeichnende DNS-Basensequenz kopiert. Wir hatten weiterhin gesehen, daß dieser Bote an den Ort der Wirkung, an die Ribosomen, gelangt und an diese adsorbiert. Das Übertragungs-, das Transportproblem genetischer Information ist damit gelöst. Nun wollen wir uns einem weiteren wichtigen Problemkreise aus dem Gebiete der Verwirklichung genetischer Information zuwenden.

Der zweite Schritt auf dem Wege der Entstehung spezifischer Proteine unter Genkontrolle ist die Übersetzung, die Translation der auf die Boten-RNS transkribierten genetischen Informationen. Welcher Art ist diese Übersetzung? Ihre Aufgabenstellung besteht darin, die spezifische, lineare Sequenz der Basen der DNS eines Genortes zu übertragen in eine ebenso spezifische Struktur der Einzelstücke eines ganz bestimmten Proteinmoleküls. Worin liegt dessen Spezifität des molekularen Aufbaues begründet? Proteine sind Makro-

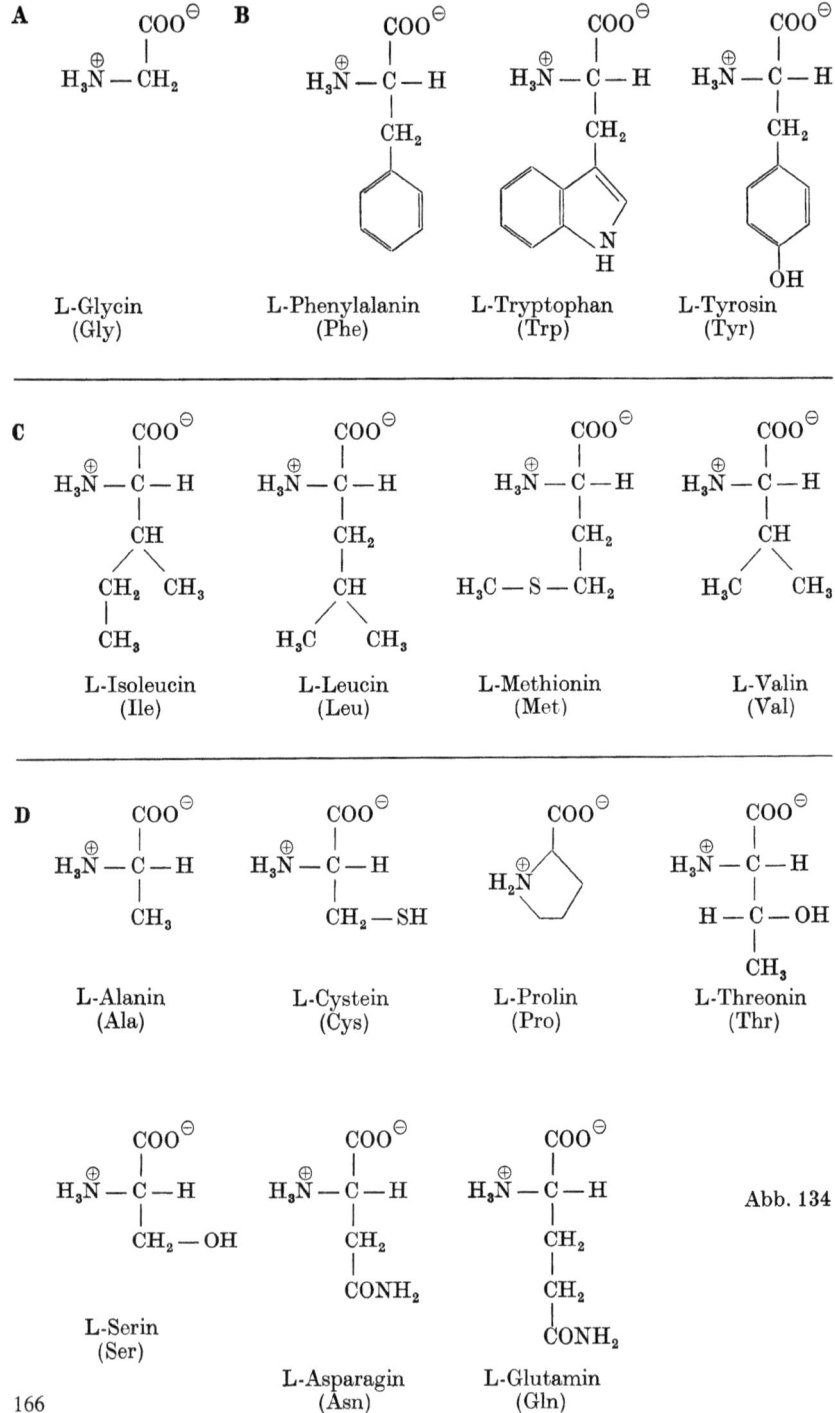

Abb. 134

E

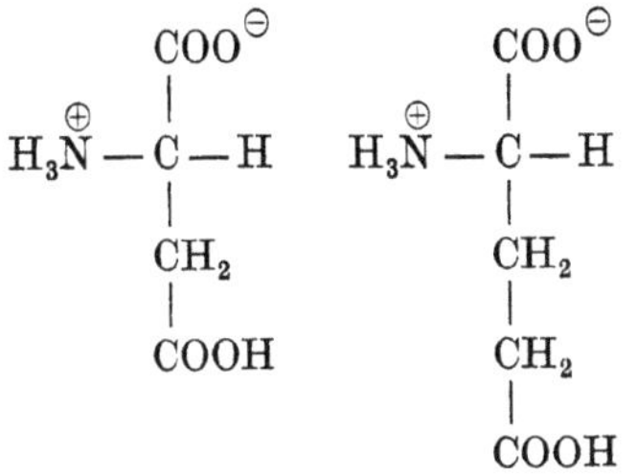

$$H_3\overset{\oplus}{N}-\underset{\underset{\underset{COOH}{|}}{\underset{CH_2}{|}}}{\overset{\overset{COO^{\ominus}}{|}}{C}}-H \qquad H_3\overset{\oplus}{N}-\underset{\underset{\underset{\underset{COOH}{|}}{\underset{CH_2}{|}}}{\underset{CH_2}{|}}}{\overset{\overset{COO^{\ominus}}{|}}{C}}-H$$

L-Asparaginsäure L-Glutaminsäure
(Asp)   (Glu)

F

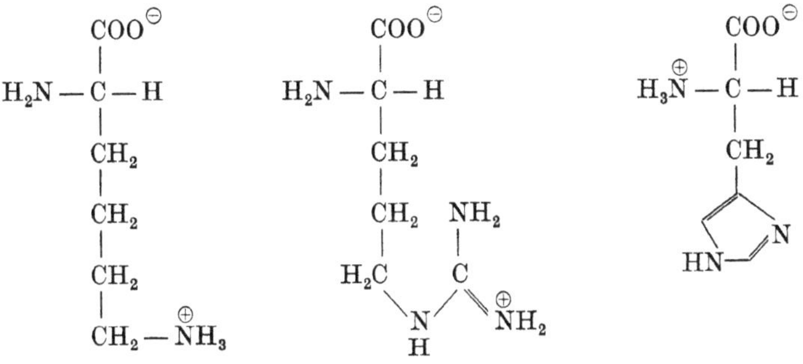

L-Lysin (Lys)   L-Arginin (Arg)   L-Histidin (His)

Abb. 134. Formeln der 20 in nativen Proteinen vorhandenen Aminosäuren Gruppeneinteilung vgl. S. 248

moleküle, deren Primärstruktur ganz ähnlich wie die der Nucleinsäuren aus einer linearen Aufeinanderfolge prinzipiell gleichartig aufgebauter Bausteine besteht. In den Nucleinsäuren sind es jeweils 4 verschiedene Mononucleotidtypen welche diese Aufgabe wahrnehmen. Die Bausteine der Proteine gehören dagegen zur Gruppe der Aminosäuren, von denen 20 verschiedene Typen (Abb. 134) in den biologisch aktiven Proteinen vorkommen. So wie in den Nucleinsäuren trotz der dort auf die Zahl 4 beschränkten Typenauswahl Makromoleküle dadurch entstehen, daß eine sehr große Anzahl solcher Mononucleotide linear aneinandergeknüpft werden, gilt der gleiche Zusammenhang auch für Proteine. Ihre Makromoleküle bestehen aus Ketten, welche von rund 100–500 ebenfalls linear aneinandergefügten Aminosäuren gebildet werden.

Das Grundschema des Aufbaues einer Aminosäure ist leicht verständlich (Abb. 135). Ein zentrales Kohlenstoffatom als α C-Atom bezeichnet trägt an seinen 4 Bindungen 4 verschiedene Gruppen: Ein Wasserstoffatom, eine NH$_2$ (Aminogruppe), eine COOH (Säuregruppe) und schließlich einen als Rest bezeichneten, mehr oder weniger großen Molekülteil. Amino- und Säuregruppe geben der Verbindungsklasse den Namen. Der Rest wechselt von Aminosäure zu Aminosäure und bestimmt die Individualität ihrer chemischen Eigenarten. Auch die Verknüpfung solcher Aminosäuren untereinander zu linearem Aufbau der Aminosäurekette eines Polypeptids ist seit langem bekannt (Abb. 136). Unter Bildung eines Wassermoleküls (die Säuregruppe der einen Aminosäure steuert dabei eine OH-Gruppe, die NH$_2$-Gruppe der anderen ein H-Atom bei) entsteht die

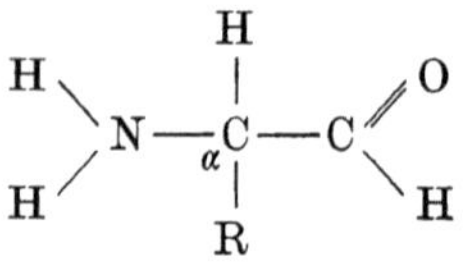

Abb. 135. Grundschema des molekularen Aufbaues einer Aminosäure

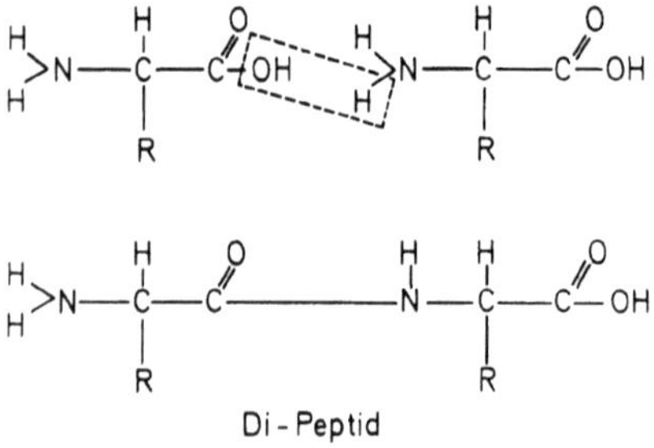

Di-Peptid

Abb. 136. Formale Darstellung der Reaktion der Verknüpfung zweier Aminosäuren unter Wasseraustritt und Bildung eines Dipeptids als Grundschema für die Entstehung der Polypeptidkette eines Proteins

a)

| A | G | C | U |

b)

A A	A G	A C	A U
G A	G G	G C	G U
C A	C G	C C	C U
U A	U G	U C	U U

c)

A A A	A A G	A A C	A A U
A G A	A G G	A G C	A G U
A C A	A C G	A C C	A C U
A U A	A U G	A U C	A U U
G A A	G A G	G A C	G A U
G G A	G G G	G G C	G G U
G C A	G C G	G C C	G C U
G U A	G U G	G U C	G U U
C A A	C A G	C A C	C A U
C G A	C G G	C G C	C G U
C C A	C C G	C C C	C C U
C U A	C U G	C U C	C U U
U A A	U A G	U A C	U A U
U G A	U G G	U G C	U G U
U C A	U C G	U C C	U C U
U U A	U U G	U U C	U U U

Abb. 137. Darstellung der Art und Anzahl unterschiedlicher Codierungseinheiten bei Vorliegen eines
a) Einfach-,
b) Duplett-,
c) Triplett-Codes der Mononucleotidbasen

sogenannte Peptidbindung, welche die 2 Aminosäure-„Reste" des Dipeptids als erste Stufe der Kettenbildung verbindet. Die formale chemische Seite der Proteinbildung ist somit zumindest in ihren Grundzügen leicht zu durchschauen. Die biologischen Fragestellungen sind damit noch nicht einmal genannt.
Die spezifische biologische Aktivität der Moleküle eines bestimmten Proteins hängt primär von der für dieses Protein bezeichnenden Aufeinanderfolge ganz bestimmter Aminosäurereste ab. Diese Aminosäuresequenz entsteht unter genetischer Kontrolle. Sie ist damit nichts anderes als die Übersetzung der spezifischen Nucleotidsequenz eines bestimmten Genortes in eine ebenso spezifische Aminosäuresequenz des zu synthetisierenden Proteins. Damit ist die biologische Aufgabenstellung umrissen. Wir wollen nach der Verschlüsselung der Aminosäuresprache fragen, welche in der Basensequenz der DNS niedergelegt ist. Präziser formuliert: Wie heißen die Code-Worte oder „Codons" der 20 möglichen Aminosäuren, ausgedrückt in einer für jede Aminosäure bezeichnenden Aufeinanderfolge ganz bestimmter Mononucleotide der DNS?

1.2 Die Triplett-Natur der Codons

Mit dieser Formulierung haben wir bereits ein weiteres Problem angeschnitten. Genügt als Codon für eine Aminosäure nicht auch ein einziges bestimmtes Mononucleotid? Eine einfache Rechnung kann diese Frage beantworten. Wenn für jede der Aminosäuren ein Mononucleotid-Codon notwendig ist, dann brauchen wir 20 Codons. Die 4 verschiedenen, durch ihre Basen gekennzeichneten Mononucleotidtypen, der Boten-RNS, welche zur Verfügung stehen, könnten bei Verwendung eines einzelnen Mononucleotids als Codon nur 4 davon bilden. (Abb. 137a) Das reicht also sicher nicht aus. Wie steht es dann mit Codons aus jeweils zwei Basen? Die Gesetze der Kombinatorik (Abb. 137b) ergäben dann 4^2 Möglichkeiten. (Dabei ist die 4 die Zahl der verschiedenen Elemente, hier der verschiedenen Basen, 2 diejenige für die Anzahl der jeweils miteinander kombinierten Einzelstücke). Diese 4^2 oder 16 Möglichkeiten reichen bei 20 benötigten verschiedenen Codons ebenfalls noch nicht aus. Würden dazu drei aufeinanderfolgende Basen je Codon genügen? Die Rechnung ergibt $4^3 = 64$ verschiedene (Abb. 137c) Kombinationsmöglichkeiten. Diese Anzahl reicht bei weitem aus. Sie sollte alle Ansprüche an den „genetischen Code" befriedigen. Hat die Natur diese im Vorstehenden mathematisch abgeleiteten Gesetzmäßigkeiten zu ihren eigenen gemacht? Ging sie etwa andere Wege bei der Entwicklung eines Mechanismus zur Übersetzung der in der Basenfolge der DNS enthaltenen genetischen Information in die spezifische Aminosäuresequenz biologisch aktiver Proteine? Das kann nur das Experiment, die planvolle Befragung der natürlichen Gegebenheiten beantworten.
Weiter oben hatten wir von der mutagenen Wirkung der Acridinfarbstoffe gehört. Der Reaktionsmechanismus dieser Mutagene führte zur Einfügung oder Entfernung eines Mononucleotidpaares der DNS. Mit Acridin-Mutanten haben CRICK und Mitarbeiter am Phagen T4 Versuche „über die allgemeine Natur des genetischen Codes für Proteine" durchgeführt. Solche Mutanten sind nur in einem verschwindend geringen Prozentsatz der Fälle „leaky". Sie zeigen damit fast stets einen totalen Ausfall einer bestimmten, genetisch gesteuerten Funktion. Dies ist umso erstaunlicher, da mit anderen Mutagenen induzierte Mutanten in mindestens 50% der Fälle einen nur teilweisen Verlust irgendeiner genetisch bedingten Befähigung aufweisen. Ein derartig eindrucksvoll ausgeprägter Unterschied muß in dem besonderen Reaktions-Mechanismus der Acridin-induzierten Mutagenese begründet liegen. Unsere bisherigen Überlegungen gingen, ohne daß dies besonders betont wurde, von einer wichtigen Annahme aus. Sie besagt, daß eine Co-Linearität zwischen Basensequenz der DNS und Aminosäuresequenz der Proteine vorliegt, in anderen Worten, die lineare Aufeinanderfolge der zur Codierung der Aminosäuren benutzten Basen spiegelt sich wider in der linearen Aufeinanderfolge eben dieser Aminosäuren. Codon 1 eines Genortes würde damit Aminosäure 1 eines Proteins, Codon 2 die Amino-

säure 2 usw. bestimmen. Diese Co-Linearität wurde durch mehrere Versuchsreihen bewiesen. Da uns zu ihrem Verständnis noch einige Voraussetzungen fehlen, werden wir auf diese Experimente später in einem anderen Zusammenhang zurückkommen. Dennoch wollen wir diese Linearität zunächst einmal als gegeben hinnehmen. Was bedeutet dieser Zusammenhang für das Verständnis des Wesens der Acridin-induzierten Mutation? Nehmen wir einmal an, jede Aminosäure würde durch drei aufeinanderfolgende Basen der DNS codifiziert. Es läge dann ein Dreier-Code vor. Wir können uns dafür in unserer Sprache ein Codon-Modell bilden.

Der Bub sah auf dem Weg ein Reh.

Jedes dieser Worte bildet ein Triplett, das einen bestimmten, nämlich den Sinn des betreffenden Wortes besitzt und sich in unserem Beispiel von Triplett zu Triplett unterscheidet. Nun wollen wir ,,mutieren" und dabei den Reaktionsmechanismus der Acridin-induzierten Mutation anwenden. Die mittlere ,,Base" u des zweiten Tripletts soll entfernt werden. Unser Satz lautet jetzt, unter Beibehaltung der Einteilung in Tripletts:

Der bbs aha ufd emw ege inr eh

Nur noch das erste Triplett ,,der" besitzt einen Sinn. Alle übrigen haben ihren bisherigen Sinn eingebüßt. Im Aminosäurecode gibt es nur 20 verschiedene Wortsinne, in der deutschen Sprache dagegen für Wörter, die sich aus den Buchstaben zusammensetzen, ungleich mehr. Wenn wir daher die an unserem Satzmodell gewonnenen Erkenntnisse auf die Mutagenese durch Acridine anwenden wollen, können wir zweierlei schließen: Einmal zeigt das Beispiel, daß, hervorgerufen durch den besonderen molekularen Mechanismus dieser Mutagenese in Leserichtung jenseits eines Mutationsortes, der bisherige Sinn der Codons verloren geht. Zum anderen können wir, wie das Modell nicht zu zeigen vermag, annehmen, daß die neu entstehenden Tripletts aus den oben dargestellten Überlegungen andere Bedeutungen erhalten als bisher, selten aber unsinnig sind. Das aber sollte dazu führen, daß in Proteinen der Mutanten in den betreffenden Positionen andere Aminosäuren auftreten, als sie für das homologe Protein des Wildtyps bezeichnend sind. Wir verstehen auch, warum Acridinmutanten fast stets den totalen Ausfall der betreffenden Gen-abhängigen Funktion zeigen: Für die Mutanten kennzeichnende Proteine weisen jenseits des Mutationspunktes eine vom Wildtypprotein völlig abweichende Aminosäuresequenz auf. Ihnen fehlt daher auch jede biologische Aktivität.

Läßt sich ein derartiger Defekt einigermaßen reparieren ohne daß der ursprüngliche Zustand, der Wildtypzustand, wieder hergestellt wird? Aus unserem Satzmodell können wir eine naheliegende Möglichkeit ableiten. Fügen wir in eines der Tripletts, die auf das bereits durch ,,Mutation" veränderte Triplett folgen, den zusätzlichen Buchstaben x – ein Mononucleotid im Falle der DNS – ein, so sind die nun folgenden Tripletts wieder mit dem alten Wortsinn lesbar.

der bbs ahx auf dem Weg ein Reh.

Die beiden Tripletts zwischen der Weglassung und der Einfügung je eines Buchstabens haben den ursprünglichen Sinn nach wie vor eingebüßt, alle anderen ihn dagegen zurückerhalten. Auf das Beispiel der Codifizierung einer Aminosäuresequenz durch Basentripletts der DNS angewandt besagt dies: Zwischen einer Weglassung und der zusätzlichen Einfügung eines Mononucleotidpaares werden andere Aminosäuren als bisher eingebaut. Alle übrigen entsprechen dem Wildtyp. Nun wissen wir aber, daß innerhalb eines Proteinmoleküls nicht jede der zahlreichen Aminosäuren von gleich großer Wichtigkeit für die Ausübung der biologischen Funktion dieses Proteins ist. Sind die gegenüber dem Wildtyp veränderten Aminosäuren einer solchen Doppelmutante weniger bedeutsam, dann sollte durch den zweiten Mutationsschritt die Ausfallserscheinung, welche vom ersten erzeugt wurde, mehr oder weniger stark unterdrückt sein. Es entstünde ein Pseudo-Wildtyp. Nach diesen Überlegungen werden wir die Untersuchungen von CRICK und Mitarbeitern am Phagen T4 leichter verstehen. Die Autoren hatten mit Acridin eine als FC O bezeichnete Mutante des Phagen T4 induziert, welche dem r_{IIB}-Typ angehört. Sie unterschied sich daher vom Wildtyp durch den Verlust der Befähigung, in Zellen des K12-Stammes von E. coli zur Vermehrung gelangen zu können (Tab. 2). In genügend großen Suspensionen ihrer Partikel ließen sich spontan entstandene Mutanten nachweisen, die wieder im K 12-Rasen Plaques bildeten. Die genetische Analyse ergab, daß es sich mit zwei Ausnahmen dabei nicht um echte Rückmutanten sondern im Sinne unserer oben gemachten Überlegungen um das jeweilige Auftreten einer zweiten Mutation handelte, die als Suppressor die Wirkung der ersten unterdrückte. Bezeichnen wir ganz willkürlich die Ausgangsmutante FC O mit (+) und nehmen dadurch eine Addition eines Mononucleotids an, dann müssen diese Suppressoren dem (−)-Typ angehören. Es ließ sich weiterhin zeigen, daß die Mutationsorte solcher Suppressoren in unmittelbarer Nachbarschaft des primären Mutationsortes von FC O lagen. Auch für die Suppressoren konnten abermals Suppressoren isoliert werden, deren Träger konsequenterweise als (+ − +) zu bezeichnen sind und auch diese ließen sich durch eine erneute Suppressormutation wieder zum Pseudowildtyp (+ − + −) ausbauen. Wenn wir dazu die Abb. 138a−c vergleichen, können wir mit Hilfe des entsprechenden Buchstabenschemas, in dem jedes Triplett trotz seines unterschiedlichen Informationsgehaltes im Wildtypzustand mit ABC bezeichnet ist, die Entstehung des Pseudowildtyps (+ −) ableiten und verstehen.

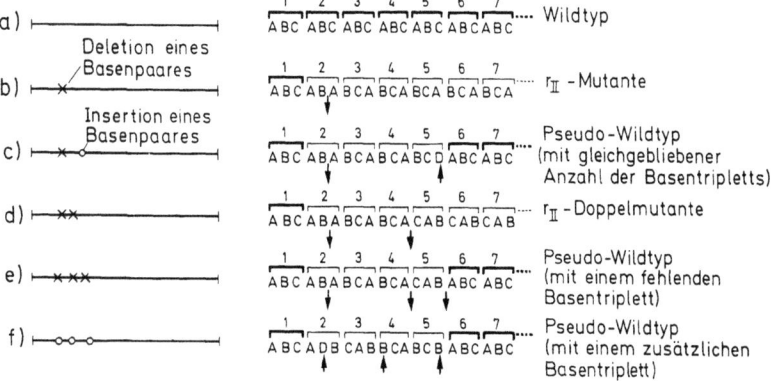

Abb. 138. Genetische Wirkung der Deletion und Insertion einzelner Mononucleotidpaare in der r_{II}-Region des Phagen T 4. Nach CRICK et al., 1961, aus PERUTZ, 1962

Die bisher beschriebenen Versuche hatten das Problem der Triplett-Natur des Aminosäurecodes noch nicht berührt. Dies wurde erst durch die Vornahme von Kreuzungsversuchen möglich. Wählten die Autoren dazu als Partner zwei Mutanten des (+)-Typs, so zeigten ebenso wie bei Kreuzung von (−) mit (−) alle Nachkommen das Erscheinungsbild einer r-Mutante. Unter ihnen mußten sich im erstgenannten Falle Rekombinanten des (+ +)-Typs im zweitgenannten des (− −)-Typs befinden. Sie konnten dazu benutzt werden, das experimentum crucis durchzuführen. Ist der genetische Code tatsächlich ein Triplett-Code der DNS-Basen, dann sollte die Kombination (+ + +) oder (− − −) zu Ergebnissen führen, die sich von denen der + + und − − Rekombinanten drastisch unterscheiden: + + + bedeutet ja (Abb. 138f) die Einfügung von drei neuen Mononucleotiden und damit eines ganzen Basentripletts. Dies wäre gleichbedeutend mit der Erweiterung des durch den betreffenden Genort codierten Proteins um einen Aminosäurerest. (− − −) bedeutet dann die Verkürzung (Abb. 138e) um einen Aminosäurerest. Das wichtigste Ergebnis einer solchen Veränderung sollte daher sein, daß der „Leserahmen", die Einteilung der aufeinanderfolgenden Mononucleotide in Codons, in Leserichtung jenseits der letzten der Einfügungen oder Auslassungen wieder „in Phase" mit den Bedingungen des Wildtyps ist. Solche Dreifach-Mutanten sollten daher, sekundäre Störungen durch die Einfügung oder Auslassung einer ganzen Aminosäure in das Protein nicht mitgerechnet, wieder Pseudowildtyp zeigen. Diese Aussage wurde durch den Ausfall der Versuche voll bestätigt. Es traten wieder Pseudowildtypen auf. Damit war gezeigt, daß der genetische Code ein Triplett-Code ist: Drei aufeinanderfolgende Basen der DNS codieren jeweils eine Aminosäure innerhalb eines Proteins.

1.3 Ist der Code überlappend?

Ein Triplett-Code erlaubt selbst bei Colinearität eine verschiedene Deutung für die Art der Verschlüsselung aufeinanderfolgender Codons. In der monotonen Aufeinanderfolge ABC ABC ABC möge jeder Buchstabe ein Mononucleotid symbolisieren. Eine solche Sequenz von neun Nucleotiden könnte drei, aber auch mehr Aminosäuren codieren. Folgen die Tripletts ohne Überlappung aufeinander, so entstehen drei gleiche Codons.

$$\underbrace{ABC}_{1} \quad \underbrace{ABC}_{2} \quad \underbrace{ABC}_{3}$$

Liegt eine einfache Überlappung vor, so enthält die Sequenz 4 Codons:

a)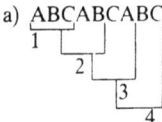

Die doppelte Überlappung gestattet gar 7 Codons unterzubringen:

b)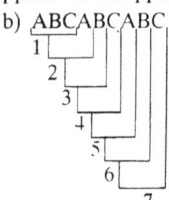

Diese theoretische Ableitung erlaubt Aussagen, welche sich experimentell prüfen lassen: Nach a) sollten drei Mononucleotide also ein Drittel aller − in Leserichtung gesehen C, B und A − jeweils zu zwei verschiedenen Code-Worten gehören. Die Induktion von Mutationen durch chemische Mutagene, welche zur Veränderung eines einzigen Mononucleotids führen, sollte dann eine ganz bestimmte Eigenart aufweisen: Ein Drittel aller solcher Mutanten wären durch ein Protein gekennzeichnet, das sich in zwei aufeinanderfolgenden Aminosäuren vom Wildtyp unterschiede.

Ein sehr geeignetes Objekt für derartige Untersuchungen bildet das Tabakmosaik-Virus (TMV). Seine infektiösen Partikel haben Stäbchenform (Abb. 241). Ihre genetische Substanz ist ausschließlich Ribonucleinsäure. Sie bildet eine lineare Sequenz von 6500 Mononucleotiden. Um dieses spiralig angeordnete RNS-Molekül gliedern sich, wie das in Abb. 139 dargestellte Modell eines Ausschnittes aus einem solchen Viruspartikel zeigt, rund 2200 Proteinmoleküle. Diese sind untereinander völlig gleich. Jedes von ihnen baut sich aus 158 Aminosäureresten auf, deren Sequenz heute analysiert ist. Codiert wird sie durch einen entsprechenden Abschnitt der TMV-RNS. Gelangt diese in eine als Wirt geeignete Pflanzenzelle, so wirkt sie ähnlich einer Boten-RNS und liefert unter anderem die genetische Information über die Sequenz der Aminosäuren des TMV-Proteins. Es sind TMV-Mutanten-Stämme bekannt, welche eine Änderung dieser Sequenz aufweisen und nach spontaner Entstehung isoliert wurden. Noch einfacher zu TMV-Mutanten gelangt man durch Induktion mit geeigneten Mutagenen. Zu ihnen gehört die salpetrige Säure, deren mutagene Wirkung auf Nucleinsäuren zuerst am Tabakmosaikvirus nachgewiesen werden konnte. WITTMANN in Deutschland, und FRAENCKEL-CONRAD in den USA haben die Proteine einer großen Anzahl von Mutanten des Tabakmosaikvirus eingehend untersucht (Abb. 140). Mit einer einzigen Ausnahme, die durch Doppelmutation hervorgerufen sein dürfte, fanden sie stets die Veränderung nur einer Aminosäure. Die für das Vorhandensein eines überlappenden Codes gemachten Voraussagen wurden somit durch das Experiment widerlegt: Der Triplettcode der DNS ist nicht überlappend.

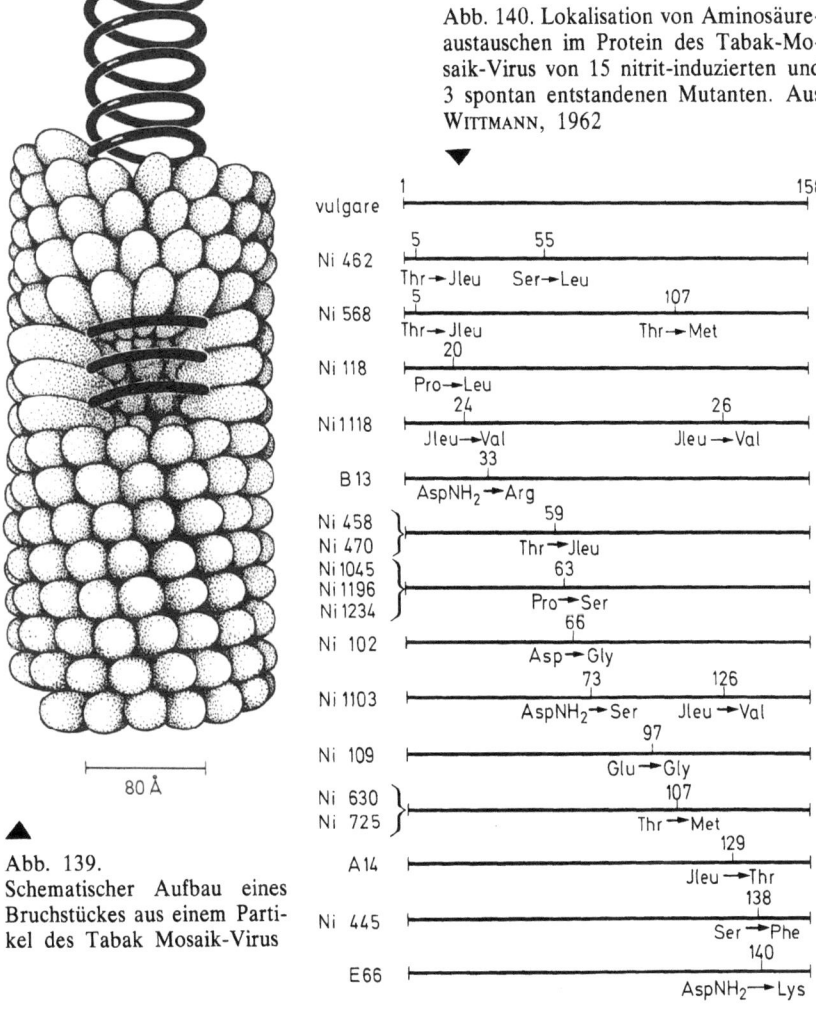

▲
Abb. 139.
Schematischer Aufbau eines Bruchstückes aus einem Partikel des Tabak Mosaik-Virus

Abb. 140. Lokalisation von Aminosäureaustauschen im Protein des Tabak-Mosaik-Virus von 15 nitrit-induzierten und 3 spontan entstandenen Mutanten. Aus WITTMANN, 1962

1.4 Die Aminosäure-Bedeutung der Codons

1.41 In vitro-Versuche zur Bestimmung des Basengehaltes der Tripletts

Auf unserem Wege den Mechanismus der Verwirklichung genetischer Information kennenzulernen, haben wir nun schon zwei wichtige Problemkreise behandelt: Wir folgten den einzelnen Stufen der Transkription der genetischen Information von der DNS auf die Boten-RNS. Wir leiteten weiterhin, den experimentellen Befunden molekulargenetischer Forschung folgend, grundlegende Aussagen über die Natur des biologischen Codes ab.

Nun wollen wir uns einem dritten Problemkreis zuwenden. Er gruppiert sich um die Frage nach der Aminosäure-Bedeutung der einzelnen Codons des Triplett-Codes. Sie ist heute in allen Einzelheiten erfaßt. Diese Brechung des genetischen Codes ist eine der Großtaten der naturwissenschaftlichen Forschung unseres Jahrhunderts. Die Erfolge der damit verbundenen experimentellen Bemühungen wurden durch die Verleihung mehrerer Nobelpreise anerkannt und geehrt.

Bevor wir dem schrittweisen Vordringen in ein Gebiet biologischer Forschung von eminenter Wichtigkeit für das Gesamtverstehen des Belebten folgen, muß noch eine andere Gruppe von Befunden nachgetragen werden.

Zwei Klassen von Ribonucleinsäuren haben wir bisher als Träger von Mechanismen kennengelernt, welche bei der Verwirklichung genetischer Informationen eine entscheidende Rolle spielen: Die Boten-RNS und die ribosomale RNS, die erstere als Träger der Triplett-Codeworte, der Codons, die letztere als Baustein eines komplexen Gebildes, des Ribosoms, an dessen Oberfläche die Ablesung der Codons stattfindet. Wer aber nimmt diese Ablesung vor? Wir hatten ja gehört, daß dabei Einzelstücke ganz bestimmter Aminosäuren aneinandergereiht werden, sodaß schließlich eine, das betreffende Protein kennzeichnende Aminosäuresequenz entsteht. Wer aber vermag bei diesem Vorgang den Sinn der Codons zu lesen und jedem von ihnen die betreffende Aminosäure zuzuordnen? Untersuchungen haben gezeigt, daß dieses Zuordnen, das Ablesen der Codeworte nicht durch das Ribosom selbst vor sich geht. Es ist wie ein Computer, dem erst bestimmte codierte Befehle eingefüttert werden müssen, damit seine Aktion anläuft und Sinn erhält.

Was aber ist beim Vorgang der Bildung biologisch aktiver Proteine diesen eingefütterten Befehlen gleichzusetzen? Wer vermag den Basencode der Boten-RNS zu lesen?

Eine dritte Klasse von Ribonucleinsäuren führt diese Aufgabe durch. Sie muß aber nicht nur die Codons der Boten-RNS in die Aminosäuresprache übersetzen. Noch eine zweite Aufgabe kommt hinzu: Diese Aminosäuren müssen an den Ort des Einbaues in ein werdendes Polypeptid transportiert, transferiert werden. Auch diese Aufgabenstellung löst die angesprochene Klasse von Ribonucleinsäuren. Sie gab ihr den Namen Transfer-RNS (t-RNS). Ihre Moleküle sind kleiner als die der Boten-RNS oder der ribosomalen RNS. t-RNS ist daher weit leichter löslich. Diese Eigenschaft führte ganz am Anfang der Untersuchung der tRNS zur Benennung s-RNS (soluable = lösliche RNS), eine Bezeichnung, die heute wieder weitgehend aufgegeben wurde. Schon bald zeigte sich auch im Zuge dieser Untersuchungen, daß es zahlreiche Typen der t-RNS gibt, für jede Aminosäure mindestens eine. Abb. 141 stellt die Ergebnisse der analytischen Auftrennung eines Gemisches von t-RNS-Typen dar, welche aus Bäckerhefe mit Hilfe der Technik der Gegenstromverteilung gewonnen wurden. Sie zeigt in Form verschiedener Maxima unterschiedliche t-RNS-Arten, von denen jede eine für sie charakteristische Aminosäure zum Ort der Proteinbildung transferiert. Die Erforschung des molekularen Aufbaues der t-RNS und die dadurch möglich gewordene Ableitung ihrer biologischen Funktion ist heute bereits weit fortgeschritten. Ihr Verständnis setzt einige Tatbestände voraus, welche wir im folgenden erst kennenlernen müssen. Wenden wir uns dazu wieder der Fragestellung nach der Bedeutung der Codons der Boten-RNS zu.

Um das Jahr 1960 bemühten sich mehrere Arbeitskreise ein experimentell verwertbares

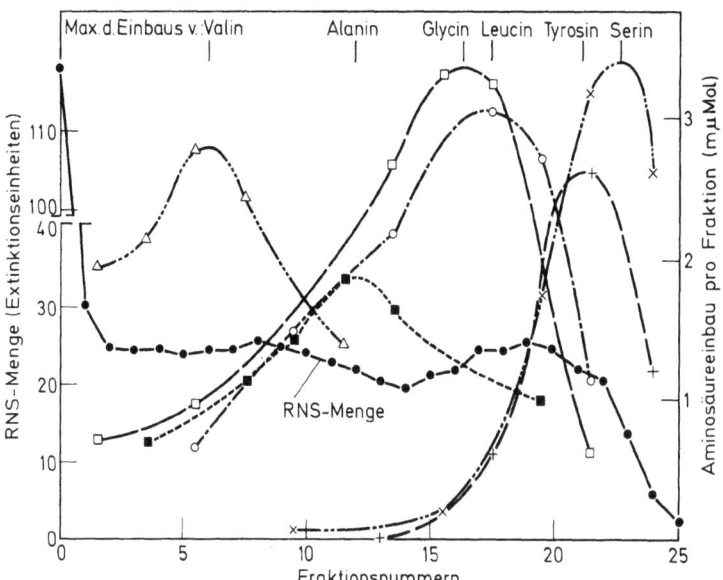

Abb. 141. Gegenstromverteilung der Transfer-RNS-Fraktion aus Zellen der Bäckerhefe mit dem Ergebnis der Fraktionierung einzelner tRNS-Typen. Aus ZACHAU et al., 1961

System für die Proteinsynthese in vitro aufzubauen. Biologisch aktive Proteine sollten somit außerhalb der Zelle im Reagensglas synthetisiert werden. Dazu war es nötig, aus Zellen Extrakte herzustellen, welche alle zur Proteinsynthese notwendigen Komponenten enthielten. Einige davon haben wir bereits kennengelernt: DNS, Boten-RNS, t-RNS, Ribosomen, Triphosphor-Mononucleotide der 5 Typen (A*, T*, G*, C*, U*) sowie Aminosäuren und Energielieferanten und wir dürfen hinzufügen Magnesium-Ionen. Im Labor des amerikanischen Forschers NIRENBERG waren die Vorarbeiten soweit gediehen, daß das System zu funktionieren begann. Es war aus Escherichia coli-Zellen gewonnen worden. Die de novo-Synthese von Proteinen ergab zunächst selbstverständlich keine wägbaren Mengen. Daher hatte man einzelne der Aminosäuren, mit denen das System als Ausgangssubstanz beschickt wurde, durch radioaktive Markierung gekennzeichnet. Wollte man die entstandenen Eiweiße nachweisen, so wurden zunächst in geringen Mengen unspezifische andere Proteine hinzugegeben und diese zusammen mit den neu entstandenen durch geeignete Mittel ausgefällt. Die Radioaktivität der Fällung diente dann als Maß für die Menge der neu synthetisierten spezifischen Proteine. Abb. 142 zeigt in Kurvenform den Verlauf einer der zahlreichen Prüfungen, denen das in vitro-System unterworfen wurde. Der Kurvenverlauf (ohne DNase) beweist durch seinen raschen Anstieg die zunehmende Menge der synthetisierten Proteine. Die etwa 40 min nach Versuchsbeginn beobachtbar werdende Verringerung der Kurvenneigung und damit die Verlangsamung der Proteinsynthese zeigt an, daß jenseits dieses Zeitpunktes sich innerhalb des Systems Veränderungen ergeben, welche seine Fähigkeit zur Proteinsynthese langsam verringern. Die zweite Kurve stellt die Verhältnisse nach Zugabe von DNSase dar. Diese zerstört die zur Synthese von Boten-RNS notwendige Vorlage. Die Proteinbildung kommt daher nach Verbrauch der noch vorhandenen Boten-RNS zum Stillstand.

An diesem in vitro-System prüften NIRENBERG und MATTHAEI die Wirkung künstlich hergestellter Boten-RNS. Sie hatten dazu Polynucleotide von RNS-Charakter synthetisiert, die jeweils ausschließlich aus der monotonen Aufeinanderfolge zahlreicher Einzelstücke

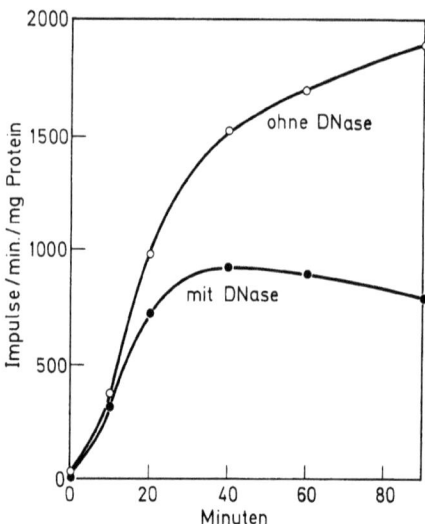

Abb. 142. Kinetik der Polypeptidsynthese des zellfreien Systems von NIRENBERG und MATTHAEI, gemessen am Einbau ^{14}C-markierten Valins in DNase-freiem Zustand und nach Zugabe von DNase. Nach NIRENBERG und MATTHAEI, 1961

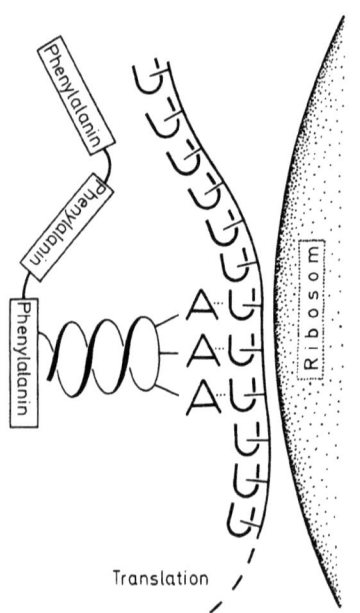

Abb. 143. Schema der Synthese eines ausschließlich aus Phenylalanin-Resten bestehenden Polypeptids unter der Wirkung einer als Boten-RNS wirkenden, synthetischen Polyuridylsäure. Nach NIRENBERG und MATTHAEI, 1961

eines einzigen der vier möglichen Mononucleotide bestanden. Jede dieser künstlichen Boten-RNS-Typen sollte daher in ebensolcher monotonen Aufeinanderfolge möglicherweise Tripletts als Codons für eine einzige bestimmte Aminosäure enthalten. Um dies zu prüfen, wurden in einem Versuchsansatz nach Zerstörung der in der Aufarbeitung enthaltenen DNS und Boten-RNS jeweils eine der 4 synthetischen RNS-Arten und die 20 verschiedenen Aminosäuretypen eingebracht. Dabei wurde nur eine von Fall zu Fall wechselnde Aminosäure in radioaktiv markierter Form verwendet. Die 19 übrigen dagegen blieben unmarkiert. Der erste Erfolg zeigte sich im System Polyuridylsäure (UUUU) usw. zusammen mit radioaktiv markiertem Phenylalanin. Im Gegensatz zu allen übrigen verwendeten Aminosäuren bildete nur das Phenylalanin mit Poly-U als Boten-RNS ein Polyeptid. Das Codon UUU mußte in der Aminosäuresprache daher die Bedeutung Phenylalanin haben (Abb. 143). Damit war der erste Schritt zur Brechung des genetischen Codes getan, zum ersten Male der Sinngehalt eines bestimmten Codons erkannt.

Nun begannen in rascher Aufeinanderfolge Untersuchungen, welche den übrigen Codons galten. An ihnen beteiligten sich auch andere Arbeitskreise, vor allem derjenige um den Nobelpreisträger OCHOA in den Vereinigten Staaten. Nahezu in jedem Monat erschienen Arbeiten, welche Listen der Aminosäurebedeutung von Codons brachten. Für die Herstellung der notwendigen, synthetischen Boten-RNS-Typen wurde das Enzym Polynucleotidphosphorylase verwendet. Die einzelnen Syntheseansätze unterschieden sich durch

Tabelle 7. Zwei Beispiele für die Zuordnung von Codon-Tripletts aus synthetisch hergestellten Co-Polymeren statistischer Zusammensetzung zu den sie codierenden Aminosäuren. Die Versuchsanordnung erlaubt nur, den Basengehalt solcher Tripletts, nicht aber deren Basensequenz festzustellen. Aus SPEYER 1967

	Poly–AC 5:1				Summe der berechneten Triplett-Häufigkeiten	Relativ-Werte des Aminosäure-Einbaues
Aminosäure	Berechnete Triplett-Häufigkeit					
	3A	2A1C	1A2C	3C		
Asparagin	–	20	–	–	20	24.4
Glutamin	–	20	–	–	20	23.7
Histidin	–	–	4	–	4	6.5
Lysin	100	–	–	–	100	100
Prolin	–	–	4	0.8	4.8	7.2
Threonin	–	20	4	–	24	26.5

	Poly–AC 1:5				Summe der berechneten Triplett-Häufigkeiten	Relativ-Werte des Aminosäure-Einbaues
Aminosäure	Berechnete Triplett-Häufigkeit					
	3A	2A1C	1A2C	3C		
Asparagin	–	3.3	–	–	3.3	5.3
Glutamin	–	3.3	–	–	3.3	5.2
Histidin	–	–	16.7	–	16.7	23.4
Lysin	0.7	–	–	–	0.7	1.0
Prolin	–	–	16.7	83.3	100	100
Threonin	–	3.3	16.7	–	20	20.8

Tabelle 8. Der als Abschluß der ersten Phase auf dem Wege zur Brechung des genetischen Codes bis zum Jahre 1963 durch Versuchsergebnisse, wie sie in Tab. 7 dargestellt sind, erreichte Stand der Kenntnisse für die Zuordnung des Basengehaltes bestimmter Boten-RNS-Triplett-Codons zu den 20 Aminosäuren nativer Proteine

Aminosäure	Basengehalt der Boten-RNS Codons			
Alanin	CUG	CAG	CCG	
Arginin	GUC	GAA	GCC	
Asparagin	UAA	CUA	CAA	
Asparaginsäure	GUA	GCA	ACA	
Cystein	GUU	UGG		
Glutaminsäure	AGG	AAC		
Glutamin	AUG	AAG	ACA	
Glycin	GUG	GAG	GCG	
Histidin	AUC	ACC		
Isoleucin	UUA	AAU		
Leucin	UAU	UUC	UGU	
Lysin	AUA	AAA	AAC	AAG
Methionin	UGA			
Phenylalanin	UUU			
Prolin	CUC	CCC	CAC	CCG
Serin	CUU	ACG	UCG	
Threonin	UCA	ACA	CGC	CAC
Tryptophan	UGG			
Tyrosin	AUU			
Valin	UUG			

die Mengenverhältnisse, in denen die Tri-Phosphate der verschiedenen Mononucleotide beigegeben wurden. Das Ergebnis solcher Synthesen waren Polynucleotide, welche in statistischer Aufeinanderfolge, also rein zufällig, Einzelstücke der eingegebenen Mononucleotidtypen miteinander verknüpft enthielten. Die gewählten Mengenverhältnisse der benutzten Mononucleotidtypen erlaubten eine Berechnung (Tab. 7), der verschiedenen, unter den jeweils gegebenen Bedingungen vorhandenen Häufigkeitsverteilungen der in der Boten-RNS vorliegenden unterschiedlichen Codons. Die Tab. 8 zeigt Werte, wie sie 1962 als Ergebnis solcher Versuche vorlagen. Der Basengehalt von 49 verschiedenen Codons konnte auf diese Weise bestimmten Aminosäuren zugeordnet werden. Wie die Zahl 49 zeigt, wurden in vielen Fällen zwei, ja sogar drei verschiedene für eine einzige Aminosäure aufgefunden. Heute wissen wir, daß für 40 von ihnen die Zuordnung richtig erfolgt war.

1.42 In vitro-Versuche zur Bestimmung der Basensequenz der Tripletts

So erregend diese geradezu explosive Entwicklung auch sein mochte, sie bildete erst den Anfang auf dem Wege zum vollständigen Verständnis des genetischen Codes. Die Art der angewandten Technik hatte es bisher nur erlaubt den Basen*gehalt* eines Tripletts anzugeben, welches experimentell einer bestimmten Aminosäure zugeordnet worden war. Über die Sequenz der jeweiligen drei Basen im Triplett konnten keine Aussagen gemacht werden. Gerade diese Sequenz aber mußte von ausschlaggebender Bedeutung für die Sinngebung des Codons sein. (Vergl. Abb. 137.) Das ließ sich nicht nur theoretisch ableiten, sondern zeigte sich auch experimentell. Für die Aminosäuren Cystein, Leucin und Valin waren beispielsweise (Tab. 8) als Basengehalt eines sie codierenden Tripletts die Basen U, U und G gefunden worden, wobei die Reihenfolge offenblieb. Sollte, wie angenommen werden mußte, jedes Codon einen typischen, unverwechselbaren Sinn haben, so konnte für jede dieser 3 Aminosäuren nur jeweils eine andere Sequenz der gleichen drei Mononucleotide U, U, G biologisch wirksam werden. Wie aber sollte diese Sequenz, die Aufeinanderfolge der einzelnen Basen eines bestimmten Codons, experimentell festgestellt werden?

Weiter oben haben wir gehört, daß jedes Transfer-RNS-Molkül zwei Aufgaben zu lösen hat. Einmal transportiert es eine bestimmte Aminosäure an den Ort der Proteinbildung, an das Ribosom. Es übernimmt also eine Transportaufgabe. Jeder t-RNS-Typ ist aber auch spezifisch für eine bestimmte Aminosäure. t-RNS-Moleküle vermögen die Codons der am Ribosom befindlichen Boten-RNS zu erkennen. Das ist aber nur dann möglich, wenn jeder bestimmte t-RNS-Typ auch nur ein bestimmtes für seinen Typ kennzeichnendes und damit für die Aminosäure, mit welcher seine Moleküle beladen sind, typisches Codon liest. Diesen Zusammenhang vermochten NIRENBERG und LEDER experimentell auszunutzen. Sie synthetisierten Tri-Nucleotide – der Chemiker sagt korrekter Tri-Nucleotid-di-Phosphate – und somit einzelne Codons, welche in gleicher Struktur die Boten-RNS aufbauen. Durch die Art der betreffenden Synthesen war es dabei möglich, die Reihenfolge der drei Nucleotide genau zu bestimmen. Sie wird in der Richtung 5' nach 3', bezogen auf das jeweilige C-Atom des Riboseringes und die dazwischenliegende Phosphatbrücke ausgedrückt. In jedem der durchgeführten Versuche vereinigten (Abb. 144) sie jeweils Moleküle eines Tri-Nucleotidtyps mit Ribosomen von Escherichia coli. Ganz als ob es sich dabei um Boten-RNS-Moleküle handele, wurde jeweils ein solches synthetisches Codon an der Oberfläche eines Ribosoms gebunden. Als zweiten Versuchsschritt fügten die Autoren ein Gemisch aller t-RNS Typen hinzu, welche zuvor mit Molekülen der

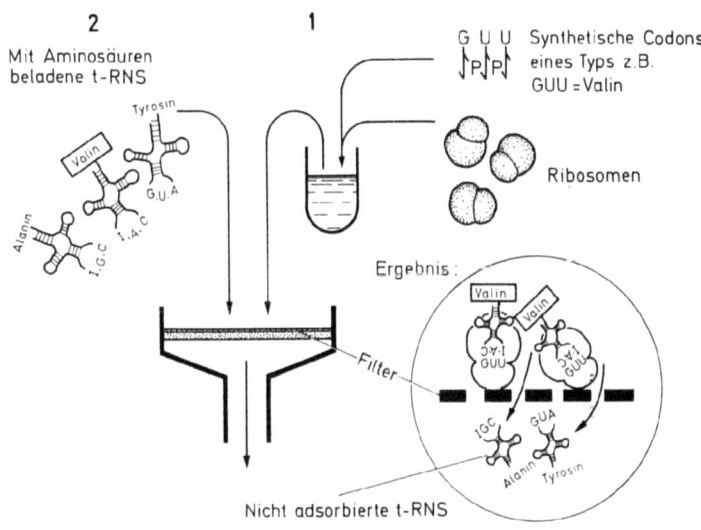

Abb. 144. Versuchsdurchführung zur Bestimmung der Aminosäurebedeutung der Basensequenz von Boten-RNS-Tripletts durch Adsorption synthetischer Trinucleotide an Ribosomen und Prüfung der Bindungsbefähigung dieser Komplexe für tRNS-Moleküle, die mit selektiv markierten Aminosäuren beladen sind. Nach NIRENBERG et al., 1965

20 physiologischen Aminosäuren beladen worden waren. Jeweils von Versuch zu Versuch wechselnd, war eine der Aminosäuren radioaktiv markiert. Der Aminosäure-Bedeutung des gerade benutzten Codons entsprechend, wurden Moleküle einer dieser t-RNS-Typen an die Codons gebunden und damit an den Ribosomen festgehalten. Welcher der mindestens 20 möglichen ausgewählt wurde, darüber entschied das gerade benutzte Codon. Der Typ der gebundenen Aminosäure konnte durch die radioaktive Markierung festgestellt werden: Um die Ribosomen von den nicht-adsorbierten, mit Aminosäuren beladenen t-RNS-Molekülen zu trennen, brauchte man nur noch die Suspension auf ein geeignetes Filter zu schütten, welches die Ribosomen zurückhielt, die nicht-gebundenen t-RNS-Moleküle aber passieren ließ. Die Radioaktivität des auf dem Filter zurückbleibenden Überstandes konnte dann durch Messung ermittelt werden. Erwies sich ein solches Filter als radioaktiv, dann mußten in dem betreffenden Versuch das verwendete synthetische

Tabelle 9. Tabellarische Zusammenstellung der durch Bindung synthetischer Trinucleotide bekannter Basensequenz an Ribosomen und mit markierten Aminosäuren beladenen tRNS-Molekülen festgestellte Nucleotidsequenzen von Boten-RNS-Codons (eingerahmte Tripletts). Sie wird ergänzt durch die aus Aminosäureaustauschen und anderen Versuchen vermutete Aminosäurebedeutung der übrigen, nicht eingerahmt dargestellten Codons. Aus NIRENBERG et al. 1965

UUU	Phe	UCU	Ser	UGU	Cys	UAU	Tyr
UUC		UCC		UGC		UAC	
UUA	Leu	UCA	Ser	UGA	Nonsense oder Trp	UAA	Nonsense
UUG		UCG		UGG		UAG	
CUU	Leu oder Nonsense	CCU	Pro	CGU	Arg	CAU	His
CUC		CCC		CGC		CAC	
CUA	Leu	CCA	Pro	CGA	Arg	CAA	Gln
CUG		CCG		CGG		CAG	
AUU	Ile	ACU	Thr	AGU	Ser	AAU	Asn
AUC		ACC		AGC		AAC	
AUA	Met	ACA	Thr	AGA	Arg oder Nonsense	AAA	Lys
AUG		ACG		AGG		AAG	
GUU	Val	GCU	Ala	GGU	Gly	GAU	Asp
GUC		GCC		GGC		GAC	
GUA	Val	GCA	Ala	GGA	Gly	GAA	Glu
GUG		GCG		GGG		GAG	

RNS-Basensequenz	Sequenz der RNS-Codons				Codierte Aminos.-Sequenz
a) (XY)n	XYX	YXY	XYX	YXY ...	..αβαβ..
b) (XYZ)n	XYZ	XYZ	XYZ	___	..ααα
	YZX	YZX	YZX	___	..βββ
	ZXY	ZXY	ZXY	___	..γγγ
c) (XXYZ)n	XXY	ZXX	YZX	XYZ	..αβγδ
(XYXZ)n	XYX	ZXY	XZX	YXZ	..αβγδ

Abb. 145. Schema der Nucleotidsequenzen der von der Arbeitsgruppe um KHORANA verwendeten, DNS-ähnlichen, synthetischen Polymere mit monotoner Wiederkehr einer Folge von a) zwei, b) drei, c) vier Basen, sowie die an diesen Matrizen im in vitro System transkribierten Codon-Sequenzen der Boten-RNS und die von ihnen codierten Aminosäurensequenzen der synthetisierten Polypeptide. Nach CRICK, 1966

Codon und die markierte Aminosäure zueinander passen. Tabelle 9 zeigt einen Ausschnitt aus den Ergebnissen einer solchen Untersuchungsreihe. Die weiter oben aufgeworfene Frage nach der wirklichen Sequenz der Basen der Codons für Cystein, Leucin und Valin können wir aufgrund dieser Versuche bereits an Hand der in der Tabelle gegebenen Werte beantworten. Leucin weist die Reihenfolge UUG, Valin GUU, und Cystein UGU auf.
Bei gleicher Fragestellung, nämlich der nach der tatsächlichen Sequenz der drei Nucleotide eines Codons gingen KHORANA und Mitarbeiter von einer völlig anderen Technik aus. Während NIRENBERG und LEDER Codons dadurch untersucht hatten, daß sie experimentell ihre Bindung an bestimmte Aminosäuren feststellten, beobachteten KHORANA und Mitarbeiter echte Proteinsynthese an zuvor synthetisch hergestellten Boten-RNS-Molekülen. Zur Synthese bedienten sie sich Kombinationen enzymatischer und rein organischer Methoden, die durch die Brillanz ihrer intellektuellen Grundlagen ebenso wie die Eleganz der Durchführung jeden chemisch Interessierten begeistern müssen. Die Abb. 145 zeigt drei sich prinzipiell voneinander unterscheidende Typen, nach denen die synthetischen Boten-RNS-Moleküle aufgebaut wurden. Sie erlaubt gleichzeitig Aussagen darüber, in welcher regelmäßigen Aufeinanderfolge die betreffenden Codons entlang dieser Boten-RNS-Moleküle auftreten werden. Es ergeben sich dabei ganz bestimmte Gesetzmäßigkeiten. Wenn beispielsweise (a) zwei verschiedene Mononucleotidtypen in regelmäßiger Aufeinanderfolge zum Baustein eines RNS-Moleküls gewählt werden, so müssen zwei verschiedene Tripletts, die ebenfalls alternierend aufeinanderfolgen, das Ergebnis sein. Unter ihrer Wirkung muß ein Protein entstehen, welches abwechselnd α, β als aufeinanderfolgende Aminosäurereste aufweist. Bei drei verschiedenen (Abb. 145b) regelmäßig aufeinanderfolgenden Mononucleotiden als Bausteine der Boten-RNS ergeben sich drei verschiedene Möglichkeiten. Sie entstehen dadurch, daß der Anfangspunkt der Ablesung einer solchen Boten-RNS nicht voraussagbar ist. Je nachdem, ob der Leserahmen in Abb. 145b ein X, Y oder Z als Beginn der Codons einschließt, wird jedes Mal die regelmäßige Aufeinanderfolge eines anderen im einzelnen RNS-Molekül stets gleichen Codons hervorgerufen. Demzufolge werden drei verschiedene Polypeptidketten entstehen, deren jede aus der monotonen Aufeinanderfolge einer anderen Aminosäure besteht.

Wenn schließlich, wie Abb. 145c zeigt, 4 Mononucleotide in bestimmter Reihenfolge als Grundbaustein gewählt werden, dann muß eine ständig wiederkehrende Reihenfolge von 4 bestimmten Aminosäuren die Untereinheit bilden, aus denen sich das entstehende Protein aufbaut.

Ein einzelner aus der großen Reihe der verschiedenen Versuche soll die Art der Versuchsdurchführung erkennen lassen. Als Grundlage der Boten-RNS wurde die Aufeinanderfolge UG gewählt. Das RNS-Molekül mußte damit als Tripletts die Sequenz UGU, GUG, UGU, GUG usw. aufweisen. Nach Abb. 145a führt eine solche Sequenz zur Aufeinanderfolge zweier verschiedener Aminosäuren, die sich weiterhin wiederholt. Die Boten-RNS besteht ja aus ebenfalls zwei sich regelmäßig wiederholenden verschiedenen Codeworten, in unserem Falle aus UGU und GUG. Aus den Arbeiten von NIRENBERG und LEDER wissen wir bereits (Tab. 9), daß UGU Cystein bedeutet. Wir können der gleichen Tabelle weiter entnehmen, daß neben GUU, GUC und GUA auch das Codon GUG für Valin steht. Diese Aussage wird durch den Versuch bestätigt. Seine Planung geht von dem Tatbestand aus, daß bei Benutzung von Poly-UG als Boten-RNS ein Polypeptid nur dann entstehen kann, wenn Valin und Cystein dem System in ausreichender Menge

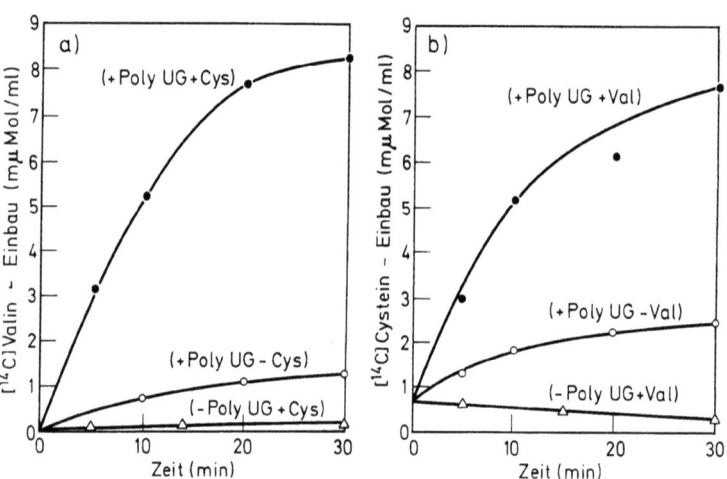

Abb. 146. Einbau von ^{14}C-Valin und ^{14}C-Cystein in Gegenwart einer aus Poly-UG bestehenden Boten-RNS, in die im in vitro System synthetisierten Polypeptide. Einzelheiten im Text. Aus JONES et al. 1966

zugeführt werden. Abb. 146 zeigt in zwei Diagrammen einmal (a) die Menge des in das entstehende Polypeptid eingebauten ^{14}C-markierten Valins in Abhängigkeit davon ob im Ansatz gleichzeitig Cystein vorhanden ist, das andere Mal (b) die reziproken Verhältnisse. Beide Darstellungen bestätigen die Voraussage: Zu ausreichender Polypeptidbildung kommt es nur, wenn beide Aminosäuren im System zur Verfügung stehen. KHORANA und Mitarbeiter haben schließlich noch durch Abbau derart synthetisierter Polypeptide mit nachfolgender Analyse der Bausteine den Beweis geführt, daß in dem Polypeptid tatsächlich nur Cystein und Valin und zwar in gleichen Mengenverhältnissen vorkommen. Zusammen mit LEDER und NIRENBERG gelang es ihnen eine endgültige Liste der Bedeutung aller möglichen 64 Codons aufzustellen. Sie ist in Tab. 10 dargestellt.

Tabelle 10. Die endgültige Zusammenstellung der Aminosäurebedeutung aller 64 Codon-Tripletts der Boten-RNS

Aminosäure	Boten-RNS-Code-Worte			
Alanin	GCU	GCC	GCA	GCG
Arginin	CGU	CGC	CGA	CGG
			AGA	AGG
Asparagins.	GAU	GAC		
Asparagin	AAU	AAC		
Cystein	UGU	UGC		
Glutamins.			GAA	GAG
Glutamin			CAA	CAG
Glycin	GGU	GGC	GGA	GGG
Histidin	CAU	CAC		
Isoleucin	AUU	AUC	AUA	
Leucin	CUU	CUC	CUA	CUG
			UUA	UUG
Lysin			AAA	AAG
Methionin				AUG
Phenylalanin	UUU	UUC		
Prolin	CCU	CCC	CCA	CCG
Serin	AGU	AGC		
	UCU	UCC	UCA	UCG
Threonin	ACU	ACC	ACA	ACG
Tryptophan				UGG
Tyrosin	UAU	UAC		
Valin	GUU	GUC	GUA	GUG
Amber				UAG
Ochre			UAA	
Nonsense			UGA	

1.43 Der genetische Code

Die Tabelle 10 der Bedeutung der Codons zeigt eine Reihe von Gesetzmäßigkeiten innerhalb des genetischen Codes. Auf den ersten Blick erkennbar ist ein Sachverhalt, welcher schon durch die Befunde von NIRENBERG und MATTHAEI sowie der Arbeitsgruppe um OCHOA sehr wahrscheinlich gemacht worden war. Der Code ist degeneriert: Für jede Aminosäure mit Ausnahme des Tryptophans sind mindestens zwei verschiedene Codeworte vorhanden. Methionin ist, wie wir später sehen werden, nur die scheinbar zweite Ausnahme von dieser Regel. Dabei ähneln diejenigen Tripletts, welche die gleiche Aminosäure codieren, einander stark. Mit drei Ausnahmen, nämlich Leucin, Serin und Arginin unterscheiden sie sich stets nur in der dritten Stelle, wobei U durch C und häufig auch A durch G ersetzt wird. Es sind daher auch schon Spekulationen laut geworden, die davon sprechen, daß sich im Laufe der Evolution der genetische Code aus einem Zweier-Code entwickelt habe. Im Lichte dieser Hypothese würde das Abweichen der Codons für Leucin, Serin und Arginin von der Regel der Unterschiedlichkeit von Codons in der dritten Stelle bedeuten, daß zwei verschiedene Zweier-Codons jeweils die gleiche

Bedeutung, nämlich die Codierung einer dieser Aminosäuren ausbildeten. Geistreiche Hypothesen, die zunächst nicht nachprüfbar, doch nicht gegenstandslos und unmotiviert sind!
Neben der Liste der Aminosäuren, die bestimmten Codons zugeordnet werden, zeigt die Aufstellung der Tab. 10 noch drei weitere Bezeichnungen: amber, ochre, nonsense. Die beiden ersten Worte entstammen als Wortspiele dem Labor-Jargon. Die Bedeutung des letzten, nämlich „Unsinn" ist jedermann bekannt. Allen dreien kommt eine Aufgabe ganz besonderer Art zu. Für die Ablesung ihrer Tripletts gibt es keine Transfer-RNS und folglich auch keine Aminosäuren. Immer dann, wenn sie in der Boten-RNS auftauchen, signalisieren sie das Ende der gerade entstehenden Polypeptidkette. Sie sind also etwas ähnliches wie der Punkt hinter einem sehr langen Satz. Wir wissen heute, daß nach Auftreten etwa des amber-Codons UAG die entstandene Polypeptidkette sich vom Ribosom löst. So inhaltlos diese drei Codons demnach, gesehen von der Aufgabe der Zuordnung bestimmter Aminosäuren zu bestimmten Tripletts sind, so wichtig ist ihre biologische Funktion. Ohne sie würde wahrscheinlich der gesamte Vorgang der Translation auf dem heute durch Evolution erreichten Stadium nicht funktionieren können.

1.44 In vivo-Versuche zur Prüfung der Aminosäure-Bedeutung der Codons

Alle bisher dargestellten Versuche zur Erforschung des genetischen Codes wurden an zellfreien Systemen in vitro vorgenommen. Der Einwand wäre daher durchaus berechtigt, daß die Bedingungen in der lebenden Zelle andere und daher die Bedeutung der Codons abweichend von den in vitro erhaltenen Ergebnissen seien. Aus diesem Zusammenhang heraus erhalten Beobachtungen und Versuche, welche zum gleichen Thema an lebenden Zellen unternommen wurden, erhöhte Bedeutung.
Die zeitlich weiter zurückliegende dieser Beobachtungsreihen wurde an E. coli durchgeführt. Eine Arbeitsgruppe um den amerikanischen Forscher YANOFSKY hatte sich an diesem Objekt als enger umschriebenes Teilgebiet das Studium der genetischen Steuerung der Synthese der Aminosäure Tryptophan ausgewählt. Eines der in dieser Synthesekette wirkenden Enzyme, die Tryptophan-Synthetase besitzt eine mehrfache Funktion und setzt sich aus zwei Proteinanteilen zusammen, dem A- und dem B-Protein. Wir wollen uns im folgenden nur mit dem Erstgenannten befassen. Es besteht aus einer Kette von etwa 280 Aminosäureresten. Unter den zahlreichen Mutanten, welche nach Auslösung durch UV-Strahlung isoliert wurden, befanden sich zwei, die mit A 23 und A 46 bezeichnet wurden. Beide Mutanten synthetisierten wie YANOFSKY und HENNING feststellten, ein verändertes A-Protein, dem eine der enzymatischen Aktivitäten fehlte, welche das Wildtyp A-Protein kennzeichnen. Weitere Unterschiede zwischen Wildtyp-A (Wt-A) und A46-A ergaben sich in der Elektrophorese. Zur Vornahme einer solchen Untersuchung wird eine Lösung des Proteins in ein elektrisches Feld eingebracht und seine Wanderrichtung zur Kathode oder Anode in Abhängigkeit zur Zeit festgestellt. Die erzielten Ergebnisse lassen Rückschlüsse auf Ladung, Größe und Gestalt des Moleküls zu. Das veränderte Wanderungsverhalten von A43-A gegenüber dem von Wt-A ließ darauf schließen, daß das Mutantenprotein eine höhere negative Gesamtladung besaß. Die gegenüber dem Wildtypprotein vorhandene Veränderung mindestens einer Aminosäure bedingte somit eine Veränderung des Ladungsverhaltens des Gesamtproteins.
„finger-print" – Studien führten weiter: So wie jeder Mensch durch seine Fingerabdrücke von anderen Menschen leicht unterschieden werden kann, gibt es auch für Proteine ein Verfahren, ihre Unterschiedlichkeit sehr leicht nachzuweisen, wenn diese sich nur auf eine bis wenige Aminosäuren erstreckt. Die lange Aminosäurekette des Proteins wird dazu durch Behandlung mit geeigneten Fermenten beispielsweise mit Trypsin zerlegt. Jedes dieser Fermente besitzt eine ganz spezifische Reaktionsweise, sodaß bei Zerlegung des gleichen Proteins die Trennstellen immer zwischen den selben Aminosäureresten zu liegen kommen. Es entstehen daher für jedes Protein in reproduzierbarer Weise

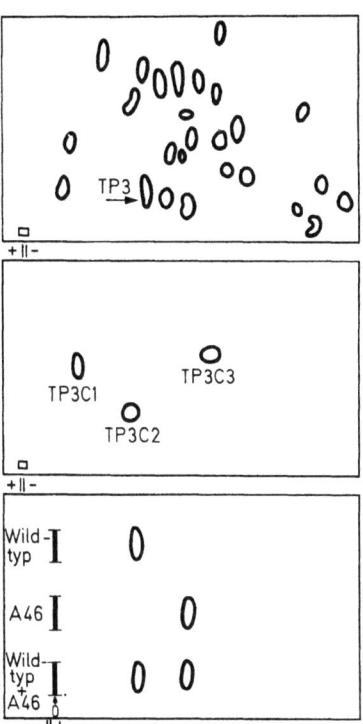

Abb. 147. Trennung der nach enzymatischen Abbau vorliegenden Polypeptidbruchstücke des A-Proteins der Tryptophansynthetase durch kombinierte Papierchromatographie und Elektrophorese. Oben: Lage des Peptidbruchstückes TP 3 nach tryptischer Verdauung des A-Proteins, Mitte: Ergebnis nach chymotryptischer Zerlegung von TP 3 in drei Bruchstücke. Unten: Elektrophorese des Bruchstückes TP3C1 aus Wildtyp, der Mutante A 46 und einem Gemisch aus beiden. Nach HENNING und YANOWSKY, 1962a

Polypeptide, kurze Bruchstücke, die aus wenigen Aminosäureresten zusammengesetzt sind. Sie lassen sich präparativ in verschiedener Weise trennen. Häufig werden dazu wieder elektrophoretische Verfahren angewendet. Zu guten Erfolgen führten auch papierchromatographische Methoden oder Kombinationen von Elektrophorese und Papierchromatographie. Beide Arbeitsweisen lassen sich zweidimensional vornehmen, so daß als Ergebnis schließlich die verschiedenen Polypeptide in reproduzierbarer Weise als Einzelflecke auf der Oberfläche eines Filtrierpapierbogens verteilt werden. Sie sind die oben genannten „Fingerabdrücke" (Abb. 147).

In solchen Peptidverteilungen unterscheiden sich A46-A und A23-A vom Wt-A nur durch die Lage eines einzigen Peptids mit der Bezeichnung TP3. Es wurde präparativ dargestellt und in den drei verschiedenen Formen des Wildtyps und der beiden Mutanten getrennt einer Aminosäuresequenzanalyse unterworfen. Dabei erwiesen sich in allen drei Fällen 21 der 22 Aminosäuren, aus denen sich das Polypeptid aufbaut, als identisch.

In Position 12, gleichbedeutend mit Position 8 des Peptidbruchstückes TP3C1 dagegen besaß Wt-A ein Glycin, A46-A eine Glutaminsäure und A23-A ein Arginin. Mutante A23 und A46 sind Tryptophan-Mangelmutanten. Bringt man ausreichend dichte Zellsuspensionen davon auf Minimalmedium, so entstehen mit einer Wahrscheinlichkeit, die bezogen auf die Einzelzelle kleiner als 10^{-8} ist, Mutanten, welche Tryptophan wieder herzustellen vermögen. Einige von ihnen besitzen die Befähigung zur Synthese des Tryptophans im gleichen Ausmaß wie der Wildtyp, andere dagegen eine quantitative Verringerung dieser Fähigkeit. Die im folgenden beschriebenen Untersuchungen verwendeten beide Typen mit der zusätzlichen Einschränkung, daß nur solche Mutanten herangezogen wurden, deren Mutationsort von dem Mutationsort der ursprünglichen Mangelmutante im Rahmen der üblichen Rekombinationsversuche nicht unterscheidbar war. Wieder wurden die A-Proteine isoliert und der „finger-print"-Analyse unterworfen. Wieder unterschieden sie sich nur in dem Peptid TP3C1. Abermals zeigte sich, daß die Aminosäure Nr. 7 dieses Peptids eine andere geworden war. Für Mutanten von A 23 wurden (Abb. 148a) anstelle von Arginin gefunden: Serin, Threonin, Isoleucin und wie für den Wildtyp bezeichnend, Glycin. Mutanten von A 46 wiesen anstelle von Glutaminsäure auf: Glycin, Valin oder Alanin.

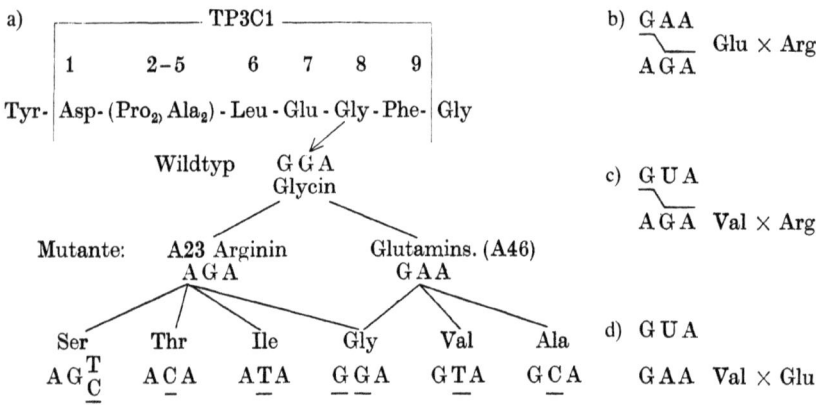

Abb. 148. Die Aminosäureaustausche in Position 8 des Peptids TP3C1 mit den dazu gehörenden Boten-RNS-Tripletts. Nach HENNING und YANOWSKI, 1962b aus SPEYER, 1967

Die im vorstehenden beschriebenen Analysen zeigen, daß alle diese Mutanten sich durch die Veränderung einer Aminosäure unterscheiden, welche stets am selben Platz in der Aminsäurekette des A-Proteins liegt. Diese Position wird im Wildtyp und den einzelnen Mutanten von 8 unterschiedlichen Aminosäuren eingenommen. Ursache dafür muß stets die Veränderung mindestens eines Basenpaares innerhalb des gleichen Tripletts sein, welches in dem das A-Protein codierenden DNS-Abschnitt liegt. Dieser Zusammenhang erlaubt es, die durch in vitro-Versuche erarbeiteten Aminosäure-Codons einer Prüfung zu unterziehen. Präzise formuliert lautet somit die Fragestellung: Sind unter Zugrundelegung der in vitro gefundenen Bedeutungen der Codons bei der für die beschriebenen Mutanten gemachten Voraussetzungen der jeweils stattgefundenen Änderung eines einzigen Basenpaares der DNS die im Versuch beobachteten Aminosäureänderungen der Mutanten möglich? Abb. 148a zeigt in Form eines Stammbaumes die Ableitung der einzelnen Mutanten vom Wildtyp. Eingezeichnet sind außerdem die jeweils anstelle des im Wildtyp stehenden Glycins getretenen Aminosäuren. Die für sie bezeichnenden Codons wurden aus der größeren Zahl der möglichen so gewählt, daß sie sich voneinander ableiten lassen. Wie die Abbildung erkennen läßt, ist dies ohne Schwierigkeiten in allen Fällen möglich. Die Untersuchungen von YANOFSKY und HENNING stehen daher im Einklange mit den Ergebnissen der in vitro-Versuche. Sie stützen ihre Aussagen, beweisen können sie diese, der Lage der Dinge nach, natürlich nicht.

Eine zusätzliche Stütze bieten die mit derartigen Mutanten vorgenommenen Kreuzungsversuche. Sie gehen von der Vorstellung aus, daß es möglich sein müßte, durch Rekombination der Basen der beiden Tripletts zweier Mutanten das Wildtyptriplett wieder herzustellen. Das gilt natürlich nur für den Fall, daß beide Mutanten nicht die unterschiedliche Veränderung des gleichen Mononucleotidpaares aufweisen. Da als gesuchtes Ergebnis der Wildtyp auftreten sollte, liegen die experimentellen Bedingungen recht günstig, auch wenn die Wahrscheinlichkeit für eine solche Rekombination sehr gering ist. Die Wildtyprekombinanten sollten auf Minimalmediumplatten leicht unter der weit größeren Zahl der von den Mutanten gebildeten Mikrokolonien durch ihre Größe erkennbar werden. HENNING und YANOFSKY haben mit Hilfe der Transduktion derartige Versuche durchgeführt. Abb. 148b zeigt als Schema die Basensequenz des Tripletts der Mutanten A 23 und A 46. Ihre Kreuzung durch Transduktion führte tatsächlich zu Wildtyprekombinanten und steht damit wieder im Einklang mit den auf Grund der durch in vitro-Versuche erhaltenen Basentripletts. Auch die Kreuzung der Valin-enthaltenden Mutanten mit A 23 führte (Abb. 148c) zu Wildtyprekombinanten. Mindestens ebenso wichtig aber ist der Befund, daß in Fällen, in denen sich zwei Mutanten durch die postulierte Veränderung des gleichen Basenpaares des betreffenden Tripletts unterschieden, keine Wildtyprekombination beobachtet werden konnte (Abb. 148d). Um den Kreis experimentell zu schließen, wurden schließlich noch die A-Proteine der Wildtyprekombinanten untersucht. Sie zeigten, wie zu erwarten war, für TP 3, in Pos. 12 wieder ein Glycin.

Eine gänzlich anders geartete Versuchsserie zur Bestätigung der durch in vitro-Versuche gewonnenen Erkenntnisse über die Aminosäure-Bedeutung einzelner Codons durch in vivo-Experimente führten STREISINGER und Mitarbeiter durch. Ihr Objekt war der Phage T 4. Seine DNS enthält u. a. die Information über die Aminosäuresequenz des Enzyms Lysozym. Der betreffende Genort wird mit e bezeichnet. Lysozym wird als „spätes Protein" gegen Ende der Phagensynthese hergestellt und führt zur Auflösung der Zellwand der Wirtszelle. e^--Mutanten vermögen daher gewöhnlich keine Plaques auf Normalmedium zu bilden. Sie werden dadurch vermehrt, daß man dem Medium Lysozym zusetzt, welches aus Eiweiß gewonnen wurde. Die in den Versuchen verwendeten e^--Mutanten waren mit Proflavin, einem Acridinfarbstoff, induziert oder nach spontanem Auftreten isoliert worden. Acridinfarbstoffe, so hatten wir bei der Behandlung der Wirkungsmechanismen chemischer Mutagene abgeleitet, führen zur Einfügung oder Weglassung eines Basenpaares der DNS. Dieser Wirkungsmechanismus war deshalb von CRICK und Mitarbeitern für den Nachweis der Triplett-Natur der Codons benutzt worden. STREISINGER und Mitarbeiter konnten daher bei den nun darzustellenden Versuchen davon ausgehen, daß die vorliegenden Mutanten eine Verschiebung des „Leserahmens" der Codons in Ableserichtung jenseits des Mutationsortes aufwiesen. Sie werden daher auch als Rasterschub-Mutanten bezeichnet. Dabei war es für jede der Mutanten ebenfalls wahrscheinlich, daß die Leserichtung von links nach rechts angenommen – in ihr eine Rahmenverschiebung nach links durch Einfügung (+) oder nach rechts durch Auslassung (−) eines Nucleotidpaares entstanden war. Gelang es die Wirkung einer (+)- und einer (−)-Mutante, die nahe beieinanderliegende Mutationsorte aufwiesen, miteinander zu kombinieren, so mußte, wie CRICK und Mitarbeiter gezeigt hatten, ein Pseudowildtyp entstehen, welcher zwischen den beiden Mutationsorten vom Wildtypgenom abweichende Tripletts beherbergte. Experimentell läßt sich eine solche Kombination durch Kreuzung zweier e^--Mutanten verwirklichen. Dabei auftretende Pseudowildtyp-Plaques sind kleiner als die des Wildtyps. Der Doppelmutantencharakter der sie bildenden Phagen kann durch Rückkreuzung mit Wildtyp-Phagen bewiesen werden. Wie erwartet entstehen dann als Rekombinanten wieder die Einzelmutanten (Abb. 149).

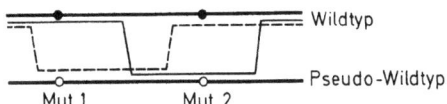

Abb. 149. Rekombinationsschema für die Entstehung des Pseudo-Wildtyps aus zwei Rasterschubmutanten, von denen die eine Insertion, die andere Deletion eines Mononucleotidpaares aufweist

In der nächsten Phase der Untersuchungen wurde das Lysozym aus Bakterien gewonnen, welche mit Wildtyp-Phagen oder mit jeweils einer Pseudowildtyp-Doppelmutante induziert worden waren. Die Zerlegung der gereinigten Proteine mit Trypsin ergab jeweils 18 Polypeptide. In der nachfolgenden Chromatographie unterschieden sich ein oder zwei Polypeptide des Wildtyps von den homologen einer der Mutanten. Die Polypeptide wurden isoliert und dienten zur Bestimmung ihrer Aminosäuresequenz. Damit war die experimentelle Grundlage für die Beantwortung der eigentlichen Fragestellung gegeben. Die Basensequenz der aufeinanderfolgenden Codons des veränderten Polypeptids einer Pseudowildtyp-Doppelmutante mußte sich von derjenigen der Codons des homologen Polypeptids des Wildtyps dadurch unterscheiden, daß, an ihrem Anfang und Ende einander aufhebend, entweder die Einschiebung oder Auslassung eines Basenpaares stattgefunden hatte. Durch die so entstandene Leserahmenverschiebung war daher definitionsgemäß die dazwischenliegende Nucleotidsequenz der einander folgenden Codons unverändert geblieben. Die gleiche Basensequenz mußte daher die Codons des Wildtyps und bei Verschiebung um nur eine Base diejenige der veränderten Aminosäuren einer Mutante liefern. Diese Voraussetzung trifft allerdings nur dann zu, wenn in vivo die Aminosäurebedeutung der Codons identisch mit derjenigen ist, welche durch die in vitro-Versuche erarbeitet worden war. Abb. 150a zeigt ein Beispiel für eine solche einfache Basenauslassung, die bezeichnend für die Mutante J 42 ist. Sie wird durch eine einfache Einfügung, welche die Mutante J 44 trägt, in der durch Rekombination beider als Doppelmutante entstandenen J 42/J 44 kompensiert. Abb. 150b gibt die molekulargenetische Analyse einer in Form der Doppelmutanten J 17/J 44 entstandenen 3fachen Einfügung je eines Mononucleotids wieder. Ihr Genort e weist ein Triplett mehr als der Wildtyp und daher jedes seiner Lysozym-Moleküle eine zusätzliche Aminosäure auf. Beide Abbildungen zeigen eindeutig,

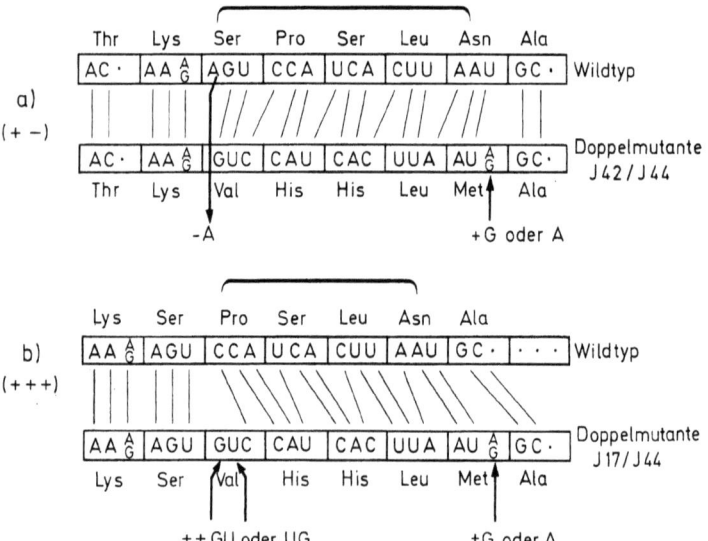

Abb. 150. Zwei Beispiele für beobachtete Aminosäuresequenzen und die ihnen zugeordneten Codon-Tripletts im Bereich zwischen Deletion und Insertion einzelner Mononucleotide, deren Vereinigung in einer Rekombination zum Pseudo-Wildtyp führte. Nach STREISINGER et al., 1967

daß die Basensequenz der Codons sich jeweils der Aminosäuresequenz des Wildtyps und nach Berücksichtigung von Einfügungen und Auslassungen ebenfalls derjenigen der Mutanten zuordnen läßt. Damit ist für die betreffenden Codons bewiesen, daß sie auch in vivo die für sie in vitro gefundene Aminosäurebedeutung besitzen.

1.45 Das Naturexperiment der Globin-Mutanten

1910 beobachtete HERRICK bei amerikanischen Negern eine Erkrankung, die dazu führt, daß die bei Gesunden runde Plättchenform der roten Blutkörperchen in Sichelform (Abb. 151) übergeht. Dieses Phänomen wird besonders stark bei vermindertem Sauerstoffdruck der Atemluft sichtbar. Erst Ende der 40er Jahre konnte eindeutig nachgewiesen werden, daß diese als Sichelzellanämie bezeichnete Erkrankung erblich ist. Da der Mensch, wie alle höheren Tiere und Pflanzen, in jeder seiner Zellen einen doppelten Satz von Erbinformationen trägt, ist damit auch für die Sichelzellanämie eine doppelte Form des Auftretens möglich. Weisen beide Informationssätze die zur Sichelzellanämie führende Änderung auf, so liegt Reinerbigkeit (Homozygotie) vor. Ist nur einer davon betroffen, während der zweite die Erbinformation des Gesunden beherbergt, so spricht man in diesem Falle der Mischerbigkeit (Heterozygotie) von Sicklemia. Sichelzellanämie führt im Gegensatz zu Sicklemia zu drastischer Reduzierung der Lebenserwartung ihres Trägers.

Abb. 151. Rote Blutkörperchen eines Sichelzellkranken nach 24-stündigem Aufenthalt in der feuchten Kammer. Nach HEILMEYER und BEGEMANN, 1951, aus VOGEL, 1961 umgezeichnet

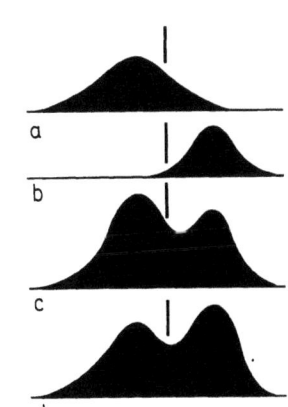

Abb. 152. Elektrophoresekurven des Globinanteils aus dem roten Blutfarbstoff bei a) gesunden Individuen, b) Sichelzellanämie (homozygot), c) Sicklemia (heterozygot), d) einer Mischung zwischen Normal- und Sichelzellanämieglobin im Verhältnis 3:2. Nach PAULING et al., 1949

Der Nobelpreisträger PAULING konnte zeigen, daß die Sichelzellanämie auf der Veränderung des roten Blutfarbstoffes, des Hämoglobins, beruht. Dieses ist aus einer Farbstoffkomponente, dem Häm, und einem Eiweiß-Anteil, dem Globin, zusammengesetzt. Sichelzellglobin (HbS) und Globin des gesunden (HbA) unterscheiden sich elektrophoretisch (Abb. 152) voneinander. Das Globin HbS wandert im elektrischen Felde als positiv geladenes, HbA als negativ geladenes Ion. INGRAM wies 1958 mit Hilfe der uns schon

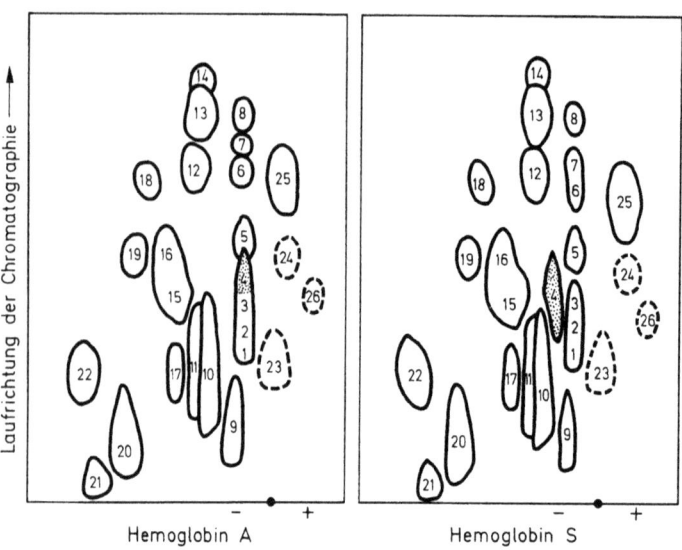

Abb. 153. Verteilung der Peptidbruchstücke der Globine des Hämoglobins A und S nach enzymatischem Abbau sowie kombinierter Papierchromatographie und Elektrophorese. Nach INGRAM 1957

bekannten fingerprint-Methodik nach tryptischem Abbau der Globine nach (Abb. 153), daß von den jeweils dabei entstehenden 26 Polypeptiden nur ein einziges, nämlich das mit Nr. 4 bezeichnete verschieden ist. Die Aminosäuresequenz dieses Polypeptids wurde für beide Globine bestimmt. Sie ergab sich als:

HbA Val-His-Leu-Thr-Pro- $\boxed{\text{Glu}}$ - Glu-Lys-Ser
HbS Val-His-Leu-Thr-Pro- $\boxed{\text{Val}}$ - Glu-Lys-Ser
    1   2   3   4   5   6   7   8   9

Alle Aminosäuren mit Ausnahme derjenigen in Position 6 sind identisch. An dieser Stelle steht im HbA des Gesunden ein Glutaminsäurerest, im HbS des Sichelzellkranken dagegen ein Valinrest. Wir können leicht prüfen, ob ein solcher Aminosäureaustausch durch Änderung eines einzigen Mononucleotids der kodierenden DNS möglich ist:

HbA
    DNS   – – – G $\boxed{\text{A}}$ A – – –
                      – – – C $\boxed{\text{T}}$ T – – –
    Boten-RNS-Codon . . . G $\boxed{\text{A}}$ A . . .   Glutaminsäure

HbS
    DNS   – – – G $\boxed{\text{T}}$ A – – –
                      – – – C $\boxed{\text{A}}$ T – – –
    Boten-RNS-Codon . . . G $\boxed{\text{U}}$ A . . .   Valin

Das Codon für Glutaminsäure ist GAA, das für Valin GUA. Die Boten-RNS eines Sichelzellkranken unterscheidet sich von der eines Gesunden somit durch die Änderung eines A in ein U. Das codierende Triplett des entsprechenden DNS-Abschnittes muß daher eine mutative Änderung von T nach A erfahren haben.

Die Untersuchung der molekularen Grundlagen der Sichelzellanämie hat zur Ausarbeitung von Methoden geführt, deren Anwendung zu einer weltweiten, auch heute noch nicht beendeten Suche nach weiteren Hämoglobin-Mutanten führte. Der augenblickliche Stand der Forschung erlaubt die Annahme, daß etwa jeder 500ste Mensch Träger einer solchen Anomalie ist. Aus dieser ungeheuren Vielfalt soll noch ein weiteres Beispiel herausgegriffen werden, dessen Abweichung vom Normalglobin sich wie im HbS auf einen Umtausch des in Position 6 stehenden Glutaminsäure-Restes des Polypeptids Nr. 4, diesmal in einen Lysin-Rest, bezieht. Seine Aminosäuresequenz lautet im Vergleich zu der des Gesunden:

HbA	Val-His-Leu-Thr-Pro-	Glu	- Glu-Lys-Ser
HbC	Val-His-Leu-Thr-Pro-	Lys	- Glu-Lys-Ser
	1 2 3 4 5	6	7 8 9

Das folgende Schema zeigt, daß sich aus der Kenntnis der Aminosäurebedeutung der Boten-RNS-Codons auch dieser Aminosäureaustausch durch die Änderung eines einzigen Mononucleotidpaares des betreffenden Basentripletts der DNS erklären läßt:

HbA

    DNS   – – – | G | A A – – –
                       – – – | C | T T – – –
    Boten-RNS-Codon . . . | G | A A . . .   Glutaminsäure

HbC

    DNS   – – – | A | A A – – –
                       – – – | T | T T – – –
    Boten-RNS-Codon . . . | A | A A . . .   Lysin

Fassen wir zusammen: Die heutigen Kenntnisse der Bedeutung der Boten-RNS-Codons als Übersetzungen in die Aminosäuresprache stammen primär aus Versuchen, welche an zellfreien Systemen in vitro vorgenommen wurden. Die derart gewonnenen Ergebnisse lassen sich durch in vivo-Versuche nachprüfen. Sie zeigen keinerlei Widersprüche zu den in vitro-Befunden. Diese derart nachgewiesene Übereinstimmung von Ergebnissen, die auf völlig verschiedenen Wegen erhalten wurden, stützt die in vitro-Aussagen und verleiht ihnen das Gewicht einer bewiesenen Theorie.

1.46 Ist der genetische Code universell?

Die im vorstehenden geschilderten, experimentellen Befunde wurden mit wenigen Ausnahmen an Mikroorganismen und da wieder vor allem an E. coli erhoben. Daraus ergibt sich zwangsläufig eine sehr wichtige Frage: Ist der genetische Code universell? Wird er von allen Lebewesen in gleicher Weise verstanden?
Schon Anfang der 60er Jahre, als man damit begann, zellfreie, Protein synthetisierende Systeme zum Studium der damals aktuellen Probleme der Molekulargenetik zu entwickeln, ergaben sich sehr interessante Antworten auf diese Fragestellung. Man konnte in vielen Fällen gleichartige Komponenten verschiedener Systeme wie Transfer-RNS und Boten-

RNS gegeneinander austauschen ohne damit die Proteinsynthese zu schädigen. Auch zellfreie Systeme, deren Komponenten aus völlig verschiedenen Organismen stammten, erlaubten die Synthese spezifischer Proteine, deren Eigenart stets durch diejenige der benutzten Boten-RNS oder DNS bedingt war. Boten-RNS aus Hefezellen isoliert, führte in zellfreien Systemen aus E. coli gewonnen, zu Proteinen, welche sich serologisch als identisch mit denen der Hefe erwiesen. Hefe-Transfer-RNS baute in zellfreien Systemen aus Gewebezuchtzellen unter der Wirkung von Boten-RNS dieser Zellen Aminosäuren in Positionen von Proteinen ein, welche spezifisch für diese Wirbeltierzellen waren. Alle diese in vitro-Versuche beweisen die Universalität des genetischen Codes.

LANE, MARBAIX und GORDON haben 1971 die Frage nach der Universalität des genetischen Codes auch durch in vivo-Versuche zu beantworten versucht. Bei Säugetieren findet die Hämoglobinsynthese in den Vorläufern der roten Blutkörperchen, den Reticulocyten statt. In ihnen wird daher auch die Boten-RNS gebildet, welche die genetische Information für die Molekularstruktur der Globine enthält. Die Autoren gewannen aus Erythrocyten des Kaninchens als 9S-Fraktion derartige Boten-RNS. Sie wurde in reife Eizellen oder deren Reifungsstadien, die Oocyten des Krallenfrosches Xenopus laevis injiziert. Unter der Wirkung der auf diesem Wege erhaltenen neuen genetischen Informationen begannen diese Zellen Hämoglobin zu synthetisieren, dessen Identität durch eine Reihe verschiedenartiger Prüfungen sichergestellt wurde. Mindestens 24 Std lang findet die Translation der Hämoglobin-Boten-RNS statt, wofür 5–10 min je RNS-Molekül und einzelnem Ablesevorgang benötigt werden. Die injizierte Boten-RNS erweist sich somit als ausreichend stabil und langlebig, um in einer völlig fremden Zelle, die ohne ihre Mitwirkung kein Hämoglobin synthetisiert, genetisch wirksam zu werden. Ihre Translation benötigt keine Reticulocyten-spezifischen Faktoren. Die Oocyten und Eizellen andererseits vermögen in ihrem ribosomalen System Boten-RNS völlig fremder Herkunft zu verwenden und dessen genetische Information fehlerfrei in Aminosäuresequenzen zu übersetzen. Untersuchungen von MOAR, GORDON und LANE erbringen zusätzliche Aussagen. Die Steigerung der Menge injizierter, fremder Boten-RNS führt zu einer im gleichen Maßstab zunehmenden Hämoglobinsynthese, bis bei weiterer Steigerung ein Sättigungswert erreicht wird. Sehr hohe Konzentrationen zugeführter Boten-RNS schließlich konkurrieren mit zelleigener Boten-RNS und beweisen dadurch das Vorhandensein einer in begrenzter Menge vorhandenen Komponente des Translationssystems, welche die Gesamttranslationsrate ihrerseits begrenzt.

MERRIL, GEIER und PETRICCIANI berichteten 1971 erstmals über Versuche, die einen wichtigen Beitrag zum Problem der Universalität des genetischen Codes liefern. Darüber hinaus bilden sie einen geradezu sensationellen Durchbruch auf dem Wege zur möglichen Heilung erblicher Sotffwechselanomalien des Menschen. Die von ihnen gestellte und experimentell bearbeitete Frage lautet: Sind bakterielle Gene in menschlichen Zellen arbeitsfähig? Das zu den Untersuchungen verwendete System besteht aus Fibroblasten, die in Gewebezucht gehalten und vermehrt werden und einem Patienten entstammen, welcher an Galactosämie, einer erblichen Enzympathologie leidet. Sie bedingt, daß der nach Abb. 154 vor sich gehende Abbau des Zuckers Galaktose durch Fehlen einer aktiven GUDP-Transferase nicht mehr vorgenommen werden kann. Als Folge davon entstehen pathologische Veränderungen. Escherichia coli weist den gleichen Abbauweg der Galaktose auf. Mangelmutanten für jedes der drei Enzyme sind bei diesem Objekt bekannt, ihre Genorte wurden kartiert. Wie weiter oben dargestellt, liegen sie als gal-Region aneinander grenzend in unmittelbarer Nachbarschaft des Integrationsortes für den Prophagen λ. Nach stattgefundener Exzision der λ-DNS durch illegitime Rekombination werden sie von Phagenpartikeln auf dem Wege der begrenzten Transduktion in bakterielle Empfängerzellen übertragen. MERRIL und Mitarbeiter verwendeten als zweiten Teil ihres Versuchssystems daher einen λ-Phagen, der die Gesamtheit der gal-Genorte seiner ursprünglichen Escherichia coli-Wirtszelle integriert enthielt und gleichzeitig noch zur Plaquebildung befähigt war

Galaktose + ATP $\xrightarrow{\text{Galaktokinase}}$ Galaktose - 1 - Phosphat

Gal-1-P + Glukose-Uridylyl-Diphosphat $\underset{\longleftarrow}{\overset{\text{GUDP-Transferase}}{\rightleftharpoons}}$ Gal-UDP + Gluk-1-P

Gal-UDP $\underset{\longleftarrow}{\overset{\text{Gal UDP-4-Epimerase}}{\rightleftharpoons}}$ Gluk-UDP

Abb. 154. Die ersten drei enzymkatalysierten Abbauschritte der Galaktose in E. coli

(λpgal$_8$K$^+$T$^+$E$^+$). Bereits eine Stunde nach Zugabe der Partikel eines solchen λ-Phagen zu den GUDP-Transferasedefekten Fibroblasten konnten, nach spezifischer Anfärbung, elektronenoptisch Phagenpartikel in den Kernen der Fibroblasten nachgewiesen werden. Zu diesem überraschenden Befund kam ein zweiter, mindestens ebenso erstaunlicher: Zumindest einige der eingebrachten Genorte sind in den Fibroblasten genetisch wirksam. Das läßt sich, nach vorheriger Markierung durch radioaktives Uridin, unter Verwendung der Hybridisierungstechnik von Boten-RNS, welche aus solchen Zellen gewonnen wurde, mit DNS des verwendeten λ-Phagen nachweisen. $4^1/_2$ Tage nach Infektion wird ein Maximum der Hybridisierungsfähigkeit erreicht. 0,2% der Boten-RNS-Fraktion der Fibroblasten hybridisieren dann mit der DNS der λpgal$_8$-Phagen. Diese Aktivität bleibt auch während der folgenden 40 Tage bei Weiterzucht und zweimaliger Subkultur der Fibroblasten unter gleichzeitiger 3 : 1-Verdünnung erhalten. Werden bei derselben Versuchsdurchführung nicht-transduzierende λ-Suspensionen mit den Fibroblasten gemischt, dann liegt zu allen Zeiten danach der Anteil der Boten-RNS, welche mit der DNS dieser Phagen hybridisierbar ist, unter der Nachweisgrenze von 0,005%. Zum gleichen negativen Ergebnis führt die Verwendung einer doppelten amber-Mutante der gal-Region, welche im transduzierenden Phagen eingebaut vorliegt. Diese Versuche zeigen eindeutig, daß nicht nur die λ-DNS in menschlichen Fibroblasten aufgenommen wird. Es erfolgt darüber hinaus auch die Transkription des gal-Abschnittes bei gleichzeitiger Bildung spezifischer λ-Boten-RNS.

Wird diese Boten-RNS auch in die Molekularstruktur der betreffenden, spezifischen Enzyme übersetzt? Dazu muß geprüft werden, ob nach Infektion mit λpgT$^+$ die zuvor GUDP-Transferase-negativen Fibroblasten die für dieses Enzym bezeichnende Katalyse der Transfer-Reaktion vornehmen können. Die Prüfung verläuft positiv. Solche Zellen weisen eine bis auf das 70fache erhöhte GUDP-Transferase-Aktivität auf, die auch bei Weiterzucht erhalten bleibt. Mit Wildtyp-λ oder einer T$^-$-Mutante des die gal-Region transduzierenden λ infizierten Fibroblasten dagegen fehlt diese Enzymaktivität. Die gleiche Aussage gilt auch bei Benutzung anderer, die gal-Region übertragender λ-Stämme, denen einer der übrigen beiden gal-Genorte K und E fehlt. Immer zeigen dann auch die Fibroblasten, im Gegensatz zu den Ergebnissen des Enzymtests nach Infektion mit λpgK$^+$T$^+$E$^+$ keine Erhöhung der Galaktokinase oder Epimerase. Die auf diesem Wege nachgewiesenen Enzyme, durch bakterielle Genorte kodiert, welche durch Infektion mit transduzierenden λ-Phagen in die menschlichen Fibroblasten gelangten, beteiligen sich am Galaktose-Stoffwechsel der Wirtszellen: Der Abbau von ^{14}C-markierter Galaktose läßt sich unmittelbar durch das Auftreten von markiertem CO_2 nachweisen und quantitativ bestimmen. Während die GUDP-Transferase-negativen Fibroblasten bei Zucht mit Galaktose als einzigem zugegebenen Zucker bereits nach 3 Tagen morphologische Veränderungen als Beginn einer Degeneration zeigen, welche ihr Absterben einleitet, überleben die gleichen Zellen unter denselben Kulturbedingungen nach Infektion mit λpgal T$^+$ um 1–3 Wochen länger. Alle diese Befunde besagen, daß die an der bakteriellen gal-Region in der menschlichen Fibroblastenzelle transkribierte Boten-RNS auch der Translation unterzogen wird.

Die Autoren haben mit großer Sorgfalt alle Möglichkeiten geprüft und ausgeschaltet, welche dazu führen könnten, daß die erhobenen Befunde auf Verunreinigung der Zellkulturen mit Bakterien oder Pilzen zurückzuführen sind. Die mitgeteilten Befunde sprechen daher mit einem hohen Grade der Wahrscheinlichkeit dafür, daß bakterielle Genorte, gebunden an transduzierende λ-Partikel, in menschliche Fibroblasten übertragen und dort genetisch aktiv werden können. Sie erlauben keine Aussage darüber, in welcher Form die E. coli-DNS in diesen Zellen vorliegt. Die Tatsache, daß sie auch bei Zellvermehrung nicht in merklichem Ausmaß herausverdünnt wird, legt einen Integrationsmechanismus nahe. Er kann als Rekombination, Weiterbestehen nach Art eines autonomen Episoms oder Plasmids, Wechselwirkung mit der mitochondrialen DNS (Vergl. S. 217), oder als ein davon abweichender, bisher noch nicht bekannter Mechanismus vermutet werden.

Eine die Aussage über die universelle Bedeutung des gentischen Codes bestenfalls differenzierende Feststellung betrifft die Häufigkeit der Verwendung bestimmter Code-Worte. Für jede Aminosäure sind ja mehrere Möglichkeiten gegeben. Es hat sich nun gezeigt (Tab. 11), daß von Art zu Art in unterschiedlicher Weise ein oder mehrere aus der Zahl der Code-Worte gleicher Bedeutung bevorzugt werden. Das Muster angewandter Code-Worte erweist sich damit als artspezifisch: Jede Art spricht ihren eigenen Dialekt bei der Niederlegung und Realisierung genetischer Informationen. Obwohl bisher dafür keine experimentell belegten Anhaltspunkte gefunden wurden, ist theoretisch immerhin die Existenz von Organismen möglich, die, verursacht durch eine Mutation, t-RNS eines bestimmten Anticodontyps nicht mehr herzustellen in der Lage sind. Solche Defektmutanten, welche ein bestimmtes Codon nicht mehr zu lesen verstünden, würden nur dann notwendigerweise nicht überleben, wenn für die betreffende Aminosäure nur dies eine Codon bestünde. Wenn wir von den für Methionin und Formylmethionin geltenden Zusammenhängen absehen, ist das nur für Tryptophan der Fall. Interessante Beispiele für verschiedene „Codedialekte" bieten tierpathogene Viren und Bakteriophagen. Ihre DNS führt zur Synthese von Transfer-RNS-Typen innerhalb der Wirtszelle, die sich von denen des Wirtes unterscheiden. In anderen Fällen werden t-RNS-Typen des Wirtes modifiziert.

Tabelle 11. „Code-Dialekte": Artspezifische Bevorzugung der Benutzung eines bestimmten aus mehreren möglichen Codons für die gleiche Aminosäure, gezeigt am Beispiel E. coli, Kröte und Meerschweinchen. Aus Speyer 1967

Code-„Dialekte"

t-RNS für	benutztes Codon	Herkunft der t-RNS		
		E. coli	Kröte	Meerschweinchen
Arginin	AGG	±	+ + + +	+ +
	CGG	±	+ + + +	+ + + +
Methionin	UUG	+ +	±	±
Alanin	GCG	+ + + +	±	+ +
Isoleucin	AUA	±	+ +	+ +
Lysin	AAG	±	+ + + +	+ + + +
Serin	UCG	+ + + +	±	+ +
	AGU	±	+ + +	+ +
	AGC	±	+ + +	+ + +
Cystein	UGA	±		+ + +

Die Entdeckung dieses Zusammenhanges war Anlaß dafür, daß einige Autoren etwas voreilig zunächst die Universalität des genetischen Codes ableugneten.

Eine einzige Ausnahme, die von dem Gesetz der Universalität des genetischen Codes abzuweichen scheint, ist bisher bekannt geworden. Das Codon UAG bedeutet im Meerschweinchen Cystein, bei E. coli dagegen signalisiert es Kettenschluß. Wie weit diese Bedeutungsänderung eine isolierte Ausnahme ist oder doch möglicherweise als eines mehrerer Beispiele die Universalität des Codes einschränkt, muß weiteren Forschungen vorbehalten bleiben.

1.5 Co-Linearität von DNS- und Protein-Molekül

Die besondere Eigenart der Aufgabenstellung des amber-Codons zeigt eindrucksvoll eine Untersuchung von SARABHAI und Mitarbeitern. Gegenstand der Versuche war die Wirkung von amber-Mutanten auf die Entstehung des Kopfproteins des Phagens T 4. BENZER u. CHAMPE hatten schon 1961 nachgewiesen, daß es Phagenmutanten gibt, welche im Wildtyp von Escherichia coli nicht zur Vermehrung gelangen, die jedoch in bestimmten Mutanten des Wirtsbacteriums synthetisiert werden können. In späteren Arbeiten war dann gezeigt worden, daß eine solche Mutante des Wirtsbacteriums als Suppressor der Wirkung der amber-Mutation des Bakteriophagen betrachtet werden muß. Eine bestimmte Deutung dieser Befunde lag sehr nahe: In der Phagenmutante ist ein Triplett desjenigen DNS-Abschnittes verändert, welches ein Protein codiert, dessen veränderte Molekularstruktur zur Letalität im Wildtyp von E. c. Anlaß gibt. Hinzu kam die wichtige Vorstellung, daß diese Mutation das betreffende Triplett in eines der drei Kettenschluß-Tripletts (amber, ochre, nonsense) verändert. Die Suppressor-Mutante des Wirtsbacteriums, in welchem wieder mutierte Phagenpartikel synthetisiert werden, muß dann in der Lage sein, die Kettenschluß-Wirkung des mutierten Codons zu unterdrücken. Für diese Deutung sprach, daß sich solche Phagenmutanten stets einer von mehreren Gruppen zuordnen ließen, wenn die Forderung erfüllt wurde, daß für jede Gruppe nur ein bestimmter bakterieller Suppressorstamm voll wirksam war. Von diesen Beobachtungen führte schließlich der Weg zur Benennung der drei Typen von Codons welche Kettenschluß siganlisieren. Noch weiter vorstoßend gelang es, unter Verwendung von Mutagenen, deren Wirkungsmechanismus bekannt ist (Tab. 3), durch gezielte Rückmutationen die Basensequenz der drei Codons zu bestimmen. Sie ist in Tab. 10 dargestellt.

Mit Hilfe eines amber-Suppressors von E.c. wurden T 4-Mutanten selektiert welche kein intaktes Kopfprotein mehr herstellten. Sie waren aus technischen Gründen gewählt worden: Etwa 90% des Gesamtproteins eines Phagenpartikels ist Kopfprotein. Weiterhin werden etwa 60–70% der während der späten Phase der Phagensynthese von der Zelle hergestellten Proteine in werdende Phagenpartikel eingebaut. Somit sind mehr als die Hälfte der während der zweiten Phase der Phagensynthese in T4-infizierten Zellen von E.c. hergestellten Proteine solche des Phagenkopfes. Es ist daher technisch möglich, diese Proteine ohne Reinigung allein durch Aufbrechen der infizierten Zellen zu gewinnen. Unter Anwendung klassischer Methoden der Kartierung wurde die Lage der Mutationsorte solcher Mutanten bestimmt und eine genetische Karte aufgestellt (Abb. 155 oben).

Wie die weiteren Untersuchungen bewiesen, findet auch in Wildtypzellen von E.c. nach Infektion mit derartigen Phagenmutanten Proteinsynthese statt, welche zu unvollständigen Proteinen führt. Es war auch möglich, diese Proteine zu isolieren. Ihre Untersuchung zeigte, daß ein amber-Triplett zum Abriß der Polypeptidkette vom Ribosom führt: Je weiter rechts das zu amber mutierte Triplett des Mutationsortes der betreffenden Mutante in der Genkarte gelegen war, (Abb. 155) umso länger war das Proteinfragment, welches anstelle des für den Wildtyp bezeichnenden Kopfproteins synthetisiert wurde. Mit diesen Untersuchungen waren somit zwei wichtige Befunde erhoben. Sie hatten einmal die vermutete Wirkung des amber-Codons als Signal für Kettenschluß eines Polypeptids

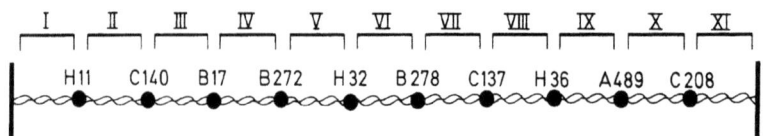

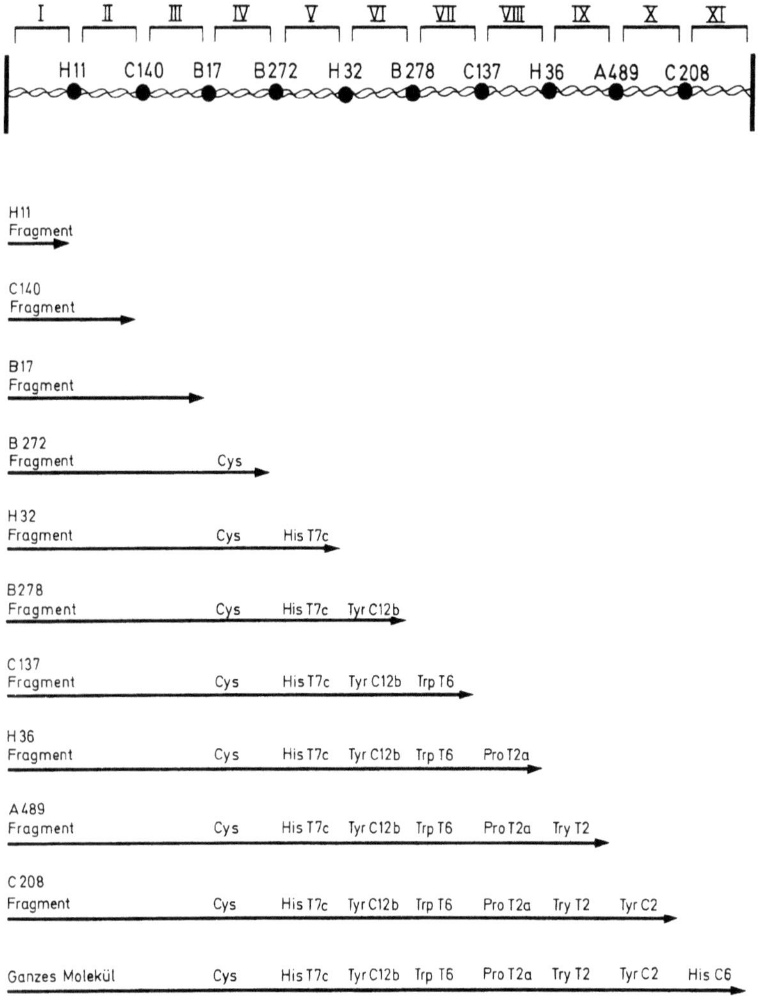

I
II
III
IV
V
VI
VII
VIII
IX
X
XI
H11
C140
B17
B272
H32
B278
C137
H36
A489
C208
H11 Fragment
C140 Fragment
B17 Fragment
B 272 Fragment Cys
H 32 Fragment Cys His T7c
B278 Fragment Cys His T7c Tyr C12b
C 137 Fragment Cys His T7c Tyr C12b Trp T6
H 36 Fragment Cys His T7c Tyr C12b Trp T6 Pro T2a
A 489 Fragment Cys His T7c Tyr C12b Trp T6 Pro T2a Try T2
C 208 Fragment Cys His T7c Tyr C12b Trp T6 Pro T2a Try T2 Tyr C2
Ganzes Molekül Cys His T7c Tyr C12b Trp T6 Pro T2a Try T2 Tyr C2 His C6

Abb. 155. Zuordnung der Polypeptidfragmente, welche bei Infektion von E. coli-Wildtypzellen mit 10 Verschiedenen amber-Mutanten des Phagen T 4 anstelle des Kopfproteins synthetisiert werden zur jeweiligen Lage des amber-Codons in der Genkarte von T 4 (oben). Aus SARABHAI, 1964

nachgewiesen. Zusätzlich war ein weiterer Zusammenhang aufgezeigt worden, den wir bisher nur als Tatbestand hingenommen haben, ohne von seiner experimentellen Bestätigung zu erfahren: Die Co-Linearität zwischen Mononucleotidsequenz der DNS und Aminosäuresequenz des durch diesen DNS-Abschnitt codierten Proteins.

2. Die Transfer-RNS

2.1 Molekularer Aufbau

In der lebenden Zelle ist das Erkennen der einzelnen Codons Aufgabe der t-RNS-Moleküle. Weiter oben haben wir uns kurz mit ihrer Existenz bekanntgemacht. Nun sollen Einzelheiten dargestellt werden. Wir haben bereits erfahren (Abb. 141), daß mit Hilfe der Gegenstromverteilung verschiedene t-RNS-Typen isoliert worden waren, deren jeder in der Lage ist, eine ganz bestimmte, von Typ zu Typ verschiedene Aminosäure zu binden. Weitere Untersuchungen zeigten, daß es in vielen Fällen für ein und dieselbe Aminosäure verschiedene, mit der gleichen Trennungstechnik nachweisbare t-RNS-Arten gibt. Abb. 156 zeigt dafür ein Beispiel für Leucin-t-RNS. Ihre physiologische Aktivität läßt sich in dem betreffenden Versuch durch Bindung mit radioaktivem Leucin nachweisen.

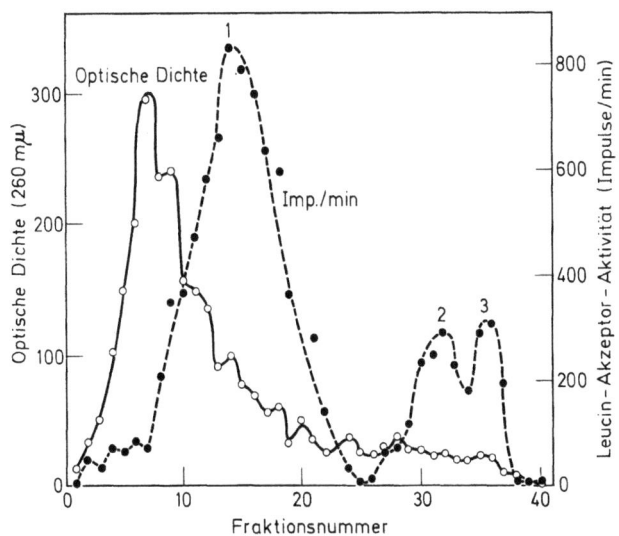

Abb. 156. Trennung der drei im Versuch radioaktiv markierten Leucin-t-RNS-Typen von E. coli durch 200-malige Gegenstromverteilung. Aus v. EHRENSTEIN et al., 1963

Die Gegenstromverteilung wurde zur Reindarstellung bestimmter Transfer-RNS-Typen in wägbaren Mengen herangezogen. Sie erlaubte zunächst einmal zuverlässige Bestimmungen des Gewichtes eines t-RNS-Moleküls. Es liegt, von Typ zu Typ verschieden, zwischen 25000 – 30000. Dies entspricht einer Sequenz von rund 75 – 85 Mononucleotiden.

t-RNS-Moleküle sind daher, verglichen mit den Dimensionen solcher der Boten-RNS, relativ klein. Die vorliegenden, reinen t-RNS-Fraktionen erlaubten darüber hinaus, die Sequenzbestimmung der einzelnen Mono-Nucleotide eines derartigen Moleküls in Angriff zu nehmen. Die dabei angewandten Methoden sind chemischer Art. Sie benutzen die spezifische Abbaureaktion bestimmter, unteinander verschiedener Nucleasen. Dabei entstehen unter deren Wirkung in reproduzierbarer Weise mehr oder weniger große Nucleotid-Sequenzen, die Oligo-Nucleotide. Die Aufeinanderfolge ihrer Mononucleotide, ihre Sequenz, läßt sich bestimmen. Ist dies geschehen, so werden die nun bekannten Sequenzen der verschiedenen Oligo-Nucleotide an ihren Überlappungsstellen wie bei einem Zusammensetzspiel aneinandergefügt, bis schließlich die gesamte Nucleotid-Sequenz des betreffenden t-RNS-Moleküls erfaßt ist. So einfach diese Methode erscheint, so schwierig und zeitraubend erweist sich ihre Durchführung. Für die Strukturermittlung der Serin-t-RNS von Hefe mußten beispielsweise rund 40 Oligo-Nucleotid-Typen erzeugt und analysiert werden, bis ihre Überlappungsstellen als gesichert gelten konnten. Die Gesamtheit einer solchen Untersuchung eines bestimmten Transfer-RNS-Typs wird dabei an Substanzmengen vorgenommen, welche sich in der Größenordnung von $^1/_{10}$ g bewegen.

Schon 1962 hatte WILKINS in seinem Nobelpreisvortrag berichtet, von t-RNS Röntgenstrukturdiagramme erhalten zu haben (Abb. 157), welche denen der DNS stark ähnelten. Sie legten nahe, daß die Moleküle der t-RNS, zumindest streckenweise, aus miteinander gepaarten Einzelstrangabschnitten bestünden. Die Befunde erlaubten keine eindeutige Raumstrukturermittlung. Daher nahm man, wie auch in den ersten Phasen der Raumstrukturermittlung der DNS, zur Konstruktion von Modellen Zuflucht. Sie ergaben unter der Voraussetzung einer maximalen Anzahl gepaarter, einander gegenüberliegender Mononucleotide des RNS-Einzelstranges eine Reihe verschiedener Möglichkeiten. Unter ihnen befand sich die sogenannte Kleeblattform. In ihr sind einzelne Abschnitte des

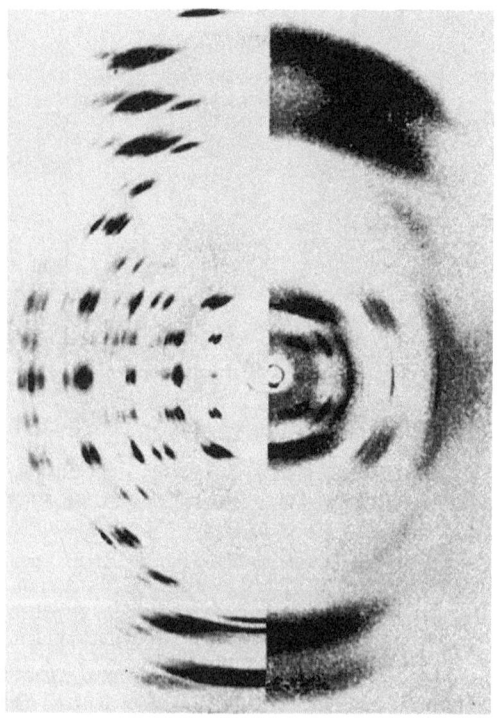

Abb. 157. Vergleich der Röntgenstrahlen Beugungsbilder von DNS-Fasern in der A-Konfiguration (links) und von Boten-RNS (rechts). Die allgemeine Intensitätsverteilung ist in beiden Bildern sehr ähnlich, aber die Lagen der scharfen Kristallinitätsreflexe unterscheiden sich infolge der verschiedenen Packung der Molekeln in den Kristallen. Aus WILKINS, 1963

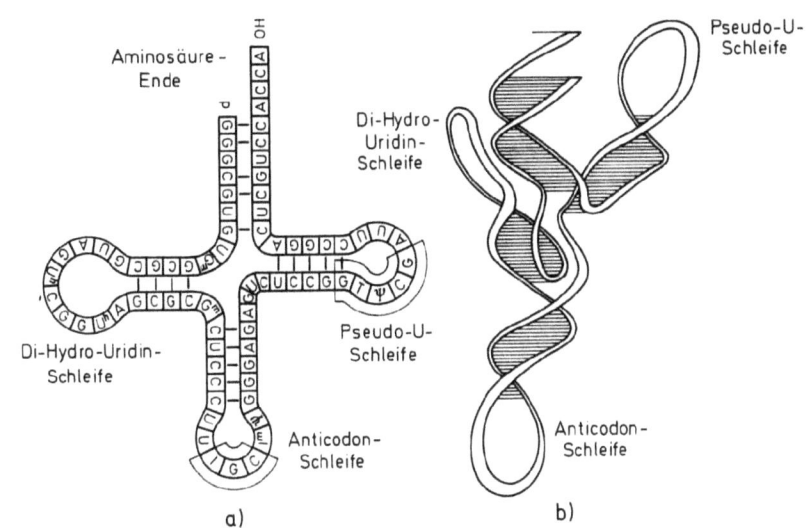

Abb. 158. Die zwei- und dreidimensionale Struktur des tRNS-Moleküls: a) Kleeblattform der Alanin-tRNS der Bäckerhefe. b) Darstellung einer der zahlreichen hypothetischen Raumstrukturmöglichkeiten für dieses Molekül. a) Nach HOLLEY et al., 1965, b) Nach NINIO et al., 1969

t-RNS-Moleküls derart miteinander gepaart, daß, in eine Ebene projeziert, dieses an die Form eines Kleeblattes erinnert (Abb. 158).
Die Kleeblattform, zunächst nur durch ihre besonders eindrucksvolle Struktur bevorzugt, hat sich im Laufe der weiteren Untersuchungen immer stärker als geeignet für die zweidimensionale Darstellung der wirklich vorliegenden Paarungs-Struktur des t-RNS-Moleküls herausgestellt. Eine Reihe von Befunden weisen in diese Richtung: Die Nucleotidsequenzen von t-RNS-Typen verschiedener Organismen, welche die gleiche Aminosäure zu transportieren vermögen, unterschieden sich mitunter beträchtlich. Der, nach wie vor, das biologische Denken beherrschenden Vorstellung einer Evolution der Organismen aus gemeinsamer Wurzel entspricht die Annahme, daß die betreffenden t-RNS-Typen auf gemeinsame Vorstufen zurückgehen. Experimentelle Befunde stützen diese Annahme. Soweit die begrenzte Anzahl analysierter t-RNS-Typen eine solche Aussage bereits zuläßt, scheint die Regel zu gelten, daß die Nucleotidsequenzen zweier verglichener Typen verschiedener Herkunft umso unterschiedlicher sind, je weitläufiger sich die Verwandtschaft der beiden, diese t-RNS- beherbergenden Organismen erweist. Die Serin-t-RNS von Ratte und Hefe unterscheidet sich beispielsweise in 19, die Phenylalanin-t-RNS von Weizen und Hefe in 13 Mononucleotiden. Eine, für unsere Betrachtungen über die Realität der Kleeblattform wichtige Gesetzmäßigkeit zeigen jedoch beide verglichenen Paare: Innerhalb jedes der Paare ist, trotz der Unterschiedlichkeit der Nucleotidsequenzen, die Kleeblattform zum Verwechseln ähnlich (Abb. 159). Dagegen unterscheiden sich diese von Paar zu Paar ganz deutlich voneinander. Dies führt zu einer wichtigen Folgerung. Wieder auf der Grundlage der Evolutionstheorie der Organismen argumentiert, setzt eine Unterschiedlichkeit von 19 Nucleotiden in dem einen, von 13 Nucleotiden in dem anderen der beiden Fälle das Manifestwerden von mindestens 19 bzw. 13 für den Organismus nicht nachteiligen Punktmutationen voraus. Das Erhaltenbleiben der Kleeblattstruktur unter einem solchen

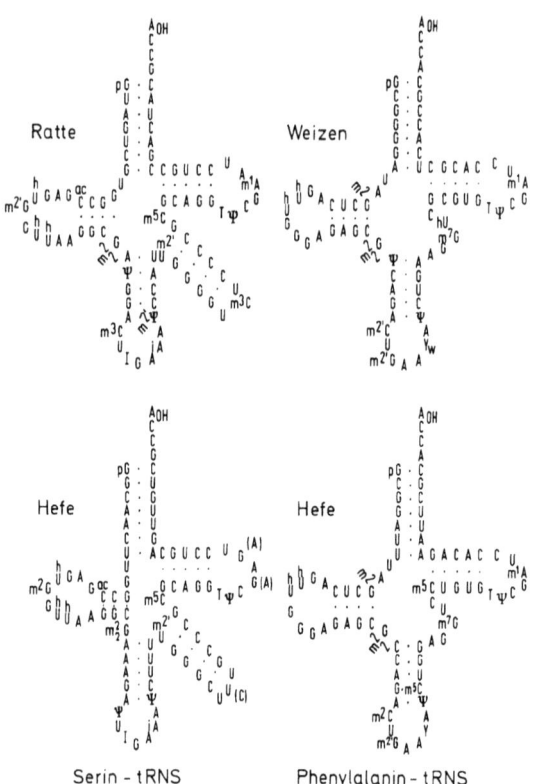

Abb. 159. Vergleich der Kleeblattstruktur zweier Serin- und Phenylalanin-tRNS-Typen verschiedener Herkunft. Aus ZACHAU, 1969

Mutationsdruck beweist, daß diese Mutationen unter einer größeren Anzahl weiterer Mutationen selektiert worden sein müssen, wobei als Selektionsziel eben diese Kleeblattstruktur wirkte. Wir können uns den Vorgang der Selektion in folgender Weise vorstellen: Fand innerhalb eines gepaarten Abschnittes eines bestimmten t-RNS-Typs die auf Mutation begründete, im Rahmen des Selektionsdruckes zumindest tolerierbare Veränderung eines Mononucleotids statt, so wurde die Paarung mit der gegenüberliegenden Base dadurch aufgehoben. Die Erhaltung der Kleeblattstruktur, welche auf diesen Basenpaarungen beruht, erforderte als Selektionsziel jedoch, daß unter den weiterhin spontan auftretenden Mutanten diejenige gefördert wurde, welche die Paarung mit der Base des zuerst veränderten, nunmehr ungepaart vorliegenden Mononucleotids wieder ermöglichte.

Ein ähnlicher Zusammenhang zeigt sich beim Vergleich der Nucleotidsequenz verschiedener t-RNS-Typen desselben Organismus. Sie weisen weitgehend Gleichheit der Lage ihrer gepaarten Abschnitte innerhalb des Kleeblattmodells auf, obwohl sich zahlreiche der Nucleotide von Typ zu Typ in verschiedener Weise unterscheiden (Abb. 160). Nimmt man an, daß alle diese Typen im Laufe der Evolution aus einer einzigen Ur-t-RNS entstanden, so ist auch diese Beobachtung nur dann zu erklären, wenn das Kleeblattmodell tatsächlich ein zweidimensionales Abbild der wirklichen Paarungsverhältnisse des t-RNS-Moleküls darstellt.

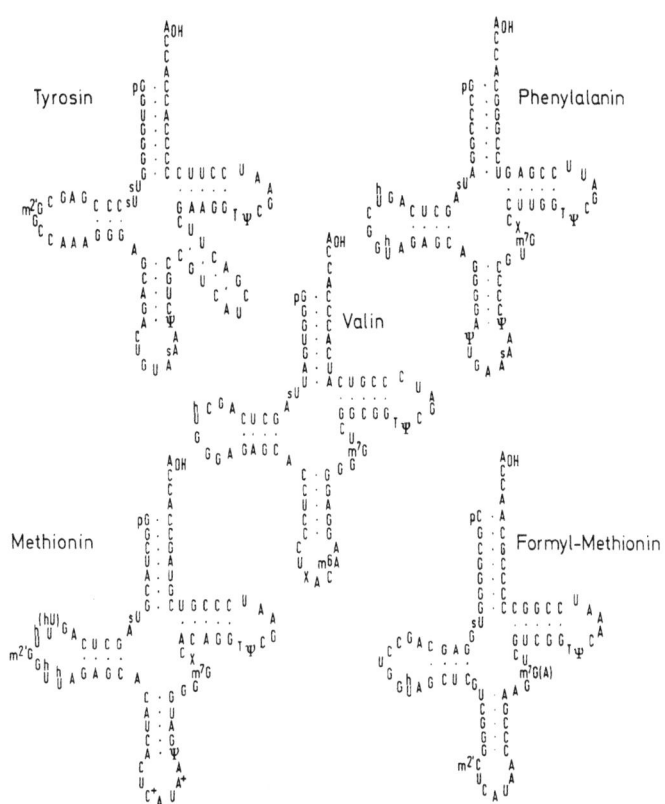

Abb. 160. Kleeblattstruktur von 5 verschiedenen tRNS-Typen aus E. coli

Das „Stengelende" des t-RNS-Moleküls, die 3'-terminale Sequenz trägt, in jedem bisher untersuchten Falle eindeutig nachgewiesen, die ungepaarte, in Richtung nach außen gelesen stets sich gleichende Aufeinanderfolge CCA. Die Basenaufeinanderfolge der Moleküle jedes t-RNS-Typs wird durch einen für diesen spezifischen Genort festgelegt. Ein solches natives t-RNS-Molekül enthält jedoch noch nicht die terminale CCA-Sequenz. Sie wird durch das Enzym CCA-Pyro-Phosphatase angefügt. Sehr wahrscheinlich erkennt es bei seiner Reaktion Raumstrukturelemente, welche die nativen Moleküle aller t-RNS-Typen eines Organismus gemeinsam aufweisen. Die 3'-terminale CCA-Sequenz bildet die Akzeptorregion für die von dem betreffenden t-RNS-Molekül zu transportierende Aminosäure.

Da dieses Akzeptorende aller t-RNS-Typen identisch ist, kann es nicht für die Spezifität der Beladung mit einer bestimmten Aminosäure verantwortlich sein. Sie wird vielmehr durch ein Enzym, welches die Beladung katalysiert und zur Gruppe der Aminoacyl-Synthetasen gehört, hervorgerufen. Der Beladungsvorgang des t-RNS-Moleküls mit der ihm adäquaten Aminosäure erfolgt in mehreren aufeinanderfolgenden Reaktionsschritten (Abb. 161). Zunächst werden ein Molekül ATP und die Aminosäure an je einen spezifischen Ort der Aminoacyl-Synthetase gebunden. Die Abspaltung von Pyrophosphat bei gleichzeitiger Entstehung eines Aminoacyl-AMP-Enzymkomplexes bildet den zweiten Schritt. An einen weiteren spezifischen Ort dieses Komplexes wird in einem dritten

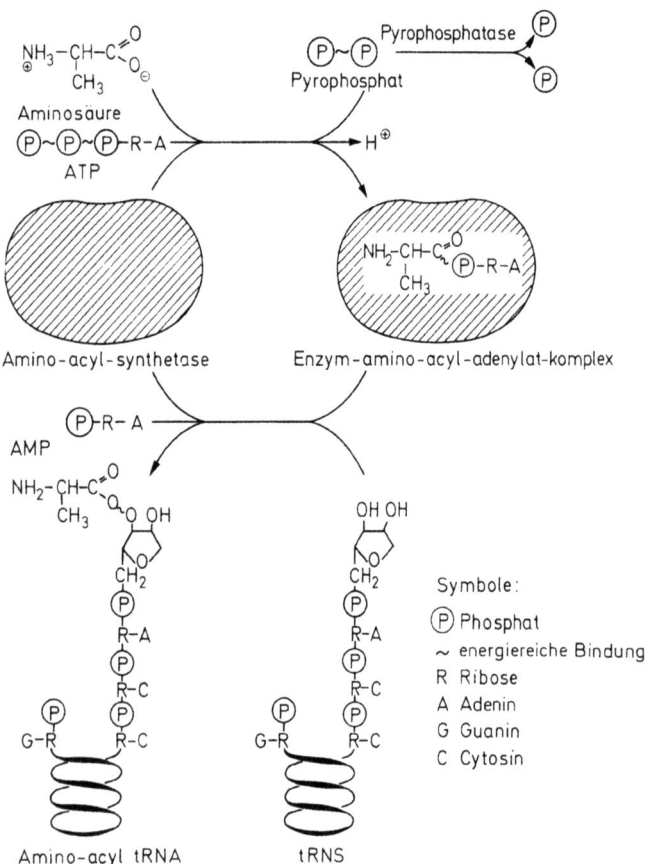

Abb. 161. Enzymkatalysierte Schritte bei der Beladung einer Alanin-tRNS mit dem Alaninrest = Aktivierung einer Aminosäure. Nach SPEYER, 1967

Schritt das t-RNS-Molekül angelagert. Aus diesem und der Aminosäure entsteht schließlich als Aminoacyl-t-RNS die aktive, mit der Aminosäure beladene Form der t-RNS, wobei gleichzeitig ein Molekül freigesetzt wird. Die Spezifität der Beladung ist außerordentlich hoch. Spontane Fehlbeladungen kommen mit einer Wahrscheinlichkeit vor, welche unter der Nachweisgrenze der Methodik von 1:10000 liegt. In der Zelle gibt es zahlreiche verschieden Typen der Aminoacyl-Synthetasen, von denen jeder für eine bestimmte t-RNS-Art spezifisch ist. Ihre Moleküle vermögen offenbar besondere Strukturmerkmale der Moleküle des ihnen adäquaten t-RNS-Typs zu erkennen und daher auch selektiv zu beladen. Die Forschung der jüngsten Vergangenheit hat große Mühe darauf verwendet, diejenige Region des t-RNS-Moeküls herauszufinden, welche als Erkennungsort für die jeweilige Aminoacyl-Synthetase dient. Alle bisher erhobenen Befunde sprechen dafür, daß es sich dabei um eine Raumstruktur handelt, deren genaue Lokalisation jedoch bisher nicht gelang. Die Reindarstellung einiger Aminoacyl-Synthetase-Arten führte zu einem überraschenden Ergebnis: Es gibt sowohl solche, die aus einer einzigen Polypeptidkette mit einem Molekulargewicht von rund 100 000 bestehen, als auch andere, die sich aus Di- und Tetrameren zusammensetzen, wobei dann das Molekulargewicht des Monomeren zwischen 40 000 und 50 000 liegt.

In den Abb. 158 – 160 liegt dem die CCA-Sequenz tragenden „Stielende" des Kleeblattes eine ebenfalls gepaarte Region gegenüber, deren Ende als Schleife sieben ungepaarte Nucleotide trägt. Bei den einzelnen t-RNS-Typen unterscheidet sich die Basensequenz dieses terminalen Molekülabschnittes. Die drei mittleren der sieben ungepaarten Nucleotide tragen in Form ihrer Basen das Anticodon. Es ist dies diejenige Nucleotidsequenz, welche als Adaptorkomplex mit dem jeweiligen Codontriplett der Boten-RNS am Ribosom reagiert Die drei Basen des Anticodons verhalten sich daher, wie die Sequenzbestimmungen aller bisher untersuchten t-RNS-Typen ergaben, zu den Basen der betreffenden Codons antiparallel komplementär: Ihre Sequenz in der $5' \rightarrow 3'$-Richtung gelesen, ergibt Paarung mit einem bestimmten der in $3' \rightarrow 5'$-Richtung gelesenen Basentripletts der Boten-RNS. Mit anderen Worten ausgedrückt: Bei Lesung der Basensequenzen eines t-RNS- und eines Boten-RNS-Moleküls, die üblicherweise in beiden Fällen gleichermaßen in der $5' \rightarrow 3'$-Richtung erfolgt, paart Base 1 des Codons mit Base 3 des zugehörigen Anticodons.

Im Anticodon treten, ebenso wie in den übrigen Bezirken des Moleküls, außer dem für die RNS typischen Basen U, A, G und C noch andere auf, welche mit den viergenannten nahe verwandt sind. Die meisten der durch sie gekennzeichneten seltenen Nucleoside unterscheiden sich von den vier typischen durch Methylierung an einem C-, N- oder O-Atom. Von den mehr als 30 bisher beobachteten verschiedenen Typen seien das Pseudo-Uridin (ψ) und Inosin genannt. Auch diese Basen besitzen, wenn sie Bestandteil des Anticodons sind, Codierungseigenschaften. Dabei kommt derjenigen des Inosins eine besondere Bedeutung zu, auf die wir noch zurückkommen müssen.

Für den Bereich der Anticodonschleife der t-RNS wurde das Vorhandensein einer nicht auf die Bildung von Wasserstoffbrücken beruhenden Form der Raumstruktur wahrscheinlich gemacht. Ein Vergleich der Nucleotidsequenzen dieser Schleife in verschiedenen t-RNS-Typen ergab unter Zuhilfenahme von Molekülmodellen, daß die Purinbasen der betreffenden Abschnitte wahrscheinlich coplanar übereinander gelagert sind. Dadurch entstünde eine zusätzliche Stabilisierung der Raumstruktur. Solche durch „stacking" gekennzeichnete Bereiche sind wahrscheinlich strukturell von ähnlich hoher Festigkeit wie andere, die durch Wasserstoffbrücken zusammengehalten werden.

2.2 Aminosäure-Erkennungsfunktion des Anticodons

Der molekulare Aufbau des Akzeptor-Bezirkes und der Anticodon-Schleife einer t-RNS kennzeichnet zwei durch ihre Funktion klar unterschiedene Bereiche. Sind diese beiden Funktionen auch in vivo unabhängig voneinander? Hat im Zustand der zum Transfer bereiten Aminoacyltransfer-RNS ausschließlich das Anticodonende die Erkennungsfunktion des Boten-RNS-Tripletts oder ist auch die angeheftete Aminosäure am Lesen des Aminosäurecodons beteiligt?

Die amerikanischen Forscher CHAMPE und BENZER haben dazu einen geistreichen Versuch ersonnen. In Abb. 162 oben sind die Strukturformeln für die Aminosäuren Cystein und Alanin wiedergegeben. Beide unterscheiden sich voneinander nur durch ein zusätzlich im Cystein vorhandenes Schwefel (S)-Atom. Die Autoren isolierten Cystein-t-RNS und beluden sie mit Cysteinmolekülen (Abb. 162 Mitte). Die so entstandene Cystein-Acyl-t-RNS-Moleküle behandelten sie mit Raney-Nickel. Diese in der Chemie häufig verwendete Verbindung entfernt aus dem Cystein den Schwefel und führt dadurch das Cystein in Adenin über. Aus den Cystein-Acyl-t-RNS-Molekülen waren jetzt solche geworden, welche zwar ein Cysteinanticodon aufweisen, jedoch mit je einem Alanin-Molekül beladen waren.

Wo würden in den entstehenden Polypeptiden diese Alaninmoleküle eingebaut werden?

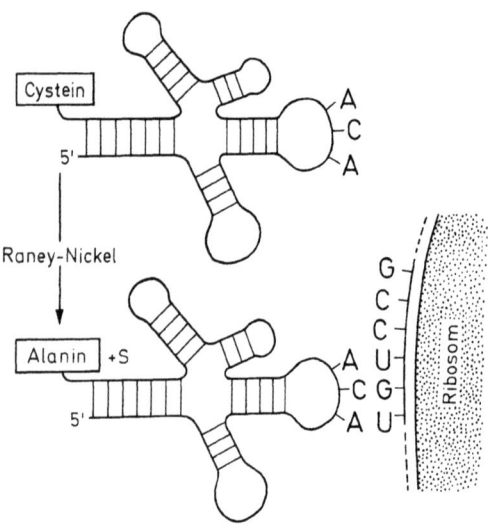

Abb. 162. Schematische Darstellung des Ablaufes der Versuche von CHAPEVILLE et al. und v. EHRENSTEIN et al. Einzelheiten im Text

Dort wo die Codons der Boten-RNS Cysteinmoleküle vorschrieben oder an den Stellen, welche Alaninmolekülen vorbehalten waren?
Die Autoren haben diese Frage am in vitro und in vivo-System beantwortet. Jedes Mal war die Antwort die gleiche: Stets wurden die Alaninmoleküle an Stellen des werdenden Proteins eingebaut, an die Cystein gehört (Abb. 162 unten). Im Stadium der Ablesung des Codons durch ein Boten-RNS-Molekül wird die Erkennung des Codons daher nur vom Anticodon vorgenommen. Es erweist sich dabei ohne Belang, welche Aminosäure an dem t-RNS-Molekül befestigt ist. Dieses hat damit keine Funktion bei der Ablesung des genetischen Codes. Bei ungestörtem Verlauf sorgt ja die Spezifität der verschiedenen Aminoacylsynthetasen dafür, daß jeder Typ der Transfer-RNS, ausgewiesen durch sein Anticodon, auch mit der richtigen Aminosäure versehen wird.
Kommen wir nun zur nächsten Frage: Ist es wirklich das Anticodon einer Transfer-RNS, welches nach dem uns bekannten Gesetz der Basenpaarung die Codonerkennung vornimmt? Dieser Frage sind GOODMAN und Mitarbeiter in einer 1968 veröffentlichten Untersuchung nachgegangen. Sie benutzten dazu in brillanter Weise eine Kombination von modernsten genetischen und chemischen Methoden. Weiter oben hatten wir bereits von der Wirkung des amber-Codons UAG gehört. Es führt zu Kettenabbruch des in Synthese

begriffenen Polypeptids. Für ihre Arbeiten benutzten die Autoren eine amber-Mutante von E. coli, deren Mutationsort in der mit lac bezeichneten DNS-Region lag, welche neben anderen die Information für die Aminosäuresequenz des Enzyms β-Galactosidase beherbergt. Dieses wird für den von der E. coli-Zelle unter Energiegewinn vorgenommenen Abbau des Milchzuckers Lactose benötigt. Aus Populationen der Mutante wurden zwei Stämme isoliert, welche wieder die Befähigung zum Lactoseabbau aufwiesen. Wie sich zeigte, sind sie keine echten Rückmutanten, in denen die DNS-Basensequenz des Wildtyps voll wiederhergestellt ist, sondern beherbergen einen zweiten Mutationsort.

Es handelt sich also um Suppressoren der genetischen Formel lac$^-$ (amber)/su$_{II}^+$. (Im Gegensatz zu der sonst üblichen Bezeichnungsweise nennen die Autoren den Wildtyp su$^-$, die Mutante dagegen su$^+$). Die eine der beiden mit der die im folgenden zu besprechenden Versuche durchgeführt wurden, vermag die Wirkung der amber-Mutation völlig aufzuheben. Es konnte gezeigt werden, daß die Suppression durch die Veränderung eines t-RNS-Typs der Zelle hervorgerufen wird. Über den Wirkungsmechanismus bestanden jedoch zunächst Unklarheiten. Die Mutation su$_{II}^+$ konnte beispielsweise die Synthese eines t-RNS-Typs ermöglichen der in Wildtyp (su$^-$)-Zellen nicht vorkommt. Eine andere Möglichkeit bestand in der Synthese eines Enzyms welches bereits vorhandene t-RNS-Moleküle in bestimmter Weise verändert. Schließlich war auch daran zu denken, daß durch das Gen su$^+$ hervorgerufen, die Basensequenz einer bestimmten t-RNS-Art sich von der vergleichbaren des Wildtyps su$^-$ unterschied.

Die zuverlässigste Art, alle diese Fragen einer Antwort entgegenzuführen, bestand darin zu versuchen, die Basensequenz der veränderten Transfer-RNS zu bestimmen. Wie aber sollte man aus der Vielzahl der verschiedenen t-RNS-Typen auf möglichst einfachem Wege Ausgangsmaterial für diese Untersuchungen in genügender Menge und Reinheit erhalten? Um das zu erreichen, wurde ein genetischer Trick angewandt. Kartierungsversuche hatten gezeigt, daß der Genort su$^-_{III}$ ganz in der Nähe der Integrationsstelle der DNS des Phagen Φ 80 in das Bakterienchromosom liegt. Was noch wichtiger war:

Dieser Phage transduziert. Von Φ 80 gelang es einen Stamm zu isolieren, welcher durch Rekombination anstelle eines Teiles seiner eigenen DNS den Genort su$^-_{III}$ eingebaut aufwies. Durch den Verlust eines Teiles seiner genetischen Information war der Phage defekt: Er konnte ohne die Hilfe anderer, nicht defekter Phagen der gleichen Art keine Synthese fertiger Phagenpartikel mehr veranlassen. Seine genetische Formel lautet daher:

Φ 80 d su$^+_{III}$. Auch Partikel des Φ 80-Phagen, welches das unmutierte Suppressorgen su$_{III}^-$ beherbergen, ließen sich herstellen. Wurden Zellen von E. coli lac (amber) in hoher Multiplizität (die Anzahl der infektiösen Phagenpartikel ist dann größer als die Anzahl der Wirtszellen) mit Phagen des Typs Φ 80 d su$_{III}^+$ infiziert, so gelangten in jede der Zellen, gebunden an jeweils ein Phagenpartikel, zahlreiche Kopien des su$^+_{III}$ Genortes. Jede davon begann die Synthese ihres Genproduktes anzuregen, sodaß die veränderte t-RNS in hoher Konzentration in der Zelle erschien. Dadurch nahm die Befähigung der Wirtszelle zum Abbau von Lactose zu. Solche Versuche erlaubten bei Verwendung des Phagen Φ 80 d su$_{III}^+$ die Isolierung der veränderten t-RNS in ausreichender Menge. Phage Φ 80 d su$_{III}^-$ dagegen produzierte das Ausgangsprodukt für die Untersuchungen der homologen Wildtyp-t-RNS. Diese erwies sich als eine der beiden Typen der Tyrosin-t-RNS, welche unter Normalbedingungen in der Zelle 40 % der Gesamt-Tyrosin-t-RNS ausmacht. Unter Verwendung bereits bekannter Techniken wurden beide t-RNS-Arten, die Wildtyptyrosin-t-RNS (I) und die vom amber-Suppressor codifizierte veränderte t-RNS in kürzere Mononucleotidsequenzen zerlegt und die Basensequenzen der einzelnen Stücke bestimmt. Dabei zeigte sich, daß das Anticodon GUA der Tyrosin-t-RNS in der su$_{III}^+$-t-RNS in CUA verändert ist (Abb. 163). Wie wir noch später bei der Besprechung der Wobbel-Hypothese verstehen lernen werden, ist GUA das Anticodon für beide Codewerte des Tyrosins, für UAU und UAC (wir dürfen dabei

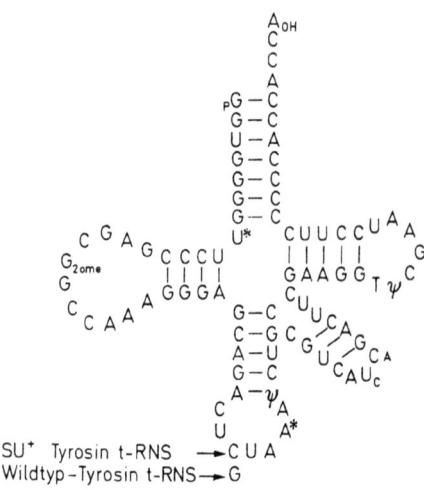

Abb. 163. In Kleeblattform angeordnete Nucleotidsequenz der Tyrosin-tRNS von E. coli. Die eingezeichnete Anticodonsequenz GUA ist diejenige des Wildtyps, die Sequenz CUA die des amber-Suppressor der Mutante su_{III}^+. Aus GOODMAN et al., 1968

nicht außer acht lassen, daß Codon und Anticodon in entgegengesetzter Richtung gelesen werden müssen). Das Anticodon CUA der su_{III}^+-t-RNS dagegen paßt nur auf ein einziges Codon, nämlich das amber-Triplett UAG. Die beiden Paarungen lauten somit:

Anticodon		GUA	CUA
Codon	oder	UAU UAC	UAG
		Tyrosin-t-RNS	su_{III}^+-t-RNS

Dieser Einblick in die molekularen Grundlagen der in der Mutante su_{III}^+ vor sich gegangenen Veränderung einer der beiden Tyrosin-t-RNS-Typen erlaubt es, den Wirkungsmechanismus der Suppressor-Mutante zu verstehen: Die einfache lac⁻ (amber)-Mutante vermag keine vollständigen β-Galactosidase-Moleküle mehr herzustellen, denn am amber-Codon der Boten-RNS kommt es stets zum Kettenabriß des wachsenden Polypeptids. In der su_{III}^+-Mutante wird dieser Abriß dadurch vermieden, daß nun das amber-Codon sich jeweils mit dem Anticodon eines Moleküls der su_{III}^+-t-RNS paart. Es hat durch die su_{III}-Mutation Codierungseigenschaften erhalten. Die Akzeptor-Eigenschaft des durch Mutation veränderten t-RNS-Typs hat sich dagegen nicht geändert: Die su_{III}^+-t-RNS trägt an ihrem Akzeptor-Ende nach wie vor Tyrosin. Daher wird nun diese Aminosäure immer dann eingebaut, wenn ein amber-Codon der Boten-RNS dies signalisiert. Der Kettenabriß der lac⁻ (amber)-Mutante tritt nicht mehr auf. Offensichtlich nimmt dabei das eingebaute Tyrosinmolekül eine Position in der Aminosäuresequenz des β-Galactosidase-Moleküls ein, welche dessen enzymatischer Wirkung nicht abträglich ist. Der zweite in der Zelle vorkommende, durch die Mutation zu su_{III}^+ nicht beeinflußte Tyrosin-t-RNS-Typ, vermag weiterhin die Tyrosin-Codons der Boten-RNS zu bedienen, so daß durch sie su_{III}^+-Mutation keine Störung des Tyrosin-Einbaues erfolgt. Andere Untersuchungen haben wahrscheinlich gemacht, daß als Terminationssignal der Translation einer Polypeptidkette mehrere aufeinanderfolgende Stopcodons dienen, die nicht ausschließlich dem amber-Typ angehören. Durch die Mutationen su_{III}^+ wird daher der Terminationsvorgang bei der Proteinsynthese nicht nachhaltig gestört.

Die dargestellten Untersuchungen sind einer der Beweise für die schon zuvor gemachte Feststellung, daß die Basensequenz jedes t-RNS-Typs jeweils durch ein bestimmtes Gen codiert wird. Sie weisen gleichzeitig auf eine Ausnahme von der Ein-Gen-ein-Enzym-Hypothese hin: Mononucleotidsequenzen der DNS, welche die Information über die Basensequenz einer t-RNS oder einer anderen RNS-Art enthalten, werden wie jeder andere Genort transkribiert. Die Translation in die Aminosäuresequenz der Polypeptidkette eines Proteins erfolgt jedoch nicht, ein sekundäres Genprodukt wird nicht gebildet. Das t-RNS-Molekül ist damit als primäres Genprodukt Anfang und Ende der von seinem Genort unmittelbar ausgehenden Synthesekette. Seine molekularen Eigenschaften befähigen es jedoch, wesentlichen Anteil an der Synthese der sekundären Reaktionsprodukte anderer Genorte zu nehmen. In Beantwortung unserer oben gestellten Frage beweisen die Versuche, daß das Anticodon die einzige Stelle des t-RNS-Moleküls ist, welche der Erkennung des Boten-RNS-Codons dient. Eindringlicher und eleganter als durch die als Folge einer Mutation entstandenen Änderungen des Basengehaltes dieses Anticodons und der damit veränderten Anticodon-Bedeutung hätte sich dieser Zusammenhang kaum beweisen lassen.

Durch die Arbeiten über die amber-suppressor-t-RNS war eine durch Mutation des betreffenden Strukturgens bedingte Änderung eines Anticodons beschrieben worden, welche dem amber-Triplett der Boten-RNS den Sinn des Codons für Tyrosin gab. Dadurch wurde die Wirkung einer Mutation unterdrückt, die zuvor zur Änderung eines Aminosäure-Codons der Boten-RNS in das amber-Triplett und damit zum Ausfall der Entstehung aktiver Moleküle der β-Galaktosidase geführt hatte. Im folgenden dagegen wird davon berichtet, wie die Wirkung einer in der DNS stattgefundenen zur Funktionslosigkeit eines Proteins führenden Mutation dadurch aufgehoben werden kann, daß mutationsähnliche Vorgänge an dem gleichermaßen veränderten komplementären Codon der Boten-RNS ablaufen. Die theoretischen Grundlagen des Versuches sind an Abb. 164 dargestellt.

Wie in a) gezeigt, möge Guanin die mittlere Base eines Nucleotidtripletts des der Transkription dienenden Einzelstranges eines DNS-Doppelstranges sein. Das komplementäre Codon der Boten-RNS wird dann in dieser Position ein Cytosin enthalten. Im Anticodon der für dieses Codon spezifischen t-RNS wird dem Gesetz der Basenpaarung folgend, daher ein mittelständiges Guanin zu finden sein. Dieses Anticodon sei das Erkennungsende einer t-RNS, welche die Aminosäure X in die betreffende Position des im Ribosom entstehenden Polypeptides einbaut. Auf diese Weise wird ein Protein mit Wildtypeigenschaften synthetisiert. Die eingangs angesprochene DNS möge durch ein Phagenpartikel in eine bakterielle Wirtszelle injiziert werden. Das eben genannte, unter Einfluß dieser DNS synthetisierte Protein wird dann bestimmte Funktionen bei der Phagensynthese übernehmen. Abb. 164b zeigt die gleichen Zusammenhänge für eine Mutante dieses Bakteriophagen. Sie möge so geartet sein, daß sie in bestimmten, unerlaubten (nonpermissive) Wirtszellen zu keiner Phagensynthese mehr führt. Ihre Mutation besteht in einer Veränderung des Guanins in Adenin innerhalb des angesprochenen Basentripletts der DNS. In der Boten-RNS erscheint daher ein Uracil, welchem im Anticodon der t-RNS ein Adenin gegenübersteht. Dieses gegenüber a) veränderte Anticodon ist kennzeichnend für einen anderen t-RNS-Typ, welche die Aminosäure Y trägt. Ihr Einbau in das betreffende Protein der Mutante bildet den Anlaß für dessen biologische Unwirksamkeit. Experimentell soll diese gegenüber dem Wildtypzustand vorhandene „Fehlpaarung" des Boten-RNS-Codons mit einer abweichenden t-RNS behoben werden. Selbstverständlich bestünde die Möglichkeit, die DNS wieder zum Wildtyp zurückzumutieren. Ein anderer Weg wäre,

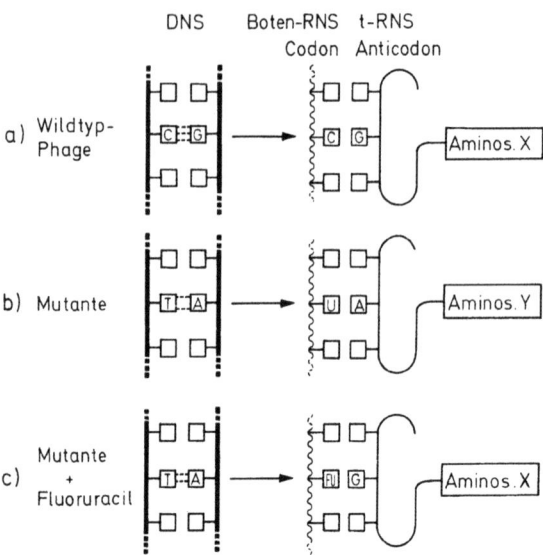

Abb. 164. Mechanismus der Wirkung von Fluoruracil auf die Boten-RNS einer Phagenmutante. Sie führt ohne Veränderung der mutierten DNS zur Synthese einer Boten-RNS vom Wildtyp. Nach CHAMPE et al., 1962

Wirtszellen zu benutzen, welche nach Art der oben dargestellten Zusammenhänge eine Mutation aufweisen, die zu einem veränderten Anticodon der für die Aminosäure x zuständigen Transfer-RNS führten. Wird diese Aminosäure noch von einem weiteren Transfer-RNS-Typ, wie im oben beschriebenen Falle der Tyrosin-t-RNS, transportiert, so würde damit der normale X-Einbau an den vielen durch die Mutation sekundär nicht veränderten, die Aminosäure X signalisierenden Codons nicht berührt werden. Hier nun wird ein dritter Weg beschritten: Die Phagensynthese findet in Gegenwart eines Basenanalogs statt, einer Verbindung, die, wie wir bereits am Beispiel des 5'-Bromuracils kennenlernten, mutative Wirkung hat. In der von CHAMPE und BENZER durchgeführten Untersuchung wurde das in gleicher Weise wirkende Fluoruracil (FU) verwendet. Wir hörten, daß es in der Ketoform die Paarungseigenschaften des Thymins aufweist; es wird also bei der Boten-RNS-Synthese dort eingebaut, werden wo im abzulesenden DNS-Strang ein A steht. Daher wird die mittlere Position des von uns betrachteten Codons nun (Abb. 164c) von einem solchen FU-Molekül eingenommen. Zu seinen Eigenarten gehört es, zwischen dem Keto- und dem Enolzustand zu fluktuieren. Der letztere verleiht dem Molekül die Paarungseigenschaften des Cytosins. Immer dann also, wenn in unserem Boten-RNS-Codon dieser Enolzustand des FU vorliegt, wird das Codon zu dem Anticodon einer t-RNS passen, welcher in der Mittelposition G trägt. Das ist aber genau die Voraussetzung für den Einbau der den Wildtyp kennzeichnenden Aminosäure X. Eine solche Boten-RNS muß daher zwei Sorten von Proteinen codieren. Im Keto-Zustand des FU wird das funktionslose Mutantenprotein, im Enolzustand des FU dagegen das funktionsfähige Wildtypprotein entstehen. Da die Fluktuation sehr schnell erfolgt, müßten im Zeitraum eines Phagensynthese-Cyclus beide Möglichkeiten zahlreiche Male verwirklicht werden. In Gegenwart von FU sollten daher Phagenmutanten, deren Mutation in der Veränderung eines C in ein G besteht, auch in unerlaubten Wirten vermehrungsfähig sein.

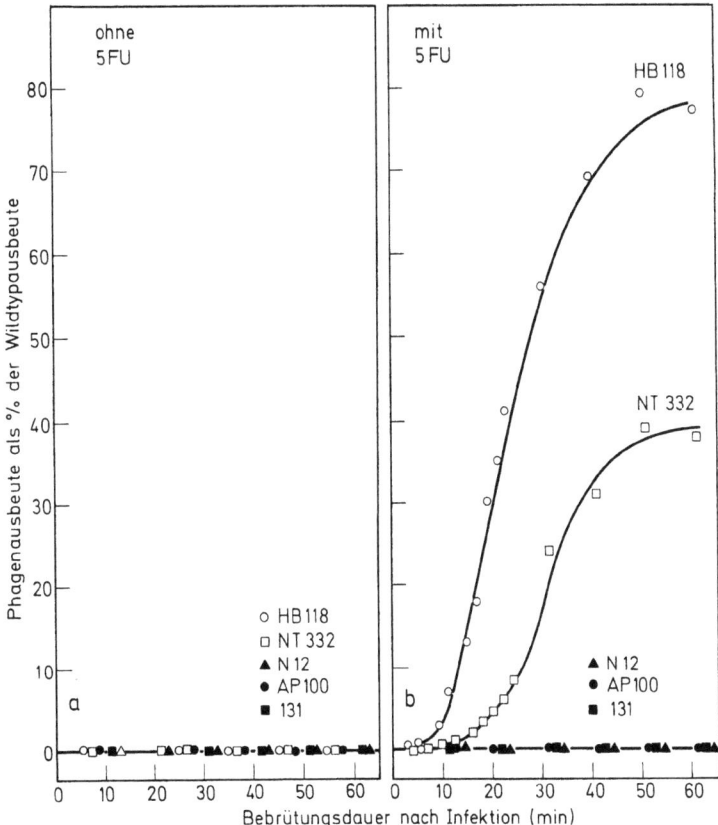

Abb. 165. Ergebnis der erfolgreichen experimentellen Prüfung des in Abb. 164 postulierten Mechanismus: Die Phagenmutanten HB 118 und NT 332 sind in Gegenwart von 5-FU zur Phagensynthese befähigt. Aus CHAMPE et al. 1962

Soweit die Arbeitshypothese. Ist sie im Experiment zu verwirklichen? Abb. 165 zeigt in zwei Diagrammen das Ergebnis eines solchen Versuches. In a) ist der Erfolg einer Infektion von unerlaubten Wirten durch fünf verschiedene r-Mutanten dargestellt: Es kommt zu keiner Bildung infektiöser Phagenpartikel. Anders dagegen (b) bei Zugabe von FU. Zwei Mutanten (HB 118 und NT 332) führen zur Phagensynthese. Die erstgenannte erreicht nahezu 80% der Partikelausbeute des Wildtyps, die zweite kommt nur auf etwa die Hälfte dieses Wertes. Die drei übrigen Mutanten lassen sich durch FU nicht beeinflussen. Sie gehören mit großer Wahrscheinlichkeit einem anderen Mutationstyp an, gehen also nicht auf eine Mutation von G nach A zurück. Zusammenfassend können wir somit feststellen: Das Versuchsergebnis bestätigt die in der Arbeitshypothese gemachten Voraussagen und damit auch die übrigen in ihr enthaltenen Überlegungen. Beide zusammen demonstrieren noch einmal experimentell den Ablauf des Mechanismus der Verwirklichung genetischer Informationen vom DNS-Triplett über die Boten-RNS zur t-RNS. Sie zeigen in eindrucksvoller Weise die Bedeutung des Boten-RNS-Codons und weisen nach, daß sich eine Punktmutation der DNS in einer komplementären, monobasischen Veränderung eines bestimmten Codons widerspiegelt.

2.3 Die Wobblehypothese

Bei der Besprechung der Degeneration des genetischen Codes (Tab. 10) hatten wir festgestellt, daß die Vielzahl der Codeworte für eine Aminosäure gewissen Regeln folgt. Solche Codons unterscheiden sich mit drei Ausnahmen nur in der dritten Base. Aber auch da sind bestimmte Gruppierungen bevorzugt. U steht dann anstelle von C, A anstelle von G. Seltener dagegen sind die Fälle, in denen vier Codons für eine Aminosäure vorkommen, wobei die letzte Position mit jeder der vier möglichen Basen besetzt ist. Die Bedeutung dieser, bei der Degeneration des gentischen Codes auftretenden Gesetzmäßigkeiten erklärt eine Hypothese von CRICK. Sie bezieht gleichzeitig das bestimmten Regeln folgende Auftreten des Inosins innerhalb verschiedener Anticodons mit ein: Die Sequenzanalyse von t-RNS-Typen hat mit weit überdurchschnittlicher Häufigkeit Inosin in der ersten Position des Anticodons nachgewiesen. CRICK vermutet, daß dort Inosin als einzige Base sich sowohl mit einem in der dritten Position des Codons stehenden Uracil, Cytosin oder Adenin zu paaren vermag. Darüber hinaus, so stellt CRICK fest, treten neben den üblichen G-C-Paarungen auch G-U-Paarungen auf, wobei G wieder in der ersten Position des Anticodons, U in der dritten des Codons liegen muß. Daraus ergeben sich die folgenden Paarungsmöglichkeiten:

t-RNS Anticodon 1. Base	Boten-RNS Codon 3. Base
C	G
A	U
U oder Ψ	A oder G
G	U oder C
I	U, C oder A

Derartige Paarungen sind wie die für Nucleinsäuren typischen zwischen A und T, A und U sowie G und C nur durch Bildung von Wasserstoffbrücken möglich. Damit diese aber zwischen I einerseits und U, C oder A andererseits, sowie zwischen G und U entstehen können, müssen die Paarungspartner im Gegensatz zu den Bedingungen der typischen Paarungen ein wenig aus ihrer Lage innerhalb des RNS-Stranges herauswackeln. Wackeln heißt im Englischen to wobble. Die dargestellte Hypothese erhielt daher den Namen Wobblehypothese. Zahlreiche Untersuchungen der jüngsten Vergangenheit sprechen für ihre Richtigkeit. Ein Beispiel bildet die Serin-t-RNS von Hefe. Ihr Anticodon lautet IGA. Sie vermag mit den drei Boten-RNS-Codons UCC, UCU und UCA gleichermaßen zu reagieren. Weitere Möglichkeiten für Wobblepaarungen zwischen Anticodons deren Sequenz analysiert wurde, und den bekannten Boten-RNS-Codons sind folgende:

	Alanin-t-RNS Hefe	Phenylalanin-t- RNS Hefe	F-Methionin-t- RNS E. coli	Tyrosin-t-RNS E. coli
Codons 5' → 3'	GCA GCC GCU	UUC UUU	GUG AUG	UAC UAU
Anticodon 3' → 5'	CGI	AAG*	UAC	AUG

(G* = 2'-methyl-Guanin)

Die damit sehr wahrscheinlich gemachte Richtigkeit der Wobblehypothese erlaubt einen weiteren Schluß. Es ist nicht notwendig, daß innerhalb einer Zelle gleichviele t-RNS-Typen wie Boten-RNS-Codons existieren. Die Multiplizität der t-RNS-Typen für eine bestimmte Aminosäure ist daher sehr wahrscheinlich geringer als diejenige der Boten-RNS-Codons.

3. Der Translationsvorgang am Ribosom

3.1 Das Startsignal eines Protein-Moleküls

Unter den 64 verschiedenen Boten-RNS-Codons hatten wir drei kennengelernt, die, als amber, ochre und nonsense bezeichnet, Signale für die Beendigung einer in Synthese begriffenen Polypeptidkette sind. Wir hatten ihre Wirkung mit dem Punkt am Ende eines Satzes verglichen. Ihre Existenz legt die Frage nahe, ob es nicht auch einen Mechanismus gibt, welcher das Gegenteil bewirkt. Verfügt der Apparat der Herstellung biologischaktiver Proteinmoleküle unter Genkontrolle auch über ein Zeichen, welches Kettenbeginn signalisiert?

1966 führten MARCKER und SANGER in den Vereinigten Staaten Untersuchungen aus mit dem Ziel, die Art der Bindung zwischen der Aminosäure Methionin und ihrer Transfer-RNS zu untersuchen. Sie benutzten dazu Extrakte, die aus E. coli-Zellen gewonnen worden waren. Wie wir oben gesehen haben, ist die Aminosäure an der terminalen Basensequenz CCA des t-RNS-Moleküls befestigt. Einer der Arbeitsschritte der Untersuchungen bestand darin, derartig gebundene Moleküle zusammen mit der Adenylsäure von den beiden CC (Cytidilsäuren) durch Reaktion mit einem spezifischen Enzym abzubauen. Dabei ergaben sich, wie erwartet, Adenylsäure-Methioninreste. Es entstanden jedoch auch in hoher Ausbeute solche aus Adenylsäure mit einem Methionin, welches chemisch verändert war. Ein Wasserstoffatom seiner Aminogruppe (NH-Gruppe) war durch eine Formylgruppe (COH) ersetzt. Wie in Abb. 136 dargestellt, entstehen Polypeptide schrittweise durch Anfügen je eines Aminosäurerestes pro Syntheseschritt. Reagierende Gruppen sind dabei das Carbonyl- und das Aminoende zweier Aminosäuren. Aus der Abbildung ist leicht zu entnehmen, daß jedes Polypeptid, genauso wie das abgebildete Dipeptid, nur über zwei solche aktive Gruppen am Ende und am Anfang verfügt. Wenn nun eine NH_2-Gruppe im vorliegenden Falle formyliert war, dann konnte das nur die einzig freigebliebene am Anfang sein.

Die erhobenen Befunde wurden bald durch weitere Beobachtungen bestätigt. Es gibt eine Gruppe von Bakteriophagen, welche RNS und nicht DNS als genetische Substanz enthalten. Diese wird ebenfalls in die Zelle injiziert und wirkt dort nach Vermehrung wie Boten-RNS. Ließ man solche RNS in zellfreien Systemen in vitro Proteine synthetisieren, so entstand das Mantelprotein der betreffenden Phagenart. Seine Sequenzanalyse ergab als erste Aminosäure in der langen Kette des Proteins ein Formylmethionin, gefolgt von einem Alanin. Das war sehr überraschend, denn das gleiche Mantelprotein, aus phagen-infizierten Wirtszellen gewonnen, wies als erste Aminosäure stets Alanin auf.

Diese Feststellung erlaubte eine Vermutung: In der Bakterienzelle hat Formylmethionin die Aufgabe des Anfangssignals für die Synthese eines Proteinmoleküls. Nachdem diese durchgeführt ist, wird durch ein in der lebenden Zelle vorhandenes Enzym das am Anfang der Aminosäurekette stehende Formylmethionin entfernt. Im Falle des Mantelproteins des besprochenen RNS-Phagen beginnt sie nun mit Alanin. Dem zellfreien Extrakt fehlt offenbar dieses Enzym, so daß das proximale Formylmethionin an seinem Platz belassen wird. Erhärtet wurde diese Vermutung durch gleichlautende Ergebnisse von Untersuchungen an zellfreien E. coli-Systemen mit bakterieller Boten-RNS. Immer war die proximale Aminosäure ein Formylmethionin. Das galt auch für den Fall, daß das homologe in vivo synthetisierte Eiweiß-Molekül in seiner Anfangsposition gar kein Methionin aufweist. Auch hier mußte also ein Enzym am Werke sein, welches das Formylmethionin nach

Beendigung der Synthese des betreffenden Proteins entfernte. Wie aber entsteht ein solches formyliertes Methionin-Molekül? Es ließ sich zeigen, daß zwei verschiedene t-RNS-Typen spezifisch Methionin binden. Nur eine davon besitzt die Fähigkeit, nach der Befestigung des Methionin-Moleküls an ihrem CCA-Ende die Formylierung zu ermöglichen (Abb.166). Offensichtlich existiert in der Bakterienzelle ein Enzym, welches spezifisch diesen t-RNS-Methionin-Komplex am Aminorest des Methionis zu formylieren vermag. Man weiß auch bereits, daß die 10-Formyl-Tetrahydropholsäure als Spender der Formylgruppe wirkt. Wie aber erfolgt die Codierung des Formylmethionins? Gibt es ein besonderes Boten-RNS-Codon, das den Einbau dieser Aminosäure sigarlisiert?

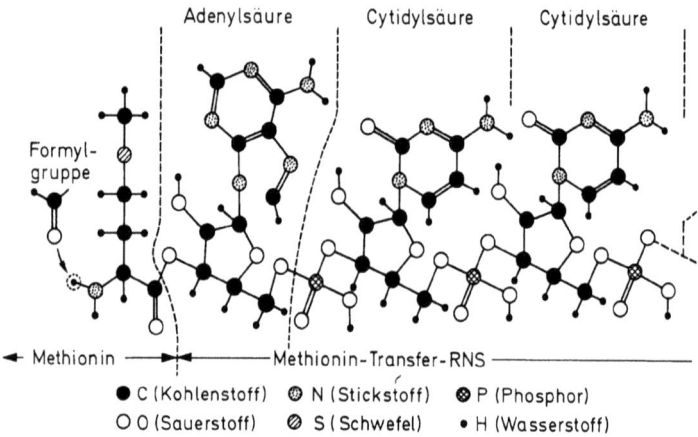

Abb. 166. Die Molekularstruktur des mit Formylmethionin beladenen Aminosäureendes eines tRNS-Moleküls. Aus CLARK et al. 1968

Adsorptionsversuche an synthetischen Boten-RNS-Molekülen unter Benutzung der von KHORANA entwickelten Versuchstechnik, aber auch die Anwendung anderer Methoden ergaben, daß das in Tab. 10 enthaltene Triplett für Methionin AUG beide Typen der Methionin-t-RNS-Komplexe, den formylierbaren und den nicht formylierbaren zu binden vermag. Hinzu kommt aber, daß diejenige t-RNS, welche mit Methionin den enzymatisch formylierbaren Komplex bildet, noch ein zweites Boten-RNS-Codon, nämlich das Triplett GUG zu lesen imstande ist. Und hier begegnen wir nun einem neuen, von allem Bisherigen abweichenden Sachverhalt. Wir hatten festgestellt, daß der Aminosäurerecode degeneriert ist. Mehrere Codons stehen für eine Aminosäure. Dies gilt auch für die beiden Methionincodons. Etwas weiteres aber tritt hinzu. Jedes von ihnen besitzt eine doppelte Bedeutung: AUG steht am Kettenanfang für Formylmethionin, innerhalb der Kette des Polypeptids jedoch für Methionin. GUG vermag Methionin nicht zu codieren. Es signalisiert am Kettenanfang immer die formylierte Form dieser Aminosäure. Innerhalb der Kette jedoch codiert es Valin. Der aufmerksame Leser wird fragen, wie dann NIRENBERG und MATTHAEI mit Hilfe einer Polyuridylsäure, der monotonen Aufeinanderfolge von uracilhaltigen Mononucleotiden, ein ausschließlich aus Phenylalaninresten zusammengesetztes Polypeptid synthetisieren konnten. Auch darauf gibt es eine Antwort. Damit der Mechanismus der Signalisierung des Kettenbeginns durch Formylmethionin funktioniert, muß eine ganz bestimmte Magnesium-Ionen-Konzentration verwirklicht sein. Sie liegt in der Zelle vor. In den Versuchsansätzen der beiden oben genannten Autoren fehlte sie. Der Initiationsmechanismus wurde daher überspielt. Es muß noch hinzugefügt werden, daß die Starterrolle des Formylmethionins auf Bakterien beschränkt zu sein scheint. Die chromosomal gesteuerte Proteinsynthese in den Zellen anderer Lebewesen dürfte sich anderer Mechanismen zur Übernahme der Starterfunktion bedienen. Formylmethionin jedenfalls ließ sich in solchen Systemen bisher nicht nachweisen. Auf eine Ausnahme dieser Regel wird noch bei der Besprechung der Proteinsynthese der Mitochondrien zurückzukommen sein.

3.2 Die Polypeptid-Bildung

Welchen Sinn hat ein solcher Mechanismus der Signalisierung des Anfanges eines Polypeptids? Um dies zu verstehen, müssen wir uns nun den einzelnen Schritten beim Einbau einer Aminosäure in den am Ribosom sich verlängernden Polypeptidfaden zuwenden. Experimentell wurde durch zahlreiche, unabhängig voneinander erhobene Befunde sichergestellt, daß Ribosom und Boten-RNS beim Vorgang der Proteinsynthese aneinander vorbeigleiten. Um ein Bild zu gebrauchen: Das Boten-RNS-Molekül wandert über das Ribosom so, wie etwa ein Stoffband unter dem Füßchen einer Nähmaschine vorbeigleitet. Wir kennen auch die Wanderungsrichtung. Die Codons der Boten-RNS werden in 5' nach 3'-Richtung (bezogen auf die Nummer des C-Atoms des Riboserestes, welche die Bindung zum Phosphor tragen) durchgeführt. Ganz offensichtlich aber besitzt diese Nähmaschine nicht nur ein, sondern mindestens zwei „Füßchen". Zwei in ihrer Funktion verschiedene Orte müssen vom Basentriplett eines Codons nacheinander passiert werden, damit eine Aminosäure in das werdende Polypeptid eingebaut werden kann. Der erste Ort (Abb. 167) der Aminosäureempfangsort (Akzeptor-Ort), fixiert die mit ihrer Aminosäure beladenen t-RNS und bringt sie für die nachfolgende Reaktion in die richtige Lage. Der zweite, der Peptid-, Spender- oder Donatorort schließlich fixiert die vom Aminosäureempfangsort weitergegebene t-RNS so lange, bis zwischen ihrer Aminosäure und der bereits vorhandenen Polypeptidkette die Peptidbindung geknüpft ist. Während der Empfangsort neu belegt wird, rückt das Ribosom um ein Codon weiter und die von ihrer Aminosäure befreite t-RNS wird von dem Peptidort gelöst.

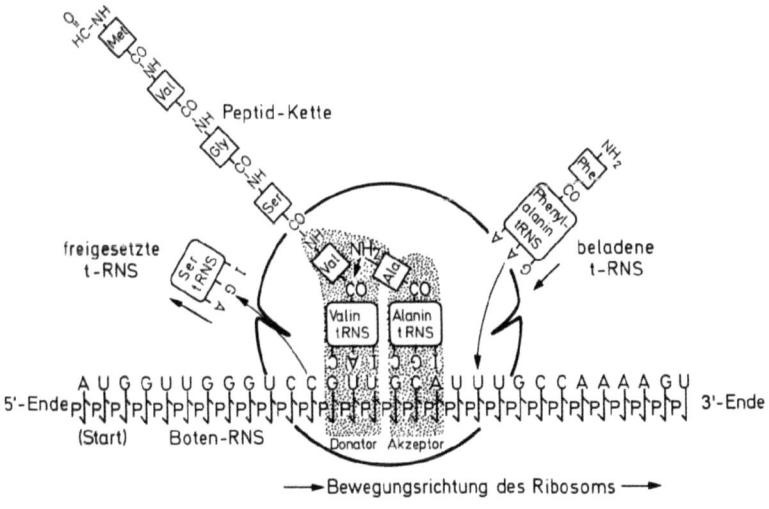

Abb. 167. Der Translationsvorgang am Ribosom. Aus Speyer 1967

Die im Peptidort befindliche t-RNS hält somit die Kette des Polypeptids am Ribosom fest. Ihr Vorhandensein ist Voraussetzung für die Eingliederung einer weiteren Aminosäure. Aus diesem Zusammenhang wird die Funktion des Formylmethionins in der Bakterienzelle verständlich. Eine zur Bildung des Dipeptids als erste Stufe der Polypeptidsynthese führende Angliederung einer Aminosäure kann nur dann erfolgen, wenn der Peptidort als Rezeptor besetzt ist. Offenbar besitzt das Molekül eines formylierten Methionins die räumliche Struktur, welche genau in diesen Ort hineinpaßt. Modellversuche sprechen für die Richtigkeit dieser Annahme: Das Antibioticum Puromycin wirkt durch Blockierung der Proteinsynthese am Ribosom. Seine molekulare Struktur (Abb. 168 b) ähnelt der des Endes eines t-RNS-Moleküls, das eine Aminosäure trägt (Abb. 168 a). Es besitzt eine NH_2-Gruppe und kann daher mit der endständigen Carboxylgruppe des Polypeptids die Peptidbindung eingehen. Ist der zuletzt angegliederte Aminosäurerest eines Polypeptids noch mit einem

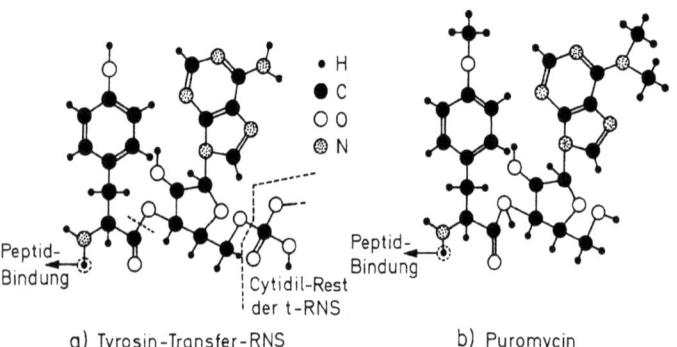

Abb. 168. Mit Tyrosin beladenes Aminosäureende eines tRNS-Moleküls im Vergleich zur Molekularstruktur des Antibiotikums Puromycin. Aus CLARK et al., 1968

t-RNS-Molekül befestigt, welches sich im Peptidort des Ribosoms befindet, so vermag ein Puromycin-Molekül den Aminosäureempfangsort zu besetzen. Wenn die oben gemachte Vermutung zutrifft, daß nämlich Formylmethionin im Gegensatz zu allen anderen Aminosäuren – auch dem Methionin – durch seine Raumstruktur besonders geeignet ist, diese Initialfunktion bei der Polypeptidbildung auszuüben, dann sollte dies am Puromycin experimentell prüfbar sein. Die Vermutung wurde voll bestätigt: Die formylierbare Form der Methionin-t-RNS reagiert, wenn sie am Ribosom gebunden vorliegt, mit Puromycin. Zwischen dem formylierten Methionin und dem Puromycin-Molekül entsteht eine Peptidbindung. Die nicht-formylierbare Form der t-RNS des Methionins dagegen ist zu dieser Reaktion unfähig. Das Formylmethionin weist also tatsächlich im Gegensatz zu allen anderen Aminosäuren eine spezifische Eignung zum unmittelbaren Besetzen des Peptidortes und damit als Starter eines Polypeptids auf. Da dem Puromycin jedoch die endständige Carboxylgruppe fehlt, welche eine Aminosäure außer der NH_2-Gruppe trägt, ist die Verlängerung des betreffenden Di- oder Polypeptids unmöglich. Aus diesem Wirkungsmechanismus erklärt sich die durch Puromycin hervorgerufene Blockierung der Proteinsynthese.

In jüngster Vergangenheit durchgeführte Forschungen haben zahlreiche Aussagen über Einzelheiten des an Ribosomen vorgenommenen Translationsvorganges ergeben. Sie sind bei weitem heute noch nicht abgeschlossen, erlauben jedoch bereits ein relativ geschlossenes Bild zu zeichnen (Abb. 169).

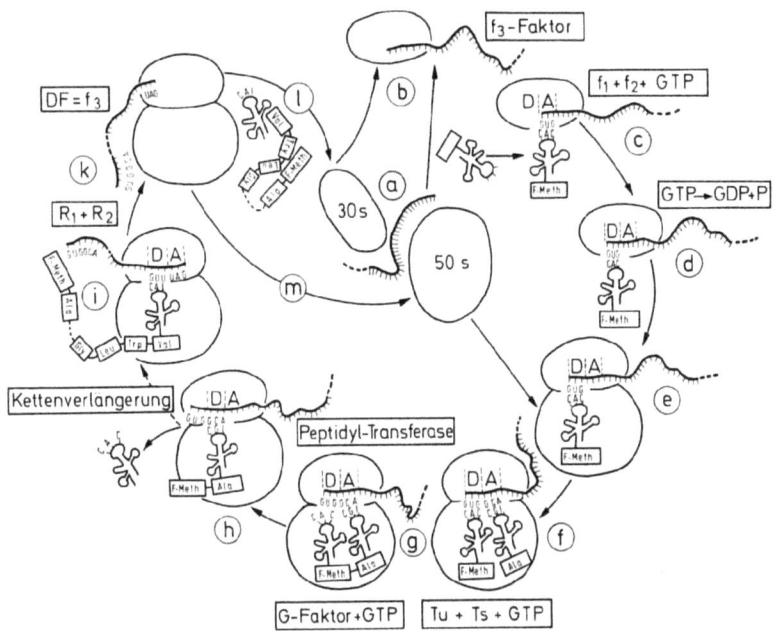

Abb. 169. Die einzelnen Schritte bei der Initiation (a, b, c), Durchführung (d–h) und Termination der Translation (i, k, m) eines Boten-RNS-Moleküls am Ribosom einer E. coli-Zelle. Die Darstellung faßt die Befunde zahlreicher Autoren zusammen

In der Bakterienzelle liegen Ribosomen, die nicht im Augenblick der Untersuchung an der Proteinsynthese beteiligt sind, in disoziierten Zustande, gespalten in ihre 30 S- und 50 S-Untereinheit vor (a). Als erster Schritt der Ablesung eines Boten-RNS-Moleküls erfolgt die Anlagerung eines solchen freien 30 S-Partikels an dieses Molekül (b). Dabei entfaltet ein mit f_3 bezeichneter, ribosomaler Faktor seine katalytische Wirksamkeit.

Nun kann der Start-(Initial-) Komplex gebildet werden. Dazu paart sich das Anticodon des F-Methionin-t-RNS-Moleküls mit dem Start-Codon der Boten-RNS (c). Dieser Vorgang wird durch zwei ribosomale Faktoren f_1 und f_2 katalysiert und bedarf der Mitwirkung von GTP (Guanosin-Tri-Phosphat). Es dient nicht als Energielieferant, wird also nicht hydrolysiert, sondern entfaltet aufgrund seiner sterischen Konfiguration eine stabilisierende Wirkung. Der nun folgende Schritt (d) ist uns bereits bekannt: Die F-Methionin-t-RNS wird von dem Empfangsort (A = Akzeptor) in den Spenderort (D = Donator) weitergeschoben. Diese Translokation benötigt Energie, welche durch Spaltung von GTP geliefert wird. Dabei verändert die immer noch isoliert vorhandene 30 S-Einheit kurzfristig ihre Raumstruktur. Sie wird dadurch geeignet, eine der zahlreichen im Pool der Zelle vorhandenen 50 S-Einheiten zu binden (e), ein Vorgang, der ohne enzymatische Hilfe vor sich geht. Das vollständige Ribosom als 70 S-Einheit ist damit aufgebaut.

Am freigewordenen Empfangsort wird die nächste Amino-acyl-Transfer-RNS gebunden (f). Im bakteriellen System von Escherichia coli sind an dieser Reaktion zwei Transferfaktoren T_u und T_s, auch als Transferasen bezeichnet, beteiligt. Der letztere unterscheidet sich vom erstgenannten durch seine Temperatursensibilität. T_u leitet die Reaktion durch

215

die Bildung eines Komplexes mit einem GTP-Molekül ein, wobei T_s als Katalysator wirkt. Mit ihm vereinigt sich schließlich die Amino-acyl-Transfer-RNS. Im darauffolgenden Schritt (g) wird die erste Amino-acyl-Transfer-RNS frei. Die zweite rückt daraufhin von dem Akzeptor- in den freigewordenen Donator-Ort nach. Die Peptidbindung zwischen der an ihr befestigten und der ersten, bereits vorhandenen Aminosäure, in unserem Falle dem Formylmethionin, wird geschlossen. Für diese Translokation ist ein weiterer mit G bezeichneter Faktor notwendig, welcher die zu seinem Wirken notwendige Energie aus der Spaltung eines GTP-Moleküls in GDP und Phosphat bezieht. Der Vorgang der Vornahme der Peptid-Bindung (h) seinerseits dagegen wird durch eine Peptidyl-Transferase katalysiert, welche Bestandteil der 50 S Untereinheit des Ribosoms ist.
Damit ist die Reaktionsfolge der Translation der in der Boten-RNS vorliegenden Aufeinanderfolge der Basentripletts in die Aminosäuresequenz eines Polypeptids in Gang gekommen. Sie geht in der beschriebenen Weise so lange weiter, bis in der Boten-RNS eines der drei Terminations-Codons (UAA, UAG, UGA) erreicht wird (i). Dann treten zwei Ablöse (releasing-)Faktoren R_1 und R_2 in Tätigkeit (k). Die letzte Acyl-Transfer-RNS und das fertige Polypeptid werden vom Ribosom gelöst. Unter der enzymatischen Wirkung eines Dissoziationsfaktors DF, der identisch mit dem oben erwähnten f_3-Faktor ist, wird das Ribosom schließlich in seine beiden Untereinheiten, die 30 S- und die 50 S-Komponente, gespalten. Die beschriebenen Faktoren treten bei der Translation in der Escherichia coli-Zelle auf. Bei anderen Bakterien haben sie zum Teil eine andere Bezeichnung erhalten. Im tierischen System konnte an Stelle der beiden Transferfaktoren T_u und T_s der Faktor T_1 mit vergleichbaren Eigenschaften nachgewiesen werden. Die beiden Ablösefaktoren R_1 und R_2 der Escherichia coli-Zelle finden ihre Entsprechung in einem einzigen F-Faktor.
Wir sind nun in der Behandlung der einzelnen Schritte der Gen-abhängigen Proteinsynthese beim Ribosom angelangt. Zu unseren über dieses wichtige Zellorganell gewonnenen Erkenntnissen muß wenigstens noch eines der zahlreichen Ergebnisse einer heute sehr intensiv betriebenen Arbeitsrichtung hinzugefügt werden, die sich mit der Frage nach den besonderen Bedingungen befaßt, welche vorhanden sein müssen, damit Ribosomen ihre Funktion auszuüben vermögen. Es hat sich schon recht früh in der Gesamtentwicklung unserer Kenntnisse über die Gen-gesteuerte Proteinsynthese gezeigt, daß aktive Ribosomen stets in Komplexen als räumliche Anhäufungen einer Vielzahl von Einzelstücken auftreten. Die Abb. 170 zeigt einen solchen Komplex von 5 Ribosomen, die der besseren Darstellung wegen in eine Ebene projiziert wurden. Sie läßt erkennen, daß sie alle die Codons einer gemeinsamen Boten-RNS ablesen. Die Länge des an

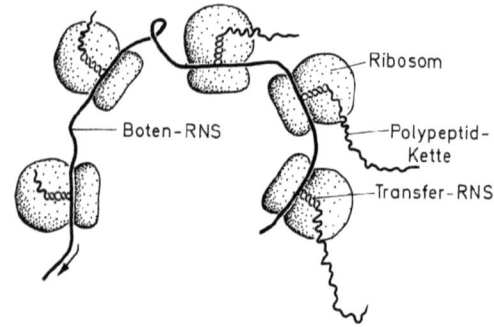

Abb. 170. Schematische Darstellung der gleichzeitigen Translation eines Moleküls der Boten-RNS durch 5 zu der gemeinsamen Überstruktur eines Polysoms gehörende Ribosomen. Nach WATSON 1963 umgezeichnet

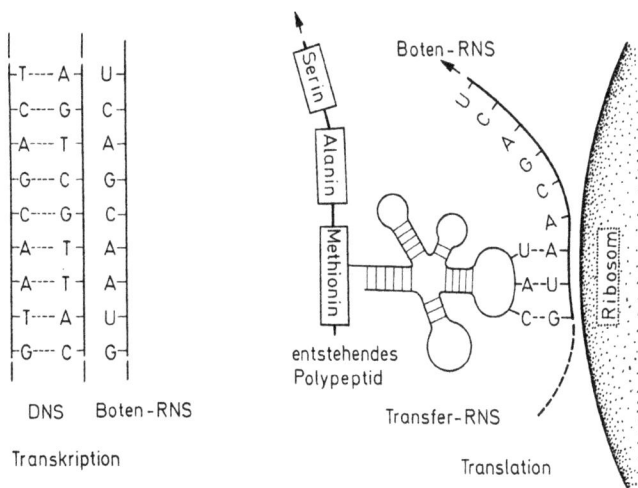

Abb. 171. Zusammenfassendes Schema der Grundzüge des Transkriptions- und Translationsvorganges

jedem Ribosom bereits gebildeten Polypeptids läßt auf die Wanderrichtung des Boten-RNS-Moleküls schließen: Es ist an demjenigen Ribosom am längsten, das zuerst mit der Synthese begann. Am Abschluß unserer Betrachtungen der genetischen Steuerung der Teilmechanismen der Gen-abhängigen Proteinsynthese und ihrer Träger soll die Abb. 171 stehen. Sie faßt zahlreiche der im vorstehenden einzeln abgeleiteten Teilschritte zusammen und bietet damit die Möglichkeit, diese noch einmal zu durchdenken und sich daran zu erinnern, auf welchem Wege sie experimentell nachgewiesen wurden.

4. Das protein-synthetisierende System der Mitochondrien

Die Verwirklichung der genetischen Information auf dem Wege der Transkription und Translation hatten wir im vorstehenden am Modell der Bakterienzelle, meist vertreten durch die Art E. coli, kennengelernt. Ausblicke auf vergleichbare Vorgänge in Zellen höher entwickelter Lebewesen waren dazu benutzt worden, die allgemeine Gültigkeit dieser, zunächst an einer sehr begrenzten Anzahl von Objekten niederen Entwicklungsstandes dargelegten Gesetzmäßigkeiten nachzuweisen. Sie erwiesen sich dabei, von speziellen Ausnahmen abgesehen, als identisch. Diese Aussage bedarf einer Differenzierung, wenn nicht ein für Zellen höher entwickelter Organismen lebenswichtiger Zusammenhang unerwähnt bleiben soll. Sie alle besitzen mindestens zwei voneinander völlig getrennte, Gen-abhängige Systeme der Proteinsynthese. Das eine, gesteuert durch Gene des Zellkernes, welches unter Verwendung der Ribosomen des endoplasmatischen Reticulums arbeitet, kennen wir bereits. Das zweite, dasjenige der Mitochondrien, soll im folgenden skizziert werden: Mitochondrien sind Zellorganelle (Abb. 122), welche im Plasma der Zelle liegen. Sie weisen eine elektronenoptisch analysierbare, submikroskopische Struktur auf (Abb. 172). Ihre Begrenzung nach außen bildet die äußere Membran. Eine innere Membran erzeugt durch ausgeprägte Faltenbildung septenartige Vorstülpungen, die Cristae. In ihrem Inneren befindet sich, allseits von Teilen der inneren Membran umschlossen, der Intracri-

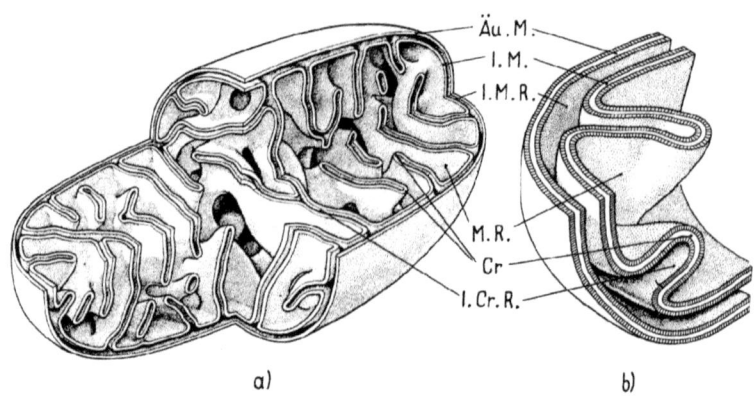

a) b)

Abb. 172. Blockdiagramm eines aufgeschnittenen Mitochondriums. Äu. M. = äußere Membran, I. M. = innere Membran, I. M. R. = Intermembranraum, Cr = Cristae, I. Cr. R. = Intracristaeraum, M. R. = Matrixraum. Aus WILKIE 1964

stae-Raum. Er geht dort, wo Innen- und Außenmembran unmittelbar einander gegenüberliegen, in den Intermembranraum über. Nach innen hin begrenzt die innere Membran den Matrixraum.

Alle diese Strukturen und Räume sind Sitz spezifischer Enzyme, welche die Funktion des Mitochondriums ermöglichen. Sie ist die Zellatmung. Die lebende Zelle gewinnt die für ihren intermediären Stoffwechsel notwendige Energie durch Oxydation aufgenommener Nährstoffe. Eine Ausnahme davon machen nur die wenigen, als Anaerobier bezeichneten Organismenarten, die sich vor allem unter den Bakterien als Erinnerung an einen niedrigen Stand der Evolution finden. Am Beginn dieser Evolution des Lebens dürften die damals vorhandenen, primitiven Organismen Energie nur aus dem sauerstoffreien Abbau spontan entstandener, energiereicher Moleküle ihrer Umgebung gewonnene haben. Deren Menge war sehr begrenzt. Leben in einer größeren Vielfalt der Formen und Anzahl der Individuen wurde erst möglich, als mit Hilfe der an Chlorophyll gebundenen Photosynthese die Energie des Sonnenlichtes zum Aufbau solcher Verbindungen benutzt werden konnte. Dabei aber entstand molekularer Sauerstoff, welcher in die bisher sauerstoffreie Atmosphäre entwich. Er war wohl für die meisten Organismen schädigend, wenn nicht gar tödlich. Die wenigen, die überlebten und nicht als Anaerobier sauerstoffreie ökologische Nischen besiedelten, vermochten aus der Not eine Tugend zu machen: Sie benutzten diese aggressive Verbindung, um ihre Nährstoffe oxydativ abzubauen. Der dabei erzielte Energiegewinn betrug ein Vielfaches desjenigen der Vergärung. Beim Zuckerabbau ist er beispielsweise 16mal so hoch. Nun erst stand genügend Energie für die volle Entfaltung der Evolution zur Verfügung, ein ungeheurer Vorteil, zugleich aber der Beginn einer absoluten Abhängigkeit vom Sauerstoff und dem Funktionieren der Enzyme der Zellatmung.

Mit Oxydation bezeichnet der Chemiker ganz allgemein den Entzug von negativ geladenen Elektronen (e). Die Oxydation molekularen Wasserstoffs folgt damit der Gleichung:

$$H_2 - 2e \rightleftarrows 2\ H^+$$

Sauerstoff vermag als Oxydationsmittel zu wirken. Es wird dabei zum doppelt negativ geladenen Ion, wobei es die freigewordenen Elektronen aufnimmt:

$$O_2 + 4e \rightleftarrows 2\ O^-$$

Werden beide Reaktionen miteinander gekoppelt, so entsteht durch Vereinigung zweier einfach positiv geladener H-Ionen mit einem doppelt negativ geladenen O-Ion ein Molekül Wasser (H_2O):

$$2 H_2 - 4e \rightleftarrows 4 H^+$$
$$O_2 + 4e \rightleftarrows 2 O^{--}$$
$$\overline{2 H_2 + O_2 \rightleftarrows 2 H_2O}$$

Formal ist dies die Reaktion des Knallgases, welche unter starker Wärmeentwicklung, also Freisetzen von Energie (exergonisch) verläuft. Diese Wasserbildung ist die hauptsächlichste, energieliefernde Reaktion der lebenden Zelle eines Aerobiers. Auch die Oxydation organischer Moleküle verläuft als ein derartiger Elektronenentzug. Die als Objekte des energieliefernden Abbaues dienenden Kohlenhydrate, Fette und Eiweiße werden dabei zunächst in Bruchstücke zerlegt, welche zwei C-Atome enthalten und als aktivierte Essigsäure bezeichnet werden. Ihr weiterer Abbau erfolgt durch Reaktionsschritte, bei denen jeweils nur ein CO_2 oder zwei H-Atome abgespalten und der Atmungskette zugeführt werden. Im Gegensatz zu einer Knallgasexplosion, bei der die freiwerdende Energie in der Hauptsache als Wärme auftritt, hat die Zelle einen Weg gefunden, in mehreren aufeinanderfolgenden Schritten jeweils Teilbeträge der freizusetzenden Energie durch den gleichzeitigen Aufbau energiereicher Verbindungen in Form chemischer Energie festzulegen. Diese Energiespeicherung erfolgt durch die Bildung von Adenosin-Triphosphat (ATP) aus Adenosin-Diphosphat (ADP) und Phosphorsäure. Jedes ATP-Molekül kann dann wie ein aufgeladener Akkumulator aufbewahrt und zu gegebener Zeit zum Freisetzen der in ihm gespeicherten Energie unter Rückbildung der ADP + Phosphorsäure verwendet werden.

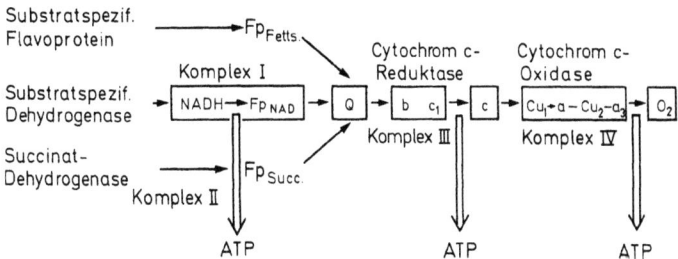

Abb. 173. Die funktionelle Aufeinanderfolge der Enzymkomplexe der Atmungskette im Mitochondrium

Der Ort des oxydativen Abbaues energiereicher Verbindungen, derjenige der Zellatmung also, gekoppelt mit dem Aufbau von ATP auf dem Wege der oxydativen Phosphorylierung, ist das Mitochondrium. An seiner inneren Membran befinden sich die Enzyme der Atmungskette, welche das schrittweise Freisetzen der gewonnenen Energie ermöglichen. Mit ihrer Hilfe erfolgt (Abb. 173) die Zellatmung in folgender Reaktionsaufeinaderfolge: Substratspezifische Dehydrogenasen überführen den Wasserstoff auf das am Anfang der Atmungskette stehende Nicotinamid-adenin-dinucleotid (NAD), wobei NADH entsteht. Das in der Kette ihm folgende Flavoprotein ($F_{p\ NAD}$) nimmt den Wasserstoff auf und überträgt ihn auf das Ubichinon (Q). Die freigewordene Energie tritt in Gestalt eines ATP-Moleküls auf. Bei allen diesen Reaktionen wird der Wasserstoff wieder oxydiert, der Empfänger gleichzeitig reduziert. Das Ubichinon kann außer auf diesem Wege auch durch Wasserstoff aus der Fettsäure-Dehydrierung und Succinat-Dehydrierung reduziert werden. An ihm setzt die eigentliche Atmungskette an. Sie baut sich aus hintereinandergeschalteten Cytochromen auf, deren Wirkgruppe ein Eisenatom beherbergt. Dieses kann in zwei- und dreiwertiger Form vorliegen. Mit dem Wertigkeitswechsel verbunden ist jeweils ein Oxydations- oder Reduktionsvorgang nach der Gleichung:

$$\frac{\begin{array}{l} H_2 \quad - 2e = 2\,H^+ \\ 2\,Fe^{+++} + 2e = 2\,Fe^{++} \end{array}}{H_2 + 2\,Fe^{+++} = 2\,H^+ + 2\,Fe^{++}}$$

Die einzelnen Glieder der Atmungskette werden (Abb. 173) in Komplexe eingeteilt. Komplex IV enthält außer den eisenhaltigen Hämproteinen auch noch Kupfer (Cu), welches, an Protein gebunden, zum Funktionieren des Komplexes notwendig ist. Komplex IV wird auch als Cytochrom (c)-Oxydase, Komplex III als Cytochrom (c)-Reduktase bezeichnet. Zwischen Ubichinon und dem am Ende der Atmungskette stehenden molekularen Sauerstoff findet somit keine Weitergabe von Wasserstoffatomen oder -molekülen, sondern ein Elektronentransport statt. Der am Ubichinon befindliche Wasserstoff wird dabei unter Freisetzen eines Elektrons zu H^+ ionisiert, das Ubichinon wieder oxydiert. Unter weiterer zweimaliger Festlegung der freigewordenen Energie durch ATP-Bildung gelangen die Elektronen über die Cytochrome b, c_1, c und aa_3 schließlich zum Sauerstoff, wobei O^{--}-Ionen entstehen, welche sich sofort mit freien H^+-Ionen zu H_2O vereinigen. Mit Ausnahme des Cytochroms c sind alle übrigen Cytochrome fest mit der Struktur der inneren Mitochondrienmembran verbunden.

Für alle Aerobier ist die Zellatmung ein lebenswichtiger Vorgang. Die Untersuchung der genetischen Steuerung der Synthese von Enzymen der Atmungskette durch Mangelmutanten wird daher nur bei solchen Organismen ungehindert möglich sein, welche auch fakultativ anaerob zu leben vermögen, die für ihren intermediären Stoffwechsel notwendige Energie somit entweder durch Oxydation oder anaerobe Vergärung ihrer Nährstoffe gewinnen können. Ein solcher Organismus ist die Bäckerhefe. Schon Anfang der 50er Jahre hat EPHRUSSI gezeigt, daß bei ihr spontan Mutanten auftreten, welche die Befähigung zur Zellatmung eingebüßt haben. Da die von ihnen vorgenommene Vergärung der Substrates wesentlich weniger ergiebig als der oxydative Abbau ist, wachsen sie langsamer und bilden kleinere Kolonien als der Wildtyp. Sie wurden daher als „petite" bezeichnet. Solche Mutanten bilden zwei, sich in der primären Ursache ihrer Entstehung unterscheidende Gruppen. Die Kreuzung von Angehörigen der ersten, mit ϱ^- (rho minus) bezeichne-

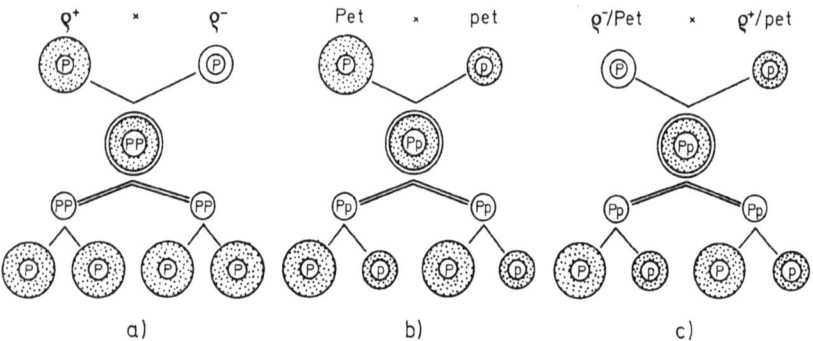

Abb. 174. Kreuzungsschema für atmungsdefekte Hefezellen als Kreuzungspartner: a) Wildtyp rho$^+$× mitochondriale Mutante rho$^-$. b) Wildtyp Pet × karyotische Mutante pet. c) Mitochondriale rho$^-$/Pet × karyotische rho$^+$/pet

ten Gruppe mit Wildtypzellen (ϱ^+) ergibt ausschließlich Wildtypzellen als Nachkommen (Abb. 174a). Werden dagen Zellen des zweiten, mit pet bezeichneten petite-Typs ebenfalls mit Wildtypzellen (Pet) gekreuzt, so wachsen je 50% der Nachkommen zu Wildtyp- und petite-Kolonien heran (Abb. 174b). Zum selben Ergebnis führt die Tetradenanalyse. Sie untersucht, wie uns bereits bekannt ist, den Genortyp der vier aus der Reifeteilung der bei der Befruchtung entstandenen diploiden Zygote hervorgehenden Sporen. Wir hatten sie bereits bei Neurospora (Abb. 108) kennengelernt, wobei freilich dort durch eine zusätzliche Teilung nicht vier, sondern acht Askosporen aus der Zygote entstanden. pet x Pet ergibt somit in Tetraden angeordnete Sporenpakete mit 2:2-Aufspaltung. Eine solche Aufspaltung zeigt auch jede Kreuzung einer beliebigen auxotrophen Mangelmutante mit dem Wildtyp. Der mit pet bezeichnete petite-Genotyp entsteht daher durch Mutation eines im Zellkern gelegenen Genes, welches ein für die Zellatmung notwendiges Protein codiert.

Der petite-Phänotyp der ϱ^--Mutante dagegen kann, wie die 4:0-Aufspaltung in der Tetrade zeigt, nicht durch die Mutation eines im Zellkern gelegenen Genortes hervorgerufen werden. Er muß durch einen im Zellplasma befindlichen, mit der Befähigung zur Eigenvermehrung begabten, in ϱ^--Zellen im Unterschied zu Wildtypzellen veränderten Faktor hervorgerufen sein. In die Zygote wird er durch die Wildtypzelle eingebracht (Abb. 174a). Seine Einzelstücke gelangen in den beiden Meioseteilungen in alle vier Sporen und machen diese damit zu Wildtypzellen. Wie Abb. 174c zeigt, ergibt die Kreuzung einer ϱ^--mit einer pet-Zelle aus diesem Grunde daher 2:2-Aufspaltung von petite- zu Wildtypkolonien, wobei die ersteren dem pet-Typ angehören.

Der Nachweis, daß Mitochondrien DNS enthalten durch SCHATZ, HASLBRUNNER und TUPPY im Jahre 1964 war der Beginn einer molekulargenetischen Analyse der ϱ^--Mutanten der Bäckerhefe (Abb. 175). Sie besitzt ein Molekulargewicht von 6×10^7. Elektronenoptische Aufnahmen lassen ihre Ringform erkennen. WINTERSBERGER und VIEHAUSER wiesen nach, daß diese mitochondriale DNS (M-DNS) durch eine eigene, sich von derjenigen der Zelle unterscheidende DNS-Polymerase repliziert wird. Im Mitochondrium liegt ein vollständiges, Protein-synthetisierendes System vor. Die mitochondrialen Ribosomen unterscheiden sich, wie KÜNTZEL u. Mitarbeiter zeigten, von denen des endoplasmatischen Reticulums der Hefezellen. Die ersteren ähneln dem 70 S-Typ derjenigen einer Bakterienzelle, die letzteren gehören dem 80 S-Typ an. Im Gegensatz zur Proteinsynthese der

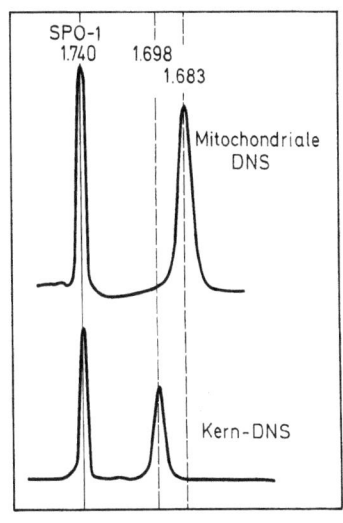

Abb. 175. Lage der Banden der mitochondrialen DNS und der Kern-DNS aus Hefe im Dichtegradienten. DNS des B. subtilis-Phagen SPO-1 als Referenzbande. Nach LIMA DE FARIA, 1969

Hefezelle benutzt dieses mitochondriale System in gleicher Weise wie das bakterielle das Formylmethionin als Starter einer Polypeptidkette. Die mitochondriale Proteinsynthese läßt sich in gleicher Weise wie die bakterielle durch Antibiotica, wie z. B. Erythromycin hemmen, wobei die gleichen Hemmstoffe keine Wirkung auf die von Genen des Zellkernes gesteuerte, an Ribosomen des endoplasmatischen Reticulums vor sich gehende Proteinsynthese ausüben. Diese dagegen wird durch geeignete Konzentrationen von Cycloheximid unterbunden, welche wiederum die mitochondriale Proteinsynthese nicht beeinflussen.

In jüngster Vergangenheit konnte SLONIMSKI nachweisen, daß Mitochondrien in zwei Kreuzungstypen (ω^+, ω^-) vorkommen und darauf die Kartierung von Genorten der M-DNS aufbauen. Der Autor benutzte dazu Resistenzmutanten gegen die Antibiotica Erythromycin, Oligomycin, Paromomycin und Spiromycin C, deren neu erworbener Phänotyp durch Mutation der M-DNS hervorgebracht wird. Während die M-DNS solcher Mutanten nur punktförmig verändert ist, zeigt diejenige der meisten ϱ^--Mutanten meist beträchtliche Abweichungen vom Wildtypzustand. Ihr AT/GC-Basenverhältnis kann dabei soweit verschoben sein, daß G und C nur noch wenige Prozente der Gesamtheit der Nucleotidpaare ausmachen. Der petite-Phänotyp derartiger Mutanten wird dadurch hervorgerufen, daß ihre DNS keinen Informationsgehalt mehr aufweist: Eine mitochondriale Proteinsynthese ist in ihnen nicht nachweisbar. Die funktionslose M-DNS wird aber dennoch durch die mitochondriale DNS- Polymerase weiter repliziert. Von diesem Typ der ϱ^--Motanten unterscheiden sich solche, die mit ϱ° bezeichnet, überhaupt keine M-DNS mehr aufweisen.

Petite-Mutanten können einerseits durch den Ausfall der Wirkung eines im Zellkern gelegenen Genortes, andererseits aber auch durch mutative Veränderung der M-DNS hervorgerufen werden. Beide Informationsträger codieren somit gemeinsam die molekularen Strukturen des Mitochondriums: Die Polypeptidketten seiner Proteine werden von zwei voneinander unabhängigen Systemen synthetisiert. Zahlreiche Autoren haben sich um die Beantwortung der Frage bemüht, welche dieser Proteine durch welches der Systeme hergestellt werden. In jüngster Vergangenheit vorgenommene Untersuchungen sprechen für einen überraschenden Sachverhalt: Einzelne der Cytochrome bestehen aus Molekülen, die jeweils aus mehreren unterschiedlichen Polypeptidketten zusammengesetzt sind. Bestimmte dieser Polypeptide werden durch Kerngene, andere durch die M-DNS codiert, so daß in gesetzmäßiger Weise jeweils beide Codierungssysteme gemeinsam an der Synthese der Moleküle eines bestimmten Cytochroms beteiligt sein können. Die quantitative Seite dieses Aspektes wurde in vivo durch SCHWEYEN und KAUDEWITZ beantwortet. Die Autoren hemmten durch Cycloheximid die vom Zellkern gesteuerte Proteinsynthese von Hefezellen und verglichen den Einbau von ^{14}C-Leucin in die Mitochondrien solcher Zellen mit demjenigen nicht mit diesem Hemmstoff behandelter Kontrollen. Die Differenz zwischen beiden Werten ergibt den Anteil der mitochondrialen Proteinsynthese an der gesamten, sich aus mitochondrial und von Genen des Zellkerns gesteuert zusammensetzenden Synthese mitochondrialer Proteine. Unter den gewählten Wuchsbedingungen wurden 8–9% der Gesamtheit mitochondrialer Proteine und 15% der Proteine mitochondrialer Membranen im Mitochondrium selbst synthetisiert. Die Autoren konnten später die erhobenen Befunde ohne Benutzung von Hemmstoffen an einer Mutante der Bäckerhefe bestätigen, deren vom Kern gesteuertes, Protein synthetisierendes System durch die Wirkung einer temperaturempfindlichen Mutation sich durch Überführung in die nicht erlaubte Temperatur abschalten ließ.

Mitochondrien sind nicht die einzigen Zellorganelle, welche DNS zusammen mit einem eigenen Protein synthetisierenden System beherbergen. Gleiches gilt auch für die Chloroplasten grüner Pflanzen. Die molekular genetische Erforschung dieser Objekte ist noch nicht soweit gediehen, wie diejenige der Mitochondrien. Eines aber kann mit absoluter Sicherheit ausgesagt werden: Die Zellen grüner Pflanzen beherbergen drei voneinander unabhängige, Protein synthetisierende Systeme: Das von der Kern-DNS gesteuerte, dasjenige der Mitochondrien und schließlich das ebenfalls von den beiden übrigen unterschiedene der Chloroplasten. PIGOTT und CARR konnten kürzlich einen interessanten Zusammenhang nachweisen: Die Autoren hybridisierten ribosomale RNS aus mehreren Blaualgen mit DNS aus Chloroplasten von Euglena gracilis, einem einzelligen Geißeltierchen. Dabei ergab sich deutliche genetische Homologie zwischen diesen Algen und dem Euglena-Chloroplasten. Während so Mitochondrien und Bakterien zahlreiche Ähnlichkeiten aufweisen, darf daher ein ähnlicher Zusammenhang zwischen Blaualgen und den Chloroplasten grüner Pflanzenzellen vermutet werden. Die genannten Untersuchungen liefern einen weiteren Beitrag zur Prüfung der Tragfähigkeit einer Hypothese, nach der Mitochondrien aus bakterienähnlichen Symbionten, Chloroplasten dagegen aus solchen, die mit Blaualgen verwandt sind, hervorgingen.

C. Scheinbare Umkehr des zentralen Dogmas der Molekulargenetik: RNS-abhängige DNS-Synthese

Im Jahre 1958, also lange bevor der Nachweis für die Existenz der Boten-RNS geführt worden war, veröffentlichte CRICK einen Aufsatz mit dem Titel „Die biologische Replikation von Makromolekülen". In ihm wurde das „zentrale Dogma" der Molekularbiologie postuliert. Als Arbeitshypothese beschreibt es die Richtung, in welcher genetischer Informationstransfer von Makromolekül zu Makromolekül vor sich gehen kann. In jener Zeit waren nur wenige fragmentarische, experimentelle Ergebnisse für die damit angesprochene Fragestellung bekannt. Es gehörte unter diesen Bedingungen, wie CRICK betont, ein grenzenloser Optimismus dazu, anzunehmen, daß die Grundregeln für den biologischen Informationstransfer einfach und wahrscheinlich für alle Lebewesen gleich seien. Abb. 176 gibt in

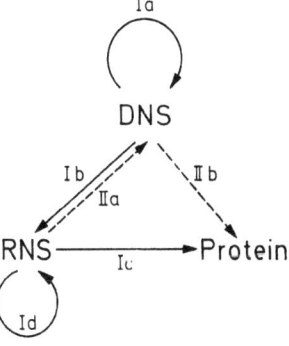

Abb. 176. Die Vorstellungen über den genetischen Informationstransfer (Stand des Jahres 1958). Aus CRICK 1970

Form eines Schemas die zur Aufstellung dieses zentralen Dogmas führenden Vorstellungen wieder. Der theoretisch mögliche Transfer ließ sich in drei Gruppen einteilen:

I a) DNS → DNS
  b) DNS → RNS
  c) RNS → Protein
  d) RNS → RNS

II a) RNS → DNS
   b) DNS → Protein

III a) Protein → Protein
    b) Protein → RNS
    c) Protein → DNS

I a – c waren damals noch Arbeitshypothesen. Im vorstehenden haben wir diese Transferformen als identische Replikation der DNS, als Transkription und Translation kennengelernt. Für die Verwirklichung von I d sprach die Entdeckung von RNS-Viren, von denen angenommen und später bewiesen werden konnte, daß ihre RNS identisch dupliziert wird. Für II a – b gab es nicht den geringsten experimentellen Hinweis. Es war vielmehr an einem Beispiel der Gegenbeweis für die Richtigkeit der den unmittelbaren Informationstransfer von DNS auf Protein postulierende Hypothese II b geführt worden. Gruppe III schließlich hätte eine Umkehr der Transferrichtung von I und II bedeutet. Von der für I zu postulierenden, bereits relativ verwickelten molekularen Maschinerie konnte nicht auch noch erwartet werden, daß sie zu dieser Leistung befähigt sei. Es hätte also ein zweites, bisher der Beobachtung vollständig entgangenes, unabhängiges Informationstransfersystem, für dessen Existenz biologisch nicht die geringste Notwendigkeit zu erkennen war, angenommen werden müssen. Diese Tatsache bildete den Hauptgrund, die Gruppe III bei der Aufstellung der Arbeitshypothese unberücksichtigt zu lassen. CRICK formulierte daher das „zentrale Dogma" der molekularen Biologie wie folgt: „Wenn die sequentiell angeordnete (genetische) Information auf das Protein übergegangen ist, kann sie nicht mehr wieder heraus." I a-d entsprechen dieser Formulierung. Über Gruppe II entschloß sich CRICK, wie er selbst sagt, „diskret zu schweigen". Die bald einsetzende stürmische Entwicklung bei der Erforschung der Transkription und Translation bewies die Richtigkeit von I a-d. Unter der Wirkung dieser Entwicklung schwand Gruppe II bald aus dem Gesichtsfeld der allermeisten Forscher. Sie verstanden daher unter dem zentralen Dogma der molekularen Genetik den ausschließlich in der Folge DNS→RNS→Protein vor sich gehenden Informationstransfer. Die weitreichende, auch das Vorhandensein eines Transfers nach den beiden Schemata der Gruppe II nicht ausschließende Formulierung, so, wie sie CRICK geprägt hatte, geriet in Vergessenheit.

Tumorerzeugende (onkogene) RNS-Viren

Und doch gab es seit längerer Zeit ein Arbeitsgebiet, dessen Ergebnisse sich zu einem Hinweis darauf verdichteten, daß auch der in IIa beschriebene Informationstransfer von RNS auf DNS in der Natur verwirklicht wird. Bereits an der Wende vom ersten zum zweiten Jahrzehnt dieses Jahrhunderts arbeitete der amerikanische Forscher ROUS über einem speziellen Hühnertumor. Dieser erwies sich als transplantabel: Hühnerzellen, aus einem Versuchstier in ein bis dahin gesundes anderes Tier übertragen, ließen auch dieses am gleichen Tumor erkranken. 1911 schließlich beobachtete der Autor, daß eine solche Übertragung auch durch zellfreie Filtrate möglich sei. Er wertete diesen Befund mit voller Berechtigung als Beweis dafür, daß ein Virus das eigentliche, diese spezielle Form eines Tumors auslösende Agens sei. Vier Jahrzehnte lang blieben die Arbeiten von ROUS ohne Einfluß auf die Entwicklung der Erblehre. 1951 schließlich wies GROSS nach, daß dem „Rous-Virus" nahe verwandte, ebenfalls RNS und nicht DNS enthaltende andere Viren in Mäusen Leukämie erzeugen. Darüber hinaus konnte gezeigt werden, daß eine größere Gruppe von RNS-Viren in Mäusen, Ratten, Hamstern, Affen, aber auch Schlangen in gleicher Weise wie das Rous-Virus in Hühnern Tumoren hervorbringen.

RNS-Viren wurden zu Objekten der Krebsforschung. Die Benutzung von Zellkulturmethoden zur Durchführung dieser Forschungen erlaubte, Einzelheiten bei der Veränderung einer normalen Zelle zur Tumorzelle zu beobachten. Als Transformation bezeichnet, geht sie als Veränderung der Wachstumseigenschaften der Zelle vor sich. – Wir sollten uns dabei erinnern, daß die Bezeichnung „Transformation" bereits unabhängig davon für die Benennung des Vorganges der Übertragung von genetisch wirksamer DNS aus einer bakteriellen Spender- in eine Empfängerzelle verwandt wurde und wird. – Während nicht mit Tumor-Virus infizierte Zellen einer Zellkultur durch Vermehrung den Boden des Gefäßes bald mit einer einschichtigen, pflasterartigen Zellschicht bedecken, bilden die transformierten Zellen Haufen, wobei die Einzelzellen sich überlappen oder gar übereinanderwachsen. Jeder dieser Haufen oder Herde (Foci) geht bei geeigneter Versuchsanordnung auf einen einzelnen Infektionsvorgang zurück. Die Anzahl der induzierten Herde einer Zellkultur ist dann daher proportional der Anzahl der zur Infektion benutzten

Viruspartikel. Transformierte Hühnerzellen wachsen und vermehren sich somit, während sie gleichzeitig Virus produzieren und an die Umwelt entlassen.

Wird einer normalen, nicht-infizierten Zellkultur Actinomycin D zugesetzt, so hemmt dieses Antibioticum die Transkription: An DNS-Matrizen wird keine RNS mehr synthetisiert. Werden diese Zellen jedoch mit nicht-Tumor-erzeugenden RNS-Viren infiziert, so findet RNS-Synthese an den als Matrize benutzten Molekülen der Virus-RNS statt. Actinomycin D hemmt somit nur DNS-abhängige RNS-Synthese. Von diesen Zusammenhängen ausgehend, konnte TEMIN zeigen, daß unmittelbar nach Infektion mit Rous-Sarkoma-Virus den Zellkulturen zugesetztes Actinomycin D jegliche RNS-Synthese zum Erliegen bringt. Tumorerzeugende (onkogene) RNS-Viren weisen damit einen, von anderen RNS-Viren unterschiedlichen RNS-Synthesemodus auf. Die Beobachtungen führten zur Aufstellung der DNS-Provirus-Hypothese, welche unterstellt, daß die RNS-Replikation von onkogenen RNS-Viren über eine DNS-Zwischenmatrize, das Provirus, erfolgt. Der nächste Schritt zum Beweis ihrer Richtigkeit wurde von BADER unternommen. Er hemmte die DNS-Synthese von unmittelbar zuvor mit Rous-Virus infizierten Gewebezellen durch Amethopterin oder andere spezifische Hemmstoffe und unterband dadurch erfolgreich deren Infektion und Transformation. Da zur Virusproduktion jedoch normale, sich vermehrende Zellen notwendig sind, konnte dieser Befund nur als Hinweis, nicht aber als Beweis für die Notwendigkeit einer DNS-Zwischenmatrize zur Replikation der RNS des Rous-Virus gewertet werden. BOETTIGER und BALDUZZI schließlich benutzten unabhängig voneinander Bromuracil zur Beantwortung der daher noch immer nicht gelösten Problematik. Aus einer Reihe der im vorstehenden geschilderten Versuche wissen wir, daß dieses Thyminanalog in DNS anstelle von Thymin eingebaut wird. Bisher noch nicht erwähnt wurde, daß derart markierte DNS lichtempfindlich ist: Bei Bestrahlen mit sichtbarem Licht wird sie inaktiviert. Fügten die Autoren zu Gewebezuchtzellen, deren Vermehrungsstoffwechsel durch Entzug des normalerweise im Zuchtmedium enthaltenen Serums vorübergehend gehemmt war, in Gegenwart von Bromuracil Suspensionen des Rous-Sarkoma-Virus, so blieben die Zellen nach Belichtung wegen des Fehlens einer eigenen DNS-Synthese am Leben. Eine Infektion mit dem Virus unterblieb jedoch ebenfalls. Später vorgenommener Zusatz von Serum führte zu erneutem Zellwachstum bei gleichzeitiger DNS-Synthese. Die Zellen produzierten dann jedoch kein Virus und wurden nicht zu Tumorzellen transformiert. Die Infektion muß somit abortiv verlaufen. Weitere Versuche ergaben, daß die Inaktivationsrate effektiver Infektionen mit zunehmender Anzahl der zur Infektion benutzten Viruspartikel abnahm. Daraus konnte geschlossen werden, daß jedes in die Zelle gelangte RNS-Molekül des onkogenen Virus eine DNS-Matrize erzeugt. Die Wahrscheinlichkeit, daß diese der Inaktivation entgeht, ist umso größer, je mehr gleiche Matrizen in der Zelle vorhanden sind.

Von RNS-Molekülen ausgehende, diese als Matrize benutzende DNS-Synthese setzt das Vorhandensein eines die Synthese katalysierenden Enzyms voraus. Entstammt es der infizierten Zelle, oder wird es durch das Virus erst eingeschleust? Schon einige Jahre vorher waren in den Partikeln anderer, nicht onkogener RNS-Virusarten RNS-Polymerasen entdeckt worden, welche RNS als Matrize benutzten. Auch DNS-Viren, so zeigte sich, beherbergen derartige Enzyme. 1969 führte MIZUTANI, ein Mitarbeiter von TEMIN, einen, wichtige Hinweise auf die Herkunft der vermuteten RNS-abhängigen DNS-Polymerase der Rous-Virus-Synthese erbringenden, Versuch aus. Er blockierte die Proteinsynthese von stationären, also in Stoffwechselruhe befindlichen Gewebezellen und infizierte sie mit Rous-Sarkoma-Virus. Die Infektion verlief positiv. Das Enzym, welches die Virus-RNS als Matrize benutzend, DNS synthetisiert, konnte somit nicht aus der infizierten Zelle stammen. Es mußte durch das Viruspartikel in diese eingebracht werden.

Waren alle diese Untersuchungen mehr oder weniger im Rahmen der Forschungen an Tumorviren vorgenommen worden, so erfolgte der spektakuläre Durchbruch in das weite Gebiet der Molekularbiologie im Frühsommer 1970. Unabhängig voneinander berichteten TEMIN und BALTIMORE, daß ihnen der Nachweis der Aktivität einer RNS-abhängigen

DNS-Polymerase in Partikeln eines Mäuse-Leukämie- und des Rous-Sarkoma-Virus gelungen sei. Weitere Untersuchungen bewiesen, daß dieses Enzym, welches später auch als umgekehrte Transkriptase bezeichnet wurde, nur die Synthese von DNS, nicht aber von RNS zu katalysieren vermag. Sein Nachweis wurde durch die Beobachtung des von ihm katalysierten Einbaues von Tritium-markiertem Thymidin in säureunlösliche Produkte geführt, welche durch Desoxyribonuclease abgebaut werden. Zur Vornahme dieses Einbaues waren Mg^{++}-Ionen und die Anwesenheit aller vier Desoxyribonucleosidtriphosphate der DNS nötig. Auch die Lokalisation des Enzyms in Viruspartikeln gelang. Diese bestehen aus einem dichten Kern, welcher aus RNS und Proteinen gebildet wird. Sein Durchmesser beträgt bis zu 75 nm. Eine innere Membran trennt ihn von der aus Glykoproteinen und Lipiden bestehenden, von der Wirtszelle gelieferten Außenhülle. Der Sitz der RNS-abhängigen DNS-Polymerase ist der Kern des Viruspartikels. Sie sedimentiert nach Entfernen der Außenhülle, an ihn gebunden, im CsCl-Gradienten. Nach weiterer Zerstörung des Kernes läßt sich das Enzym rein gewinnen. Es synthetisiert in vitro DNS, wobei synthetische und natürliche DNS, aber auch RNS und RNS-DNS-Hybrid-Doppelstränge als Matrize benutzt werden können. Die Größe der synthetisierten DNS-Moleküle beträgt nur etwa $^1/_{10}$ der RNS-Matrize, ein Zusammenhang, der bisher noch nicht verstanden wird. Neben diesem Enzym enthält der Kern des Rous-Sarkoma-Virus noch weitere Enzyme der DNS-Synthese, wie beispielsweise eine Polynucleotid-Ligase.

Bereits wenige Wochen nach der Bekanntgabe des Nachweises der RNS-abhängigen DNS-Polymerase durch TEMIN und BALTIMORE bestätigte SPIEGELMAN diesen Befund für eine Reihe von weiteren tumorerzeugenden RNS-Viren. Von anderen Autoren vorgenommene Untersuchungen bewiesen, daß alle Tumor- oder Leukämie-erzeugenden RNS-Viren diese RNS-abhängige DNS-Polymerase enthalten. Eine bisher nicht als Krebs-erzeugend erkannte Virusart der RNS-Gruppe, in deren Partikeln dieses Enzym ebenfalls nachgewiesen werden konnte, erwies sich bei genauerer Untersuchung als ebenfalls onkogen. In vitro ließ sich als erster Schritt der Synthese die Entstehung eines DNS-RNS-Hybrids nachweisen (Abb. 177). Das nach 20 min Reaktionsdauer gebildete Produkt erscheint in Cs_2SO_4-Gradienten in einer Fraktion, welche die Virus-RNS enthält (A). Der neusynthetisierte DNS-Strang ist somit noch mit der RNS-Matrize verbunden. Da er wesentlich kleiner als diese ist, sedimentiert er mit ihr zusammen in der RNS-Bande. Nach Denaturieren des DNS-RNS-Hybrides durch Erhitzen wird eine reine DNS-Bande im Gradienten erzielt (B). Die schließlich vorliegende DNS ist doppelsträngig. Um zu beweisen, daß

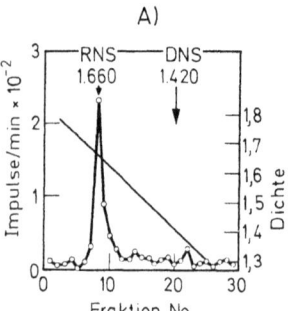
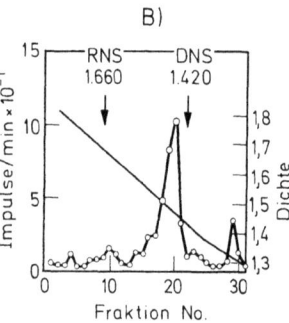

Abb. 177. Dichtegradientenzentrifugierung des in vitro-Produktes der RNS-abhängigen DNS-Polymerase. A. Die Lage der Bande des nach 20-minütiger Dauer der in vitro Synthese erzeugten Produktes ist identisch mit der Virus-RNS-Bande. B. 100 Minuten später erscheint das radioaktiv markierte Syntheseprodukt in der DNS-Bande

einer ihrer beiden Stränge komplementär zur Virus-RNS ist, wurde derartige, mit Hilfe der RNS-abhängigen DNS-Polymerase hergestellte und gleichzeitig radioaktiv markierte DNS wieder in Einzelstränge zerlegt und mit Virus-RNS gemischt. Nach Aufenthalt bei Hybridisierungstemperatur vorgenommene Zentrifugierung im Cs_2SO_4-Gradienten ergab drei Banden: DNS, DNS-RNS-Hybrid und reine RNS. Die Hybridisierungsversuche zeigen somit, daß die sedimentierte DNS komplementär zur RNS-Matrize ist.

Die Entstehung einer komplementären DNS-Zwischenmatrize ist somit in vitro nachgewiesen. Obwohl der in vivo-Nachweis noch aussteht, dürfte wohl angenommen werden, daß die in vivo-Reaktion in gleicher Weise verläuft. Eine Diskussion der möglichen biologischen Bedeutung der RNS-abhängigen DNS-Synthese erscheint daher keineswegs als voreilig. Die Synthese einer DNS-Zwischenmatrize erlaubt die Aufstellung einer Arbeitshypothese zur Erklärung der Entstehung stabiler Transformationen als Beginn einer Tumorbildung: Solche neusynthetisierte, der RNS eines onkogenen Virus komplementäre DNS enthält die zur Durchführung der Transformation notwendigen genetischen Informationen. Sie dient einerseits als Matrize zur Herstellung neuer Virus-RNS, kann aber auch in das Genom der Wirtszelle eingebaut werden. Daher ist in den meisten Fällen Virus-RNS in transformierten Zellen nicht mehr nachweisbar, obwohl deren veränderter Zustand stabil geworden ist. Möglicherweise lassen sich auf diesem Wege auch andere latente Virusinfektionen erklären, bei denen immer wieder Perioden akuter Erkrankung mit solchen abwechseln, in denen weder krankhafte Symptome noch Viren nachzuweisen sind. Derartige Vorstellungen nähern sich stark der Problematik, welche mit den Begriffen Lysogenie und Prophage verbunden sind. So wie der letztere seine Wirtszelle lysogen macht, würde die Integration der DNS-Zwischenmatrize eines onkogenen RNS-Virus zu einer potentiellen Krebszelle führen, welche neben dieser, durch die Zwischenmatrize bedingten genetischen Potenz zur Transformation auch eine solche zur Produktion von Partikeln des onkogenen Virus aufweise. Der Vergleich zur Lysogenie spricht darüber hinaus einen weiteren Fragenkreis an. Sie wird spontan durch Induktion des Prophagen beendet, wobei die Bezeichnung „spontan" keineswegs den Gegensatz zu „induziert" ausdrückt, sondern lediglich unsere Unkenntnis des auslösenden Faktors eines die Lysogenie beendenden Ereignisses umschreibt. Die Bildung von Tumoren wird durch zahlreiche auslösende Faktoren eingeleitet. Eine, wenn auch sehr vorsichtig zu formulierende Arbeitshypothese wäre, daß zumindest ein Teil dieser Faktoren indirekt, nämlich durch Induktion der genetischen Aktivität von DNS wirken, welche lange vorher als Zwischenmatrize nach Infektion mit onkogenen RNS-Viren synthetisiert wurde. Noch ein dritter Problemkreis wird durch diese Überlegungen berührt. In der Geschichte der Krebsforschung standen sich bisher neben anderen zwei Hypothesen über die Ursache einer Carcinogenese gegenüber: Die eine postulierte dafür einen in der transformierten Zelle vor sich gegangenen Mutationsvorgang, die andere eine Virusinfektion. Beide, die genetische und virologische Hypothese sind durch die Entdeckung der RNS-abhängigen DNS-Polymerase nun zu einer Einheit verschmolzen worden.

Die hohe praktische Bedeutung, welche die beschriebenen Befunde für das Verständnis der Krebsentstehung beim Menschen haben könnten, liegt auf der Hand. Onkogene RNS-Viren sind bei zahlreichen Tierarten von Schlangen bis zum Affen nachgewiesen. Das ursprünglich bei einer Rasse des Haushuhnes in einem spontan aufgetretenen Tumor nachgewiesene Rous-Virus ruft im Experiment die Transformation von Rattenzellen hervor. Virussynthese ist in ihnen jedoch erst nach künstlich hervorgebrachter Fusion mit Hühnerzellen möglich. Das damit gekennzeichnete, außerordentlich breite Wirtsspektrum der Gruppe der onkogenen RNS-Viren führt notwendigerweise zur Vermutung, daß bestimmte Stämme und Arten dieser Virusgruppe auch menschliche Zellen als Wirt benutzen. Zahlreiche Untersuchungsbefunde deuten in diese Richtung. Davon nur einige Beispiele: GALLO und Mitarbeiter wiesen 1971 die umgekehrte Transkriptase in RNS-Viren nach, welche sie aus Zellen isoliert hatten, die einem an Lymphoma erkrankten Patienten entstammten. MCALLISTER und Mitarbeiter beschrieben RNS-Viren, die aus Zellen eines menschlichen Rhabdomyo-Sarkoms isoliert worden waren. AXEL und Mitarbeiter benutzten die Hybridisierungstechnik, um in menschlichen Tumoren RNS-Sequenzen nachzuweisen, welche denen onkogener Viren homolog sind, die in Säugern Tumoren erzeugen. SCHLOM und SPIEGELMAN schließlich wiesen in menschlicher Milch die Aktivität von RNS-abhängiger DNS-Polymerase sowie hochmolekulare RNS nach, welche dieser als Matrize dient. Letztere erwies sich als an Partikel gebunden, die in zwei diagnostisch verwertbaren Eigenschaften bekannten onkogenen RNS-Viren gleichen. Die Entwicklung ist somit in vollem Flusse. Eine endgültige Aussage jedoch steht noch aus. Sie wird durch einen von TEMIN hervorgehobenen Zusammenhang erschwert: Mit einiger Wahrscheinlichkeit ist die Befähigung, RNS als Matrize für DNS-Synthese zu benutzen, mehr oder weniger Eigenschaft aller DNS-Polymerasen. Dieser Synthesemodus wäre dann nicht ausschließlich bei RNS-Viren vertreten. Dieser Autor möchte daher anstelle der Bezeichnung RNS-abhängige DNS-Polymerase oder gar umgekehrte Transkriptase lieber die Benennung „von der RNS gelenkte (directed) DNS-Polymerase" verwandt wissen. Er spricht darüber hinaus die Vermutung aus, daß solche Synthesen Bedeutung für die Zelldifferenzierung aufweisen könnten, in denen sie durch Vermehrung bestimmter RNS-Matrizen zur quantitativen Verstärkung von Genwirkungen beitragen.

RNS-abhängige DNS-Polymerase, die aus Vogel-Myoblastosis-RNS-Viren isoliert worden war, haben INDER und Mitarbeiter, sowie unabhängig davon, KACIAN und Mitarbeiter für eine interessante in vitro-Synthese verwendet. Als deren Matrize benutzten sie 10 S-RNS aus Kaninchen-Reticulocyten, welche fast ausschließlich aus Boten-RNS-Molekülen des Kaninchen-Globins besteht. Nach radioaktiver Markierung ließ sich bei Anwesenheit von Actinomycin D eindeutig die Entstehung von DNS nachweisen, welche zu 95% mit der RNS-Matrize hybridisierte. Die Untersuchungen zeigen einen neuen Weg für die Synthese ausgesuchter Genorte, deren Nucleotid-Sequenzen durch das Vorliegen homologer Boten-RNS zugängig sind. Sie machen es darüber hinaus möglich, maskierte Boten-RNS nachzuweisen.

D. *Protein-Moleküle als Genprodukte*

1. Molekülaufbau und Funktion

Proteine als das Ergebnis der Verwirklichung genetischer Erbinformationen lernten wir im vorstehenden kennen. Die Mechanismen, welche zur Übersetzung einer spezifischen Struktur des Erbträgers der DNS in einen ebenso bezeichnenden molekularen Aufbau bestimmter Eiweißmoleküle führen, haben uns dabei beschäftigt. Nun wollen wir nach Einzelheiten der molekularen Funktion solcher biologisch aktiver Eiweiße fragen und dabei gleichzeitig versuchen, Antworten auf diese Frage mit erbbiologischen Überlegungen zu verbinden. Auch hier soll wieder, den Denkweisen der Grundlagenforschung folgend, die Betrachtung jeweils eines bestimmten Einzelbeispieles Modellcharakter besitzen.

Drei Stoffklassen, deren Moleküle sich in Funktion, Größe und Aufbau stark voneinander unterscheiden, bilden das Baumaterial einer Zelle. Die Nucleinsäuren sind durch ihre Funktion als Träger der Vererbung und damit Bewahrer und Realisatoren des biologischen Gesamtplanes der Zelle hinreichend gekennzeichnet. Das Leben einer solchen Zelle ist ein ständiger Ablauf chemischer Reaktionen, der Auf- und Abbau spezifischer Moleküle. In diesem Intermediär- und Energiestoffwechsel werden zahlreiche Verbindungen umgesetzt, denen allen gemeinsam etwa an den Dimensionen eines Nucleinsäuremoleküls gemessen, eine recht kleine Molekülgröße ist. Zu ihnen tritt eine dritte Stoffklasse, die Proteine. Sie bauen als Strukturbilder den Zellkörper auf und können sogar die Eigenschaf-

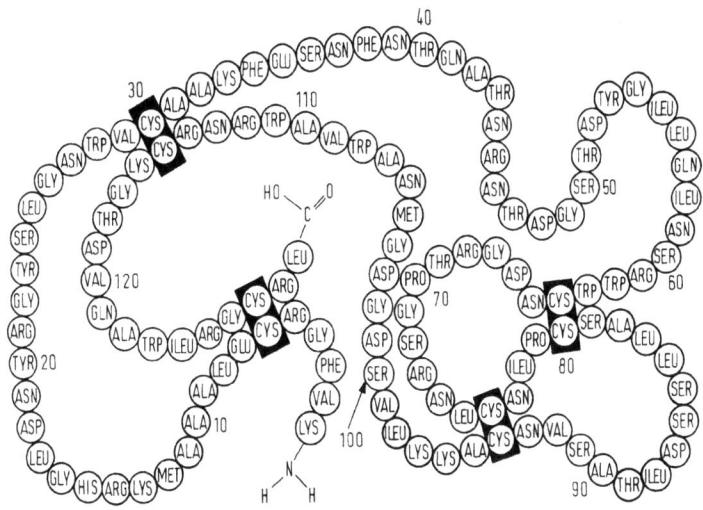

Abb. 178. Sequenz der Aminosäurereste des Lysozyms aus Hühnereiweiß. Die Cysteinreste sind als durch Disulfidbrücken miteinander verbunden gezeichnet. Nach CANFIELD und LIU aus BLAKE et al., 1965

ten recht robuster Stützsubstanzen zeigen. So bestehen beispielsweise Haare, Nägel und Klauen und auch der Knorpel aus Eiweißmolekülen. Ihre wichtigste Funktion für das, was wir mit tierischem oder pflanzlichem Leben bezeichnen, üben sie jedoch als Bio-Katalysatoren aus. Die den Stoff- und Energiewechsel kennzeichnenden chemischen Reaktionen würden ohne ihre Mithilfe nur in sehr, sehr langen Zeiträumen ablaufen und damit ohne biologischen Sinn sein. Wie aber können solche Proteine als Bio-Katalysatoren ihre Funktion erfüllen? Wir wollen dies an einem Beispiel kennenlernen.
Im vorstehenden wurde bereits mehrfach das Lysozym erwähnt. Seine enzymatische Aktivität besteht darin, Bakterienzellwände aufzulösen. Man findet es im Eiweiß des Hühnereies. Die Information über seine Struktur ist aber auch in der DNS der Phagen der T-Serie enthalten. Der Aufbau des Lsozym-Moleküls ist heute in allen Einzelheiten erforscht. Seine Polypeptidkette besteht aus 128 Aminosäureresten (Abb. 178). An vier Stellen sind jeweils zwischen zwei einander gegenüberliegenden Cysteinresten dieser Kette Disulfidbrücken ausgebildet.
Monotone Aufeinanderfolge der gleichen Bauelemente, die sich nur in Einzelheiten unterscheiden, ordnen sich gewöhnlich in Spiralform an. Ein Beispiel dafür haben wir bereits im Watson-Crick-Modell der DNS kennengelernt. Auch die Polypeptidkette eines Proteins folgt dieser Gesetzmäßigkeit. Der amerikanische Nobelpreisträger PAULING hat zusammen mit seinen Mitarbeitern bereits 1952 unter der Bezeichnung α-Helix (Abb. 179) das Modell einer solchen Protein-Sekundärstruktur beschrieben. Die unterschiedliche Größe der verschiedenen Aminosäuren sowie die Unterschiede ihrer Struktur stehen jedoch der Verwirklichung des Aufbaues dieser Strukturform im Wege. Im Molekül des Lysozyms bilden nur die Aminosäuren 5–15 und 24–34 helikale Strukturen, die der α-Helix sehr ähnlich sind. Dagegen sind Aminosäuren 41–45 und 50–54 so zueinander angeordnet (Abb. 180), daß sie zusammen mit den sie verbindenden Wasserstoffbrücken eine Ebene bilden. Die in ihr liegenden Peptidbindungen sind jeweils am α-Kohlenstoffatom eines jeden Aminosäurerestes wie um ein Scharnier leicht aus dieser Ebene herausgedreht. Dadurch entsteht eine Auf- und Abwärtsfaltung der Ebene, welche daher als Faltblattstruk-

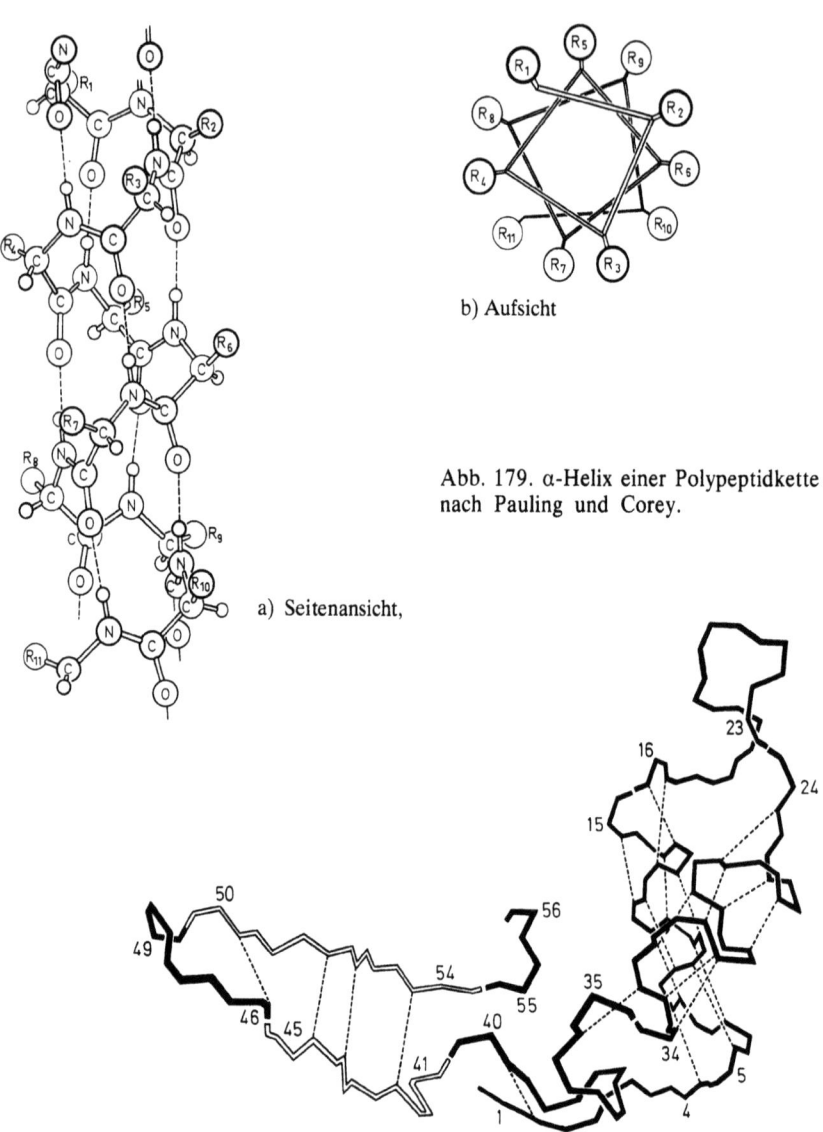

b) Aufsicht

Abb. 179. α-Helix einer Polypeptidkette nach Pauling und Corey.

a) Seitenansicht,

Abb. 180. Faltungsschema der ersten 56 Aminosäurereste des Lysozymmoleküls. Aus PHILLIPS 1966

tur (pleated sheet) bezeichnet wird und neben der α-Helix die zweite, weitverbreitete Sekundärstruktur der Proteine bildet (Abb. 181).
Unter Berücksichtigung der Primär- und Sekundärstruktur der Proteine sollten diese entweder stäbchen- oder scheibenartiges Gebilde sein. Bestimmungsmethoden, in welchen

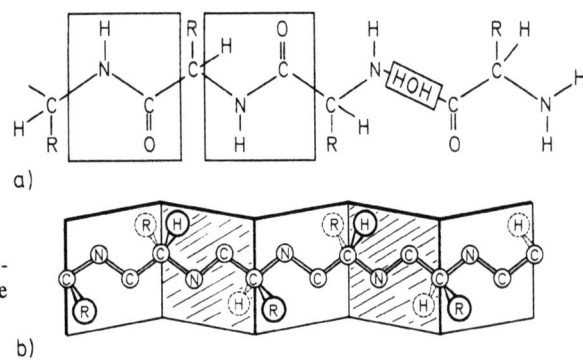

Abb. 181. Faltblattstruktur einer Polypeptidkette

die Molekülform eine Rolle spielt, zeigen jedoch, daß sie eher Kugelgestalt aufweisen. Diese entsteht durch die Tertiärstruktur. Das Proteinmolekül erweist sich dabei als dreidimensionales Gebilde, das nur in dieser Form seine Funktion auszuüben vermag. Die Tertiärstruktur der Moleküle eines bestimmten Proteins ist durch Faltung der Polypeptidkette im dreidimensionalen Raum und durch Festlegung dieser Faltungsstruktur mit Hilfe chemischer Bindungen und Wasserstoffbrücken für die betreffende Molekülart absolut kennzeichnend. Ein jedes ihrer vielen tausend Atome nimmt dabei einen ganz bestimmten Platz ein. Es gilt heute als sicher, daß die Tertiärstruktur eines bestimmten Eiweiß-Moleküls durch die für diese Molekülart bezeichnende Aminosäuresequenz hervorgerufen wird.

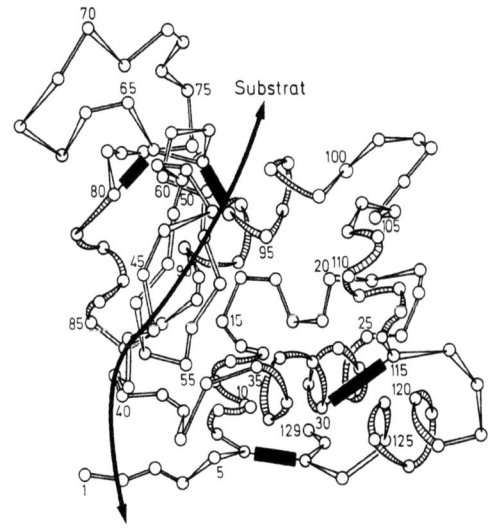

Abb. 182. Schematische Darstellung des Verlaufes der Hauptkette in der dreidimensionalen Struktur des Hühnereiweiß-Lysozyms. Rechteckige Blöcke = Disulfid-Brücken. Schraffierte Abschnitte = α-helikale Strukturen. Größe des ellipsoiden Moleküls $45 \times 30 \times 30$ Å. Die Lage der als Substrat dienenden Polysaccharidkette ist eingezeichnet. Nach BLAKE et al. 1965 ergänzt

Man nimmt an, daß bereits bei der Entstehung am Ribosom schrittweise die Faltung zur endgültigen Tertiärstruktur erfolgt.
Das Mittel diese Struktur zu erforschen ist die Röntgenstrukturanalyse. Sie ergibt nach Arbeiten von BLAKE und anderen für das Lysozym-Molekül annähernd ellipsiode Gestalt (Abb. 182). Dieses Ellipsoid zeigt an einer Seite eine Vertiefung, die wie ein Graben in der Mitte gelegen, das Molekül in Richtung der kürzeren Achse umgreift. Das Lysozym-Molekül ähnelt damit einer geöffneten Hand, welche bereit ist, einen für sie bestimmten Gegenstand entgegenzunehmen und festzuhalten. Welche Bewandtnis hat diese merkwürdige dreidimensionale Struktur nun wirklich? Um darauf eine Antwort geben zu können, müssen wir uns zunächst mit der enzymatischen Wirkung des Lysozyms beschäftigen. Seine Aufgabe ist der Abbau bakterieller Zellwände. Diese sind hauptsächlich aus Polysacchariden aufgebaut. Ein sehr häufig vorkommender Typ ist in Abb. 183 dargestellt. Seine Moleküle bestehen aus zwei verschiedenen Bausteinen, die in regelmäßigem Wechsel aufeinanderfolgen, und zu Ketten verknüpft sind, nämlich dem N-Acetyl-Glucosamin (NAG) und der N-Acetyl-Muraminsäure (NAM). Wird diese Kette aufgebrochen, so ist damit der Abbau der Zellwand eingeleitet.
Es läßt sich leicht nachweisen, daß Lysozym-Moleküle Polysaccharide von der oben beschriebenen Bauart zu binden vermögen. Die Röntgenstrukturanalyse solcher Enzym-Polysaccharid-Komplexe gibt Auskunft darüber, auf welche Art dies geschieht. Sie zeigen, daß in die obere Hälfte des bei der Besprechung der Tertiärstruktur des Lysozyms beschriebenen Grabens genau drei Bausteine (A, B und C) des Polysaccharids passen. Sie werden dort mit 6 Wasserstoffbrücken fest an das Proteinmolekül gebunden. Hinzu kommen noch einige nicht-polare Bindungen unter deren Einfluß sich der links des Grabens gelegene Teil des Enzymmoleküls sogar geringförmig verbiegt. Versuche zeigten weiter, daß ein aus drei NAG-Bausteinen bestehender Komplex vom Lysozym-Molekül festgehalten wird und dann dessen Fähigkeit größere Bausteinsequenzen abzubauen, blockiert. Die beschriebene feste Bindung dreier Zuckerbausteine durch die obere Hälfte des Grabens muß daher als der erste Schritt des Abbaues des Gesamtmoleküls angesehen werden.

Als Substrat benötigt das Lysozym eine Kette von mindestens 6 Zuckerbausteinen, die durch Glykosidbindung (Abb. 183) miteinander verknüpft sind. Die Festlegung der ersten drei Ringe A, B und C im Enzymmolekül haben wir bereits besprochen. D, E und F passen dann in den unteren Teil des Grabens, wenn die Konfiguration des Ringes D leicht verändert wird. Normalerweise liegt sie als „Sessel"-Form vor (Abb. 184). Als erster Schritt des beginnenden Abbaues eines Polysaccharids dieses Typs nimmt Ring D die in Abb. 184 gezeigte, veränderte Form ein. Dadurch entstehen sicher Spannungen innerhalb des Ringes. Die weiterem Schritte führen zum Aufbrechen der Glykosidbindung zwischen Ring D und E. Abb. 185 zeigt die dabei vor sich gehenden Reaktionsschritte:

Der in Position 35 gelegene Glutaminsäurerest gibt sein terminales Wasserstoffatom als Ion an das glykosidische Sauerstoffatom ab. Die Glykosidbindung zwischen Ring D und E wird dadurch gelöst. Dabei entsteht ein positiv geladenes Carboniumion (C^+) in Ring D. Es wird durch Wechselwirkung mit der negativ geladenen Seitenkette der in Position 52 stehenden Asparaginsäure stabilisiert, bis es sich mit einem OH-Ion, welches durch Zerfall eines Wasserstoffmoleküls entsteht, verbinden kann. Die Glutaminsäure in Position 35 nimmt dann ihrerseits das dabei gleichfalls entstandene H-Ion auf. Als Abschluß dieser Reaktionskette verläßt das Lysozym-Molekül den Reaktionsort und ist bereit, nach Adsorption eine andere Polysaccharidkette der Zellwand erneut deren Zerbrechen durchzuführen.

Welche Antworten erlaubt diese Kenntnis der Verbindung von Tertiärstruktur und Reaktionsweise eines spezfischen Enzymmoleküls auf unsere oben gestellten Fragen nach einer Verbindung zwischen Funktion der Moleküle und Erbgeschehen? Eines können wir mit Sicherheit feststellen. Die ganz spezifische Wirkung eines bestimmten Enzyms

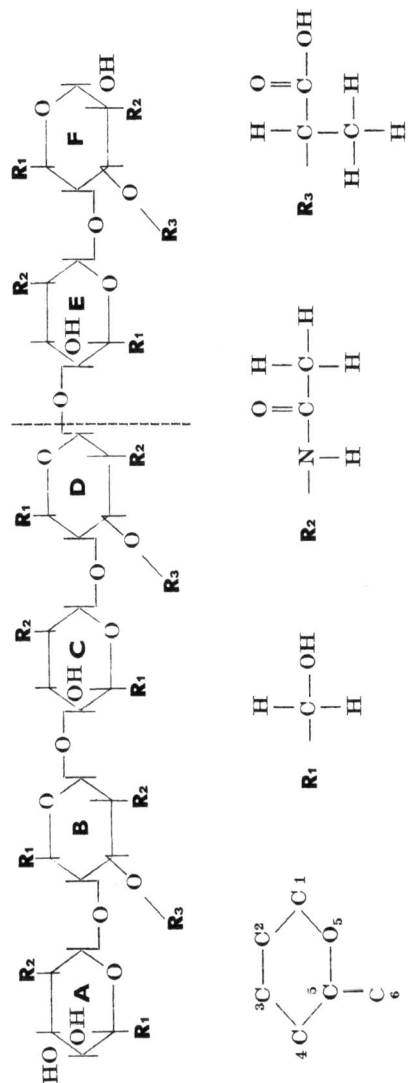

Abb. 183. Aufbau des Polysaccharidmoleküls der bakteriellen Zellwand, welches dem Lysozym als Substrat dient. Aus Phillips, 1966

entsteht durch seine Raumstruktur. Sie sorgt einerseits für eine ausreichend starke Bindung des betreffenden Substrats. Gleichzeitig führt sie aber auch eine räumliche Orientierung der Molekularstruktur des Substrats zu den reagierenden Gruppen des Enzymmoleküls herbei. Die Tertiärstruktur des Enzymmoleküls ist damit für die spezifisch-enzymatische Reaktion verantwortlich, ein Zusammenhang von eminenter genetischer Bedeutung, denn vergessen wir nicht, daß diese Tertiärstruktur ausschließlich durch die Aminosäuresequenz des Polypeptids hervorgerufen wird. Diese aber entsteht unter Genkontrolle als Übersetzung einer unverwechselbaren Aufeinanderfolge von Mononucleotiden der DNS.

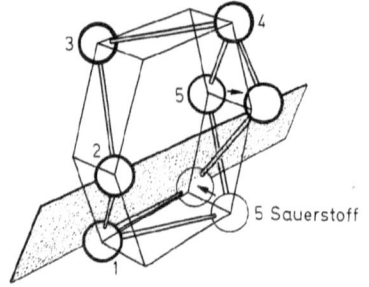

Abb. 184. Sesselkonfiguration als Normalform eines Ringes aus einem Aminozucker im Gegensatz zur Verbiegung (Pfeilrichtung) dieses Ringes unter dem Einfluß des Lysozyms. Nach PHILLIPS, 1966

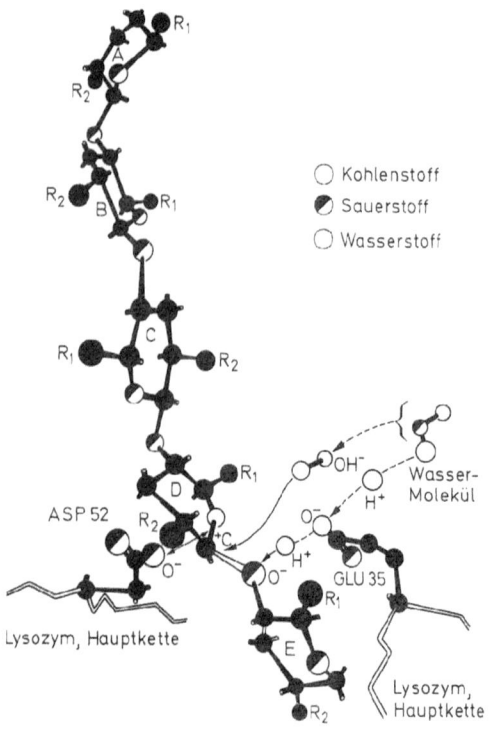

Abb. 185. Die einzelnen vom Lysozym katalysierten Reaktionsschritte zur Sprengung der Bindung zwischen Ring D und E des Polysaccharids der Abb. 183. Nach PHILLIPS 1966

2. Die Homologie von Häm-Proteinen

Enzymmoleküle sind im Verlaufe der Evolution wahrscheinlich in Form primitiver Vorstufen entstanden und durch sie bis zur heutigen Gestalt geformt worden. Das ständige Zusammenwirken von spontan und ungerichtet vor sich gehenden Mutationen in demjenigen Genort, welcher die Strukturinformation eines solchen Enzyms beherbergte, sorgte zusammen mit den selektierenden Einwirkungen der jeweiligen Umwelt, für eine Vervollkommnung ihrer Funktionsfähigkeit. Im vorstehenden haben wir abgeleitet, daß die qualitative und quantitative Wirksamkeit eines Enzyms an die spezifische Raumstruktur seiner Moleküle gebunden ist. Diese wiederum erweist sich einzig und allein als Folge der spezifischen Aminosäuresequenz des Polypeptids, welches seine Moleküle aufbaut. Häufig bilden dabei mehrere gleiche oder verschiedene Polypeptidketten ein einziges Enzymmolekül. Im letzteren Falle sind dann mehrere Genorte Träger der Strukturinformation eines solchen zusammengesetzten Enzym-Moleküls. Die Ein-Gen-ein-Enzym-Hypothese lautet dann präziser formuliert: Ein-Gen (oder auch Cistron)-ein-Polypeptid-Hypothese. Wenn nun die Funktion der Enzyme und damit die Raumstruktur ihrer Moleküle im Laufe der Evolution Gegenstand der Selektion waren, wie ging diese dann vor sich? Führte sie dazu, nach einer Phase des Herumprobierens mit dem Erreichen hochspezifischer, sehr aktiver Enzymtypen möglichst starr deren Aminosäuresequenzen beizubehalten? Die Folge wäre dann automatisch ein Konservieren der molekularen Tertiärstrukturen und damit der Funktionsfähigkeit gewesen. Oder behielt sie die Raumstruktur der Moleküle einer bestimmten Enzymart bei, während durch Muation bedingt, Aminosäureaustausche immer dann toleriert wurden, wenn dadurch die Tertiärstruktur des Moleküls keine tiefgreifenden Änderungen erfuhr?

2.1 Hämoglobine

Der experimentierende Forscher induziert an Mikroorganismen Mangelmutanten. Sie zeigen den Funktionsausfall eines bestimmten Enzyms, der nachgewiesenermaßen bereits durch die Änderung einer einzigen Aminosäure der Polypeptidkette hervorgerufen werden kann. Wie soll dann im Verlaufe der Evolution die Veränderung zahlreicher Aminosäuren eines solchen Moleküls toleriert worden sein? Beide Aussagen bilden scheinbar einen Widerspruch. Wie ist er zu lösen? Zur Isolierung von Mangelmutanten werden diese ja unter Bedingungen gebracht, die sie begünstigen. Sie unterliegen damit einer positiven Selektion: Nachdem in solchen Versuchen Wildtypzellen einer mutagenen Wirkung ausgesetzt wurden, die in unserem angenommenen speziellen Fall zur Basenänderung führen soll, werden nur diejenigen Zellen ausgelesen, welche nach einigen Zellgenerationen einen klar umrissenen Syntheseausfall erkennen lassen. Völlig unentdeckt dagegen bleiben solche, die durch Änderung ihrer genetischen Information ein Enzym mit einer vom Wildtyp abweichenden Aminosäuresequenz synthetisieren ohne daß dadurch die Aktivität der Moleküle dieses Enzyms merklich verringert wird. Die beiden oben gemachten Feststellungen: Ausfall der Enzymwirkung nach Änderung einer Base und die Möglichkeit der schrittweisen Veränderung zahlreicher Aminosäuren eines Enzyms bei gleichbleibender oder sogar verbesserter Wirkung im Laufe der Evolution sind somit durchaus vereinbar. Die Ursache des Auftretens von Beispielen für beide Möglichkeiten ist vielmehr Folge zweier, einander entgegengesetzter Selektionsziele. Bedeutet dies gleichzeitig auch, daß beide Möglichkeiten im Laufe der Evolution verwirklicht wurden und werden?
Über den erstgenannten Fall des Ausfalles oder der drastischen Verringerung einer Enzymwirkung als Folge der genetisch bedingten Änderung einer einzigen Aminosäure brauchen wir uns nicht mehr zu unterhalten. Sie ist experimentell an Mikroorganismen unzählige Male nachgewiesen, fand und findet aber auch spontan an diesen und anderen höheren Lebewesen statt. Die meisten Enzympathologien, auch des Menschen, gehen sehr wahrscheinlich zu einem erheblichen Prozentsatz auf ihr Konto. Die zahlreichen Letalmutatio-

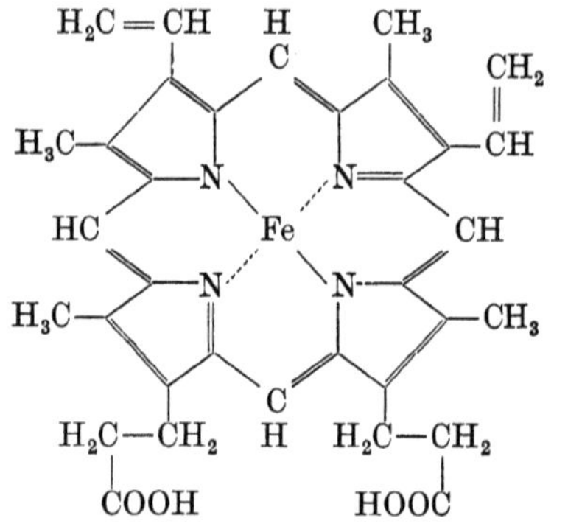

Abb. 186. Strukturformel der Häm-Gruppe eines Hämoglobins

nen, welche etwa 20% aller menschlichen Spermien aufweisen, dürften ebenfalls zu einem hohen Anteil durch sie verursacht sein. Gibt es jedoch Beispiele für eine weitgehende Änderung der Aminosäuresequenz eines Enzyms während gleichzeitig seine Raumstruktur beibehalten wird und die Wirksamkeit gleichbleibt oder sich gar steigert?

Die seit etwa einem Jahrzehnt sehr erfolgreich durchgeführte Analyse der Primär-, Sekundär- und Tertiärstruktur der Hämproteine vermag uns diese Frage zu beantworten. Bekannte, zu dieser Gruppe gehörende Eiweißkörper, mit deren Existenz auch der Laie vertraut ist, sind das Myoglobin und die Hämoglobine. Das erstere färbt Muskelfleisch rot, die letzteren verleihen dem Blut die charakteristische Farbe. Ihre Aufgabe besteht in der Aufnahme, der Speicherung, dem Transport und der Abgabe von Sauerstoff.

Das Myoglobin liefert dabei den für die Muskelarbeit wichtigen Sauerstoff, die Hämoglobine beladen sich in der Lunge mit diesem Gas und transportieren es im Blutkreislauf an den Ort des Verbrauches um es dort gegen Kohlendioxid (CO_2) auszutauschen. Letzteres wird dann zur Lunge gebracht und verläßt von dort beim Ausatmen den Körper. Dieser Vorgang der Aufnahme des Sauerstoffs, sein Tausch gegen CO_2 und schließlich wieder dessen Abgabe bei erneuter Aufnahme von Sauerstoff vollzieht sich an der prostetischen Gruppe der Hämoglobine, dem Häm (Abb. 186). Es ist die färbende Komponente des Hämoglobins. Der Chemiker zählt das Häm zur Gruppe der Porphyrine. Im Zentrum seines Moleküls steht ein Eisen-Atom (Fe), als der eigentliche reagierende Bestandteil.

Das Porphyrin ist bei allen Hämoglobinen gleich und macht nur etwa 2% des gesamten Molekulargewichtes aus. Die übrigen 98% werden von Eiweißen gebildet, die für jedes Hämprotein artspezifisch sind. Ihre Aufgabe wird uns aus den am Lysozym abgeleiteten Zusammenhängen ohne weiteres verständlich: Um optimale Reaktionsfähigkeit zu erreichen, muß die Hämgruppe in eine bestimmte räumliche Beziehung zu dem mit ihr reagierenden Sauerstoff gebracht werden. Das Eisen-Atom, der eigentliche reagierende Anteil der Häm-Gruppe, vermag sich bereits von dieser isoliert mit Sauerstoff zu verbinden.

Das weiß ein jeder, der schon einmal mit verrostetem Eisen zu tun gehabt hat. Denn dieses ist ja nichts anderes, als eine Sauerstoffverbindung, eben dieses Eisens. In die Hämgruppe eingebaut, vervielfacht sich die Geschwindigkeit der Reaktion des Eisens mit Sauerstoff. Die abermalige stärkere Geschwindigkeitserhöhung der Sauerstoffaufnahme- und -abgabe findet statt, wenn diese Hämgruppe Teil eines Hämoglobinmoleküls ist. Eines der Selektionsziele im Verlaufe der Evolution der Hämproteine muß damit die Herausbildung derjenigen molekularen Raumstruktur in Form einer gefalteten Polypeptidkette gewesen sein, welche optimal die räumliche Vereinigung von Häm, Eisen und Sauerstoff ermöglicht.

Das Globin des Myoglobins besteht aus einer einzigen solchen Polypeptidkette, deren

Primärstruktur sich linear aus 153 Aminosäureresten aufbaut. Es besitzt ein Molekulargewicht von rund 16000. Der Proteinanteil der Hämoglobine der Säugetiere und damit auch des Menschen zeigt uns ein zusätzliches Strukturmerkmal.
In ihm sind vier Polypeptidketten, deren jede der einzigen des Myoglobins vergleichbar ist, zu einer Überstruktur vereinigt, welche daher auch vier Porphyrine mit jeweils einem zentralen Fe-Atom beherbergt. Die Funktionsfähigkeit, nicht nur gemessen an der Zahl der Umsetzung je Zeiteinheit, steigt dabei und zwar nicht einmal nur additiv an, sondern auf das vielfache. Im Hämoglobin des erwachsenen Säugers sind jeweils zwei der vier Polypeptidketten identisch. Sie werden mit α und β bezeichnet. Die Bruttoformel für das Globin des Hämoglobins im erwachsenen Menschen lautet daher: $\alpha_2 \beta_2$. Diese beiden Kettentypen sind nicht die einzigen, welche im Humanhämoglobin gefunden werden. In den ersten Wochen des embryonalen Wachstums tritt (Abb. 187) ein Prähämoglobin auf, das sich aus zwei α- und zwei ε-Ketten zusammensetzt ($\alpha_2 \varepsilon_2$). Noch im Fötus wird die Produktion der ε-Ketten eingestellt. An ihre Stelle treten zwei γ-Ketten. Dieses

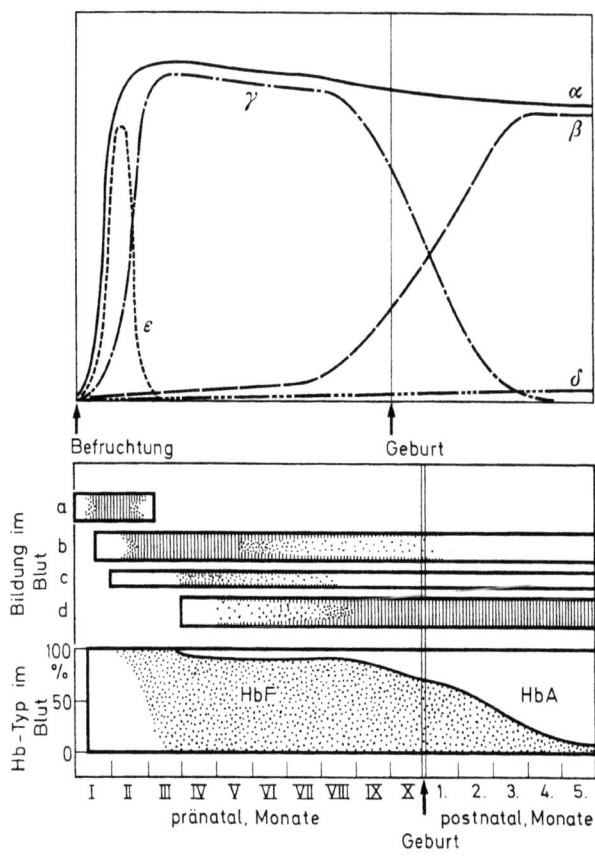

Abb. 187. Die Ontogenie der menschlichen Hämoglobine: oben: relativer Anteil an der Produktion der einzelnen Polypeptidketten während verschiedener Zeiten der menschlichen Individualentwicklung. unten: morphologische Interpretation. a = Dottersack, b = Leber, c = Milz, d = Knochenmark. Aus BRAUNITZER 1967

Fötal-Hämoglobin $\alpha_2\,\gamma_2$ verschwindet erst einige Zeit nach der Geburt und macht dem $\alpha_2\,\beta_2$-Typ Platz, der sich dann auch im erwachsenen Menschen findet.
Die Aminosäuresequenz all dieser Polypeptidketten mit Einschluß des Myoglobins ist bekannt. Ihre Analyse erfolgte durch enzymatischen Abbau der Gesamtkette in kürzere Oligonucleotide. Das dabei jeweils verwendete, abbauende Enzym wies stets eine spezifische Reaktionsfähigkeit dadurch auf, daß es die Polypeptid-Bindungen zwischen ganz bestimmten Aminosäureresten der Polypeptidkette trennte. Dadurch entstehen beim Abbau eines bestimmten Proteins und Anwendung eines derartigen Enzyms wie etwa des Trypsins in reproduzierbarer Weise eine Anzahl ganz bestimmter Oligonucleotide. Ihre Aminsäuresequenz läßt sich feststellen. Die Verwendung mehrerer verschiedener abbauender Enzyme führt zu Oligopeptiden mit Überlappungsstellen. Deren Benutzung erlaubt schließlich die Rekonstruktion der gesamten Aminosäuresequenz der Polypeptidkette. Der Vergleich (Abb. 188) der Aminosäuresequenz der α-, β- und γ-Ketten des Human-Hämoglobins sowie des menschlichen Myoglobins ergibt interessante Einzelheiten zur Beantwortung unserer oben gestellten Frage. Mit weit überstatistischer Wahrscheinlichkeit finden sich in der gleichen Position der jeweiligen Polypeptidkette dieselben Aminosäurereste. Um zu einem solchen Ergebnis zu gelangen muß allerdings ein weiterer Zusammenhang beobachtet werden. Der Vergleich der Polypeptidketten mit dem Ziele der Auffindung von Positionen mit gleicher Aminosäure-Besetzung führt zwingend zu der Feststellung, daß in jeder – von Fall zu Fall an anderer Stelle – bestimmte Aminosäuresequenzen fehlen. Zu welchen Folgerungen führen diese Ergebnisse einer vergleichenden Betrachtung?

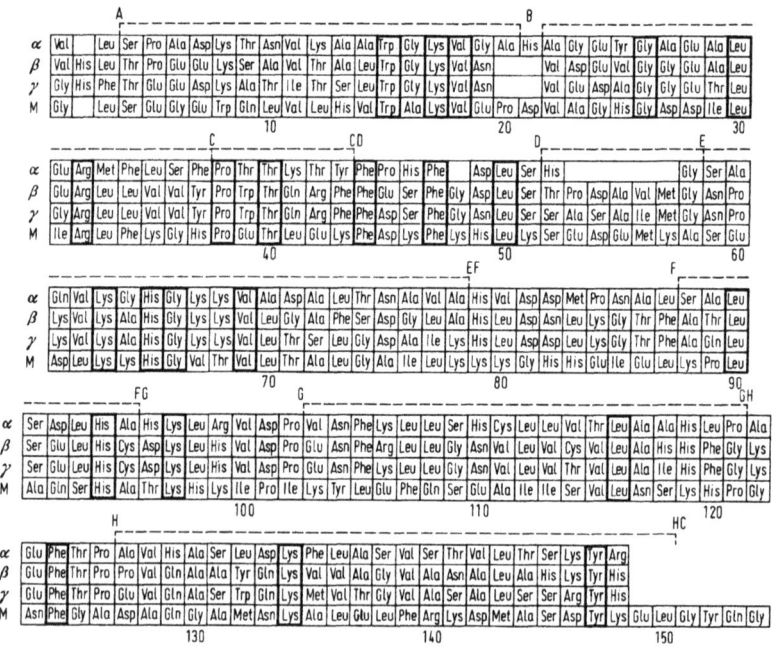

Abb. 188. Homologe Gegenüberstellung der Sequenz der Aminosäurereste der α-, β- und γ-Ketten der menschlichen Hämoglobine und des menschlichen Myoglobins. Aus BRAUNITZER 1967

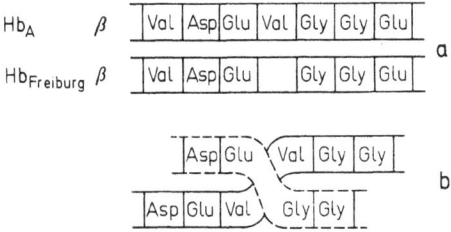

Abb. 189. a) Unterschiede der β-Ketten von Normalhämoglobin (HbA) und Hb-Freiburg, in welchem die Position 23 fehlt. b) Deutung des Entstehungsmechanismus als Deletion nach ungleichem rekombinativen Austausch. Aus BRAUNITZER 1967

Die weit über das Ausmaß einer zufälligen Übereinstimmung gehenden Homologie der 4 Polypeptidketten, das überstatistisch häufige Auftreten der gleichen Aminosäurereste in gleichen Positionen kann nur als Beweis dafür gewertet werden, daß alle vier Ketten sich voneinander oder von einer gemeinsamen Vorstufe ableiten. Das Fehlen ganzer Aminosäuresequenzen, welche jeweils in einer oder mehreren anderen Ketten vorhanden sind, zeigt, daß in den diese Sequenzen codierenden Genen Deletionen auftraten, Stückverluste von Mononucleotid-Sequenzen, welche die nun fehlenden Aminosäuren codierten. Eine Möglichkeit für die Entstehung solcher Sequenzverluste hat schon die klassische genetische Forschung wahrscheinlich gemacht. Ihre Interpretation in der Terminologie der Molekulargenetik würde lauten: Nach ungleicher Rekombination zwischen homologen DNS-Abschnitten wird der eine der Rekombinationspartner eine Verdoppelung einer Nucleotid-Sequenz, der andere den Verlust dieser Sequenz aufweisen. In unseren Tagen ist ein solcher Verlust direkt nachgewiesen und seine Entstehung auf die jüngste Vergangenheit zurückgeführt worden. Von BETHKE wurde in Freiburg ein Patient untersucht, dessen β-Hämoglobin-Kette der in Position 25 liegende Valinrest fehlte. Die molekulare Deutung des Mechanismus der Entstehung dieser Deletion durch ungleiche Rekombination ist in Abb. 189 dargestellt. Die Anamnese (Abb. 190) der Familie des Patienten beweist,

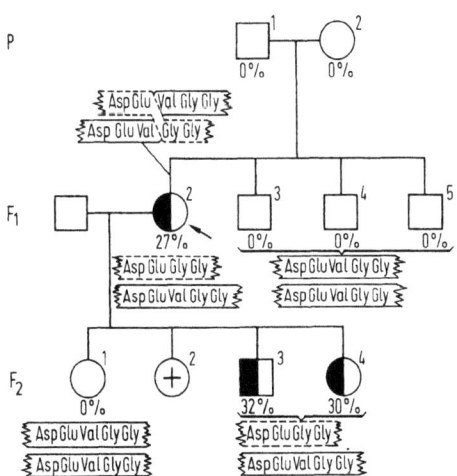

Abb. 190.
Die Anamnese der Familie, in welcher das Hb-Freiburg nachgewiesen wurde.
Aus JONES et al., 1966
Mirlach

daß die β-Globin-Veränderung zum ersten Male in der Parentalgeneration des Patienten als Folge einer Mutation aufgetreten sein muß.
Trotz ihrer unbestreibaren Homologie weisen die Aminosäuresequenzen von α-, β- und γ-Kette sowie des Myoglobins doch ganz erhebliche Unterschiede auf (Abb. 188): In den gleichen Positionen besitzen

α, β, γ M	22 gleiche Aminosäurereste
α, β, M	25 gleiche Aminosäurereste
α, β, γ	56 gleiche Aminosäurereste
α, β	64 gleiche Aminosäurereste
α, γ	58 gleiche Aminosäurereste
β, γ	107 gleiche Aminosäurereste

Vergleicht man die Aminosäuresequenz der Hämoglobine aller bisher untersuchten Wirbeltiere mit denen des menschlichen α- und β-Globins (Abb. 191) dann findet man sogar nur noch 8 gleiche Aminosäurereste in derselben Position. Dennoch besitzen diese Globine alle dieselbe Funktion, die drastische Erhöhung der Reaktionsfähigkeit des zentralen Fe-Atoms im Häm-Porphyrin mit Sauerstoff. Ist damit gleichzeitig ausgesagt, daß trotz der beträchtlichen Unterschiedlichkeit der Aminosäuresequenzen die diese Funktion bedingende Tertiärstruktur aller dieser Polypeptidketten die gleiche geblieben ist?

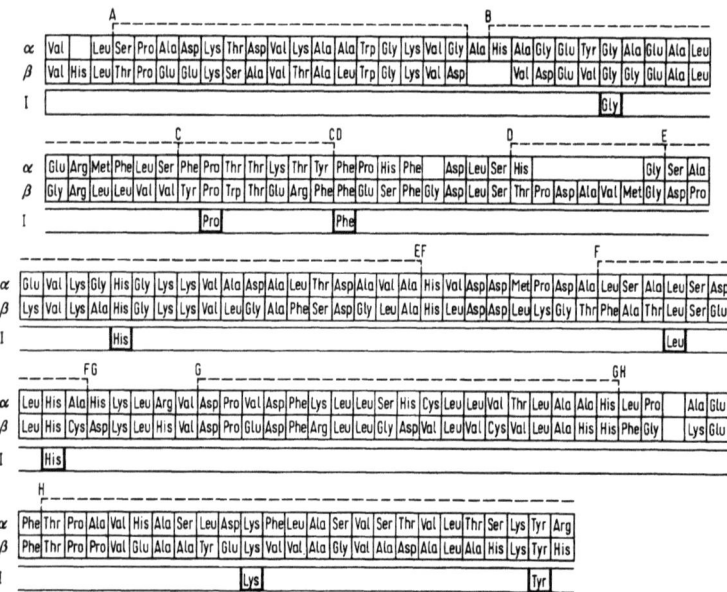

Abb. 191. Die invarianten Aminosäurereste der Hämoglobine der Vertebraten. Aus BRAUNITZER 1967

Für das α- und β-Globin sowie das Myoglobin liegen Raumstrukturbeschreibungen, welche auf Röntgenstrukturanalysen beruhen, vor. Sie sind ausreichend genau, um diese Frage zu beantworten. Trotz der aus der obigen Aufstellung hervorgehenden erheblichen Unterschiedlichkeit der Aminosäuresequenzen ähneln sich die Raumstrukturen der 3 Polypeptidketten zum Verwechseln: Ihre Tertiärstrukturen sind bis auf geringe Unterschiede identisch (Abb. 192). Dieser Zusammenhang erlaubt nur eine einzige Interpretation: Bereits das

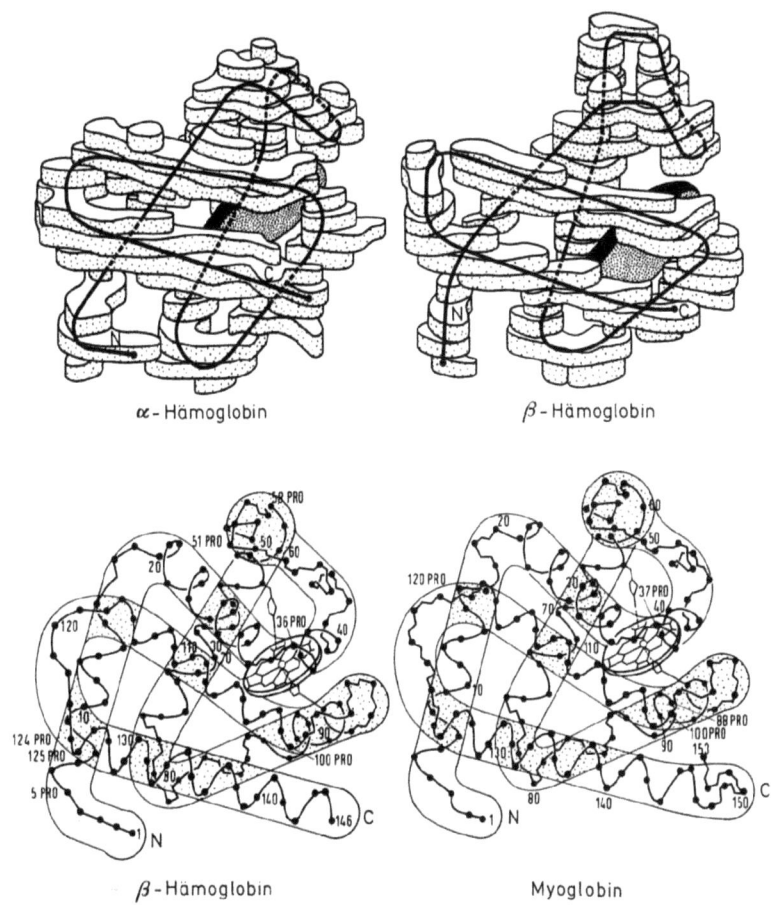

Abb. 192. Dreidimensionales Modell der α- und β-Kette des Hämoglobins (oben). Raumstruktur der β-Kette und des Myoglobins (unten). Aus PERUTZ 1964

Myoglobin-Polypeptid weist eine Raumstruktur auf, welche sich im Verlauf der bis zu seinem Auftreten stattgefundenen Evolution als optimale Lösung eines der Sauerstoffübertragung dienenden, ein Eisenporphyrin als prosthetische Gruppe tragenden Proteins erwiesen hatte. Eine weitere Steigerung dieser hohen Funktionsfähigkeit durch grobe Veränderung der Raumstruktur war daher nicht möglich. Die Selektion eines derartigen Eiweißkörpers erfolgte und erfolgt auf der Ebene der Prüfung seiner Funktionsfähigkeit. Diese aber wird, vom Angriffspunkte der Selektion aus gesehen, primär durch die Tertiärstruktur bestimmt. Erst in zweiter Linie ist in diesem Zusammenhang von Wichtigkeit, daß der Weg zur Erzeugung dieser Struktur die Verwirklichung einer bestimmten Aminosäuresequenz ist. *Einer* Aminosäuresequenz? Das vorliegende Beispiel zeigt, daß dem Wort „einer" nicht die „Bedeutung" ausschließlich einer „einzigen" zukommt. Auftretende Mutationen wurden und werden im Verlaufe einer solchen Evolution immer dann toleriert,

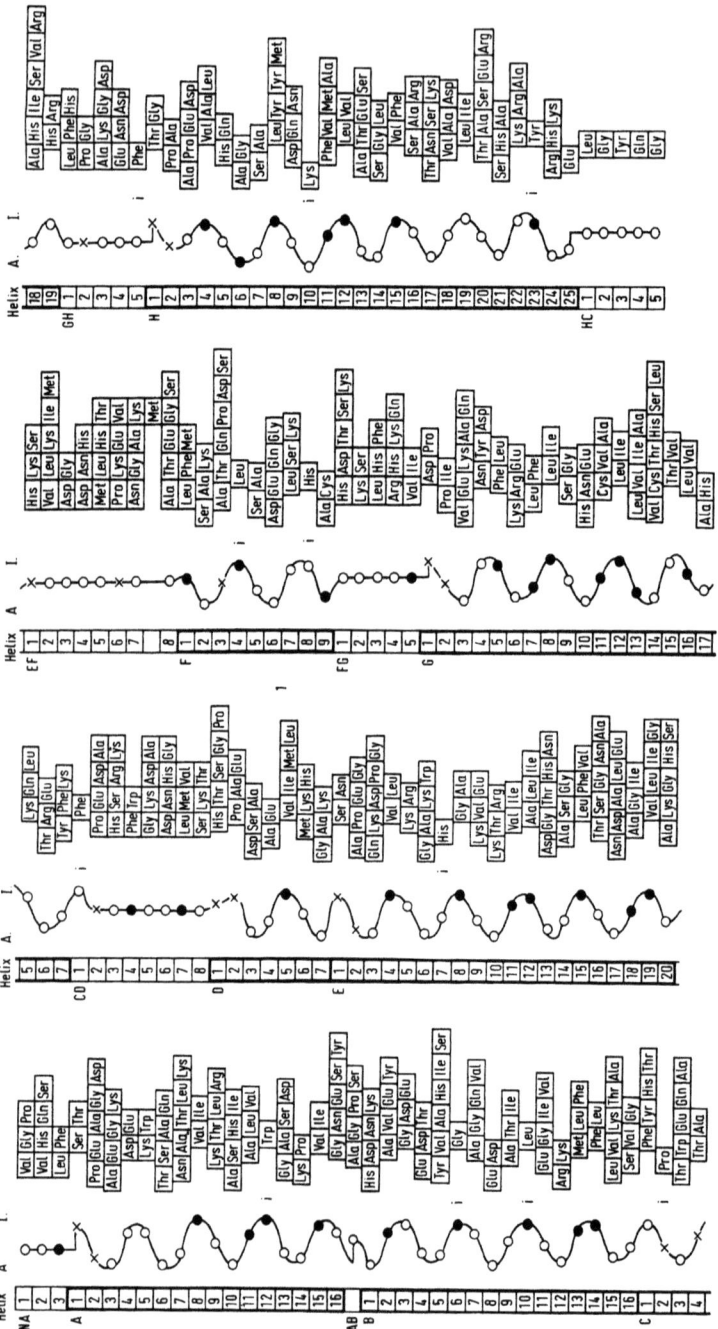

Abb. 193. Vergleich der primären, sekundären und tertiären Strukturen einiger Hämoglobine und Myoglobine. Links ist KENDREWS Nomenklatur für das Myoglobin bei 2 Å Auflösung. A ... H bezeichnet die einzelnen helicalen Segmente, CD ... EF ... interhelicale Bereiche (Ecken). NA = nicht-helicaler Anfang, HC = nicht-helicales Ende der Peptidkette. Das PERUTZ-KENDREW-WATSONSCHE 3,6 Periodenschema wurde danebengestellt. Links (A) ragen die Peptidseitenketten nach außen, rechts (I) in das Innere des räumlichen Moleküls. Die schwarzen Punkte geben unpolare Seitenketten wieder, die nach dem Molekülinneren gerichtet sind. Kreuze bezeichnen Proline oder Kombinationen von Prolin-Serin-Threonin, Asparaginsäure oder Asparagin. Alle übrigen Reste sind durch einen weißen Kreis gekennzeichnet. Rechts: Aminosäuresubstitutionen, wie sie in der Vertrebratenreihe in den einzelnen Peptidketten in derselben Position gefunden wurden. Berücksichtigt sind nur Peptidketten, deren Konstitution voll bekannt ist

wenn der dadurch hervorgerufene Aminosäureaustausch keine wesentlichen Änderungen der in vielen Millionen von Jahren entwickelten und erprobten Tertiärstruktur mit sich bringt. Welcher Umfang der Sequenzänderung dabei hingenommen wird, zeigt die relativ geringe Zahl der unveränderlichen Reste in den Hämoglobinen aller bisher untersuchten Vertebraten (Abb. 191).

PERUTZ, KENDREW und WATSON haben diese Zusammenhänge zum Gegenstand einer Untersuchung gemacht, mit dem Ziele, Gesetzmäßigkeiten des Zusammenhanges zwischen Tertiärstruktur und Aminosäuresequenz einer Polypeptidkette aufzufinden. Sie gingen dabei davon aus, daß sich die Aminosäurereste (Abb. 193) einer Polypeptidkette in polare und unpolare einteilen lassen. Die letzteren zeigen kein neutrales Verhalten sondern weisen vielmehr, hervorgerufen durch ihren molekularen Aufbau, freie Ladungen auf. Die vergleichende Untersuchung der Hämoglobine ergab nun, daß im Inneren des kompakt aufgebauten Moleküls keine polaren Aminosäurereste vorkommen. In 30 der rund 140 Positionen konnten bei allen Hämoglobinen ausschließlich unpolare Aminosäurereste nachgewiesen werden. Innerhalb der α-helicalen Abschnitte treten diese stets unpolaren Aminosäurepositionen in einem durchschnittlichen, regelmäßigen Abstand von 3,6 Aminosäureresten auf (Abb. 193). Dadurch wird die gesamte, nach innen gerichtete Seite einer solchen α-Helix unpolar. Anders dagegen bei den nach außen gerichteten Resten. Dort können ohne tiefgreifende Veränderung der Tertiärstruktur polare gegen nicht-polare Aminosäurereste ausgetauscht werden und umgekehrt. Diese Positionen sind damit bevorzugt die Orte tolerierbarer, durch Mutationen ausgelöster Sequenzänderungen. Eine besondere Funktion scheint dem Prolin zuzukommen. Seine Reste finden sich häufig an den Enden helicaler Abschnitte (Abb. 194) oder in nicht-helical aufgebauten Regionen. In den übrigen Sequenzbezirken läßt ihr Vorkommen keine Regelmäßigkeit erkennen. Häufig tritt Serin, Threonin, Asparaginsäure oder Asparagin als erster Rest am ehemaligen NH_2-Ende des helicalen Bezirkes auf und wird dann von Prolin gefolgt.

2.2 Cytochrom c

Auch das Cytochrom c ist ein Häm-Protein. Es gehört, wie bei der Darstellung der Aufgabe der Mitochondrien ausgeführt wurde, zu den Proteinen der Atmungskette (Abb. 173), welche die zur oxydativen Phosphorylierung notwendige Energie liefert. Cytochrom c kommt in den Zellen aller Lebewesen, welche Mitochondrien beherbergen, also in allen Eukaryonten vor. Die Gestalt seines Moleküls erinnert an die des Lysozyms: Annähernde Kugelform, welche durch Einfurchung einer halbgeöffneten Faust ähnelt. Die Anzahl seiner Aminosäurereste ist um rund ein Drittel geringer als die eines Hämoglobins. Das Molekül des Wirbeltier-Cytochroms c setzt sich aus 104 solcher Reste zusammen. Sie bilden die Sequenz einer einzigen Polypeptidkette, deren Anfang bei Insekten und Pflanzen bis zu neun weitere Aminosäurereste vorangestellt sein können (Tab. 12). Das

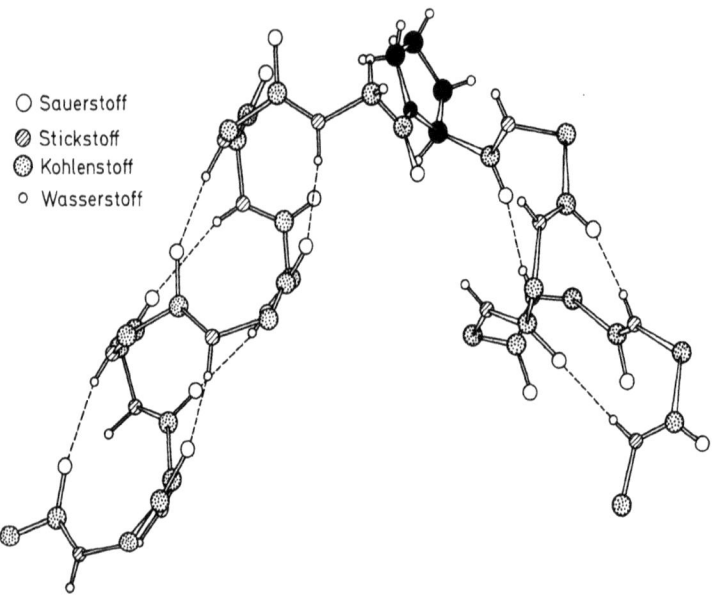

○ Sauerstoff
◎ Stickstoff
⊙ Kohlenstoff
o Wasserstoff

Abb. 194. Winkelbildung in der Hauptkette des Hämoglobinmoleküls bei Trennung zweier helicaler Bereiche durch einen Prolinrest. Aus PERUTZ 1964

Cytochrom c ist damit ein relativ kleines Protein-Molekül. Seine Aufgabenstellung dagegen erweist sich im Vergleich zu dem eines Hämoglobins als umfangreicher. Es ist Teil einer übergeordneten Struktur, einer Kette in ihrer Funktion hintereinandergeschalteter Enzyme, welche den Elektronenfluß von O_2 zum Ubichinon vermitteln und gleichzeitig dabei Energie für die oxidative Phosphorylierung freimachen. Seine Molekularstruktur muß daher einerseits diese enge Verbindung zu den nach beiden Seiten der Funktionskette benachbarten Enzymen, seiner Oxydase und Reduktase ermöglichen, deren Moleküle größer sind als es selbst. Andererseits wird seine Molekularstruktur, wie die des Hämoglobins, durch die an der Häm-Gruppe sich abspielende, enzymatisch katalysierte Reaktion geprägt. Rund 155 Aminosäurereste bauen beim Hämoglobin ein Molekül auf, welches ausschließlich die letztgenannte Aufgabe besitzt, eine Häm-Gruppe zu optimaler Wirksamkeit zu bringen. 104 bis 112 solcher Reste müssen im Cytochrom c dazu ausreichen, noch zusätzliche molekulare Strukturen zu schaffen, welche die Verbindung zu den Nachbarenzymen der Atmungskette sicherstellen. Mit einem Minimum an Baumaterial wird somit ein Maximum an Wirkung erzielt. Indifferente Stellen im Sinne eines die Funktion kaum beeinflussenden Füllmaterials dürften in einem solchen Molekül kaum mehr vorhanden sein. Im Vergleich zum Hämoglobin sollte daher die Aminosäuresequenz des Cytochroms c als Mittel zur Erzeugung der für seine Funktionen notwendigen Raumstruktur wesentlich weniger durch die Selektion tolerierbare Austauschmöglichkeiten zulassen. Hinzu kommt noch der uns schon bekannte Tatbestand der absoluten Abhängigkeit der Zelle vom Funktionieren ihrer Atmungskette. „Mangelmutanten" für Cytochrom c besitzen, mit Ausnahme einiger weniger Organismen wie der Hefe, nicht die geringste Überlebenschance. Diese Aussage läßt sich unter Verwendung der in Tab. 12 dargestellten Aminosäuresequenzen beweisen. In ihr zeigen Neurospora crassa, ein uns bereits bekannter Schimmelpilz und der Mensch mit 44 Aminosäureaustauschen die größten Unterschiede. Die sie bedingenden, im Vergleich zum Hämoglobin relativ wenigen durch die Selektion tolerierten Mutationen verteilen sich auf mehr als eine Milliarde Jahre, also eine außerordentlich lange Zeitdauer, während welcher die Evolution andererseits aus einer gemeinsamen Ausgangsstufe Tiere und Pflanzen entstehen ließ.

Solche Unterschiede der Aminosäuresequenzen von Cytochromen verschiedener Organismengruppen sind nicht statistisch über die gesamte Polypeptidkette verteilt. Relativ häufig auftretende Invariabilität einer bestimmten Position, welche dann immer nur von dem gleichen Aminosäurerest eingenommen wird, zeigt an, wo Strukturen des Moleküls liegen, die überhaupt keine Änderung ohne Zerstörung der Gesamtfunktion erlauben. Andere Abschnitte lassen bestimmte Regeln erkennen, denen ein solcher Austausch unterworfen ist. Sie gestatten es, Aussagen über die relative Bedeutung dieser Molekülbezirke für die Gesamtfunktion des Moleküls zu machen. Abb. 195 zeigt die räumliche Anordnung der α-Kohlenstoffatome der Aminosäurereste des Cytochrom-c-Moleküls. Die

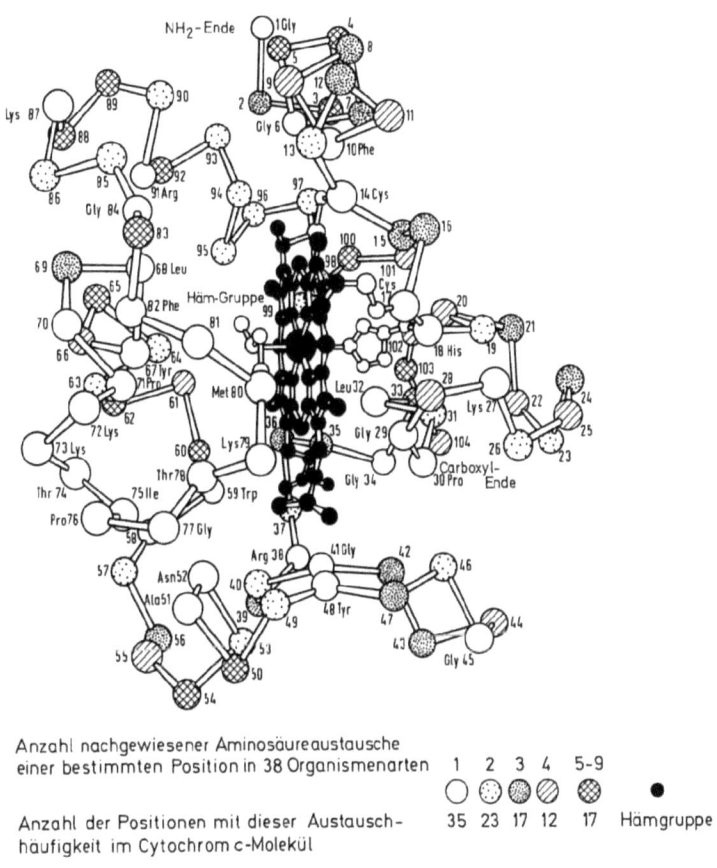

Abb. 195. Die räumliche Anordnung der α-Kohlenstoffatome der Aminosäurereste des Cytochrom c-Moleküls. Die aus Tabelle 12 zu entnehmende Häufigkeit der Aminosäureaustausche jeder Position während der vergangenen 1,2 Milliarden Jahre ist durch unterschiedliche Markierung gekennzeichnet. Nach DICKERSON 1972

Tabelle 12. Aminosäuresequenz des Moleküls des Cytochroms c von 34 verschiedenen Organismenarten. Buchstabenschlüssel für die Aminosäurereste: Hydrophobe, aromatische: F = Phenylalanin, W = Tryptophan, Y = Tyrosin. Hydrophobe, nicht aromatische: I = Isoleucin, L = Leucin, M = Methionin, V = Valin. Hydrophile, basische: H = Histidin, K = Lysin,

Gruppe	Spezies	Sequenz (Positionen 48–104)
Säugetiere	Mensch, Schimpanse	TAANKNKGIIWGEDTLMEYLENPKKYIPGTKMIFVGIKKKEERADLIAYLKKATNE
	Rhesus-Affe	TAANKNKGITWGEDTLMEYLENPKKYIPGTKMIFVGIKKKEERADLIAYLKKATNE
	Pferd	TDANKNKGITWKEETLMEYLENPKKYIPGTKMIFAGIKKKTEREDLIAYLKKATNE
	Esel	TDANKNKGITWKEETLMEYLENPKKYIPGTKMIFAGIKKKTEREDLIAYLKKATNE
	Rind, Schwein, Schaf	TDANKNKGITWGEETLMEYLENPKKYIPGTKMIFAGIKKKGEREDLIAYLKKATNE
	Hund	TDANKNKGITWGEETLMEYLENPKKYIPGTKMIFAGIKKTGERADLIAYLKKATNE
	Kaninchen	TDANKNKGITWGEDTLMEYLENPKKYIPGTKMIFAGIKKKDERADLIAYLKKATNE
	Kalifornischer Grau-Wal	TDANKNKGITWGEETLMEYLENPKKYIPGTKMIFAGIKKKGERADLIAYLKKATNE
	Großes graues Känguruh	TDANKNKGIIWGEDTLMEYLENPKKYIPGTKMIFAGIKKKGERADLIAYLKKATNE
Andere Wirbeltiere	Huhn, Truthahn	TDANKNKGITWGEDTLFEYLENPKKYIPGTKMIFAGIKKKSERADLIAYLKDATSK
	Taube	SNANKNKGITWGEDTLFEYLENPKKYIPGTKMIFAGIKKKSERVDLIAYLKDATAK
	Peking-Ente	SNANKNKGITWGEDTLFEYLENPKKYIPGTKMIFAGIKKKAERADLIAYLKDATAK
	Schnapp-Schildkröte	TNANKNKGITWGEETLFEYLENPKKYIPGTKMIFAGIKKKGERADLIAYLKEACSK
	Klapperschlange	TEANKNKGITWGEETLMEYLENPKKYIPGTKMIFAGIKKKSEQERADLIAYLKKATAS
	Ochsenfrosch	TDANKNKGITWGEDTLMEYLENPKKYIPGTKMIFAGIKKKGERQDLIAYLKSATAS
	Thunfisch	TDANKSKGIVWNENTLMEYLENPKKYIPGTKMIFAGIKKKGERQDLIAYLKSATS
	Hundfisch	TDANKSKGITWQETLMEYLENPKKYIPGTKMIFAGIKKKSERVDLIAYLKSATAS
Insekten	Samia cynthia (Motte)	TDANKAKGITWNEDTLFEYLENPKKYIPGTKMVFAGLKKANERADLIAYLKESTK
	Tabak-Hornwurm-Fliege	TNANKAKGITWQENTLFEYLENPKKYIPGTKMVFAGLKKANERADLIAYLKESTK
	Schraubenwurm-Fliege	TDANKAKGITWQETLRIYLENPKKYIPGTKMVFAGLKKPNERGDLITYLKSATK
	Drosophila (Fruchtfliege)	TDANKAKGITWQEDTLFEYLENPKKYIPGTKMVFAGLKKPNERGDLITFMKSATK
Niedere Pflanzen	Bäckerhefe	TDANKAKGITWTEDTLFEYLENPKKYIPGTKMAFGGLKKEKDRNDLITYLKKACE
	Candida krusei	TDANKAKGITWTEDTLFEYLENPKKYIPGTKMAFGGLKKDKDRNDLVTYLKSAK
	Neurospora crassa (Brotschimmel)	TDANKNKGITWDENTLFEYLENPKKYIPGTKMAFGGLKKEKDRNDLITYMKEATA
Höhere Pflanzen	Weizen	SAANKNKAVEWEEKTLYDYLLNPKKYIPGTKMVFPGLKKPQERADLIAYLKTSTS
	Fagopyrum spec. (Buckwheat)	SAANKNMAVIWEENTLYDYLLNPKKYIPGTKMVFPGLKKPQERADLIAYLKEATA
	Sonnenblume	SAANKNMAVNWGENTLYDYLLNPKKYIPGTKMVFPGLKKPQERADLIAYLKEATA
	Phaseolus aureus (Mungo-Bohne)	STANKNKAVIWEENTLYDYLLNPKKYIPGTKMVFPGLKKPQERADLIAYLKEATA
	Blumenkohl	SAANKNKAVEWEEKTLYDYLLNPKKYIPGTKMVFPGLKKPQERADLIAYLKEATA
	Kürbis	SAANKNKAVNWGENTLYDYLLNPKKYIPGTKMVFPGLKKPQERADLIAYLKEATA
	Sesambohne	SAANKNKAVEWEEKTLYDYLLNPKKYIPGTKMVFPGLKKPQERADLIAYLKEATA
	Biberbohne	SAANKNKAVIWEENTLYDYLLNPKKYIPGTKMVFPGLKKPQERADLIAYLKEATA
	Baumwolle	SAANKNKAVIWGENTLYDYLLNPKKYIPGTKMVFPGLKKPQERADLIAYLKEATA
	Abutilonsame (Malve)	SAANKNMAVNWGENTLYDYLLNPKKYIPGTKMVFPGLKKPQERADLIAYLKESTA
	Anzahl der verschiedenen Aminosäure-Reste	2511264327 1745 2251 11131 11111 13512 16921 72222 26445 4

R = Arginin, X = methyliertes Lysin. Hydrophile, saure: D = Asparaginsäure, E = Glutaminsäure. Ambivalente: A = Alanin, B = Asparagin oder Asparaginsäure, C = Cystein, N = Asparagin, P = Prolin, Q = Glutamin, S = Serin, T = Threonin, Z = Glutamin oder Glutaminsäure. Ohne Seitenkette: G = Glycin. Aus DICKERSON 1972

unterschiedliche Schraffierung und Punktierung der einzelnen C-Atome gibt die aus Tab. 12 zu entnehmende Austauschhäufigkeit des betreffenden Aminosäurerestes wieder. Der Elektronenfluß zur Häm-Gruppe dürfte mit einem hohen Grade der Wahrscheinlichkeit in Richtung der taschenartigen Furche des Moleküls führen. Strukturen, welche die Form dieser Tasche bestimmen, sind daher ebenfalls sehr spezifisch: Invariable Aminosäurereste treten an ihren beiden Flanken gehäuft auf. Beispiele dafür sind die Positionen 70–80. Dabei erweist sich die rechte Seite des Moleküls weniger konservativ als die linke. In der erstgenannten werden häufiger Aminosäureaustausche zwischen zwei bis drei möglichen Austauschpartner toleriert. Die größte Austauschhäufigkeit schließlich findet sich an der Rückseite des Moleküls. Position 58 und 60 beispielsweise kann durch 7 verschiedene Aminosäurereste eingenommen werden. In diesem Molekülbezirk zeigt die dreidimensionale Struktur den höchsten Grad einer unter Erhaltung der Funktion des Gesamtmoleküls tolerierbaren Variabilität.

Diese Variabilität ist jedoch in den meisten Fällen keineswegs den Gesetzen des Zufallls überlassen. Sie folgt Regeln, welche durch einen bereits bei der Darstellung der Homologie der Hämoglobine genannten Zusammenhang bedingt sind: Die 20 in Proteinen vorkommenden Aminosäurereste (Abb. 134) lassen sich in drei Gruppen einteilen. Sieben sind nur in geringen Konzentrationen wasserlöslich und werden daher als hydrophob bezeichnet. Drei davon, das Phenylalanin, Tryptophan und Tyrosin weisen in ihrer Seitenkette aus Kohlenstoffatomen gebildete (aromatische) Ringe oder Ringsysteme auf. Die übrigen vier sind das Isoleucin, Leucin, Methionin und Valin. Fünf weitere Aminosäuren sind hydrophil. In wäßriger Umgebung treten sie positiv oder negativ geladen auf. Drei davon, das Arginin, Histidin und Lysin reagieren daher basisch, die beiden anderen, die Asparaginsäure und Glutaminsäure, dagegen sauer. Die restlichen acht Aminosäuren, das Alanin, Asparagin, Cystein, Glutamin, Prolin, Serin, Threonin und Glycin schließlich vermögen ambivalent mit Wasser zu reagieren. Sie sind entweder schwach hydrophob oder polar, aber ungeladen. Unter ihnen nimmt das Glycin durch Fehlen einer Seitenkette eine Sonderstellung ein. Abb. 196 läßt erkennen, daß hydrophile Aminosäurereste fast ausschließlich an der Außenseite des Moleküls auftreten. Ihre in einzelnen Fällen erfolgte Substitution erweist sich als konservativ: Hydrophile Reste werden durch andere, ebenfalls hydrophile ersetzt. Wie bereits für das Hämoglobinmolekül beschrieben, liegen dagegen die hydrophoben Gruppen vorzugsweise im Innern des Moleküles. Beide Tatbestände sind durch einen gemeinsamen Zusammenhang bedingt: Die zur Tertiärstruktur führende Faltung wird stark dadurch beeinflußt, daß hydrophobe Gruppen von der wäßrigen Umgebung abgestoßen, in das Molekülinnere verlagert, hydrophile dagegen nach außen gekehrt werden. Der ständig das Überleben von Mutanten regulierende Selektionsdruck verwirft alle durch Mutation neu entstandenen Genotypen mit verminderter Leistungsfähigkeit des Cytochroms c. Sie hängt unmittelbar von der Tertiärstruktur des Moleküls ab. Alle, diese Struktur beeinflussenden Veränderungen werden daher in besonders hohem Maße der Prüfung durch die Selektion unterworfen sein. Zu ihnen gehören in erster Linie Aminosäureaustausche, welche das Verteilungsmuster hydrophiler und hydrophober Reste der Polypeptidkette ändern. In einer Molekülkonstruktion überdurchschnittlicher Ökonomie, die beim Cytochrom c durch Vielfalt der Aufgabenstellung bei relativ geringer Molekülgröße zu erkennen gibt, wird daher die Selektion verstärkt zur Erhaltung des über mehr als eine Jahrmilliarde bewährten Verteilungsmusters hydrophiler und hydrophober Gruppen führen. Ihr Mittel ist das Tolerieren konservativer, nicht aber indifferenter Aminosäureaustausche.

Überraschend ist die relativ hohe Zahl invariabler Glycinreste. Sie wird dadurch bedingt, daß Glycin keine Seitenkette aufweist. Die relative Kleinheit des Moleküles bedeutet praktisch nahezu das Erreichen einer unteren Grenze der Anzahl von Aminosäureresten, welche notwendig sind, um die ihren Aufgabenstellungen gewachsene, dreidimensionale Struktur um die Häm-Gruppe herum aufzubauen. Manche Abschnitte der Hauptkette des Polypeptids kommen dabei dieser Häm-Gruppe oder anderen Teilen der Hauptkette

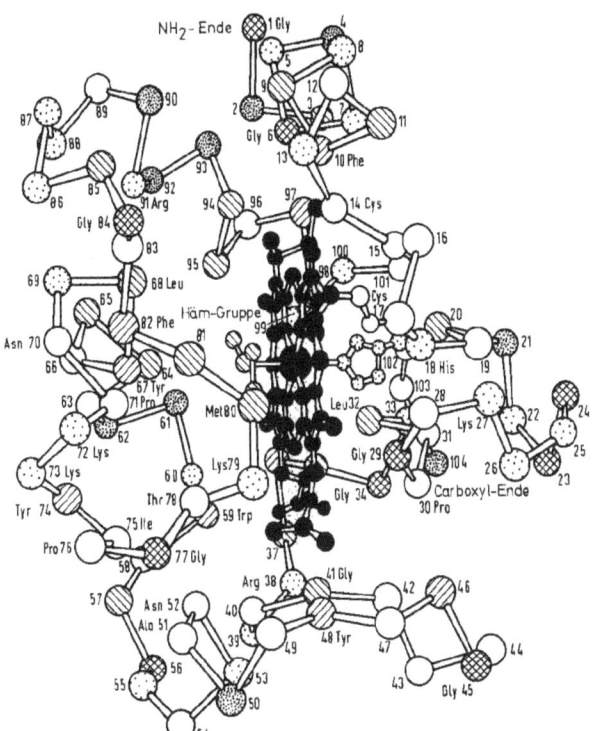

Abb. 196. Verteilung hydrophiler, hydrophober und ambivalenter Aminosäuren im Cytochrom c-Molekül. Hydrophob, aromatisch = von oben rechts nach unten links schraffierte Kreise. Hydrophob, nicht aromatisch = von oben links nach unten rechts schraffierte Kreise. Hydrophil, basisch = weiträumig punktierte Kreise. Hydrophil, sauer = eng punktierte Kreise. Ambivalent = leere Kreise. Ohne Seitenkette = doppelt schraffierte Kreise. Hämgruppe = schwarz ausgelegte, kleine Kreise. Nach DICKERSON 1972

bereits bedenklich nahe. Für Seitengruppen ist bei den Aminosäureresten, welche solche Stellen besetzt halten, kein Platz mehr. In ihnen kann daher nur ein Glycinrest eingebaut sein. Die Abb. 195 und 196 lassen diesen Zusammenhang gut erkennen.

Innerhalb der Tertiärstruktur des Moleküls sind Zonen zu unterscheiden, denen mit hoher Wahrscheinlichkeit die unterschiedlichen Teilfunktionen im Rahmen der Gesamtfunktion des Cytochroms c zugeordnet werden können. Dem Grade ihrer spezifischen, nicht zu ersetzenden Wirkung entspricht eine mehr oder weniger hohe Stabilität gegenüber Aminosäureaustauschen. Die einzelnen Positionen zeigen dabei, wie aus Tab. 12 und Abb. 196 zu entnehmen ist, entweder Invariabilität oder mehr oder weniger begrenzte, konservative, und nur in Ausnahmen auch indifferente Austausche: Die im Spalt des Moleküls sitzende Häm-Gruppe wird von zwei in Position 14 und 18 stehenden Cysteinresten und einem in Position 18 befindlichen Histidinrest von der in der Abbildung rechten Seite her, sowie von links durch die Seitenkette eines in Position 80 stehenden Methioninrestes in ihrer Lage gehalten. Der Spezifität der Aufgabenstellung und deren zentraler Bedeutung für die biologische Wirkung des Moleküls entsprechend, sind alle vier Aminosäurereste seit 1,2 Milliarden Jahren unverändert geblieben. Die hydrophilen, positiv geladenen Reste vor allem des Lysins sind bevorzugt in zwei Ringen angeordnet. Auf der linken Molekülseite umgibt der eine, bestehend aus den Positionen 55, 57, 59, 60, 64, 65, 67, 68, 72, 73, 74 und 75, einen Molekülabschnitt, welcher dicht mit hydrophoben Gruppen angefüllt ist, unter denen sich die in allen bisher untersuchten Organismen als invariabel nachgewiesenen Reste des Tyrosins in Position 74, des Tryptophans (59) und abermals des Tyrosins (67) befinden. Sehr wahrscheinlich bilden die drei letztgenannten Reste einen nach dem Molekülinnern gerichteten Weg für die Elektronenübertragung auf die Häm-Gruppe. Weitere acht Lysinreste sind auf der rechten Molekülseite ebenfalls als ringförmiger Eingang zu einem Kanal zusammengefaßt, der dazu geeignet erscheint, die hydrophobe Seitenkette eines mit dem Cytochrom c reagierenden Moleküls festzuhalten. Dieser Kanal ist mit den einzigen α-helicalen Bezirken des Moleküls (1–11 und 89–101) und ihrer Fortführung durch die Reste 12–20 verbunden. In seinem Inneren liegen in Position 10 ein invariabler Phenylalaninrest mit seiner großen Seitenkette, und in Position 97 entweder ein Phenylalanin- oder Tyrosinrest. Die rechte Molekülseite besteht somit aus einem von hydrophoben Gruppen flankierten, durch einen Außenring aus hydrophilen Gruppen gebildeten Kanal. Experimentell wurde nachgewiesen, daß das Cytochrom-c-Molekül und dasjenige der Cytochromoxydase elektrostatisch miteinander reagieren, wobei positive Gruppen des ersteren und negativ geladene Gruppen des letzteren zur Wirkung kommen. Wird der in Position 13 stehende Lysinrest künstlich blockiert, so sinkt die Reaktionsbefähigung eines solchen Cytochrom-c-Moleküls mit seiner Oxydase auf die Hälfte. Die nur konservativ veränderliche Position 13 liegt nahe am rechten der beiden hydrophilen, positiv geladenen Ringe. Es darf daher angenommen werden, daß die Furche, in welche die Häm-Gruppe eingebettet liegt, zusammen mit dem Kanal der rechten Molekülseite funktionell dem Oxydasekomplex zugeordnet ist. Dann aber müßte die positive Zone der linken Molekülseite, gebildet aus drei aromatischen, hydrophoben Aminosäureresten, und umgeben von einem Ring aus acht hydrophilen Resten, der Bindungsort für die Reduktase sein.

3. Evolutionsraten von Proteinen

Die Angaben der Tab. 12 hat DICKERSON zur Aufstellung einer Graphik nach Abb. 197 benutzt und dadurch neue Aussagen gewonnen. In ihrem Koordinatensystem sind auf der Abzisse, mit der Gegenwart beginnend, 1,4 Milliarden Jahre, unter gleichzeitiger Nennung der geologischen Epochen abgetragen. Die Ordinate zeigt die Angaben über den durchschnittlichen Unterschied der Aminosäuresequenz zwischen zwei Organismengruppen, welche im Verlaufe der Evolution von einer gemeinsamen Ausgangsform hergeleitet werden können. Die Anzahl der unterschiedlichen Aminosäurereste ihrer jeweiligen homologen Proteine wird dabei gegen die Zeit abgetragen, zu der sich ihr gemeinsamer Stammbaum in die sie tragenden beiden Äste teilte. Beispiele dafür sind die Paare Fische / Reptilien oder Reptilien / Säugetiere. Werden die Meßpunkte für eine Reihe homologer Proteine, wie die des Cytochroms c, miteinander verbunden, so ergibt sich eine Gerade. Sie beweist, daß mindestens seit der Trennung von Tieren und Pflanzen aus einer bisher gemeinsamen Entwicklungslinie sich das Cytochrom c im Laufe der fortschreitenden Evolution kontinuierlich verändert hat. Dabei wurden jedoch nur noch einzelne Aminosäurereste durch andere ersetzt. Schon vor 1,2 Milliarden Jahren war damit die Phase der Konstruktion der Molekularstruktur eines funktionsfähigen Cytochroms c überwunden, eine nahezu optimale Form gefunden. Nur noch Änderungen, welche eine durch das Zusammenspiel von Mutation und Selektion bereits zuvor festgelegte, die quantitative und qualitative Funktion bestimmende Tertiärstruktur nicht wesentlich veränderten, wurden toleriert. Inzwischen aber entwickelten sich die Organismen von der Stufe niederer Pilze bis zum Menschen weiter. Wir können somit einen hohen Stabilitätsgrad der genabhängigen Molekularstruktur eines Enzyms, bei gleichzeitiger stürmischer, den Bautyp

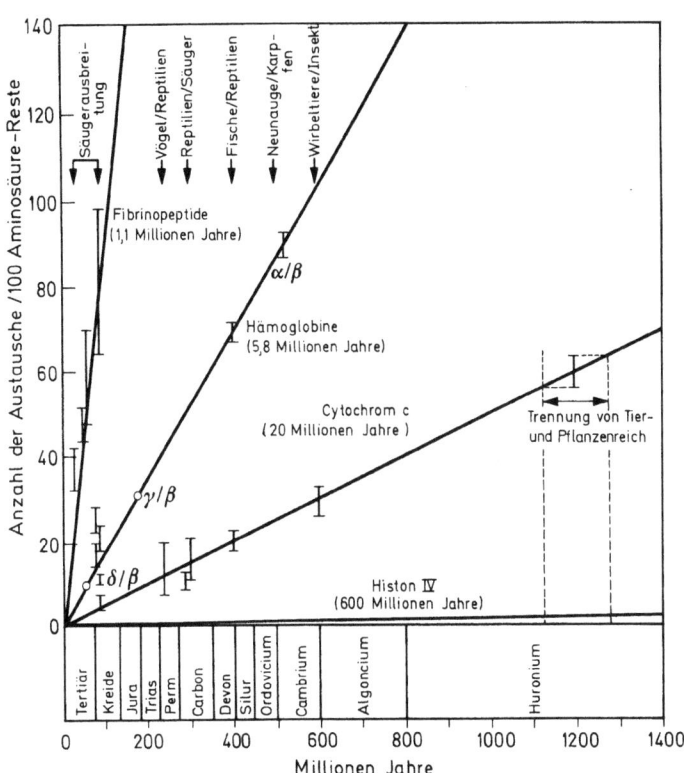

Abb. 197. Durch Mutation der betreffenden Strukturgene und den Einfluß des Selektionsdruckes bedingte Veränderungsrate der Aminosäuresequenz von Makromolekülen der Fibrinopeptide, des Hämoglobins, Cytochroms c und des Histons IV. Bei der Angabe der Anzahl der Aminosäureaustausche wurde eine Korrektur für den möglichen mehrfachen Wechsel innerhalb der gleichen Position vorgenommen. Aus Dickerson 1972 nach Dickerson 1971

völlig verändernder Evolution der Organismen beobachten. Die Erklärung für diesen scheinbaren Widerspruch gibt uns ein Vergleich: Dieselbe Fabrik kann unter Benutzung der gleichen Produktionseinrichtungen Kochtöpfe aber auch Stahlhelme herstellen. Dabei wechseln Form, Zweck und Aussehen der Produkte grundlegend. Die sie erzeugende Maschinerie bleibt die gleiche, oder wird nur geringfügig geändert. Das Ausmaß dieser Änderung wird zunehmen, je stärker im Produktionsgang ein Maschinenteil mit der Erzeugung der für das Endprodukt spezifischen Form verknüpft ist. So wird der Herstellungsgang der Bleche für Kochtöpfe und Stahlhelme identisch sein. Beim Pressvorgang können die gleichen Pressen verwendet werden. Die dazu nötigen Formen müssen jedoch bereits voneinander abweichen. Gleiche Zusammenhänge gelten für die Verschiedenheit der Organismentypen bei relativ hoher Gleichheit ihrer Cytochrom-c-Moleküle. Letztere sind Teil eines in allen Zellen gleichermaßen ablaufenden Grundvorganges des Belebten, Teil der chemischen Grundmaschinerie. Durch sie wird die Verwirklichung eines Bauplanes nicht, oder nur ganz unwesentlich beeinflußt. Die einmal gefundene optimale Struktur des „Maschinenteiles" Cytochrom c konnte daher trotz häufiger, meist kontinuierlich vor sich gehender Änderung des Bauplanes der „Endprodukte" unverändert beibehalten werden.

Vorstehend war abgeleitet worden, daß zu diesem Grunde für einen hohen Stabilitätsgrad der Aminosäuresequenz des Cytochroms c im Laufe der Evolution noch ein zweiter hinzukommt. Die relative Kleinheit des Moleküls bei gleichzeitiger dreifacher Aufgabenstellung arbeitet in derselben Richtung. Die Molekularstruktur muß die Häm-Gruppe zu optimaler Wirkung bringen. Sie muß außerdem dafür sorgen, daß das Cytochrom c mit je einem Molekül seiner Oxydase und Reduktase in enge räumliche Beziehung tritt und damit den Elektronenfluß ermöglicht. Eine solche Vielfalt der Aufgabenstellung ist für Enzymmoleküle nicht die Norm. Hämoglobine beispielsweise reagieren mit niedermolekularen Verbindungen. Sie sind nicht Teil einer Reaktionskette und damit räumlichen Aufeinanderfolge spezifischer Makromoleküle. Im Vergleich zum Cytochrom c ist ihre Aufgabenstellung weniger vielfältig. Darüber hinaus baut sich ihr Molekül aus einer um ein Drittel höheren Zahl von Aminosäureresten auf. Jeder von ihnen wird daher im Durchschnitt durch seine Funktion weniger stark festgelegt sein, die Gesamtsequenz einen höheren Grad der Veränderlichkeit im Laufe der Evolution zeigen. Der Neigungswinkel der in Abb. 197 für die Hämoglobine eingetragenen Kurve bestätigt die Richtigkeit dieser Überlegungen. Während beim Cytochrom c durchschnittlich alle 20 Millionen Jahre der mutativ bedingte Austausch eines Aminosäurerestes von der Selektion toleriert wurde, beträgt die Länge dieser „Evolutionsperiodeneinheit" für die Hämoglobine 5,8 Millionen Jahre, also nur den 3,5ten Teil. Die damit bezeichnete Evolutionsgeschwindigkeit dürfte für die meisten Enzyme zutreffen, welche ebenfalls mit kleinen bis mittelgroßen Molekülen reagieren und diese Reaktion in „splendid isolation" vornehmen.

Beträchtliche Unterschiede dazu zeigen zwei andere Beispiele, die Fibrinopeptide A und B und das Histon IV. Die erstgenannten bestehen aus relativ kurzen Polypeptidketten, die bis zu 20 Aminosäurereste beherbergen. Sie sind am Mechanismus der Blutgerinnung beteiligt. In deren Verlauf werden sie aus dem Makromolekül eines Fibrinogens herausge-

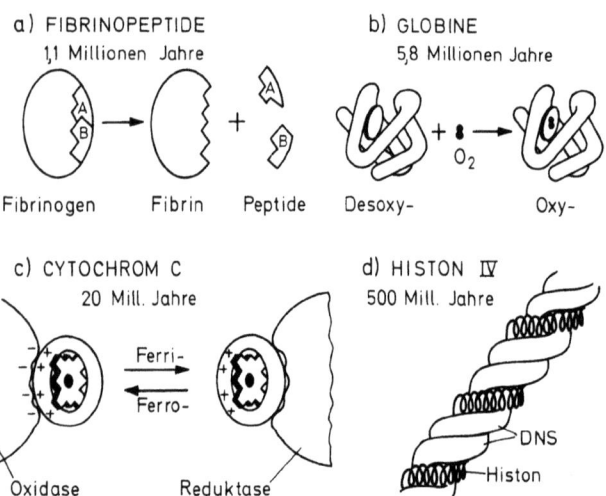

Abb. 198. Die unterschiedliche Größe der Evolutionsperiodeneinheit der vier, sich in biologischer Funktion und Molekülaufbau stark unterscheidenden Proteinmakromoleküle aus Abb. 197. Aus DICKERSON 1971

schnitten und machen dadurch in diesem Molekül einen in seiner Form bestimmten Platz frei (Abb. 198a). Ihre Aufgabe ist daher die von Platzhaltern. Jede Polypeptidkette, welche die für diese Funktion notwendige Raumstruktur besitzt, wird daher gleichermaßen geeignet sein. Tolerierbare Aminosäureaustausche oder Veränderungen der Kettenlänge sollten relativ häufig vorkommen. Die in Abb. 197 dargestellte Kurvenneigung für Fibrinopeptide darf als Bestätigung dieser Überlegung gelten. Die Evolutionsperiodeneinheit beträgt nur 1,1 Millionen Jahre und damit den 18ten Teil derjenigen des Cytochroms c und den 5ten Teil der des Hämoglobins.

Kürzlich von DE LANGE und Mitarbeitern vorgenommene Bestimmungen der Aminosäuresequenz des Histons IV aus dem Erbsenkeimling und der Kalbsthymus haben ein Protein zum Gegenstand, welches im Verlaufe einer sehr langen Evolutionsperiode eine geradezu sensationelle Stabilität aufwies. Die homologen Histone beider Organismenarten enthalten je 102 Aminosäurereste. Nur zwei davon sind verschieden. Beide Aminosäureaustausche erfolgten konservativ: Der in Position 60 des Histons IV der Erbse stehende Isoleucinrest ist im homologen Rinderhiston durch den gleichermaßen nicht-aromatischen, hydrophoben Rest des Valins ersetzt. Position 7 wird in der Erbse durch Arginin, im Rind durch den ebenfalls hydrophilen basischen Rest des Lysins eingenommen. Daraus ergibt sich eine Länge der Evolutionsperiodeneinheit für dieses Protein von 600 Millionen Jahren. Sie erklärt sich aus der Aufgabenstellung des Histons IV, die noch spezieller, noch strukturgebundener als die des Cytochroms c ist. Es reagiert mit der DNS von Genorten der Chromosomen (Abb. 198d) und führt dadurch zu einer quantitativen Regulation der Genwirkung. Sein Substrat ist damit das größte Makromolekül der lebenden Zelle, seine Aufgabe von extrem lebenswichtiger Bedeutung. Wie das Ergebnis der Sequenzbestimmungen zeigt, bleibt unter solchen Bedingungen verschwindend geringer Raum zum Herumprobieren durch Mutation und Selektion. Aminosäureaustausche werden nur in extremen Ausnahmefällen toleriert und erfolgen dann ausschließlich konservativ.

Die Ergebnisse von Sequenzbestimmungen homologer Proteine können zur Aufstellung von Stammbäumen der sie beherbergenden Organismen benutzt werden. Die dabei angewandten Methoden sind unterschiedlicher Art. FITCH und MARGOLIASH legten ihren Untersuchungen den zu errechnenden Wert eines „Mutationsabstandes" zwischen zwei zu vergleichenden Arten zugrunde. Er ist als die minimale Anzahl von Nucleotiden der DNS definiert, die geändert (und von der Selektion toleriert) werden müssen, um die beobachteten Aminosäureaustausche hervorzubringen. Die Autoren bedienten sich somit bei ihren Überlegungen der Kenntnis des genetischen Codes. Abb. 199 zeigt die Anwendung dieser Technik auf drei Organismen (A, B und C), deren homologes Protein

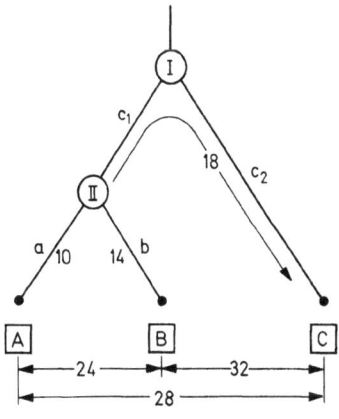

Abb. 199. Konstruktion eines phylogenetischen Stammbaumes für die Organismen A B C unter Benutzung der „Mutationsabstände" der Aminosäuresequenzen eines ihnen gemeinsamen homologen Proteins. Nach FITCH et al. 1967

X zwischen A und B einen Mutationsabstand von 24, zwischen B und C von 32, sowie zwischen A und C von 28 aufweist. Zwei Fragen müssen bei der Einordnung in einen gemeinsamen Stammbaum beantwortet werden: Ist B oder C mit A näher verwandt, und wieviele Mutationsabstände beträgt die Länge von a, b und c (= $c_1 + c_2$)? Das Paar AB mit dem kleinsten Mutationsabstand dient als Ausgangspunkt. Der Abstand von AC ist mit 28 um 4 kleiner als der von B und C. Es müssen daher mindestens 4 Mutationen mehr toleriert worden sein, um von B über den Verzweigungspunkt II (= Strecke b) nach C zu gelangen, als dies für A über II nach C notwendig war. Daher

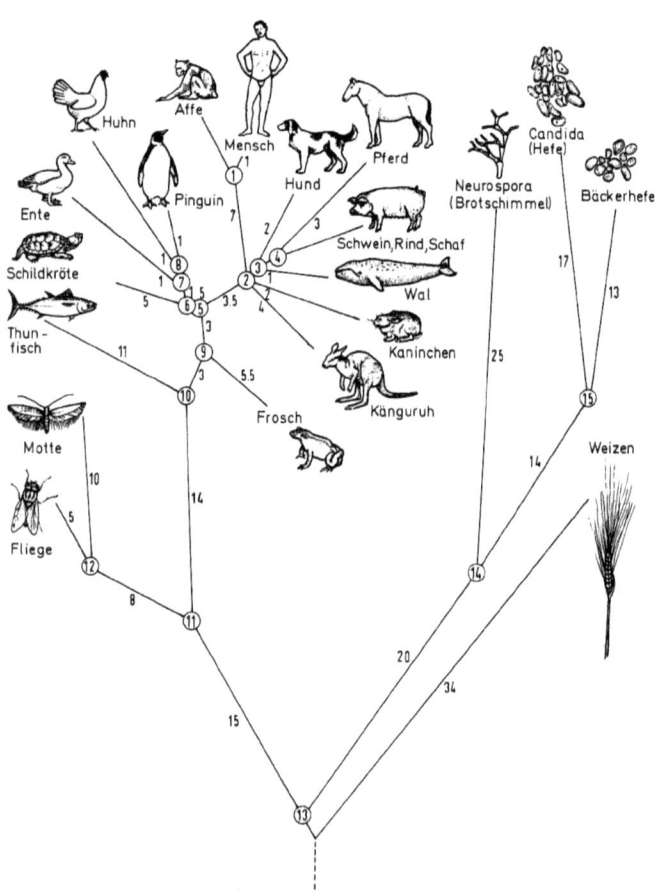

Abb. 200. Stammbaum heutiger Lebewesen durch Computeranalyse aus der Unterschiedlichkeit der Aminosäuresequenzen ihres Cytochroms c abgeleitet. Das Computerprogramm bestimmte die Sequenzen der unbekannten Cytochromtypen an den Verzweigungspunkten (Kreise) und berechnete die Anzahl der Mutationen, welche im Genlocus für das Cytochrom c in der Zeit der Evolution bis zum nächsten Verzweigungspunkt oder zu dem am Ende eines Astes stehenden Organismus stattgefunden haben müssen und von der Selektion toleriert wurden. (Zahl an der jeweiligen ausgezogenen Linie.) Aus DAYHOFF 1969

gilt $b - a = 4$. Die Auswertung der Sequenzanalyse ergab 24 als Mutationsabstand von A nach B. $a + b$ muß daher ebenfalls 24 sein. Aus beiden Aussagen errechnet sich $a = 10$ und $b = 14$. Die Länge von c, die sich aus den beiden Teillängen c_1 und c_2 zusammensetzt, wird schließlich durch Subtraktion des Wertes für b vom Mutationsabstand B/C erhalten. Stehen die Sequenzen von mehr als drei homologen Proteinen zur Verfügung, so werden diese in unterschiedliche Dreiergruppen eingeteilt und die nach obigem Schema erhaltenen Ergebnisse kombiniert. Dafür ergeben sich zahlreiche Möglichkeiten, zu deren Auswertung heute meist Computer herangezogen werden können. DAYHOFF hat unter Benutzung der Aminosäuresequenz-Daten des Cytochroms c einen phylogenetischen Stammbaum veröffentlicht, welcher in Abb. 200 dargestellt ist.

Die voneinander abweichende Größe des Wertes für eine Evolutionsperiodeneinheit bei verschiedener homologer Proteine bedingt ein unterschiedliches zeitliches Auflösungsvermögen bei ihrer Benutzung zur Aufstellung solcher Stammbäume. Während die relativ große zeitliche Länge der Einheit für das Cytochrom dieses für Aussagen über Stammbäume geeignet macht, welche noch die Trennung von Tier- und Pflanzenwelt umfassen, vermögen die Daten der Sequenzanalysen für die Fibrinopeptide A und B Einzelheiten der Abstammung der Säugetiere, ja sogar der Hominiden zu erhellen. SÖDERQVIST und BLOMBÄCK haben eine solche Analyse vorgenommen und dabei gleichzeitig versucht, Kriterien zu entwickeln, welche die biologisch richtige Zuordnung der Einzelergebnisse aus zahlreichen Analysen von Dreiergruppen zueinander erlauben. Um diese Fehlermöglichkeiten möglichst klein zu halten, haben die Autoren vor allem auf besonders bezeichnende Sequenzen geachtet, die in zwei oder mehreren homologen Polypeptiden vorkommen und nahe Verwandtschaft signalisieren. Ein Ergebnis ihrer Bemühungen, der aus der Sequenz der Fibrionopeptide erschlossene Stammbaum der Säuger, ist in Abb. 201 dargestellt. Die Evolution der Hämoglobine schließlich wurde von ZUCKERKANDL in einem weiteren Stammbaum (Abb. 202) zusammengefaßt.

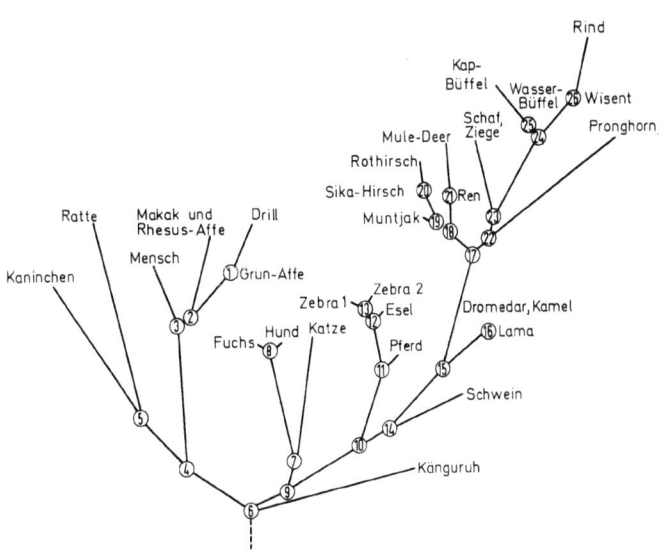

Abb. 201. Stammbaum der Fibrinopeptide A und B der Säugetiere. Nach DAYHOFF 1969b aus SÖDERQUIST et al. 1971

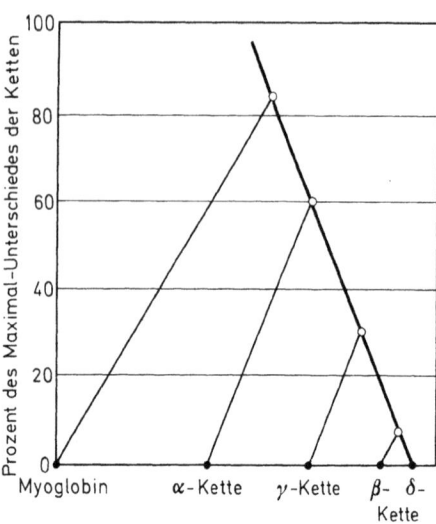

Abb. 202. Stammbaum der Molekülfamilie Myoglobin und Hämoglobin. Die offenen Kreise bezeichnen Stellen, an denen im Verlaufe der Evolution eine Genduplikation stattfand

E. Die Regulation der Genwirkung

Die DNS einer Zelle von Escherichia coli besitzt 3×10^6 Mononucleotidpaare. Das entspricht etwa der Zahl von 3000 Genorten. Nahezu jeder von ihnen enthält eine genetische Information über die Molekularstruktur einer Polypeptidkette, welche allein oder zusammen mit anderen homologen oder unterschiedlichen Polypeptidketten die Moleküle eines bestimmten Enzyms aufbaut. Diese katalysieren spezifische chemische Reaktionsschritte. Sie lassen sich in zwei verschiedene Reaktionsgruppen einteilen. Die erste, die der anabolischen Reaktionen, sorgt dafür, daß alle diejenigen Stoffe synthetisiert werden, welche die Zelle zum Aufbau ihres Zelleibes und zur Durchführung des intermediären Stoffwechsels braucht. Auf sie bezieht sich die Darstellung der Abb. 26, welche schematisch die Synthese eines bestimmten Endproduktes über zahlreiche Syntheseschritte aus einem Ausgangsprodukt beschreibt. Nahezu alle diese Schritte sind endotherm, es muß Energie zugeführt werden, damit sie ablaufen können. Die Zelle gewinnt sie durch Abbau energiereicher chemischer Verbindungen in energieärmere. Solche katabolischen Abbauwege werden ebenfalls durch Enzyme katalysiert. Sie verlaufen daher ebenso wie die anabolischen in Abhängigkeit von der Synthesetätigkeit bestimmter Genorte, welche diese Enzyme liefern.

Finden alle die vielen, derartig Gen-bedingten, durch Enzyme katalysierten, unterschiedlichen chemischen Reaktionen ständig und gleichzeitig in der Zelle statt? Es bedarf keiner langen Überlegung um diese Frage ganz entschieden zu verneinen. Dazu berechtigen Beobachtungen an Zellen höher entwickelter Lebewesen ebenso wie an Escherichia coli. Jede menschliche Zelle besitzt beispielsweise die genetische Information über die Struktur aller im Menschen vorhandenen Hormone. Verwirklicht wird diese Information immer nur in den entsprechenden Hormondrüsen. In allen anderen Körperzellen muß die Aktivität dieser Gene unterdrückt, reprimiert sein. Aber nicht nur in den Zellen verschiedener Organe eines höher entwickelten Lebewesens, also innerhalb des Körpers örtlich unter-

schiedlich, wird ein bestimmtes Spektrum Gen-gesteuerter chemischer Reaktionen durchgeführt oder ein anderes aufgrund der vorhandenen genetischen Informationen mögliches nicht verwirklicht. Auch zeitlich findet eine solche Differenzierung statt. Wir hörten davon, daß beim Menschen, mit seiner Embryonalentwicklung beginnend, nacheinander Prähämoglobin $\alpha_2 \varepsilon_2$, das Fötalhämoglobin $\alpha_2 \gamma_2$ und schließlich das Normalhämoglobin $\alpha_2 \beta_2$ gebildet werden (Abb. 187). Dem Biologen sind zahlreiche solcher Beispiele bekannt. Aber auch die scheinbar so einfach gebaute Escherichia coli-Zelle zeigt eine derartige Regulation der quantitativen Steuerung anabolischer Reaktionen. Tritt beispielsweise im Außenmedium Histidin auf, dann sinkt in der Zelle sofort die Syntheserate für diese Aminosäure. Gleiches gilt für zahlreiche andere Verbindungen, die von der Zelle selbst synthetisiert werden können. Ein gleiches Sparsamkeitsprinzip zeigt sich auch in katabolischen Reaktionen. Die Escherichia coli-Zelle besitzt unter anderem die genetische Information über die Struktur spezifischer Enzyme, deren jedes eine ganz bestimmte Verbindung unter Energiegewinn abzubauen vermag. Dazu gehören beispielsweise die Zucker Maltose, Xylose, Lactose, Galaktose, das Mannitol und viele andere, Verbindungen also, welche kaum alle gleichzeitig der Zelle angeboten werden. Es läßt sich leicht zeigen, daß bei Abwesenheit eines bestimmten dieser Zucker in der Zelle die enzymatische Aktivität für seinen Abbau nahezu völlig fehlt. Sie erreicht dagegen in relativ kurzer Zeit, nachdem er der Zelle verfügbar wird, einen hohen Wert. In diesem für katabolische Reaktionen typischen Fall wird die Enzymaktivität damit induziert.
Die quantitative Regulation der Enzymwirkung ist somit ein gut gesicherter Tatbestand. Welches sind ihre Mechanismen? Zwei prinzipiell voneinander verschiedene Möglichkeiten erscheinen als gegeben. Die Zelle könnte einmal von jeder oder doch einer ganzen Anzahl der zahlreichen Enzymarten, deren Struktur in ihren Genen codiert vorliegt, ständig einen bestimmten Vorrat an Einzelstücken bereithalten. Die Regulation der Enzymwirkung käme dann dadurch zustande, daß die Aktivität dieser Enzyme unterdrückt oder auch aktiviert würde. Als alleiniger Regulationsmechanismus scheint dieser Steuerungsmodus sehr unökonomisch zu sein. Viele der Enzymarten würden wohl synthetisiert aber niemals im Leben der Zelle gebraucht werden. Dennoch ist er für eine Anzahl von Enzymen als allosterische Hemmung verwirklicht. Dabei handelt es sich meist um Enzyme, welche Reaktionen bei der Synthese von Stoffen katalysieren, die unter Normalbedingungen von der Zelle ständig und in größeren Mengen gebraucht werden. Beispiele solcher Endprodukte sind viele Aminosäuren. Aber auch diese können ja für eine Bakterienzelle ein Leben lang im Medium vorhanden sein. Die für ihre Synthese benötigten Enzyme wären dann nutzlos. Diese Aussage macht uns den zweiten möglichen Weg der Steuerung enzymatischer Reaktionen verständlich. Er ist ein genetischer. Die Einzelstücke eines bestimmten Enzyms werden erst dann synthetisiert, wenn sie gebraucht werden. Nur dann wird die betreffende genetische Information, welche ihre Molekularstruktur beinhaltet, verwirklicht. Die Zelle handelt optimal ökonomisch. Auch diese Möglichkeit ist in der Escherichia coli-Zelle verwirklicht. Sie wird als genetische Regulation durch ein Operon bezeichnet.

1. Negative Kontrolle im Operon

1.1 Koordinierte Enzyminduktion (lac-Operon)

Im Zusammenhang mit dem Chromosomentransfer von Escherichia coli K 12 hatten wir den „Genort" lac kennengelernt. Die Bezeichnung „Genort" für den lac-Abschnitt hält unter der Voraussetzung der Ein-Gen-ein-Polypeptid-Hypothese einer genaueren Betrachtung nicht stand. Kartierungen mit Hilfe der Transduktion zeigten vielmehr, daß es sich um eine Folge von Genorten, einen Gen-Cluster handelt. JACOB und MONOD wiesen 1961 in diesem Cluster drei einander unmittelbar benachbarte Genorte nach, welche als z, y und a bezeichnet, in gleicher Reihenfolge angeordnet sind. z enthält die Strukturinformation über das Enzym β-Galaktosidase, y diejenige über die β-Galaktosid-Permease und a schließlich kodiert eine Transacetylase. Die β-Galaktosid-Permease transportiert Lactose und andere β-Galaktoside aus dem Außenmedium durch die Zellwand in die Zelle. Dort wird Lactose, das physiologische Objekt dieses Transportes, von der β-Galaktosidase durch Hydrolyse unter Energiegewinn in Glucose und Galaktose gespalten. Nach neuesten Untersuchungen acetyliert die Transacetylase einen Teil der angebotenen Lactose-Moleküle. Sie können dann nicht mehr durch die Permease in die Zelle eingeschleust werden.

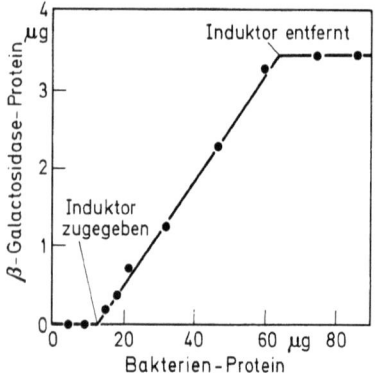

Abb. 203. Kinetik der Induktion der β-Galaktosidase von E. coli. Aus JACOB et al. 1961, nach COHN 1957

Durch diesen Mechanismus wird eine, für das Zellinnere zu hohe und daher schädliche Zuckerkonzentration bei Lactose-Überangebot im Außenmedium verhindert. Fehlt dort die Lactose, dann ist die Konzentration aller drei Enzyme innerhalb der Zelle so gering, daß sie nahe der untersten Nachweisgrenze liegt. Die Anwesenheit von Lactose dagegen, so konnten JACOB und MONOD nachweisen, induziert durch einen Mechanismus, dessen Vorhandensein wir bereits im Zusammenhang mit den Versuchen zum Nachweis der Boten-RNS kennenlernten, und den wir als adaptive Enzymbildung bezeichneten, die Synthese dieser Enzyme: Sie und andere β-Galaktoside wirken direkt oder indirekt als Induktoren. Die Konzentration der induzierten Enzymmoleküle kann den 1000- bis 10000fachen Wert derjenigen des nicht-induzierten Zustandes erreichen. Unter optimalen Bedingungen bildet beispielsweise die β-Galaktosidase mehr als 5% des Gesamtproteins der Zelle (Abb. 203). Schon im nicht-induzierten Zustand weisen die drei Enzyme eine unterschiedliche, in der Reihenfolge Galaktosidase, Permease und Transacetylase abnehmende Konzentration auf. Bei Induktion bleibt dieses relative Konzentrationsgefälle erhalten. Sie erfolgt somit koordiniert (koordinierte Enzyminduktion).

1.11 Das Wirk-System Operator/Repressor

JACOB und MONOD, welche für die nun zu beschreibenden Untersuchungen den Nobelpreis erhielten, konnten zusammen mit PARDEE Mutanten isolieren, die keine Induzierbarkeit der Gene des lac-Clusters mehr zeigten. Solche Mutanten produzieren gänzlich unabhängig davon, ob Lactose im Außenmedium vorhanden ist oder fehlt, unentwegt die drei Enzyme. Man bezeichnet einen solchen Zustand im Gegensatz zum induzierbaren als konstitutiv. Die konstitutiven Mutanten des lac-Clusters gehören zwei verschiedenen Typen mit unterschiedlichen Eigenschaften an. Das bewiesen Versuche mit Heterogenoten. Diese werden entweder durch Chromosomentransfer oder F-Duktion hergestellt, wobei sich Spender und Empfänger oder Empfänger und F'-Episom im Mutationszustand unterscheiden. Die zum Typ 1 der konstitutiven Mutanten gehörenden Zellen sind durch Mutationsorte gekennzeichnet, welche, wie Kartierungsversuche durch Transduktion erkennen ließen, alle in einem eng begrenzten DNS-Abschnitt in unmittelbarer Nachbarschaft des Genortes z liegen. Der sie durch seinen Mutationszustand kennzeichnende Ort wurde als o, dieser Typ konstitutiver Mutanten als o^c bezeichnet. Bezogen auf die Orte z und o erlaubt der Heterogenotentest die Prüfung der Wirkung der Cis-Anordnung $\frac{o^+ \ z^+}{o^c \ z^-}$, aber auch der Trans-Anordnung $\frac{o^+ \ z^-}{o^c \ z^+}$. Dabei erwiesen sich Zellen der Cis-Anordnung als vollinduzierbar, während die Trans-Anordnung ausschließlich konstitutive Zellen ergab. Der Ort o ist somit cis-dominant. Der zweite Typ konstitutiver Mutanten weist Mutationsorte auf, welche in einem nicht mit o identischen Bereich von der Größe eines Genortes lokalisiert sind. Dieser Ort, als i bezeichnet, ist ebenfalls mit dem lac-Cluster eng gekoppelt und liegt bei Schreibweise der Reihenfolge der übrigen Orte als o z y a links von o. i^--Mutanten zeigen bei Vornahme des Heterogenotentestes ein von c^c-Mutanten abweichendes Verhalten: Sowohl die Cis-Form $\frac{i^+ \ z^-}{i^- \ z^-}$ als auch die Trans-Form $\frac{i^+ \ z^-}{i^- \ z^+}$ erweisen sich als induzierbar. Sie sind somit gleichzeitig cis- und trans-dominant.

JACOB und MONOD deuteten diese Befunde durch eine Arbeitshypothese: Der Genort i beherbergt die Information über die Molekularstruktur einer Verbindung, welche am Ort o spezifisch gebunden wird (Abb. 204). Ist dies der Fall, dann kann die Transkription der folgenden Genorte z y a in Boten-RNS nicht vorgenommen werden: Es wird weder β-Galaktosidase, Permease, noch Transacetylase gebildet (Abb. 204a). Das Produkt von i wirkt damit als Repressor. Der Ort o wird als Operator bezeichnet. Er bildet zusammen mit den ihm benachbarten Stukturgenen, welche seiner regulierenden Wirkung unterstehen, ein Operon. Das Molekül der Lactose sowie dasjenige anderer als induzierende Agenzien wirkender β-Galaktoside und verwandter Verbindungen vermag ebenfalls entweder selbst

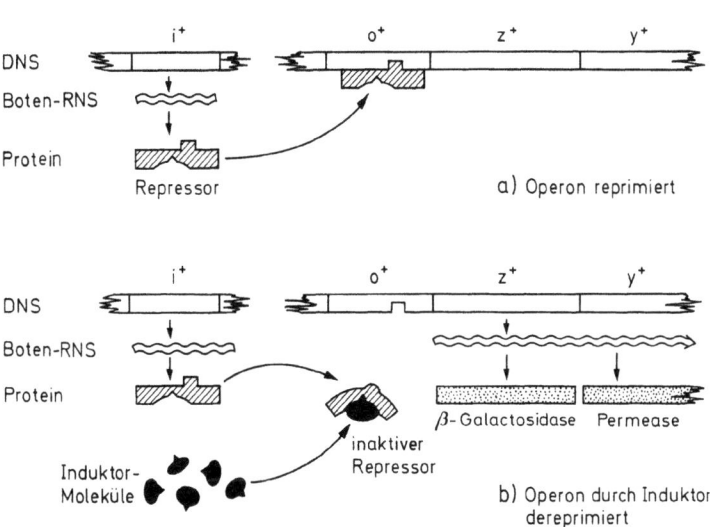

Abb. 204. Die Operon-Hypothese von JACOB und MONOD. Einzelheiten im Text

oder in Gestalt eines seiner Abbauprodukte als Induktor spezifisch mit dem Repressormolekül zu reagieren. Dessen Raumstruktur wird dabei in einer Weise verändert, welche den mit dem Operator reagierenden Wirkort des Repressors inhibiert. Repressormoleküle werden durch eine derartige, als allosterisch bezeichnete Reaktion mit Molekülen des Induktors reversibel inaktiviert und dabei vom Operator gelöst. Die Transkription des Operons kann dadurch wieder ungehindert vorgenommen werden (Abb. 204b). Die Operon-Hypothese erklärt, warum sich im Heterogenotenversuch o^c-Mutanten in Cis-Anordnung als induzierbar erwiesen (Abb. 205a). Unter diesen Bedingungen liegt ja das den Ort z^+ tragende Operon der Heterogenote im Wildtypzustand, also nach wie vor unverändert induzierbar vor. Das zweite Operon dagegen beherbergt den Ort o^c. Dessen Nucleotidsequenz ist durch Mutation derart verändert, daß der Repressor nicht mehr gebunden werden kann. Dieses Operon ist damit nicht mehr abschaltbar und produziert unkontrolliert Boten-RNS (Abb. 205b). Deren Informationsgehalt, bezogen auf z, wird

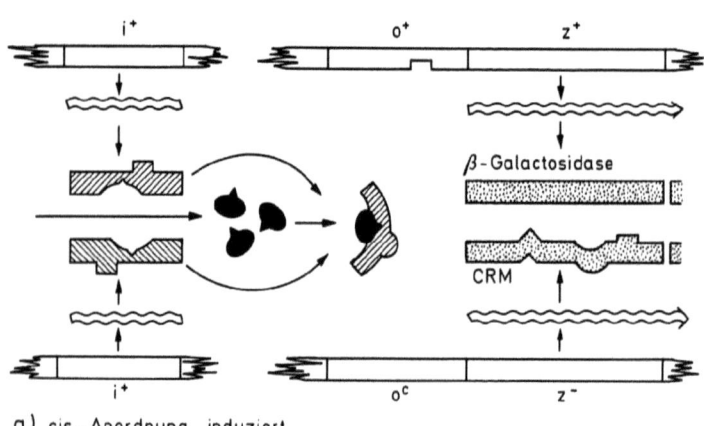

a) cis-Anordnung, induziert

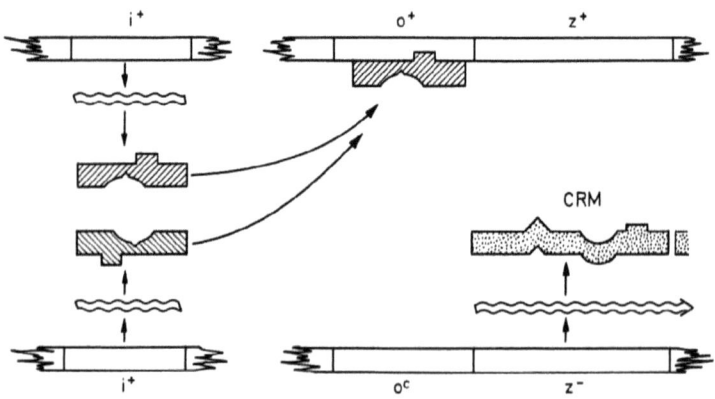

b) cis-Anordnung, reprimiert (= nicht induziert)

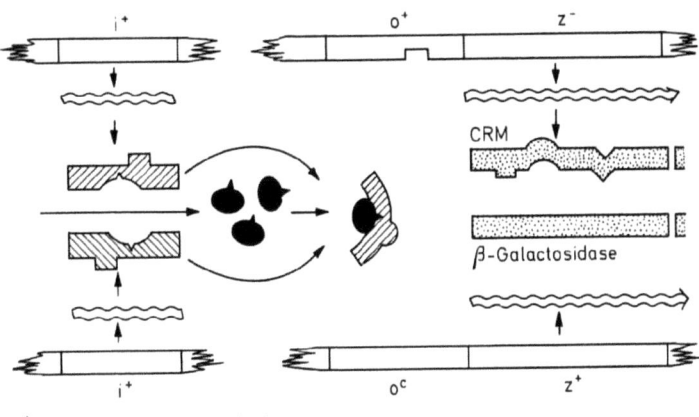

c) trans-Anordnung, induziert

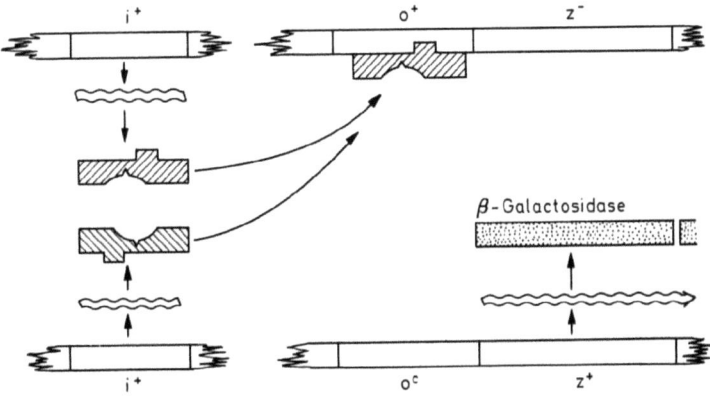

d) trans-Anordnung, reprimiert (= nicht induziert)

Abb. 205. Schematische Darstellung des Wirkungsmechanismus der Cis-Dominanz des Ortes o im Heterogenoten-Test. a, b. Cis-Anordnung: o^+ und z^+ einerseits sowie o^c und z^- andererseits liegen gemeinsam auf je einem der beiden homologen DNS-Abschnitte der Heterogenote. Das Operon ist in a induziert, in b reprimiert. c und d: Trans-Anordnung. o^c und z^- liegen auf verschiedenen homologen DNS-Abschnitten. Das Operon ist in c induziert, in d reprimiert

in dem oben beschriebenen Cis-Test durch den Mutationszustand von z^- bestimmt. Er erlaubt in dem geschilderten Versuch nur noch die Synthese eines der β-Galaktosidase sehr nahe verwandten Proteins ohne Enzymaktivität. Dieses Protein konnte serologisch als „cross reacting material" (CRM) nachgewiesen werden (Tabelle 13). In der Cis-Anordnung tritt es im Einklang mit der Operatorhypothese konstitutiv auf (Abb. 205b). In der Trans-Anordnung dagegen erscheint CRM nur nach Induktion (Abb. 205c, d). Der Genort z^- liegt dann ja in einem Operon, welches den Ort o im Wildtypzustand enthält.

Tabelle 13. Synthese der β-Galaktosidase und von CRM in heterogenoten o^c, z^--Mutanten des Cis- und Trans-Typs

Genotyp der Heterogenote		β-Galactosidase		CRM	
		nicht induz.	induz.	nicht induz.	induz.
cis	$\dfrac{o^+ z^+}{F'\ o^c z^-}$	−	+	+	+
trans	$\dfrac{o^+ z^-}{F'\ o^c z^+}$	+	+	−	+

Voraussetzung für die Wirksamkeit eines derartigen Regulationssystems ist die Eigenschaft des Repressors als Genprodukt in der Zelle frei zu diffundieren. Davon ausgehend, erklärten JACOB und MONOD den konstitutiven Charakter von i^--Mutanten durch die Annahme, daß diese anstelle eines aktiven Repressors überhaupt keine vergleichbaren Moleküle oder höchstens solche produzieren, welche nicht mehr am Operator zu binden und ihn daher auch nicht mehr zu blockieren vermögen. Diese Vermutung gründet sich auf die oben beschriebenen Beobachtungen an Heterogenoten des Typs i^-/i^+. In ihnen ist ja stets noch einer der beiden i-Genorte im Wildtypzustand vorhanden. Er vermag das andere Operon, welches einen i^--Mutationsort aufweist, mit funktionsfähigen Repressormolekülen zu beliefern. Cis- und Trans-Anordnung sind daher gleich wirkungsvoll.

Noch eine weitere durch die Operon-Hypothese geforderte Eigenschaft bestätigen Beobachtungen an i^--Mutanten. Der Repressor besitzt zwei unterschiedliche Funktionen. Er muß spezifisch am Operator zu binden vermögen und außerdem durch den Induktor inaktivierbar sein. Eine solche doppelte Anforderung setzt zwei verschiedene Bindungsstellen voraus. Das Repressormolekül muß daher zwei unterschiedliche Wirkorte aufweisen. i^--Mutanten sind, so vermuteten JACOB und MONOD, durch die Veränderung des mit dem Operator reagierenden Wirkortes des Repressors gekennzeichnet. Dann sollte es aber auch Mutanten geben, deren Induktor-Erkennungsort zur Funktionslosigkeit geändert vorliegt. Dies ist tatsächlich der Fall. Sie werden als i^s (superrepressor) bezeichnet. Lactose können sie überhaupt nicht mehr abbauen. Das liegt daran, daß noch so große Mengen von β-Galaktosiden sie nicht mehr zu inaktivieren vermögen. Die Operonhypothese sagt voraus, daß das Produkt des Genes i^s den Operator dauernd blockiert (Abb. 206) dadurch, daß ein Induktor mit ihnen nicht mehr zu reagieren vermag.

Hatten wir weiter die Folge der Orte o, z, y, a als Operon bezeichnet, so vermögen wir nun eine weitere Terminologie zu verstehen. Am Beispiel des lac-Operons gezeigt,

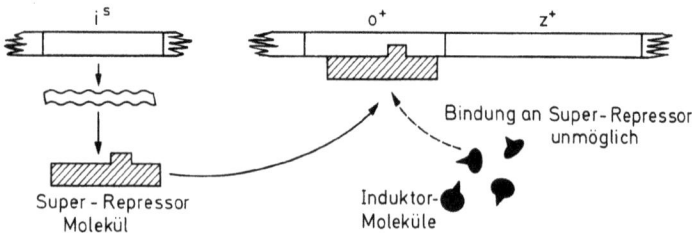

Abb. 206. Wirkungsweise der Mutation i^s, welche zur Erzeugung eines Superrepressors führt

sind die Gene z, y und a Strukturgene, welche Informationen über die Molekularstruktur von Enzymen beherbergen. o dagegen bezeichnet einen Ort, welcher als Nucleotidsequenz nicht, wie durch die Ein-Gen-ein-Polypeptid-Hypothese beschrieben, ein Genprodukt herstellt. Er ist kein Gen- sondern ein Kontrollort. i schließlich ist der Ort eines Regulator-Genes, welches im Falle des Lactose-Operons ein Genprodukt codiert, das als Repressor wirkt.

1.12 Der lac-Repressor

Die Nachprüfung der Aussagen über die Eigenschaften des Repressors wurde mit seiner Isolierung durch MÜLLER-HILL im Jahre 1966 möglich. Schon lange bevor diese Arbeiten durchgeführt wurden, war als Induktor bei Untersuchungen am lac-Operon nicht Lactose, sondern Isopropyl-Thiogalactosid (IPTG) benutzt worden. Diese Verbindung hat eine höhere Induktionswirkung als Lactose, wird aber von β-Galaktosidase nicht abgebaut. Sie läßt sich daher wesentlich besser dosieren. IPTG beweist durch diesen Reaktionsmodus gleichzeitig, daß die Befähigung zur Auslösung der Induktion völlig unabhängig von einer zweiten bei Lactose im gleichen Molekül gegebenen Eigenschaft ist, nämlich derjenigen, durch β-Galaktosidase gespalten zu werden. MÜLLER-HILL verwendete bei seinen Untersuchungen eine als i^q bezeichnete Mutante, welche gesteigerte Affinität zu IPTG aufwies. Dieser Tatbestand sollte dazu benutzt werden, Repressormoleküle zu binden und damit einen Weg zur Isolierung des Repressors zu eröffnen. Als Versuchsmethode diente die Dialyse. Zu ihrer Durchführung wurde ein hochkonzentrierter Extrakt aus Escherichia coli-Zellen in ein Säckchen, das aus einer Zellulosemembran bestand, gefüllt. Die Poren der Membran erlaubten nur kleineren Molekülen wie denen des Wassers, organischer Salze, aber auch des IPTG den Durchtritt. Proteinmoleküle dagegen wurden zurückgehalten. Der gefüllte, allseits geschlossene Dialysesack wurde in Wasser getaucht, in welchem radioaktiv markiertes IPTG gelöst war. Da dieses die Zellulosemembran ungehindert zu durchdringen vermochte, mußte sich die IPTG-Konzentration außerhalb und innerhalb des Sackes durch Diffusion bald ausgleichen. Tatsächlich nahm als Zeichen dafür die Radioaktivität innerhalb des Sackes schrittweise zu. Der im Sack befindliche Extrakt der i-Mutante zeigte jedoch zusätzlich eine Affinität zum IPTG: Die Radioaktivität innerhalb des Sackes erreichte bald Werte, welche über denen gleicher Raummengen der Dialyseflüssigkeit außerhalb des Sackes lagen. Offensichtlich hatten die zahlreichen, im Mutantenextrakt vorhandenen Repressormoleküle das IPTG gebunden. Sie selbst aber waren zu groß, um durch die Membranporen den Sack zu verlassen. Unter Benutzung der dadurch gegebenen selektiven Markierungsmöglichkeiten des Repressors wurde dieser schließlich angereichert. Er erwies sich als Protein, dessen Moleküle aus je vier Untereinheiten zusammengesetzt sind, von denen jede ein Molekulargewicht von 38000 aufweist.

Schon im Verlaufe dieser Untersuchungen ließ sich die oben genannte Voraussage von JACOB und MONOD bestätigen: Extrakte von i^s-Mutanten banden kein radioaktives IPTG. Die in ihnen vorliegenden Repressormoleküle wiesen offensichtlich eine diese Bindung verhindernde Änderung ihrer Struktur auf (Abb. 206). Die Proteinnatur des Repressors bedingt, daß er nicht direkt am Gen i gebildet wird, sondern ebenso wie die übrigen Proteine als sekundäres Genprodukt durch Translation einer an DNS-Mononucleotidsequenz von i transkribierten Boten-RNS am Ribosom entsteht. Der direkte Nachweis dieser Voraussage steht für den Repressor des lac-Operons noch aus. GAREN und Mitarbeiter haben ihn jedoch für den Repressor des Operons der alkalischen Phosphatase bereits 1964 geliefert. Auch die von JACOB und MONOD vorausgesagte direkte Bindung des Repressors an den Operator (Abb. 204) konnte in vitro durch MÜLLER-HILL nachgewiesen werden. Dazu wurden (Abb. 207) radioaktiv markierte Repressormoleküle mit DNS gemischt, welche den Operatorgenort enthielt. Im Sucrose-Gradienten zentrifugiert, sedimentiert DNS schneller als der Repressor. Letzterer bildet daher eine zentripetal zu

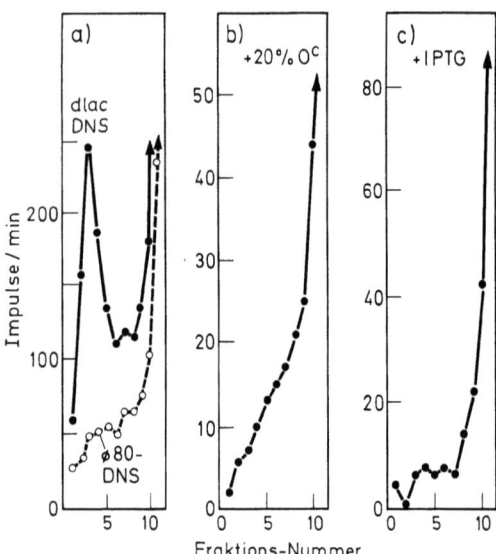

Abb. 207. In vitro Versuche zum Nachweis der direkten und spezifischen Bindung des lac-Repressors an den Operatorabschnitt der DNS sowie der Reaktion des Repressors mit dem Induktor. a) Radioaktiv markierter Repressor bindet spezifisch an DNS des $\Phi 80$ dlac-Phagen (durchgezogene Linie): bei Ultrazentrifugation entstehen zwei Banden. Die zentrifugale (Fraktion 3–6) enthält DNS + Repressor, die zweite (Fraktion 10 und höher) reinen Repressor. Bei Verwendung gleichartiger, den lac-Abschnitt nicht enthaltender $\Phi 80$-Phagen-DNS fehlt die DNS/Repressor-Bande (gestrichelt gezeichnete Linie). b) Die Operatorregion der dlac-Phagen-DNS entstammt einer o^c-Mutante. Ein zentrifugal gelegenes Maximum tritt nicht auf, da der Repressor an den o^c-Ort nicht zu binden vermag. c) Das in a nachgewiesene, durch spezifische Bindung zwischen lac-DNS und Repressor hervorgerufene Maximum verschwindet, wenn der Induktor IPTG hinzugegeben wird. Er reagiert mit den Repressor-Molekülen und löst sie vom Operatorort der lac-DNS. Aus GILBERT und MÜLLER-HILL 1967

derjenigen der DNS angeordnete Bande, welche die gesamte Radioaktivität enthält. Hat jedoch zuvor eine Bindung von Repressormolekülen an Operatorabschnitte stattgefunden, dann muß ein Teil der Radioaktivität auch in der zentrifugalen DNS-Bande zu finden sein. Technisch ergab sich für die dadurch nahegelegte Versuchsdurchführung eine Schwierigkeit: Das riesige Makromolekül der Bakterien-DNS enthält jeweils nur einen einzigen lac-Operator. Dieser bindet, so konnte angenommen werden, ein einziges Repressormolekül. Es würde kaum möglich sein, unter diesen Bedingungen auch bei erfolgreich durchgeführter Bindung die winzigen auftretenden Radioaktivitäten nachzuweisen. Ein genetischer Kunstgriff half jedoch weiter. Aus den Phagen $\Phi 80$ und λ wurde ein Hybrid hergestellt, welcher das lac-Operon, eingebettet in Phagen-DNS, enthielt, deren Mononucleotidzahl etwa ein Hundertstel derjenigen der Escherichia coli DNS betrug. Ein Gemisch davon mit ^{35}S-markierten Repressor-Molekülen ergab bei Zentrifugierung im Sucrosegradienten tatsächlich zwei radioaktive Banden: die des reinen Repressors und diejenige der mit Repressor beladenen DNS (Abb. 207a).

Die Spezifität der Repressorbindung an das Wildtyp-Operatorgen beweisen zwei Kontrollversuche. Im ersten wurde die DNS aus einem Φ 80 λ-Hybridphagen gewonnen, welcher das lac-Operon einer o^c-Mutante enthielt. Bei gleicher Versuchsdurchführung zeigte der Repressor nur eine sehr geringe Affinität zu dieser DNS (Abb. 207b). Entstammte die DNS schließlich gar einem Φ 80 λ-Phagen, welcher kein lac-Operon beherbergte, dann fand überhaupt keine Bindung von Repressor-Molekülen statt (Abb. 207a). Ein dritter Versuch bestätigte die Aussage dieser Kontrollen und gleichzeitig eine der Voraussagen, welche JACOB und MONOD als Folgerung aus der Operator-Hypothese gemacht hatten: Die Zugabe von IPTG, also von Molekülen des Induktors, zu DNS, an welche Repressor-Moleküle gebunden waren, setzte letztere wieder frei (Abb. 207c). Ein solches Gemisch zeigte im Gradienten keine radioaktive DNS-Bande mehr. Der Induktor ist damit, wie der in vitro-Test zeigt, in der Lage, die Bindung des Repressors an den Operator wieder aufzuheben. Die direkte Bindung des Repressors an einen bestimmten DNS-Abschnitt, erhellt noch einen weiteren grundsätzlich wichtigen Zusammenhang: Da DNS der Ort der Transkription ist und nur auf diesem Wege genetisch wirksam wird, bedeutet die Hemmung der genetischen Aktivität durch den Repressor, daß durch ihn die Transkription blockiert wird. Die Regulation der Genwirkung durch das System Operator/Repressor findet damit auf der Ebene der Transkription statt. Koordinierte Enzyminduktion ist somit Steuerung der Synthese der Boten-RNS des betreffenden Operons.

Der Grad der Trägheit und damit Leistungsfähigkeit eines solchen Steuerungssystems hängt stark von der Lebensdauer dieser Boten-RNS ab. Wird sie erst nach längerer Zeit wieder abgebaut, besitzt sie also eine große Halbwertzeit, dann wird das Regulationssystem nur sehr träge der Veränderung der Umweltbedingungen folgen, welche das Verschwinden des Induktors im Außenmedium bedeutet. Es ist daher zu fordern, daß die Boten-RNS eines solchen Operons nur kurze Zeit funktionsfähig bleibt. Bei der Besprechung der Entdeckung der Boten-RNS wurde bereits gezeigt, daß dies der Fall ist. Schon nach wenigen Minuten ist radioaktive markierte Boten-RNS des lac-Operons wieder abgebaut (Abb. 127). MORSE, MOSTELLER, BAKER und YANOFSKY haben am Operon, das, wie im folgenden noch dazustellen sein wird, die Transkription der Enzyme der Tryptophan-Synthese reguliert, diesen Fragenkomplex untersucht. Die dabei erzielten Ergebnisse führen zu dem Schluß, daß die Boten-RNS dieses, und damit wohl auch diejenige anderer Operons, durch eine dichtgepackte Gruppe von Ribosomen transkribiert wird. Sie folgen unmittelbar dem Molekül der RNS-Polymerase, welches zuvor dieses Boten-RNS Molekül transkribierte. Seine Translation wird von jedem der einzelnen Ribosomen der Gruppe nur einmal vorgenommen. Unmittelbar auf das letzte dieser Ribosomen folgt nämlich eine als RNase V bezeichnete Exonuclease, welche in $5'\rightarrow 3'$-Richtung das Boten-RNS-Molekül wieder abbaut. Hybridisierungsversuche zwischen DNS und Boten-RNS des lac-Operons zeigen darüber hinaus, daß die Menge der letztgenannten sehr eng der Änderung der Induktorkonzentration folgt.

Die dargestellten in vitro-Versuche erlaubten durch Anwendung von Denkweisen der physiologischen Chemie zusätzliche quantitative Aussagen über das System Operator/Repressor: In einer Escherichia coli-Zelle, sind etwa zehn Moleküle des lac-Repressors vorhanden. Sie machen rund 0,002% des Zellgesamtproteins aus. Diese Zahl zeigt besser als jede andere, welch große Leistung mit der Isolierung des Repressors erbracht wurde. Die Synthese des Repressors unterliegt nicht der Regulation durch das Operon. Sie erfolgt konstitutiv. Bindung des Repressors findet nur an Doppelstrang-DNS, nicht aber an Einzelstränge statt. Dazu sind, so läßt sich berechnen, rund ein Dutzend Basenpaare notwendig. Der Operator dürfte daher eine wesentlich geringere Mononucleotidanzahl aufweisen als ein Genort durchschnittlicher Größe. Wir werden im folgenden noch erfahren, daß sich diese Voraussage auch experimentell beweisen läßt.

1.13 Polycistronische Boten-RNS

Das System Operator/Repressor reguliert, so sahen wir, die Aktivität aller Strukturgene eines Operons. Als spezifisches Proteinmolekül bindet sich bei Abwesenheit eines Induktors der Repressor an den Operator und blockiert diesen Abschnitt der DNS. Seine Wirkung spielt sich damit auf DNS-Ebene ab. Daraus hatten wir gefolgert, daß die Regulation der Genwirkung eines solchen Operons in der Blockierung oder Freigabe der Transkription besteht. Im lac-Operon findet eine koordinierte Repression aller Strukturgene durch einen einzigen Operator statt. Das einfachste Mittel dazu ist die Transkription der gesamten Folge der Strukturgene durch ein einziges Boten-RNS-Molekül, das, am Operator beginnend, von der DNS-abhängigen RNS-Polymerase synthetisiert wird. Die logische Folgerichtigkeit dieser bereits 1961 von JACOB und MONOD angestellten Überlegungen führte diese Autoren schon am Beginn der Erforschung des lac-Operons dazu, eben diese eine „polycistronische" Boten-RNS je Operon zu fordern. ATTARDI und Mitarbeiter konnten drei Jahre später die Richtigkeit der Hypothese experimentell bestätigen. Es gelang ihnen unter Verwendung der DNS-RNS-Hybridisierungstechnik Boten-RNS Moleküle des lac-Operons zu isolieren.

Die Grundlagen dieser Methode sind folgende: Einsträngige Boten-RNS ist definitionsgemäß demjenigen DNS-Einzelstrang komplementär, an dem sie durch die RNS-Polymerase synthetisiert wurde. Bei Beachtung bestimmter Versuchsbedingungen, welche sich besonders auf die Arbeitstemperatur und das Ionenmilieu beziehen, läßt sich daher zwischen solcher Boten-RNS und dem ihr homologen Abschnitt eines DNS-Einzelstranges ein Hybrid herstellen. Der betreffende DNS-Einzelstrang wird zuvor durch Schmelzen des Doppelstranges gewonnen. Die Bildung solcher Hybride ist mindestens ebenso spezifisch wie diejenige zwischen mehr oder weniger homologen DNS-Einzelsträngen verschiedener Herkunft, die wir bereits im Kapitel über thermische Re- und Denaturierung der DNS kennenlernten. Selbstverständlich können die Einzelstränge durch thermische Behandlung des DNS-RNS-Hybrids wieder voneinander getrennt und die RNS rein zurückgewonnen werden.

Mit dieser Hybridisierungstechnik ist es möglich, aus einem Gemisch zahlreicher Boten-RNS-Typen einen ganz bestimmten herauszufangen, nämlich denjenigen, der zu der Nucleotidsequenz der angebotenen Einstrang-DNS paßt. Die Reinheit der schließlich erhaltenen Boten-RNS hängt unmittelbar davon ab, ob die zur Hybridisierung benutzte DNS außer den in der gesuchten RNS transkribierten noch weitere Genorte aufweist. ATTARDI und Mitarbeiter benutzten als Lieferanten der lac-DNS Zellen von Serratia marcescens, welche ein aus Escherichia coli stammendes F-lac-Episom beherbergten. Serratia-DNS und F-lac-DNS lassen sich chromatographisch trennen: Sie eluieren bei verschiedener Kochsalzkonzentration von einer methylierten Albuminsäule. Die so erhaltene DNS bestand zu etwa 90% aus den Genorten des lac-Abschnittes. lac-Boten-RNS schließlich wurde aus einem diploiden, induzierten Escherichia coli-Stamm $i^+z^+y^-/F\,i^+z^+y^+$ zunächst verunreinigt mit anderen Boten-RNS-Typen gewonnen. Die Reinigung erfolgte dadurch, daß Einstrang-DNS einer Escherichia coli-Mutante, welche eine, den gesamten lac-Abschnitt umfassende Deletion aufwies, mit dem Boten-RNS-Gemisch zur Hybridisierung gebracht wurde. Dabei blieben die Moleküle der lac-Boten-RNS übrig. Ihre Befähigung, die nach obiger Darstellung zuvor gewonnenen lac-DNS zu hybridisieren, bewies schließlich ihre Reinheit.

Die Ultrazentrifugierung solcher Boten-RNS-Moleküle ergab einen Sedimentationskoeffizienten, der für ein RNS-Molekül bezeichnend ist, welches das gesamte Operon transkribiert hat. Untersuchungen an anderen Operons führten zu gleichen Aussagen. Sie erhielten eine Ergänzung und Bestätigung durch Bestimmung der Sedimentationswerte der Boten-RNS von lac-Operons, welche Deletionen führten. Deren Boten-RNS erwies sich kleiner als die des Wildtyps. Die Reduzierung der Molekülgröße stand dabei in enger Korrelation mit der Größe der Deletion. KIHO und RICH untersuchten die Translation dieser Boten-

RNS-Moleküle am Ribosom. Sie stellten fest, daß ein Polyribosomkomplex diese Ablesung vornimmt. Seine Größe, die Zahl seiner Einzelribosomen, steht in engem Zusammenhang mit der Größe des RNS-Moleküls: Deletionsmutanten, deren Boten-RNS-Moleküle, wie oben dargestellt, kleiner als die des Wildtyps sind, werden von ebenfalls kleineren Polyribosomenkomplexen übersetzt.

1.14 Polare Mutanten im Operon

Auf der Ebene der Translation der genetischen Information der Boten-RNS des lac-Operons spielt sich eine weitere Erscheinung ab, welche den besonderen Phänotyp einer bestimmten Klasse von Mutanten verursacht. JACOB und MONOD hatten Mutanten beschrieben, die sie als o^0 bezeichneten, und deren Mutationsort im Operator zu liegen schien. Die Strukturgene des lac-Operons solcher Mutanten erwiesen sich sämtlich als inaktiv. BECKWITH konnte später zeigen, daß die Mutationsorte der sogenannten o^0-Mutanten nicht mit ausreichender Genauigkeit bestimmt worden waren. Diese finden sich nicht in o, sondern im proximalen Abschnitt des benachbarten Genes z, also nahe der Grenze zum Operator. Die analysierten Mutanten erwiesen sich damit zu einer Klasse gehörig, die auch vorher schon im lac-Operon beobachtet worden war und als polar bezeichnet wird. Sie ist dadurch gekennzeichnet, daß nicht nur die Aktivität des mutierten Genortes, sondern in mehr oder weniger großem Ausmaß auch diejenige der in Transkriptionsrichtung folgenden Genorte, vom Mutationsort polar ausgehend, reduziert wird. Der Grad dieser Reduktion hängt stark von der Lage des Mutationsortes innerhalb des Genortes ab. Liegt er in Transkriptionsrichtung betrachtet im proximalen Abschnitt, also am Anfang des Genortes, dann führt er zu einem Maximum der blockierenden Wirkung. Diese verringert sich stark mit seiner Verschiebung in Richtung Mitte oder gar distalem Genabschnitt (Abb. 208). Ein eindrucksvolles Beispiel sind die obengenannten, irrtümlich mit

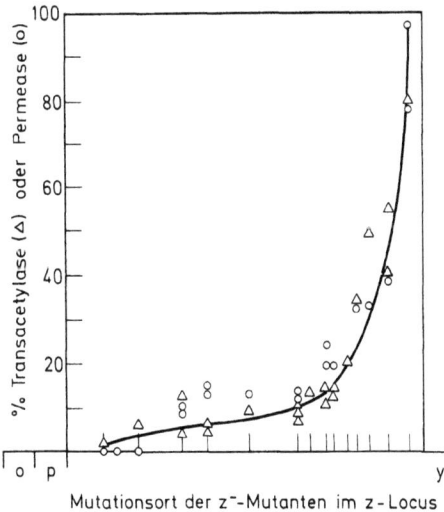

Abb. 208. Polaritätsgradient von Stopmutanten des z-Genortes. Darstellung des Ausmaßes der Transacetylase- und Permeaseaktivität in Abhängigkeit von der Lage des Mutationsortes der einzelnen Mutanten im z-Locus. Aus NEWTON et al. 1965

o⁰ bezeichneten Mutanten des proximalen Abschnittes von z, welche die Expression der Orte y und a völlig blockieren. Die Wirkungsdosis polarer Mutanten zeigt damit einen Gradienten, welcher durch die Lage des Mutationsortes im Gen bestimmt ist und in Translationsrichtung abnimmt. Dabei beginnt in jedem der Strukturgenorte der Gradient von neuem. Seine Steilheit wird mit zunehmender Entfernung des betreffenden Genortes zum Operatorende geringer. Das Ausmaß der inaktivierenden Wirkung auf die folgenden Genorte ist somit einerseits von der Lage des Mutationsortes in dem betreffenden Genort, aber auch von der Position dieses Genortes im Operon abhängig. Dabei wird die größte Wirkung stets bei operatornaher Lage erzielt.

Ansätze zum Verständnis des Wirkungsmechanismus polarer Mutanten ergaben sich aus der Analayse der zur Mutation dieses Typs führenden, molekularen Veränderung der DNS. Keine der polaren Mutanten produziert ein serologisch nachweisbares CRM. Damit lag der Verdacht nahe, daß es sich um Stopmutanten des amber-(UAG), ochre-(UAA) oder nonsense-(UGA) Typs handelte. Den ersten Beweis dafür lieferte BECKWITH dadurch, daß es ihm gelang, einige der polaren Mutanten des Lactose-Operons durch amber-Suppressoren zu unterdrücken, die ihre Träger also wieder zu Wildtypleistungen veranlaßten. Andere Autoren schließlich wiesen für das lac-, Histidin-, und Tryptophan-Operon nach, daß polare Mutanten stets zu einem der drei Typen der obengenannten Stopmutanten gehören. MARTIN schließlich konnte 1966 zeigen, daß auch Rasterschubmutanten eine polare Wirkung aufzuweisen vermögen. Dabei dient der Mechanismus des Rasterschubs offenbar nur dazu, eines der drei Stop-Codons hervorzubringen. Diese zunächst als Vermutung gemachte Aussage ließ sich beweisen: In Abb. 209a ist eine angenommene Triplett-Sequenz der DNS des Wildtyps dargestellt. Durch Einfügen eines C in das dritte Triplett entsteht (b) als viertes Triplett ein amber-Codon. Die dadurch erzeugte Mutante ist polar. Ihre Tripletts 3 bis Gen-Ende kodieren Aminosäuren, die sich von denen des Wildtyps codierten unterscheiden. Diese Mutante wird, wie in c gezeigt, durch Deletion eines A revertiert. Jetzt codieren nur noch Triplett 2 und 3 „falsche" Aminosäuren. Das amber-Codon aber ist verschwunden. Die Mutante ist nicht mehr polar. Um ihre Polarität zu erhalten, müssten, so sollte man annehmen, die Orte des Rasterhin- und -rückschubes das amber-Codon eingabeln, in unserem Falle also eine Deletion rechts vom amber-Codon liegen. Eine solche Doppelmutante (d) hebt jedoch weder die Polarität auf, noch ist sie eine Reversion. Der Rasterrückschub im 5. Codon wird ja wegen des in Ableserichtung vorher liegenden amber-Codons gar nicht mehr abgelesen. Reversionen polarer Rasterschubmutanten müssen daher immer unpolar sein.

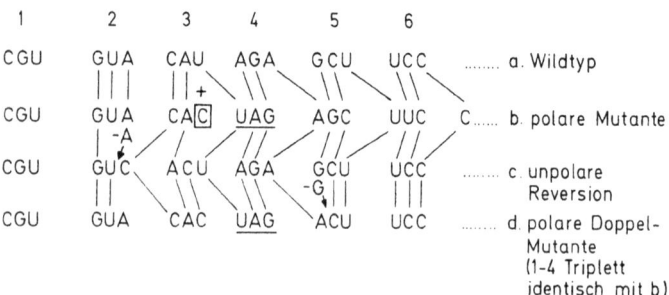

Abb. 209. Entstehung eines Stop-Codons als Ursache der polaren Auswirkung einer Mutation durch Rasterschub sowie ihrer unpolaren Reversion als Rasterschub-Doppelmutante. Einzelheiten im Text

Diese Aussage ließ sich durch die Beobachtung bestätigen und damit die Richtigkeit der Überlegungen aufzeigen.
Der Nachweis, daß polare Mutanten Stopmutanten sind, ist der Ausganspunkt für eine Analyse des Mechanismus, welcher die Polarisationswirkung hervorruft. Ribosomen beendigen beim Erreichen eines Stopcodons sofort die Translation und fallen, wie WEBSTER und ZINDER zeigten, von der Boten-RNS ab. MORSE, MOSTELLER und YANOFSKY wiesen jedoch nach, daß die Translation nicht notwendigerweise und ausschließlich am äußersten 5'-Ende eines Boten-RNS-Moleküls beginnen muß. Es bestünde somit durchaus die Möglichkeit, daß in Ableserichtung jenseits eines Stopcodons erneut die Translation des verbliebenen Restes des Boten-RNS-Moleküls vorgenommen werden könnte. Das Vorhandensein einer ausgesprochen polaren Wirkung der Stopmutanten legt daher nahe, daß der distal vom Stopcodon gelegene Boten-RNS-Abschnitt der Translation nicht zur Verfügung steht. Verschiedene Autoren konnten für polare Mutanten des lac- und trp-Operons tatsächlich auch Boten-RNS-Moleküle nachweisen, denen dieser Abschnitt fehlte. MORSE und YANOFSKY erklärten diesen Befund durch die folgende Hypothese: Das Abfallen des Ribosoms setzt den zum Stopcodon distal gelegenen Boten-RNS-Abschnitt vorzeitig dem Angriff von Endonucleasen aus, welche zu einem unnormal schnellen Abbau führen. Geschieht dieser mit der gleichen Geschwindigkeit wie die Verwirklichung der Möglichkeit für Ribosomen, jenseits des Stopcodons erneut mit der Translation zu beginnen, so wird der RNS-Abschnitt zerstört, bevor er in eine Aminosäuresequenz übersetzt wurde.

Wenn diese Degradations-Hypothese den Reaktionsmechanismus polarer Mutanten richtig beschreibt, sollten, wie MORSE und GUERTIN feststellen, vier Voraussagen zutreffen: 1. Unter geeigneten Bedingungen sollte der normalerweise vorschnell dem Abbau unterliegende Boten-RNS-Abschnitt nachweisbar sein. 2. Wird dieser Abbau durch die Reaktion einer Endonuclease eingeleitet, dann sollte es für diese defizienten Mutanten geben, deren Mutationsort, in polaren Mutanten eingekreuzt, die Polarität aufheben müßte. 3. Erfolgt der vorschnelle Abbau des Boten-RNS-Segmentes von einem durch die Endonuclease freigelegten 5'-Ende her durch eine Exonuclease, dann müßten Bedingungen, welche eine solche Exonucleasewirkung inhibieren, auch die polare Wirkung aufheben. 4. Die Arbeitshypothese unterstellt als primäre Ursache der Auslösung des Wirkungsmechanismus polarer Mutanten das Abfallen des Ribosoms am Stopcodon und die damit hervorgerufene, vorzeitige Freilegung des nicht mehr abgelesenen RNS-Abschnittes. Eine gleiche Wirkung sollte durch experimentell herbeigeführten Translationsstop erzeugt werden, der damit zu einer künstlichen Polarisationswirkung führen müßte. Alle vier Voraussagen konnten von den Autoren experimentell erhärtet werden: In polaren trp-Mutanten ließ sich normale Synthese, aber unnormal schnellerer, vorzeitiger Abbau des nicht abgelesenen Boten-RNS-Abschnittes nachweisen. In Übereinstimmung mit der zweiten Voraussage erlaubten polare Mutanten, welche zusätzlich den Mutationsort su-A beherbergen, die Gewinnung dieses nicht abgelesenen Boten-RNS-Abschnittes. su-A-Mutanten fehlt die Aktivität einer für die Zelle nicht lebenswichtigen Endonuclease, von der nach dem vorstehenden angenommen werden kann, daß sie durch ihre Wirkung den jenseits des Stopcodons gelegenen Abschnitt des Boten-RNS-Moleküls zum vorzeitigen Abbau vorbereitet. Der normale Ablauf des durch Exonuclease katalysierten Abbaues dieses Abschnittes wird durch Aminosäureentzug polarer Mutanten gestört und gleichzeitig, wie von der dritten Voraussage gefordert, die polare Wirkung der Mutation aufgehoben. Dieser Vorgang läßt sich nur an polaren Mutanten beobachten, welche, hervorgerufen durch eine zusätzliche Mutation des Genortes RC zu RC^{st}, dem „stringent"-Phänotyp angehören. In ihm führt Aminosäureaushungerung zu drastischer Verringerung der RNS-Synthese. In dem als „relaxed" bezeichneten Wildtyp RC, welcher diese Erscheinung nicht aufweist, führt Chloramphenicol zur Blockierung der Translation. Dadurch wird der nach Aussage 4 geforderte Zustand der Zelle hergestellt. Als sein Ergebnis entsteht künstlich ein Phänotyp, welcher dem polarer Mutanten ähnelt. IMAMOTO und KONO haben am gleichen Objekt, dem Tryptophan-Operon von E. coli, ebenfalls versucht, den Entstehungsmechanismus der polaren Wirkung durch Mutation von Stopcodons zu analysieren. Sie kamen zu dem Schluß, daß die Polarität durch eine Kopplung der vorzeitig beendeten Translation mit der Transkription hervorgerufen wird. Es bleibt abzuwarten, wie weit sich diese Aussage mit den Befunden von MORSE und GUERTIN sowie denen anderer Autoren in Einklang bringen läßt.

1.15 Der Promoter

Wir hatten im vorstehenden den Operator des lac-Operons als einen Ort kennengelernt, dessen Blockierung durch den Repressor die Transkription der Strukturgene unmöglich macht. In nicht-reprimiertem Zustand schaltet er das Operon ein, mit angeheftetem Repressor steht seine Schaltstellung auf „aus". Sind mit dieser Feststellung alle Struktur-elemente des lac-Operons genannt, alle Funktionen beschrieben? Versuche und Beobachtungen verschiedener Autoren erlauben es, diese Frage zu verneinen.

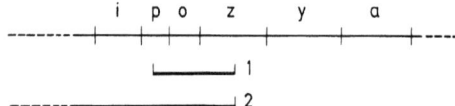

Abb. 210. Lage und Ausmaß der Deletion zweier Mutanten des lac-Operons. Nach JACOB et al. 1964

Schon 1964 beschrieben JACOB, ULLMANN und MONOD Deletionsmutanten des lac-Operons, in denen der Operator und Teile des z-Genes fehlten, die Orte y und a dagegen unverändert vorlagen (Abb. 210, 1). Man könnte glauben, daß diese Mutanten für y und a konstitutiv sein sollten, denn die Möglichkeit des Ausschaltens durch den Operator ist ja mit dessen Wegfall nicht mehr gegeben. Ganz im Gegenteil aber synthetisierten die genannten Mutanten überhaupt keine β-Galaktosidpermease und Transacetylase mehr. Sie taten dies nur dann, wenn sich die Deletion über o und i hinaus erstreckte (Abb. 210, 2). Der Anfangspunkt der Transkription oder anders ausgedrückt, der Einsatzpunkt für die DNS-abhängige RNS-Polymerase und damit die Voraussetzung für die Transkription des lac-Operons mußte daher außerhalb von o liegen. Wie aber läßt sich dann die Synthese von Permease und Transacetylase durch Mutanten deuten, deren Deletion in z beginnend i mit einschließt? Zwei Beobachtungen geben darauf eine vorläufige Antwort. JACOB und Mitarbeiter konnten zeigen, daß in der von ihnen genauer analysierten Mutante proximale Teile des z-Genes des lac-Operons unmittelbar an den Genort β eines anderen, des pur-Operons (pur = Purin-Synthese) angrenzten (Abb. 211a). BECKWITH und Mitarbeiter schließlich beschrieben eine Deletionsmutante (Abb. 211b), deren unvollständiger Genort z unmittelbar

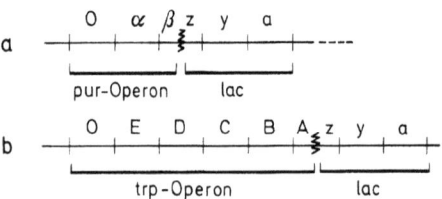

Abb. 211. Zwei Deletion-Fusions-Mutanten des lac-Operons mit Teilen des a) pur-Operons, b) trp-Operons. Einzelheiten im Text. Aus BECKWITH 1967

mit dem Genort A des Tryptophan-Operons verbunden war. In beiden Fällen führte die Anwesenheit von Purinen bzw. Tryptophan im Medium zu nahezu völliger Repression der Synthese der Genprodukte von y und a, während Derepression der Purin- bzw. Tryptophansynthese gleichermaßen eine Derepression der Funktion der verbliebenen Gene des lac-Operons bedingt. Dieses wurde damit der regulativen Wirkung eines jeweils anderen Operons unterstellt.
Was bedeuten diese Befunde? Zur Funktion eines Operons genügt offensichtlich nicht allein die Schaltwirkung des Operators. Es wird zusätzlich ein weiterer Ort benötigt, der als Erkennungsort und Ansatzpunkt der DNS-abhängigen RNS-Polymerase dient, welche die Transkription durchführt. Fehlt dieser, so kann unabhängig vom Vorhandensein oder Zustand des Operators keine Transkription vor sich gehen. Die oben dargestellten Beobachtungen legen nahe, diesen Ort in unmittelbarer Nähe von o zu suchen. Kartierungen zeigen, daß er in der uns gewohnten Reihenfolge o z y a links von o liegt. Er wird als Promoter (p) bezeichnet (Abb. 210). Ein durch Deletion promoterlos gewordenes Operon kann, wie die oben beschriebenen Beobachtungen ebenfalls zeigen, vom Promoter des in Ableserichtung der RNS Polymerase vorangehenden Operons mit versorgt werden.

Eine zweite Gruppe von Beobachtungen und Versuchen beweist eine weitere Eigenschaft des Promoters. IPEN und Mitarbeiter isolierten 1968 cis-dominante Mutanten des lac-Operons, deren koordinierte Rate der Expression der Gene z, y und a auch bei maximaler Induktion beträchtlich unter derjenigen des Wildtyps blieb. Mit Hilfe von Deletionen ließ sich der Mutationsort und Ansatzpunkt dieser Mutanten in dem Gebiet zwischen o und i eingabeln und damit als im Promoter liegend sicherstellen. Offensichtlich wiesen sie eine erniedrigte Rate der Inition der Translation auf. BECKWITH hat diesen Zusammenhang unter Verwendung von Transpositionsmutanten des lac-Operons eingehend untersucht. Solche Mutanten haben wir bereits im Zusammenhang mit der begrenzten Transduktion kennengelernt. Einige wiesen lac-Regionen in unmittelbarer Nähe des Prophagen Φ 80 auf. Auch ihn kennen wir bereits und wissen, daß er zu begrenzter Transduktion befähigt ist und in gleicher Weise Hft-Lysate wie der Phage λ ergibt. Sein Prophagensitz att_{80} ist in unmittelbarer Nähe des Tryptophan-Operons (Abb. 212a). BECKWITH benutzte zu seinen Versuchen Φ 80-Phagen, in deren DNS ein transponiertes lac-Operon der Wirtszelle integriert vorlag (Abb. 212b). Bei Transduktion gelangte es nach Integration der DNS des transduzierenden Partikels in unmittelbare Nähe des Tryptophan-Operons der Empfängerzelle. Für den im vorliegenden uns beschäftigenden Fragenkomplex gewannen diese Versuche dadurch Interesse, daß es gelang, verhältnismäßig leicht durchzuführende Selektionsmethoden für Deletionsmutanten im Bereich zwischen dem transponierten lac-Operon und dem Tryptophan-Operon zu entwickeln. Eine Deletion mit der Bezeichnung L 1 (Abb. 212c) umfaßt i und den größten Teil von p. Durch sie wird einerseits bestätigt, daß i und p eng benachbart sind. Außerdem zeigt diese Mutante interessante weitere Wirkungen. Die Syntheserate der Gene des lac-Operons ist bei voller Induktion auf rund 1% der Norm reduziert, ein erneuter Hinweis darauf, daß p die Rate der Transkription bestimmt. Weitere Fusions-Deletionsmutanten, welche eine unmittelbare Verbindung von Teilen des lac- und Tryptophan-Operons beherbergen, weisen Eigenschaften auf, die uns aus dem bisher Abgeleiteten verständlich werden und die geschilderten Hypothesen der Operon-Wirkung erhärten. Erstreckt sich die Deletion vom Promoter-Abschnitt des lac-Operons bis weit in die Strukturgene des Tryptophan-Operons (Abb. 212c, L II), dann erweist sich das erstere nur bei Erfüllung von zwei Bedingungen als reprimierbar. Durch ein F-Episom muß der Ort i in die Zelle eingebracht werden und außerdem das Tryptophan-Operon dereprimiert vorliegen. Unter diesen Bedingungen startet die Transkription im Promoter des Tryptophan-Operons und geht bis in das Ende des lac-Operons weiter. Der Genort i des F-Episoms liefert den Repressor, welcher bei Fehlen des Induktors den noch vorhandenen Ort o des lac Abschnittes blockiert. Wird in solchen Mutanten dagegen kein Ort i durch F-Duktion eingeführt, dann richtet sich die Transkription

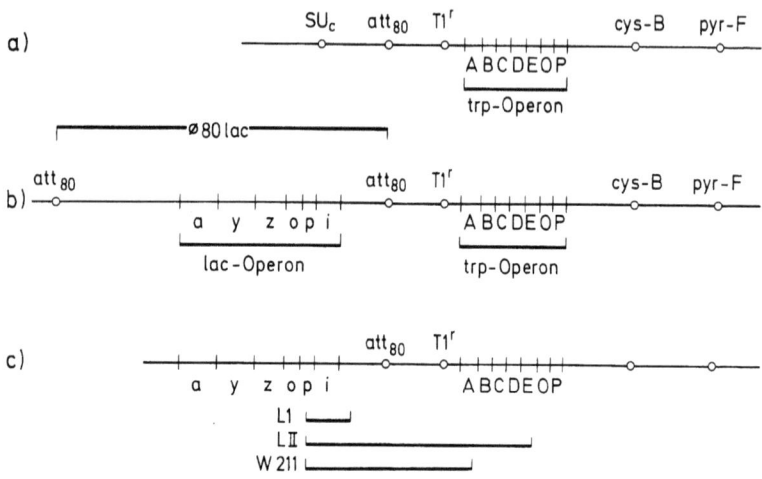

Abb. 212. Transpositionsmutanten der lac-Region nach Transduktion mit Φ80lac. a) Lage der Integrationsstelle (att 80) für Φ 80 in der Nähe des trp-Operons. b) Der transduzierende Prophage Φ80 lac ist integriert. c) Lage und Ausmaß von drei Deletions-Fusions-Mutanten des in b dargestellten Chromosomenabschnittes von E. coli

der Strukturgene des lac-Operons nach dem Zustand des Operators des Tryptophan-Operons. Sie wird nur dann durchgeführt, wenn dieser dereprimiert ist. ERON, MORSE, REZNIKOFF und BECKWITH benutzten zu ihren Untersuchungen die Fusions-Deletions-Mutante W 211. Die sie kennzeichnende Deletion beginnt im Promoter des lac-Operons und erstreckt sich bis in den Genort A des Tryptophan-Operons (Abb. 212c). Die Regulation beider Operons wird daher durch den trp-Operator und -Promoter ausgeübt. DNS-RNS Hybridisierungen ergaben die Vereinigung einer Fraktion der lac- und trp-Boten-RNS zu einem gemeinsamen Molekül. Damit wird bewiesen, daß zumindest ein Teil der RNS-Polymerase-Moleküle, welche mit der Transkription am Promoter des trp-Operons beginnen, diese ohne Unterbrechung bis in die Genorte des lac-Operons fortführen.

Promoter-Mutanten lassen sich auch durch chemische Mutagene induzieren. Die Änderung eines einzigen Basenpaares und nicht nur Deletionen mehr oder weniger großen Ausmaßes beeinflussen die Promoter-Wirkung. Dafür spricht auch die Beobachtung, daß sich solche Punktmutanten durch Mutagene wieder zum Wildtyp zurückmutieren lassen. Aus diesem Zusammenhang ergibt sich eine weitere Fragestellung. Verursacht ein gegebener Promoter im Wildtyp bereits eine maximale Translationsrate? Hinter dieser Frage steht die Vermutung, daß jeder Promoter durch seine spezifische Nucleotidsequenz, die im Laufe der Evolution selektiert wurde, eine Transkriptionsrate der ihm angeschlossenen Strukturgene bedingt, welche optimal für den Gesamthaushalt der Wirtszelle ist. Wenn dies zutrifft, dann sollten nur wenige Strukturgen-Folgen mit maximaler Rate und damit Ergiebigkeit abgelesen werden. Mutationsversuche sprechen für die Richtigkeit dieser Vorstellung. Aus der Bakterien- und Phagengenetik sind zahlreiche Fälle von Mutanten bekannt, welche für die Einzelstücke der Moleküle eines bestimmten Proteins eine weit höhere Syntheserate aufweisen als der Wildtyp. Häufig sind in solchen Mutanten ganze Gengruppen davon betroffen. Ein gut untersuchtes Beispiel dafür bilden die C_{17}-Mutanten des Phagen λ. Ihre DNS ergibt auch in vitro mit RNS-Polymerase eine höhere Transkriptionsrate als DNS des Wildtyps dieses Phagen. Schließlich soll in diesem Zusammenhang noch auf die schon bei der Darstellung der Isolierung des lac-Repressors erwähnte i^q-Mutanten von MILLER-HILL verwiesen werden. Sie produzieren bis zu 100 mal soviele Moleküle des lac-Repressors als der Wildtyp. Dieser Tatbestand weist der am lac-Operon nachgewiesenen, quantitativen Steuerung durch verschiedene Mutationszustände des Promoters allgemeine Bedeutung für die Regulation von Genwirkungen zu. Es darf angenommen werden, daß zahlreichen, nicht durch Operatoren gesteuerten Genen und Gen-Clustern Promoterabschnitte als Einsatzpunkte von RNS-Polymerasen vorgeschaltet sind. Die für die Zelle optimale Rate ihrer Transkription wäre dann durch die Nucleotidsequenz dieser Promoter festgelegt.

Cyclisches AMP

Glucose und, in geringerem Maße, einige andere Kohlenydrate unterdrücken durch einen als Katabolit-Repression bezeichneten Mechanismus die Synthese dem Abbau dienender und in den meisten Fällen der adaptiven Bildung unterliegender Enzyme. ULLMANN und MONOD, sowie PERLMAN und PASTAN berichteten 1968 über Versuche, welche zur Aufhebung dieser Repression durch Zugabe von cyclischem Adenosinmonophosphat (cAMP) zum Zuchtmedium geführt hatten. Diese Beobachtungen waren der Ausganspunkt für zahlreiche weitere Experimente, die z.T. unter Verwendung von Mangelmutanten für cAMP vor allem am lac-Operon von E. coli vorgenommen, eine Beteiligung dieser Verbindung an der Regulation der Transkription nachwiesen. Zusätzlich zu einem, die Repression aufhebenden Induktor ist für die Synthese zahlreicher induzierbarer katabolischer Enzyme von E. coli auch cAMP notwendig. Im Gegensatz zu der hohen Spezifität der Induktoren, welche nur die Synthese solcher Enzyme anregen, die im Zusammenhang mit ihrem eigenen Stoffwechsel stehen, ist cAMP weniger spezifisch: Es wirkt bei der Kontrolle der Synthese zahlreicher verschiedener Proteine mit. Seine eigene Syntheserate wird durch Glucose und einige andere Kohlenhydrate erniedrigt und damit gleichzeitig auch die Induktionsrate induzierbarer Enzyme verringert. Zuführung von cAMP muß daher, wie die oben dargestellten Beobachtungen von ULLMANN und anderen ergaben, diese fehlende Induzierbarkeit wieder herstellen. PASTAN und PERLMAN wiesen nach, daß im lac-Operon cAMP durch Reaktion mit dem Promoter die Auslösung der Transkription erleichtert. Dazu ist ein cAMP-Rezeptor-Protein (CRP) notwendig, welches sich an der Reaktion beteiligt. CROMBRUGGHE und Mitarbeiter bestätigten diese Befunde an einem in vitro-System, in welchem als Matrize reine lac-DNS vorlag. Drei Proteine sind in diesem zellfreien System für die Kontrolle der Transkription notwendig: RNS-Polymerase, lac-Repressor und CRP + cAMP. RAMIREZ, CONDE und Del CAMPO untersuchten die Wirkung von cAMP auf die Regulation des Tryptophanabbaues. Sie gingen dabei von der Beobachtung aus, daß E. coli-Zellen, welche zuvor in reichem, mit Aminosäuren supplementiertem Vollmedium wuchsen, nach Entzug der Aminosäuren auch bei Anwesenheit eines spezifischen Induktors Blockierung der Tryptophanase-Aktivität aufweisen. Werden gleichzeitig die Aminosäuren und Rifampicin als Inhibitor der RNS-Synthese hinzugegeben, so beginnt sofort wieder die Synthese des Enzyms. Da unter diesen Bedingungen keine neue RNS synthetisiert werden kann, muß in der Periode der Aminosäureaushungerung die Produktion der Boten-RNS für Tryptophanase weitergegangen, deren Translation jedoch gehemmt gewesen sein. Während der Aushungerungsperiode stimuliert zugegebenes cAMP die Boten-RNS-Produktion. Die nach Beendigung der Aushungerung einsetzende Translation dagegen bleibt von cAMP unbeeinflußt. Damit erfolgt auch bei der Regulation der Tryptophanase-Produktion die Kontrolle durch cAMP auf der Ebene der Transkription.

1.16 Isolierung reiner lac-Operon-DNS

Einen erheblichen Fortschritt in der Bereitstellung von Möglichkeiten für die Erforschung der Wirkungsweise des lac-Operons vor allem durch in vitro-Versuche bildete die 1969 veröffentlichte Isolierung völlig reiner DNS dieses Operons durch SHAPIRO und Mitarbeiter. Sie erfolgte durch eine elegante Kombination genetischer und biochemischer Methoden. Als Lieferant der DNS wurden λ- und Φ 80-Phagen benutzt. Sie sind miteinander so nahe verwandt, daß, wie schon ausgeführt, ihre DNS- Einzelstränge miteinander hybridisieren. Die beiden Phagentypen transduzieren den lac-Abschnitt, der 5 bis 10% ihrer Gesamt-DNS ausmacht. Damit ist bereits im Vergleich zum Anteil des lac-Abschnittes in der Gesamt-DNS von Escherichia coli eine etwa 100fache Anreicherung erzielt. Die Durchführung der Isolierung führt zu DNS dieser transduzierenden Phagen, in welcher nur das lac-Operon in Doppelstrangform vorliegt. Es allein widersteht daher der Wirkung einer Nuclease welche Einstrang-DNS und damit die nicht dem lac-Operon angehörende Phagen-DNS abbaut. Doch folgen wir den einzelnen Schritten dieses Bravourstückes molekulargenetisch-biochemischer Forschung:

Wie uns bereits bekannt ist, erfolgt die Transkription immer nur an einem der beiden Einzelstränge eines DNS-Moleküls, dem Ablesestrang („sense strand"). Diese Feststellung bedeutet, wie wir ebenfalls bereits sahen, nicht notwendigerweise, daß die Ablesung durchgehend nur an einem der beiden Schwesterstränge, beispielsweise einer Phagen-DNS, vorgenommen wird. Haben Inversionen von DNS-Abschnitten stattgefunden (Abb. 131), so wird in ihrem Bereich nun der Schwesterstrang zum Ablesestrang, wobei die Transkription bezogen auf den DNS-Doppelstrang in der Gegenrichtung zu der des bisherigen Ablesestranges erfolgt (Abb. 132). Die zur Isolierung der lac-Operon-DNS verwendete Phagen λ und Φ80 wiesen das lac-Operon in entgegengesetzter Richtung eingebaut auf (Abb. 213a). Ihr Doppelstrang läßt sich jeweils in einen schweren (H) und leichten (L) Einzelstrang zerlegen (Abb. 213b), deren unterschiedliches Gewicht durch verschiedenes, einander selbstverständlich reziprokes AT/GC-Verhältnis verursacht wird. Nach der Reindarstellung der Einzelstränge muß daher der lac-Abschnitt des Phagen A vom H-Strang, derjenige des Phagen B vom L-Strang transkribiert werden. Wird ein Gemisch der gleich schweren, also beispielsweise der H-Stränge beider Phagen den Bedingungen einer Renaturierung ausgesetzt, dann kann diese nur im Bereich der lac-Region vor

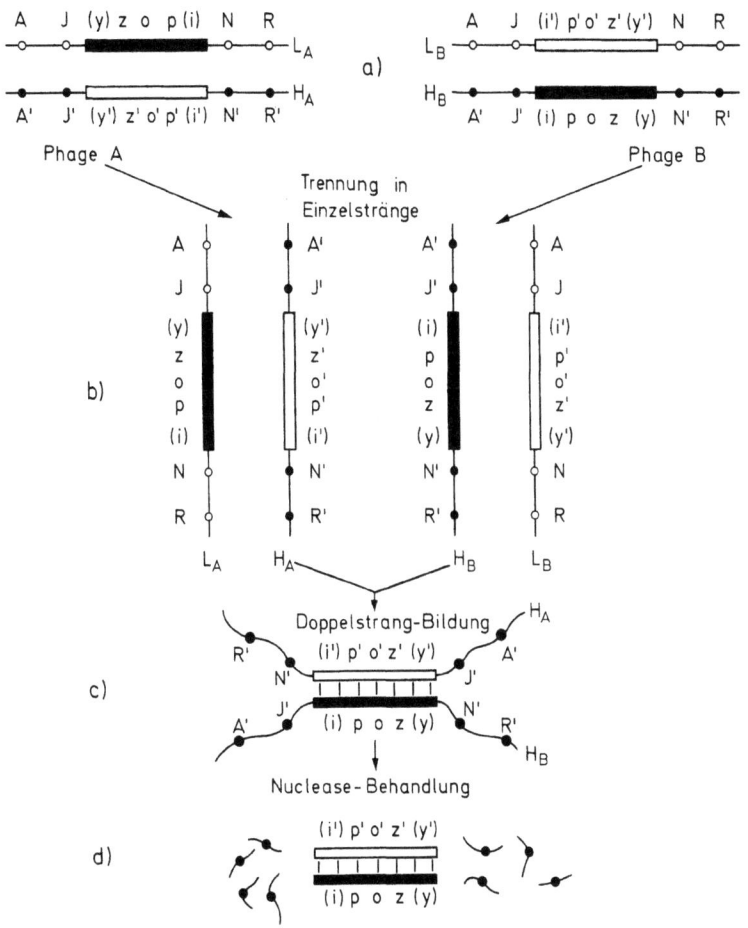

Abb. 213. Isolierung reiner lac-Operon-DNS. Nach SHAPIRO et al. 1969. Einzelheiten im Text

sich gehen (Abb. 213c). Nur sie enthält ja komplementäre Basen, während alle übrigen, die Phagen-DNS bildenden Basensequenzen, dem gleichen Strangtyp angehören und damit auf beiden Strängen identisch sind. Die gesamte Phagen-DNS verharrt daher in einem solchen Hybridisierungsversuch im Einzelstrangzustand. Sie kann durch geeignete Nucleasen, die spezifisch für Einzelstrang-DNS sind, abgebaut werden, wobei die lac-Doppelstrang-DNS unverändert zurückbleibt (Abb. 213d).

Die Reinheit der dadurch gewonnenen lac-DNS hängt weitgehend davon ab, daß mindestens einer der transduzierenden Phagen keine anderen bakteriellen Genorte als diejenigen des lac-Operons beherbergt. Die Gewinnung eines solchen Phagen ist ein eindrucksvolles Beispiel für ein sogenanntes „genetic engineering". Als Spender der lac-Region wurde der Bakterienstamm EC 2710 ausgewählt, in dessen Mutterzelle nahe der Integrationsstelle für λ ein F-Episom die lac-Region integriert hatte (Abb. 214a). Der gal-Locus war

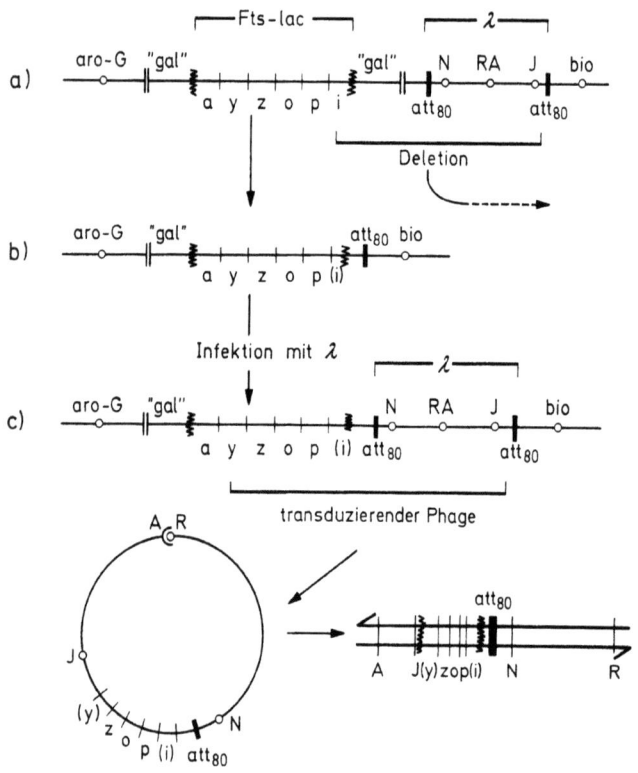

Abb. 214. Experimentelle Einzelschritte beim Aufbau des Genoms eines transduzierenden Phagen, aus welchem die lac-DNS gewonnen wurde. Einzelheiten im Text. Nach SHAPIRO et al. 1969

dadurch in zwei Teile geteilt worden, von denen sich jeweils die eine Hälfte rechts und links der integrierten lac-Region befand. Von diesem Stamm wurde eine Deletion isoliert, der die gesamte DNS zwischen der Promoter-abgewandten Hälfte des Ortes i und dem λ-Prophagen mit Ausnahme der Anheftungsstelle fehlte (b). Diese Deletionsmutante wurde erneut mit λ infiziert (c) und aus dem Lysat ein λ-Phage selektiert, der das gesamt lac-Operon mit Ausnahme von a und Teilen von y enthielt. Dadurch wurde alle bakterielle DNS mit Ausnahme derjenigen des lac-Operons ausgeschlossen. Der zweite zur Verwendung kommende, ebenfalls die lac-Region tragende Φ 80-Phage schließlich wies, bezogen auf die übrigen Phagen-Gene in umgekehrter Richtung die Genfolge y (nur Teile davon) z, o, t und Teile von i auf. Die Zone der Homologie der DNS beider Phagen, welche durch die einander entgegengesetzte Richtung der Integration gleichzeitig der Abschnitt der Komplementarität ist, erstreckte sich damit vom Promoternahen Abschnitt des Genes i über p, o und z bis in Teile des Ortes y.

Die auf diesem Wege gewonnene reine lac-DNS wurde elektronenoptisch dargestellt. Ihre Ausmessung ergab die Länge von 1.4 nm. Die Länge des z-Genes läßt sich aus der bekannten Anzahl der Aminosäuren der β-Galaktosidase (1230) und der daraus zu errechnenden Anzahl der zu deren Codierung benötigten Nucleotidpaare (3700) als

1.26 nm errechnen. Die maximale Länge der noch voll intakten Promoter- und Operatorregionen kann daher höchstens 0.14 nm betragen. Das sind ungefähr 400 Mononucleotidpaare. In dieser Zahl verbirgt sich jedoch noch eine beträchtliche Anzahl von Mononucleotidpaaren der Bruchstücke von i und y, so daß Promoter und Operator zusammen wohl erheblich kürzer als die angegebene Länge sein dürften.

Die zusammenfassende Darstellung aller dieser Befunde ergibt für die koordinierte Enzyminduktion des lac-Operons folgendes Bild (Abb. 204a): Befinden sich im Medium keine Moleküle einer als Induktor wirksamen Verbindung, dann blockiert ein Einzelstück des vom Repressorgenort i codierten Repressorproteins den als Kontrollort wirkenden Operator. Die Mononucleotidsequenz des Operons kann nicht transkribiert werden. Es entsteht keine Boten-RNS. Treten dagegen (Abb. 204b) im Außenmedium Moleküle einer als Induktor geeigneten Verbindung – im physiologischen Falle der Lactose – auf, dann werden diese von den wenigen auch im reprimierten Zustand des Operons in der Zelle vorhandenen Molekülen der β-Galaktosid-Permease als dem sekundären Genprodukt des Ortes y des Operons in die Zelle geschleust. Sie binden dort an die Repressormoleküle, entfernen sie vom Operator und inaktivieren sie reversibel. Am Promoter beginnend, kann nun die Transkription des Operons in Form einer polycistronischen Boten-RNS vorgenommen werden. Ihre Translation führt zur Synthese der β-Galaktosidase und der Permease. Weitere auftretende Lactose-Moleküle werden in die Zelle aufgenommen und unter Energiegewinn hydrolisiert. Die Transkription der Boten-RNS setzt am Promoter ein (Abb. 215). Die Nucleotidsequenz des Operators wird möglicherweise mittranskribiert.

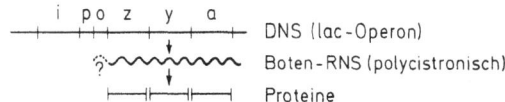

Abb. 215. Schema der Translation und Transkription des lac-Operons

Indirekte Befunde sprechen jedoch dagegen, daß sie in Aminosäuren übersetzt wird: Es gibt keine Operatormutanten des amber-, ochre-, oder nonsense-Typs. Sie scheinen vielmehr alle Deletionen zu sein. Die Nucleotidsequenz des Operators dient daher wahrscheinlich ausschließlich als Bindungsort des Repressors.

1.2 Koordinierte Enzymrepression

JAYARAMAN und Mitarbeiter veröffentlichen 1966 Beobachtungen an i-Mutanten des lac-Operons, welche die universelle Anwendbarkeit des Operon-Modells ermöglichen und uns damit einen weiteren, im folgenden darzustellenden Typ der Regulation der Genwirkung verständlich machen. In der uns schon bekannten Weise induziert TMG (Methyl-1-thio-β-D-Galaktosid) Zellen des Wildtyps i^+o^+ (Tabelle 14) zur Synthese von Galaktosidase. Eine zweite Verbindung ONPF (2-nitrophenyl-β-D-Fucosid) allein bei den gleichen Zellen angewandt, hebt die Repression des lac-Operons nicht auf. Konstitutive i^--Mutanten werden weder durch TMG, noch durch ONPF beeinflußt (Zeile 2 der Tabelle 14). Die Autoren konnten jedoch zeigen, daß ONPF + TMG keine induzierende Wirkung besitzt (in der Tabelle nicht dargestellt). Worauf beruht diese Hemmung der Induktionswirkung von TMG durch ONPF? Die Antwort geben Versuche mit Zellen, deren i-Gen defekt, also nur zur teilweisen Funktionslosigkeit mutiert ist (i^{def}). Im nicht-induzierten Zustand zeigen sie gemäßigt konstitutives Verhalten, mit TMG werden sie voll induziert. Die eigentliche Überraschung schließlich bildet ihre Reaktion auf Zugabe von ONPF:

Die Genaktivität des lac-Operons sinkt auf etwa ein Drittel derjenigen des nicht-induzierten Zustandes. ONPF vermag damit in diesen Mutanten die Rate der nicht-induzierten lac-Transkription noch beträchtlich zu verringern (Zeile 3, Tab. 14). Es aktiviert im Gegensatz zu TMG die Repressorwirkung. Ein gleicher Effekt läßt sich ebenfalls an geeigneten, nicht voll wirksamen o^c Mutanten (Zeile 4 der Tab. 14) nachweisen. Die Gesamtheit dieser Beobachtungen erlaubt nur einen Schluß. Dasselbe Repressormolekül kann mit Molekülen verschiedener kleinmolekularer Verbindungen mit durchaus entgegengesetztem biologischen Erfolg reagieren. Der eine Typ dieser Verbindungen führt, wie wir am Beispiel des lac-Operons und des TMG sehen, zu drastischer Reduktion der Repressorwirkung. Wir beschreiben diesen Zusammenhang als die Wirkung eines Induktors. Der andere Typ wie das ONPF dagegen verstärkt die Repressorwirkung. Das Molekül wirkt als deren Aktivator. Beide Molekültypen zeigen den gleichen Wirkungsmechanismus der Bindung an den Repressor. Sie sollen daher eine gemeinsame Bezeichnung, nämlich die von Effektoren erhalten.

Tabelle 14. Wirkung von ONPF und TMG auf die Syntheserate der β-Galaktosidase. Aus JAYARAMAN et al. 1966

Genotyp	Spezifische β-Galactosidase-Aktivität		
	nicht induziert	TMG-induziert	ONPF
$i^+ o^+$	17	14 200	21
$i^- o^+$	9150	10 000	9200
$i^{def} o^+$	1300	13 700	450
$i^+ o^c$	1750	10 500	680

Im lac-Operon stand als physiologische Wirkung bei weitem die eines als Induktor der Enzymsynthese wirkenden Effektors im Vordergrund. Genau das Gegenteil, nämlich die Aktivierung des Repressors durch den Effektor ist in den nun zu besprechenden Operons der Fall: Der Effektor bewirkt die Abschaltung der Enzymsynthese. Derartig repressible Systeme regulieren die Synthese, nicht den Abbau von Endprodukten zelleigener Syntheseketten, welche auch vom Außenmedium her in die Zelle gelangen können. Der Effektor ist dabei entweder das Endprodukt selbst oder eine ihm nahe verwandte Verbindung. Eine Repression wird stets durch Zugabe von Molekülen dieser Verbindung hervorgerufen. Derepression dagegen ist immer dann zu beobachten, wenn diese Verbindung nicht mehr in genügender Menge im Außenmedium und in der Zelle vorliegt. Das ist natürlich auch dann der Fall, wenn die Mutation eines der Strukturgene zum teilweisen Aktivitätsverlust geführt hat (leaky) oder chemische Inhibitoren angewandt werden.
Ein gut untersuchtes und im vorstehenden schon mehrfach erwähntes Beispiel eines derartigen Operons ist dasjenige der Tryptophan-Synthese. Es besteht aus fünf einander unmittelbar benachbarten Strukturgenen, einem Operator und einem wahrscheinlich vorgelagerten Promoter (Abb. 216). Die Position des Operons in der kreisförmigen Genkarte von Escherichia coli befindet sich bei 25 min (Abb. 81). Der Genort try-R, welcher den Repressor codiert, liegt davon weit entfernt bei 89 min. Ort A und B des Operons codieren als A- und B-Protein die beiden Polypeptidketten der Tryptophan-Synthetase, eines zusammengesetzten Enzyms von mehrfacher enzymatischer Wirkung. Diese Aussagen gelten sowohl für Escherichia coli wie für Salmonella typhimurium, wobei allerdings in der letztgenannten Art, offenbar durch eine stattgefundene Inversion, das gesamte Tryptophan-Operon im Verhältnis zu den benachbarten Genorten um 180° invertiert vorliegt. Zugabe von Tryptophan reprimiert koordiniert die Synthese aller fünf Proteine

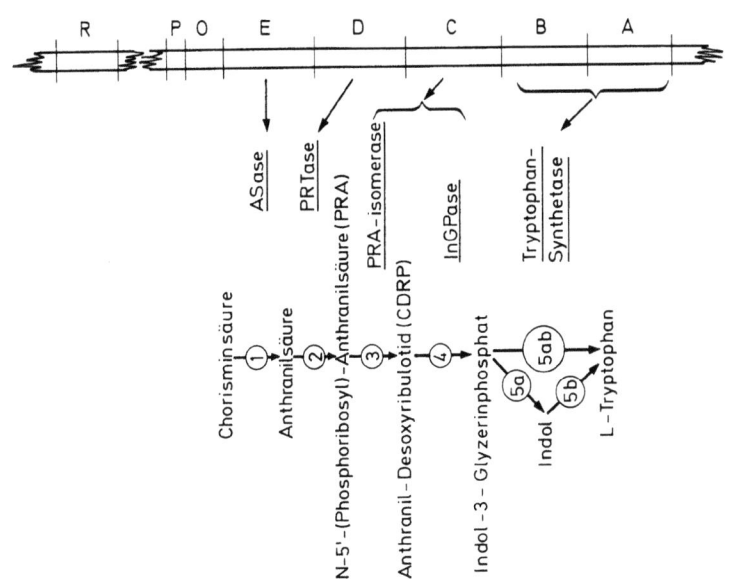

Abb. 216. Darstellung der linearen Aufeinanderfolge der Genorte des Tryptophan-Operons von E. coli (oben), der von diesen kodierten Enzyme (Mitte) sowie der durch sie katalysierten Einzelschritte der Tryptophansynthese unten. Nach Ito et al. 1965 und Masushiro 1965

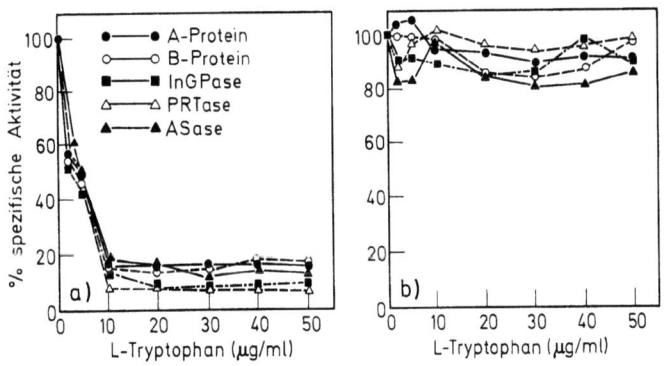

Abb. 217. a) Koordinierte Repression der Enzyme der Tryptophanbiosynthese in E. coli K 12 durch Zugabe von l-Tryptophan zum Medium. b) Konstitutive Synthese der gleichen Enzyme in einer R^- try-Mutante. Aus Ito et al. 1965

des Operons (Abb. 217a). R^-Mutanten sind konstitutiv (Abb. 217b), Merodiploide R^-/R^+ trans-dominant regulierbar. O^c-Mutanten dagegen erweisen sich, wie zu erwarten, als cis-dominant.

Salmonella typhimurium zeigt eine am lac-Operon nicht beobachtbare, interessante Eigenschaft des Tryptophan-Operons. Im reprimierten Zustand ist die Syntheserate der Gene

C, B und A beträchtlich höher als die von E und D. Mutationen in O zu O^c oder polare Mutationen in E oder D beeinträchtigen diesen Effekt nicht. Deletionen welche die Grenze zwischen C und D einschließen, vernichten diese der Regulation durch O nicht unterworfene zusätzliche Syntheserate von A, B und C. Im Grenzbereich zwischen C und D muß somit ein zusätzlicher, unregulierter Promoter relativ geringer Wirkungsdosis liegen, ein Zusammenhang, den wir bei der Besprechung der Expression der Gene des Phagen λ erneut aufgreifen werden.

Die genannten experimentellen Ergebnisse und Beobachtungen lassen sich in einem Schema der koordinierten Enzymrepression des Tryptophan-Operons zusammenfassen (Abb. 218). Findet sich (a) kein als Aktivator wirkender Effektor im Medium, so ist das von R codierte Genprodukt als Apo-Repressor inaktiv. Die Strukturgene des Operons werden bei P_1 beginnend transkribiert. Treten Effektor-Moleküle auf (b), so wirken sie als Co-Repressor: Sie vereinigen sich mit den Molekülen des Apo-Repressors zum aktiven Holo-Repressor. Dieser bindet an den Operatorort und blockiert ihn. Die Genorte E und D werden nicht transkribiert. Der in Salmonella vorliegende, zusätzliche Promoter P_2, welcher nicht der Regulation durch den Operator unterliegt, dient als Einsatzpunkt der Transkription der Orte C, B und A. Sie erfolgt, der niedrigen Dosisleistung dieses Promoters entsprechend, mit relativ geringer Rate. Das Tryptophan-Operon spricht sehr rasch auf Repression durch Tryptophan, aber auch auf Derepression durch Indol-3-Propionsäure (IP) an. Dies erlaubt die experimentelle Bestimmung der Syntheserate eines polycistronischen Moleküls der Tryptophan Boten-RNS. Im Versuch wurde dazu die neusynthetisierte Boten-RNS radioaktiv markiert und auf dem uns schon bekannten Wege der DNS-RNS-Hybridisierung an Ablese-Einzelstränge der DNS des Tryptophan-Operons gebunden. Letztere war ähnlich wie bei der weiter oben dargestellten Reindarstellung der lac Boten-RNS aus transduzierenden Φ80 Phagen gewonnen worden. Dabei ergab sich eine Syntheserate der aus 6700 Nucleotidpaaren bestehenden Boten-RNS von rund 6 min.

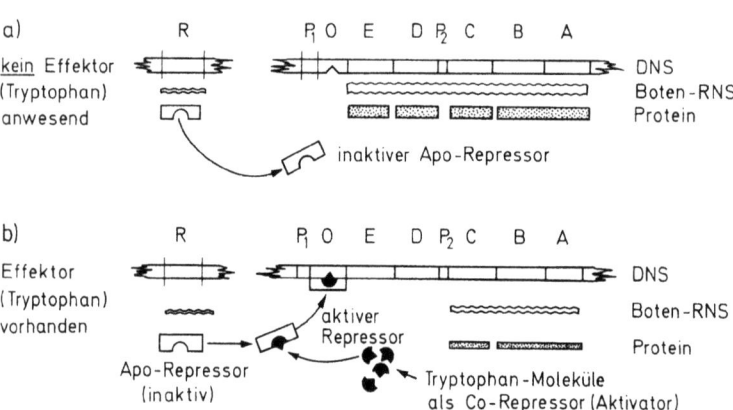

Abb. 218. Schema der koordinierten Enzymrepression des Tryptophan-Operons von Salmonella typhimurium a) nicht reprimierter, b) reprimierter Zustand

So wie die Strukturgene des Tryptophan-Operons sind auch diejenigen für die Enzyme der zum Histidin führenden Synthesekette einander unmittelbar benachbart. Sie waren die ersten, für die DEMEREC und HARTMAN durch Transduktionsanalyse an Salmonella typhimurium diese von allen bisherigen Erfahrungen abweichende, unmittelbare lineare Aufeinanderfolge nachweisen konnten. Im Histidin-Operon sind neun Strukturgene zusam-

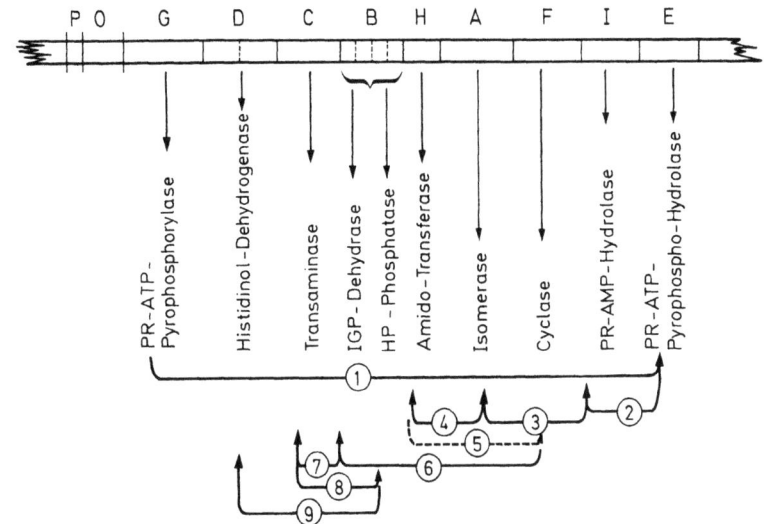

Abb. 219. Darstellung der linearen Aufeinanderfolge der Genorte des Histidin-Operons von Salmonella typhimurium, der von diesen kodierten Enzyme sowie der durch sie katalysierten Einzelschritte der Histidinsynthese. Nach AMES et al. 1963

mengefaßt (Abb. 219). Die Abbildung läßt bereits einen wichtigen Unterschied zum Tryptophan-Operon erkennen. In diesem war die lineare Aufeinanderfolge der Orte der Strukturgene identisch mit der zeitlichen Reihenfolge der Syntheseschritte, welche durch die von ihnen codierten Enzyme katalysiert wurden. Im Histidin-Operon ist dies nicht für alle Genorte der Fall. Auch für dieses Operon lassen sich cis-dominante O^c-Mutanten isolieren. Das Vorhandensein eines Promoters wird durch Deletionsmutanten wahrscheinlich gemacht, denen der Operator mit angrenzender Region fehlt: Sie zeigen über-

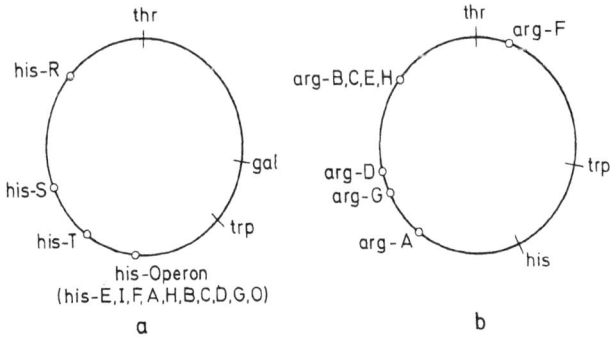

Abb. 220. a) Lage des Histidin-Operons und einiger der an seiner Regulation beteiligten Genorte in der zirkulären Genkarte von Salmonella typhimurium. b) Lage der Genorte des Arginin-Regulons in der Genkarte von E. coli

haupt keine Histidin-Synthese mehr. Im Gegensatz zu diesen, in das Bild des bisher dargestellten sich nahtlos einfügenden Zusammenhängen, zeigt das Histidin-Operon eine Besonderheit. Fünf Genorte his-S, R, T, U und W vermögen regulierend auf das Operon einzuwirken, wie Mutanten dieser Orte beweisen. Sie sind über das ganze Bakterienchromosom verstreut (Abb. 220a). Der Ort S ist das Strukturgen für die Histidinyl-t-RNS, der Ort R scheint die Menge dieses Transfer-RNS-Typs zu regulieren. Mutanten des letztgenannten Genortes zeigen eine, im Verhältnis zu den übrigen t-RNS-Typen verringerte Menge von Histidinyl-t-RNS. Die Funktion von T, U und W ist noch unbekannt.

Alle im vorstehenden besprochenen Operons weisen eine Gemeinsamkeit auf: Ihre Strukturgene grenzen in linearer Aufeinanderfolge unmittelbar aneinander. Nur so läßt sich ihre Regulation durch einen gemeinsamen Operator über die Transkription einer polycistronischen Boten-RNS durchführen. Die im Operon der Arginin-Synthese vorliegenden Verhältnisse zeigen ein davon abweichendes Konstruktionsprinzip. Das Arginin-Operon besteht aus acht Strukturgenen (arg-A, B, C, D, E, F, G und H). Sie sind in fünf verschiedenen Regionen des Escherichia coli-Chromosoms angeordnet (Abb. 220b) und unterstehen alle der Wirkung eines einzigen Regulatorgenes mit der Bezeichnung arg-R. Ein solches Regulationssystem räumlich voneinander getrennter, jedoch gemeinsam regulierter Genorte wird als Regulon bezeichnet. Alle seine Strukturgene sprechen auf den gleichen Repressor an. Es kann daher angenommen werden, daß jedem von ihnen oder doch zumindest jeder der fünf Gengruppen ein eigener Operator gleicher Nucleotidsequenz und ein Promoter vorgeschaltet ist. Eine interessante Verschiedenheit ergibt sich zwischen dem Arginin-Regulon des Stammes Escherichia coli B und dem aller anderen bisher untersuchten Escherichia coli-Stämme: Bei letzteren, wie beispielsweise Escherichia coli K 12 oder Escherichia coli C wirkt Arginin als Aktivator der Repression. Es darf also der in Abb. 216 für das Tryptophan-Operon schematisch dargestellte Mechanismus vermutet werden. In Zellen von Escherichia coli B dagegen nimmt die Konzentration der Enzyme der Arginin-Synthese zu, wenn die Arginin-Konzentration in der Zelle ansteigt. Arginin induziert damit, wenn auch nur in mäßigem Ausmaß, seine eigene Synthese. Offensichtlich ist diese Aminosäure daher nicht der Co-Repressor des Regulons. Wir begegnen damit, so wie bei der Repression des lac-Operons durch ONPF, abermals einem experimentellen Befund, welcher zeigt, daß Repression und Induktion durch sehr ähnliche oder gleiche Reaktionsmechanismen hervorgerufen werden können. Diese Feststellung wird noch dadurch untermauert, daß durch Transduktion die einzelnen Genorte des Arginin-Regulons zwischen den obengenannten Escherichia coli-Stämmen ausgetauscht werden können und dabei ihre Wirkung behalten.

2. Positive Kontrolle im Operon

Die bisher dargestellten Operons und das Arginin-Regulon weisen eine Gemeinsamkeit auf: Die Transkription ihrer Strukturgene erfolgt autonom von einem Promoter ausgehend. Sie bedarf keines sichtbaren Anstoßes von außen, um in Gang gesetzt zu werden. Eine solche exogene Wirkung, die eines Repressors nämlich, führt im Gegenteil dazu, daß ein zwischen Promoter und Strukturgenen gelegenes Schaltelement, der Operator, nach Bindung des Repressors die Transkription blockiert. Die ausgeübte Regulation ist somit eine negative. Sie schaltet aus, nicht ein. Koordinierte Enzym-Induktion und -Repression, welche beide diese negative Kontrolle zeigen, unterscheiden sich lediglich dadurch, daß im ersten Falle das Regulatorgen einen aktiven Repressor codiert, welcher durch einen als Induktor der Enzymsynthese dienenden Effektor inaktiviert wird. Im zweiten Falle wird ein durch R codierter inaktiver Apo-Repressor erst durch Vereinigung mit dem als Aktivator dienenden Effektor wirksam. Die Untersuchungen von ENGLESBERG und Mitarbeitern über die genetische Regulation des Arabinose-Abbaues haben mit einem

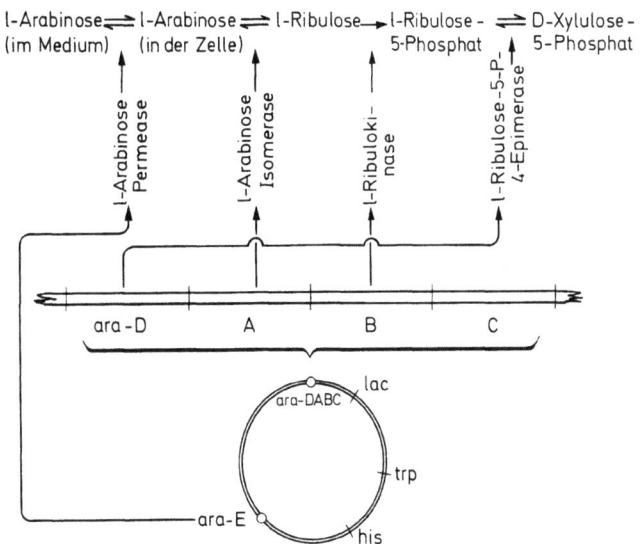

Abb. 221. Das Arabinose-Operon. Lage der Orte A-D sowie E in der ringförmigen Chromosomenkarte von E. coli (unten). Lineare Aufeinanderfolge der Orte A-D (Mitte), die von ihnen kodierten Enzyme sowie die durch diese katalysierten Einzelschritte des Arabinose-Abbaues. Nach ENGLESBERG et al. 1965

Operon bekanntgemacht, welches eine positive Kontrolle zeigt: Vier Strukturgene ara-A, B, D und E werden durch Arabinose induziert. Die Orte von D, A, B folgen in der angegebenen Reihenfolge unmittelbar aufeinander, E ist mit ihnen nicht gekoppelt (Abb. 221). An B schließt sich unmittelbar der Ort ara-C an. Er liefert zwei verschiedene Mutantentypen. C^- führt zum völligen Fehlen der Genprodukte von A, B, D und E. C^c bedingt ihre konstitutive Synthese. Die Orte der Mutationen beider Typen sind über den ganzen Genort C verteilt. Unter den C^--Mutanten finden sich auch solche des nonsense-Typs und zahlreiche Deletionen. Sie besitzen somit kein funktionelles C-Genprodukt.

Der Typ C^- läßt sich daher mit i^- des lac-Operons vergleichen, der ebenfalls kein funktionierendes i-Genprodukt aufweist. Ihre physiologische Wirkung, das Fehlen der Genprodukte von A, B, D und E unterscheidet sie jedoch von den letztgenannten i^--Mutanten, welche konstitutiv sind. Die Bedeutung dieses Unterschiedes erhellen Befunde an ara-C^c-Mutanten. Sie sind im cis/trans-Test stets dominant über C^-, müssen also ein, wenn auch verändertes C-Genprodukt besitzen. Der Ort ara-C ist offensichtlich der eines Regulator-Gens. Das von ihm gesteuerte Operon steht unter einer positiven Kontrolle: Das Genprodukt von ara-C schaltet das Operon ein, C^--Mutanten bleiben wegen des Fehlens des C Produktes ausgeschaltet. C^c-Mutanten sind vergleichbar den i^s-Mutanten des Lactose-Operons. Ihr Genprodukt ist derartig verändert, daß die Bindung an den Operator, welche im ara-Operon die Einschaltwirkung hervorruft, durch einen Effektor nicht mehr aufgehoben werden kann. Sie sind konstitutiv. Welche Wirkung aber kommt dann der Arabinose als Effektor zu? ENGLESBERG schlägt dafür, von seinen Untersuchungen ausgehend, folgendes Modell vor (Abb. 222): Der Ort C codiert ein Genprodukt P_1, welches zwei Wirkorte aufweist. Einer bindet am Operator und blockiert damit als Repressor das Operon. Der zweite reagiert mit Arabinose. Der dabei entstehende P_1-Arabinose-

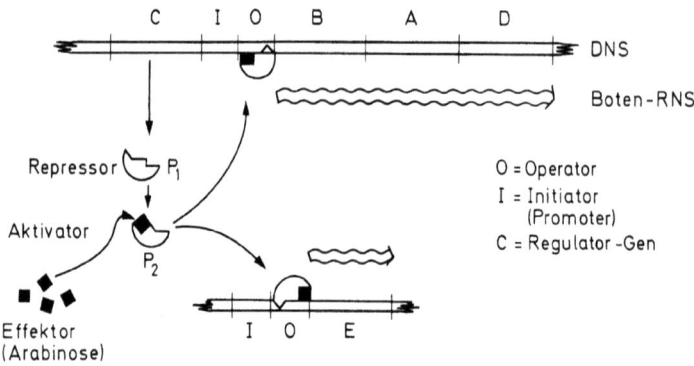

Abb. 222. Wirkungsweise des Arabinose-Operons als Beispiel einer positiven Kontrolle der Enzymsynthese. Einzelheiten im Text. Nach ENGLESBERG et al. 1965

Komplex, als P_2 bezeichnet, wirkt als Aktivator. Die Transkription der Genfolge B, A, D und die des Ortes E wird jeweils an einem, dem Promoter des lac-Operons entsprechenden Initiator unter seiner Wirkung in Gang gesetzt und über einen in Einschaltstellung stehenden Operator an den Strukturgenen vorgenommen. Auch der Abbau der Zucker Maltose und Rhamnose sowie der Galaktose dürften in ähnlicher Weise einer positiven Kontrolle unterstehen.

3. Regulation der Translation im Operon

Die Reaktionsmechanismen der einzelnen Elemente eines Operons führten zu dem Schluß, daß in ihm die Regulation der Genwirkung auf der Ebene der Transkription stattfindet. Im Tryptophan-Operon von Escherichia coli durch LAVALLÉ und Mitarbeiter durchgeführte Messungen haben jedoch gezeigt, daß gleichzeitig ebenfalls eine Regulation der Genwirkung auf der Ebene der Translation vorgenommen wird. Zu diesen Messungen gehörten die Bestimmung der Menge der unter verschiedenen Bedingungen vorhandenen polycistronischen Tryptophan Boten-RNS sowie des von den Strukturgenen A und B des Operons codierten Enzyms Tryptophan-Synthetase (TSase). Sie wurden zur Größe der jeweiligen Bakterienpopulation in Beziehung gesetzt. Diese wieder ließ sich durch die Bestimmung der in ihr vorhandenen Menge spezifischen Proteins messend darstellen. Die Tryptophan Boten-RNS konnte in der uns schon bekannten Weise durch Hybridisierung mit dem in der DNS des transduzierenden Phagen Φ80pt1 vorliegenden Tryptophan-Operon gewonnen werden.

Den Übergang aus dem Normalzustand, wie ihn eine in Tryptophan-freiem Minimalmedium wachsende Kultur von Escherichia coli K 12 zeigt, in den durch Zugabe von Tryptophan hervorgerufenen Zustand der Repression gibt Abb. 223 wieder. Die darin verwandten Absolutwerte sind in Abb. 224 in Aussagen über (a) die Größe des spezifischen Tryptophan Boten-RNS- und (b1) TSase-Gehaltes sowie (b2) der spezifischen TSase-Syntheserate umgerechnet worden. Beide Darstellungen erlauben folgende Aussagen: Nach Zugabe von Tryptophan verringert sich die Konzentration der Tryptophan-Boten-RNS auf den für den reprimierten Zustand kennzeichnenden Wert außerordentlich schnell. Die TSase-Konzentration dagegen sinkt langsam ab und erreicht erst nach etwa vier Generationen den Wert des reprimierten Zustandes. Diese Festellung muß ergänzt werden durch eine

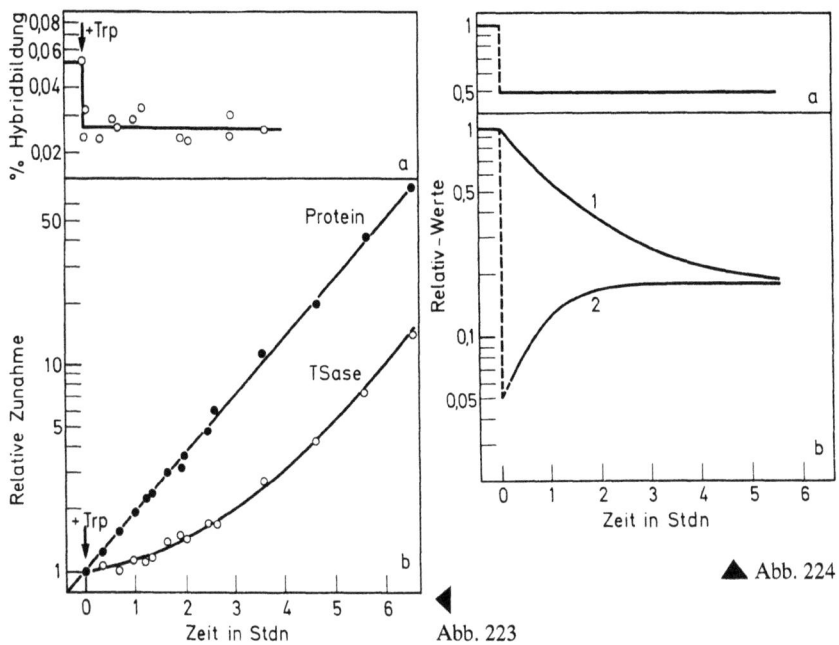

Abb. 223. In Minimalmedium durch Zugabe von Tryptophan hervorgerufene Repression des Tryptophan-Operons von E. coli K 12 auf der Ebene der Transkription und Translation. a) Kurzfristig vor sich gehende Abnahme der Tryptophan-Boten-RNS, gemessen als Material, welches mit ^{3}H-markierter, das Tryptophan-Operon enthaltender Φ80-DNS hybridisiert. b) Gleichzeitig beobachtbare, die Zellvermehrung anzeigende, relative Zunahme des Gesamtproteins sowie des Enzyms TSase. Aus LAVALLÉ et al. 1970

Abb. 224. Kurvendarstellung der zu Abb. 223 verwendeten Meßwerte als Relativwerte a) des spezifischen Boten-RNS-Gehaltes, b) des spezifischen TSase-Gehaltes (Kurve 1) und der spezifischen Rate der TSase-Synthese (Kurve 2) der Zellpopulation. Die gestrichelte Linie von b stellt den wegen der Schnelligkeit der Reaktion nicht durch Meßpunkte belegbaren Ast der Kurve 2 dar. Aus LAVALLÉ et al. 1970

weitere, nicht aus den Abbildungen zu entnehmende Aussage: Im reprimierten, ebenso wie im Normalzustand beträgt die Halbwertzeit für diese Boten-RNS zwischen 4,5 min als Minimal- und rund 6,5 min als Maximalwert. Der Verlauf der Kurve 2 in Abb. 224 zeigt, daß die spezifische Rate der TSase-Synthese bei Zugabe von Tryptophan sehr rasch auf höchstens $1/15$ des Ausgangswertes zurückgeht (punktierte Linie), um erst im Verlaufe von 2 Std auf den Wert des reprimierten Zustandes wieder anzusteigen. Dieser Sachverhalt erlaubt eine eindeutige Aussage über das Verhältnis zwischen der Menge der vorhandenen Tryptophan-Boten-RNS und der Rate der TSase-Synthese: Es bildet keinen konstanten Wert. Unmittelbar nach Repression fällt unter den beschriebenen Bedingungen die Menge der Boten-RNS auf die Hälfte, die spezifische Rate der TSase-Synthese jedoch auf $1/15$ des Ausgangswertes. 2 Std später, bei gleichbleibender Boten-RNS-

Konzentration, ist diese Rate auf nahezu $^1/_4$ des Ausgangswertes angestiegen. Bei Repression durch Zugabe von Tryptophan zu Tryptophan-freiem Vollmedium werden noch um vielfaches höhere Werte dieses Unterschiedes zwischen Boten-RNS-Konzentration und TSase-Syntheserate beobachtet. Ein vergleichbarer Vorgang tritt bei Derepression durch Entzug des Tryptophans nicht auf. Die Tryptophan Boten-RNS wird somit zu verschiedenen Zeiten nach Repression mit unterschiedlicher Rate in Proteine übersetzt. Die Repression der Tryptophan-Synthese durch zugesetztes Tryptophan ist daher ein vielschichtiger Vorgang, welcher Kontrollmechanismen umfaßt, die auf der Ebene der Transkription, aber auch der Translation wirken. Die Regulation der Transkription erfolgt durch die einzelnen Elemente des Operons. Zugesetzter Effektor reduziert dessen Transkriptionsrate der Boten-RNS. Die Zelle wird daran gehindert, Enzymmoleküle zu synthetisieren, die sie selbst nicht braucht. Auf der Ebene der Translation wirkt ein zusätzlicher Mechanismus, dessen Vorhandensein die im vorstehenden beschriebenen Versuche beweisen. Er verstärkt die Regulationswirkung und sorgt dafür, daß die noch vorhandenen Boten-RNS-Moleküle mit sehr stark verringerter Rate in Proteine übersetzt werden.

Unter fortschreitender Lockerung dieser Hemmwirkung pendelt sich schließlich erst nach mehreren Stunden die normale Translationsrate ein. Sie erzeugt zusammen mit der reduzierten Transkriptionsrate der Boten-RNS den für den reprimierten Zustand kennzeichnenden, gegenüber der Norm erniedrigten Wert der Rate der koordinierten Synthese der im Operon codierten Enzyme. Über den Mechanismus dieser Regulation der Translation bestehen bisher nur Vermutungen. Die sie kontrollierende Molekülart muß mit Tryptophan zu reagieren und gleichzeitig den Translationsvorgang zu blockieren vermögen. Der genannte Regulationsmechanismus scheint von allgemeiner Bedeutung zu sein. Er wurde auch für das Arginin-Regulon von Escherichia coli K 12 nachgewiesen.

4. Regulation der Genwirkung und Evolution

Unter Verwendung einer konstitutiven Mutante der Bakterienart Bacillus subtilis hat ZAMENHOF sehr anschaulich den selektiven Vorteil nachgewiesen, den eine Regulation der Genwirkung ihrem Träger verleiht. Der Autor verglich in Minimalmedium die Wachstumsraten von Zellen eines mit ungestörter Regulationsfähigkeit begabten Wildtyps mit der von Zellen einer konstitutiven Mutante der Tryptophan-Synthese. Der Versuch wurde über 30 Zellgenerationen im Chemostaten durchgeführt. Darunter versteht man eine Apparatur, welche automatisch dafür sorgt, daß durch kontrollierte, ständige Zufuhr neuer Nährlösung bei gleichzeitiger Entnahme von Bruchteilen der wachsenden Zellpopulation die Nährstoffkonzentrationen und der Zelltiter pro Rauminhalt des Zuchtgefäßes unverändert bleiben. Die Zellen befinden sich dadurch über lange Zeitperioden unter ständig gleichen Wachstumsbedingungen. Abb. 225, Kurve a, zeigt am Versuchsbeginn ein Zahlenverhältnis von 10:1 für die Zellen der konstitutiven Mutante zu denen des Wildtyps. Es verändert sich im Verlaufe des Versuchs kontinuierlich zuungunsten der Mutante und erreicht nach etwa 28 Generationen den Wert von rund 1:10000. Der Verlauf der Kurve b beweist, daß diese Verdrängung der konstitutiven Mutante durch Wildtypzellen in gleicher Weise auch bei einem zu Versuchsbeginn vorhandenen Mischungsverhältnis von 1:10 auftritt. Ihre Ursache dürfte darin liegen, daß die konstitutive Mutante in einem bei weitem den Umfang des Benötigten übersteigenden Ausmaß Tryptophan herstellt. Es wird, wie Messungen beweisen, zum Teil in das Außenmedium ausgeschieden. Diese ungeregelte Syntheseleistung verbraucht nutzlos Energien und Materialien, auf Kosten anderer lebenswichtiger Synthesen. Dadurch werden im Vergleich zu Wildtypzellen die Wachstumsgeschwindigkeit verringert und die Generationsdauer verlängert. Der Wildtyp vermag die konstitutive Mutante zu verdrängen. Im Einklang damit stehen Untersuchungen, welche die relative Seltenheit solcher Regulationsmutanten in Zellpopulationen beweisen. Der eindeutige Selektionsvorteil des Wildtyps gegenüber der konstituti-

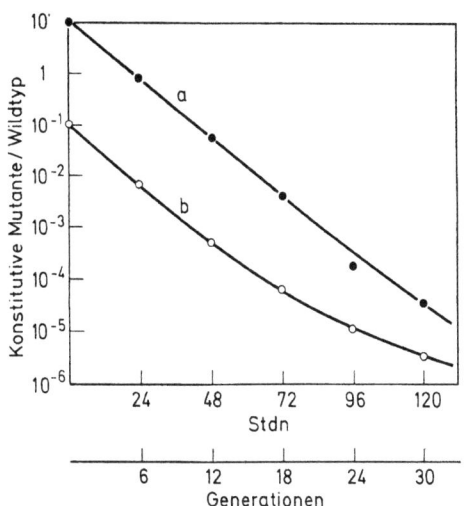

Abb. 225. Änderung des Zahlenverhältnisses von Wildtypzellen und Zellen einer konstitutiven Mutante der Tryptophansynthese von Bacillus subtilis bei gemeinsamer Kultur im Chemostaten. Kurve a Ausgangsverhältnis Mutante/Wildtyp = 10:1, Kurve b Ausgangsverhältnis 1:10. Nach ZAMENHOF et al. 1967

ven Mutante läßt mit Sicherheit auf die hohe Bedeutung von Mechanismen zur Regulation der Genwirkung für die Evolution der Organismen schließen. Solche Mechanismen standen offensichtlich am Beginn dieser Evolution und waren eine ihrer unabdingbaren Voraussetzungen. Es ist daher verständlich, daß Bakterien als die unter den heute existierenden Organismen wohl auf niedrigster Evolutionsstufe stehenden Lebewesen, solche Regulationsmechanismen aufweisen. Diese Aussage gilt jedoch bereits für Viren. Auch sie zeigen – wie in einem abschließenden Kapitel noch darzustellen sein wird – eine derartige, einem komplizierten Zeitplan folgende Regulation ihrer Genwirkungen.

5. Multifunktionelle Enzyme im Operon

Die in Abb. 216 dargestellten Gen-kontrollierten Schritte der Tryptophan-Synthese zeigen zwei Fälle, in denen ein einziges Enzymmolekül mehrere, völlig verschiedene chemische Reaktionen katalysiert. Das sekundäre Produkt des Genes C weist als bifunktionelles Enzym die Wirkung einer PRA-isomerase, aber auch InGPase auf. Die Tryptophan-Synthetase katalysiert gar drei verschiedene Reaktionen. Wie mögen solche multifunktionellen Enzyme im Laufe der Evolution entstanden sein? Die Arbeiten von YOURNO und Mitarbeitern an Mutanten des Histidin-Operons vermögen dafür ein Modell zu liefern. Den Ausgang bildete die streng polare Histidin-Mangelmutante TR 767 von Salmonella typhimurium, welche durch Rasterschub unter Insertion einer zusätzlichen Base entstanden war (Abb. 226b). Von ihr wurde, mit TR 998 bezeichnet, eine Reversion zur Histidin-Auxotrophie isoliert (c), die sich ebenfalls als polar erwies: Das Enzym AT, von Gen C codiert, lag nur zu 1%, das von dem in Transkriptionsrichtung folgenden Genort B codierten Enzym nur zu 5–10% der Wildtypkonzentration vor. Die Sequenzanalyse des Enzyms HDH als dem von Genort D codierten Enzym dieser Mutante ergab gegenüber dem Wildtyp folgende Änderungen (c): In unmittelbarer Nähe der für den Mutterstamm

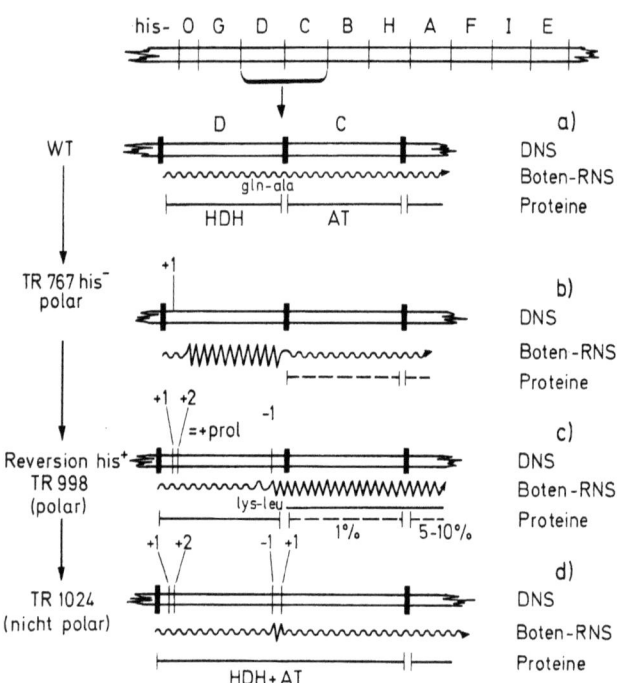

Abb. 226. Einzelschritte bei der Herstellung der Mutante TR 1024, welche durch Fusion der Genorte hisD und hisC das bifunktionelle Enzym HDH + AT synthetisiert. Nach YOURNO et al. 1970

TR 767 dieser Mutante kennzeichnenden Insertion eines Basenpaares waren zwei weitere eingefügt worden. Das neu entstandene Triplett codierte in der HDH einen zusätzlichen Prolin-Rest. Außerdem war, und dies ist für unsere Fragestellung von Wichtigkeit, im gleichen Genort D an der Grenze zum benachbarten Ort C die Deletion eines Basenpaares erfolgt. Sie erwies sich als Ursache der Polarität dieser Mutante TR 998 und führte dazu, daß das HDH nun nicht mehr wie im Wildtyp mit den Aminosäureresten Gln-Ala, sondern mit Lys-Leu endete. Durch Mutagene, welche Rasterverschiebungen erzeugen, aber auch spontan, entstanden aus Zellen der Mutante TR 998 weitere, nicht-polare Mutanten. Eine von ihnen, mit der Bezeichnung TR 1024, wurde genauer (d) analysiert. Sie produzierte normale Mengen des vom Genort B codierten Enzyms. Die Untersuchung ihrer HDH- und AT-Aktivität ergab jedoch eine Überraschung. Beide waren an ein gemeinsames Proteinmolekül gebunden. In der Mutante TR 1024 lagen offensichtlich die Genorte D und C unter Verlust des zwischen ihnen befindlichen Terminationsabschnittes miteinander vereinigt vor und produzierten ein gemeinsames, bifunktionelles Protein. Genetisch ließ sich dies durch nonsense-Mutanten im Ort D nachweisen. Im Gegensatz zum Wildtyp, in dem eine solche Mutation zum Verlust der HDH-Aktivität und durch Polaritätswirkung nur zur Verringerung der AT (his-C)-Aktivität führt, vernichtete eine solche Mutation in der Mutante TR 1024 beide Aktivitäten völlig. Biochemische Untersuchungen bestätigen, daß eine Fusion zweier im Wildtyp getrennt vorliegender Proteine stattgefunden hatte. Das bifunktionelle Protein weist ein Molekulargewicht auf, welches der Summe der Gewichte seiner beiden Einzelproteine entspricht. Tryptischer Abbau und nachfolgende Papierchromatographie plus Elektrophorese ergaben Peptide, welche der Summe der Einzelpeptide beider Enzyme gleich waren. Einzelmoleküle des bifunktionellen Proteins zeigen damit überraschende Eigenschaften. Die beiden Polypeptidketten assoziieren und falten in einer Weise, welche beide Enzymaktivitäten unverändert läßt. Das ist nur dann möglich, wenn die Faltung von zwei voneinander unabhängigen Zentren her beginnt, welche den Faltungszentren der beiden ursprünglichen Proteinmoleküle entsprechen. Im bifunktionellen Molekül dürften dann beide Komponenten durch eine nur wenig gefaltete Brücke miteinander verbunden sein. Die bifunktionellen Moleküle der Mutante TR 1024 bilden zusätzliche Aggregate als Dimere, Trimere und Gebilde höherer Komplexität, eine Erscheinung, welche auch in bi- oder multifunktionellen Wildtypenzymen zu beobachten ist.

Die Autoren glauben als Ergebnis dieser Untersuchungen voraussagen zu können, daß es eine Gruppe von hauptsächlich bi- und multifunktionellen Proteinen gibt, deren Angehörige durch derartige Genfusionen entstanden. Diese wiederum sind nur möglich, wenn die Orte der betreffenden Strukturgene, wie im Operon, unmittelbar aneinandergrenzen. Eine spezifische räumliche Anordnung von Genorten, unter dem Druck des selektiven Vorteils der Regelung der Genwirkung durch ein Operon entstanden, wird damit im Verlaufe der Evolution gleichzeitig zur unmittelbaren Ursache der Entstehung einer neuen Enzymklasse, derjenigen bi- und multifunktioneller Enzyme. Sie alle dürften ebenfalls mehrere Faltungszentren aufweisen, deren Zahl der Anzahl ihrer enzymatischen Funktionen entspricht.

6. Allosterische Enzyme

Regulationssysteme vom Typ eines Operons zeigen aufgrund ihrer Konstruktion eine gewisse Schwerfälligkeit. Dies gilt auch, obwohl, wie wir im vorstehenden sahen, ihre Steuerung auf der Ebene der Transkription und Translation erfolgt. Der Übergang vom reprimierten zum dereprimierten Zustand dauert viele Minuten, auch dann, wenn die betreffende Boten-RNS eine relativ kurze Synthese- und Lebens-Dauer aufweist. Das endgültige Erreichen des neu eingetretenen Zustandes der Repression gar benötigt die Zeit mehrerer bis vieler Zellgenerationen. Ein solcher Regulationsmechanismus ist daher nicht geeignet, schnell eintretende Schwankungen der Konzentration der zu synthetisierenden Stoffe innerhalb einer Bakterienzelle zu begegnen. Dazu bedarf es anderer Mittel. Sie setzen nicht bei der Transkription genetischer Information oder Translation einer bereits vorliegenden Boten-RNS an. Durch sie wird vielmehr die Aktivität schon vorhandener Enzymmoleküle reguliert. Nicht die Produktion, sondern die Wirksamkeit dieser Moleküle unterliegt damit der Regelung. Die nun zu beschreibenden Mechanismen stellen daher im engeren Sinne des Wortes keine Regulation von Genwirkungen dar. Sie kontrollieren vielmehr quantitativ die biologische Wirkung von Makromolekülen, die unter Genkontrolle synthetisiert wurden: Sie regulieren die Aktivität von Enzymen.

Der am besten untersuchte Fall eines solchen Regelkreises ist die einfache Rückkoppelungshemmung (feed-back inhibition). In ihr hemmt das Endprodukt einer Synthesekette das für die Durchführung des ersten Schrittes dieser Kette notwendige Enzym. Das klassische Beispiel eines solchen regulierbaren Enzyms ist die Aspartat-Transcarbamylase (ATCase). Sie ist das erste von sieben Enzymen, welche die Synthese der Pyrimidin-Nucleotide katalysieren. Ihre Hemmung erfolgt (Abb. 227, I) durch das Endprodukt dieses Syntheseweges, das Cytidin-C-5'-Triphosphat (CTP). Die ACTase ist darüber hinaus gleichzeitig Angriffspunkt einer Induktion: Der zu den Pyrimidin-Nucleotiden führende Syntheseweg benötigt ATP. Ist dieses in genügender Konzentration vorhanden, dann wird damit eine der wichtigsten Voraussetzungen für das Funktionieren des Syntheseweges erfüllt. Es ist daher biologisch sinnvoll, daß ATP durch Bindung an die ATCase diese

—→× Repression   =⇒ Induction

I Einfache Endprodukthemmung

Aspartat-transcarbamylase (E. coli)

II Enzyme mit mehreren Wirkorten

  A. Multivalente Endprodukthemmung

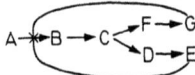

Aspartokinase (Bacillus polymixa)

  B. Kooperative Endprodukthemmung

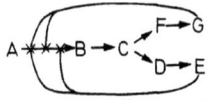

Erstes Enzym der Purin-Nucleotid Biosynthese (E. coli)

  C. Kumulative Endprodukthemmung

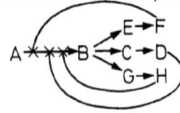

Glutamin-synthetase

  D. Kompensatorische Umkehrung der Endprodukthemmung

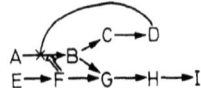

Threonindeaminase, Hemmung durch Isoleucin, Induktion durch Valin (Bacillus subtilis)

III Hemmung durch Zwischenprodukte an Verzweigungen der Synthesekette. (Sequentielle Hemmung)

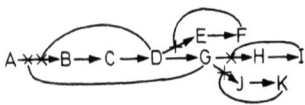

Synthese aromatischer Aminosäuren Hemmung durch Intermediärprodukte Chorismat und Prephenat (B. subtilis)

IV Multiple Enzyme mit spezifischen regulatorischen Wirkorten

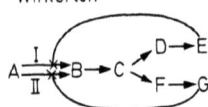

Konversion von Aspartat in seinen β-Acyl-phosphat Abkömmling (E. coli)

Abb. 227. Regulationen von Enzymaktivitäten in Biosynthesen durch deren Zwischen- oder Endprodukte. Die dargestellten Beispiele sind nur ein kleiner Ausschnitt aus der Vielfalt der in der Natur verwirklichten Möglichkeiten. Aus UMBARGER 1969

aktiviert. Das ATCase-Molekül weist damit zwei verschiedene Funktionen auf, die seiner enzymatischen Wirksamkeit und diejenige seiner Regelbarkeit durch Hemmung mit CTP oder Aktivierung durch ATP. Es ist damit bifunktionell. Beide Funktionen lassen sich experimentell voneinander trennen: Erniedrigung des P_H-Wertes oder leichtes Erwärmen inaktiviert die Regelbarkeit, läßt die Enzymwirksamkeit jedoch unberührt. MONOD und

Mitarbeiter ordneten beide unterschiedliche Funktionen zwei verschiedenen Wirkorten des Moleküls zu: Dem katalytischen Ort und dem regulatorischen oder allosterischen Ort. Letzterer gab der Gruppe derartig regelbarer Enzyme die Bezeichnung „allosterische Enzyme". Für die ATCase konnte gezeigt werden, daß sie aus 12 Polypeptidketten besteht. Sechs davon, die R-Ketten, dienen der Regulation. Sie binden CTP. Die übrigen sechs dienen als C-Ketten der katalytischen Wirkung. Sehr wahrscheinlich bildet je eine R- und C-Kette als Protomer eine gemeinsame Struktur- und Funktionseinheit. Wie weit diese strukturellen Einheiten spezifisch für die ATCase sind oder allgemein Strukturmerkmale allosterischer Enzyme widerspiegeln, welche zu deren Funktion notwendig sind, bleibt abzuwarten. Eines aber ist heute bereits sicher. Die einfache Endprodukthemmung ist nur einfach bezüglich ihres Hemmungsschemas. Ihre einzelnen Beispiele entstanden im Laufe der Evolution nicht auf einfachem Wege und mit hoher Wahrscheinlichkeit völlig unabhängig voneinander. Das im vorstehenden beschriebene Modell der Endprodukthemmung ist daher auch nur einer und zwar der klar überschaubarste von zahlreichen verschiedenen verwirklichten allosterischen Regulationsmechanismen. Abb. 227 b–h zeigt unter Angabe der betreffenden Syntheseketten die Regulationsschemata einiger dieser bisher erforschten Regelkreise allosterischer Enzyme.

7. Operons bei Eukaryonten?

Im vorstehenden wurde die Regulation der Genwirkung und ihr Mechanismus, das Operon, ausschließlich an Bakterien in einer begrenzten Vielfalt von Bautypen dargestellt. Diese vorgenommene Beschränkung auf eine einzige Organismengruppe zwingt zu der Frage, ob das Operon einen bei der Gesamtheit der Lebewesen verwirklichten Mechanismus der Regulation der Genwirkung darstellt. Die bisher erhobenen Befunde scheinen dagegen zu sprechen. Wohl wurden beispielsweise bei Neurospora chromosomale Bezirke beschrieben, welche unmittelbar miteinander benachbarte Genorte aufweisen, deren sekundäre Produkte Schritte einer gemeinsamen Synthesekette steuern. Dies gilt beispielsweise für die his-3-Region, welche 4 Gene der Histidinsynthese enthält. Eine ähnliche Anordnung dieser his-Genorte scheint auch bei der Bäckerhefe Saccharomyces cerevisiae vorzuliegen. Das Chromosom II von Neurospora beherbergt außerdem unmittelbar miteinander benachbart 5 Genorte für die Synthese aromatischer Aminosäuren. Sie zeigen das Auftreten polarer Mutanten und werden durch eine gemeinsame, also polycistronische Boten-RNS transkribiert. Beim Menschen wird vermutet, daß die Genorte für das β- und δ-Hämoglobin Glieder eines Operons sind. Eine Anzahl von Beobachtungen stützen diese Vermutung, andere lassen sich nur durch besondere Zusatzhypothesen in Einklang mit der Annahme eines gemeinsamen Operons bringen. Zusammenfassend kann somit für die Eukaryonten, den Lebewesen mit echten Zellkernen und morphologisch gut ausgebildeten Chromosomen, gesagt werden: Die statistische Verteilung von Genorten, welche an der Steuerung gemeinsamer Synthese- und Abbauketten beteiligt sind, auf mehrere Kopplungsgruppen und damit Chromosomen, ist bei ihnen weit häufiger als deren Zusammenfassung zu Gen-Clustern, so wie dies an Bakterien zu beobachten ist. Eine Steuerung der Genwirkung durch Operon-ähnliche Mechanismen dürfte daher bei Eukaryonten von untergeordneter Bedeutung sein. Die Regulation ihrer Genwirkungen aber ist ein unbezweifelbarer Tatbestand. Deren Mechanismen sind uns noch weitgehend unbekannt. Sicher spielen die Histone als basische Eiweiße, die zum Baumaterial der Chromosomen gehören, dabei eine Rolle. Auch strukturelle Veränderungen, wie die Bildung von Puffs, das sind Aufblähungen der Normalstruktur von Riesenchromosomen, sind Ausdruck einer solchen Regulation. Die Erforschung ihrer molekularen Mechanismen gehört zu den noch nicht gelösten Aufgaben der Molekulargenetik.

8. Die genetische Regulation der Phagensynthese

8.1 Kontrollierte Transkription der λ-DNS

Operons sind für die Bakterienzelle der Mechanismus zur Regulation der Genwirkungen. Diese führen zur Synthese von Enzymen, welche den katabolischen und anabolischen Stoffwechsel katalysieren. Dabei gewinnt die Zelle Energie, die sie zur Durchführung des intermediären Stoffwechsels, zu Neusynthesen kleinerer organischer Moleküle und zur Produktion von Makromolekülen verwendet, aus denen sich die morphologischen Strukturen der Zelle zusammensetzen. Als sichtbares Ergebnis aller dieser biochemischen Reaktionen wächst eine solche Bakterienzelle und teilt sich schließlich in zwei Schwesterzellen.

Dieser Vorgang zwingt zur Stellung einer Frage, welche die Bedeutung der Vererbung für das Leben in einem im vorstehenden noch nicht angesprochenen Problemkreis erkennen läßt. Sie wird noch eindringlicher, wenn wir einen für das Belebte allgemein gültigen Zusammenhang weiter in den Vordergrund stellen: Dieses Belebte tritt in Form von Individuen, von einzelnen Organismen auf. Gehören sie den Eukaryonten an, so beginnt ihr individuelles Leben nicht wie das einer Bakterienzelle als eines der beiden Teilungsprodukte einer Mutterzelle. Ihr Ausgangspunkt ist dann vielmehr eine befruchtete Eizelle.

Sie enthält alle genetischen Informationen, welche zum Aufbau des Körpers des sich entwickelnden Lebewesens notwendig sind und diesen zur Durchführung seiner Gen-gesteuerten Leistungen befähigen. Der Körper eines Lebewesens ist ein dreidimensionales Gebilde mehr oder weniger großer Komplexität. Er entsteht schrittweise im Verlauf der Individualentwicklung: Das Lebewesen wächst im Laufe einer bestimmten Zeitspanne heran, es „entwickelt sich". Dazu sind eine große Anzahl Gen-gesteuerter Leistungen notwendig. Jede von ihnen ist nur dann sinnvoll, wenn sie zu einem ganz bestimmten Zeitpunkt der Individualentwicklung erbracht wird und ihre Ergebnisse auch bestimmten quantitativen Anforderungen entsprechen. Ist dies nicht der Fall, so entstehen mehr oder weniger lebensunfähige Monstren als Ausdruck einer chaotischen Entwicklung. Sie lehren uns, daß die räumliche und damit weitgehend auch funktionelle Anordnung aller durch Gen-gesteuerte Synthesen erzeugten Bausteine eines Lebewesens im makroskopischen, mikroskopischen und submikroskopisch-molekularen Bereich keinesfalls zufällig ist. Sie unterliegt vielmehr einer streng durchgeführten Regulation. In einem Satz zusammengefaßt: Der Aufbau des Körpers eines Lebewesens im Verlauf der Individualentwicklung geschieht als die zeitliche Aufeinanderfolge bestimmter, genetisch gesteuerter Leistungen: Ein durch Regulation hervorgerufenes Zeitmuster von Genwirkungen wird in das Raummuster der Bausteine des Körpers dieses Lebewesens übersetzt. Die Regulation der Genwirkung als zeitliche und quantitative Steuerung wird damit zum Zentralproblem jeder Entwicklungsphysiologie.

Wie aber vermag eine solche, entwicklungsphysiologisch wirksame Regulation der Genwirkung vor sich zu gehen? Welcher Mechanismen bedient sie sich? Sicher müssen Untersuchungen dieses Problemkreises zunächst vorsichtig vorantastend begonnen werden. Ihre Objekte sollten daher im ersten Anlauf so einfach wie nur möglich sein. Eine Gruppe solcher einfacher, in einzelnen Beispielen auch genetisch sehr gut untersuchter Objekte sind die Bakteriophagen. Es nimmt daher nicht wunder, daß in jüngster Vergangenheit Forschungen an Phagen viel dazu beigetragen haben, den Aufbau eines biologischen Objektes – eines Phagenpartikels – als Ergebnis von genetischen Wirkungen zu erkennen, welche einer strengen, ebenfalls genetischen Regulation unterliegen. Auf welchen technischen Voraussetzungen beruhen diese Untersuchungen? Die beiden Komplementärstränge der λ-DNS besitzen, wie wir bereits hörten, ein verschiedenes spezifisches Gewicht. Sie sammeln sich daher nach thermischer Denaturierung des Doppelstranges bei Gradientenzentrifugierung in zwei verschiedenen Banden, deren zentrifugale, die h-(heavy), und deren zentripetale, die l-(light) Einzelstränge enthält. Der erste Schritt der Verwirklichung genetischer Information ist die Bildung von Boten-RNS. diese kann durch Zugabe von radioaktivem Uracil markiert und dadurch messend verfolgt werden. Geschieht die Uracil-Zugabe zum Medium als ,,Pulse" nur kurzfristig dadurch, daß wenige Sekunden bis Minuten danach mit unmarkiertem (kaltem) Uracil stark verdünnt wird, dann kann nur die während der Markierungsphase synthetisierte Boten-RNS die radioaktive Markierung in meßbaren Mengen enthalten. Von λ standen für die nun darzustellenden Untersuchungen eine große Anzahl von gut kartierten Deletionsmutanten zur Verfügung. Der DNS einer solchen Mutante möge der Abschnitt A fehlen. Wird bei der Synthese von Wildtyp-λ-Phagen während der Transkription von A eine radioaktive Pulse-Markierung vorgenommen, dann entsteht markierte Boten-RNS, welche A transkribiert enthält. Sie wird mit dem einen der beiden DNS-Einzelstränge, dem Ablesestrang von Wildtyp-λ hybridisieren. Die DNS einer Deletionsmutante, welcher der Ort A fehlt, wird keine solche Hybridisierung zeigen. Auf diesem Wege läßt sich die zeitliche Aufeinanderfolge der Transkription einzelner Genorte von λ im Verlaufe der Phagensynthese und auch eine solche von Operator- und Promoterabschnitten untersuchen. SZYBALSKI und sein Arbeitskreis in den Vereinigten Staaten, sowie eine Anzahl anderer Forscher haben diese Methode meisterhaft angewandt und damit hochinteressante Ergebnisse erzielt:

Als einen wichtigen Befund dieser Untersuchungen hatten wir im Zusammenhang mit der Besprechung der Transkription bereits erfahren, daß diese nicht nur auf einen der beiden Einzelstränge von λ beschränkt ist, sondern Abschnitte beider Stränge zum Gegenstand hat. Entsprechend der entgegengesetzten Polarität dieser Stränge muß auch die Transkription in gegenläufiger Richtung verlaufen. Die Autoren unterscheiden daher eine links- und rechtsgerichtete Transkription (Abb. 228 u. 132). Die dabei transkribierten DNS-Stränge werden als l- und r-Strang bezeichnet. Dabei ist der r-Strang mit dem h-Strang identisch.

Im Zustande der Lysogenie sind nur etwa 4% des λ Genoms aktiv. Ihre Transkription setzt an dem Promoter P_c (Abb. 228 etwa bei 78 u. 229) ein und verläuft, als L 1 bezeichnet, im l-Strang nach links. Durch Translation dieser Boten-RNS entstehen mindestens zwei Proteine, die der Genorte c_I und rex. Im Experiment verhindert die Wirkung des letzteren die Entwicklung etwa injizierter DNS von Phagen des Typs T4rII. Dem Produkt von c_I kommt eine allgemeinere Bedeutung zu. Es ist der λ-Repressor, welcher die beiden Operatorbezirke O_L und O_R blockiert und dadurch auf dem Wege einer negativen Kontrolle die Transkription der λ-DNS an den beiden Flanken der c_I- oder Immunitätsregion verhindert. Der Zustand der Lysogenie wird damit durch die Wirkung eines spezifischen Repressors hervorgerufen, dessen Synthese operatorgesteuert vor sich geht. Ebenso wie der lac-Repressor ist er ein Protein und wurde bereits rein dargestellt. In diesem reprimierten Zustand wird das λ-Genom passiv als Teil des Genoms der lysogenen Wirtszelle synchron mit diesem repliziert.

Der Eintritt in den lytischen Cyclus setzt die Inaktivation des Repressors voraus. Sie kann auf verschiedenen Wegen spontan erfolgen. Experimentell kommen meist Temperaturerhöhung oder UV-Bestrahlung zur Anwendung. Dadurch werden die beiden an den Flanken des c_I-Abschnittes gelegenen Operatoren O_L und O_R frei. Von dem unmittelbar benachbarten Promoter P_L ausgehend (Abb. 229), wird der L-Strang bis zum Terminator t_L transkribiert. Dazu ist ebenso wie zur Transkription der c_I-Region des Prophagenzustandes der σ (Sigma)-Faktor notwendig. Dieser bildet, wie wir bereits erfuhren, einen Bestandteil der DNS-abhängigen RNS-Polymerase der Wirtszelle. Die sehr aktive Transkription umfaßt dabei in der Hauptsache den Genort N und transkribiert etwa 1,5% des λ-Genoms. Sie führt zu Boten-RNS, die in zwei Molekülgrößen vom Gewicht 4,5 S und 12 S vorkommt. Mit dieser Darstellung haben wir ein bisher bei der Besprechung der Regulation im Operon noch nicht erwähntes Schaltelement vorgestellt, den Terminator. Er umfaßt eine bestimmte Nucleotidsequenz der transkribierten DNS. An ihm endet die Transkription. Die Terminatorregion besitzt damit die gegensätzliche Funktion des Promoterabschnittes. Untersuchungen von BLATTNER haben für λ nachgewiesen, daß weder der Terminator

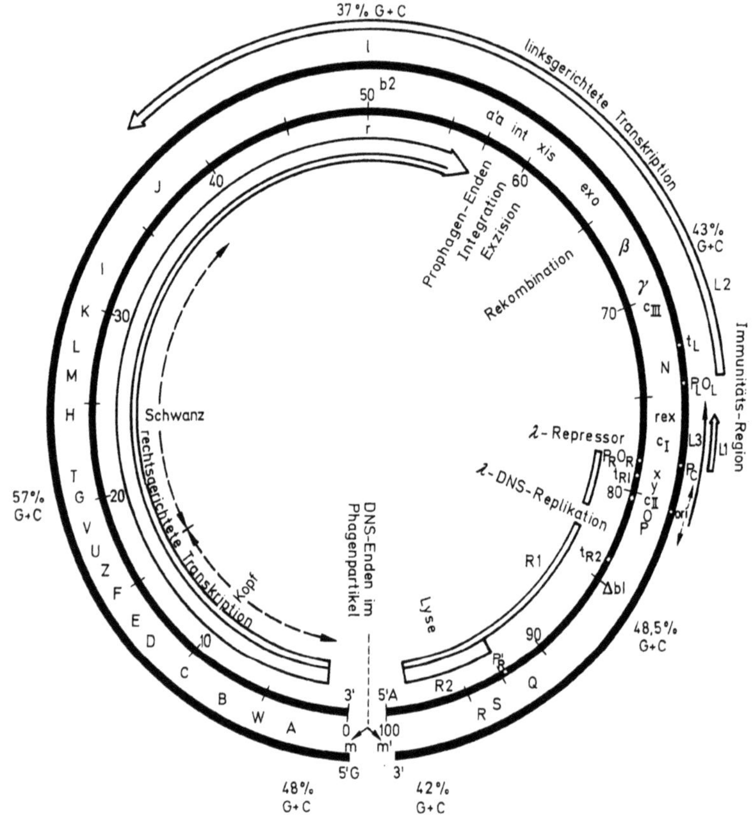

Abb. 228. Genetische und physische Karte des λ-Genoms. Aus SZYBALSKI et al. 1970

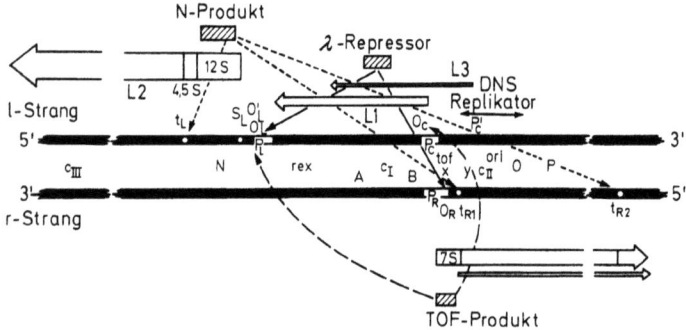

Abb. 229. Die Immunitäts-Region als Ausschnitt aus der Genkarte des Phagen λ. Aufeinanderfolgende Schritte der von dieser Region ausgehenden Phagensynthese und die sie steuernden Regulationswirkungen sind eingezeichnet. Einzelheiten im Text. Nach SZYBALSKI et al. 1970, vereinfacht dargestellt

noch der Promoter selbst transkribiert werden. Gleichzeitig mit der linksgerichteten Transkription setzt, wenn auch mit geringerer Intensität, von P_R ausgehend, eine rechtsgerichtete Transkription ein. Am Terminator t_{R1} endend, wird dabei die X-Region des r-Stranges mit dem Genort tof abgelesen (Abb. 229). Sie umfaßt etwa 0,5 bis 0,7% des Gesamtgenoms. Zur Wirksamkeit von t_L und t_{R1} ist das Vorhandensein des ϱ (Rho)-Faktors der Wirtszelle notwendig.

Die frühe Frühphase der Phagensynthese ist damit voll in Gang gekommen. Ihre Produkte leiten die späte Frühphase ein, dadurch, daß sie als Effektoren der Regulationssysteme wirken, welche diese Phase steuern: Von N codiert ist ein Produkt entstanden, das als Antiterminationsfaktor auf t_L und t_{R1} und das noch weiter rechts gelegene t_{R2} wirkt (Abb. 229 u. 230). Die linksgerichtete Transkription dringt daher über t_L hinaus vor.

Zu den nun transkribierten Genorten gehören auch int und xis, deren sekundäre Produkte die Exzision der λ-DNS aus dem Verbande der Wirtszell-DNS ermöglichen. Im Falle der noch integrierten Phagen-DNS endet diese Transkription bei a' (Abb. 228 u. 230).

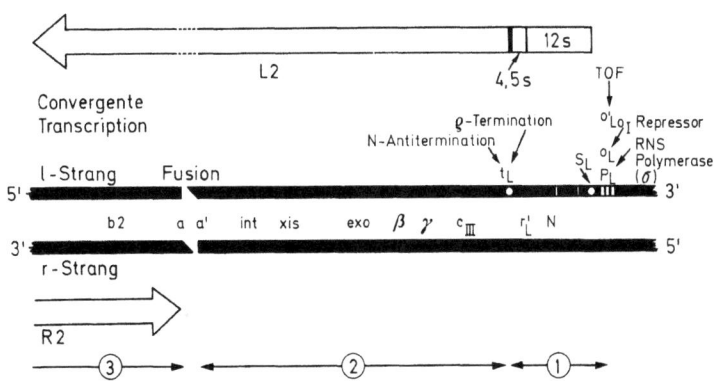

Abb. 230. Schematische Darstellung des L 2 Skriptons von λ. Nach SZYBALSKI et al. 1970, verändert

In transduzierenden Partikeln erfaßt sie darüber hinausgehend die gal-Region der integrierten Escherichia coli-DNS (Abb. 98c). In multiplen Lysogenen, also mehreren λ-Genomen je Zelle, oder nach stattgefundener Exzision und Ringbildung des Phagengenoms (Abb. 98b), schließt sie auch die b_2-Region mit ein. Die gleichzeitig verlaufende, rechtsgerichtete Transkription dieser späten Frühphase geht über c_{II} O, P, Q, S, R bis zur A-J-Region (Abb. 228). Die Transkription von S, R, A und J ist bei Abwesenheit des Genproduktes von Q jedoch nur geringfügig und wird erst durch seine Anwesenheit auf den 10- bis 20fachen Wert erhöht, wobei der etwa bei 93 (Abb. 228) liegende Promoter P'_R voll wirksam wird.

Gleichzeitig mit der linksgerichteten Transkription von N ist durch die rechtsgerichtete Transkription in der frühen Frühphase der Ort tof abgelesen worden (Abb. 229). Sein Genprodukt übt eine doppelte negative Regulationswirkung aus, welche für das Einsetzen der späten Frühphase bezeichnend ist: Es schaltet sehr rasch die Transkription der c_I-Region aus, die wie oben dargestellt, durch Lieferung des λ-Repressors den lysogenen Zustand verursacht und verringert durch Bindung an den Operator O'_L stark die nach links gerichtete, von P_L in Gang gesetzte Transkription. Als Wirkung eines diffundierenden Genproduktes ist diese Funktion trans-dominant: λ-tof⁻-Mutanten zeigen keine Veränderung der von P_L ausgehenden, linksgerichteten Transkription. Die späte Frühphase mündet durch einen weiteren Regulationsvorgang in die eigentliche Phagensynthese ein. Unter der Wirkung der während dieser Phase entstehenden Produkte der Gene O und P und unter Beteiligung der DNS-Polymerase der Wirtszelle beginnt die autonome Replikation der λ-DNS. Ihr Einsatzpunkt liegt bei ori (in Abb. 228 bei 80.5). Erst die Transkription dieses Bezirkes aktiviert ori und bildet damit einen zusätzlichen, positiven Regulationsmechanismus der λ-DNS-Replikation. Diese verläuft, von ori ausgehend, sowohl nach rechts wie nach links gerichtet.

Nun vermag die Spätphase, die eigentliche Phagensynthese, einzusetzen. Sie wird durch eine Regulationswirkung eingeleitet, welche von der Replikation der λ-DNS ausgeht. Diese verringert die Intensität der Transkription von S, R bis A-J pro DNS-Strang. Andererseits jedoch führt sie zur Entstehung einer zunehmenden Anzahl von λ-Genomen, und damit zur Vermehrung der Gendosen. Dadurch erhöht sich trotz verringerter Transkriptionsrate je Genom die Anzahl gleichzeitig transkribierter Boten-RNS-Moleküle pro Wirtszelle ganz erheblich. Die nun synthetisierten Genprodukte dienen unmittelbar dem Aufbau neuer Phagenpartikel. Diejenigen von A bis F sind für die Synthese und den Zusammenbau der Bausteine des Phagenkopfes sowie das Einpacken der DNS in diesen verantwortlich. Die Gene Z bis I kontrollieren die Synthese der Bauteile des Schwanzes und deren Zusammenbau. Das Gen J schließlich codiert Strukturen des Schwanzendes und bestimmt damit die Wirtsspezifität. Die letzte Phase des lytischen Cyclus wird durch die mittelbaren Genprodukte von S und R ermöglicht. Sie zerstören die Zellwand der Wirtszelle, wobei R das λ-Endolysin codiert.

Auf die eingangs gestellte Frage nach dem Mechanismus der Regulation von Genwirkungen mit dem Ziele der Entstehung eines Zeitmusters Gen-gesteuerter Regulationen vermögen diese Beobachtungen für das Modell der Synthese des Phagen λ eine erste Antwort zu geben. Sie besteht aus mehreren zeitlich aufeinanderfolgenden Phasen der Aktivität bestimmter Genorte. In jeder dieser Phasen werden meist zwei Gruppen von Effektoren synthetisiert. Die eine schaltet die Transkription der in der vorangegangenen Phase aktiv gewesenen Genorte ab. Die andere hebt bisher vorhanden gewesene Blockierungen auf und leitet damit die folgende Aktivitätsphase ein. Schaltelemente sind dabei Operatoren, welche im nicht-reprimierten Zustande die Wirkung autonomer Promoter der Transkription erlauben. Sie sind uns als Bausteine eines Operons bekannt. Die Analyse des Ablaufes der λ-Synthese nötigt jedoch dazu, das Modell des Operons, so wie es am Beispiel der koordinierten Enzymrepression das Lactoseabbaues erarbeitet wurde, zu erweitern. In seiner klassischen Ausprägung besteht es aus einem Promoter, einem Operator und den Strukturgenen. Der Operator wird dabei vom sekundären Genprodukt eines nicht notwendigerweise mit dem Operon gekoppelten Regulatorgenes im Zusammenwirken mit einem niedermolekularen Molekül entweder reprimiert oder dereprimiert. Die Regulationen der Genwirkungen bei der λ-Synthese weisen eine Vielfalt der Abweichungen von diesem Modell auf. Sie erlauben den Schluß, daß das klassische Operon wohl den einfachsten Fall einer Regulationseinheit bildet, deren Kennzeichen die Transkription einer gemeinsamen Boten-RNS ist. SZYBALSKI bezeichnet eine solche Regulationseinheit als Transkripton oder Skripton. Sie weist einen einzigen autonomen Promoter auf, von dem ausgehend ihre Transkription stets in der gleichen Richtung erfolgt. Ein bis mehrere Orte negativer oder positiver Kontrolle können dazu führen, daß verschiedene Segmente des Skriptons nicht notwendigerweise koordiniert abgelesen werden. Ihre Regulation kann daher auch unabhängig voneinander erfolgen, wodurch Boten-RNS-Moleküle verschiedener Größenklassen zu entstehen vermögen. Immer aber beginnt die Transkription am proximal gelegenen Promoter. Die relative Unabhängigkeit der einzelnen Segmente des Skriptons ermöglicht es, daß sie Bestandteile von mehr als einem Skripton sein können. Dadurch wird ein Überlappen benachbarter Skriptons bei gleicher und auch entgegengesetzter Ableserichtung möglich.

Die bisher durchgeführten, noch keineswegs abgeschlossenen Untersuchungen haben das Vorhandensein vier solcher Skriptons im Genom (Abb. 228 u. 98c) von λ nachgewiesen, L 1 und L 2 werden nach links, also dem Uhrzeigersinn entgegengesetzt, transkribiert, R 1 und R 2 weisen nach rechts gerichtete Transkription auf. Das L 1-Skripton entspricht noch am ehesten dem klassischen Operonmodell. Es besteht aus einem Operator O_c, dem Promoter P_c und mehreren Strukturgenen. O_c wird durch tof reprimiert. Neueste Untersuchungen machen es jedoch wahrscheinlich, daß noch weitere Kontrollmechanismen und -elemente innerhalb dieses Skriptons vorhanden sind. Das L 2-Skripton (Abb. 230) baut sich aus drei Regionen auf (P_L-t_L; t_L-a; a'-J), welche, wie im vorstehenden dargestellt, unabhängig voneinander durch verschiedene Elemente negativer und positiver Kontrolle reguliert werden können. Das R 1-Skripton weist gar vier Regionen (P_R-t_{R1}; t_{R1} — t_{R2}; t_{R2}-m'; m'-b2) auf. Es entspricht 70–80% des λ-Genoms. Einem einzigen Promoter P_R stehen zwei Terminatoren t_{R1} und t_{R2} gegenüber. Es zeigt Überlappung mit dem R 2-Skripton. Dieses besteht aus zwei Regionen (P'_R-m'; m-b2). Seine Erforschung ist bisher am weitesten zurückgeblieben. Schon ODA und Mitarbeiter zeigten, daß es mehrere, durch ihre Größe klar unterscheidbare Boten-RNS-Typen produziert. Möglicherweise entstehen diese unter Wirkung bestimmter, bisher nicht sicher nachgewiesener Nucleotidsequenzen der DNS, welche als Signale wirken und die RNS-Polymerase dazu veranlassen, die vom Promoter her synthetisierte Boten-RNS von der DNS zu lösen, in der Transkription jedoch weiter fortzufahren.

Ein derartiges Signal, mit r_L bezeichnet, sorgt dafür, daß im L 2-Skripton die 12 S- und 4.5 S-Einheit entstehen. Eine genauere Analyse der beiden letztgenannten Boten-RNS-Typen hat eindeutig gezeigt, daß die 4.5 S-Einheit am 5' Ende des L 2-Skriptons transkribiert wird. In Transkriptionsrichtung gesehen liegt sie damit auch am Ende der 12 S-Einheit (Abb. 229). Beide Boten-RNS-Typen entstehen durch eine Transkription, welche bei P_L, also nahe dem 3' Ende des L_2-Skriptons beginnt. Zur Synthese der 4.5 S-Einheit muß daher die RNS-Polymerase entweder den größten Teil dieses DNS-Abschnittes entlanglaufen, ohne RNS zu synthetisieren, einen „dry run" durchführen, oder was wahrscheinlicher ist, wie bereits oben beschrieben, durch den Ort r_L (Abb. 229 u. 230), der DNS des l-Stranges dazu veranlaßt werden, den bis dahin synthetisierten 12 S-RNS-Abschnitt freizugeben. Besitzt dieser eine höhere Abbaurate als die unmittelbar darauf synthetisierte 4.5-S Einheit, dann wird dadurch das Vorherrschen dieser Einheit erklärbar.

Die einander entgegengesetzte Transkriptionsrichtung des l- und r-Stranges führen dazu, daß nach Ringschluß (Abb. 98 u. 228) der λ-DNS der durch J und b begrenzte Abschnitt des λ-Genoms beider Stränge transkribiert werden kann. Es erscheint unmöglich, daß trotz ihrer Komplementarität beide Einzelstränge dieser Zone die Strukturinformation funktioneller Proteine enthalten. Im Einklang damit stehen Versuche mit Deletionsmutanten dieses Abschnittes, welche keine Verringerung der Vermehrungsfähigkeit solcher Mutanten gegenüber dem Wildtyp erkennen lassen. Möglicherweise besitzt diese Zone eine andere Funktion: Es ist sehr unwahrscheinlich, daß die molekulare Struktur der Doppelstrang-DNS zwei in entgegengesetzter Richtung an den beiden Schwestersträngen entlanglaufenden RNS-Polymerasen erlaubt, einander zu passieren. Sie dürften sich mit weit größerer Wahrscheinlichkeit gegenseitig blockieren. Ist das tatsächlich der Fall, und manches spricht dafür, dann wäre diese Reaktion ein sehr wahrscheinlich noch aus den ersten Anfangsstufen der Evolution herreichender, primitiver, jedoch wirksamer Regulationsmechanismus.

Die Befähigung von λ zur Transduktion sowie der Hybridisierung mit dem nahe verwandten Phagen Φ80, zusammen mit dem Auftreten von Transpositonsmutanten sind Ausdruck dafür, daß zahlreiche bakterielle Operons und Skriptons als Ganzes oder in Teilen in das λ-Genom eingebaut werden können. λ-Gene gelangen dabei unter den Einfluß der Regulation bakterieller Skriptons und umgekehrt, ein Vorgang, der sich häufig auch im Experiment beobachten läßt. Die Vermutung liegt nahe, daß eben dieser Vorgang für die Evolution von λ von erheblicher Bedeutung war und noch ist. Wie viele der λ-Genorte ursprünglich bakterieller Herkunft sind, wird kaum mit Sicherheit festzustellen sein. Aber auch eine stattgefundene Übernahme genetischer Informationen in Gestalt von Teilen der Phagen-DNS durch bakterielle Wirtszellen ist nicht auszuschließen. Die Tatsache, daß die verschiedenen Segmente der λ-DNS unterschiedliche, durchschnittliche Basenzusammensetzung und damit verschiedene Schwimmdichte aufweisen, kann ebenfalls als ein Hinweis für die Entstehung der heute vorliegenden Form des λ-Genoms durch solche Austauschvorgänge verstanden werden.

8.2 Morphopoese eines Phagenpartikels

Regulationsvorgänge bestimmen den Ablauf der Gen-abhängigen Einzelschritte der Phagensynthese, die sich in einer Bakterienzelle abspielen. In ihrem Verlaufe entstehen zahlreiche Phagengenome und in großer Stückzahl alle diejenigen Proteine, aus denen die schließlich freigesetzten Phagenpartikel aufgebaut sind. Wie aber erfolgt dieser Zusammenbau eines einzelnen Partikels aus den Bausteinen? Wie verläuft die Morphopoese eines Phagen?

Wenn wir diese Frage experimentell beantworten wollen, dann wird es ratsam sein, sich experimenteller Befunde zu erinnern, die bei gleicher Fragestellung an noch einfacheren biologischen Objekten aus dem Bereiche der Viren schon vor geraumer Zeit erhoben wurden. Bei der Darstellung von Versuchen, die zeigten, daß der genetische Code nicht überlappend ist, hatten wir bereits das Tabakmosaik-Virus (TMV) kennengelernt (Abb. 139). Schon 1943 gelang es dem deutschen Forscher SCHRAMM, durch alkalische Behandlung von TMV-Partikeln diese in Bruchstücke zu zerlegen, deren kleinstes nur mehr aus sechs Molekülen des TMV-Proteins bestand. Beim Ansäuern einer solchen Lösung vereinigten sich diese kleinen Bruchstücke wieder spontan zu Stäbchen, deren Struktur derjenigen des nativen Viruspartikels entspricht. Solche Partikel sind jedoch nicht infektiös, da sie nur aus Proteinen bestehen, ihnen also der Nucleinsäurefaden fehlt. Über ein Jahrzehnt später wurden schließlich Versuchsbedingungen gefunden, welche bei Belassung der Nucleinsäure im Spaltungsgemisch zu einem Zusammenbau aktiver Partikel führen, die nun auch den zentralen Nucleinsäurefaden enthalten. Das spontan vor sich gehende Zusammentreten der Einzelbausteine des TMV-Partikels ist der Übergang von einem Zustand hoher Ordnung in einen solchen niederen Ordnungsgrades: Vor dem Zusammenbau ist jedes der einzelnen Proteinmoleküle von einer hochgeordneten Schicht aus Wassermolekülen umgeben. Im Viruspartikel dagegen sind die Proteinmoleküle durch hydrophobe Wechselwirkung miteinander verbunden. Als Voraussetzung des Zusammenbaues wird der hochgeordnete Zustand der Bedeckung mit Wassermolekülen vernichtet. Das Viruspartikel stellt daher gegenüber seinen Einzelbausteinen einen energetisch begünstigteren Zustand dar. Dieser Tatsache entsprechend besitzt der Mechanismus des spontanen Zusammentretens, des „self assembly", den relativ hohen Wirkungsgrad von mehr als 50 Prozent.

Ein solches Zusammenfügen der Proteinhülle eines Viruspartikels aus seinen zahlreichen, wenn auch gleichen Bausteinen ist der Extremfall der einen Möglichkeit zur Entstehung biologischer Gebilde. Er findet ganz sicher eine Grenze mit fortschreitender Zunahme der morphologischen Vielfalt im Laufe der Stammesgeschichte. Bedient sich die Morphopoese von Phagenpartikeln noch des Mechanismus des self assembly oder treten in ihrem Verlaufe bereits Mechanismen auf, die wir auch bei der Individualentwicklung biologischer Objekte höheren Evolutionsgrades erwarten können? EDGAR, LIELAUSIS und KING, sowie andere Autoren, sind dieser Frage am Escherichia coli-Phagen T 4 nachgegangen. Wie wir schon erfuhren (Abb. 6), zeigt im Vergleich zum TMV-Partikel ein solches Phagenpartikel eine Vielfalt von Gestaltmerkmalen. Ein hexagonaler Kopf wird durch eine kragenförmige Bildung mit dem Schwanzteil verbunden. Letzterer besteht aus einem inneren Rohr und der es umgebenden Hülle. Das Schwanzende schließt die Endplatte ab, welche in vier stachelförmigen Gebilden, den Endplattenstiften, ausläuft. An der Endplatte sind zusätzlich sechs gewinkelte Schwanzfäden befestigt. Als Bestandteil eines solchen Partikels wurden bisher rund 20 verschiedene Proteine nachgewiesen. Weitere werden aufgrund von Komplementationsversuchen vermutet.

Durch geeignete Behandlung lassen sich, genau wie das für die Tabakmosaikpartikel gilt, derartige Phagenpartikel in ihre Einzelbausteine zerlegen. Die Verwendung von mutierten Phagenstämmen, deren genetische Information ähnlich derjenigen bakterieller Mangelmutanten von Fall zu Fall in einem anderen Bezirk des DNS-Moleküls verändert vorliegt, führt jedoch im Sinne unserer Fragestellung weiter. Solche Mutanten vermögen nicht mehr infektiöse Partikel zu bilden, ganz einfach deshalb, weil die Synthesekette zur Herstellung von Phagenpartikeln nicht mehr bis zum Ende ablaufen kann. In gleicher Weise wie häufig bei auxotrophen Mutanten, wird dann das vor dem genetischen Block liegende Endprodukt angehäuft. Nur sind in unserem Falle diese Endprodukte nicht irgendwelche Fermentmoleküle, sondern aus spezifischen Proteinen gebildete Bausteine des Phagenpartikels. Es entstehen also keine infektiösen Phagen mehr. Wie aber kann man mit diesen Mutanten dann arbeiten? Sie müssen ja irgendwie weitergezüchtet werden, damit Zellen infiziert werden können. Es ist also auch nötig, daß sie infektiös sind. Die Autoren benutzten zu ihren Arbeiten eine besondere Klasse von Phagenmutanten. Unter ganz bestimmten als „eingeschränkt" bezeichneten Kulturbedingungen wird der genetische Block ihrer Synthese erkennbar und führt zur Anhäufung nicht weiterverarbeiteter Strukturelemente des Phagenpartikels. Infektiöse Partikel entstehen dabei nicht. Unter anderen, den „erlaubenden" Kulturbedingungen dagegen erfolgt normale Phagensynthese, welche zur Freisetzung virulenter Partikel durch die Wirtszelle führt. Die Abb. 231 zeigt eine Gen-Karte von T4, die mit Hilfe solcher Mutanten gewonnen wurde und die Lage der Genorte mit morphogenetischer Funktion wiedergibt.

Zahlreiche Mutanten des Phagen T 4 wurden aufgefunden, welche alle unter eingeschränkten Bedingungen die Ansammlung von Strukturelementen des T 4-Partikels in der Wirtszelle, nicht aber die Synthese infektiöser Phagenpartikel verursachen. Nach Aufbrechen der Wirtszellen ließen sich von Mutante zu Mutante meist verschiedene Bauteile des Phagen im elektronenoptischen Bilde nachweisen (Abb. 232). So induzierte beispielsweise (Abb. 231) die Mutante 27 die Synthese von Phagenköpfen und Schwanzfäden. Die übrigen Einzelteile des Schwanzes fehlten völlig. Die Infektion einer Wirtszelle mit der Mutante 23 dagegen ließ in dieser Schwänze, bestehend aus innerem Rohr, Hülle und Endplatte mit Endplattenstiften sowie getrennt davon Schwanzfäden entstehen, während die Bildung von Köpfen unterblieb. Sollten diese Strukturelemente ganz in ähnlicher Weise wie die TMV-Partikel miteinander gemischt, ebenfalls spontan zur Bildung vollständiger infektiöser Phagenpartikel führen? Die für deren Entstehung notwendigen Einzelteile lagen ja in einem solchen Gemisch vollständig vor. Im Versuch, der diese Frage beantwortete, wurden zunächst die beiden Extrakte der Wirtszellen, in denen voneinander getrennt beide Mutanten unter eingeschränkten Bedingungen aktiv gewesen waren, gereinigt und durch Zentrifugierung die neu synthetisierten Strukturelemente der Phagen gewonnen. Vereinigte man beide Aufarbeitungen (Abb. 233) schließlich, so traten spontan die Einzelteile im Reagensglas zu aktiven Phagenpartikeln zusammen. Im elektronenoptischen Bild zeigten diese die unverwechselbaren, morphologischen Merkmale intakter Partikel des Phagen T 4. Beide Extrakte zusammen lieferten damit alle diejenigen Strukturelemente, welche notwendig sind, um den Selbstvereinigungsprozeß der Einzelteile mit dem Ergebnis der Entstehung vollständiger, virulenter Phagenpartikel zu ermöglichen. Gab es damit keinen Unterschied zu der am TMV-Partikel beobachteten Gesetzmäßigkeit? Weitere Experimente, in denen jeweils 2 der 42 Mutanten in ähnlichen Komplementationsversuchen eingesetzt wurden, ließen bald einen darüber hinausgehenden Zusammenhang erkennen. Ein Extrakt mit den unvollständigen Phagenbauteilen jeder Mutante gab bei Vereinigung mit dem einer jeden anderen Mutante nicht immer infektiöse Phagenpartikel. Die Mutanten ließen sich vielmehr in 13 Gruppen (Abb. 234) gliedern, wobei jede Mutante der einen

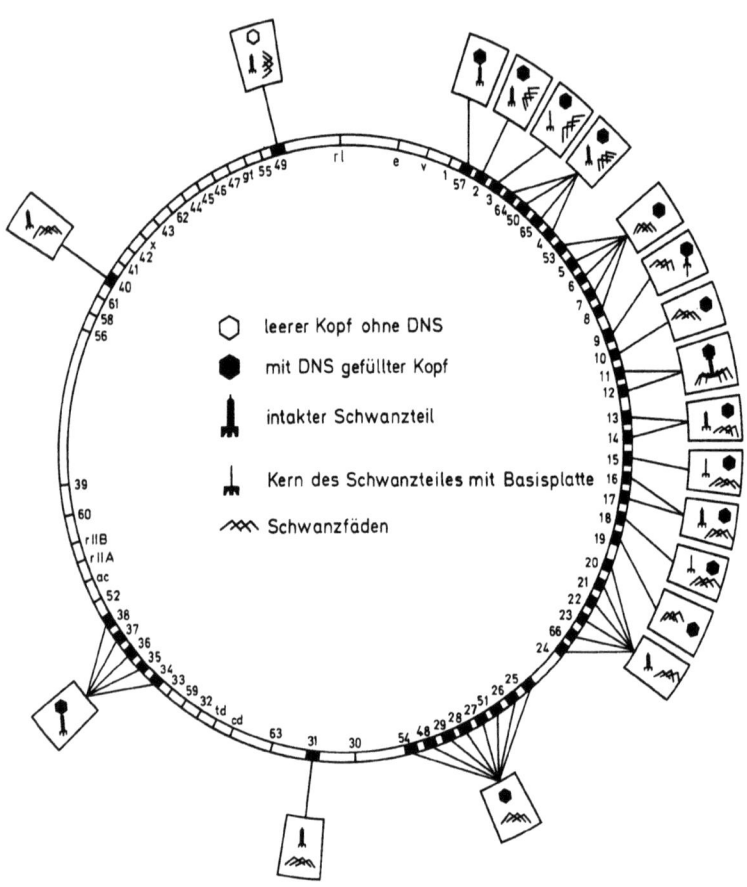

Abb. 231. Genkarte des E. coli-Phagen T 4. Die schwarz eingezeichneten Genorte steuern morphopoetisch wirksame Syntheseschritte. In den durch Striche mit ihnen verbundenen Kästchen sind diejenigen Phagenbauteile schematisch dargestellt, welche von einer Mutante des betreffenden Genortes unter nicht erlaubten Bedingungen anstelle eines intakten Phagenpartikels synthetisiert werden. Einzelheiten im Text. Ein Defekt von Gen 11 und 12 führt zur Synthese von vollständigen, aber sehr instabilen Phagenpartikeln. Nach WOOD et al. 1967, verändert

Gruppe mit jeder Mutante einer anderen zu vollständigen Phagenpartikeln komplementierte. Innerhalb der Gruppe jedoch versagte der Komplementationstest.
Besonderes Interesse verdienten die Mutanten der Gruppe IV, V und VI. Die Beschäftigung mit ihnen erhellte eine weitere Gesetzmäßigkeit. Diese Mutanten führen unter eingeschränkten Bedingungen zur Bildung von Köpfen, Schwanzteilen ohne Endfäden und isolierten Endfäden. Die Bausteine eines Phagenpartikels lagen also – so schien es – vollständig vor. Aktive Partikel aber entstanden nicht. Regelten die Wildtypallele der in diesen Mutanten mutierten Gene den Zusammenbau der Strukturelemente? Eine weitere Möglichkeit schien außerdem gegeben: Vermochten diese drei Elemente spontan erst

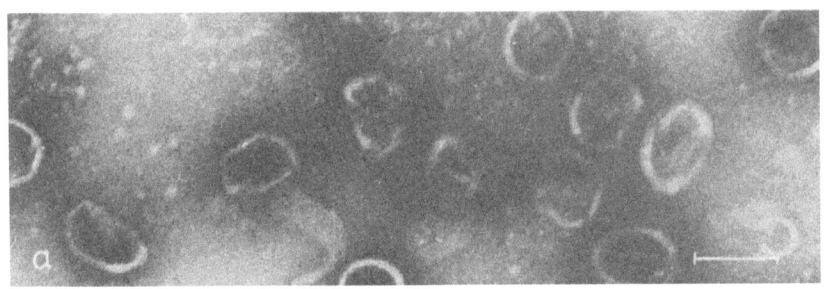

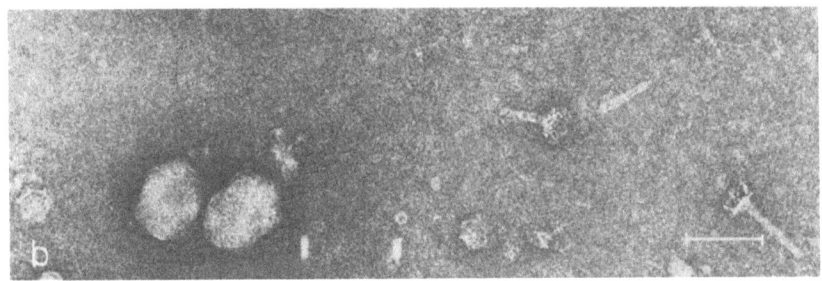

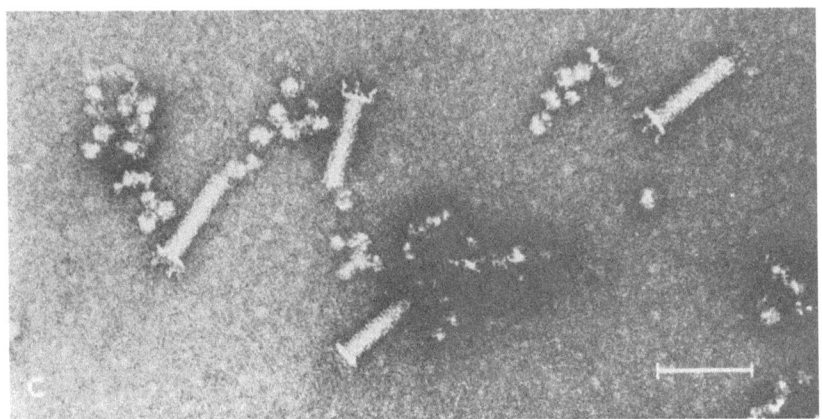

Abb. 232. Elektronenoptische Aufnahmen von Bauteilen des T 4-Partikels, deren Synthesen von Morophopoese-Mutanten dieser Phagenart unter eingeschränkten Bedingungen in E. coli-Zellen katalysiert wurden. a) Kopfteile unter der Wirkung einer für Gen 19 defekten Mutante. b) Unter der Wirkung einer für das Gen 18 defekten Mutante synthetisierte Bauteile. Gen 18 codiert das Protein der Schwanzhülle. Es wurden daher Köpfe, Schwanzfäden und hüllenlose Schwanzröhren hergestellt. c) Von einer anderen Mutante, wie beispielsweise derjenigen für Gen 23 defekten, codierte fehlerlose Schwanzteile Zusammen mit den Bauteilen von b ergeben sie aktive Phagenpartikel. Im Bilde sind mehrere gespreitete Ribosomenkomplexe erkennbar.
(Fortsetzung s. S. 302!)

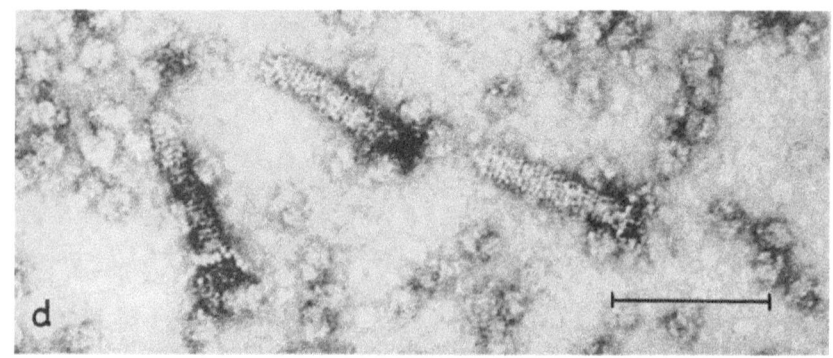

Abb. 232. (Fortsetzung) d) Stärker vergrößerte, sich im Komplementationstest als fehlerfrei erweisende Schwanzteile aus dem Extrakt von E. coli-Zellen nach Infektion mit einer, für das Gen 64 defekten T 4-Mutante. Die Zusammensetzung der Schwanzhülle aus einzelnen Proteinmolekülen ist deutlich erkennbar. (Eingezeichneter Maßstab = 1000 Å)
a) und d) aus KING 1968, b) und c) aus WOOD et al. 1967

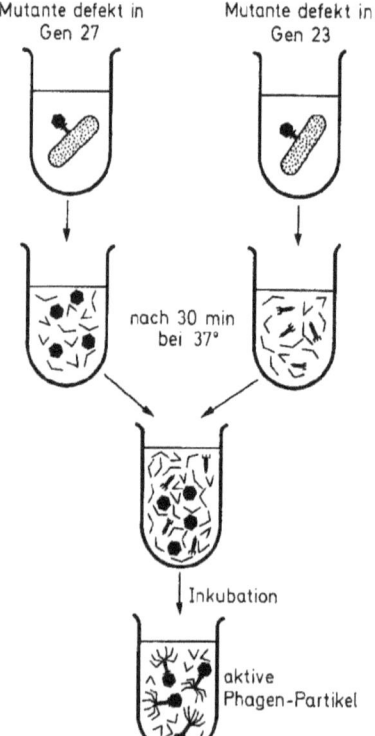

Abb. 233. In vitro Komplementation der bei eingeschränkten Bedingungen unter der Wirkung von T 4-Mutanten der Genorte 27 und 23 getrennt voneinander synthetisierten Phagenbauteile zu aktiven Phagenpartikeln. Aus WOOD et al. 1967

Extrakt Gruppen Nr.	Mutierte Gene	Synthetische Bauteile	Vorhandener Defekt
I	5,6,7,8,10,25,26, 27,28,29,48,51,53	⬢ ⋀	Schwanz
II	20,21,22,23,24,31	 ⬒ ⋀	Kopf (Synthese)
II	2,4,16,17,49,50,64,65	 ⬢ ⬒ ⋀	Kopf (Reifung)
III	54	⬢ ▬ ⋀	Schwanzkern
IV	13,14		
V	15	⬢ ⬒ ⋀	?
VI	18		
VII	9	 ⬓ ⋀	?
VIII	11	 ⬓	?
IX	12	⋀	
X	37,38		
XI	36	⬓	Schwanzfäden
XII	35		
XIII	34		

Abb. 234. Ergebnisse der Versuche zur Einteilung der Morphopoese-Mutanten von T4 in miteinander komplementierende Gruppen. Aus WOOD et al. 1967

dann zusammenzutreten wenn sie ein elektronenoptisch nicht erkennbares, weiteres strukturelles Reifungsstadium erreicht hatten, das durch die Wildtypallele der Gene aus Gruppe IV–VI gesteuert wird? Der Versuch entschied diese Alternativfrage. Aus einer Mutante, welche vollständige Köpfe aber keine Schwanzteile herstellt, wurden diese durch Zentrifugation gewonnen und gereinigt. Gleiches geschah mit den Phagenschwänzen einer nicht zur Synthese von Kopfteilen befähigten anderen Mutante. In getrennten Versuchen wurden einmal diese Kopfsuspensionen, das andere Mal die Schwanzsuspensionen mit Extrakten der Mutante 13 vereinigt (Abb. 235). Dabei ergab die Mischung mit der Kopfsuspension aktive Phagenpartikel, Mischung mit Schwanzsuspensionen blieb ohne Ergebnis. Offensichtlich waren daher die Köpfe, welche Mutante 13 herstellt, nicht voll ausgebildet, während die von der gleichen Mutante synthetisierten Schwanzteile spontan mit den vollständigen Köpfen der Kopfsuspension zusammentreten. In einem weiteren Versuch wurden wieder die Kopf- und Schwanzsuspensionen, diesmal aber zusammen mit Extrakten der Strukturelemente der Mutante 15 vereinigt (Abb. 236). Hier entstanden infektiöse Partikel bei Mischung mit der Schwanzsuspension. Die Kopfsuspension dagegen blieb ohne Wirkung. Die Mutante 15 stellt also vollständig gereifte Kopfteile, jedoch unvollständige Schwanzteile her. Die Bildung aktiver Partikel tritt spontan nur bei Zugabe der gereiften Schwanzteile aus der Schwanzsuspension ein. Die durch Gen 13 und 15 katalysierten Syntheseprozesse müssen somit zeitlich dem Zusammenbau der Struktureinzelteile zum aktiven Viruspartikel vorangehen. Damit wurde in diesen Untersuchungen erneut eine Gesetzmäßigkeit erkennbar, die uns schon in dem vorangehenden Kapitel beschäftigte:

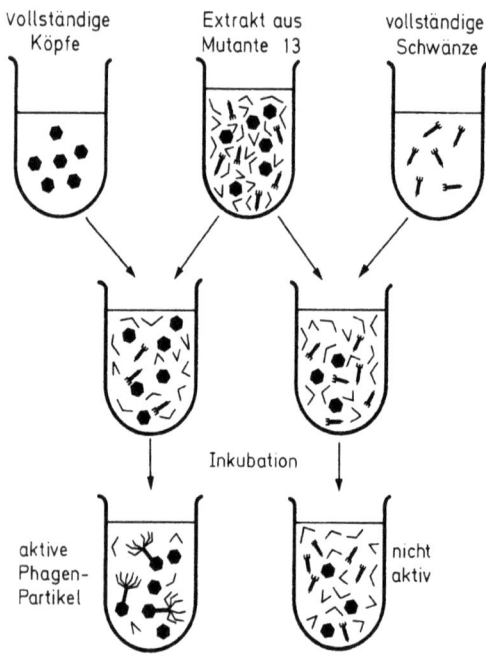

Abb. 235. Nachweis des Vorhandenseins elektronenoptisch nicht erkennbarer Defekte der von einer für Gen 13 defekten T 4-Mutante kodierten Kopfteile (links) und der Fehlerlosigkeit der von ihr ebenfalls kodierten Schwanzteile durch erfolgreiche Komplementation mit fehlerfreien Kopfteilen (links) und Mißerfolg des Versuches einer Komplementation mit fehlerfreien Schwanzteilen (rechts) einer anderen Mutante. Aus WOOD et al. 1967

Ein Zeitmuster Gen-gesteuerter Reaktionen wird zum Raummuster biologisch aktiver, morphologischer Gebilde.

Ähnlich angelegte Versuche mit den übrigen Mutanten führten zur Aufstellung der zeitlichen Aufeinanderfolge zahlreicher Syntheseschritte im Werden eines Phagenpartikels. Schon die elektronenoptischen Befunde nach Infektion der Wirtszellen durch verschiedene Mutanten unter eingeschränkten Bedingungen hatten bei bestimmten Mutanten beispielsweise die Bildung von Kopf- und Schwanzteilen nebeneinander gezeigt. Die Synthesekette eines T 4-Partikels kann daher nicht linear verlaufen. Dann wäre nur ein einziges Akkumulationsprodukt zu erwarten. Diese Aussage wurde durch Komplementationsversuche voll bestätigt. Die Phagensynthese geht nicht wie das Stricken eines Strumpfes vor sich, bei dem es nur einen Anfang und ein Ende gibt. Sie ähnelt vielmehr der Produktion beispielsweise eines Flugzeuges, bei der in Werkhalle 1 die Tragflächen, in Halle 2 der Rumpf und in Halle 3 schließlich die Antriebsaggregate vorgefertigt und dann diese drei Bauelemente miteinander vereinigt werden. in gleicher Weise zeigt der Syntheseweg eines Phagenpartikels drei Äste (Abb. 237). Jeder von ihnen besteht aus einer Reihe von Syntheseschritten, die in vorgeschriebener, zeitlicher Reihenfolge ablaufen müssen. Die einzige bisher bekannte Ausnahme bilden die Funktionen der Gene 11 und 12 bei der Herstellung der Schwanzendplatte. Ohne ihre Tätigkeit entstehen fertige Phagen, die allerdings weit

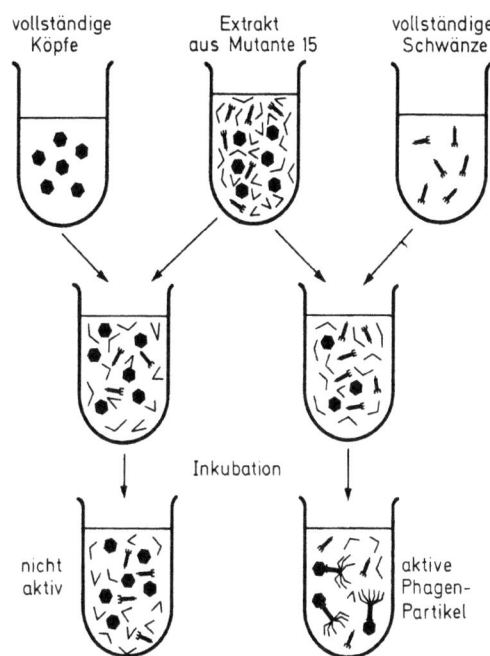

Abb. 236. Nachweis des Vorhandenseins elektronenoptisch nicht erkennbarer Defekte der von einer für Gen 15 defekten T 4-Mutante codierten Bauelemente des Schwanzteiles und der Fehlerlosigkeit der von ihr ebenfalls codierten Kopfteile durch erfolgreiche Komplementation mit fehlerfreien Schwanzteilen (rechts) und Mißerfolg des Versuches einer Komplementation mit fehlerfreien Kopfteilen (links) einer anderen Mutante. Aus WOOD et al. 1967

weniger stabil als Wildtypphagen sind. Sie lassen sich durch nachträgliche Reaktion mit Produkten von Gen 11 und 12 zu völlig normalen Partikeln komplementieren. Im Gegensatz zu dem benutzten Bilde der Produktion eines Flugzeuges folgt der Zusammenbau der Endprodukte der beiden ersten Syntheseäste des Kopf- und Schwanzteiles spontan, genau so wie das Zusammenfügen der Proteinmoleküle des TMV-Stäbchens. Die Angliederung der in mehreren Schritten hergestellten Schwanzfäden dagegen scheint einer anderen Gesetzmäßigkeit zu folgen: Zu diesem Vorgang ist ein labiler Faktor notwendig, welcher die Eigenschaften eines Katalysators, also eines Enzyms aufweist: Der Grad der Reaktionsausbeute ist von seiner Konzentration abhängig. Die Reaktion selbst zeigt Temperaturabhängigkeit. Der Faktor wird beim Zusammenbau nicht verbraucht, sondern geht unverändert aus der „Endmontage" hervor. Er kann also kein Strukturelement des Phagenpartikels sein. Vieles spricht dafür, daß dieser Faktor, der mit Sicherheit nicht unter der genetischen Leitung der bakteriellen Wirtszelle, sondern unter derjenigen der Phagen-DNS entsteht, ein morphopetisches Enzym darstellt. Damit wäre die Wirkung eines Genproduktes erkannt, dessen spezifische, molekulare Struktur nicht als Baustein benutzt wird, sondern als Katalysator bei der Vereinigung zuvor unter Wirkung anderer Gene entstandener Strukturelemente dient.

So zeigt die Phagensynthese wichtige Gesetzmäßigkeiten, die auch für die individuelle Entwicklung höher organisierter Lebewesen gelten. Zeitlich koordinierte Aufeinanderfol-

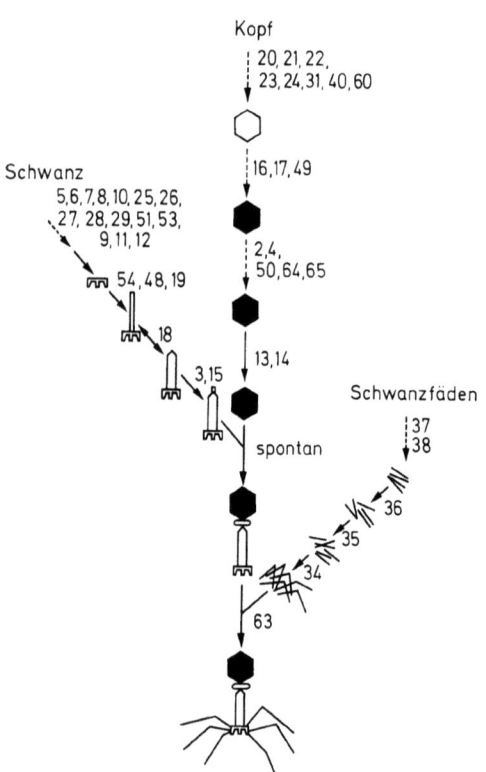

Abb. 237. Aufeinanderfolge der Einzelschritte bei der Synthese der Bauelemente des T 4-Partikels. Die Darstellung läßt die drei zunächst voneinander unabhängig vor sich gehenden Synthesewege des Kopfes, des Schwanzes und der Schwanzfäden erkennen, die sich zur „Endmontage" vereinigen. Die durch gestrichelte Pfeile gekennzeichneten Schritte wurden bisher in Extrakten nicht nachgewiesen, sondern nur indirekt erschlossen. Die eingezeichneten Zahlen geben die Bezeichnungsnummern der in den betreffenden Schritten blockierten Gene an. Aus WOOD et al.

gen der Einzelschritte genetisch gesteuerter Syntheseketten führen zur Entstehung von Endprodukten. Diese sind als Makromoleküle Bausteine morphologischer Einheiten. Einzelne Stufen der Morphopoese werden durch spontanes Zusammentreten der gebildeten Bausteine erreicht. Andere dagegen, wohl meist solche an Vereinigungspunkten komplizierterer Strukturelemente, benötigen die Wirkung morphopoetischer Enzyme, deren Synthese ebenfalls Gen-gesteuert verläuft. Am Ende steht dann als Ergebnis einer genetisch regulierten, zeitlichen Aufeinanderfolge von Genwirkungen ein biologisch aktives Gebilde, in unserem Beispiel ein fertiges, infektiöses Phagenpartikel.

III. DNS-SYNTHESE IN VITRO

Es ist nicht verwunderlich, daß die biochemisch-genetische Forschung sich schon sehr früh – noch vor Erbringung des experimentellen Nachweises der semikonservativen Vermehrung der DNS – für den enzymatischen Mechanismus der DNS-Verdopplung zu interessieren begann. Ein Charakteristikum der Aneinanderkettung von Mononucleotiden zur Polynucleotidkette der DNS, war bereits bekannt: Die Energie dazu liefert der bei den meisten Biosynthesen benutzte Energiespender, nämlich das ATP (Adenosintriphosphat). Eine seiner drei Phosphatgruppen wird dabei abgespalten, wobei das Molekül in das ADP (Adenosindiphosphat) übergeht. Die bei dieser Reaktion freiwerdende Energie kann dazu benutzt werden, eine andere energiebenötigende Reaktion zu ermöglichen. Die Bausteine der DNS, die späteren Mononucleotide des werdenden DNS-Fadens, liegen vor ihrem Einbau in Form von Mononucleosid-Triphosphaten vor (Abb. 238). Sie entstanden dadurch, daß auf Monophosphat in zwei aufeinanderfolgenden Reaktionen je eine Phosphatgruppe eines ATP-Moleküls übertragen wurde. Solche Triphosphate werden schließlich dadurch miteinander verknüpft, daß unter Energiegewinn jeweils die beiden endständigen Phosphatgruppen abgespalten werden. Dabei findet eine Veresterung, eine Reaktion unter Bildung und Freiwerden eines Wassermoleküls (H_2O) statt. Sie verbindet die jeweils zurückbleibende Phosphatgruppe des neu angefügten Mononucleotids mit

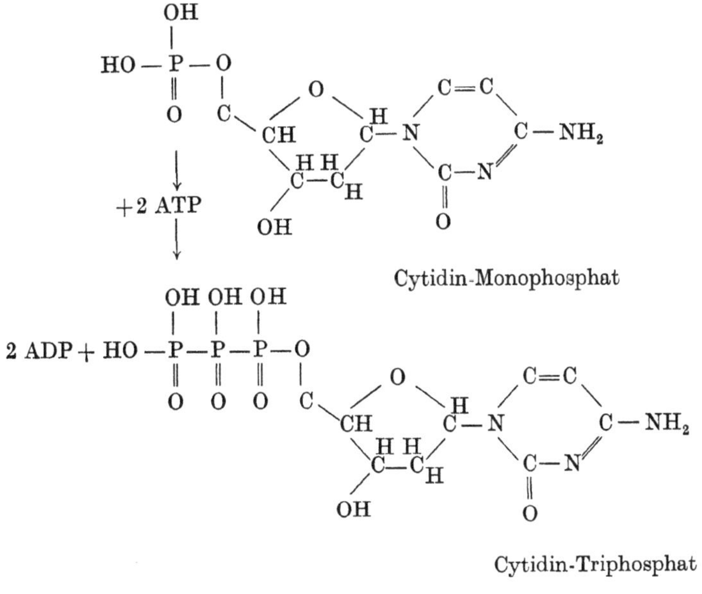

Abb. 238. Entstehung des als Baustein in der DNS-Biosynthese verwendeten Cytidin-Triphosphats aus Cytidin-Monophosphat und zwei Molekülen ATP

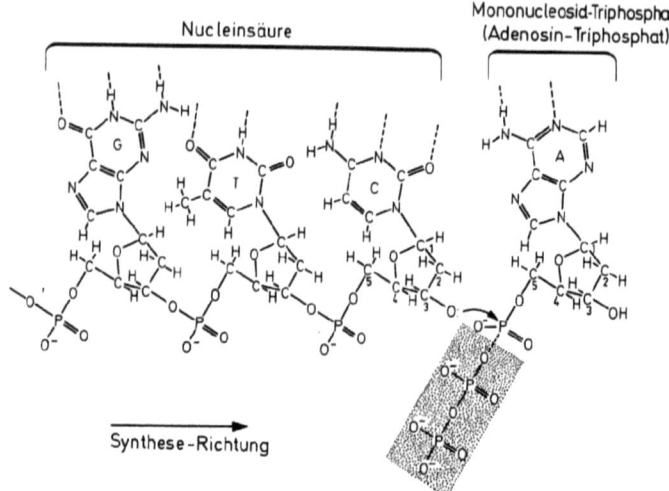

Abb. 239. Addition eines Mononucleosid-Triphosphats als der aktivierten Form der Mononucleotide an die bereits vorhandene Polynucleotidkette einer Einstrang-DNS. Aus KORNBERG 1968

dem Zuckerring der Desoxyribose des endständigen, bereits im wachsenden DNS-Strang vorhandenen Mononucleotids (Abb. 239). Auf diesem Wege entsteht die schon bei der Betrachtung des Aufbaues des DNS-Fadens beschriebene Polarität. Es wird nämlich stets die am C-Atom mit der Positionszahl 3 des Desoxyriboseringes hängende OH-Gruppe mit dem Phosphorsäurerest verestert. Dieser aber ist seinerseits mit demjenigen C-Atom des Desoxyriboseringes des anzugliedernden Mononucleosid-Triphosphats verbunden, welches die Positionszahl 5 trägt (Abb. 239). So entsteht in Richtung des Kettenwachstums die Polarität 3′-5′, ausgedrückt durch die Positionszahlen der Desoxyribose-C-Atome, welche, durch Phosphorsäurereste verbunden, das Rückgrat der DNS-Kette bilden. Die Verlängerung des Einzelstranges erfolgt, bezogen auf seine Gesamtpolarität über das 3′-Ende hinaus, also in 5′-3′-Richtung.

Nach längeren Vorarbeiten gelang es 1955 dem amerikanischen Forscher A. KORNBERG und seiner Arbeitsgruppe aus Escherichia coli-Zellen ein Enzym zu isolieren, das er DNS-Polymerase nannte. Es war in der Lage, bei Vorhandensein eines einsträngigen DNS-Fadens und von Molekülen der 4 Mononucleosid-Triphosphate des Thymins, Adenins, Guanins und Cytosins die letzteren zu einem DNS-Faden zu polymerisieren. Dabei entstand ein DNS-Doppelfaden. Die Polymerisation einer Polynucleotidkette aus ihren Einzelbausteinen unter Wirkung eines aus der Zelle isolierten Enzyms war damit gelungen. Die rein chemische Aufgabe erschien somit gelöst. Für die uns interessierenden biologischen Feststellungen ist es jedoch weit wichtiger zu erfahren, ob nun im Reagensglas auch biologisch-aktive DNS entstanden war. Dazu hätte der jeweils neu entstandene DNS-Strang dem Gesetz der Basenpaarung folgend in seiner Basensequenz aber auch seiner Polarität komplementär zu dem als Matrize benutzten „nativen" Strang sein müssen. Die durch die DNS-Polymerase vorgenommene Synthese eines DNS-Stranges würde dann dem Schema der semikonservativen Vermehrung eines Einzelstranges gefolgt sein. Wie war dies zu beweisen? Es gab dafür eine ganze Reihe von Möglichkeiten. Im Gegensatz zu den Verhältnissen bei Neusynthese unter Verwendung nativer DNS war die Polymerase in der Lage, ohne Vorliegen einer Matrize spontan, wenn auch wesentlich langsamer, ein Polynucleotid zu synthetisieren, welches aus einer monotonen Aufeinanderfolge von A-T-A-T usw. bestand. Benutzte man diesen Einzelstrang in weiteren Versuchen als Vorlage, so entstand wiederum die gleiche Aufeinanderfolge, wobei A-A- oder T-T-Nachbarschaften weniger als 0,1% ausmachten (dieser Wert war der höchst mögliche, den zu erkennen die angewandte Prüf-Methode erlaubte). Elektronenmikroskopische Aufnahmen dieser Polymere zeigten fadenförmige Moleküle mit dem gleichen Durchmesser wie native DNS. In anderen Versuchen wurde DNS aus Kalbsthymus als Vorlage benutzt. Die molekulare Größe der neu entstandenen Moleküle unterschied sich auch dabei nicht von derjenigen der Vorlage. Das bewiesen getrennt voneinander aufgenommene Sedimentationsdiagramme bei Ultrazentrifugationen beider, der Vorlage und der neu synthetisierten DNS. Auch andere physikalische Messungen zeigten keine Unterschiede zwischen dem Ausgangs- und dem neu synthetisierten Produkt.

Wenn diese Messungen es auch sehr wahrscheinlich machten, daß die Neusynthesen zu fehlerlosen, komplementären Abbildern der DNS-Vorlagen geführt hatten, so war damit noch kein endgültiger Beweis zu erbringen. Es mußte vielmehr bewiesen werden, daß die vielen Hunderttausende von Mononucleotiden beider Schwesterstränge einander vollkommen entsprachen. Mit anderen Worten hätte nur eine Sequenzanalyse der Mononucleotide eine bindende Antwort geben können. Diese aber war damals und ist auch heute noch nicht für derartige Kettenlängen möglich. Daher entwickelten KORNBERG und Mitarbeiter 1959 eine neue Methode, um wenigstens annähernd Aussagen über die Basensequenz der neu entstandenen Polynucleotidfäden machen zu können: Mit chemischen Mitteln versuchten sie die Frage zu beantworten, mit welcher Häufigkeit jeder der vier möglichen Mononucleotidtypen als Nachbar einen bestimmten aus eben diesen vier Typen aufweist. 16 verschiedene Kombinationsmöglichkeiten sind gegeben (Abb. 137b). Wie aber lassen sich diese Nachbarschaftsbeziehungen innerhalb eines synthetischen DNS-Fadens untersuchen? Weiter oben haben wir davon gesprochen, daß der Phosphorsäurerest, welcher im Strang eines DNS-Moleküls zwei Desoxyribosereste miteinander verbindet, bei der Entstehung des DNS-Stranges jeweils mit demjenigen Zuckerrest angegliedert wird, mit dessen C-Atom 5 er seinerseits verbunden ist. KORNBERG stellte nun Triphosphate der vier verschiedenen Mononucleotide her, deren dem Zuckerring benachbartes Phosphoratom als radioaktives P^{32}-Atom vorlag. In vier aufeinanderfolgenden Versuchen wurde jeweils ein anderer der vier markierten Desoxynucleosid-Triphosphate mit den übrigen drei nicht-markierten Typen zur Synthese eines DNS-Fadens verwendet (Abb. 240a). Durch einen Kunstgriff gelang es, das radioaktive Phosphoratom jeweils an das in C-3-Richtung gelegene benachbarte Mononucleotid zu binden und damit das letztere zu markieren. Dazu wurde der DNS-Strang durch ein spezifisches Ferment, eine Diesterase, in Mononucleotide zerlegt. Das verwendete Fermentmolekül vermag aufeinanderfolgende Mononucleotide nur jeweils zwischen dem C 5-Atom des Zuckerrestes und dem Phosphor-Atom (Abb. 240b) zu spalten. Diese Trennstelle unterscheidet sich damit von der Verbindungszelle, an welcher bei der Synthese die beiden aufeinanderfolgenden Mononucleotide zusammentraten, denn diese liegt ja zwischen dem C 3-Atom des benachbarten Zuckerrestes und dem Phosphoratom (Abb. 240a). Als Ergebnis erhielt KORNBERG somit Mononucleotide, welche dann ein radioaktives Phosphoratom aufwiesen, wenn bei der zuvor stattgefundenen Synthese ihr in C 5-Richtung gelegener Mononucleotid-Nachbar dieses zuvor enthalten hatte. Es war nun relativ leicht, die beim Abbau entstandenen 4 verschiedenen Mononucleotidtypen chemisch voneinander zu trennen und das Ausmaß ihrer jeweiligen radioaktiven Markierung zu bestimmen. Da in jedem der Versuche in der vorausgegangenen Synthese nur einer der vier möglichen Mononucleotidtypen markiert worden war, ließen sich so die Häufigkeiten der oben genannten Nachbarschaftsbeziehungen (in jedem der 4 Einzelversuche jeweils 4) ermitteln. Die Tab. 15 zeigt die Ergebnisse aus einer der Versuchsreihen. Sie lassen deutlich einen hohen Grad der Übereinstimmung der Häufigkeiten solcher Nachbarschaftsbeziehungen

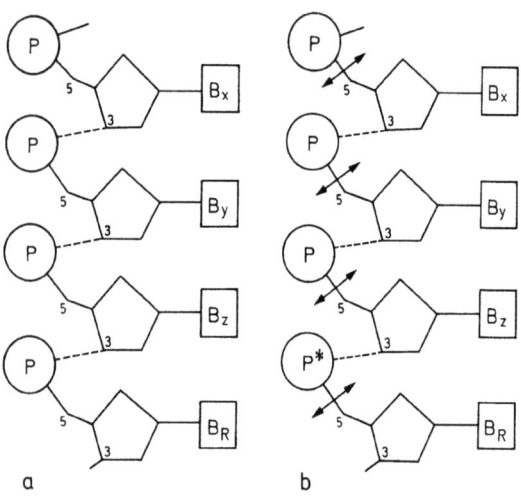

Abb. 240. a) Synthese und b) enzymatischer Abbau bei der Bestimmung der Nachbarschaftsbeziehungen eines jeden der vier Nucleotidtypen bestimmter nativer und in vitro synthetisierter DNS-Einzelstränge einer Polynucleotidkette. (Vgl. Abb. 239) Einzelheiten im Text. Nach KORNBERG 1961

Tabelle 15. Häufigkeiten der unmittelbaren Nachbarschaft der vier Mononucleotidtypen in nativer und enzymatisch in vitro synthetisierter Kalbsthymus-DNS sowie von nativer Bacillus subtilis-DNS (aus A. Kornberg 1961)

Sequenz der unmittelbar benachbarten Mononucleotide	Native Kalbsthymus-DNS (AT/GC = 1.25)	in vitro enzymatisch synthetisierte Kalbsthymus-DNS (5% sind native Vorlage)	B. subtilis-DNS (AT/GC = 1.29)
ApA, TpT	0.098, 0.087	0.088, 0.083	0.092, 0.095
CpA, TpG	0.080, 0.076	0.087, 0.076	0.067, 0.068
GpA, TpC	0.064, 0.067	0.063, 0.064	0.067, 0.065
CpT, ApG	0.067, 0.072	0.068, 0.074	0.057, 0.058
GpT, ApC	0.056, 0.052	0.056, 0.051	0.048, 0.048
GpG, CpC	0.050, 0.054	0.057, 0.055	0.046, 0.046
TpA	0.053	0.059	0.052
ApT	0.073	0.075	0.080
CpG	0.016	0.011	0.050
GpC	0.044	0.042	0.061

zwischen der jeweils benutzten nativen DNS und ihrer mit Hilfe der DNS-Polymerase in vitro synthetisierten Polynucleotidkette erkennen. Die dennoch auftretenden, geringfügigen Unterschiede sind durch die am Ende der 50er Jahre noch unvollkommene Analysentechnik bedingt. Ihre Größenordnung ist klein, verglichen mit den Unterschieden der Nachbarschaftsbeziehungen zwischen Nucleinsäuren verschiedener Herkunft wie beispielsweise der von Kalbs-Thymus und Bacillus subtilis (Tab. 15).

A. *Synthese biologisch aktiver ΦX-174 Phagen-DNS*

Die Ergebnisse der bisher beschriebenen Versuche hatten es sehr wahrscheinlich gemacht, daß die von KORNBERG isolierte DNS-Polymerase Einzelstränge der DNS, dem Gesetz der Basenpaarung folgend, zu Doppelsträngen repliziert. Alle diese Untersuchungsverfahren waren jedoch indirekter Art. Der eigentliche Beweis der Neusynthese biologisch aktiver DNS im Reagensglas fehlte. Er konnte unter Verwendung des Phagen ΦX 174 erbracht werden. Das Einzelpartikel dieses Phagen ist wesentlich kleiner als dasjenige eines Bakteriophagen der T-Reihe (Abb. 241). Es hat einen Durchmesser von 200 Å und ist damit etwa von gleicher Größe wie ein Partikel des Poliomyelitis-Virus. Ein Schwanz fehlt ihm völlig, das Partikel weist vielmehr die Gestalt eines Ikosaeders auf. Seine genetische Information ist DNS, welche im Gegensatz zu den Phagen der T-Reihe als Einzelstrang vorliegt. Dieser ist ringförmig geschlossen. Er besteht aus rund 5500 Mononucleotiden, beherbergt also 5–6 Genorte. Arbeiten von SINSHEIMER hatten für die nun zu besprechenden Versuche bereits wichtige Grundlagen geliefert. Es war gezeigt worden, daß in einer von ΦX 174 infizierten Wirtszelle zu dem die Infektion bedingenden DNS-Einzelstrang – wir wollen ihn mit (+) bezeichnen – zunächst ein Komplementär (−)-Strang hergestellt wird. Es entsteht dabei also ein DNS-Doppelstrangring als die replikative Form (RF). In einem späteren Stadium der Vermehrung wird der (−)-Strang in der Bakterienzelle geöffnet und dient als Vorlage für die Neusynthese von weiteren (+)-Strängen. Diese werden schließlich im Zustand der Reifung in die entstehenden Viruspartikel verpackt. Derarige (+)-Stränge sind jedoch nur infektiös, wenn sie in Ringform vorliegen. Durch Mutationsversuche mit salpetriger Säure und anderen Mutagenen ließ sich zeigen, daß, analog zu den Versuchen an Bakterien, die Veränderung eines einzigen der 5500 Mononucleotide der ΦX 174-DNS ausreicht, um die Infektiosität zu vernichten. Damit war eine ideale Prüfungsmöglichkeit für die Frage gegeben, ob die von KORNBERG isolierte Polymerase DNS-Einzelstränge fehlerfrei, dem Gesetz der Basenpaarung folgend, zu Doppelsträngen zu vervollständigen vermag. Die relative Kürze des DNS-Stranges zusammen mit dem im Phagenpartikel bereits vorliegenden Zustand der Einsträngigkeit ließen zusätzlich die ΦX 174-DNS als besonders gut geeignetes Objekt der beabsichtigten Prüfung des Reaktionsmechanismus der DNS-Polymerase erscheinen.

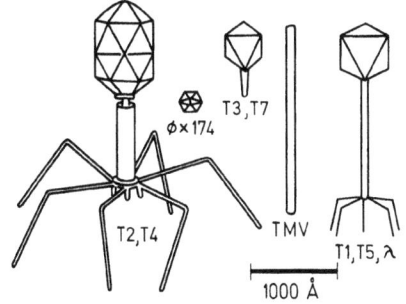

Abb. 241. Im gleichen Größenmaßstab gezeichnete Umrisse von Einzelpartikeln der virulenten E. coli-Phagen T 1–5 und T 7, des Phagen λ und des TMV-Virus als Vergleich zur Größe des Kapsids des Phagen ΦX174

1966 waren im KORNBERGschen Arbeitskreis experimentelle Bedingungen erarbeitet, welche, wie elektronenoptische Prüfungen ergaben, zu dem ringförmigen (+)-Strang mit Hilfe der DNS-Polymerase aus Triphosophornucleosiden, zusammen mit einem als Energielieferanten dienenden Cofaktor, einen (−)-Strang herzustellen gestatteten. Dieser jedoch lag als lineares Molekül vor. Zur weiteren Fortführung der Versuche, die ja die Infektiosität der in vitro synthetisierten DNS nachweisen sollten, fehlte damit ein wichtiger Schritt: Die Schließung des linearen (−)-Stranges zum Ring. Wie sehr gerade dieses Problem auch andere Arbeitskreise, die völlig verschiedenen Fragestellungen nachgingen, gemeinsam bewegte, zeigt die nun folgende Co-Inzedenz der Ereignisse. An 6 voneinander unabhängigen Stellen wurden im gleichen Jahr zum erstenmal Ligasen nachgewiesen, welche die Schließung eines solchen linearen DNS-Moleküls zum Ringe durchzuführen imstande sind.

Auch im KORNBERGschen Arbeitskreis war eine solche Ligase isoliert worden und diente zur Vornahme weiterer Versuche, welche die Neusynthese infektiöser ΦX 174-DNS im Reagensglas zum Ziele hatten. Die erste Aufgabe bestand darin, die als Vorlage zu benutzende DNS zu markieren. Dazu wurden Zellen von Escherichia coli in einem Medium gezüchtet, das Verbindungen enthielt, die mit Tritium (H^3), einem radioaktiven Isotop des Wasserstoffs, markiert waren. Nach Infektion mit ΦX 174 synthetisierten diese Zellen daher Phagenpartikel, deren (+)-DNS-Stränge diese Tritiummarkierung aufwiesen. Ihre DNS wurde rein gewonnen (Abb. 242a) und im Reagensglas mit DNS-Polymerase, den 4 für die DNS bezeichnenden Mononucleosid-Triphosphaten (A^*, T^*, G^*, C^*) in ausreichender Konzentration und als Energiespender dienendem Diphosphopyridin-Nucleotid vereinigt. Waren die schon vorhandenen (+)-Stränge mit H^3 radioaktiv markiert, so mußte nun ein Weg gefunden werden, die entstehenden (−)-Stränge ebenfalls und zwar unterschiedlich radioaktiv zu markieren. Dazu wurde radioaktiver Phosphor P^{32} gewählt. Experimentell geschah dies dadurch, daß in eines der Triphosphate P^{32} eingebaut

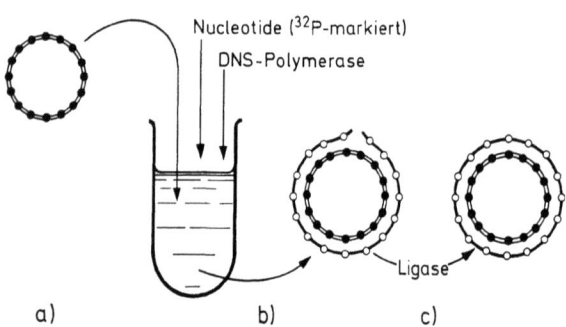

Abb. 242. In vitro Synthese der replikativen Form der ΦX 174-DNS aus der im Kapsid des Phagen vorliegenden, ringförmigen Einstrang-DNS. Nach KORNBERG

wurde. Die Reaktion mit der Polymerase (b) führte zur Entstehung von linearen Polynucleotidketten, deren Größe sich durch Messung ihrer Radioaktivität bestimmen ließ. Das Ergebnis zeigte eindeutig, daß sie die gleiche Länge wie die (+)-Stränge der aus Viruspartikeln gewonnenen DNS aufwiesen. Im nächsten Versuchsschritt (c) wurde Ligase zugefügt. Physikalische Messungen ließen erkennen, daß dieses Enzym die entstandenen komplementären (−)-Stränge zum Ring geschlossen hatte. Der Versuchsansatz enthielt nun Doppelstränge, die jeweils aus einem (+)- und einem (−)-Strang zusammengesetzt

waren. Beide Stränge lagen zusammen als Doppelstrang in Ringform vor. Sie mußten identisch mit der replikativen Form sein, welche in der Bakterienzelle nach Injektion eines infektiösen (+)-Stranges des Phagen ΦX174 hergestellt wird.
Besaßen die in vitro entstandenen (−)-Komplementärstränge aber auch die gleiche biologische Aktivität wie die in vivo synthetisierten? Auch dies mußte sich experimentell prüfen lassen. Voraussetzung dafür war die Schaffung einer Möglichkeit (+)- und (−)-Stränge nicht nur durch ihre unterschiedliche radioaktive Markierung voneinander zu unterscheiden, sondern sie auch präparativ voneinander trennen zu können. Erst dann konnte daran gedacht werden, die in vitro synthetisierten Komplementärstränge als Vorlage für neu zu synthetisierende (+)-Stränge zu benutzen und schließlich deren biologische Aktivität als Infektiosität nachzuweisen. Der eben beschriebene Versuch wurde noch einmal wiederholt (Abb. 243). Die (+)-Stränge, aus infektiösen Viruspartikeln gewonnen, waren wieder mit Tritium markiert. Einer der 4 in Triphosophatform vorliegenden Nucleoside des Poylmeraseansatzes enthielt ebenfalls wie zuvor P^{32}. Das Thymin, als eine der 4 Basen, war jedoch in dem Ansatz durch das Thymin-Analog Bromuracil ersetzt (Abb. 243). Die Komplementärstränge entstanden unter Wirkung der Polymerase, dieses Mal mit Bromuracil anstelle von Thymin. Zugegebene Ligase schloß sie zu Ringen. Die replikative Form war hergestellt. Erstes Ziel dieses Versuches war die Reindarstellung der in vitro synthetisierten (−)-Stränge. Dazu mußten diese zunächst von den (+)-Strängen abgetrennt werden. Um dies zu erreichen wurde (Abb. 243 a) DNase in einer Konzentration zugesetzt, welche ausreicht, in der Hälfte aller Stränge eine einzige Bindung zwischen Phosphor und Zucker des DNS-Rückgrates zu trennen. Nach Einwirkung der DNase lagen daher vier verschiedene DNS-Formen vor: Unveränderte replikative Formen als Doppelring, Doppelstränge mit einem ringförmigen (+)-Strang und einem geöffneten (−)-Strang, sowie Doppelstränge mit geöffnetem (+)-Strang und ringförmig verbliebenen komplementärem (−)-Strang.
Im nächsten Schritt mußten die geöffneten Ringe von den geschlossen gebliebenen abgetrennt werden. Die dazu nötige Technik besteht im Erhitzen (b) des Versuchsansatzes bis nahezu an den Siedepunkt. Die Wasserstoffbrücken zwischen den beiden Schwestersträngen eines DNS-Doppelfadens werden durch diese Behandlung so unstabil, daß sich die beiden Stränge voneinander lösen. Trennen werden sie sich allerdings nur dann, wenn mindestens einer der beiden einen geöffneten Ring bildet. Am Ende dieser Temperatureinwirkung lag die DNS daher nun in 5 Formen vor: Lineare (+)-Einzelstränge, lineare (−)-Einzelstränge, ringförmige (+)-Einzelstränge, ringförmige (−)-Einzelstränge und schließlich unverändert gebliebene replikative Formen als ringförmige (+) / (−)-Doppelstränge. Nun sollten aus diesem Gemisch die in vitro synthetisierten (−)-Stränge abgetrennt werden. Dies geschah im Dichtegradienten der Ultrazentrifuge. Hier wirkte sich die zuvor durchgeführte Markierung der (−)-Stränge mit Bromuracil aus. Das Bromuracil unterscheidet sich ja von Thymin nur dadurch (Abb. 47), daß die CH_3-Gruppe des letzteren durch das weit schwerere Brom-Atom ersetzt ist. Mit Bromuracil markierte DNS wird sich daher im Dichtegradienten zentrifugaler sammeln als unmarkierte. So entstanden bei Gradientenzentrifugation (c) drei gut voneinander unterscheidbare Banden: Zentripetal, also in Richtung der Rotorachse angeordnet, die (+)-Stränge, weiter zentrifugal davon die replikativen Formen, bestehend aus Doppelsträngen deren einer der (−)-Strang nämlich, durch Bromuracil-Markierung schwerer als sein Schwesterstrang war und ganz zentrifugal schließlich die völlig mit Bromuracil beladenen schweren (−)-Stränge. Eine gute Kontrollmöglichkeit dieser Schichtung ergab sich aus ihrer unterschiedlichen radioaktiven Markierung: Die Tritium-Markierung der (+)-Stränge ist leicht von der P^{32}-Markierung der (−)-Stränge zu unterscheiden. Schließlich zeigten in Kontrollversuchen Aufarbeitungen von ΦX 174-DNS, die mit gleichen Markierungen in der lebenden Zelle synthetisiert worden waren, genau dieselben Lagen der Banden.
Die biologische Aktivität der in vitro synthetisierten Komplementärstränge nachzuweisen, war das erste Ziel der Versuchsreihe gewesen. Erinnern wir uns: SINSHEIMER hatte nachge-

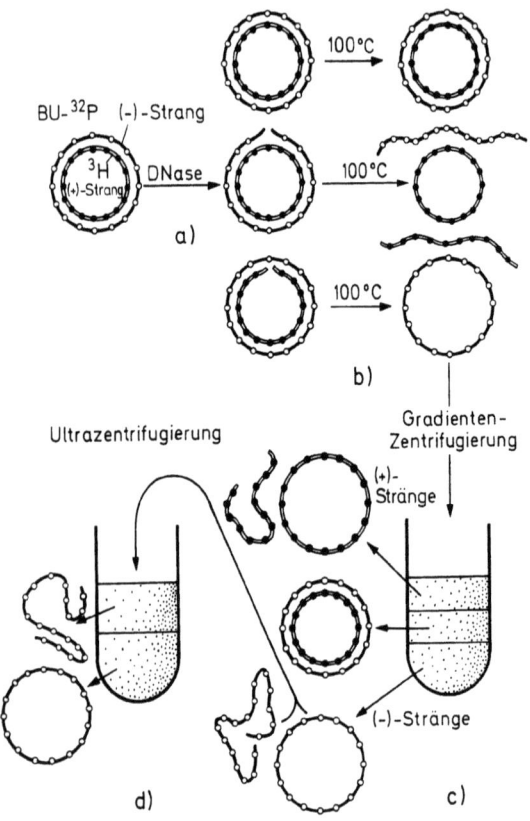

Abb. 243. Schematische Darstellung der Einzelschritte der in vitro Synthese und folgender Reindarstellung infektiöser ΦX 174-Einstrang-DNS. Einzelheiten im Text. Nach Versuchen von GOULIAN, KORNBERG und SINSHEIMER

wiesen, daß nur ringförmige ΦX 174-DNS infektiös ist. Er hatte auch einen experimentellen Beweis für die biologische Wirksamkeit isolierter ringförmiger (−)-Stränge veröffentlicht. Das Hauptproblem eines solchen Nachweises bestand in der Aufgabe, reine DNS unter Verzicht der Adsorptionsbefähigung des intakten Viruspartikels in die lebende Bakterienzelle einzuschleusen. Dazu mußte deren Zellwand-Barriere, welche durch das Viruspartikel beim Normalablauf einer Infektion überwunden wird, umgangen werden. Experimentell ließ sich dies dadurch lösen, daß auf eine schon längere Zeit bekannte Technik zurückgegriffen wurde: Durch Behandlung mit Lysozym lassen sich die Zellwände lebender Bakterienzellen abbauen. Die biologischen Funktionen solcher dabei entstehender „Protoplasten" bleiben in geeigneten Nährlösungen unverändert. SINSHEIMER hatte zeigen können, daß (−)-Stränge der DNS des Phagen ΦX 174, welche er aus Bakterien gewonnen hatte, für derartige Protoplasten infektiös sind. Ihr Eindringen führt nach einiger Zeit unter Ausschleusung von intakten Virus-Partikeln zur Lyse der Wirtszellen. Genau das gleiche Ergebnis sollte mit den in vitro mit Hilfe des KORNBERG-Enzyms synthetisierten ringförmigen (−)-Strängen zu erzielen sein. Zuvor jedoch mußten diese von den biologisch nicht-aktiven linearen (−)-Strängen getrennt werden. Das geschah (d) durch Ultrazentrifugierung. Ringförmige Moleküle ordnen sich dort zentrifugaler als lineare gleicher Größe an. Als Ergebnis dieser Trennung wurden die für den Infektionstest notwendigen ringförmigen (−)-Stränge erhalten. Sie zeigten mit Protoplasten von Escherichia coli biologische Aktivität: Die Zellen lysierten nach einiger Zeit, wobei ΦX 174-Partikel in Freiheit gesetzt wurden.

Die so erhaltenen, ringförmigen Komplementärstränge dienten noch einem weiteren, sehr eindrucksvollen Beweis dafür, daß unter dem Einfluß der DNS-Polymerase biologisch aktive DNS-Stränge entstanden waren. Sie wurden als Vorlage einer erneuten DNS-Duplikation benutzt: Zusammen mit DNS-Polymerase und den vier in Triphosphatform vorliegenden Nucleotiden, von denen das Cytosin-haltige mit Tritium markiert war, bildeten sie einen weiteren Versuchsansatz. In ihm entstanden Doppelstränge, bestehend aus den in den Versuch eingegebenen, zuvor in vitro synthetisierten (−)-Strängen und neu synthetisierten (+)-Strängen, welche durch Ligase zum Ring geschlossen wurden. Ganz in gleicher Weise wie in Abb. 243 gezeigt, diente wieder DNase geringer Konzentration, gefolgt von einer starken Erhitzung des Versuchsansatzes dazu, ringförmige (+)-Stränge freizumachen, welche durch Gradientenzentrifugierung gereinigt und rein dargestellt wurden. Ihre Tritiummarkierung wies sie als Produkte der in vitro-Synthese aus, zu deren Vorlage die bereits vorher nach Abb. 243 in vitro synthetisierten (−)-Stränge benutzt worden waren. Derartig hergestellte (+)-Stränge zeigten die gleiche Infektiosität wie solche, die aus intakten Phagenpartikeln isoliert worden waren. Damit war das letzte Glied in der Beweiskette geschlossen. Biologische Aktivität gleicher Art wie im in vitro-Versuch bedeutet völlige Gleichheit der Syntheseprodukte einer in der lebenden Zelle vorgenommenen DNS-Duplikation mit der unter Wirkung der DNS-Polymerase in vitro durchgeführten. Es war gelungen, in einem zellfreien System, freilich unter Verwendung des aus lebenden E. coli-Zellen isolierten Enzyms DNS-Polymerase, die DNS eines Bakteriophagen zu vermehren und damit Moleküle des Trägers genetischer Information fehlerfrei außerhalb der Zelle zu synthetisieren.

B. De novo-Totalsynthese eines Genortes

1970 beendete der Arbeitskreis um KHORANA die zum ersten Male geglückte de novo-Totalsynthese eines Genes. Sein relativ kleiner Genort codiert die aus 77 Mononucleotiden bestehende Sequenz der Alanin-Transfer-RNS der Hefe. Die Mononucleotid-Sequenz der Alanin-Transfer-RNS war 1965 analysiert worden. Sie muß zu einem der beiden Schwestereinzelstränge komplementär sein, welche, miteinander gepaart, als DNS-Doppelhelix den betreffenden Genort aufbauen. Von der bekannten Basensequenz der Alanin-Transfer-RNS ausgehend, konnte daher unter Benutzung des Gesetzes der Basenpaarung die Sequenz der Mononucleotidpaare der Doppelstrang-DNS des zu synthetisierenden Genortes bestimmt werden. Sie mit Mitteln der präparativen Biochemie in vitro schrittweise aus den Einzelbausteinen, den Mononucleotiden, aufzubauen, war das schließlich auch erreichte und mit der Verleihung des Nobelpreises gekrönte Ziel der jahrelangen experimentellen Bemühungen.

KHORANA und seine Mitarbeiter hatten von anderen Untersuchungen her beträchtliche praktische Erfahrungen bei der Synthese kurzer Oligonucleotidstränge gewünschter Basensequenz. In den Jahren 1965 bis 1967 gelang es ihnen, unter Verwendung dieser Techniken, zwei einsträngige Icosanucleotide der folgenden Sequenz aufzubauen:

Icosa-I enthält die Mononucleotidfolge 21–40 eines der beiden DNS-Einzelstränge des Alanin-t-RNS-Genortes, der andere als Icosa-II die Nucleotide 31–50 des dazugehörenden Schwesterstranges. Die Basen der Nucleotide 31–40 beider Einzelstränge sind komplemen-

50 49 48 47 46 45 44 43 42 41 40 39 38 37 36 35 34 33 32 31 30 29 28 27 26 25 24 23 22 21
(ICOSA-I)

G -T -A -C -C -C -T -C -T -C -A -G -A -G -G -C -C -A -A -G
 | | | | | | | | | |
G -C -T -C -C -C -T -T -A -G -C -A -T -G -G -G -A -G -A -G
(ICOSA-II)

tär. Die beiden Einzelstränge überlappen daher und können zur Paarung unter Bindung eines den Überlappungsabschnitt umfassenden DNS-Doppelstrangstückes benutzt werden. Im gleichen Jahre wurde die uns schon von der in vitro-Synthese infektiöser ΦX 174-DNS her bekannte T4-Ligase entdeckt. Sofort von KHORANA vorgenommene Versuche ergaben, daß sie befähigt ist, auch relativ kurze Oligonucleotide miteinander zu verbinden. Diese Feststellung erlaubte die Aufstellung einer relativ einfachen Planung für die beabsichtigte Totalsynthese des Genes der Alanin-t-RNS. Die bekannte Nucleotidsequenz eines der beiden Einzelstränge dieses Genortes war in Oligonucleotide einer Kettenlänge von 8–12 Mononucleotiden aufzuteilen. Jedes dieser Kettenstücke sollte in der folgenden Synthese gesondert aus den Einzelbausteinen schrittweise zusammengefügt werden und schließlich ein freies 3'- und 5'-OH-Ende aufweisen. Auch der Schwestereinzelstrang sollte in gleicher Weise zunächst in Form einzelner Abschnitte synthetisiert werden. Nur waren diese Abschnitte so zu wählen, daß ihre Enden möglichst den mittleren Zonen der zu synthetisierenden homologen Einzelabschnitte des erstgenannten Stranges entsprachen (Abb. 244).

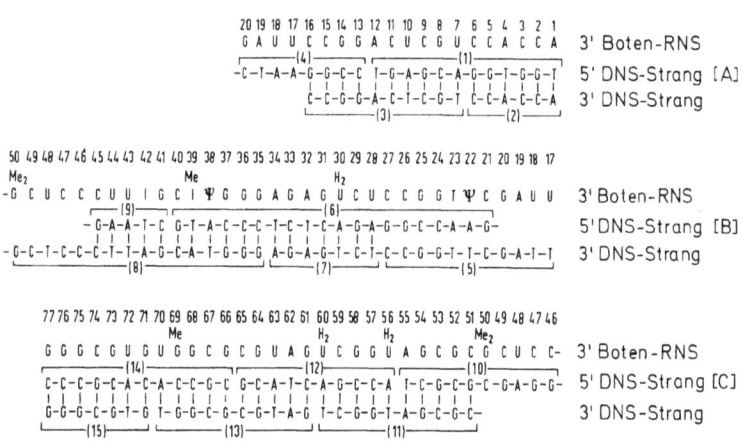

Abb. 244. Arbeitsplan für die Totalsynthese des Genortes der Alanin-tRNS der Hefe. Die Sequenzen der getrennt voneinander zu synthetisierenden Oligonucleotide sind jeweils durch eine ihnen gemeinsame Klammer gekennzeichnet, welche die ihnen zugeteilte Nummer trägt. Aus AGARWAL et al. 1970

Die Oligonucleotide beider Stränge würden also beim Zusammenfügen zum DNS-Doppelstrang überlappen und dadurch erst ein fehlerfreies Zusammenfügen ermöglichen. Dieses war in zwei aufeinanderfolgenden Schritten vorzunehmen: Mit Hilfe der aus T 4 isolierten Polynucleotid-Kinase sollte die 5'-OH-Gruppe jedes der Oligonucleotide mit Adenosintri-

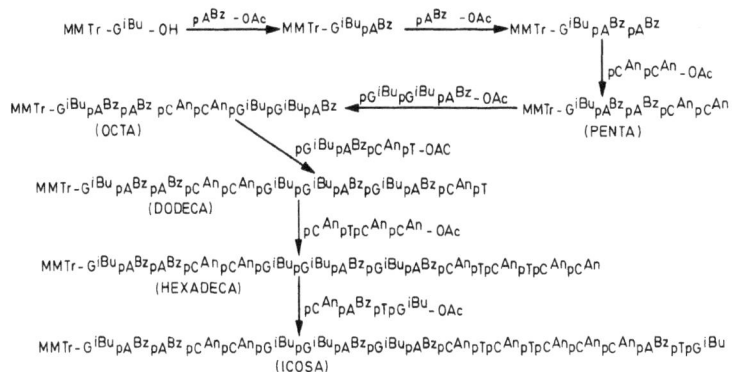

Abb. 245. Einzelschritte bei der Synthese des Icosadesoxyribonucleotids aus Einzelblöcken. Die schützenden Gruppen der heterozyklischen Ringe der einzelnen Mononucleotide sind: An = anisoyl, Bz = benzoyl, iBU = isobutryl, OAc am rechts gelegenen Ende eines Oligonucleotids = 3'-O-acetyl. MMTr am links gelegenen Ende = methoxytrityl am 5'-OH-Ende. p bezeichnet, links von einem Nucleotid gelegen, eine 5'-Phosphatgruppe, rechts davon eine 3'-OH-Gruppe. Aus AGARWAL et al. 1970

phosphat (ATP), dessen in γ-Stellung befindliches (drittes P-Atom) zur besseren Verfolgung des Reaktionsvorlaufes als radioaktives Phosphoratom ^{32}P) vorlag, phosphoryliert werden. Danach hatte das eigentliche Zusammenfügen zum Doppelstrang unter Wasserstoffbrückenbildung stattzufinden. Als Abschluß der Synthese waren dann, katalysiert durch T 4-Ligase, die einzelnen Oligonucleotide zum jeweils durchlaufenden Einzelstrang miteinander zu verknüpfen.

Der Versuchsplan wurde mit geringfügigen, sich aus der experimentellen Methodologie ergebenden Abweichungen verwirklicht. Eine Darstellung molekulargenetischer Aspekte dieser Großtat biochemisch-genetischer Forschung kann nur einige wenige, den Nicht-Chemiker den Ablauf der Totalsynthese erhellende, beispielhafte Schritte aneinanderreihen: Es galt, die bei der Herstellung der Oligonucleotide als Ergebnis der einzelnen Reaktionsschritte anfallenden, schrittweise zu verlängernden Nucleotidsequenzen gegen unbeabsichtigte Reaktionen zu schützen. Dies geschah durch darangefügte chemische Gruppen. Abb. 245 stellt die Reaktionsschritte bei der Synthese des Oligonucleotids Nr. 6 dar. Nach ihrer Durchführung wurden die einzelnen Oligonucleotid-Fraktionen, noch mit schützenden Gruppen versehen, gereinigt, danach von diesen Gruppen befreit, erneut gereinigt und schließlich bis zur Vereinigung mit den anderen Oligonucleotid-Segmenten aufbewahrt. Als Beispiel des Zusammenbaues eines der 3 Segmente der Abb. 244 möge der von B, welcher die geringsten Schwierigkeiten bot, dienen. Er ist in Abb. 246a dargestellt, wobei die Entstehung von Doppelstrang-DNS als Zunahme der Resistenz gegen Phosphatase, welche nur Einstrang-DNS abbaut, gemessen wird. Die Reaktionsmischung enthielt zunächst die Oligonucleotide 6, 7, 8 und 9. Die phosphorylierten Enden von 7 und 9 waren durch ^{32}P markiert. Während einer Erwärmung auf 60°, bei Zugabe von Magnesium-Ionen, und darauffolgendem, 15 min langen Verweilen bei 15° erfolgte die Paarung der homologen Oligonucleotidabschnitte. Zugesetzte Ligase verband daraufhin die einzelnen Segmente. Dann wurde auf 100° erhitzt und am phosphorylierten Ende mit ^{32}P markiertes Oligonucleotid 5 zugesetzt. Nach einem darauffolgenden Aufenthalt bei 25° verknüpfte zugegebene Ligase schließlich das mit den vereinigten Mononucleotiden 6–9 gepaarte Oligonucleotid 5 zum fertigen Segment B. Das Ergebnis einer zur Abtrennung des Segmentes B von den Reaktionsprodukten durchgeführten Gelfiltration des Gemisches

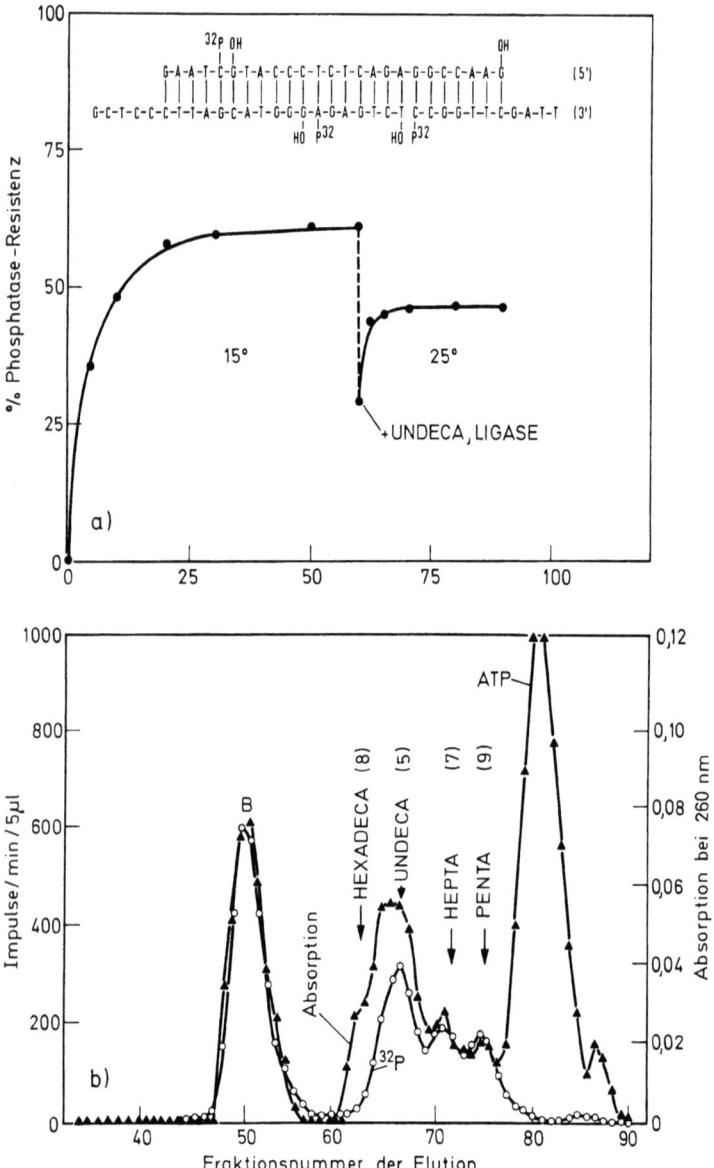

Abb. 246. Der Zusammenbau des Segmentes B der Abb. 244. a) Kinetik der Synthese aus den Oligonucleotiden 5, 6, 7, 8 und 9. b) Zerlegung des Reaktionsgemisches nach stattgefundener Reaktion durch Gelfiltration. Aus AGARWAL et al. 1970

nach Abschluß der Reaktionsfolge zeigt Abb. 246b. In ihr sind Maxima für B sowie für die nicht verbrauchten Oligonucleotide 5, 7, 8 und 9 erkennbar. Der Nachweis, daß das Segment B tatsächlich aus der beabsichtigten Sequenz von Nucleotidpaaren bestand, wurde durch gerichteten Abbau mit Hilfe von Phosphodiesterase aus Micrococcus, welche 3′-Mononucleotide abtrennt, sowie durch Desoxyribonuclease aus Pankreas, die zu 5′-Mononucleotiden führt, vorgenommen. Wie aus Abb. 245a hervorgeht, muß der erstgenannte Abbau zu ^{32}P-markierten, durch die Basen Guanin (dGp) oder Thymin (dTp) gekennzeichneten 3′-Mononucleotiden im Verhältnis 2:1, der zweitgenannte Abbau dagegen zu 5′-Nucleotiden mit den Basen Cytosin (pC) und Adenin (dpA) im gleichen Zahlenverhältnis führen. Diese Aussage wurde experimentell bestätigt, wobei sich jeweils in den übrigen beiden Nucleotidtypen keine Radioaktivität nachweisen ließ.

Beim Zusammenfügen des Genortes aus den vorfabrizierten Abschnitten A, B und C konnten zwei Wege erfolgreich beschritten werden. Zum einen wurde zunächst B mit C verbunden und abschließend A angefügt, zum andern zunächst A an B gekoppelt und die Totalsynthese durch Vereinigung dieses Doppelsegmentes mit C abgeschlossen. Wir wollen uns auf die Darstellung der letztgenannten Alternative beschränken. Bei der Vereinigung von A mit B steht nur eine kurze Überlappungszone der 4 Nucleotide 17–20 zur Verfügung (Abb. 244). Sie reicht aus, wenn die Reaktion unter Verwendung gleicher Mengen der beiden Reaktionspartner bei 5° C und hoher Mg^{++}-Konzentration vorgenommen wird. Reaktionsablauf und Ergebnis der anschließenden Reinigung durch Gelfiltration zeigt Abb. 247a. Aus ihr geht auch hervor, daß A endständig mit ^{32}P, B dagegen an seinem 5′-Ende durch Phosphorylierung mit einem anderen, ebenfalls radioaktiven Isotop des Phosphors, nämlich mit ^{33}P markiert vorlag. Die Zunahme des Vereinigungsproduktes AB wird durch den Anstieg Phosphatase-resistenter ^{32}P/^{33}P-Markierung gemessen. Die Gelfiltration ergibt, wie zu erwarten war, für A + B Markierung mit ^{32}P und ^{33}P, im Gegensatz zur ^{32}P-Markierung des A- und ^{33}P-Markierung des B-Maximums. Letztere lassen erkennen, daß ein Teil der beiden Reaktionsprodukte in der Vereinigungsreaktion nicht verbraucht wurde. Abb. 247b zeigt den letzten Schritt der Totalsynthese, nämlich Reaktionsablauf und Ergebnis der Vereinigung von AB mit C sowie die dabei benutzten Markierungen. Um zu prüfen, ob während des gesamten Syntheseablaufes ungewollt ein Strangbruch erzeugt worden war, wurde die aus einer Sequenz von 77 Mononucleotidpaaren bestehende Doppelstrang-DNS mit alkalischer Phosphatase behandelt und danach mit ^{32}P tragendem ATP inkubiert. Die Ergebnisse dieser Versuche bewiesen, daß keinerlei derartige Einzelstrangbrüche vorlagen.

Die bei der de novo-Totalsynthese des Genortes der Alanin-t-RNS erarbeiteten Methoden und Prinzipien der Versuchsdurchführung dürften sich auch auf die Synthese anderer Genorte anwenden lassen. Es wären damit Wege aufgezeigt, Genorte herzustellen, deren Nucleotidsequenz in gezielter Weise punktförmig von der homologer Wildtyp-Genorte abweichen könnte. Der experimentellen Prüfbarkeit ihrer genetischen Wirkungen stünde dabei sicher nicht die relativ geringe Ausbeute solcher Totalsynthesen im Wege. Es ist heute durchaus möglich, mit Hilfe geeigneter, aus Bakterienzellen gewonnener Enzyme solche synthetisierten DNS-Doppelstränge zu vermehren. Da sie dabei nur als Vorlage dienen, genügt es, sie in winzigen Mengen zur Verfügung zu haben. Die Autoren betrachten daher das Gelingen der ersten Totalsynthese eines Genortes mit den Mitteln der präparativen Biochemie als ermutigenden Beginn für das Studium zahlreicher Fragen der Erbforschung, für deren Bearbeitung bisher geeignete Modelle und experimentelle Systeme fehlten. Alle diese Aufgabenstellungen sind sicher rein wissenschaftlicher Art, welche der Ausweitung unserer Kenntnisse über Grundvorgänge des Lebendigen dienen sollen. Sie haben nichts mit Darstellungen über eine nun angeblich möglich gewordene Manipulation des menschlichen Erbgutes zu tun, wie sie von häufig der Sache fernstehenden, jedoch mit dem Willen zur Produktion von sensationellen Artikeln beflügelten Autoren in populär-„wissenschaftlichen" Buchdarstellungen und Zeitungsartikeln kolportiert werden.

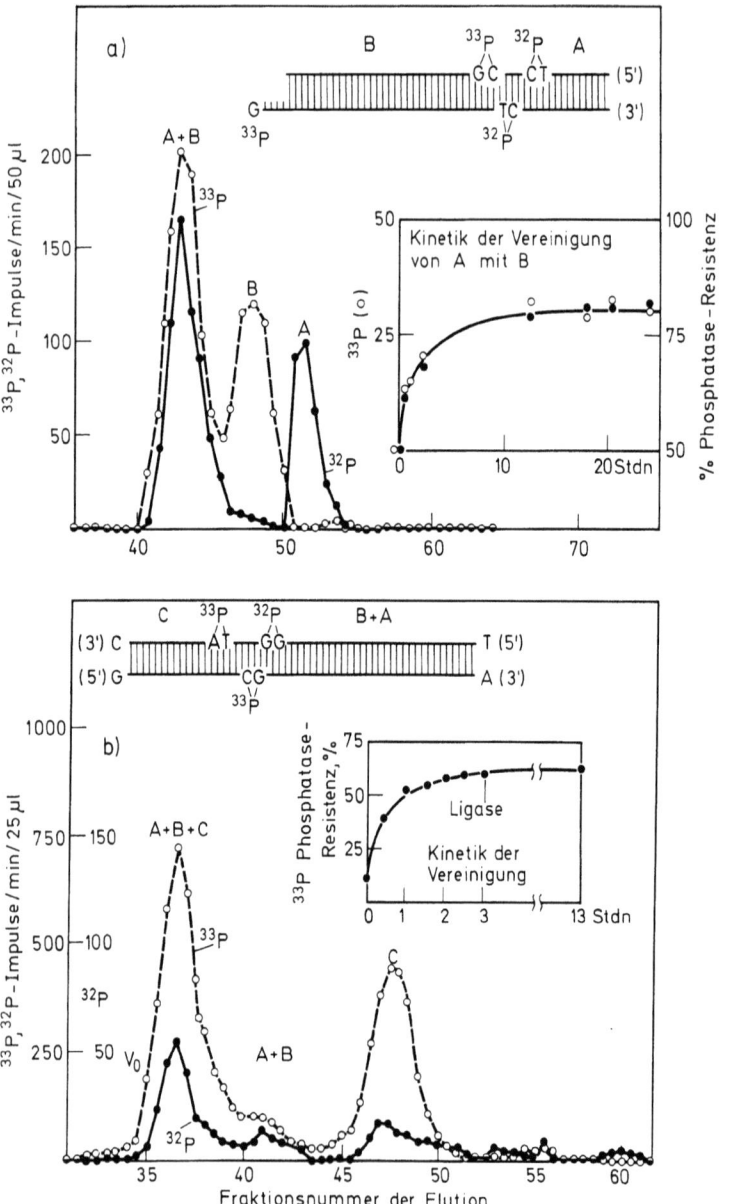

Abb. 247. Die beiden letzten Schritte der Totalsynthese: a) Zusammenbau der Segmente A und B. b) Zusammenbau von A + B mit C. Jede der beiden Teilabbildungen zeigt die Reaktionskinetik der Synthese, das Ergebnis der danach vorgenommenen Zerlegung des Gemisches durch Gelfiltration sowie (oben) schematisch die Lage der verwendeten Markierungen in dem entstandenen Endprodukt. Einzelheiten im Text. Aus AGARWAL et al. 1970

IV. DNS-SYNTHESE IN VIVO

A. Das Replikon-Modell

Als Grundthema der Molekulargenetik stand eine Vorstellung im Mittelpunkt unserer Betrachtung: Die DNS ist der Träger genetischer Informationen. Zwei hauptsächliche Funktionen übt sie aus. Zum einen ist ihre identische Duplikation die Grundlage des Tradierens unverändert bleibender genetischer Informationen. Zum anderen erlaubt ihre Molekularstruktur, daß diese Informationen auf dem Wege der Transkription und Translation verwirklicht werden. Beide Vorgänge, vor allem aber derjenige der Transkription sind strengen quantitativen Kontrollen unterworfen. Wie aber verhält es sich mit der Vermehrung der DNS, ihrer identischen Replikation? Wird auch sie reguliert?

Die Anzahl gleicher Genome je Bakterienzelle folgt festen Regeln (Abb. 248). Eine mit 10^4 nicht in Vermehrung befindlichen Zellen pro Milliliter frisch beimpfte und dann gut durchlüftete Bouillon-Flüssigkeitskultur von Escherichia coli macht bei 37° zunächst eine etwa einstündige Verzögerungsphase (lag phase) durch, welche durch einen konstant bleibenden Zelltiter gekennzeichnet ist. An ihrem Ende sind durchschnittlich 1,5 Kernäquivalente je Zelle vorhanden. Danach beginnt die exponentielle (logarithmische) Wachstumsphase. In ihrem Verlauf, der eine Zellvermehrung auf rund 10^8 Zellen pro Milliliter erbringt, nimmt in voraussagbarer Weise die Zellgröße zu, während gleichzeitig die Anzahl der Kernäquivalente auf 4 bis 8 pro Zelle ansteigt. Danach beginnt sich die Generationsdauer zu verlängern. Die Wachstumskurve flacht sich ab und mündet schließlich in die stationäre Phase ein. In ihr findet nur noch eine geringe Vermehrung statt, welche dem

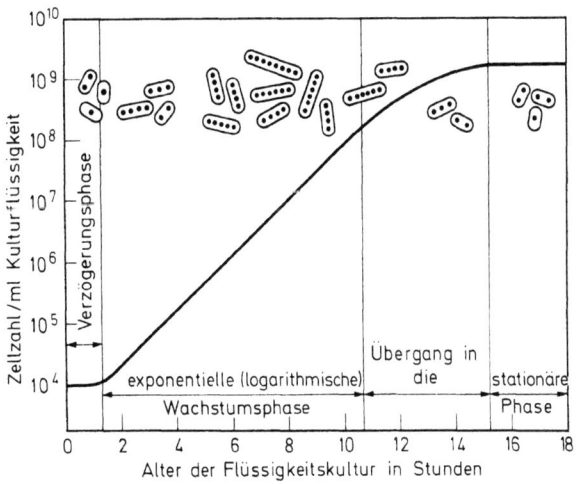

Abb. 248. Wachstumskurve einer Kultur von E. coli in Bouillon. Am oberen Bildrand sind die Kernverhältnisse von Zellen der jeweiligen Wachstumsphase dargestellt

ständig eintretenden Verlust durch Absterben einzelner Zellen entspricht. Sie ist durch Erschöpfung der Nahrungsreserven des Mediums, die für das Erreichen einer hohen Populationsdichte nicht genügend hohe Sauerstoffkonzentration, aber auch durch Akkumulation von Hemmstoffen, die während der logarithmischen Wachstumsphase frei wurden, gekennzeichnet. Unter den obengenannten Versuchsbedingungen weist sie einen Zelltiter von rund 2×10^9 Zellen pro Milliliter auf. Jede der Zellen enthält dann wieder im Durchschnitt ein bis zwei Kernäquivalente. Deren Anzahl je Zelle und die Höhe des Endtiters können dabei Abweichungen von den genannten Werten aufweisen, die spezifisch für den verwendeten Zellstamm sind.

Die Anzahl gleicher Genome und damit DNS-Makromoleküle je Bakterienzelle ist somit keine statische. Sie unterliegt einer Regulation. Von dieser Feststellung und einer Anzahl durch andere Autoren bereits erhobener experimenteller Befunde ausgehend, schlugen JACOB, BRENNER und CUZIN im Jahre 1963 ein Modell für den Regulationsmechanismus der DNS-Replikation vor. Die Einheit dieser Regulation ist das Replikon. Beispiele dafür sind das Bakterienchromosom (Abb. 249a), die DNS eines Bakteriophagen oder die eines F-Episoms (Abb. 249b). Der Regulationsvorgang wird in ähnlicher Weise wie bei der positiven Kontrolle im Operon durch zwei Determinanten hervorgerufen. Ein Gen bestimmt die Molekularstruktur des als Genprodukt diffusiblen Initiators. Dieser erkennt eine Nucleotidsequenz der DNS, den Replikator, und veranlaßt durch seine Bindung an diesem spezifischen Erkennungsort das Einsetzen der DNS-Synthese. Einmal in Gang gesetzt, verläuft sie autonom weiter, bis das ganze Replikon verdoppelt vorliegt.

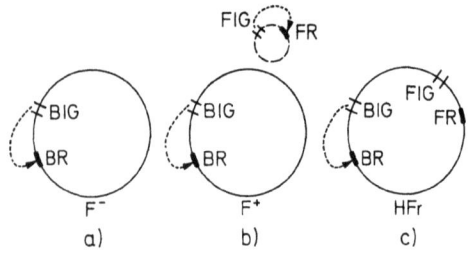

Abb. 249. Schematische Darstellung der DNS der drei Typen der Zellen von E. coli K 12 als Replikon. BIG = Initiator-Gen der bakteriellen DNS, BR = Replikator-Gen der bakteriellen DNS, FIG = Initiator-Gen der F-episomalen DNS, FR = Replikator-Gen der F-episomalen DNS. Aus JACOB et al. 1963

Diese Hypothese steht im Einklang mit folgenden zur Zeit ihrer Veröffentlichung bereits bekannten Beobachtungen: Nicht jedes DNS-Molekül ist zu autonomer Replikation befähigt und daher gleichzeitig ein in Funktion befindliches Replikon. Das zeigt die abortive Transduktion und die nicht zur Replikation befähigte, durch Transformation ohne nachfolgende Rekombination in Empfängerzellen gelangte DNS. In beiden Fällen läßt sich eine genetische Aktivität der Genorte solcher DNS-Abschnitte nachweisen. Replikation und genetische Aktivität sind daher nicht notwendigerweise miteinander gekoppelt. Die Determinanten des Replikons sind spezifisch. Das beweisen temperatursensible Mutanten des F-lac Faktors, welche von den gleichen Autoren beschrieben wurden (Abb. 250). Im autonomen Zustand weisen sie bei 30° C normale Vermehrungsrate auf. Bei Temperaturerhöhung sinkt diese gegenüber der Wirtszelle, um schließlich bei 42° C durch Vermehrungsstop zum raschen Herausverdünnen aus den sich weiter normal vermehrenden Wirtszellen zu führen. Offensichtlich vermag der im Wildtypzustand vorhandene Initiator der

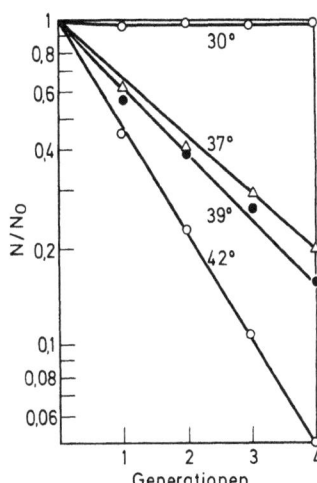

Abb. 250. Kinetik des Verlustes eines temperaturempfindlichen F-lac Episoms bei verschiedenen Zuchttemperaturen. Aus JACOB et al. 1963

DNS-Replikation der Wirtszelle nicht die bei 42°C ausgefallene Funktion des im F-lac-Faktor befindlichen Initiators der DNS-Replikation zu ersetzen. Substituierte F-Faktoren, die sich nur durch die von ihnen substituierte, bakterielle DNS unterscheiden, sollten dagegen gleiche Determinatoren der DNS-Replikation aufweisen. Das läßt sich experimentell bestätigen. In seltenen Fällen vermag eine Bakterienzelle zwei unterschiedlich im autonomen Zustand befindliche F-Faktoren zu beherbergen. Im Versuche wurden dazu die schon erwähnte, temperatursensible F-lac-Mutante, sowie ein F-gal-Faktor verwendet. Bei 42°C gezüchtet, waren aus solchen Zellen hervorgegangene Suspensionen viele Generationen nach Beginn der Züchtung in der Lage, jeden der beiden F-Faktoren unabhängig voneinander auf F-Zellen zu übertragen. Unter der Wirkung des im Wildtypzustand vorliegenden F-gal-Initiators mußte somit das mit einem bei der gewählten Temperatur funktionslosen Initiator ausgestattete F-lac-Episom weiter vermehrt haben. Durch Integration eines für die Regulation der DNS-Synthese temperaturempfindlichen F-lac-Faktors in das Wirtszellengenom wird dieser Bestandteil des Replikons „Bakterienchromosom". Er untersteht daher ausschließlich dessen regulierender Wirkung. Dadurch wird die Temperaturempfindlichkeit seines eigenen Regulationssystems der DNS-Synthese gegenstandslos. Seine Verdoppelung erfolgt dann als Teil des Replikationsvorganges der Wirtszell-DNS und daher nicht mehr in Abhängigkeit vom eigenen temperaturempfindlichen Regulationssystem.

Das Replikon bestimmt die Geschwindigkeit seiner Vermehrung. Unmittelbar nach Infektion einer F^--Zelle durch ein F-Episom vermehrt sich dieses sehr rasch, bis seine Teilungsprodukte etwa die Anzahl der Kernäquivalente der Wirtszelle erreicht haben. Im integrierten Zustand der Hfr-Zelle gehört es dem Replikon an, welches die Bakterien-DNS bildet. Es wird synchron mit dieser repliziert (Abb. 249c). Ganz ähnliche Zusammenhänge liegen bei der Phagensynthese vor, in deren Verlauf Phagen-DNS in verhältnismäßig schneller Aufeinanderfolge repliziert wird, in einem Rhythmus also, welcher dem Replikon eben dieser Phagen-DNS entspricht. Im Prophagen-Zustand dagegen erfolgt die Regulation durch die Determinanten des Bakterienchromosoms und damit die Vermehrung wesentlich langsamer. Das Replikon eines Episoms zeigt jedoch auch Abhängigkeiten von dem Genom seiner bakteriellen Wirtszelle. Von Escherichia coli sind temperaturempfindliche Mutanten bekannt, welche bei der nichterlaubten Temperatur normale DNS-Synthese aufweisen, jedoch die Replikation eines normalen, nicht-mutierten F-Faktors verhindern. Diese hemmende Wirkung kann sehr spezifisch sein. Eine bestimmte Mutante blockiert beispielsweise die Replikation des F-lac-Episoms, nicht aber die des nahe verwandten RT-Faktors.

Die Replikon-Hypothese hat sich als sehr fruchtbar und anregend für weitere Forschungen erwiesen. Sie sind heute noch voll im Fluß. In zunehmendem Maße wenden sie sich Enzymsystemen der DNS-Replikation in vivo zu. Gleichzeitig damit ergeben sich Hinweise für die Verbindung der DNS-Replikation mit Strukturen der Bakterienzellwand. Sie wollen wir am Ende unserer Darstellung kennenlernen.

B. Sequentielle DNS-Replikation

1. Nachweis des sequentiellen Modus der Replikation

Das Replikon-Modell unterstellt einen Vermehrungsmodus der DNS, welcher die gegebenen Mononucleotidpaare sequentiell vermehrt. Der Ort der Vermehrung wandert dabei, ausgehend von einem Anfangspunkt O (origin), über das gesamte DNS-Molekül, wie etwa der Läufer über einen Reißverschluß hinweggleitet. Er erreicht schließlich den Endpunkt T (terminus), welcher in ringförmigen DNS-Molekülen unmittelbar an O angrenzt. Auf diesen Vermehrungsmodus kennen wir bereits einen Hinweis. MESELSON und STAHL zeigten bei ihren Versuchen zum Beweis der semikonservativen Vermehrung der DNS, daß leichte Doppelstränge erst in der zweiten Generation nach Beendigung der Markierung entstehen, nachdem zuvor Hybridstränge zwischen leichten und schweren Einzelsträngen gebildet worden waren. Unter ihren Versuchsbedingungen war daher die zur F_1 führende Vermehrungsrunde als sequentiell verlaufender Vorgang beendet, bevor die zweite, zur F_2 führende einsetzte. NAGATA wies 1963 sequentielle Replikation an Hfr-Stämmen von Escherichia coli K 12 nach. Er benutzte Zellsuspensionen, deren Zellteilung er durch Filtration zuvor synchronisiert hatte. Die Zellen befinden sich dann auch während einiger Generationen nach der Filtration zum gleichen Zeitpunkt jeweils alle im selben Stadium ihrer Vermehrung und damit auch ihrer DNS-Duplikation. Der verwendete Bakterienstamm war für die beiden Phagen λ und 424 lysogen. Die Prophagen ließen sich durch UV-Bestrahlung der Wirtszellen leicht induzieren. Erfolgt eine solche Induktion, bevor der Ort der Vermehrung den Prophagenort erreicht, so sollte die Anzahl der nach Induktion und folgender Phagensynthese freigesetzten Partikel etwa halb so groß sein wie bei Induktion nach Verdoppelung der Prophagenzone. Die Versuchsergebnisse (Abb. 251) stimmten mit dieser Aussage überein. Sie zeigten eine zeitliche Aufeinanderfolge der Verdoppelung der beiden Prophagenorte (c), welche ihrer Lage auf der Genkarte (a) entsprach und bestätigten damit die Hypothese (b) der sequentiellen DNS-Replikation. Ist mit diesen Versuchsergebnissen gleichzeitig bereits ausgesagt, daß die Replikation in allen Zellen einer Population von einem durch denselben Ort in den Genkarte bezeichneten Anfangspunkt ausgeht, oder besteht die Möglichkeit, daß dieser Ort O in der DNS der verschiedenen Zellen dieser Population eine statistische Lage aufweist? Eine von NAGATA und MESELSON vorgenommene Berechnung ergibt, daß die Befunde des Versuches von MESELSON und STAHL (Abb. 35) zwar stark für die erstgenannte Möglichkeit sprechen, eine statistische Anordnung jedoch nicht völlig ausschließen. Ihr Vorliegen bei allen Zellen der untersuchten Population hätte in der F_1 neben 80% Hybrid-DNS je 10% unmarkierter und in beiden Einzelstücken markierter DNS ergeben. Die Versuchsdurchführung hätte solche relativ hohen Prozentsätze der beiden letztgenannten Markierungstypen wohl erkennen lassen. Weit geringere Prozentsätze aber wären der Beobachtung entgangen.

NAGATA hatte mit Hilfe der Phageninduktions-Technik mehrere Hfr-Stämme und einen F^--Stamm untersucht. Sequentielle Replikation konnte er dabei auf die in Abb. 251

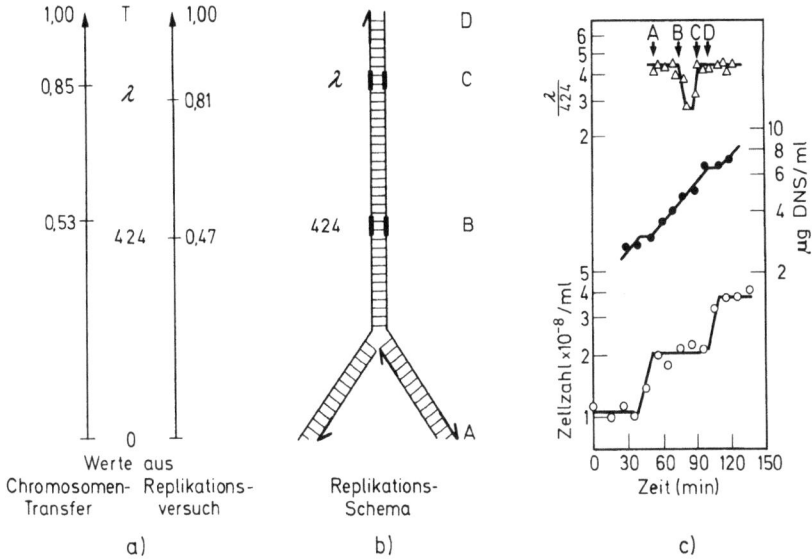

Abb. 251. Nachweis des sequentiellen Modus der DNS-Replikation von E. coli K 12 Hfr durch NAGATA, 1963. Einzelheiten im Text

dargestellte Weise nur bei Hfr-Stämmen nachweisen. Der Anfangsort der DNS-Synthese zeigte sich identisch mit dem Integrationsort des F-Episoms, eine Feststellung, der zahlreiche von anderen Autoren später erhobene, noch darzustellende Befunde widersprechen. Die Ergebnisse am F$^-$-Stamm dagegen ließen auf eine statistische Anordnung von O in den Einzelzellen einer Population schließen. 1968 haben daher NAGATA und MESELSON mit anderer Versuchstechnik noch einmal die Frage aufgegriffen, ob O einen festen Platz in Escherichia coli-Chromosom einnimmt. Sie benutzten dazu neben anderen den gleichen F$^-$-Stamm Z 260, an dem NAGATA 1963 mit Hilfe der Phageninduktions-Technik keine sequentielle Replikation hatte nachweisen können. Im Versuch wurde eine exponentiell wachsende Kultur 2 min lang mit ^{3}H-Thymidin pulsmarkiert (Abb. 252a) und in nicht-radioaktivem Medium weitergezüchtet. In Zeitabständen danach, die bis zu mehrere Generationen umfaßten, wurden Proben entnommen, während der Dauer eines Drittels der Zellgeneration mit den schweren Isotopen ^{13}C und ^{15}N markiert und danach lysiert. Die aus den Lysaten gewonnene DNS wird bei der Extraktion in Stücke zerlegt, die im Verhältnis zur Größe des nativen DNS-Moleküls klein sind. Im CsCl-Gradienten wird die (schwer/leicht) Hybrid-DNS abgetrennt und deren ^{3}H-Radioaktivität gemessen. Der während des ^{3}H-Thymidin-Pulses neu synthetisierte und damit radioaktiv markierte DNS-Abschnitt muß dann in einem Hybridmolekülabschnitt auftreten, wenn in einer der Generationen, welche der ^{3}H-Markierung folgten, die erneute Replikation dieses Abschnittes zur Zeit eines ^{13}C/^{15}N-Pulsus vor sich ging. Beginnt jede Replikationsrunde immer wieder am gleichen Ort, ist die Lage von O in der Genkarte damit in voraussagbarer Weise festgelegt, dann sollte mit dem Zeitabstand einer Generation ein Maximum der ^{3}H-Markierung der Hybrid-DNS zu beobachten sein. Abb. 251b und c zeigen dies für je einen Hfr- und F$^-$-Stamm. Das gleiche Ergebnis wurde mit dem obengenannten F$^-$-Stamm Z 260 erzielt.

Eine von anderen Autoren angewandte Technik erlaubt nicht nur den Nachweis des sequentiellen Charakters der DNS-Replikation. Sie macht uns darüber hinaus mit einer

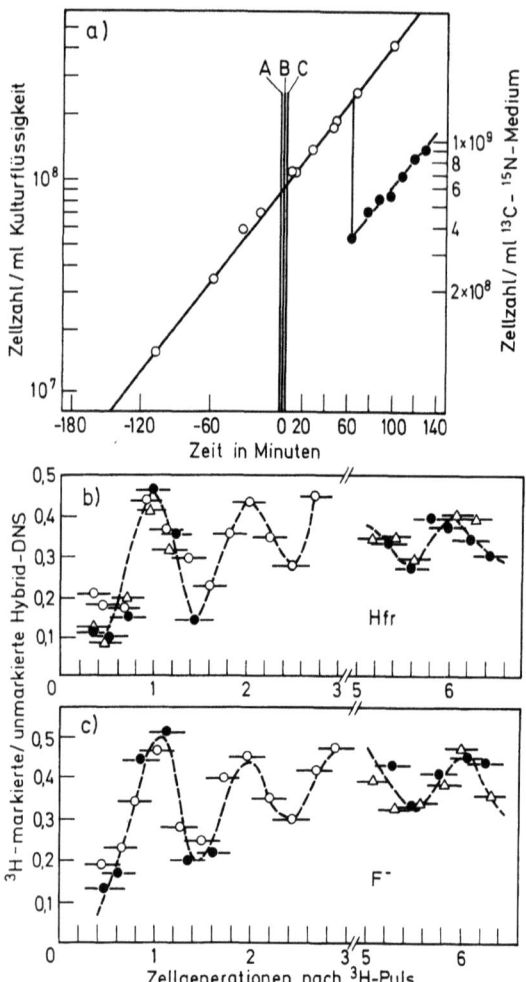

Abb. 252. Experimenteller Nachweis der unveränderlichen Lage des Anfangspunktes O jeder DNS-Replikationsrunde für Hfr- und F⁻-Stämme von E. coli K 12 a) Zeitlicher Verlauf der Pulsmarkierung und Probenentnahme. (A = Zugabe von ^{3}H-Thymidin; B–C = Zugabe des nicht markierten Thymidins, Abfiltrieren der Zellen, Waschen und Resuspendieren in „kaltem" Medium. b) c) Verhältnis von markierter zu unmarkierter Hybrid-DNS für einen Hfr- und F⁻-Stamm während 7 Zellgenerationen nach Pulsmarkierung. Aus NAGATA und MESELSON 1968

interessanten Besonderheit bekannt, welche der Induktionsmechanismus des heute in der Mikrobengenetik sehr häufig angewandten Mutagens N-methyl-N-nitro-N'-nitrosoguanidin (NG) aufweist. CERDA-OLMEDO und Mitarbeiter haben 1968 nachgewiesen, daß NG bevorzugt Genorte mutiert, in deren Nähe sich gerade der Replikationsort befindet. WOLF, PATO, WARD und GLASER benutzten diese Besonderheit bei der Planung ihrer

Versuche. Durch Filtrieren synchronisierten sie Suspensionen von Escherichia coli B/r und entnahmen der sich weiter vermehrenden Kultur in Zeitabständen Proben, die sie vor Plattierung einem NG-Puls aussetzten. Zur Beobachtung kamen dadurch induzierte Rückmutanten im arg-A, leu- und his-locus, für den die behandelten Zellen jeweils auxotroph waren. Abb. 253a zeigt die erhaltenen Ergebnisse, Abb. 253b die daraus unter Voraussetzung einer sequentiellen Replikation abgeleitete Genkarte. Wie die Abbildung zeigt, stimmen ihre Aussagen mit der aus Kopplungsbeziehungen und Chromosomtransferdaten erarbeiteten Karte (Abb. 81) überein und stehen damit im Einklang mit der Annahme des sequentiellen Charakters der DNS-Replikation und der nicht-statistischen Anordnung von O in der Genkarte.

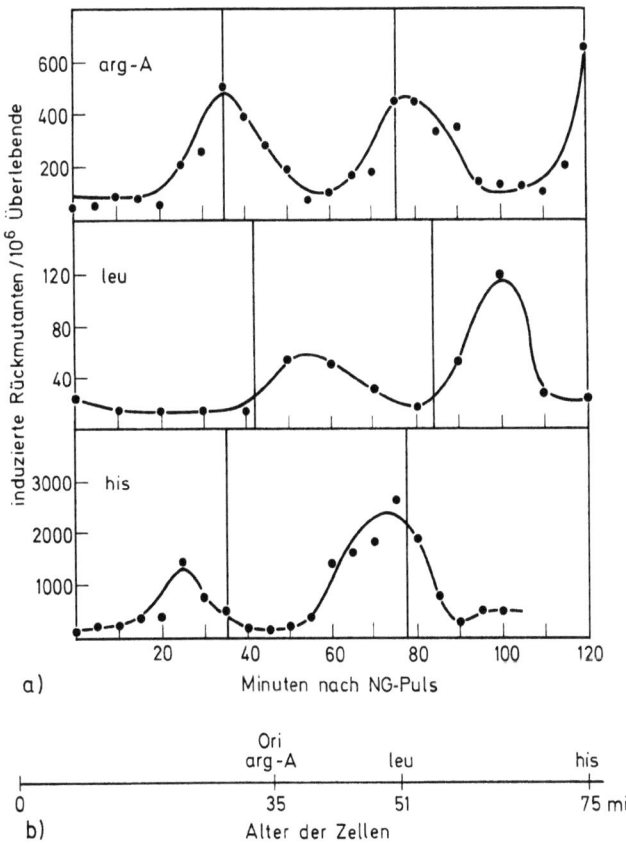

Abb. 253. Bestimmung der Lage des Anfangspunktes O der Replikation durch Mutagenese mit Nitrosoguanidin-Pulsen. a) Abhängigkeit der induzierten Rückmutationsrate zur Prototrophie in synchron wachsenden Populationen einer Arginin-, Leucin- und Histidin-Mangelmutante vom zeitlichen Abstand zwischen Puls und Beginn der Replikationsrunde. Der jeweilige Replikationsbeginn ist durch einen senkrechten Strich gekennzeichnet. b) Aus den Versuchsergebnissen abgeleitete Lage der Mutationsorte der drei Mutanten in der Genkarte von E. coli B. Aus WOLF et al. 1968

Es ist verständlich, daß die Bedeutung, welche der Nachweis des sequentiellen Charakters einer von einem voraussagbaren Ort des DNS-Makromoleküls ausgehenden Replikation für die gesamte Molekulargenetik besitzt, zahlreiche Autoren dazu ermutigte, mit jeweils anderen Methoden diesen Nachweis zu führen. Sehr erfolgreich erwiesen sich dabei Versuchsanordnungen, deren Grundlage Beobachtungen bildeten, die BARNER und COHEN schon 1957 veröffentlicht hatten. Diese Autoren hatten den Thymin-Mangeltod von E. coli-Zellen beschrieben. Zellsuspensionen von Thymin-Mangelmutanten, welche in Thymin-freiem Medium gezüchtet werden, führen die Protein- und RNS-Synthese zunächst weiter durch, sterben jedoch bald exponentiell ab. Wird dagegen in Thymin-haltigem Medium die Proteinsynthese solcher Thymin-Mangelmutanten beispielsweise durch Entzug einer Aminosäure, zu deren Synthese die betreffende Mutante durch eine zweite Mutation nicht mehr in der Lage ist, gestoppt, so verschwindet schrittweise und reversibel die Empfindlichkeit der Zellen gegen den Entzug von Thymin. Bis die ganze Population derart resistent gegen den Thymin-Mangeltod geworden ist, nimmt der DNS-Gehalt um rund 40–50% zu. MAALØE und HANAWALT deuteten 1961 aufgrund ihrer Untersuchungen diesen Befund durch die Annahme, daß Zellen mit gestoppter Proteinsynthese die einmal eingeleitete DNS-Replikationsrunde beenden. Eine neue wird zunächst nicht begonnen, da offensichtlich dazu normal verlaufende Proteinsynthese notwendig ist. Diese Vorstellungen wurden zu einer der Grundlagen für die Aufstellung der Replikonhypothese. LARK, REPKO und HOFFMANN bauten auf diesen Befunden eine weitere Methode zur Untersuchung der DNS-Replikation auf. PRITCHARD und LARK benutzten sie 1964 zu den im folgenden dargestellten Versuchen: Nicht synchron wachsende Escherichia coli-Kulturen der logarithmischen Wachstumsphase des Stammes 15 T$^-$ (thy$^-$/met$^-$/try$^-$/arg$^-$) erhalten während etwa $^1/_{10}$ ihrer Generationsdauer eine Pulsmarkierung mit ^{3}H-Thymin. Dadurch wird die jeweilige Lage des Replikationsortes markiert. Unmittelbar danach gelangen die Zellen in Medium, welches kein Thymin sondern Bromuracil enthält, das an dessen Stelle in die DNS eingebaut wird. Die DNS von Proben, die danach in Zeitabständen aus der weiter bebrüteten Kultur entnommen werden, gelangt nach Reinigung und Zerlegung der DNS-Moleküle in Bruchstücke zur CsCl-Gradienten-Zentrifugierung. Da BU schwerer als T ist, läßt sich die inzwischen neu synthetisierte BU/T Hybrid-DNS von der reinen T/T-DNS als Bande abtrennen. In dieser BU/T-DNS tritt, wie zeigt die Messung ihrer Radioaktivität (Abb. 254a Kurve A) die ^{3}H-Markierung erst am Ende der Generation auf, welche mit der Überführung in BU-Medium begann. Diese wurde unmittelbar nach der ^{3}H-Markierung vorgenommen. Das Ergebnis zeigt, daß die DNS-Replikation daher nahezu eine ganze Vermehrungsrunde vollendet haben muß (Abb. 254b$_1$), ehe der Replikationspunkt wieder den Ort der ^{3}H-Markierung erreicht und ihn in neu synthetisierte BU/T Hybrid-DNS einbaut. Auch die DNS-Replikation des E. coli-Stammes 15 T$^-$ ist somit sequentiell.

Eine Variante der Versuchsdurchführung setzt die Synchronisation der DNS-Replikation durch Aminosäure-Aushungerung an den Anfang. Gleichzeitig mit der späteren Zugabe der benötigten Aminosäuren erfolgt die ^{3}H-Pulsmarkierung. Die Kultur wird danach für die Dauer mehrerer Zellgenerationen weiterbebrütet. Schließlich führt ein erneuter Aminosäureentzug abermals zur Beendigung der gerade vor sich gehenden DNS-Replikationsrunden. Ist dieser Zustand erreicht, so wird durch erneute Aminosäurebeigabe bei gleichzeitiger Überführung in BU-Medium eine neue Replikation ausgelöst. Sie beginnt bei O, also an dem Ort, welcher bei der Vorbehandlung die ^{3}H-Markierung erhielt (Abb. 254b$_2$). In der aus solchen Zellen gewonnenen, im Dichtegradienten zentrifugierten BU/T Hybrid-DNS tritt daher die ^{3}H-Markierung gleichzeitig mit der BU/T-DNS auf (Abb. 254a, Kurve b). Da zwischen ^{3}H-Pulsmarkierung und BU-Zugabe mehrere Generationen liegen, verläuft die Kurve als Zeichen inzwischen nicht mehr ganz exakter Synchronisierung schwach gekrümmt.

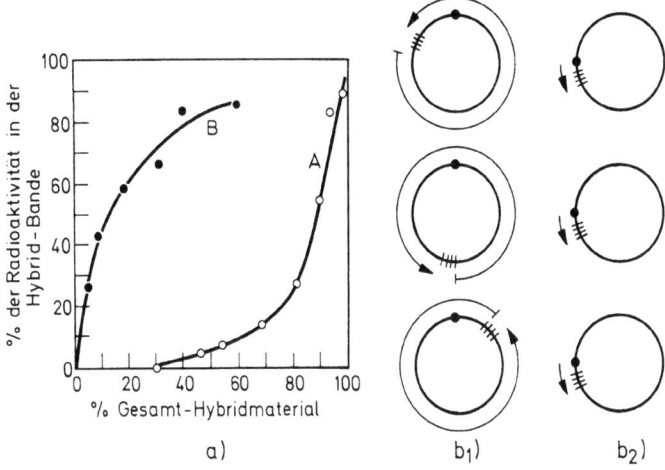

Abb. 254. Nachweis des sequentiellen Modus der DNS-Replikation der Thymin-Mangelmutante 15 T$^-$ von E. coli durch ^{3}H-Thymin und BU-Pulsmarkierung. a) Kurve A = Markierung des Replikationsortes der Zellen einer nicht synchronisierten Kultur durch ^{3}H-Thymin-Puls. Kurve B = Markierung des Anfangsortes O der Replikation durch ^{3}H-Thymin-Puls am Beginn der Replikation. b1) Schema zum Versuchsablauf nach Kurve A. b2) Schema zum Versuchsablauf nach Kurve B. (Punkt auf dem Kreisbogen = 0. Vier senkrechte Striche = Zone der pulsmarkierten DNS.) Einzelheiten im Text. Nach Pritchard und Lark 1964

2. Die Lage des Anfangsortes der DNS-Replikationsrunde

Die Ergebnisse der im vorstehenden beschriebenen Versuche zeigen, daß der Anfangsort der DNS-Replikation auch in Zellen der E. coli-Mutante 15 T$^-$ eine feste, voraussagbare Stelle in der Genkarte einnimmt. Es hat nicht an Versuchen gefehlt, diese für zahlreiche E. coli-Stämme zu bestimmen. Dabei erzielte Ergebnisse ergaben bisher kein einheitliches, völlig widerspruchsloses Bild. Die eingangs referierten Versuche von Nagata hatten diesen Autor zu dem Schluß geführt, daß in Hfr-Stämmen O identisch mit dem Integrationsort des F-Episoms ist. Zellpopulationen von F$^-$-Stämmen hatten mit gleicher Technik eine statistische Verteilung von O ergeben. Vielmetter und Schütte konnten 1968 diese Aussage experimentell bestätigen. Sie benutzten dazu die schon 1958 von Kaudewitz, Vielmetter und Friedrich-Freska beschriebene mutagene Wirkung des Zerfalles von radioaktivem Phosphor (^{32}P) nach vorherigem Einbau in die Bakterien-DNS. Die dabei induzierten Mutationen führen in einem hohen Prozentsatz der Fälle zur Bildung von Kolonien, welche aus Wildtypzellen und Mutantenzellen des jeweils gleichen Typs zusammengesetzt sind. Da neben der Mutagenese durch den ^{32}P-Zerfall in weit höherem Maße Inaktivation des gesamten DNS-Doppelstranges auftritt, konnte ausgeschlossen werden, daß unter den gewählten Versuchsbedingungen mehr als 2% der gemischten Kolonien durch Segregation mehrerer Kerne je Zelle entstanden waren. Sie sind vielmehr jeweils auf einen mutagenen Treffer in nur einem der beiden DNS-Schwesterstränge zurückzuführen. Liegt sein Ort in dem noch nicht replizierten Abschnitt des DNS-Moleküls (Abb. 255a), so wird er nach Beendigung der Replikationsrunde in beiden Einzelsträngen eines der beiden Schwesterdoppelstränge auftreten. Dieser ist daher homozygot. Findet der mutagene

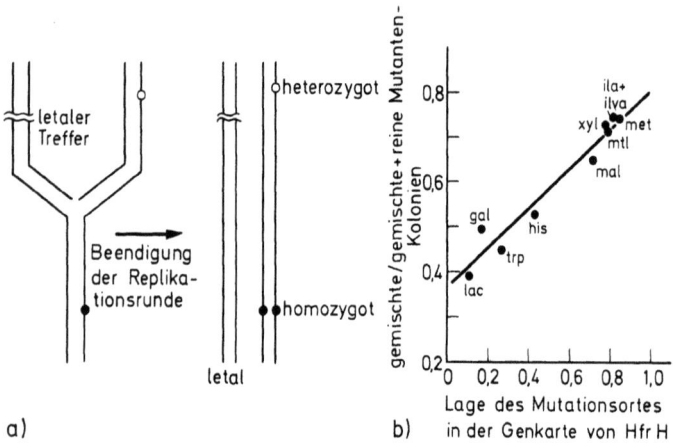

Abb. 255. Bestimmung der Lage des Anfangspunktes O und der Richtung der DNS-Replikation in Zellen verschiedener Hfr-Stämme von E. coli K 12 durch Feststellung des Verhältnisses der Anzahl gemischter Mutantenkolonien zu der Gesamtzahl gemischter und nicht gemischter Mutantenkolonien nach Mutationsinduktion durch radioaktiven Zerfall von eingebauten ^{32}P. a) Schema für die Erklärung der Entstehung gemischter oder reiner Mutantenkolonien in Abhängigkeit von der Lage des ^{32}P-Treffers vor (Punkt) oder hinter (als offener Kreis) dem Replikationsort des betreffenden DNS-Moleküls bei Ausschaltung des bei der Replikation entstandenen, aber nicht mutagen getroffenen Schwesterdoppelstranges durch einen letalen Treffer. b) Der Anteil der im Versuch beobachteten, gemischten Kolonien an der Gesamtzahl der Mutantenkolonien in Abhängigkeit von der Lage des betreffenden Mutationsortes in der Genkarte von Hfr H. Aus VIELMETTER et al. 1968

Phosphorzerfall jedoch in einem der Doppelstrang-Äste des bereits replizierten DNS-Moleküls statt, so trägt nach Beedingung der Replikationsrunde der daraus hervorgegangene DNS-Doppelstrang den Mutationsort nur in einem seiner beiden Einzelstränge. Er ist heterozygot. Da der inaktivierende Treffer wesentlich häufiger als der mutagene vorkommt, besteht hohe Wahrscheinlichkeit der voneinander unabhängig vor sich gehenden Aktivation beider Doppelstränge. Unter dieser Bedingung kommt die Mutation nicht zur Ausbildung. Beschränkt sich die Inaktivation jedoch nur auf den nicht mutagen getroffenen Doppelstrang, so führt der mutagene Treffer im bereits zuvor replizierten DNS-Abschnitt dazu, daß in der nächsten Replikationsrunde aus ihm je ein homozygoter, mutierter und ein gleichermaßen homozygoter, nicht-mutierter, also Wildtypdoppelstrang hervorgehen. Aus den sie beherbergenden beiden Schwesterzellen entsteht dann eine gemischte Kolonie. Die gleichen Zusammenhänge, auf den mutagenen Treffer in dem noch nicht replizierten DNS-Abschnitt angewandt, machen es verständlich, daß dieser zu einer reinen Mutantenkolonie führen muß.

Eine exponentiell wachsende, nicht-synchronisierte Kultur besteht unter der Voraussetzung sequentiell verlaufender DNS-Replikationen aus Zellen, in denen zu einem gegebenen Beobachtungszeitpunkt mit gleicher Wahrscheinlichkeit jeder Ort des DNS-Moleküls soeben repliziert wird. In Abb. 256 sind stellvertretend für alle übrigen Möglichkeiten sechs verschiedene, durch gleiche Zeitabstände voneinander getrennte Stadien einer Replikationsrunde dargestellt. In ihnen, und damit in der Gesamtheit der Zellen, ist der Anfangsort der Replikation O doppelt so oft vorhanden wie der Endort T. Die Häufigkeit

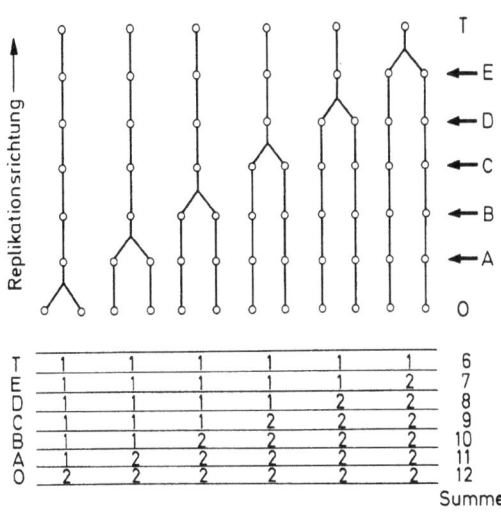

Abb. 256. Schematische Darstellung der Abhängigkeit des Vorliegens eines bestimmten Genortes im bereits verdoppelten oder nicht verdoppelten Zustand von seiner Entfernung vom Anfangspunkt O der Replikation unter der Voraussetzung des sequentiellen Modus der DNS-Replikation. Als Repräsentanten der vielfältigen, unterschiedlichen DNS-Replikationsstadien der Zellen einer nicht synchronisierten Population sind im oberen Teil der Abbildung sechs Teilungsstadien des zum besseren Verständnis linear gezeichneten DNS-Moleküls dargestellt. Die Summierung der gleichen Genorte dieser Stadien ergibt (unten) die doppelte Häufigkeit für O im Vergleich zu T

der dazwischenliegenden Genorte nimmt in Richtung von O nach T linear ab. Für einen gegebenen Genort ist daher (zu jedem beliebigen Zeitpunkt) die Wahrscheinlichkeit im Verlaufe der gerade vor sich gehenden Replikationsrunde bereits verdoppelt worden zu sein umso höher, je näher er am Anfangsort O der Replikation liegt. Nach den im vorstehenden angestellten Überlegungen ist diese Wahrscheinlichkeit gleich derjenigen, nach mutagenem Treffer durch ^{32}P-Zerfall eine gemischte Kolonie zu bilden. Der dadurch gekennzeichnete Gradient der Abnahme der relativen Anzahl gemischter Kolonien für ^{32}P-induzierte Mutanten, welcher die Lage des betreffenden Mutationsortes zwischen O und T widerspiegelt, ließ sich, wie Abb. 255b zeigt, experimentell nachweisen. Der Ort O liegt in diesem Falle zwischen Anfangs- und Endpunkt der Geraden, also zwischen den Orten lac und met. In diesem Sektor des Hfr-Chromosoms befindet sich auch die Integrationsstelle des F-Episoms der Zellen des zu dem Versuch benutzten Escherichia coli K 12-Stammes Hfr H (Abb. 81). Für F$^-$-Stämme dagegen ergab sich kein derartiger Gradient, sondern eine statistische Verteilung. Die Autoren schlossen daraus, ebenso wie NAGATA vor ihnen, daß bei Hfr-Stämmen der Ort O identisch mit dem Ort der Integration des F-Episoms ist. Von den gleichen Autoren vorgenommene Untersuchungen des Segregationsverhaltens nach Induktion von Mutationen durch N-methyl-N-nitro-N'-nitrosoguanidin führte zu dem gleichen Schluß.

Die Arbeiten einer Reihe anderer Autoren, welche mit einer Vielzahl unterschiedlicher Techniken die gleiche Fragestellung untersuchten, kamen zu anderen Schlußfolgerungen. WOLF, NEWMAN und GLASER setzten Escherichia coli K 12-Stämme des Hfr- und F$^-$-Typs der Aminosäure-Aushungerung aus, um ihre DNS-Replikation zu synchronisieren. Während der Aushungerungsperiode zugegebenes BU markierte dabei die Chromosomenenden. Deren Anfangspunkte wurden bei gleichzeitiger Gabe von BU und der fehlenden Aminosäure zu den ausgehungerten Zellen durch BU-Einbau gekennzeichnet und Zellpopulationen mit derart markierten Chromosomenanfängen oder -enden mit dem transduzierenden Phagen P 1 infiziert. Die BU-haltigen, transduzierenden Phagenpartikel lassen sich von den übrigen durch Gradientenzentrifugierung abtrennen. Abb. 257 zeigt die mit ihnen erreichte Transduktionshäufigkeit für verschiedene Genorte zweier Empfängerstämme, wobei als Spender der F$^-$-Stamm DG 75 benutzt wurde. Zur Normung wurden für jedes Gen die beobachteten Transduktionswerte durch die bei Transduktion des gleichen Genortes mit Phagen aus einer exponentiell wachsenden Kultur erzielten Werte geteilt.

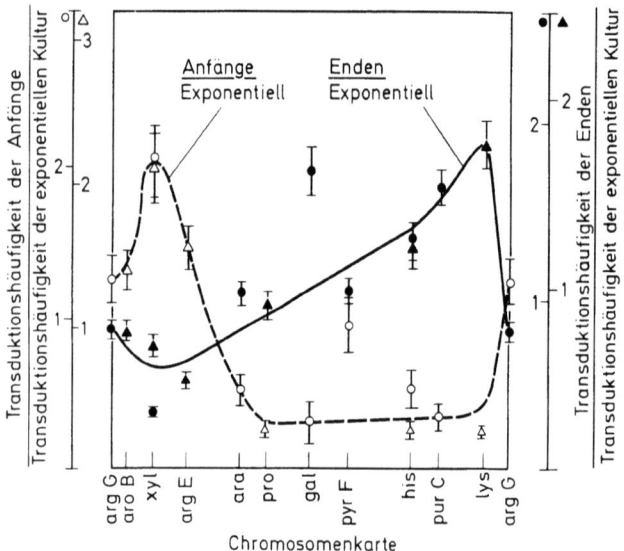

Abb. 257. Transduktionshäufigkeiten der Anfangs- und Endabschnitte der Replikationsrunde der DNS von Zellen des E. coli F$^-$-Stammes DG 75. Die beiden benutzten Empfängerstämme DG 90 und DG 111 sind ebenfalls F$^-$. Die bei den Meßpunkten eingetragenen Mutungsgrenzen zeigen die Größe der statistischen Standardabweichung an. Aus Wolf et al. 1968

Gleiche Kurvenverläufe wurden für einen weiteren F$^-$-, einen Hfr- und einen B/r-Stamm erhalten. Sie lassen erkennen, daß, bezogen auf die Genkarte (Abzisse der Abb. 257), die Replikation in Uhrzeigerrichtung vor sich geht und der Anfangspunkt O in allen drei Stämmen zwischen den Orten lys und xyl, nicht aber in der Nähe des Integrationsortes des F-Faktors liegt. Ein weiterer geprüfter Hfr-Stamm (DG 163) jedoch ergab mit derselben Technik Kurven, welche auf das Vorhandensein zweier Anfangspunkte der Replikation bei arg-E und gal schließen lassen.

Eine unmittelbarere Methode wandten Cutler und Evans an. Sie gingen von dem in Untersuchungen zahlreicher Autoren erhobenen Befunde aus, daß der DNS-Replikationscyclus synchron mit dem Zellteilungscyclus der Bakterienzelle verläuft. Synchronisierte

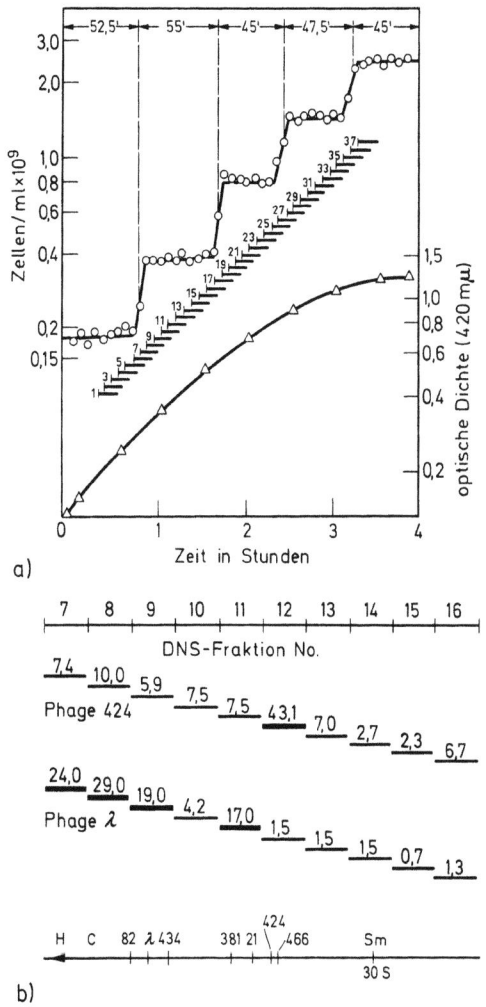

Abb. 258. Bestimmung der relativen Transkriptions-Aktivität der Prophagen-DNS während der Teilungsrunde lysogener, induzierter Zellen von E. coli durch Hybridisierung der gebildeten Boten-RNS mit bestimmten, isolierten, kartierbaren DNS-Segmenten. a) Zuordnung der Segemente 1–32 zu den Einzelphasen des Wachstums und der Teilung von Zellen einer synchronisierten Kultur. Aus Cutler et al. 1967a. b) Kartierung der λ- und 424-Phagen-Boten-RNS. Aus Cutler et al. 1967b

Zellpopulationen der Thymin-Mangelmutante 3000 von Escherichia coli K 12 Hfr, deren F-Integrationsort und Transferrichtung identisch mit denen von Hfr H sind, wurden in überlappenden Zeitintervallen durch BU-Pulse markiert. Das Gewinnungsverfahren der DNS zerlegte diese in Segmente mit einem Molekulargewicht von 2×10^6 der BU/T Hybridstücke. Dabei wurden zahlreiche Fraktionen von BU-markierten, einander geringfügig überlappenden DNS-Segmenten gewonnen, deren fortlaufende Numerierung ihre Entstehung innerhalb dreier aufeinanderfolgender DNS-Replikationscyclen wiedergab (Abb. 258a). Die zur DNS-Gewinnung benutzten Zellpopulationen waren gleichzeitig mit der BU-Markierung in ^{3}H-Thymin-Medium gezüchtet worden. Ihre DNS lag daher radioaktiv markiert vor. In einer zweiten Versuchsreihe wurden je eine, in ^{32}P-haltigem Medium wachsende, nicht-synchronisierte Kultur von Hfr H (λ) und Hfr H (λ, 424) zur Induktion der Prophagen mit UV bestrahlt und rund 30 min weiterbebrütet. Während dieser Zeit findet die Phagensynthese und damit die Bildung der Phagen-Boten-RNS statt. Aus den abgetöteten Zellen wurde die Boten-RNS-Fraktion isoliert und jede der RNS-Fraktionen beider Kulturen mit jeder der in Abb. 258b eingezeichneten DNS-Fraktionen 7 bis 16, welche der BU-Pulsmarkierung der DNS während einer Replikationsrunde entsprechen, hybridisiert. Abb. 258b zeigt Hybridisierungsmaxima für λ-Boten-RNS mit den DNS-Fraktionen 7, 8, 9 und 11, für 424-Boten-RNS mit Fraktion 12. In die Genkarte der Abb. 258b unten sind, mit H bezeichnet, der Integrationsort des F-Episoms sowie die Transferrichtung und neben den Prophagenorten für λ und 424 auch diejenigen der UV-induzierbaren Phagen 82, 434, 381, 21 und 466 eingezeichnet, für die Hfr 3000 ebenfalls lysogen ist. Das Ergebnis des Hybridisierungsversuches erlaubt den Schluß, daß während einer Replikationsrunde die Prophagen λ und 424 in der genannten und nicht wie von Nagata 1963 beschriebenen, umgekehrten Reihenfolge verdoppelt werden. Die Replikationsrichtung von Hfr 3000 und damit auch von Hfr H ist damit identisch mit der Transferrichtung. Von Interesse erscheint ein weiteres Ergebnis des Hybridisierungsversuches: Die λ-Boten-RNS zeigt Hybridisierung mit vier DNS-Segmenten. Diese sind Sitz von fünf weiteren, UV-induzierbaren Prophagen. Sehr wahrscheinlich weisen deren Genome mit dem von λ nahe Verwandtschaft auf und vermögen daher mit Boten-RNS von λ zu hybridisieren.

Mehrere Autoren benutzten eine Kombination von BU-Markierung und Phagentransduktion. Mit ihrer Hilfe markierten Caro und Berg die Region des Replikationsanfanges und Endpunktes auf die in Abb. 259a angegebene Weise: Eine Population eines F$^+$-Thymin-Leucin-Mangelstammes wird in Minimalmedium plus Thymin und Leucin gezüchtet. Zur Terminus-Markierung (Abb. 259a oben) werden die Zellen nach kurzer, vorangegangener Leucin-Aushungerung mit BU in Abwesenheit von Leucin weiterbebrütet. Die Einleitung der Initiatormarkierung erfolgt durch länger andauernde Zucht (Abb. 259a Mitte) ohne Leucin. Danach vorgenommener Thymin-Entzug bei gleichzeitiger Leucin-Gabe erhöht die Wirkung der später vorzunehmenden Initiation der Replikation. Danach wird mit BU bei weiterer Leucin-Anwesenheit markiert. Eine gleichmäßige Markierung aller Chromosomabschnitte, wie sie für eine exponentiell wachsende, nicht-synchronisierte Kultur bezeichnend ist, erfolgt schließlich (Abb. 259a unten) durch Zucht bei Thymin- und Leucin-Anwesenheit, kurzfristigem Thymin-Entzug und folgende Markierung mit BU bei Leucin-Zugabe. Am Ende der Markierung wird jeweils in Vollmedium, dem der Phage P 1 zugesetzt ist, überführt. Die transduzierenden Phagen werden, wie schon bei den Versuchen von Wolf, Newman und Glaser beschrieben, im Dichtegradienten zentrifugiert und die aus der BU/T-Hybridbande gewonnenen Phagenpartikel zur Transduktion geeigneter Mangelstämme benutzt. Abb. 259b zeigt das Verhältnis der relativen Transduktionshäufigkeit der Phagen aus terminal zu exponentiell markierten Zellen sowie das Verhältnis aus initial zu exponentiell. Die Lage der Maxima und Minima beider Kurven führt zu der Aussage, daß der Anfangspunkt O der Replikation in der Gegend von xyl und zwar wegen des doppelten Maximums der Kurve INIT zu EXPO entweder zwischen xyl und arg oder xyl und ile liegt. Unabhängig davon ausgeführte weitere Experimente sprechen für die erstgenannte Alternative.

Die optische Darstellung replizierender DNS schließlich zeigte den bis dahin nur indirekt erschlossenen Replikationsort als „Replikationsgabelung" oder, wie im Laborjargon oft zitiert, als „eingefrorenes Y". Zwei verschiedene Techniken wurden angewandt: Kleinschmidt spreitete DNS, welche unter besonderen Vorsichtsmaßnahmen gewonnen

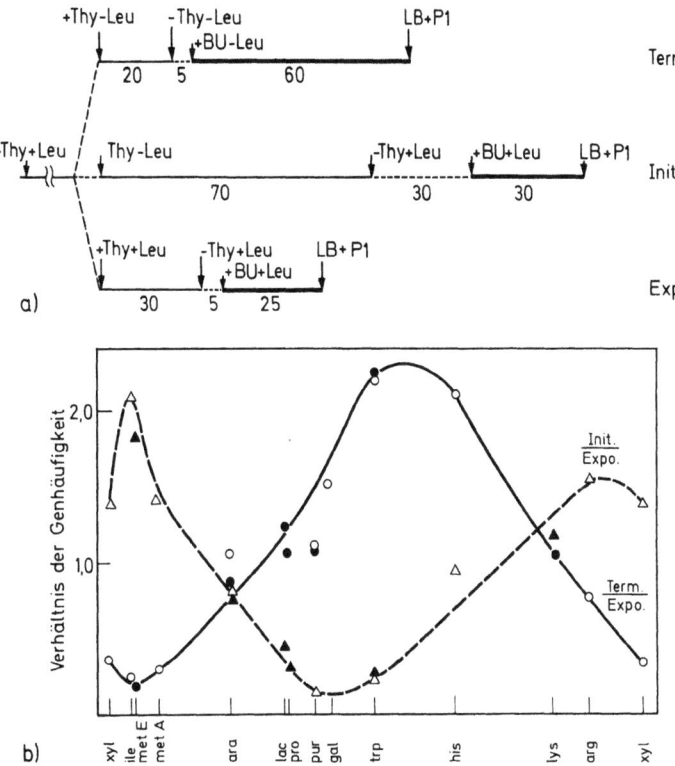

Abb. 259. Bestimmung des Anfangs- und Endpunktes der DNS-Replikation von E. coli durch Kombination der BU-Markierungs- und Transduktionstechnik. a) Schema der Versuchsdurchführung, b) Abhängigkeit der Transduktionshäufigkeit bestimmter Genorte, deren Lage auf der Abszisse in Form einer linearen Genkarte abgetragen ist, von ihrem Abstand zum Anfangs- oder Endpunkt der Replikation. Int = Initiator = Origin = O. Aus CARO et al. 1968

worden war, auf der Oberfläche doppelt destillierten Wassers und nahm sie von dort auf dem elektronenoptischen Objektträger auf. CAIRNS markierte C. coli-DNS durch Zugabe von ^{3}H-Thymidin zum Zuchtmedium. Die ebenfalls unter besonderen Vorsichtsmaßnahmen gewonnene DNS wurde autoradiographiert. Die entwickelten Platten konnten mikroskopisch betrachtet werden. Abb. 38 u. 260 zeigen Beispiele für beide Techniken.

Zusammenfassend ergibt sich aus den im vorstehenden beschriebenen und einer größeren Zahl weiterer Versuche das folgende Bild: Für eine Anzahl von E. coli-Stämmen ließ sich ein genetisch festgelegter Anfangspunkt der Replikation im Gebiet zwischen arg-G und xyl nachweisen, wobei die Replikationsrichtung im Uhrzeigersinne der in Abb. 81 dargestellten kreisförmigen Genkarte verläuft. Dabei stehen einige wenige Arbeiten in Widerspruch zu der überwiegenden Anzahl der übrigen, in dem sie den Integrationsort des F-Episoms von Hfr-Stämmen in Zusammenhang mit der Lage des Anfangspunktes O der Replikation bringen. Die Untersuchungen zeigen aber auch, daß einzelne Stämme ein abweichendes Verhalten aufweisen. Sie sind durch entgegengesetzte Replikationsrich-

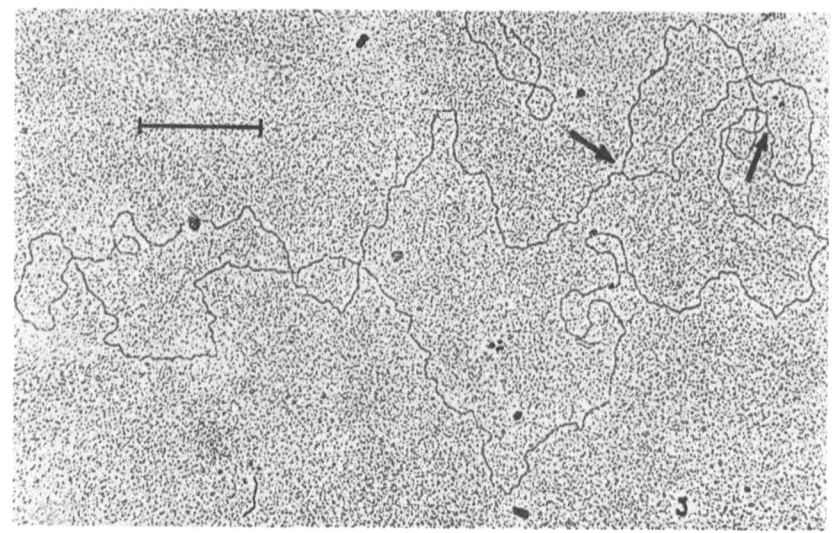

Abb. 260. Die ringförmige Struktur der in Replikation befindlichen λ-DNS. Die beiden Pfeile bezeichnen die Replikationsorte (vgl. den Abschnitt über gegenläufige DNS-Synthese). Eingezeichneter Maßstab = 5000 Å Aus Ogawa et al. 1968

tung und eine von der Norm unterschiedliche Lage des Replikationspunktes gekennzeichnet.
Im Gegensatz zu diesen teilweise widerspruchsvollen Ergebnissen an E. coli ließen sich Anfangs- und Endort der ebenfalls sequentiell verlaufenden Replikation des Chromosoms von Bacillus subtilis eindeutig in der Genkarte festlegen. Sueoka und Yoshikawa gingen bei ihren Versuchen von dem uns bereits bekannten, in Abb. 256 dargestellten Zusammenhang aus, daß in einer nicht synchron wachsenden Bakterienpopulation für einen gegebenen Genort die Wahrscheinlichkeit, bei der gerade vor sich gehenden Replikation bereits verdoppelt worden zu sein, umso größer ist, je näher er dem Anfangsort O der Replikation liegt. Die Autoren konnten zeigen, daß Zellen der stationären Phase dagegen alle von ihnen untersuchten Genorte in gleicher Häufigkeit aufweisen, also nahezu ausschließlich DNS-Moleküle nach beendeter Replikation beherbergen. Im Verlaufe des Überganges aus der exponentiellen Wachstumsphase in die stationäre Phase muß sich aufgrund dieser beiden Aussagen die Häufigkeitsrelation zweier Genorte, deren einer nahe bei O, der andere nahe bei T gelegen ist, von dem Wert 2 nach 1 verschieben. Experimente bewiesen diesen Zusammenhang (Abb. 261a). Die relative Häufigkeit eines Genortes wird dabei durch Messung des Ausmaßes der Transformationsbefähigung der DNS für diesen Genort bestimmt, welche aus den betreffenden Zellen gewonnen wurde, und diejenige aus Zellen der stationären Phase mit 1 bezeichnet. Unter Verwendung dieser Technik stellten die Autoren eine Genkarte von Bacillus subtilis auf (Abb. 261b). Die Nachbarschaftsbeziehungen der eingezeichneten Genorte erwiesen sich als identisch mit denjenigen, welche durch Kartierung mit Hilfe gekoppelter Transduktion und Transformation erschlossen werden konnten. Auch dieses Versuchsergebnis beweist damit den sequentiellen Modus der DNS-Replikation. Es geht jedoch über diese Feststellung hinaus. Für den verwendeten B. subtilis-Stamm erlaubt es, die Lage von O – T in der Genkarte genau festzulegen.

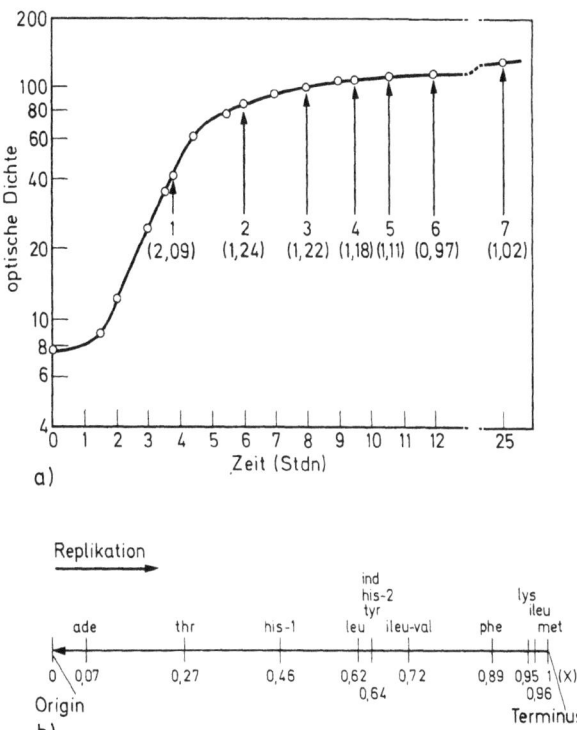

Abb. 261. Bestimmung der Lage des Anfangs- und Endpunktes der DNS-Replikation in der Genkarte von Bacillus subtilis durch Messung des Verhältnisses der relativen Häufigkeit bestimmter Genorte in Zellen einer exponentiell wachsenden Kultur zu denen einer in stationärer Phase befindlichen (vgl. Abbn. 248 und 256). a) Experimentell beobachtete Änderung des Verhältnisses der relativen Häufigkeit met/ade von 2 auf 1 beim Übergang von der exponentiellen in die stationäre Phase. b) Die aus den Versuchsergebnissen abgeleitete Genkarte. Aus SUEOKA et al. 1963

Diese Aussage konnte durch Arbeiten von OISHI, YOSHIKAWA und SUEOKA an keimenden Sporen derselben Bakterienart, also mit einer anderen Versuchstechnik ausgeführt, erhärtet werden. Bei geeigneter Versuchsanordnung keimen solche Sporen gleichzeitig und replizieren danach mindestens während zweier Replikationsrunden ihre DNS synchron. Im Versuch wurden Sporen benutzt, welche nach Zucht der Bakterien in D_2O-Medium gebildet worden waren. D bezeichnet in dieser Formel für das Molekül des Wassers das Deuterium, ein schweres Isotop des Wasserstoffes. Die DNS derart markierter Sporen weist daher eine höhere Dichte auf, als in ausschließlich H-haltigem Normalmedium synthetisierte. Keimung der Sporen in Normalmedium müßte zu D/H Hybrid-DNS führen, wobei jeweils der neu synthetisierte Einzelstrang als nicht schweremarkiert ausschließlich das Normalisotop des Wasserstoffes H beherbergt. In Zeitabständen vom Keimungsbeginn der Sporen an wurden Proben entnommen, deren DNS nach Reinigung und damit gleichzeitig vor sich gehender Zerlegung in Bruchstücke im Gradienten zentrifugiert wurde. Die noch nicht replizierten D/D-Stücke und die durch Replikation entstandenen H/D-Hybridstücke bildeten zwei Banden. Die Befähigung der letzteren zur Transformation bestimmter Genorte wurde geprüft. Dabei ergab sich im Verlaufe der Sporenkeimung eine zeitliche Aufeinanderfolge des Auftretens der Genorte in der Hybridfraktion (Abb. 262), welche identisch mit ihrer in Abb. 261b dargestellten linearen Aufeinanderfolge in der Genkarte ist. Die Replikation mußte also, von O beginnend, in allen keimenden Sporen synchron und polarisiert vor sich gegangen sein, wobei O in allen Zellen die gleiche Lage in der Genkarte, nämlich unmittelbar links von ade, eingenommen hatte.

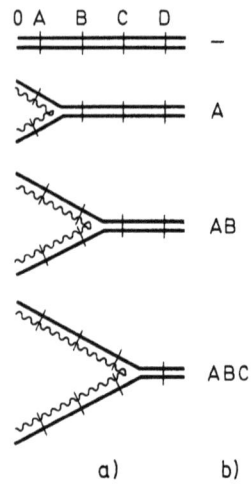

Abb. 262. Bestimmung des Anfangspunktes und Nachweis des sequentiellen Modus der DNS-Replikation von Bacillus subtilis durch synchrone Keimung schweremarkierter Sporen in markierungsfreiem Medium und Feststellung des ersten Auftretens bestimmter Genorte in der Hybrid-DNS-Fraktion durch Transduktion. Nach OISHI et al. 1964. Das Schema stellt das sequentielle Auftreten der Genorte A–C in der Hybrid-DNS-Fraktion dar. Durchgezogene Linie = schwere-markierter Einzelstrang, Wellenlinie = neu synthetisierter, unmarkierter Strang

STEVENS, ADHYA und SZYBALSKI haben die Lage des als ori bezeichneten Anfangspunktes der Replikation der λ-DNS experimentell bestimmt. Wie wir schon bei der Besprechung der kontrollierten Transkription der λ-DNS erfuhren, sind für deren autonome Replikation mindestens 4 Faktoren notwendig: 1. ein Teil des Replikations-Systems der Wirtszelle, 2. die sekundären Produkte der λ-Genorte O und P, 3. der Anfangsort der Replikation ori, auch als Replikator bezeichnet, sowie 4. die Aktivation des Replikators durch die nach rechts verlaufende Transkription des kurzen λ-Segmentes, das ori beherbergt. 1 und 2 sind trans-, 3 und 4 dagegen cis-Funktionen. Um die Lage von ori festzulegen, wurden Deletions-Mutanten benutzt, deren Deletionen bei Integration in der Wirtszell-DNS mit chl A beginnend, sich unterschiedlich weit in das λ-Genom erstrecken, jedoch vor der Immunitätsregion (c_I) enden. Drei der Mutanten, von denen SA 297 und SA 439 in Abb. 263 dargestellt sind, fehlen P und Teile von O, oder dessen gesamter Genort. Sie synthetisieren daher kein funktionelles Genprodukt von O und P. Liegt ori nicht in dem Bereich dieser Deletionen, dann muß bei Vorliegen der oben genannten Voraussetzungen 1, 2 und 4 die λ-DNS repliziert werden. 1 und 4 sind im Versuchsansatz erfüllt. Um gemäß 2 auch noch die Genprodukte von O und P in das System einzuführen, wurden die Wirtszellen, welche lysogen für eine der betreffenden Deletions-Mutanten waren, durch Erwärmen induziert und dann mit einer Mutante des Helfer-Phagen Φ80 imm^λ superinfiziert. Diese Mutante enthält die β-c_I-O-P-Region von λ (Abb. 263). Der sich nach links daran anschließende DNS-Abschnitt von Φ80 ist jedoch nicht homolog mit dem der β-P-Region von λ folgenden a'-exo-Segment der λ-DNS. Findet unter den beschriebenen Versuchsbedingungen eine Replikation der λ-DNS statt, dann muß auch dieser Abschnitt vermehrt werden. Da er nur in λ und nicht in Φ80 enthalten ist, läßt er sich durch Hybridisierung mit Boten-RNS, welche für das a'-exo-Segment spezifisch ist, nachweisen (Abb. 263 unten).

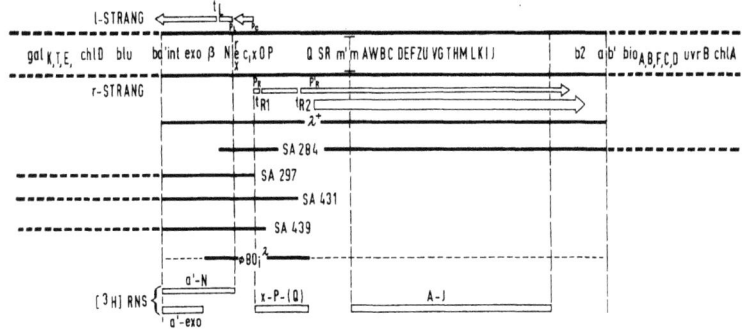

Abb. 263. Genkarten der zur Bestimmung der Lage des Anfangspunktes (ori) der λ-DNS-Replikation benutzten λ-Mutanten (ausgezogene Linien). E. coli-DNS = gestrichelte Linien. Die beiden offenen Pfeile bezeichnen Transkriptionsrichtung und Ausmaß der transkribierten Abschnitte. Die unten dargestellten, offenen Vierecke geben die benützten Boten-RNS-Fraktionen wieder. Die dünne gestrichelte Linie entspricht der DNS des Phagen Φ 80 im λ/Φ80-Hybriden. Aus STEVENS et al. 1971

In der ersten Versuchsserie wurde zunächst die autonome λ-Replikation in der Kontrolle W 3350 und den Deletions-Mutanten SA 431, SA 439 und SA 297 ohne Superinfektion mit Φ80 bestimmt. Alle 4 Stämme beherbergten den λ-Mutationsort c_I857, welcher den Repressor empfindlich für thermische Induktion macht, sowie die intakte a'-N-Region der λ-DNS. Die 3 letztgenannten Mutanten vermögen wegen ihrer terminalen Deletion keine Exzision des Prophagen, aber auch keine Ringbildung freier λ-DNS vorzunehmen. Das Ausmaß der λ-DNS-Replikation ließ sich durch den Vergleich der Menge gereinigter λ-DNS bestimmen, welche vor und 20 min nach thermischer Induktion aus den Wirtszellen gewonnen, mit einer ^{3}H-markierten, für den a'-N-Abschnitt spezifischen Boten-RNS hybridisierte. Tab. 16a ergibt für SA 439 und SA 297, denen die O-P-Region fehlt, keine Replikation autonomer λ-DNS. Beruht dies nur auf dem Ausfall der Produkte von O und P? Eine zweite Versuchsserie, bei der gleichzeitig thermische Induktion und Superinfektion mit Φ 80 imm$^\lambda$ vorgenommen wurde, beantwortet diese Frage: Die Werte der Tab. 16b beweisen, daß in der Mutante SA 439 die Replikation der λ-DNS stattfindet, in Zellen von SA 297 dagegen unter gleichen Bedingungen ausbleibt. ori, der Anfangspunkt der λ-DNS-Replikation, muß somit als in cis-Anordnung wirkende Nucleotid-Sequenz zwischen dem Orte y und dem Anfangspunkt der Deletion der Mutante SA 439 liegen. Elektronenoptische Messungen an Hybrid-DNS aus Wildtyp- und Mutanten-Einzelsträngen sowie die Verwendung weiterer Mutanten engen diesen Wert auf einen Abschnitt von rund 325 Mononucleotid-Paaren ein. In der Genkarte von λ (Abb. 228) liegt er zwischen 79,8 und 80,5.

C. Der Replikationsort

Die DNS wird repliziert, indem der Ort der Replikation im Verlaufe einer Runde einmal über das gesamte Molekül hinwegwandert. Dieser Replikationsort ist identisch mit dem Vereinigungspunkt der beiden Schenkel der Replikationsgabelung, die autoradiographische oder eletronenoptische Aufnahmen replizierender DNS erkennen lassen (Abb. 38 u. 260). Ist die Geschwindigkeit, mit welcher sie über die DNS gleitet, bei gleicher Temperatur

Tabelle 16. Replikation bestimmter Segmente der λ-DNS in verschiedenen Lysogenen. a) Temperatur-induzierbare Lysogene mit und ohne Befähigung zur Synthese der O- und P-Produkte. b) Lysogene mit Deletionen des chlA-Typs bei Superinfektion mit Φ 80 imm. Aus STEVENS et al. in HERSHEY 1971

a)

λ-lysogene E. coli-Stämme	Anwesenheit der O- u. P-Genprodukte	Mit a'-N[^{3}H] RNS hybridisierbare λ-DNS als Imp./min.		λ-DNS Zunahme
		nicht induziert	induziert	
W 3350 (λ C_I^{857})	+	1310	25100	18.2×
SA 439	–	1440	1200	– 0.17×
SA 297	–	1460	1650	+ 0.13×

b)

λ-lysogene E. coli-Stämme	Vorhandenes Segment des λ-Genoms	Mit a'-exo [^{3}H] RNS hybridisierbare λ-DNS als Imp./min		λ-DNS Zunahme
		nicht induziert	induziert	
SA 439	a'-c_I-c_{II}-O125	860	4885	4.6×
SA 297	a'-c_I-tof	660	915	0.4×

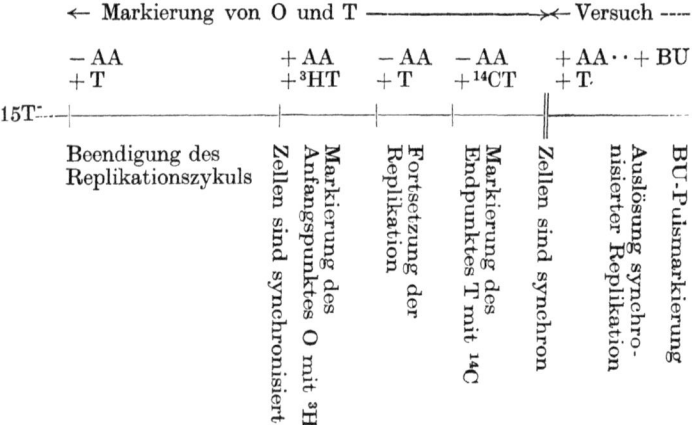

Abb. 264. Messung der Geschwindigkeit der Wanderung des Replikationsortes und der Dauer einer Replikationsrunde der DNS unter verschiedenen Ernährungsbedingungen von E. coli. Schematische Darstellung des Versuchsablaufes von BIRD et al. 1968. AA = Aminosäuren, + T = Thyminzugabe

stets dieselbe? Verursacht wird diese Fragestellung durch die Beobachtung, daß bei gleicher Zuchttemperatur die Generationsdauer und damit Verdopplungszeit der DNS in verschiedenen Medien sehr unterschiedlich sein kann. Neben anderen Autoren haben BIRD und LARK diese Frage experimentell untersucht. Sie wählten dazu eine Markierungs-Methode, welche CHAN und LARK bereits bei der Beobachtung der Chromosomenreplikation von Salmonella typhimurium angewandt hatten:
Die Teilung der Zellen von Populationen der uns schon bekannten Thymin-Mangelmutante 15 T$^-$ wird, wie auf S. 328 dargestellt, durch Aminosäureentzug synchronisiert.
In der darauffolgenden Replikationsrunde wird die Zone des Replikationsanfanges O durch ^{3}H-Thymin (Abb. 264), die des Endes mit ^{14}C-Thymin markiert. Die am Ende dieser Runde vorliegenden, erneut synchronisierten Zellen werden durch Zugabe von Aminosäuren und Thymin zu weiterer Replikation gebracht. In Anlehnung an die Technik von NAGATA und MESELSON (Abb. 252) werden in Zeitabständen der wachsenden Kultur Proben entnommen und mit BU Puls-markiert. Unmittelbar danach wird die DNS eines jeden Pulses isoliert. Aus den dabei entstandenen DNS-Bruchstücken wird im Dichtegradienten die BU/T-Hybridbande abgetrennt und ihre ^{14}C- sowie ^{3}H-Aktivität getrennt gemessen. Ein Maximum der ^{3}H-Aktivität zeigt an, daß zur Zeit des BU-Pulses sich gerade die Anfangszone in Replikation befand, ein ^{14}C-Maximum sagt das gleiche für die Endzone der Replikation aus. Abb. 265 a–c zeigt die Zusammenstellung derart gewonnener Meßpunkte zu Kurven für drei verschiedene Medien, die (a) Glucose, (b) Succinat und (c) Aspartat als Energielieferant enthalten. Der Verlauf der beiden Kurven jeder der drei Teilabbildungen erlaubt quantitative Aussagen über mehrere Zusammenhänge. Aus Abb. 265d geht hervor, daß im ringförmigen Escherichia coli-Chromosom O in Replikationsrichtung unmittelbar auf T und damit nach Markierung die ^{3}H- unmittelbar auf die ^{14}C-Zone folgen. Schließt jede der Replikationsrunden sich pausenlos an die vorangehende an, so müssen in den Kurvendarstellungen die Maxima der ^{14}C- und ^{3}H-Aktivität ebenfalls unmittelbar einander folgen, wegen der geringfügigen Abweichung des Teilungsrhythmus der einzelnen Zellen also nahezu die gleiche Lage einnehmen. Im Glukosemedium (a) ist diese Voraussetzung zumindest für die erste Generation erfüllt. Anders dagegen im Succinat- oder gar Aspartat-Medium: Im ersteren Falle (Abb. 265b) liegen zwischen dem Maximum a als dem Ende der ersten Runde und B als dem Beginn der zweiten Replikationsrunde 10 min, im letzteren Falle (Abb. 265c) gar 40 min. Diese Zeitintervalle bezeichnen die Dauer einer jeweiligen Ruhephase zwischen Beendigung der vorausgehenden und Beginn der folgenden Replikation. Der Abstand der Maxima von A nach a ergibt als Abszissenwert die Dauer einer Replikationsrunde. Auch sie ist (Tab. 17) in den drei verschiedenen Medien unterschiedlich lang. Die Summe dieser Zeitdauer A bis a und der Ruhepause der Replikation a bis B bezeichnet die Generationsdauer.
Wie aber ist dann eine Generationsdauer von 20 min zu erklären, welche beispielsweise in einem mit Aminosäuren komplettierten Glukosemedium erreicht wird? Die Kurven der Abb. 266 geben die Antwort. Die Markierung von O und T erfolgte im Glukosemedium. Diejenige mit BU dagegen nach Übertragung in das komplettierte Glukosemedium. Die geringe Höhe des Maximums A durch einen aus dem Glukosemedium mitgebrachten, relativ großen Thyminvorrat bedingt, welcher die Einbaurate von BU zunächst erniedrigt. Die Lage der Maxima erlaubt zwei Aussagen: Die Maxima A und B als Signal für die zweimalige Replikation des Anfangsortes O treten vor dem Maximum a, welches die Replikation des Endortes T signalisiert, auf. Jedes DNS-Molekül muß daher unter den gewählten Kulturbedingungen zwei Replikationsgabelungen aufweisen. Die Maxima A, B und C, als Zeichen des Beginnes einer Replikationsrunde, sind gegen a, b und c, den Signalen für die jeweilige Beendigung dieser Runde, um rund 40 min versetzt. Eine Replikationsrunde dauert somit auch in komplettiertem Glukosemedium genau so lange wie in reinem Glukosemedium (Abb. 265a). Die Verkürzung der Generationsdauer auf Werte kleiner als 40 min wird unter Beibehaltung der für Glukosemedium normalen

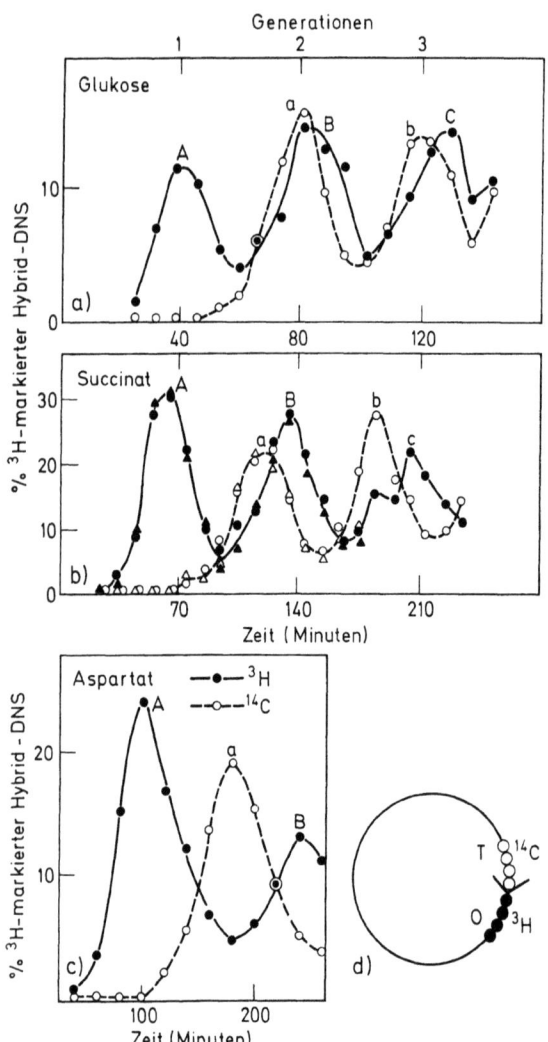

Abb. 265. Verdoppelung des Anfangs- (O = ausgezogene Linie) und Endpunktes (T = gestrichelte Linie) der Replikation im Verlaufe aufeinanderfolgender Replikationsrunden der DNS von Escherichia coli in a) Glukosemedium, b) Succinatmedium, c) Aspartat-Medium. Die Anfangs- und Endpunkte der gleichen Runde sind durch denselben Buchstaben in Groß- und Kleinschreibweise gekennzeichnet. d) Schematische Darstellung der Markierungsart von O und T. Nach BIRD et al. 1968

Replikationsgeschwindigkeit und kontinuierlichen Replikation ohne zwischengeschaltete Ruhephase durch die Einführung zusätzlicher Replikationsgabelungen erreicht. Eine solche DNS wächst damit dichotom. Die Versuche zeigen in Übereinstimmung mit Experimenten anderer Autoren, daß die Auslösung dieser zusätzlichen Replikationsgabelung unabhängig

Tabelle 17. Dauer einer DNS-Replikationsrunde, Ruhephase zwischen zwei Runden und Generationsdauer bei Wachstum von E. coli-Zellen in Glukose, Succinat- und Aspartat-Medium. Aus BIRD et al. 1968

	Glukose	Succinat	Aspartat
Dauer der Replikationsrunde			
A ⟶ a	40	63	80 min
B ⟶ b	37	55	–
Ruhepause zwischen zwei Runden			
a ⟶ B	0	10	40 min
b ⟶ C	(8)	15	–
Generationsdauer	40	70	120 min

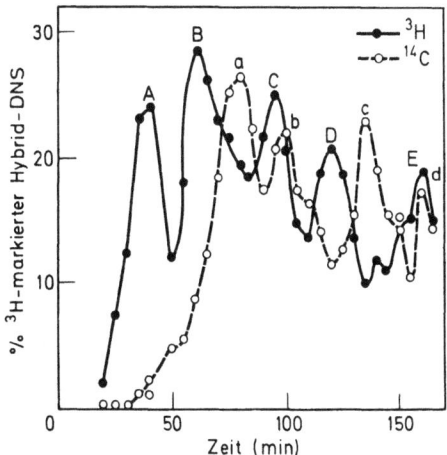

Abb. 266. Verdoppelung von O und T im Verlauf aufeinanderfolgender Replikationsrunden der DNS von E. coli nach Überführung aus Glukoseminimal- in organisches Vollmedium. Darstellungsart wie Abb. 265. Nach BIRD et al. 1968

davon vor sich geht, ob der vorangehende Replikationscyclus bereits beendet wurde. Auslösung und Beendigung eines solchen Cyclus sind daher voneinander unabhängige Ereignisse.
Weiter oben wurde davon berichtet, daß die Blockierung der Proteinsynthese durch Entzug einer von der Zelle nicht selbst synthetisierten Aminosäure zwar noch erlaubt, die begonnene Replikationsrunde zu beenden, eine neue jedoch nicht mehr begonnen wird. Proteinsynthese ist somit für die Auslösung einer Replikationsrunde notwendig. Versuche mit Hemmstoffen wie Chloramphenicol und Phenäthyl-Alkohol haben gezeigt, daß zur Auslösung der Replikation mindestens zwei verschiedene Proteine notwendig sind, von denen das eine durch Chloramphenicol gehemmt, durch Phenäthyl-Alkohol nicht gehemmt wird, während das andere umgekehrte Hemmungscharakteristika zeigt.

D. DNS-Replikation und -Transfer bei Escherichia coli K 12

1. Der Chromosomen-Transfer

Das Replikonmodell von JACOB, BRENNER und CUZIN, mit dessen Beschreibung die Darstellung der in-vitro-DNS-Synthese eingeleitet wurde, bringt mit seinen Aussagen auch Chromosomentransfer und DNS-Replikation in einen ursächlichen Zusammenhang. Es unterstellt, daß die Auslösung einer Replikationsrunde der Spender-DNS am Beginn des Chromosomentransfers steht. Ausgelöst wird diese Transfer-Replikation durch die Paarbildung. Lage und Orientierung des F-Faktors bestimmen Anfangspunkt und Replikationsrichtung. Die zuerst verdoppelten Genorte gelangen in Form doppelsträngiger DNS (Abb. 267) auch als erste in die Empfängerzelle. Dabei liefert der Replikationsvorgang die für den Transfer notwendige Energie. Die Autoren gründeten diesen Teil der Replikonhypothese auf eine Reihe experimenteller Befunde, die von ihnen und anderen Arbeitskreisen erhoben worden waren. Zwei davon sind: Hemmstoffe der DNS-Synthese verhindern die Einleitung eines Chromosomentransfers. Werden Hfr-Zellen, deren DNS durch Isotopenmarkierung schwer und radioaktiv gemacht ist, mit nicht-markierten F^--Zellen vereinigt, dann erweist sich die transferierte DNS bezüglich ihrer Markierung im Dichtegradienten als hybrid. Zu einer davon abweichenden Modellvorstellung kamen im gleichen Jahre 1963 BOOK und ADELBERG. Diese Autoren postulierten, daß Chromosomentransfer nur unmittelbar nach vollendeter, in der Spenderzelle vor sich gegangener DNS-Replikation möglich wäre, da zu diesem Zeitpunkt das Chromosom in einem besonderen, offenen Zustande vorläge. Auch nach ihrer Vorstellung wird einer der beiden Schwester-Doppelstränge transferiert, der andere verbleibt in der Spenderzelle. Beide Modelle gehen somit von einer ursächlichen Verknüpfung zwischen DNS-Synthese und Transfer aus. Ihr Unterschied liegt im Zeitpunkt, an dem beide stattfinden. Im Replikonmodell geschieht dies gleichzeitig. Für das Modell von BOOK und ADELBERG ist eine zuvor stattgefundene Replikation Voraussetzung für den danach stattfindenden Transfer. Eine Entscheidung zwischen beiden Modellen hängt daher davon ab, ob die Replikation der Spender-DNS schon vor Transferbeginn ihren Abschluß findet oder gleichzeitig mit diesem verläuft.

GROSS und CARO beantworteten experimentell diese Fragestellung. Sie benutzten als Objekte Hfr- und F^--Stämme. Als Methode diente die Markierung von Thymin-Mangelmutanten mit ^{3}H-Thymin. Der Grad der Markierung wurde quantitativ durch Auszählung

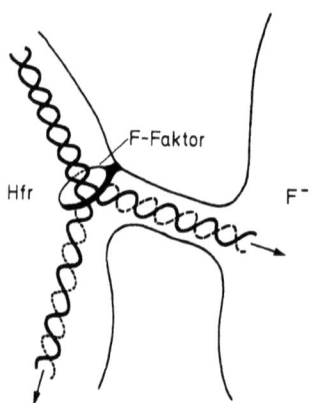

Abb. 267. Schematische Darstellung der Arbeitshypothese über den Zusammenhang zwischen Chromosomentransfer und DNS-Replikation bei E. coli K 12. Aus JACOB et al. 1963

der geschwärzten Silberkörner bestimmt, deren jedes durch den radioaktiven Zerfall eines ^{3}H-Atoms auf dem Wege der Autoradiographie in der Silberchloridschicht einer die zu messenden Zellen tragenden fotografischen Spezialemulsion entstanden war. Die verwendeten Hfr- und F$^-$-Zellen waren morphologische Mutanten des gleichen Typs wie das in Abb. 76/77 dargestellte, konjugierende Zellpaar: längliche Hfr-Zellen und eiförmige F$^-$-Zellen. Letztere waren für Adenin auxotroph. Zur Vermeidung einer DNS-Synthese im Empfänger vor und während des Transfers wurden sie zuvor in Arginin-freiem Medium ausgehungert. In der ersten Versuchsreihe (Abb. 268a) wurden die Hfr-Zellen vor dem Chromosomentransfer markiert. Die Empfängerzellen waren bis dahin unmarkiert. In Versuch I verblieb das Hfr/F$^-$-Zellgemisch während des Transfers in der ^{3}H-haltigen Nährlösung. In Versuch II wurde deren Radioaktivität, 20 min nach Transfer beginnend, 100fach verdünnt. In Versuch III schließlich erfolgte der Transfer in nicht-radioaktivem Medium. Die Auswertung der Silberkörner (Abb. 268a, rechts) ergab, daß die Menge der ^{3}H-markierten DNS, die in den Versuchen II und III nach Verdünnung der Aktivität des Mediums und damit der Beendigung der Markierung in F$^-$-Zellen gelangte, halb so groß ist wie bei der Fortsetzung der Markierung während des Transfers (I). In einer zweiten Versuchsreihe (Abb. 268b) wurde 20 min nach Mischung unmarkierter Hfr- und F$^-$-Zellen ^{3}H-Thymin hinzugefügt, im Versuch II nach weiteren 10 min stark verdünnt, und in Versuch I die Markierung weiter fortgesetzt. Bei 30 und 50 min entnommene Proben zeigten (Abb. 268b, rechts), daß die F$^-$-Zellen bereits 10 min nach Zugabe des Thymins deutlich markiert worden waren, und daß (I) während der folgenden 20 min die Höhe der Markierung den dreifachen Wert erreicht hatte. Bei Entzug der Markierungsmöglichkeit (II) dagegen nahm die Markierungshöhe nicht zu. Beide Versuche bewiesen, daß von der DNS, welche beim Transfer in die Empfängerzellen gelangt, ein Teil während des Transfers neu synthetisiert wird, während der andere aus der Zeit vor dem Transfer stammt. Ihn liefert die Spenderzelle. Im Versuch ist die Menge markierten Thymins beider DNS-Typen gleich, wobei in der „neuen" DNS dann keine Aktivitätszunahme mehr stattfindet, wenn das markierte Thymin aus dem Medium entfernt wird.

Die Befunde beweisen damit, daß gleichzeitig mit dem Chromosomentransfer eine DNS-Synthese vor sich geht. Sie stehen mit dieser Aussage im Gegensatz zu denen des Modells von BOOK und ADELBERG und in Übereinstimmung mit dem Replikationsmodell von JACOB, BRENNER und CUZIN. Wo aber findet diese DNS-Synthese statt? Die F$^-$-Zellen sollten ihres Adenin-Mangels wegen solche Synthese aufweisen. Die Annahme liegt daher nahe, daß die neue DNS ebenso wie vorher die alte in der Hfr-Zelle synthetisiert und in die F$^-$-Zelle transferiert wird. Beweisend für diese Annahme sind die Befunde jedoch nicht. Es bleibt die Möglichkeit nicht ausgeschlossen, daß Adenin aus der Hfr in die F$^-$-Zelle gelangt, die dadurch in die Lage versetzt wird, die neue DNS zu synthetisieren. Mit dieser Alternative befaßt sich eine dritte Versuchsreihe. Sie geht von der Überlegung aus, daß bei Entstehung neuer DNS durch Replikation in der Hfr-Zelle eine aus einem alten und einem neuen Einzelstrang zusammengesetzte Hybrid-DNS transferiert werden müßte. Bei Replikation erst nach Eintreffen der DNS in der F$^-$-Zelle dagegen käme nach dieser Annahme DNS zum Transfer, welche ausschließlich aus altem Material bestünde. Hfr-Zellen wurden mehrere Generationen lang mit ^{3}H-Thymin markiert und in Versuch I unmittelbar, in Versuch II, nachdem rund 1,3 Generationen zuvor die Markierung beendet worden war, mit UV-bestrahlten F$^-$-Zellen vereinigt (Abb. 268c). Die UV-Bestrahlung zerstörte dabei die Befähigung der F$^-$-Zellen zur DNS-Replikation. Die 50 min nach Transferbeginn ausgezählten Silberkörner der Autoradiographien ergaben (Abb. 268c rechts) für die durchschnittliche Höhe der Markierung der F$^-$-Zellen beider Versuche gleiche Werte. In Versuch I waren jedoch doppelt soviele Zellen markiert wie in Versuch II. Die Auswertung dieses Ergebnisses muß von der Überlegung ausgehen, daß in Versuch I beide Einzelstränge der bei Transferbeginn vorliegenden alten DNS voll markiert sind; während in Versuch II wegen der bereits eine Generation zuvor

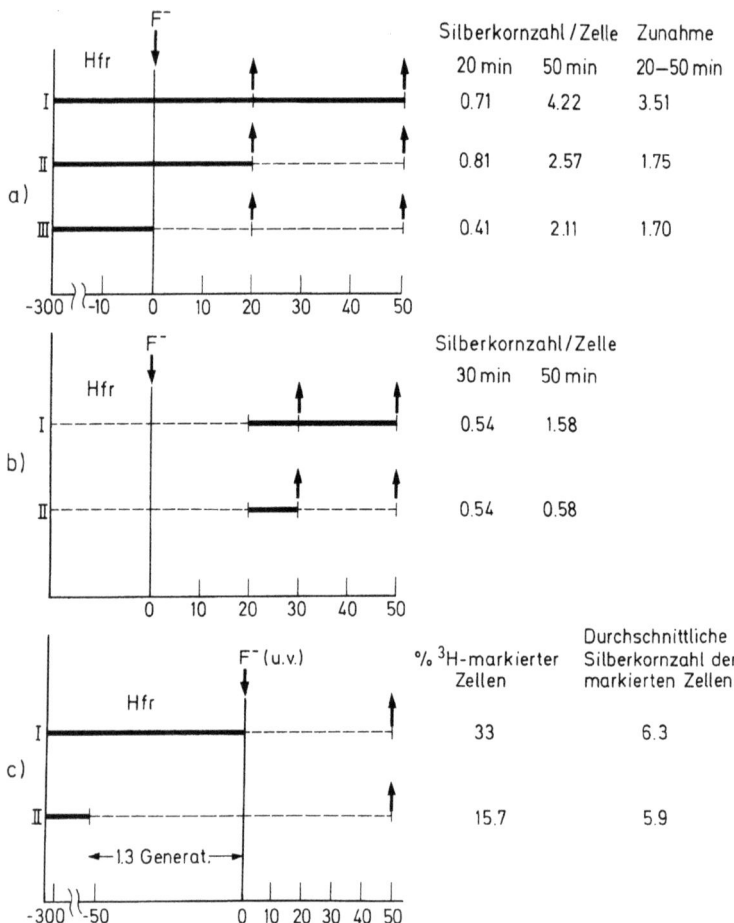

Abb. 268 Schematische Darstellung des Ablaufes dreier Versuchsreihen zum Studium von Einzelheiten des Zusammenhanges zwischen Chromosomentransfer und DNS-Replikation bei E. coli K 12 sowie die dabei durch Feststellung der Silberkornzahlen von Autoradiographien erzielten Ergebnisse. Einzelheiten im Text. Nach GROSS et al. 1966

beendeten Markierung zum gleichen Zeitpunkt die alte DNS als Hybrid aus je einem markierten und unmarkierten Einzelstrang besteht. Werden nach einer in der Hfr-Zelle stattgefundenen Transfer-Replikation DNS-Doppelstränge transferiert, dann sollte bei der durch Kontrollen für beide Versuche sichergestellten, gleich großen Transferhäufigkeit die Anzahl markierter F^--Zellen, welche diese Markierung in Gestalt der Spender-DNS im Verlaufe des Transfers erhielten, ebenfalls gleich groß sein. Die Höhe der Markierung je F^--Zelle müßte jedoch im Versuch I doppelt so hoch wie im Versuch II sein. Im ersten Falle nämlich wurde in beiden Strängen markierte DNS, im zweiten dagegen Hybrid-DNS der halben Markierungsstärke transferiert. Das Versuchsergebnis lautet jedoch genau umgekehrt: Gleich hohe Markierung aller F^--Zellen bei unterschiedlicher, sich wie 1:2 verhaltender Anzahl der markierten Zellen. Es wird nur dann erklärbar, wenn durch den Transfer nur einer der beiden Einzelstränge der alten DNS in die Empfängerzelle gelangt, der zweite, in der F$^-$-Zelle nachweisbare, aber erst während des Transfers synthetisiert wird. Die Befunde von GROSS und CARO stützen damit die Aussagen der Replikonhypothese.

VIELMETTER, BONNHOEFFER und SCHÜTTE haben diese mit der Technik radioaktiver Markierung gewonnene Aussage durch genetische Versuche erhärtet. Die Überlegungen, welche zur Aufstellung des Versuchsplanes führten, waren folgende: Werden Hfr-Zellen unmittelbar vor dem Chromosomentransfer mit NG behandelt, so induziert dieses Mutagen neben vielen anderen Mutanten auch solche des i-Genortes im lac-Operon (Abb. 215). Da NG den Einzelstrang mutiert, ist der betreffende DNS-Doppelstrang dieser Mutanten heterozygot vom Typ i$^+$/i$^-$. Eine jede solche Zelle führt daher zur Bildung einer Mischkolonie aus i$^+$ und i$^-$ Zellen (Abb. 269 Kurve A). Gelangen beide Einzelstränge eines vor Transferbeginn in der Hfr-Zelle vorhandenen, derart heterozygoten Doppelstranges beim Chromosomentransfer in die F$^-$-Zelle, dann muß diese ebenfalls heterozygot werden und zu einer gemischten Kolonie führen. Wird dagegen nur einer der beiden Einzelstränge transferiert, dann sollte dadurch die Empfängerzelle entweder i$^+$ oder i$^-$ und damit Mutterzelle einer reinen, nicht-gemischten Kolonie werden. Der Empfänger wurde so gewählt, daß nach stattgefundenem Transfer nur diejenigen F$^-$-Zellen Kolonien bildeten, welche vom Spender ein i-Gen erhalten hatten: Er wies eine Deletion auf, welche den i-Genort und Teile der Prolin-Region umfaßte und seine Prolin-Auxotrophie bedingte. Wurden die Empfängerzellen auf prolinfreies Medium plattiert, dann kamen daher nur solche Zellen zur Koloniebildung, die vom Spender den Genort pro$^+$ und damit automatisch den eng gekoppelten Ort i erhalten hatten. Der Versuch ergab nach Transfer ausschließlich

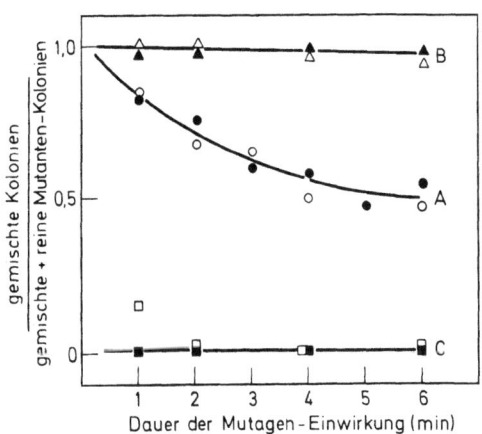

Abb. 269. Nachweis des Einstrang-Charakters der aus E. coli K 12 Hfr-Zellen in F$^-$i$^-$-Zellen transferierten DNS durch Erzeugung NG-induzierter Mutationen im i$^+$-Gen des Spenders und Analyse des Verhältnisses der nach dem Transfer entstandenen, gemischten zu reinen Mutantenkolonien. Kurve A: Erster Vorversuch = Entstehung gemischter i$^+$/i$^-$-Kolonien in Abhängigkeit von der Dauer einer erst nach dem Chromosomentransfer stattgefundenen NG-Behandlung. B: Zweiter Vorversuch = Entstehung gemischter i$^+$/i$^-$-Kolonien in Abhängigkeit von der Dauer einer NG-Behandlung der Hfr-Zellen ohne nachfolgenden Chromosomentransfer. C: Entstehung ausschließlich homozygoter i$^-$-Mutantenkolonien bei NG-Behandlung der Hfr-Zellen vor Chromosomentransfer. Aus VIELMETTER et al. 1968

reine Kolonien (Kurve C), von denen je nach Dauer der mutagenen Behandlung bis zu 0,4% dem Typ i^- angehörten. In Kontrollversuchen bildeten NG-behandelte Zellen des Spenderstammes ohne nachfolgenden Chromosomentransfer Kolonien, welche i^--Zellen enthielten, jedoch zu 98–100% dem gemischten Typ angehörten (Kurve B). Sie beherbergten damit gleichzeitig auch i^+-Zellen, deren DNS aus dem nicht-mutierten Einzelstrang hervorgegangen sein mußte.

Das Ergebnis dieser genetischen Versuche führt damit zu der gleichen Aussage wie die Experimente von BERG und CARO: Nur einer der beiden vor Beginn des Chromosomentransfers vorliegenden Einzelstränge der DNS-Helix gelangt durch den Transfer in die Empfängerzelle. Die Autoren gehen jedoch über die Aussagen von GROSS und CARO hinaus. Diese folgerten aus den Ergebnissen ihrer Versuche in Übereinstimmung mit dem Replikonmodell, daß beim Transfer die Replikation des Hfr-Chromosoms am F-Faktor innerhalb der Hfr-Zelle beginnt und dabei den Doppelstrang, der aus einem alten, vor Transferbeginn bereits vorhanden gewesenen Einzelstrang und dem neu synthetisierten zweiten Einzelstrang besteht, gleichzeitig mit der Synthese des letzteren in die F^--Zelle transferiert (Abb. 267). VIELMETTER und Mitarbeiter jedoch schlugen als Interpretation ihrer Versuchsergebnisse vor, daß nur der alte DNS-Einzelstrang des Spenders transferiert wird, während die Synthese seines Komplementärstranges erst im Empfänger vor sich geht. Sie korrigieren damit eine Teilaussage des Replikonmodells.

Den unmittelbaren Nachweis für die Richtigkeit dieser Hypothese lieferten COHEN, FISCHER, CURTISS und ADLER. Die von ihnen benutzte Escherichia coli K 12 – Mutante zeichnet sich durch ihr eigenartiges Teilungsverhalten aus. Neben normalen Schwesterzellen entstehen kernlose, rundliche Teilungsprodukte, die etwa ein Zehntel des Volumens einer normalen Zelle aufweisen. Sie enthalten entweder keine DNS oder nur Spuren davon, weisen jedoch neben anderen Enzymen die DNS-Polymerase und Ligase auf. Mit F^+-, F'- und Hfr-Zellen vermögen sie Paare zu bilden und als Empfänger eines DNS-Transfers zu dienen. Derart transferierte DNS wurde aus solchen Minizellen gewonnen und im CsCl Gradienten untersucht. Nach Paarbildung mit Hfr-Zellen ist sie stets einsträngig (Abb. 270d). Nach Mischung solcher Minizellen mit F^+-Zellen dagegen ergibt die im Gradienten zentrifugierte DNS zwei Maxima (Abb. 270a). Diese lassen auf etwa gleiche Anteile ein- und doppelsträngiger DNS schließen. DNS-Transfer nach Paarbildung mit F'-Zellen führt zu Ergebnissen der Gradientenzentrifugierung, welche zwischen den beiden genannten Extremen liegen: Beherbergt das substituierte F'-Episom nur einen kurzen Abschnitt bakterieller DNS, weist es somit etwa die Größe eines unsubstituierten F-Episoms auf, dann ergeben sich nach seinem Transfer in Minizellen zwei deutliche Maxima (Abb. 270b). Je ausgedehnter, bei Verwendung verschiedener F'-Stämme, sich der integrierte Abschnitt bakterieller DNS des F'-Episoms erweist, umso mehr herrscht nach Transfer des Episoms in Minizellen dort der Einstrangcharakter der aufgenommenen DNS vor (Abb. 270c). Die Autoren schließen aus diesen Befunden, daß die in Minizellen transferierte DNS Einzelstrangform aufweist. Dabei kann jedoch die sehr unwahrscheinliche Annahme eines Transfers in Doppelstrangform mit gleichzeitigem Abbau eines der beiden Stränge während des Transfers nicht ausgeschlossen werden. Die Unterschiedlichkeit der Ergebnisse bei Verwendung von Hfr-, F'- und F^+-Zellen als Spender wird auf eine zusätzliche Erfordernis für den erfolgreichen Transfer größerer Chromosomabschnitte zurückgeführt. CURTISS, CHARAMELLA, STALLIONS und MAYS wiesen mit Hilfe genetischer Versuchsanordnungen nach, daß bei Abwesenheit eines der Anfangsregion des Hfr-Chromosoms homologen DNS-Abschnittes der F^--Zelle nur ein relativ kurzer Anfangsteil der Hfr-DNS transferiert werden kann. Aus ihren experimentellen Befunden folgerten die Autoren weiter, daß ebenso wie nach Paarung von Hfr- mit Minizellen bei Transfer von Hfr- in F^--Zellen der transferierte Strang von Einzelstrangform ist. Die Synthese des Komplementärstranges findet stets in der Empfängerzelle statt. Für längere DNS-Abschnitte ist sie nur möglich, wenn bestimmte, homologe Regionen des Empfängerchro-

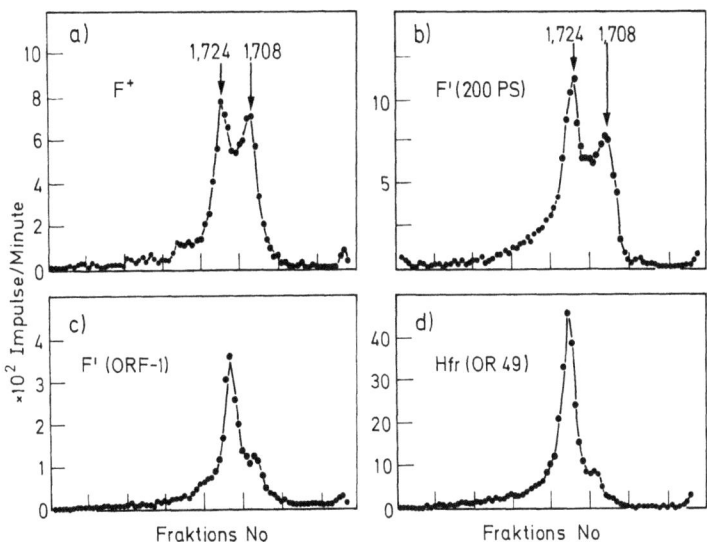

Abb. 270. Photometrische Auswertung der DNS-Banden im CsCl-Dichtegradienten aus lysierten K 12-Minizellen nach DNS-Transfer aus Zellen unterschiedlicher Spenderstämme. Aus COHEN et al. 1968

mosoms vorliegen, eine Anforderung, welcher Minizellen im Gegensatz zu F^--Zellen nicht genügen.

Bleibt die Wahl, welcher der beiden möglichen Einzelstränge der Spender-DNS transferiert wird, dem Zufall überlassen, oder gelangt nur ein ganz bestimmter der beiden zum Transfer? Zur experimentellen Bearbeitung dieser Frage markierten RUPP und IHLER vor dem Transfer die DNS von Hfr-Zellen mit ^{32}P. Wie wir aus den Versuchen von BERG und CARO wissen, besteht jedes der nach stattgefundenem Transfer aus F^--Zellen isolierten Hybridmoleküle dann aus einem unmarkierten, alten Strang. Wurde jeder der beiden Einzelstränge gleich häufig transferiert, dann muß die Markierung ebenfalls mit gleicher Häufigkeit in jedem der beiden möglichen Einzelstrangtypen auftreten. Gelangt jedoch nur einer der beiden Typen zum Transfer, so wird die Markierung nur in Strängen dieses Typs zu finden sein. Die Unterscheidung der beiden Einzelstränge wird durch die Verwendung λ-lysogener Spenderzellen ermöglicht. Die uns schon von der Besprechung der Transkription her bekannte Technik der selektiven Bindung des schweren Einzelstranges (h = r) der λ-DNS an poly-U und des leichten Stranges (l) an poly-UG wird dazu ausgenutzt. Im Versuch transferierten ^{32}P-markierte, λ-lysogene Hfr-Zellen DNS in nicht-λ-lysogene F^--Zellen. Die dadurch hervorgerufene zygotische Induktion führte zur Phagensynthese und anschließenden Lyse. Unter den Phagenpartikeln mußten sich auch solche befinden, welche zumindest einen nicht-replizierten Einzelstrang des injizierten Prophagen beherbergten. Die λ-DNS wurde daher in Einzelstränge zerlegt und deren beide Typen als r- und l-Strang-Suspension mit Hilfe der UG-Bindungstechnik rein dargestellt. λ-DNS, welche vor Chromosomentransfer aus Hfr-Zellen gewonnen worden war, zeigte für beide Strangtypen die gleiche ^{32}P-Aktivität. Nach Transfer gewonnene wies diese Aktivität weitgehend nur (Abb. 271a) im l-Strang auf.

Gegen dieses Ergebnis kann eingewendet werden, daß eine Vielzahl möglicher, zwischen zygotischer Induktion und Lyse ablaufender Ereignisse zur Bevorzugung des einen, aus Prophagen stammenden Strangtyps beim Einbau in reifende Phagenpartikel führen kann.

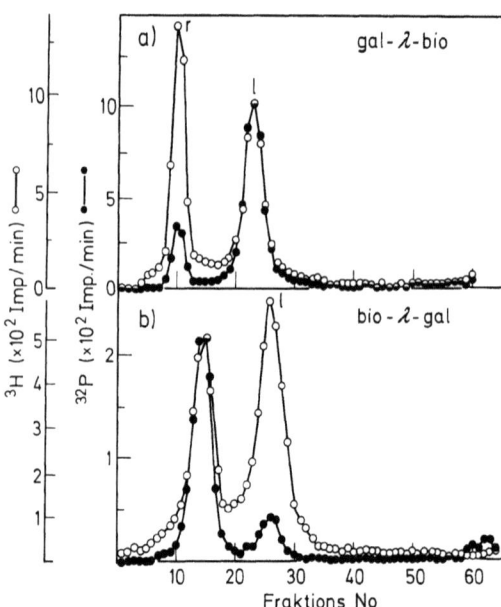

Abb. 271. Nachweis der asymmetrischen Selektivität des transferierten Einzelstranges durch Verwendung ^{32}P-markierter λ-lysogener Spenderzellen. Dichteprofile und ^{32}-P-Aktivität der r- und l-DNS-Einzelstrangfraktionen ^{3}H-markierter Empfänger bei a) Transfer der Prophagen-Gene als Aufeinanderfolge gal-λ-bio, b) Transfer der Prophagen-Gene in umgekehrter Reihenfolge durch Benutzung eines in der Gegenrichtung zu a transferierenden Hfr-Stammes. Nach Rupp et al. 1968

Diesem Einwand begegnet eine zweite Versuchsanordnung. In ihr wird ein Spender verwendet, der in der Gegenrichtung zu der des Hfr-Stammes des ersten Versuchs transferiert. War die Reihenfolge des Eintreffens der Genorte im Empfänger bisher gal-λ-bio, so lautet sie nun bio-λ-gal. Die mit gleicher Aufarbeitungstechnik gewonnenen beiden λ-DNS-Einzelstrangfraktionen weisen nun die ^{32}P-Aktivität (Abb. 271b) im r-Strang auf.

Wie im Abschnitt über die kontrollierte Transkription der λ-DNS dargestellt wurde, sind für den l- und r-Strang der λ-DNS die (Abb. 228–230) 5'-3'-Orientierung ihrer Polarität und ihre Beziehung zur linearen Aufeinanderfolge der Genorte bekannt. Die Anwendung dieser Kenntnisse auf den vorliegenden Versuch unter Berücksichtigung des Zusammenhanges zwischen Schubrichtung und jeweiligem Auftreten der Markierung nach Transfer in nur einem der beiden λ-Einzelstränge erlaubt eine Aussage darüber, ob beim Transfer das 5'- oder 3'-Ende des transferierten Einzelstranges vorangeht. Beide in Abb. 271 dargestellten Versuche weisen dem 5'-Ende diese Funktion zu. An ihm muß sich somit der Ort O der Transfer-DNS-Synthese befinden. Auf die eingangs gestellte Frage angewandt ergeben diese Versuche damit, daß die Auswahl des zu transferierenden Stranges nicht statistisch erfolgt. Eine naheliegende Hypothese, unter Verwendung von Elementen des Replikonmodells aufgestellt, weist dabei dem F-Faktor eine tragende Rolle zu. Sie sagt aus (Abb. 272 links), daß während der Paarbildung in voraussagbarer Weise stets der gleiche der beiden DNS-Stränge des integrierten F-Faktors der Hfr-Zelle zwischen den beiden Orten O und T seines Replikons eine Unterbrechung erfährt. Mit

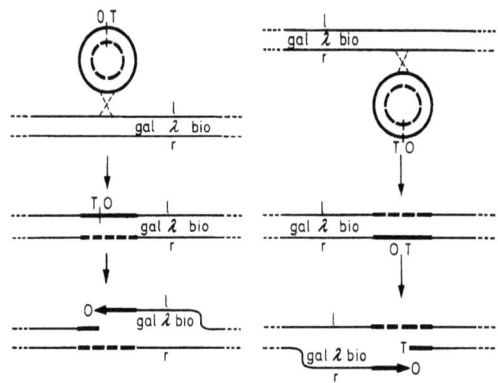

Abb. 272. Schematische Darstellung des Inhaltes der Arbeitshypothese, welche die Festlegung der Schubrichtung der Spender-DNS, beobachtbar als zeitliche Sequenz des Eintreffens der Genorte in der Empfängerzelle durch die beiden möglichen, in ihrer Polarität der Genorte einander entgegengesetzten Richtungen der Insertion des zum Bruch zwischen O und T befähigten F-Faktor-Einzelstranges in den Transfer-Einzelstrang erklärt. Nach Rupp et al. 1968

O beginnend, erfolgt dann der Transfer dieses F-Abschnittes mit dem daranhängenden Bakterien-DNS-Einzelstrang, an dessen Ende der zweite Teil des F-Faktors mit T gelegen ist. Zeichnet sich der Hfr-Stamm durch eine um 180° gegenüber dem zuerst genannten Beispiel gedrehte Insertion des F-Episoms aus (Abb. 272 rechts), dann muß der Transfer notwendigerweise bei dem gleichen Mechanismus der Öffnung des Chromosoms in umgekehrter Richtung erfolgen.

Damit ergibt sich für die Beziehungen zwischen Chromosomentransfer bei E. coli K12 und DNS-Replikation aus den im vorstehenden dargestellten und weiteren Untersuchungen das folgende Bild, das durch zukünftige experimentelle Befunde möglicherweise noch Korrekturen unterworfen sein wird: Zu Beginn des Transfers liegt der Hfr-Doppelstrang in der ringförmigen, replikativen Form vor (Abb. 273). Wie in Abb. 272 dargestellt,

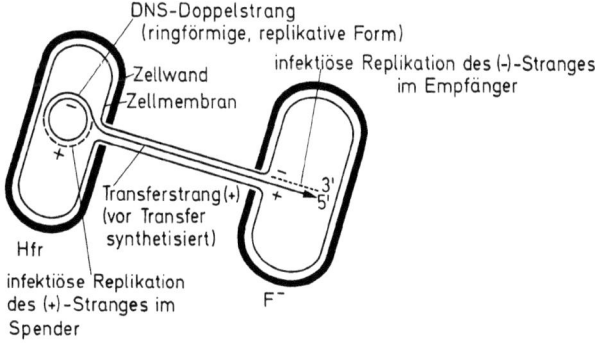

Abb. 273. Die Ergebnisse zahlreicher Autoren zusammenfassende, schematische Darstellung der Beziehungen zwischen Chromosomentransfer und DNS-Replikation bei E. coli K 12

öffnet sich der in Abb. 273 mit (+) bezeichnete Strang zwischen O und T des episomalen Replikons und wird damit zum Transferstrang. Mit dem 5′-Ende voran gelangt er in die Empfängerzelle. Dort wird, mit infektiöser Replikation bezeichnet, der komplementäre (−)-Strang synthetisiert und damit der Hybrid-Doppelstrang erzeugt. Gleichzeitig erfolgt eine für den Transfer nicht benötigte, infektiöse Replikation des durch den Transfer der Hfr-Zelle verloren gehenden Abschnittes des (+)-Stranges unter Verwendung des verbliebenen (−)-Stranges als Matrize. Gewöhnlich endet der Transfer, falls er nicht vorher schon durch andere Einflüsse zum Abbruch gebracht wurde, am Ort T des Episoms. Dann ist ein ganzes Bakteriengenom transferiert. FULTON konnte zeigen, daß unter besonderen Bedingungen der Transfer jedoch über T hinaus kontinuierlich weitergehen und damit DNS-Abschnitte erfassen kann, welche durch die infektiöse Replikation des (+)-Stranges während der ersten Phase des gleichen Transfervorgangs bereits repliziert wurden. Im Versuch des unterbrochenen Chromosomentransfers (Abb. 78) weist dann die für den beobachteten Genort gezeichnete Kurve zwei Anstiege im Abstand von etwa 90 min auf.

2. Die F-Duktion

Ist das Replikon des F-Faktors der Kontrollmechanismus der Transfer-DNS-Synthese und damit des Transfervorgangs, so sollten F-Duktion und Chromosomentransfer zumindest teilweise gleichen Gesetzen gehorchen. Beide Fälle können dann als die Übertragung bakterieller DNS betrachtet werden, die in die episomale DNS integriert wurde. Der einzige Unterschied läge in ihrer Größe. Anklängen an diese Betrachtungsweise sind wir bereits bei der Darstellung der Befunde nach DNS-Transfer in Minizellen begegnet. Ob dann beispielsweise von einer F′-Zelle ausgehend, F-Duktion oder Chromosomentransfer stattfindet, hängt ausschließlich davon ab, ob zum Zeitpunkt der Aufnahme des Zellkontaktes mit einer Empfängerzelle der F′-Faktor im autonomen oder integrierten Zustande vorliegt. Es nimmt daher nicht wunder, daß die Beziehungen zwischen DNS-Replikation und DNS-Transfer durch F-Duktion denen zwischen DNS-Replikation und Chromosomentransfer in wichtigen Bezügen gleichen. Das zeigen Versuche von PTASHNE, der als Objekt F′-Stämme benutzte. Ausgangspunkt waren bekannte Tatbestände aus der Physiologie und Genetik des Phagen λ. Werden nämlich Zellen, welche lysogen für die durch sehr geringe spontane Lyserate ausgezeichnete λ-Mutante ind$^-$ sind, mit dem Phagen hi 434c infiziert, so findet nach einiger Zeit die Lyse statt, bei der ein Drittel der freigesetzten λ-Phagen unreplizierte DNS enthalten. Dies läßt sich durch ^{13}C, ^{15}N-Schweremarkierung der λ-lysogenen Zellen vor Durchführung der Superinfektion leicht beweisen. Die unreplizierte DNS enthaltenden (h/h) λ-Partikel bilden dann im Gradienten eine eigene Bande (Abb. 274a). PTASHNE benutzte zu seinen Versuchen als Spender ^{13}C, ^{15}N-markierte Zellen eines F′-Stammes, dessen substituiertes F-Episom zusammen mit dem gal-Locus die Integrationsorte für die Phagen λ, 82 und 434 aufwies. Als Empfänger dienten unmarkierte, λ-lysogene F$^-$-Zellen, die unmittelbar vor Transferbeginn mit Partikeln des Phagen hi 434c infiziert worden waren. Die dadurch induzierte Lyse findet dann nach Beginn des Transfers statt. Dabei freigesetzte Phagen wurden im Gradienten zentrifugiert. Sie entstammten ausschließlich F$^-$-Zellen, denn nur dort wurde die Lyse induziert. Weisen sie schweremarkierte DNS auf, dann muß sie aus F′-Zellen stammen, da nur diese und nicht die F$^-$-Zellen zuvor markiert wurden. Wenn der DNS-Transfer an eine gleichzeitig ablaufende DNS-Synthese gebunden ist, dürfen keine unreplizierten DNS-Abschnitte des Spenders in die Empfängerzelle gelangen und damit keine in beiden Einzelstücken schweremarkierte λ-DNS-Moleküle bei der Phagenreifung in Phagenpartikeln eingebaut werden. Das Auftreten solcher Partikel wäre damit ein Beweis, daß der Transfer nicht eine gleichzeitig ablaufende DNS-Replikation voraussetzt. Findet diese jedoch statt, dann müßte die Schweremarkierung in den freigesetzten

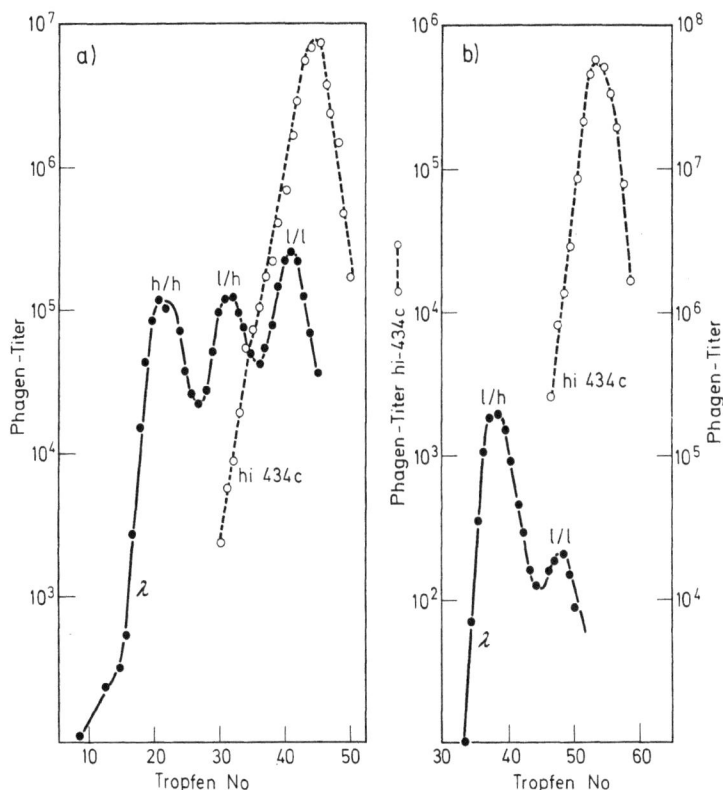

Abb. 274. Nachweis des Einstrang-Charakters der bei F-Duktion transferierten DNS. a) Vorversuch: Dichtegradientenanalyse der Phagenpopulation, welche nach Superinfektion des λ-lysogenen, ^{13}C ^{15}N-schweremarkierten E. coli K 12-Stammes mit unmarkierten Phagen der Art hi 434c in unmarkiertem Medium entsteht. Die λ-Phagenpartikel enthalten dann etwa mit der gleichen Wahrscheinlichkeit nicht replizierte (h/h), einmal semikonservativ replizierte Hybrid- (h/l) und unmarkierte (l/l) DNS. b) Dichtegradientenanalyse der Phagen nach F-Duktion des λ-Prophagen aus dichtemarkierten F'-Zellen in unmarkierte Empfängerzellen und Induktion der Phagensynthese in leichtem Medium durch Superinfektion mit hi 434c. Im Vergleich zu a fehlt die Bande aus Partikel mit beidsträngig markierter (h/h) DNS

λ-Partikeln ausschließlich als Hybrid-DNS des Typs schwer/leicht auftreten, deren schwerer Einzelstrang alte DNS des Spenders und deren leichter Strang neu synthetisierte DNS wären. Diese Aussage wird durch das Versuchsergebnis bestätigt (Abb. 274b). Es entstehen nur λ-Phagen des Hybrid- und des leichten Typs.

Während auf diesem Wege die Versuche von PTASHNE den Hybridcharakter der F-duzierten DNS nachweisen, welcher der im Chromosomentransfer übertragenen Hybrid-DNS entspricht, zeigen Untersuchungen von VAPNEK und RUPP eine weitere Homologie zwischen beiden Transfersystemen auf. Sie beweisen die Asymmetrie der Auswahl des zu transferierenden Einzelstranges. Die Autoren erzeugten in ringförmig geschlossenen DNS-Doppel-

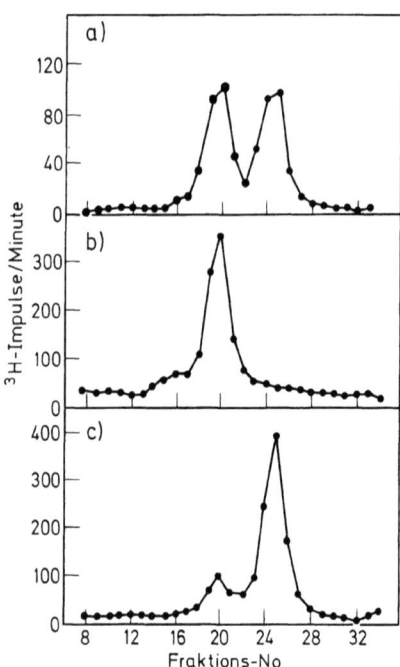

Abb. 275. Nachweis der asymmetrischen Selektivität des bei der Infektion einer F$^-$-Zelle durch den F-Faktor transferierten DNS-Einzelstranges durch CsCl-Poly UG-Dichtegradienten-Zentrifugierung von DNS-Einzelstrangabschnitten des F-Faktors aus a) F$^+$-Zellen, b) F$^-$-Empfängerzellen bei ^{3}H-Thymidin-Markierung vor und während des F-Faktor-Transfers, c) aus Spenderzellen bei Markierung vor dem F-Faktor-Transfer. Die Gewinnung der F-DNS von b und c fand nach dem DNS-Transfer statt. Aus VAPNEK et al. 1970

strangmolekülen des F-Faktors Brüche und trennten die komplementären Einzelstränge in einem CsCl-Gradienten, welcher Poly-UG enthielt. Mit Hilfe dieser Technik wurde aus Empfänger- und Spenderzellen gewonnene, ^{3}H-markierte, ringförmige Doppelstrang-DNS des F-Faktors, nach vorheriger ^{3}H-Markierung aufgearbeitet. Abb. 275 zeigt das Ergebnis der Gradientenzentrifugierung. Es führt zu der Aussage, daß nur ein Strang des im Spender vorliegenden DNS-Moleküls des F-Faktors in den Empfänger transferiert wird. Dies ist (b) stets der schwere der beiden Einzelstränge. Damit erfolgt in gleicher Weise wie beim Chromosomentransfer die Auswahl des zu transferierenden Stranges nicht statistisch. Das Ergebnis zeigt weiterhin, daß in der Empfängerzelle der dazugehörende Komplementärstrang synthetisiert und der auf diesem Wege entstandene Doppelstrang zur Ringform geschlossen wird. Gleiches geschieht mit dem im Spender (c) zurückgebliebenen leichteren Einzelstrang. Auch bei der F-Duktion erfolgt damit im Zusammenhang mit dem DNS-Transfer eine DNS-Replikation sowohl in der Spender- wie in der Empfängerzelle.

E. Enzyme des DNS-Stoffwechsels

Replikation, Rekombination und Reparaturvorgänge spielen sich am Makromolekül der DNS ab. Sie sind damit Stoffwechselvorgänge, welche dieses Molekül als Substrat verwenden. Ihr Ablauf wird durch Enzyme katalysiert. Die Kenntnis ihrer Substratspezifität und die Art der von ihnen katalysierten, chemischen Umsetzung sollte Einblicke in das sich auf molekularer Ebene abspielende Replikations-, Rekombinations- und Reparaturgeschehen der DNS ergeben. Die molekulargenetische Forschung steht erst am Beginn der mit dieser Feststellung umrissenen Aufgabenstellung. Jeder der drei Vorgänge ist ein komplexes Geschehen. So ist beispielsweise für die DNS-Replikation des Phagen T4 die Aktivität von mindestens zwanzig verschiedenen Genorten der Phagen-DNS notwendig. Keiner der drei Vorgänge läßt sich heute durch einen einzigen Reaktionsablauf beschreiben. Zahlreiche Modelle sind daher für DNS-Replikation, -Rekombination und -Reparatur entwickelt worden. Sie alle setzen die Aktivität bestimmter Enzyme voraus, deren Eigenschaften im folgenden beschrieben werden sollen.

Die Enzyme des DNS-Stoffwechsels lassen sich in mehrere Gruppen einteilen. Im folgenden sollen nur diejenigen Erwähnung finden, welche mit großer Wahrscheinlichkeit mindestens eine der molekularen Reaktionen katalysieren, die zur DNS-Synthese, -Rekombination und DNS-Reparatur führen. DNS-Polymerasen vermögen aus Nucleosid-Triphosphaten Oligo- und Polynucleotide aufzubauen. Bei der Besprechung der DNS-Synthese in vitro haben wir bereits einen wichtigen Vertreter dieser Gruppe in Gestalt der von KORNBERG isolierten DNS-Polymerase I kennengelernt. Die Desoxyribonucleasen katalysieren den Abbau der DNS. Sie bilden zwei Gruppen, welche sich durch die Art der von ihnen katalysierten Reaktionen unterscheiden. Exonucleasen entfernen in einander folgenden Einzelschritten Mononucleotide oder kurze Oligonucleotidabschnitte vom Ende eines Oligonucleotidfadens. Endonucleasen dagegen hydrolysieren punktförmig Phosphodiesterbindungen, welche das Rückgrat eines DNS-Stranges bilden. Sie trennen dadurch eine 3'-OH-Gruppe von der 5'-Phosphorylgruppe. Dabei entsteht jeweils ein Bruch (nick) des Einzelstranges. DNS-Ligasen schließlich führen die entgegengesetzte Reaktion aus. Sie schließen solche Einzelstrangbrüche durch Katalyse der Synthese von Phosphodiester-Verbindungen zwischen der 3'-OH- und einer 5'-Phosphorylgruppe.

DNS-Ligasen katalysieren die Bildung einer Phosphodiesterbindung durch Veresterung der 5'-Phosphorylgruppe mit der 3'-OH-Gruppe an den beiden Flanken der Unterbrechung eines DNS-Einzelstranges, welcher Teil eines durch Wasserstoffbrücken gepaarten Doppelstranges ist. Sie benötigen als Substrat somit einen DNS-Doppelstrang, in welchem einer der Einzelstränge einen Bruch aufweist, der je ein aneinandergrenzendes 3'-OH- und 5'-Phosphorylende darbietet. Ligasen vermögen nicht die Polymerisation von Desoxyribonucleosid-Monophosphaten zu Oligo- oder Polynucleotiden zu katalysieren. Eine ganze Reihe von Ligasen konnte nachgewiesen werden; so für die Phagen T2, T4, T7, für Escherichia coli und andere Bakterienarten, aber auch für Säugerzellen. Ihre Substratspezifität sowie das von ihnen erzeugte Endprodukt sind in allen Fällen gleich. Zu ihrer Reaktion benötigen die Ligasen von Escherichia coli und Bacillus subtilis Nikotinamid-adenin-dinucleotid (NAD), alle übrigen dagegen Adenosintriphosphat (ATP). Als erster Schritt der Ligase-katalysierten Reaktion wird (Abb. 276a) von der Escherichia coli-Ligase ein Austausch zwischen Nikotinamid-mononucleotid (NMN) und NAD unter Bildung eines Enzym-AMP-Zwischenproduktes katalysiert. Die übrigen Ligasen katalysieren einen Austausch zwischen ATP und anorganischem Pyrophosphat (PPi) unter Bildung des gleichen Zwischenproduktes. Im nächsten Reaktionsschritt (b) reagiert dieses mit der Unterbrechungsstelle eines DNS-Stranges, wobei eine Pyrophosphatbindung entsteht, welche das 5'-Phosphorylende der DNS mit der Phosphorylgruppe des AMP verbindet. Als dritter, abschließender Reaktionsschritt (c) katalysiert das Enzym die Bildung einer Phosphodiesterbindung zur 3'-OH-Gruppe des benachbarten Strangbruchstückes und das Freisetzen von Enzym und AMP. Dadurch wird der Einzelstrangbruch wieder geschlossen.

a)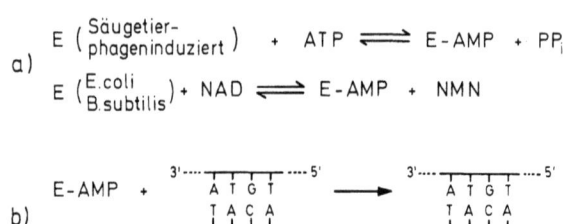

b)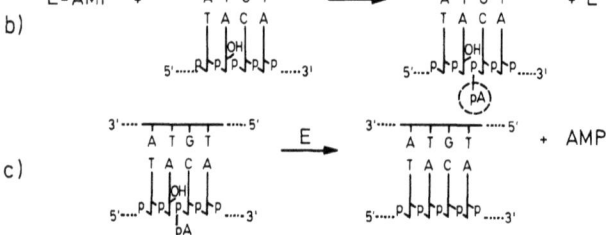

c)

Abb. 276. Postulierte Einzelschritte der durch DNS-Ligase katalysierten Reaktionen. Aus RICHARDSON 1969

Desoxyribonucleasen des Exo- und Endotyps sind für Escherichia coli sowie für Bakterienzellen mit Phagensynthese und für Neurospora crassa beschrieben worden. Als Substrat der Exonuclease I von Escherichia coli dient vorzugsweise Einstrang-DNS. Exonuclease II ist die hydrolytische Aktivität der DNS-Polymerase I. Exonuclease III benutzt spezifisch als Substrat Doppelstrang-DNS, wobei die Hydrolyse am 3'-Ende beginnt und 5'-Mononucleotide produziert. Exonuclease IV schließlich bevorzugt als Substrat Oligonucleotide, welche sie rund 20mal so schnell abbaut wie Einstrang-DNS. Die Endonuclease I hydrolysiert Ein- oder Doppelstrang-DNS, wobei im letzteren Falle Doppelstrangbrüche entstehen. Stets werden durch sie 3'-OH- und 5'-Phosphorylendgruppen freigelegt. Endonuclease II dagegen führt in Doppelstrang-DNS zu Einzelstrangbrüchen. In gleicher Weise wirken die Endonucleasen, welche von der DNS der Phagen T4 und T5 während der Phagensynthese codiert werden. Dieser Wirkungsmechanismus besitzt Bedeutung für die Reparatur UV-bestrahlter DNS von der noch zu berichten sein wird. Sie wird durch Untersuchung einer vergleichbaren Endonuclease von Mikrococcus lysodeikticus erhellt, einer Bakterienart, welche besonders hohe Resistenz gegen UV-Schädigungen aufweist. Diese Endonuclease verursacht Einzelstrangbrüche ausschließlich in bestrahlter, jedoch nicht in nativer Doppelstrang-DNS oder bestrahlter Einzelstrang-DNS. Eine Exonuclease der gleichen Bakterienart hydrolysiert ausschließlich DNS-Einzelstränge. Wird UV-bestrahlte DNS zunächst mit der erstgenannten Endonuclease und dann mit der letztgenannten Exonuclease behandelt, dann führt dies zur Freisetzung von vier bis fünf Nucleotiden je Einzelstrangbruch. Davon enthalten die meisten Thymin. Da einigen UV-sensiblen Mutanten von Mikrococcus lysodeikticus die Endonucleaseaktivität fehlt, darf geschlossen werden, daß diese auch an in vivo-Reparaturmechanismen beteiligt ist.

Die DNS-Polymerase I von Escherichia coli, das „Kornberg-Enzym", weist ein für Proteine relativ hohes Molekulargewicht von 109 000 auf und besteht aus einer einzigen Polypeptidkette. In einer Escherichia coli-Zelle sind rund 400 Moleküle dieses Enzyms vorhanden. Die von der Polymerase I katalysierten Synthesen benötigen einen DNS-Einzelstrang als Vorlage (template) und ein Anfangsstück (primer), welches nur aus einer kurzen Mononucleotidsequenz zu bestehen braucht, jedoch mit einer 3'-OH-Gruppe enden muß. Doppelstrang-DNS kann von der Polymerase I daher nur dann als Substrat benutzt werden, wenn die Bindung an ein 3'-OH-Ende eines Einzelstranges oder eine gleiche

Gruppe möglich ist, welche durch Endonucleasewirkung innnerhalb eines Stranges freigelegt wurde. Elektronenoptische Darstellungen dieses Bindungsmodus sind gelungen. Sie zeigen die Moleküle der Polymerase I als nahezu kugelförmige Gebilde mit einem Durchmesser von 65 Å, welcher damit den mehr als dreifachen Wert des Durchmessers der DNS-Helix aufweist. Der aktive Bezirk des Moleküls beherbergt mehrere Bindungsorte (Abb. 277). Am 5'-Triphosphat-Bindungsort werden die Bausteine der Polymerisation, die vier möglichen Nucleosidtriphosphate aufgenommen. Dabei sind deren Triphosphatgruppen die wichtigste Voraussetzung für den Bindungsvorgang. Das im 5'-Triphosphat-Bindungsort befindliche Nucleosidtriphosphat wird unter Freisetzen eines Pyrophosphats ohne Bildung eines Polymerase-Nucleotidyl-Zwischenproduktes durch kovalente Bindung mit dem 3'-OH-Ende des Anfangsstranges vereinigt. Dieses befindet sich dabei im 3'-OH-Ribonucleosid-Bindungsort der Polymerase (Abb. 277).

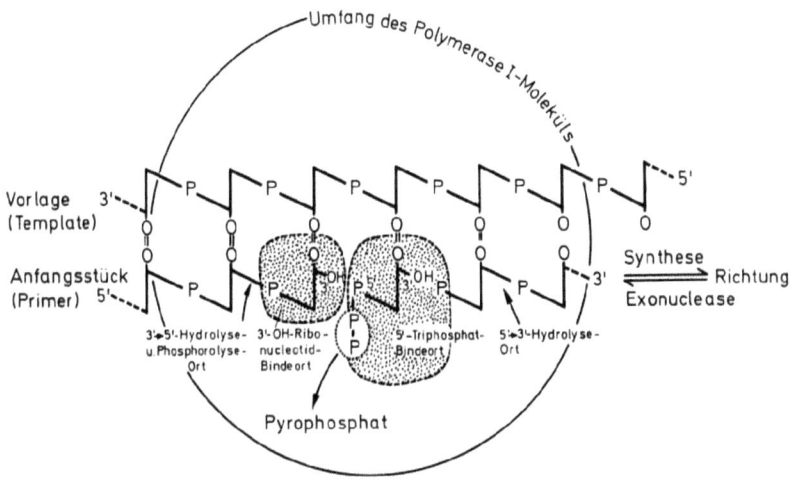

Abb. 277. Schematische Darstellung der verschiedenen Bindungs- und Reaktionsorte des Moleküls der DNS-Polymerase I von E. coli

Wie aber vermag eine DNS-Polymerase den Einbau bestimmter Mononucleotide zu katalysieren, sodaß dabei eine gegebene DNS-Vorlage komplementär dupliziert wird? Die unter Verwendung der Polymerase I von KORNBERG durchgeführte in vitro-Replikation des ΦX 174-Genoms beweist, daß dieses Enzym und damit wohl auch die Polymerasen anderer Organismen zur Katalyse identischer DNS-Replikation befähigt sind. Auf die Frage nach der Steuerung des Einbaus bestimmter Mononucleotide, und damit die Verwirklichung dieser identischen Replikation, geben Versuche eine Antwort, welche unter Verwendung des DNS-Polymerase des Phagen T4 durchgeführt wurden. Dieses Enzym besitzt ein Molekulargewicht von 112000. Seine Nucleotidsequenz ist im Gen 43 des T4-Genoms codiert. Der Ausfall seiner Funktion beispielsweise durch amber- oder ochre-Mutationen unterbindet die Synthese der Phagen-DNS. Mehrere temperatursensible Mutanten des gleichen Genortes zeigen in reproduzierbarer Weise eine gegenüber dem Wildtyp entweder erhöhte oder erniedrigte Rate des Auftretens von Mutationen, die beispielsweise zur Veränderung der Plaque-Form führen. Eine aus zwei solchen Mutanten hergestellte Doppelmutante weist gegenüber dem Wildtyp gar eine Erhöhung der Mutationsrate auf das

2000fache auf. Die dabei entstehenden Mutanten gehören verschiedenen Typen an. Sie umfassen die Mutation von ochre zu amber, sowie Transversionen und Transitionen. Diese Beobachtungen erlauben den Schluß, daß die T4-Polymerase an der Auswahl der Mononucleotide beteiligt ist. Zwei Möglichkeiten dafür sind gegeben: Einmal könnte die Polymerase durch einen allosterischen Mechanismus in die Lage versetzt werden, die einzelnen Basen zu erkennen. Gegen diese Annahme spricht, daß für alle vier möglichen Nucleosidtriphosphate nur ein gemeinsamer Bindungsort im aktiven Bereich des Polymerasemoleküls vorhanden ist. Die beschriebenen Beobachtungsergebnisse wären aber auch dann erklärbar, wenn das Enzym nur korrekt gepaarte Basenpaare des Typs A-T oder G-C zuließe. FREESE und FREESE entschieden experitentell diese Alternative im Sinne der letztgenannten Möglichkeit. Sie zeigten, daß die Reversionsrate von T4 r_{II}-Mutanten mit normaler oder durch Mutation veränderter Polymerase nach Induktion durch chemische Mutagene gleich ist. Die korrekte, für den Wildtyp kennzeichnende Basenpaarung wird somit durch Zurückweisen unkorrekter Basenpaarungen erreicht. In Übereinstimmung mit dieser Schlußfolgerung steht die Beobachtung, daß die spontane Rückmutationsrate für T4r_{II}-Mutanten sich erhöht, wenn ein Mutationsort für das Gen 43 eingekreuzt wird. Die Wildtyppolymerase führt dieses Zurückweisen falscher Basenpaarungen somit wirkungsvoller durch als die veränderte Polymerase des mutierten Genortes und verhindert dadurch in höherem Maße den Einbau falscher Basen und damit die Entstehung von Mutationen.

Das Molekül der Polymerase I zeigt auch hydrolytische Aktivität und damit die Eigenschaft einer Exonuclease (Exonuclease II). Von den beiden möglichen Richtungen der Entfernung endständiger Mononucleotide bevorzugt die von 3′ nach 5′ verlaufende Reaktion denaturierte DNS, während der Abbau in 5′-3′-Richtung als Substrat einen DNS-Doppelstrang benötigt. Die erstgenannte Reaktion trennt ausschließlich Mononucleotide, die in entgegengesetzter Richtung verlaufende zu etwa 20–25% Di- und Oligonucleotide ab. Sie vermag falsch gepaarte Basen und Thymindimere zu entfernen. DNS-Polymerasen von T4 und Bacillus subtilis sind zu dieser Reaktion nicht befähigt. Tryptische Verdauung zerlegt das Polymerase I-Molekül in zwei Fragmente des Molekulargewichts 70000 bis 76000 und 34000 bis 35000. Das erstere enthält eine erhöhte Polymeraseaktivität, hat aber die 5′-3′-Exonucleaseaktivität verloren, wogegen die 3′-5′-Nucleaseaktivität erhalten bleibt. Wird die tryptische Zerlegung der Polymerase in Gegenwart von DNS vorgenommen, so weist das kleinere Fragment gegenüber dem Ausgangsmaterial erhöhte 5′- 3′-Nucleaseaktivität auf.

Mit Hilfe der genannten unterschiedlichen Aktivitäten vermag die Polymerase I von Escherichia coli bei in vitro-Versuchen mehrere Reaktionstypen zu katalysieren (Abb. 278). Die Reparaturreaktion (a) benötigt ein freies 3′-OH-Ende eines Einzelstranges als Primer, welcher durch Paarung mit einem über das Ende des Primers herausragenden Komplementärstrang verbunden ist. Dieser dient als Vorlage. Die Mononucleotide werden, wie schon in Abb. 239 dargestellt, jeweils an das freie 3′-OH Ende des Primers angefügt: Die Synthese erfolgt in 5′-3′-Richtung, bezogen auf die Gesamtpolarität des Einzelstranges. Im Gegensatz zu der in diesem Falle verwendeten Doppelstrang-DNS können auch DNS-Einzelstränge zur Reparatursynthese Anlaß geben (b). Dazu ist eine Schleifenbildung bei gleichzeitiger Entstehung von Wasserstoffbrücken innerhalb der Schleife notwendig. Das über diese gepaarte Zone frei hinausragende 3′-Strangende wird durch die Nucleaseaktivität abgebaut. Daran anschließend findet von dem freigelegten 3′-OH-Ende ausgehend, unter Verwendung des gegenüberliegenden DNS-Abschnittes als Vorlage eine solche Synthese statt. Ein vergleichbarer Mechanismus wird dann wirksam, wenn die begrenzte Zone der Doppelstrang-DNS nicht durch Schleifenbildung, sondern durch Paarung des Vorlagestranges mit einem Oligonucleotid begrenzter Ausdehnung entsteht (c), dessen nicht-gepaartes 3′-Ende ebenfalls abgebaut wird. Auch hier beginnt die Reparatursynthese an dem freigelegten 3′-OH-Ende des Oligonucleotidprimers. Die Exonucleaseaktivität des Polymerase-Moleküls erlaubt einen weiteren, kombinierten Reaktionstyp. Dieser wird

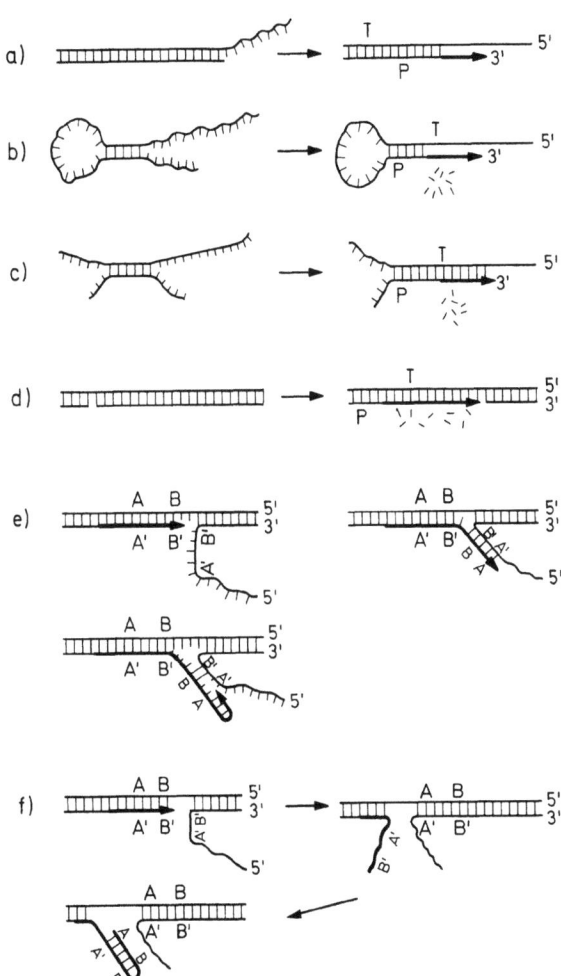

Abb. 278. Durch die DNS-Polymerase I von E. coli in vitro katalysierte Reaktionen: a) Reparatursynthese einer teilweise einsträngigen DNS. b) Einzelstrang-DNS-Vorlage. Als primer wirkt das gepaarte 3'-Ende einer Einzelstrangschlinge. c) Einzelstrang-DNS als Vorlage. Als primer dient ein Oligonucleotid. d) Unterbrechungsübersetzung (nick translation). e) und f) Reaktionen bei Temperaturen höher als 25 Grad: Entstehung verzweigter DNS-Stränge. e) Arbeitshypothese nach KORNBERG. = Vorlage (template) P = Primer Aus GOULIAN 1971

durch die Anwesenheit einer benachbarten 3'-OH-Gruppe angeregt und durch die Anwesenheit von Unterbrechungen der Aufeinanderfolge der Zucker- und Phosphorsäurereste des DNS-Stranges stimuliert. Unter diesen Bedingungen kommt es in synthetischen Poly-dA × oligo-dT-Doppelsträngen zur Unterbrechungs-Übersetzung (nick translation) (d). Mit gleicher Geschwindigkeit wird dabei ein Abbau von Mono- und Oligonucleotiden unmittelbar von einem Neueinbau gleicher Mononucleotide anstelle der durch die Exonucleasewirkung entfernten gefolgt. In einem synthetischen Polymer von Mononucleotiden läuft dieser Vorgang von dem an die Einzelstrangunterbrechung angrenzenden 5'-Ende des Primers ausgehend, bis zum entgegengesetzten 3'-Ende ab. Der Primer wird dabei einmal gleichzeitig abgebaut und neu synthetisiert. Die Unterbrechungsübersetzung führt damit zu keiner DNS-Vermehrung, denn Abbau und Synthese halten sich die Waage.

Die Polymerase nimmt an nicks nativer DNS bei Temperaturen unter 22° diese Abbausynthese ohne DNS-Vermehrung vor. Höhere Temperaturen führen zu Artefakten, nämlich verzweigten, nicht mehr hitze-denaturierbaren DNS-Strängen, welche ausgedehnter als die ursprüngliche Vorlage sein können. Ihr molekularer Entstehungsmechanismus ist noch nicht eindeutig geklärt. Zwei Möglichkeiten, für deren Verwirklichung experimentelle Hinweise erarbeitet wurden, stehen im Vordergrund der Diskussion. Entweder verläßt die Polymerase nach einiger Zeit ihren Vorlagestrang und beginnt die bei der bisherigen Reaktion freigelegte Flanke des Primerstranges zu kopieren (e) oder der Primerstrang wird eine begrenzte Strecke weit von dem Vorlagestrang abgelöst (f). Sein Ende bildet dann einen haarnadelförmigen Bogen, welcher durch Wasserstoffbrückenbildung gefestigt wird. Dadurch dient der distale Abschnitt des freigelegten Primerstranges als Vorlage für die weitere DNS-Synthese.

Diese Reaktionen der DNS-Polymerase I, zusammen mit der Kenntnis, daß ihr Molekül mehrere Wirkorte besitzt, erlauben die Aufstellung einer Arbeitshypothese über den molekularen Wirkungsmechanismus im aktiven Zentrum des Moleküls (Abb. 277). Das 3'-OH-Ende des Primers belegt den 3'-OH-Ribonucleotid-Bindungsort. Ihm benachbart liegt in Syntheserichtung der 5'-Triphosphat-Bindeort. Er wird durch das einzubauende Mononucleosidtriphosphat eingenommen. Dieses bildet Wasserstoffbrücken zum gegenüberliegenden Vorlagestrang, sowie unter Freisetzen eines Pyrophosphats eine kovalente Bindung seiner 5'-Phosphorylgruppe mit der endständigen 3'-OH-Gruppe des Primer. Als letztes bewegt sich das Polymerasemolekül in 3'-Richtung des Primers, wobei das neu eingefügte Mononucleotid in den 3'-OH-Ribonucleotid-Bindungsort gelangt. Im Verlaufe der Reparatursynthese erfolgt bei jedem Einbau eines neuen Mononucleotids diese Abfolge der Einzelschritte. Ein Reaktionsablauf in umgekehrter Richtung führt zum Abbau von Mononucleotiden und ist für die 3'-5'-Exonucleaseaktivität kennzeichnend.

Bei der Unterbrechungsübersetzung belegt sehr wahrscheinlich das mit dem 5'-Phosphorylester abschließende der beiden, die Unterbrechung einrahmenden Einzelstrangbruchstücke die Stelle neben dem Triphosphatbindungsort, welche in 3'-Richtung von diesem gelegen ist. Sie wird als 5'-3'-Hydrolyseort bezeichnet. Dort erfolgt die Abtrennung der Mono- oder Oligonucleotide. Dabei wandert, wie bei der Reparatursynthese, nach jedem einzelnen Hydrolysevorgang das Polymerasemolekül in 5'-Richtung der Vorlage um ein Mononucleotid weiter. Auf diesem Wege gelangt die zuvor durch Nucleasewirkung entstandene Lücke unmittelbar darauf in den 5'-Triphosphatbindungsort, in dem sie wieder gefüllt wird.

Die Phagen der T-Reihe besitzen ihre eigenen DNS-Polymerasen. Diejenigen von T4 und T5 wurden isoliert. Auch DNS-Polymerasen der Eukaryonten wurden rein dargestellt. Der zu ihnen gehörende DNS-Polymerase der Seeigellarve fehlt eine Nucleaseaktivität, während aus menschlichen Gewebezuchtzellen gewonnene DNS-Polymerase diese zusätzliche Aktivität aufweist.

F. Schritte zur Erforschung der Enzym-katalysierten DNS-Replikation in vivo

1. Defektmutanten; membranhaltige, zellfreie Systeme; DNS-Polymerasen II und III von Escherichia coli

Im vorstehenden konnten nur einige Beispiele für die Vielzahl der in unterschiedlichen Organismen auftretenden Enzyme des DNS-Stoffwechsels genannt werden. Sie lassen sich in Gruppen einteilen, welche durch ihre Substratspezifitäten und die Art der von ihnen katalysierten Reaktionen bestimmt werden. Diese sind durch in vitro-Versuche erkannt und analysiert worden. Verlaufen sie in gleicher oder doch zumindest ähnlicher Weise auch in vivo? Im folgenden soll diese Frage für einen lebenswichtigen, enzymkatalysierten Vorgang gestellt werden, der sich an nativer DNS abspielt: die identische Replikation. Welches sind ihre Enzyme?

Die Forschung verwendet bei dem Versuch der Beantwortung dieser Frage neben anderen auch das Mittel der Defektmutanten. Fehlt ihnen ein für die DNS-Replikation notwendiges Enzym, dann sollte diese dadurch unmöglich werden. Da eine solche Zelle nicht vermehrungs- und damit auf längere Dauer nicht lebensfähig ist, werden in der Forschung temperaturempfindliche Mutanten benutzt, die bei nichterlaubter Temperatur den Ausfall der DNS-Replikation, bei erlaubter Temperatur jedoch normale Replikationsrate zeigen. Mehrere Arbeitskreise hatten bis zum Jahre 1969 zahlreiche derartige, temperaturempfindliche Mutanten der DNS-Replikation von Escherichia coli isoliert. Bei Überführung in die nichterlaubte Temperatur zeigen sie ein unterschiedliches Verhalten: Die DNS-Synthese hört entweder sofort auf oder geht noch einige Zeit weiter, um dann schließlich eingestellt zu werden. Kartierungsversuche ordnen die Mutationsorte dieser Mutanten sieben Genorten (dna A bis dna G) des Bakterienchromosoms zu. Ihre Analyse ergab weder Defekte in der Bereitstellung von Bausteinen der DNS-Synthese, noch das Fehlen oder die Verringerung der Aktivität der DNS-Polymerase I. Es war daher nicht möglich, mit Hilfe dieser Mutanten bereits bekannte Enzyme des DNS-Stoffwechsels mit der DNS-Replikation in vivo in Beziehung zu setzen. Vor allem erschien es zweifelhaft, daß die DNS-Polymerase-I das Enzym der in vivo-DNS-Synthese sei.

De Lucia und Cairns haben diese Problematik experimentell einer Lösung nähergeführt. Aus einigen Tausenden Escherichia coli-Zellen, welche einer mutagenen Wirkung ausgesetzt worden waren, züchteten sie Einzelkolonien und untersuchten deren in vitro-DNS-Polymerase-I-Aktivität. Dabei wies eine später mit pol A 1 bezeichnete Mutante weniger als 1% der Wildtypaktivität dieses Enzyms auf. Sie zeigte erhöhte Empfindlichkeit gegenüber UV-Bestrahlung und Methyl-Methansulfonat (MMS). Unter Ausnutzung dieser MMS-Sensibilität wurden fünf weitere pol A Mutanten (pol A2- pol A6) isoliert. Ihre Mutationsorte befinden sich wie derjenige von pol A1 in einem gemeinsamen Genort der bei 75 min der Genkarte liegt und nicht identisch mit einem der Genorte ist, dessen Funktionsausfall zu den obengenannten dna-Mutanten führt. In pol A-Mutanten erfolgt normale ΦX 174-Synthese, obwohl die in den in vitro-Replikationsversuchen von Kornberg zur Replikation der DNS-Phagen verwendete DNS-Polymerase weitgehend fehlt. Von entscheidender Bedeutung für den weiteren Forschungsverlauf war jedoch die Feststellung, daß alle pol A-Mutanten die Wachstumsrate des Wildtyps und damit normale DNS-Replikationsrate zeigen. Sie bekräftigte die Auffassung, daß die DNS-Polymerase I keineswegs das in vivo-Enzym der DNS-Replikation von Escherichia coli sei. Sie wird durch weitere uns schon bekannte Tatbestände erhärtet: Das Enzym vermag keine bruchfreien DNS-Doppelstränge als Substrat zu benutzen. Sind solche Brüche vorhanden, dann führt die Wirkung der Polymerase I in vitro zu biologisch inaktiven, nicht denaturierbaren und verästelten Polymerisaten. Unter den zahlreichen bisher isolierten, temperaturempfindlichen Mutanten der DNS-Replikation findet sich keine einzige pol

A-Mutante. Die von DNS-Polymerase I katalysierte Polymerisation verläuft rund 100mal langsamer als die in vivo-Synthese. Offen bleibt zunächst die Möglichkeit, daß die Polymerase I eine fakultative Aufgabe bei der DNS-Synthese in vivo etwa als Bestandteil eines zusätzlichen Enzymsystems besitzt. Sicher aber wäre sie, wie die pol A-Mutanten zeigen, dann wegen des Vorhandenseins eines weiteren, die Replikation katalysierenden Enzymsystems nicht unersetzlich. Die Annahme war daher gut begründet, daß die der DNS-Replikation von Escherichia coli in vivo dienende DNS-Polymerase noch ihrer Entdeckung harrte.

Die damit herrschende Unklarheit über eine etwaige Beteiligung von DNS-Polymerase I an der in vivo-DNS-Replikation zusammen mit dem Verfügbarwerden der pol A-Mutanten von Escherichia coli hat die Forschung auf dem Gebiete der Enzyme der DNS-Replikation stark angeregt und zur Ausarbeitung neuer in vitro-Methoden geführt. Sie machen sich zwei Tatbestände zunutze. Einmal war bei der Isolierung von Polymerasen, welche der DNS-Replikation anderer Mikroorganismen, vor allem von Phagen in vivo dienen, eine enge Bindung dieser Polymerasen an die Membran aufgefallen. Zum anderen mußten die pol A-Mutanten die Suche nach der in vivo-Replikase der DNS von Escherichia coli dadurch erleichtern, daß bei ihrer Verwendung keine Nebenwirkungen durch die DNS-Polymerase I zu befürchten waren. SMITH, SCHALLER und BONHOEFFER betteten Zellen der pol A-Mutante in Agar ein, zerlegten diesen in kleine Bruchstücke und überführten durch Verdauen der Zellwand die noch eingebetteten Zellen in Sphäroplasten. Diese wurden durch osmotischen Schock (Erhöhung der Salzkonzentration) lysiert. Wiederholte Waschung entfernte die löslichen Anteile des Zellinhaltes, wobei Zellmembranen und DNS zurückblieben. Bei Zugabe der vier Desoxyribonucleosid-Triphosphate synthetisieren derartige Membranen DNS. Die damit zum Ausdruck kommende Polymeraseaktivität wird mit DNS-Polymerase II bezeichnet. Eine solche DNS-Synthese findet mit derselben Rate statt, gleichgültig, ob in dem in vitro-System die Zellmembranen von Escherichia coli-Wildtypzellen oder von pol A-Mutanten stammen. Während der ersten Minute werden je Sphäroplast 5×10^5 Mononucleotide in DNS eingebaut. Die Rate verringert sich jedoch bereits in der zweiten Minute, um weiterhin ständig abzunehmen. Das System vermag anstelle von Thymin mit gleicher Rate BU einzubauen. Es entsteht dabei Hybrid-DNS, die im CsCl-Gradienten eine eigene Bande bildet. Die größten Moleküle, die in dieser Bande enthalten sind, besitzen ein Molekulargewicht von 3×10^7. Daraus läßt sich die Geschwindigkeit der Kettenverlängerung während der DNS-Synthese auf $1,5 \times 10^3$ Nucleotide pro Sekunde berechnen, ein Wert, welcher demjenigen der in vivo-Synthese sehr nahe kommt. Da die Rate der Inkorporation je Sphäroplast rund fünfmal höher als dieser Wert ist, muß mit mehreren Replikationsorten je Sphäroplast gerechnet werden.

KNIPPERS und STRÄTLING benutzten ebenfalls DNS-Polymerase II-Aktivität zeigende Membrankomplexe einer pol A-Mutante, welche im Sucrosegradienten gereinigt worden war und untersuchten die an ihnen vor sich gehende Replikation der ΦX 174-DNS. Die Duplikation der replikativen Form (RF) dieser DNS erfolgt, wie bereits bekannt war, semikonservativ, wenn einer der beiden Einzelstränge einen Bruch aufweist und ein aktives Genprodukt des Cistrons IV der Phagen-DNS wirksam wird. Außerdem müssen die zu replizierende DNS mit der Zellmembran verbunden und das DNS-Replikationssystem der Wirtszelle intakt sein. Diese Voraussetzungen sind in Membrankomplexen erfüllt, welche aus ΦX 174-infizierten Escherichia coli-Zellen vom Typ der pol A-Mutante gewonnen werden können. Das System führt zu semikonservativer Neusynthese einer begrenzten Anzahl intakter, infektiöser Phagengenome. Daraus darf geschlossen werden, daß die wesentlichen Enzyme, welche zur Replikation einer Doppelstrang-DNS notwendig sind, bei Escherichia coli an die Zellwand gebunden vorliegen. Eine mögliche Ausnahme davon macht die Ligaseaktivität. Die Syntheserate, ausgedrückt als Maß der Kettenverlängerung pro Zelleinheit, gleicht derjenigen, welche in dem zuvor beschriebenen Membransystem von SMITH und Mitarbeitern erreicht wurde und ähnelt damit wie diese der in vivo-Rate der DNS-Replikation. Auch das DNS-synthetisierende Membransystem von KNIPPERS

und STRÄTLING weist eine nur kurze Aktivitätsperiode auf. Ebenfalls von der Beobachtung ausgehend, daß die DNS-Replikation von Escherichia coli membrangebunden verläuft, entwickelte die Arbeitsgruppe von HOFFMANN-BERLING ein System, welches Äther behandelte und dadurch für kleinmolekulare Substanzen permeabel gemachte Zellmembranen verwendet. MOSES und RICHARDSON erreichten den gleichen Effekt durch Behandlung mit Toluol.
Nachdem diese in vitro-Systeme das Vorhandensein der Aktivität einer der DNS-Replikation dienenden DNS-Polymerase II nachgewiesen hatten, die sich von derjenigen der DNS-Polymerase I unterschied, und die sehr wahrscheinlich bei der in vivo-DNS-Replikation beteiligt ist, bestand die nächste Aufgabe darin, diese Polymerase zu isolieren und ihre in vitro-Eigenschaften zu untersuchen. Dies geschah 1970 in drei verschiedenen Arbeitskreisen. MOSES und RICHARDSON führten diese Isolierung aus pol A-Mutanten und Wildtypzellen aus und bestätigten damit, daß die Polymerase II-Aktivität nicht etwa das Ergebnis einer durch Mutation veränderten Polymerase I der pol A-Mutante sei. KNIPPERS ging bei der Isolierung von Beobachtungen an dem von ihm entwickelten, DNS synthetisierenden Membransystem aus. KORNBERG T. und GEFTER schließlich beschrieben den Gang einer Reinigung der Polymerase II, welche in der Polyacrylamid-Gel-Elektrophorese eine einzige Bande bildete und sich damit als homogen erwies. Aus den Arbeiten der drei Arbeitskreise ergaben sich folgende Eigenschaften für die DNS-Polymerase II: In der Escherichia coli-Zelle sind etwa 100 Moleküle dieses Enzyms vorhanden. Sein Molekulargewicht liegt im Bereich zwischen 60000 und 90000. Im Gegensatz zur DNS-Polymerase I wird das Enzym durch Quecksilberverbindungen stark gehemmt. Ebenfalls hemmend wirken Sulfhydril-Gruppen. Dagegen erweist es sich als unempfindlich gegen ein Polymerase I-Antiserum, welches diese inaktiviert. DNS-Polymerase II bindet sowohl an Einstrang- wie Doppelstrang-DNS verschiedener Länge. Davon sind als Primer jedoch nur DNS-Doppelstränge geeignet, welche keine Makromoleküle sein dürfen. Ihre optimale Länge liegt bei einem Molekulargewicht von $1-2\times10^6$. Exonuclease III verwandelt ein DNS-Doppelstrang-Makromolekül in einen geeigneten Primer. Wahrscheinlich entsteht bei dieser Reaktion ein freies 3'-OH-Ende, während gleichzeitig eine als Vorlage geeignete Nucleotidsequenz freigelegt wird. Im Gegensatz zu DNS-Polymerase I sind DNS-Doppelstränge, welche nach Endonucleasebehandlung Einzelstrangbrüche aufweisen, nicht als Vorlage für die DNS-Polymerase II geeignet. Eine Unterbrechungsübersetzung wird durch Polymerase II nicht katalysiert. Im in vitro-Versuch benötigt die Polymerase II Mg^{++}- und NH_4^+-Ionen, einen Primer, eine Vorlage und die vier Nucleosidtriphosphate. Die DNS-Synthese verläuft dann etwas langsamer als bei der Katalyse durch DNS-Polymerase I während der ersten 90 min mit gleichbleibender Geschwindigkeit. Bereits nach 2 min erweist sich die neu synthetisierte Nucleotidsequenz als kovalent am Primer gebunden. Die Polymerisation erfolgt am 3'-OH-Ende. Sie geht also in der 5'-3'-Richtung des Einzelstranges vor sich. DNS-Polymerase II ähnelt sehr stark der T4 DNS-Polymerase, welche die in vivo-Replikation der DNS dieses Phagen katalysiert.

Bei der Reinigung der DNS-Polymerase II durch KORNBERG T. und GEFTER wurde die Technik der Phosphorzellulose-Chromatografie angewandt. Dabei ergab sich eine Halbierung der Ausgangs-Aktivität. Dieser Aktivitätsverlust konnte durch erneutes Hinzufügen einer frühen Fraktion dieser Chromatografie, aber auch durch Zugabe von Exonuclease III wieder behoben werden. Neben dieser Trennung von Exonuclease III und Polymerase II führte die Phosphorcellulose-Chromatografie zur Isolierung einer weiteren Polymeraseaktivität, welche mit DNS-Polymerase III bezeichnet wurde (Abb. 279). Sie unterscheidet sich von Polymerase II durch unterschiedliche Empfindlichkeit gegen Ammoniumsulfat und abweichendes pH-Optimum.
Über die mögliche in vivo-Bedeutung von DNS-Polymerase II und III lassen sich z.Zt. nur Vermutungen anstellen. Zu deren Prüfung konstruierten GEFTER, HIROTA, KORNBERG T., WEXLER und BARNOUX Doppelmutanten, welche den mutierten Genort der pol A1-

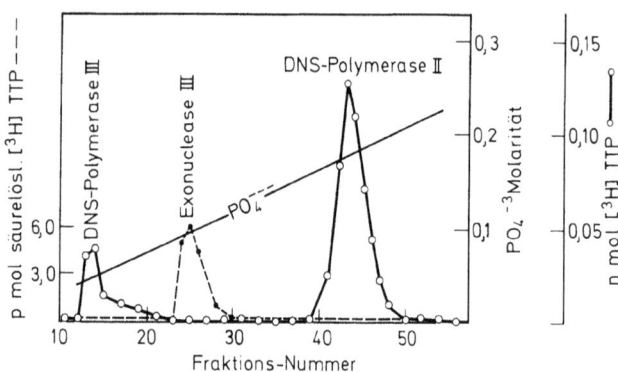

Abb. 279. Phosphorzellulose-Chromatographie der Fraktion III der DNS-Polymerase-Aufarbeitung einer PolA-Mutante von E. coli, welche zur Entdeckung der DNS-Polymerase III führte. Aus KORNBERG T. et al. 1971

Mutante zusammen mit einem der Mutationsorte der sieben Klassen der dna-Mutanten beherbergten, die in der nicht erlaubten Temperatur keine DNS-Synthese zeigen. Alle so erhaltenen Doppel-Mutanten weisen bei erlaubter Temperatur unveränderte Aktivität der DNS-Polymerase II auf. Überführung der Mutanten des Locus E, nicht aber derjenigen der anderen Gruppen in die nicht erlaubte Temperatur führt zum Ausfall der DNS-Polymerase III-Aktivität. Aus derartigen Mutanten gewonnene DNS-Polymerase III erweist sich auch im in vitro-Versuch als thermolabil. Damit ist zweierlei gezeigt: Der Genort dna E beherbergt die Strukturinformation für die DNS-Polymerase III von Escherichia coli. Da dna-E-Mutanten bei nicht erlaubter Temperatur in vivo keine DNS-Synthese mehr aufweisen und eine im in vitro-Versuch thermolabile DNS-Polymerase III enthalten, muß geschlossen werden, daß dieses Enzym für die DNS-Replikation in vivo notwendig ist.

SCHALLER, OTTO, NÜSSLEIN, HOF, HERRMANN und BONHOEFFER haben 1971 ein verbessertes in vitro-System beschrieben, welches hochkonzentrierte Lysate der pol A1-Mutante von E. coli benutzt. In ihm geht über längere Zeitperioden DNS-Synthese vor sich, wobei die Rate der semikonservativ verlaufenden Replikation und die Geschwindigkeit der Kettenverlängerung 10–20% des in vivo-Wertes erreichen. Die Synthese verläuft bei Abwesenheit der DNS-Polymerasen I und II, benötigt jedoch, wie der negativ ausgegangene, gleichartige Versuch unter Verwendung einer dna-E$^-$-Mutante zeigt, die Aktivität der DNS-Polymerase III. Das genannte in vitro-System bildet damit einen weiteren starken Hinweis darauf, daß diese die Polymerase der in vivo-DNS-Replikation ist.

Die Beobachtung, daß die DNS-Polymerasen II und III mit der Zellmembran assoziiert sind, steht in Übereinstimmung mit einer Hypothese, die JACOB, BRENNER und CUZIN zusammen mit der Veröffentlichung ihrer Vorstellung über das Replikon als Einheit der DNS-Replikation aufstellten. Die Autoren gingen davon aus, daß nicht nur ein Mechanismus vorhanden sein muß, welcher die Replikation der DNS reguliert; mindestens ebenso wichtig ist die Verteilung der beiden Schwesterdoppelstränge an die bei der Teilung der Bakterienzelle entstehenden Schwesterzellen. Diese Verteilung erfolgt, wie Beobachtungen zeigen, mit einem hohen Grade der Genauigkeit. Nur in Mutanten, in denen der dazu nötige Mechanismus offenbar gestört ist, entstehen kernlose Zellfragmente. Für eine derart regelmässige Aufteilung der beiden Produkte einer DNS-Replikation schlagen die Autoren einen Mechanismus vor, welcher die Befestigung eines bestimmten Punktes des Bakterienchromosoms, wie beispielsweise des Anfangspunktes der Replikationsrunde, an der Bakterienmembran vorsieht. Die Vollendung einer Replikationsrunde

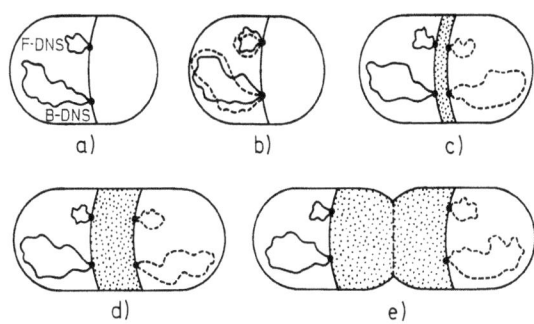

Abb. 280. Schematische Darstellung der Modellvorstellung für die Sicherstellung einer gleichmäßigen Verteilung der beiden Teilungsprodukte der DNS-Doppelstränge des Bakterienchromosoms und des F-Faktors auf die in der nachfolgenden Teilung einer Bakterienzelle entstehenden Schwesterzellen durch permanente Bindung der DNS-Moleküle an die Innenseite der Zellmembran. Nach JACOB et al. 1963

würde den Beginn einer Membransynthese in der Zone zwischen den beiden durch Teilung entstandenen Befestigungspunkten der DNS einer Membran auslösen. Beobachtungen von COLE und HAHN an Streptococcus haben gezeigt, daß die Membranneusynthese tatsächlich von einer Mittelzone ausgeht und nicht etwa durch den statistischen Einbau neuer Bauelemente in die Gesamtheit der Membran vorgenommen wird. Durch diesen Synthesemodus werden von der äquatorialen Zone aus die beiden Membranhälften nach den Zellpolen geschoben, während der Mittelteil neu entsteht. Auf diesem Wege müssen die zu beiden Seiten des Zelläquators an der Membraninnenseite befestigten beiden Schwesterchromosomen voneinander entfernt werden (Abb. 280). Die Zellteilung trennt dann schließlich die neu entstandenen, mittelständigen Membranzonen in der Mitte durch und weist dadurch jeder Schwesterzelle ein DNS-Molekül zu. Dieses ist etwa in der Mitte jeder Schwesterzelle immer noch an der ehemaligen Grenzzone zwischen alter und neu synthetisierter Membran gelegen. Die Autoren halten eine Folge von Auslösereaktionen für möglich, in der das Signal zum Einsatz der Duplikation und der Beginn der Membranneusynthese, sich gegenseitig bedingend, einander abwechseln. Dadurch wäre die gleichmäßige Aufteilung der beiden Teilungsprodukte auf die entstandenen Schwesterzellen ebenso wie die zeitliche Korrelation zwischen DNS-Replikation und Zellteilung sichergestellt. Sie möchten diese Modellvorstellung nicht nur auf das Bakterienchromosom, sondern auch auf andere, gleichzeitig in der Bakterienzelle vorhandene Replikons mit Ausnahme von Viren angewandt wissen. Damit wäre erklärt, warum beispielsweise die Anzahl autonomer F-Episomen einer Bakterienzelle derjenigen identischer DNS-Makromoleküle (Kernäquivalente) entspricht. In Übereinstimmung mit der Hypothese steht nicht nur die eindeutige Membranbindung der DNS-Polymerasen II und III von Escherichia coli. Elektronenoptische Aufnahmen haben darüber hinaus nachgewiesen, daß bei zahlreichen Bakterienarten die DNS an der Zellmembran anliegt.

Über die Beteiligung von Ligasen an der DNS-Replikation in vivo liegt eine Reihe von Beobachtungen vor, welche ebenfalls unter Verwendung von Mangelmutanten der Ligaseproduktion gemacht wurden. FAREED und RICHARDSON konnten nachweisen, daß das Gen 30 des Phagen T4 die Struktur einer DNS-Ligase codiert, welche die Enden eines DNS-Doppelstranges zum Ringe schließt. Bei Infektion von Escherichia coli mit einer T4 amber-Mutante dieses Genortes beginnt zunächst die Phagensynthese normal anzulaufen. Sie wird jedoch bereits 10 min nach Infektion beendet, wobei etwa 10% derjenigen Phagen-DNS-Menge vorhanden sind, welche bei Infektion mit Wildtyp-T4 entsteht. Bei Verwendung temperaturempfindlicher Mutanten des Genes 30 ergab sich, daß die synthetisierte Phagen-DNS nach Denaturierung aus kurzen Bruchstücken (5 bis 15 S) besteht. Bei Rückkehr zur erlaubten Temperatur und damit Wiederaufnahme der Ligaseproduktion werden sie zu DNS-Strängen von höherem Molekulargewicht vereinigt, ein Tatbestand der uns noch im Zusammenhang mit dem Modell der diskontinuierlichen DNS-Replikation beschäftigen wird. In der Zelle liegt diese DNS als Doppelstrang vor, welcher Brüche von Einzelsträngen aufweist. Diese lassen sich auch in vitro mit gereinigter Ligase reparieren. Die Wirkung des Ausfalls der Aktivität des Genortes 30 von T4 wird, wie BERGER und KOZINSKI sowie andere Autoren zeigen konnten, durch zusätzliche Einführung einer Mutation des r_{II}-Cistrons in das T4-Genom kompensiert. Solche Doppelmutanten zeigen normalen Syntheseablauf. Möglicherweise codiert dieses Cistron die Struktur einer Nuclease, deren Wirkung durch die T4-Ligase ausgeglichen werden muß, wenn normale T4-DNS-Replikation vor sich gehen soll. Zu einer Erweiterung dieser Hypothese führen Beobachtungen unter Verwendung einer Ligasedefektmutante von Escherichia coli. In ihr werden T4-Phagen mit der gleichen Ausbeute wie in Wildtyp-Escherichia coli-Zellen synthetisiert. Dient jedoch die Ligasemangelmutante von T4 zur Infektion dieser Escherichia coli-Ligasemangelmutante, so führt auch eine zusätzliche r_{II}-Mutation des Phagengenoms bei der nicht-erlaubten Temperatur der Escherichia coli-Mutante nicht zu normaler Phagensynthese. Daraus ist zu schliessen, daß für die T4-Synthese eine Ligaseaktivität nötig ist, welche bei Vorliegen einer doppelten Mutation im Gen 30 und im r_{II}-Cistron des Phagengenoms zur Ermöglichung einer normalen Phagensynthese von Escherichia coli-Wirtszellen geliefert werden muß. Ist diese dazu ebenfalls durch eine Defektmutation nicht mehr in der Lage, dann unterbleibt die Phagensynthese.

DNS-Ligasemutanten von Escherichia coli wurden unter Verwendung zweier verschiedener Methoden isoliert. Mit Hilfe der ersten kamen Stämme zur Selektion, die in besonders hohem Maße die Replikation einer der im vorstehenden beschriebenen Ligasemangelmutanten von T4 erlauben. Sie mußten daher eine Überproduktion von Ligase aufweisen und bildeten ein geeignetes Ausgangsmaterial zur Selektion weiterer Mutanten, in denen die gleichen Phagenmutanten nicht mehr synthetisiert werden konnten. Unter diesen neu aufgetretenen Escherichia coli-Mutanten befanden sich mehrere vom ligasenegativen Typ. Sie zeigten Wildtypwachstum, also ungestörte DNS-Replikation, jedoch veränderte UV-Empfindlichkeit. PAULING und HAMM isolierten mit einer Methode, welche Mutanten der DNS-Synthese selektiert, eine temperaturempfindliche Ligasemutante (ts-7), welche gegen UV- und Röntgenstrahlen stark erhöhte Empfindlichkeit aufweist. Wie bereits die Selektionsmethodik voraussetzte, zeigt die Mutante gleichzeitig eine Verringerung der Wachstumsrate bei Annäherung an die nicht-erlaubte Temperatur, welche auf das Wachstum von Wildtypzellen keinen bremsenden Einfluß ausübt. Aus dieser Beobachtung und denjenigen an T4-Ligasemutanten darf auf eine Beteiligung der Ligase an der DNS-Replikation in vivo geschlossen werden. Wir werden dies noch im Zusammenhang mit der Darstellung von Modellen der DNS-Replikation zu diskutieren haben.

2. Modelle der DNS-Replikation

2.1 Diskontinuierliche DNS-Synthese

Die beiden Schwesterstränge des DNS-Doppelstranges besitzen gegenläufige Polarität. Bei der sequentiellen Replikation eines solchen Doppelstranges verlängert sich daher der eine in der 3'-5'-, der andere in der 5'-3'-Richtung. Trifft diese, für größere DNS-Abschnitte sicher richtige Aussage auch für kleinere Nucleotidsequenzen, etwa in der Größe eines Genortes zu? Anlaß zu dieser Frage gibt der Tatbestand, daß alle bisher bekannten DNS-Polymerasen in der 5'- nach 3'-Richtung des Einzelstranges verlaufende DNS-Synthesen katalysieren. Die allgemeine Syntheserichtung des einen Stranges einer

DNS-Doppelhelix würde dem entsprechen, die des anderen komplementären jedoch entgegengesetzt gerichtet sein. Einen Ausweg aus diesem Dilemma böte eine diskontinuierliche Synthese. Bei ihr würden in dem letztgenannten Einzelstrang kurze DNS-Abschnitte in 5'-3'-Richtung und damit entgegengesetzt zur allgemeinen Syntheserichtung des Einzelstranges synthetisiert und erst danach durch Phosphodiesterbindungen mit der sich dadurch verlängernden DNS-Helix verknüpft werden. Dafür sind 3 verschiedene Modellvorstellungen möglich (Abb. 281): Die identische Duplikation des mit einer 3'- Polarität endenden Stranges erfolgt kontinuierlich, die des anderen dagegen diskontinuierlich (a). Beide neu entstehenden Replika werden diskontinuierlich synthetisiert (b). Beide Schwesterdoppelstrangstücke sind am Replikationsort vorübergehend weder mit dem DNS-Muttermolekül noch mit den beiden neu entstandenen komplementären Doppelsträngen verbunden (c). Die Neusynthese der beiden Replikastränge erfolgt dabei nach (b). Den Gegensatz zu diesen 3 Modellen bildet die kontinuierliche Replikation durch ein Enzymsystem, welches sowohl in der 5'- 3'- , wie der 3'- 5'- Richtung zu polymerisieren vermag (d).

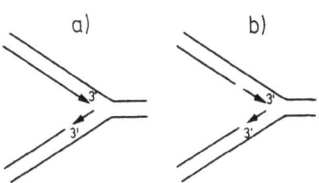

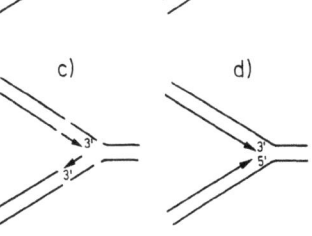

Abb. 281. Vier Möglichkeiten für die Replikation eines DNS-Doppelstranges. a) – c), Drei Formen diskontinuierlicher Replikation. d) Kontinuierliche Replikation beider Einzelstränge. Aus OKAZAKI et al. 1968

Es sollte möglich sein, zwischen kontinuierlicher und diskontinuierlicher Synthese experimentell zu unterscheiden dadurch, daß sehr kurze, nur wenige Sekunden andauernde Pulsmarkierungen replizierender DNS vorgenommen werden. Bei diskontinuierlicher Replikation müßte ein merklicher Anteil der radioaktiven Markierung nach zuvor stattgefundener Zerlegung der DNS in Einzelstränge in kurzen DNS-Abschnitten nachzuweisen sein. Ein kontinuierlicher Replikationsmodus dagegen würde dazu führen, daß die Markierung unabhängig von der Länge des Pulses stets in DNS-Makromolekülen aufträte. Der japanische Forscher OKAZAKI hat mit seinem Arbeitskreis, auf diese Überlegungen aufbauend, derartige Markierungsversuche durchgeführt und ihre Ergebnisse in einer Reihe von Veröffentlichungen dargestellt. Die Versuche wurden vorwiegend bei 20° C durchgeführt, einer Temperatur, bei der sich die replizierende DNS um rund 400 Nucleotide je Sekunde verlängert. Die angewendete Pulsdauer mit ^{3}H-Thymidin von 5 sec markiert damit rund 2000 Mononucleotide, also einen DNS-Abschnitt in der Größenordnung von 1-2 Genorten. Abb. 282a zeigt das Ergebnis einer Serie von Zentrifugierungen im alkalischen Sucrosegradienten und damit von Einzelstrang-DNS, zu der E. coli-DNS verwendet wurde, die mit ^{3}H-Thymidin-Pulsen von 5-60 sec Dauer markiert worden war. Der überwiegende Anteil der Markierung des 5- und 10-Sekunden-Pulses ist in einer Bande zu finden, welcher der Sedimentationsrate von 11S entspricht. Nach 30 sec langem Puls verteilt sich die Markierung bereits auf 2 Maxima. Das erste liegt nach wie vor bei 11S, das zweite in der Zone einer wesentlich höheren Molekulargröße.

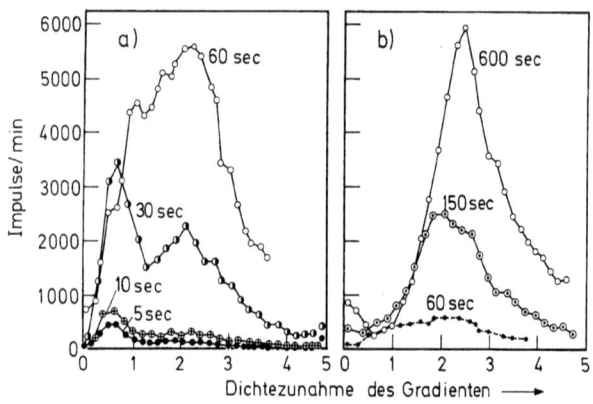

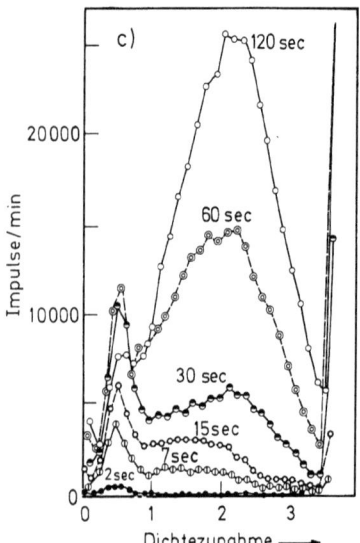

Abb. 282. Ergebnis der alkalischen Sukrose-Gradientenzentrifugierung von Doppelstrang-DNS nach verschieden langer (als Bezeichnung der Einzelkurven angegebener) während der DNS-Replikation bei 20° C vorgenommener Pulsmarkierung mit ^{3}H-Thymidin. a), b) DNS von E. coli, c) DNS von T4. Aus OKAZAKI et al. 1968

Mit der schrittweisen Verlängerung der Pulsdauer auf 600 sec (Abb. 282b) wandert es weiter in Richtung höherer S-Werte und damit zunehmender Kettenlänge der markierten DNS-Moleküle, um bei 600 sec den Wert von rund 50S zu erreichen. Ähnliche Ergebnisse werden bei Pulsmarkierung der replizierenden DNS des Phagen T4 erzielt. Auch hier tritt wieder (Abb. 282c) bei kurzen Pulsen das Maximum der Markierung im Bereich eines niedrigen Sedimentationswertes, diesmal bei 9S auf und findet sich bei längeren Pulsperioden in einem Gebiet des Gradienten, das für DNS-Makromoleküle bezeichnend ist. Die Autoren halten daher für E. coli und T4 einen Replikationsmodus nach Abb. 281a oder b für sehr wahrscheinlich. Im ersteren Fall dürfte jedoch nur die Hälfte der Markierung in der 9S- oder 11S-Fraktion vorhanden sein. Die andere Hälfte müßte dagegen auch bei kurzen Pulsen bereits in der 50S-Fraktion auftreten. Bei kontinuierlicher Verdopplung nach (d) fiele dagegen die 9S- oder 11S-Fraktion völlig weg. Da ein Teil des langsam sedimentierenden Materials der 9S- oder 11S-Bande ohne vorherige Zerlegung in Einzelstränge sich als hochempfindlich gegenüber der Einstrang-spezifischen Exonuclease I erweist, liegt offenbar ein beträchtlicher Teil der neusynthetisierten DNS in Einzelstrangform vor. Das Modell Abb. 281c wird jedoch dadurch nicht völlig ausgeschlossen. Die Versuchsergebnisse lassen sich als Hinweis auf einen diskontinuierlichen Verlauf der DNS-Replikation verstehen, welche zunächst zu kleinen, nicht kovalent mit dem DNS-Makromolekül verbundenen Abschnitten, den „Okazaki-Stücken" führt.

Die Analyse des Replikationsvorganges der DNS temperaturempfindlicher Ligasemutanten von T4 gibt Auskunft über die Beteiligung der Ligase an der Vereinigung der neusynthetisierten DNS-Abschnitte mit den freien Enden der beiden Schwesterdoppelstränge. Abb. 283a zeigt das Ergebnis der Zentrifugierung von Einstrang-DNS im alkalischen Sucrosegradienten, das nach verschieden langer Pulsmarkierung bei 30° replizierender DNS der temperaturempfindlichen Ligasemutante ts B20 von T4 erhalten wurde. Bei dieser erlaubten Temperatur weist die Mutante normale Ligaseaktivität auf: Die Kurvenverläufe ähneln, unter Berücksichtigung der unterschiedlichen Zuchttemperaturen, denen der Abb. 282c. Nur noch der 20-Sekunden-Puls gibt ein Maximum in der Zone der Okazaki-Stücke. Längere Pulse führen zum Einbau der Markierung in makromolekulare DNS. Ein ganz anderes Bild ergibt sich für die DNS-Synthese dieser Mutante in nicht-erlaubter Temperatur, bei welcher sie keine Ligaseaktivität zeigt (Abb. 283b). Nun ist auch die Markierung des 60-Sekunden-Pulses noch an kurze DNS-Stücke gebunden,

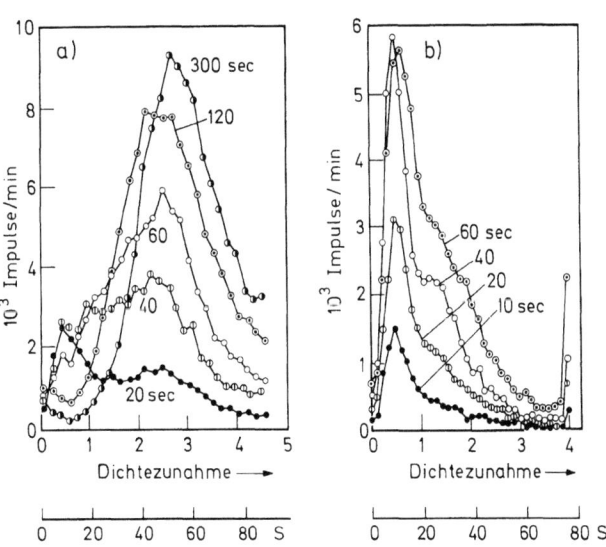

Abb. 283. Alkalische Sucrose-Gradientenzentrifugierung der DNS einer temperaturempfindlichen DNS-Ligase-defekten Mutanten von T4 nach verschieden langer, während der DNS-Replikation vorgenommener Pulsmarkierung mit ^{3}H-Thymidin nach Durchführung der Pulsmarkierung bei a) der erlaubten Temperatur von 30° C., b) der nicht-erlaubten Temperatur von 43°C. Aus Sugimoto et al. 1968

die im 9S-Bereich sedimentieren: Das Fehlen der Ligase hat zum Ausbleiben der Vereinigung dieser Stücke mit den DNS-Makromolekülen geführt. Werden solche T4 synthetisierende Zellen wieder in die erlaubte Temperatur zurückgebracht, so erfolgt als in vivo-Reaktion die Vereinigung der kurzen Stücke mit den Makromolekülen. Die Versuchsergebnisse werden als Beweis dafür betrachtet, daß die Vereinigung der neusynthetisierten, kurzen DNS-Stücke mit dem in Replikation befindlichen Makromolekül durch die T4-DNS-Ligase katalysiert wird. Trifft diese Feststellung zu, dann gehören damit die Ligasen in die Gruppe der für die DNS-Synthese notwendigen Enzyme.
Unter der Voraussetzung der Richtigkeit der aus den im vorstehenden beschriebenen Versuchen gezogenen Folgerungen auf das Vorhandensein eines diskontinuierlichen Mechanismus der DNS-Replikation blieb die Entscheidung über eine schon eingangs genannte, durch die Versuchsdurchführung der Abb. 282 nur indirekt bearbeitete Alternative offen. Beschränkt sich die diskontinuierliche Replikation nur auf einen der beiden neusynthetisierten Einzelstränge (Abb. 281a) oder werden (Abb. 281b, c) beide Stränge diskontinuierlich synthetisiert? Da nach kurzer Pulsdauer bei der Replikation der T4-DNS die Markierung nahezu ausschließlich in den kurzen Strangstücken auftritt, ist es unwahrscheinlich, daß bei diesem Objekt nur einer der beiden Schwesterstränge diskontinuierlich repliziert wird. SUGIMOTO, T. OKAZAKI, IMAE und R. OKAZAKI haben diese Frage unmittelbar experimentell untersucht. Sie trennten die beiden komplementären Einzelstränge der T4-Doppelstrang-DNS voneinander und zentrifugierten das Einzelstranggemisch im CsCl-Gradienten, dem entweder poly-U oder poly-GU zugesetzt worden war. Mit Hilfe dieser, von GUHA und SZYBALSKI entwickelten und im vorstehenden bereits im Zusammenhang mit Untersuchungen am Phagen λ beschriebenen Methode, werden die beiden Komplementärstränge in zwei Banden gesammelt, aus deren Maxima sie nahezu rein gewonnen werden können. Eine Lösung von in Einstrangform vorliegenden Okazaki-Stücken replizierender T4-DNS hybridisiert mit jeder der beiden auf diesem Wege gewonnenen Einzelstrang-Fraktionen der T4-DNS in gleichem Ausmaß. Dies ist nur dann möglich, wenn sich unter den kurzen, neusynthetisierten DNS-Abschnitten mit gleicher Häufigkeit Replika für Abschnitte eines jeden der beiden Komplementärstränge der T4-DNS befinden. Das Ergebnis stützt damit die aus den Befunden der Versuche nach Abb. 282 abgeleitete Hypothese, daß beide Einzelstränge der T4-DNS diskontinuierlich synthetisiert werden.

Ausgangspunkt der Planung von Versuchen, die zur Entdeckung der Okazaki-Stücke führten, war die Feststellung, daß keine der bekannten DNS-Polymerasen in 3'- 5'- Richtung des Einzelstranges synthetisiert, während das Substrat der DNS-Replikation aus zwei Einzelsträngen entgegengesetzter Polarität besteht und damit für mindestens einen der beiden Stränge einen diskontinuierlichen Replikationsmodus nahelegt. T. und R. OKAZAKI haben experimentell zu klären versucht, ob beide Einzelstränge tatsächlich in 5'- 3'- Richtung synthetisiert werden. Sie markierten dazu die wachsenden Enden von Okazaki-Stücken der T4-DNS mit ^{3}H-Thymidin und die ganzen Stücke gleichmäßig mit ^{14}C-Thymidin. Bei Synthese beider Stränge in 5'- 3'- Richtung sollte in den kurzen DNS-Stücken die ^{3}H-Markierung am 3'- Ende liegen. Werden die beiden Einzelstränge dagegen in gegenläufiger Richtung synthetisiert, dann sollte in einem Gemisch der kurzen, neusynthetisierten DNS-Stücke die ^{3}H-Markierung mit gleicher Häufigkeit am 3'- und am 5'- Ende zu finden sein. Experimentell läßt sich dies durch Verwendung zweier Exonucleasen prüfen, welche Einstrang-DNS in entgegengesetzter Richtung abbauen. Die E. coli-Exonuclease I beginnt diesen Abbau am 3'-Ende, B. subtilis-Nuclease am 5'-Ende. Die Kurven der Abb. 284, welche einen solchen getrennten Abbau durch beide Nucleasen unter Verwendung der mit W und C bezeichneten Einzelstrang-Fraktionen nach ^{3}H / ^{14}C-Markierung zeigen, beweisen, daß beide Einzelstränge die ^{3}H-markierten Mononucleotide am 3'-Ende tragen. Dieses muß damit der zuletzt markierte Abschnitt sein: Beide Stränge sind in 5'-3'-Richtung synthetisiert worden.
IWATSUKI und OKAZAKI haben außerdem zeigen können, daß die Okazaki-Stücke nicht

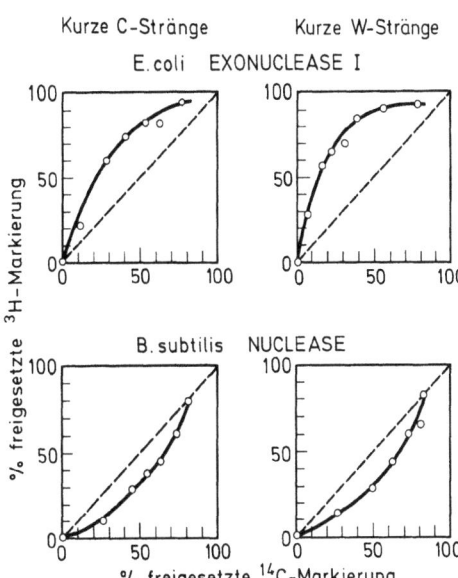

Abb. 284. Das Verhältnis freigesetzter ^{3}H/^{14}C-Markierung als Ergebnis des enzymatischen Abbaues der beiden getrennten Einzelstrangfraktionen von „Okazaki-Stücken" aus T4-DNS vom 3′-Ende her durch E. coli-Exonuclease (oben) und vom 5′-Ende her durch Bacillus subtilis-Nuclease (unten) nach kurzer Pulsmarkierung der wachsenden Enden mit ^{3}H-Thymidin bei gleichzeitig vorgenommener, durchgehender ^{14}C-Thymidin-Markierung der ganzen Stücke. Aus Okazaki et al. 1969

das Ergebnis der Spaltung von DNS-Makromolekülen, welche kontinuierlich synthetisiert werden, durch Endonuclease sind. In Replikation befindliche T4-DNS wird in Abwesenheit von Ligase durch eine vom Phagengenom codierte Endonuclease zerlegt. Chloramphenicol verhindert, kurz nach Beginn der Phagensynthese eingesetzt, die Bildung dieser Nuclease. Auch dann jedoch entstehen in unveränderter Weise die kurzen DNS-Stücke als das vermutete Ergebnis einer diskontinuierlichen DNS-Synthese. Okazaki und Mitarbeiter haben schließlich unter Verwendung der pol A1-Mutante zur Untersuchung der DNS-Replikation in vivo und in Membran-Fraktionen, ähnlich den im vorstehenden beschriebenen von Smith und Mitarbeitern sowie Knippers und Mitarbeitern entwickelten Systemen, die Frage zu klären versucht, welche Polymerase die Synthese der Okazaki-Stücke katalysiert. Die bisher erzielten Ergebnisse sprechen dafür, daß die Polymerase I nicht das Enzym der diskontinuierlichen DNS-Synthese ist, sondern diese vielmehr durch ein membrangebundenes Enzym oder Enzymsystem durchgeführt wird. Okazaki-Stücke sind nicht auf Bakterien und Bakeriophagen beschränkt. Sie wurden für Gewebezuchtzellen des Brustdrüsencarcinoms der Maus, des Ehrlich- und Krebs 2-Ascites Tumors, für HeLa-Zellen sowie für regenerierende Rattenleberzellen und Zellen des chinesischen Hamsters nachgewiesen. Über ihre Länge bestehen noch uneinheitliche Angaben.

Ausgehend vom Nachweis der Okazaki-Stücke werden von mehreren Autoren für einen oder beide Arme der Replikationsgabelung zahlreiche Replikationspunkte nach Abb. 285a rechts angenommen. Demgegenüber schlagen Haskell und Davern einen Vorgabelungs-Mechanismus vor. Seine Elemente sind eine Anzahl voneinander unabhängiger Replikationsorte, deren jeder von einem der zahlreichen, in Replikationspunktnähe abwechselnd in beiden Einzelsträngen des Mutterdoppelstranges auftretenden, durch Endo-

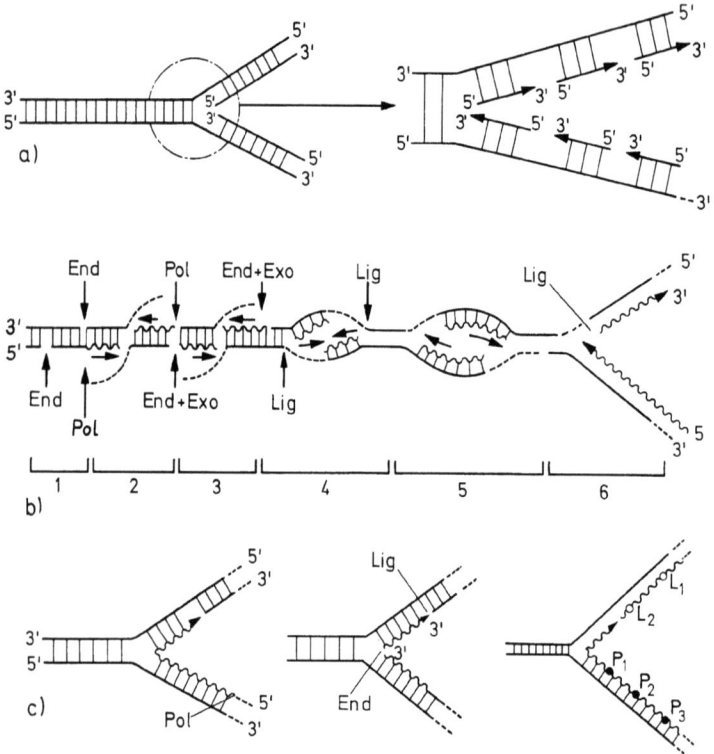

Abb. 285. Modell der Replikation von Doppelstrang-DNS bei Vorliegen des diskontinuierlichen Modus. a) Gleichzeitige diskontinuierliche Replikation ausgehend von mehreren Replikationspunkten in beiden Schwestersträngen in der Nähe der Replikationsgabel. Links „makroskopisches" Bild der Replikation. Rechts Reaktionsmechanismus auf molekularer Ebene. b) Vorgabelungsmechanismus nach HASKELL und DAVERN (Wellenlinien = neusynthetisierte Einzelstrangabschnitte.) aus GOULIAN 1971. c) „Messer und Gabel"-Mechanismus nach GUILD 1968

nuclease erzeugten Einzelstrangbrüche ausgeht (Abb. 285b 1). Das 3'-Ende wird durch Polymerase verlängert, während gleichzeitig das mit 5' beginnende Einzelstrangende vom Schwesterstrang abgelöst wird (2). Die neusynthetisierten Strangstücke werden durch Endonuclease an ihrem Beginn vom Strange getrennt und die Bruchstellen durch Exonuclease ausgeweitet (3). Die freien 5'-Enden schließen diese Lücke wieder und werden mit dem Einzelstrang, von dem sie zuvor getrennt wurden, durch Ligase kovalent verknüpft (4). Das nach 2 durch Polymerase katalysierte Wachstum der Einzelstränge wird weiter fortgeführt (5), bis diese schließlich aufeinandertreffen und zur Replikationsgabelung durch Ligase (6) vereinigt werden.

Als „Messer und Gabel-Mechanismus" wird von GUILD ein anderer Replikationsmodus diskutiert (Abb. 285c). Nach ihm wächst das 3'-Ende des neusynthetisierten Einzelstranges an der Innenseite der Replikationsgabel um die Innenkrümmung herum, so wie dies bei der in vitro-Synthese durch Polymerase I geschieht. Eine Endonuclease schneidet genau in der Gabelmitte dieses herumgewachsene Ende ab und schafft dadurch ein neues 3'-Ende. Das 3'-Ende des dadurch abgetrennten Segmentes wird mit dem freien 5'-Ende des währenddessen nicht verlängerten, neusynthetisierten Einzelstranges durch eine Ligase verbunden. Auch auf diese Weise würden Okazaki-Stücke entstehen.

WERNER hat in jüngster Vergangenheit die Hypothese einer diskontinuierlichen DNS-Replikation in Frage gestellt. Der Autor geht dabei von drei Tatbeständen aus: B. subtilis baut ^{3}H-Thymidin in kurze DNS-Stücke ein, welche nur mit einem der beiden DNS-Einzelstränge hybridisieren. OKAZAKI wertet dies als Hinweis dafür, daß bei B. subtilis und möglicherweise auch anderen Bakterien, im Gegensatz zum Phagen T4, nur einer der beiden Einzelstränge diskontinuierlich synthetisiert wird. Die zweite Beobachtung bezieht sich auf die Anzahl der Stücke, welche an jedem Replikationspunkt entstehen. Sie kann aus dem Verhältnis der Gesamt-^{3}H-Inkorporationsrate und der Höhe der Markierung je Okazaki-Stück, aber auch aus dem Vergleich der Fortbewegungsrate des Replikationspunktes mit der Zeitdauer, die zur Bildung der Stücke benötigt wird, errechnet werden. Dann ergibt sich, daß nur wenige Stücke je Replikationspunkt vorhanden sein können. Wird die Stückzahl jedoch aus der Einbaurate für Thymin-Monophosphat bestimmt, so erscheint die Einbaurate weit geringer als die Bewegungsgeschwindigkeit des Wachstumspunktes, sodaß zahlreiche Okazaki-Stücke je Wachstumspunkt vorhanden sein müßten. Zum dritten leitet WERNER aus einer Reihe eigener Versuche die Aussage ab, daß Desoxyribonucleosid-Triphosphate nicht die unmittelbaren Bausteine der DNS-Replikation sind. Seine experimentell gewonnenen Ergebnisse weisen dem Thymidin eine bevorzugte Rolle bei der DNS-Reparatur-Synthese, dem Thymin dagegen eine solche bei der DNS-Replikation zu. Wird die Pulsmarkierung unter Verwendung von ^{3}H-Thymin in der uns schon bekannten Thymin-Mangelmutante 15T$^-$ vorgenommen, dann ergibt die Sedimentationsanalyse im alkalischen Sucrosegradienten (Abb. 286 a) ebenfalls Einbau der Markierung in kleinere und größere DNS-Stücke. Im Gegensatz zum Thymidin erscheint selbst nach kürzester Pulsdauer stets weniger als 50% des eingebauten Thymins in den Okazaki-Stücken. Werden die Pulse extrem verkürzt, so verschiebt sich der Markierungsanteil der kurzen zuungunsten der makromolekularen Stücke. Daraus zieht der Autor den Schluß, daß letztere Vorstufen, nicht aber die schließlich entstandenen Polymerisationsprodukte der Okazaki-Stücke sind. Die Replikation wäre dann nicht diskontinuierlich, und die Okazaki-Stücke hätten eine andere als die bisher vermutete Aufgabe. Der bevorzugte Einbau von Thymidin und nicht Thymin in diese Stücke legt die Annahme nahe, daß Thymidin als spezifischer Baustein der Reparatur-Synthese die Stücke miteinander verbindet. Aus diesen und einer Reihe anderer Beobachtungen und Versuche schlägt WERNER ein neues Modell der DNS-Replikation vor (Abb. 286b): Die DNS wird kontinuierlich durch gleichzeitige Verlängerung beider neusynthetisierter Einzelstränge im Replikationspunkt verdoppelt. Dabei wird bevorzugt Thymin und nicht Thymidin eingebaut, ein Tatbestand, welcher Replikation und DNS-Reparatur-Synthese unterscheidet. Spezifische Nucleasen erzeugen im Abstand von durchschnittlich 3000 Mononucleotiden Einzelstrangbrüche in jeweils einem der beiden neusynthetisierten Schwesterstränge und lassen dadurch Okazaki-Stücke entstehen. Auf diese Weise beträgt der durchschnittliche Abstand des ersten Strangbruches vom Wachstumspunkt 1500 Mononucleotide. Sie werden später durch Ligase wieder geschlossen. Die biologische Bedeutung dieses Reaktionsablaufes bleibt zunächst unbekannt. Die Abb. 286b berücksichtigt gleichzeitig die Wirkung des sekundären Produktes des Gens 32 von T4, des „Alberts-Proteins", die ALBERTS und FREY beschrieben haben. Danach dient dieses Protein der lokalen Entspiralisierung der DNS am Replikationsort sowie einer die nachfolgende Polymerisation besonders begünstigenden Aufreihung der Mononucleosid-Triphosphate.

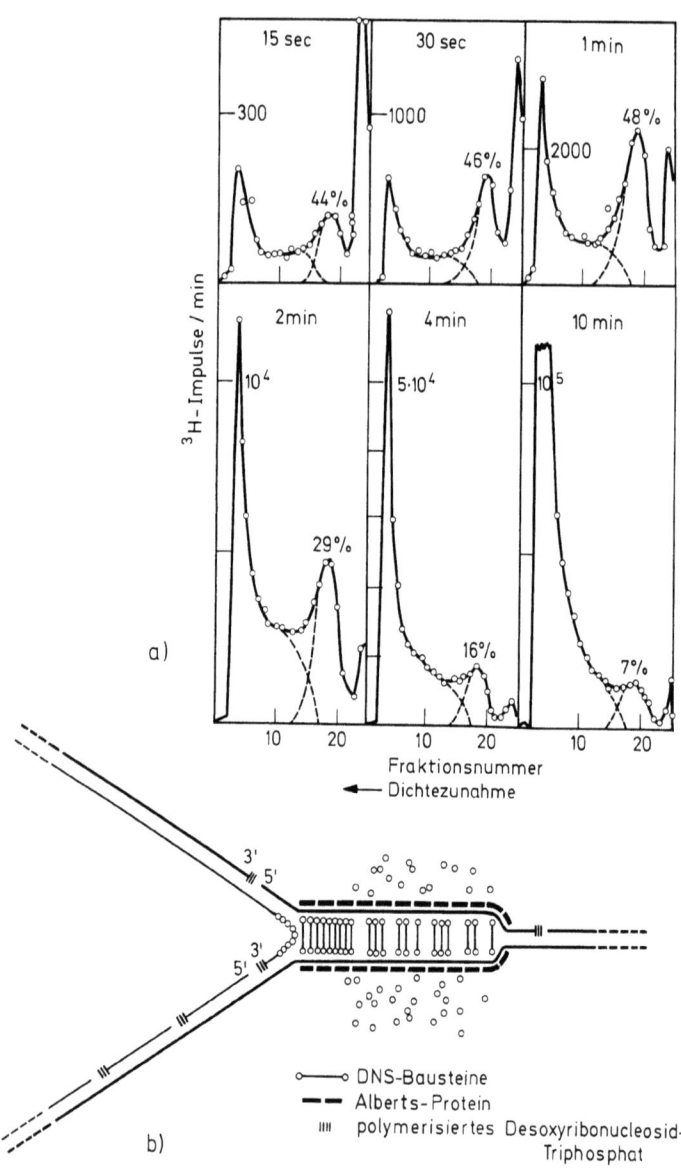

Abb 286. Ergebnis der ³H-Thymin-Pulsmarkierung von Zellen der E. coli Thymin-Mangelmutanten 15T⁻. a) Alkalische Sucrose-Gradientenzentrifugierung von DNS nach verschieden langer Dauer des ³H-Thymin-Pulses. Aus WERNER 1971a. b) Vorschlag für einen Mechanismus der DNS-Synthese unter Berücksichtigung von Ergebnissen der Arbeiten von WERNER und ALBERTS. Aus WERNER 1971b

2.2 Unsymmetrische DNS-Synthese

Ausgehend von dem Vermehrungsmodus des Phagen ΦX 174 haben GILBERT und DRESSLER 1968 das Modell des rollenden Ringes für die Replikation ringförmiger, doppelsträngiger DNS-Moleküle vorgeschlagen. Sind die beiden Einzelstränge eines solchen Ringes durchgehend kovalent geschlossen, so liegt dieser, wie elektronenoptische Aufnahmen zeigen, in Form eines Superknäuels (supercoil) vor (Abb. 287a). Bereits ein einziger Einzelstrangbruch, durch eine Endonuclease hervorgerufen, führt zum offenen Ring, der elektronenoptisch deutlich vom Superknäuel unterschieden werden kann (Abb. 287b). Letzterer ist für ΦX 174 die replikative Form (RF II), der offene Ring die RF I. Die Infektion der Wirtszelle erfolgt durch einen ringförmig geschlossenen DNS-Einzelstrang (+). Eine zur Enzymausstattung des Wirtes gehörende Polymerase erkennt dessen O-Region und

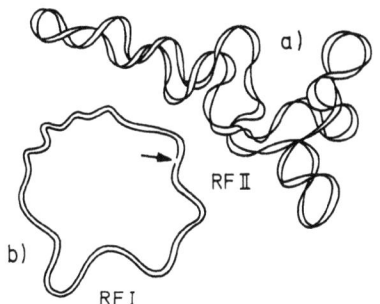

Abb. 287. Umzeichnung der elektronenoptischen Bilder ringförmiger Doppelstrang. DNS aus
a) Superknäuel = RF II von ΦX 174 und
b) offener Ring = RF I von ΦX 174.
Der Pfeil zeigt die Lage des Einzelstrangbruches an

beginnt dort in 5'-3'-Richtung sequentiell die Synthese eines Komplementär(−)Stranges, der durch Wirtsligase zum Ring geschlossen wird (Abb. 288a). Der Ort N des dadurch entstandenen Superknäuels weist eine Nucleotidsequenz auf, welche von einer spezifischen, ausschließlich DNS-Doppelstränge als Substrat benutzenden Endonuclease erkannt wird. In N katalysiert sie daher einen Bruch des (+)-Stranges. Das dabei freigelegte 5'-Ende wird von einer spezifischen Transferase zu einem Rezeptorort der Membraninnenseite gebracht, dort angeheftet (b), und dadurch gegen Exonuclease- und Ligasewirkung geschützt. Eine Polymerase verlängert nun den (+)-Strang (c), wobei der ringförmig geschlossen bleibende (−)-Strang als Vorlage benutzt und die Mononucleotid-Sequenz des freien (+)-Stranges vom Ring des (−)-Stranges abgerollt wird. Nach Beendigung einer solchen Replikationsrunde und dem Beginn einer zweiten wird auch der Ort O frei. An ihm setzt die Synthese eines komplementären (−)-Stranges an (d). Sie erreicht bald N, den Erkennungs- und Wirkungsort der Doppelstrang-Endonuclease, welche dort den Doppelstrangring vom noch membrangebundenen, in Replikation befindlichen und daher teilweise bereits als Doppelstrang vorhandenen, linearen DNS-Abschnitt trennt (e). Das freistehende 5'-Ende des (−)-Stranges paart mit der Komplementärregion des (+)-Stranges und leitet die Ringbildung ein (f). Der gesamte Vorgang hat damit zu zwei DNS-Strukturen geführt: Einem neusynthetisierten DNS-Doppelstrang, dessen (+)-Strangende erneut an die Membran gebunden wird und daher die Synthese unmittelbar weiterführt, und dem ursprünglichen, am Beginn der Replikation als rollender Ring vorliegenden Parental-Superknäuel, der sofort mit der Neusynthese nach (b) beginnen kann.

Der neusynthetisierte DNS-Doppelstrang bildet in der nächsten Replikationsrunde (Abb. 289a) einen Superknäuel und seine Ausgangsform. Von der Rate, mit welcher Ligase und Endonuclease wirken, hängt dabei ab, ob der Superknäuel die Mononu-

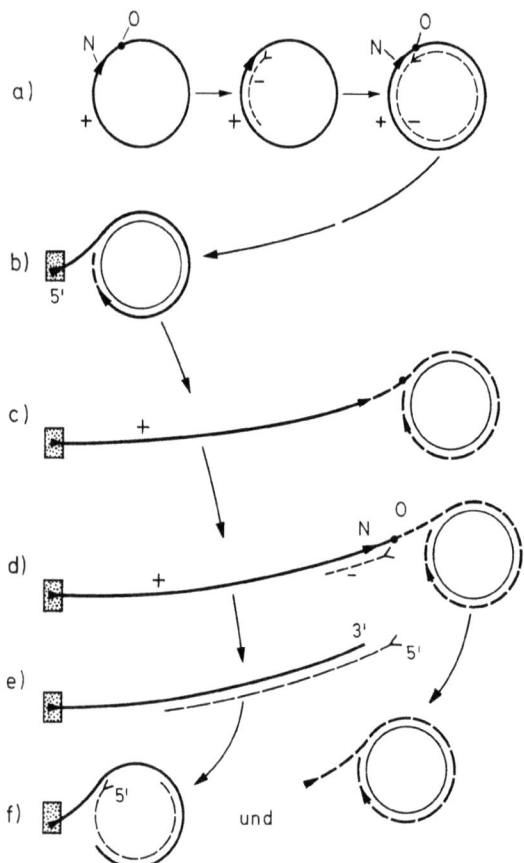

Abb. 288. Phasen der in vivo Replikation von DNS des Phagen ΦX 174 nach dem Modell des rollenden Ringes. Einzelheiten im Text. Aus GILBERT et al. 1968

cleotidsequenz nur eines Genoms, oder Mehrfache davon sowie zusätzliche Abschnitte enthält. Experimentell lassen sich solche multiplen Genome in RF I-Partikeln nachweisen. Die Superknäuel können nur dann an der weiteren Replikation teilnehmen, wenn ihr (+)-Strang durch eine Endonuclease geöffnet und das 5'-Ende an der Membran befestigt wird. Diese Befestigung scheint irreversibel und die Zahl der Befestigungsstellen begrenzt zu sein. Dafür spricht neben anderem, daß der Parental-(+)-Strang nicht in neusynthetisierten Phagenpartikeln nachzuweisen ist. Die DNS des fertigen ΦX 174-Partikels, die infektiöse Form, ist ein ringförmig geschlossener (+)-Strang. Mutanten des Kapselproteins bilden keine solchen DNS-Einzelstränge. GILBERT und DRESSLER schließen daraus auf eine spezifische Bedeutung dieses Proteins, welches erst in der Spätphase der Virussynthese gebildet wird, bei der Entstehung des (+)-Strangringes: Seine Moleküle binden sich während der Ablösung eines (+)-Stranges vom rollenden Ring fortlaufend mit dessen Verlängerung an diesen Strang (Abb. 289b). Dadurch wird die weitere Replikation des an O begonnenen (−)-Stranges verhindert, welcher daher nur N erreicht, diesen Ort in Doppelstrangform überführt und damit der Endonuclease

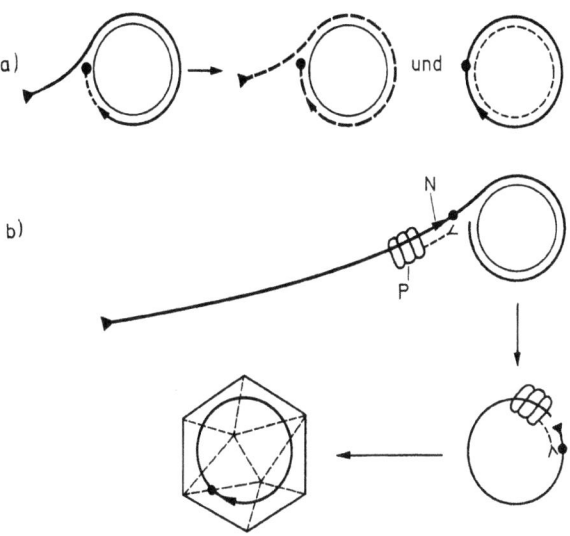

Abb. 289. Weitere Schritte der ΦX 174-DNS-Replikation. a) Die Bildung eines Superknäuels am Ende einer Replikationsrunde. b) Die Entstehung von Einzelstrangringen und ihr Einschluß in das aus Mantelproteinen bestehende Kapsid des Viruspartikels. Aus GILBERT et al. 1968

das Abtrennen des (+)-Einzelstranges ermöglicht. Ligase schließt ihn unter Mitwirkung des (−)-Strangfragmentes zum Ring. Gelänge dies Fragment in das Phagenpartikel und bei der nachfolgenden Injektion in die neue Wirtszelle, so könnte es dort als Primer für die Synthese des (−)-Stranges bei der Herstellung der replikativen Form wirken.

GILBERT und DRESSLER haben diese Hypothesen durch eine Reihe von experimentell gewonnenen Daten untermauert, sodaß die ΦX 174-DNS mit hoher Wahrscheinlichkeit nach dem Modell des rollenden Ringes synthetisiert wird. IHLER und KAWEI konnten kürzlich experimentell eine unsymmetrische Verteilung der beiden Parental-Einzelstränge nach λ-Infektion nachweisen. Sie kann als Hinweis auf eine nach dem Modell des rollenden Ringes vor sich gehende Replikation der DNS auch dieses Phagen verstanden werden. GILBERT und DRESSLER schlugen vor, auch für die Replikation der DNS anderer Phagen wie T4 und P22, aber auch von E. coli und Zellen höher entwickelter Lebewesen das gleiche Modell in Betracht zu ziehen. Der Vorschlag ist auch heute noch sehr umstritten. Dagegen wurde im vorstehenden bereits abgeleitet, daß die DNS-Transfer-Synthese bei E. coli K12 unsymmetrisch verläuft und in wesentlichen Zügen dem Modell des rollenden Ringes entspricht.

2.3 Gegenläufige DNS-Synthese

Auf S. 338 war dargestellt worden, wie unter Verwendung von Deletionsmutanten und der Technik der Hybridisierung von λ-DNS-Einzelstrangabschnitten mit Boten-RNS-Fraktionen bekannter Komplementarität zu bestimmten Abschnitten des λ-Genoms die Lage des Initiationsortes ori der DNS-Replikation bestimmt wurde. Den dazu benutzten Deletionsmutanten fehlen terminale Abschnitte des λ-Genoms. Ihre DNS vermag daher nicht

Tabelle 18. Versuche zur Bestimmung der Richtung der λ-DNS-Replikation: a) Replikation des A-J-Segmentes der λ-DNS in exzisionsdefekten Lysogenen. b) Nach beiden Seiten gerichtete Replikation der DNS von λint⁻ sex⁻ c_I857. Aus STEVENS et al. (in HERSHEY 1971)

a)	A-J[^{3}H]RNS hybridisiert		
	(Imp./min/5 µg DNS)		
Lysogen	nicht induziert	induziert	λ-DNS Zunahme
SA 284	1070	3620	2.4×
W 3350 (λ-bio 1)	875	4925	4.6×

b)	[^{3}H] RNS hybridisiert		
	(Imp./min/5 µ DNS)		
Geprüftes DNS-Segment	nicht induziert	induziert	λ-DNS Zunahme
a'-N	815	4570	4.6×
x-P-(Q)	555	3450	5.2×
A-J	680	3650	4.4×

in geregelter Weise die Exzision aus dem Wirtszellgenom und die Ringbildung durchzuführen. Bei Vorhandensein von ori wurde die λ-DNS-Replikation durch Nachweis der Vermehrung des Abschnittes a'-N nachgewiesen. Da dieser links von ori liegt, muß die Replikation von rechts nach links vor sich gegangen sein. Damit ist jedoch nichts darüber ausgesagt, ob, bei ori beginnend, auch in der Gegenrichtung repliziert werden kann. Zur experimentellen Beantwortung dieser Frage wurden von STEVENS, ADHYA und SZYBALSKI zunächst wieder Mutanten verwendet, in denen, wie bei der Mutante SA284 (Abb. 263), eine Deletion links von ori beginnt, während der rechts von ori gelegene DNS-Abschnitt des λ-Genoms vorhanden ist. Vor Induktion gewonnene λ-DNS als Kontrolle, und 20 min nach Induktion aus den Zellen isolierte λ-DNS wurde mit Boten-DNS, welche komplementär für den A-J Abschnitt ist, hybridisiert. Tab. 18a ergibt für die Deletionsmutante SA284, aber auch für eine die Lysogenie des E. coli-Stammes W3350 hervorrufende λ-Mutante, welche ebenfalls eine Hemmung der Exzision aufweist, eine Vermehrung der rechts von ori gelegenen A-J-DNS-Region. Damit ist, unter Einschluß des Aussagen der im Zusammenhang mit der Lagebestimmung von ori geschilderten Versuche, die Möglichkeit einer gegenläufigen Replikation der beiden, den Ort ori flankierenden DNS-Abschnitte von λ nachgewiesen. Dieser Replikationsmechanismus läßt sich jedoch nicht nur durch Kombination der Beobachtungen an zwei verschiedenen λ-Stämmen, sondern an einer einzigen, geeigneten Mutante beobachten. Der E. coli-Stamm W3102 beherbergt einen λ-Prophagen, welcher normale a-a'-Enden aufweist, jedoch durch Punktmutation in den Orten sex und int nicht in der Lage ist, die Exzision vorzunehmen. Wie Tab. 18b zeigt, ergibt die nach thermischer Induktion gewonnene λ-DNS bei Hybridisierung mit Boten-RNS, die komplementär zu rechts (A-J) und links (a'-N) von ori gelegenen, aber auch ori einschließenden (X-P-Q) DNS-Abschnitten ist, eine Zunahme der λ-DNS dieser Abschnitte. Damit ist an einer Population der gleichen Mutante das Vorhandensein gegenläufiger DNS-Replikationen aufgezeigt. Während diese Ergebnisse, an größeren Populationen gewonnen, nur Aussagen über die gleiche Wahrscheinlichkeit einer rechts- und links-gerichteten Replikation machen können, wiesen SCHNÖS und INMAN gegenläufige Replikation der ringförmigen λ-DNS unmittelbar nach Infektion mit Hilfe der Elektronenmikroskopie nach. Ihre Aufnahmen zeigen, daß am gleichen DNS-Molekül beide Replikationsrichtungen verwirklicht werden können. Es bleibt zunächst abzuwarten, ob auch Bakterien-DNS oder gar die DNS von Eukaryonten die Möglichkeit gegenläufiger DNS-Synthese aufweist. Sollte dies der Fall sein, dann würden damit scheinbar widersprüchliche Aussagen, wie sie beispielsweise für die Replikationsrichtung und die Lage von O bei E. coli gemacht wurden, eine befriedigende Erklärung finden.

G. Restriktion und Modifikation zellfremder DNS

Bereits Anfang der 50er Jahre lagen zahlreiche Beobachtungen, vor allem unter Verwendung des Phagen λ vor, welche zeigten, daß in reproduzierbarer Weise unterschiedliche, für eine bestimmte Phagenart sensible, bakterielle Wirtsstämme bei gleicher Multiplizität der Phageninfektion eine um Zehnerpotenzen verschiedene Rate der Plaquebildung (efficiency of plating; eop) aufweisen können. Die Größe der Wahrscheinlichkeit dafür, daß die Injektion von Phagen-DNS in die Wirtszelle entweder zur Lysogenie und Phagensynthese führt, oder abortiv verläuft, hatte sich somit als spezifisch für den betreffenden Stamm des bakteriellen Wirtes erwiesen. 1962 beschrieben ARBER und DUSSOIX die Grundlagen des molekularen Mechanismus dieser Erscheinung. Er beruht auf zwei verschiedenen, enzymatisch gesteuerten Reaktionen. Der abortive Verlauf eines hohen Prozentsatzes der Injektion von Phagen-DNS in phagensensible Wirte entsteht dadurch, daß die Zelle die ihr fremde DNS von der eigenen zu unterscheiden vermag und sie an der Vermehrung hindert. Sie erweist sich damit für die eingedrungene DNS als restriktiv. Ein eop-Wert von 1 = 100% zeigt dagegen an, daß die Wirtszelle die injizierte DNS nun nicht mehr als fremd erkennt und ihre Vermehrung daher auch nicht behindert. Die Autoren konnten nachweisen, daß dies auf einer zuvor erfolgten, chemischen Veränderung der DNS beruht, welche, als Modifikation bezeichnet, bereits während der Phagensynthese in der vorherigen Wirtszelle vorgenommen wurde. Das Vorhandensein einer Reihe verschiedener Modifikationstypen bedingt einen weiteren Zusammenhang. Nur dann, wenn ein Phagenpartikel in einer Zelle synthetisiert wurde, welche dem gleichen Modifikationstyp wie die neu infizierte Wirtszelle angehört, wird sich die letztere der eingedrungenen Phagen-DNS gegenüber nicht restriktiv verhalten. Verwirklicht dagegen die Modifikation der Phagen-DNS einen anderen als den von der neuen Wirtszelle vertretenen Typ, so wird sie dort ebenso wie nicht-modifizierte DNS der Restriktion unterworfen. Der Mechanismus der Restriktion und Modifikation erzeugt somit eine Wirtsspezifität (host specificity = hs) der Phagenpartikel.

Über die Art der enzymgesteuerten Reaktion, welche zur Restriktion führt, geben eine Reihe von Versuchen Auskunft. Wird Phagen-DNS, die überhaupt nicht, oder nach einem von demjenigen der Wirtszelle unterschiedlichen Typ modifiziert ist, mit ^{32}P markiert, so lassen sich schon bald nach ihrer Injektion in der Zelle markierte DNS-Bruchstücke von Oligo- bis Mononucleotidgröße nachweisen. LEDERBERG hatte bereits 1957 gezeigt, daß Gene nicht modifizierter λ-DNS durch Rekombination mit einem in der gleichen restriktiven Wirtszelle vorhandenen, adäquat modifizierten λ-Genom gerettet werden können. Da die Restriktion sich nicht nur auf Phagen-DNS bezieht, ließ sich zur Untersuchung ihres molekularen Mechanismus auch das Chromosomentransfer-System von E. coli K12 heranziehen. Mehrere Autoren beschrieben unabhängig voneinander, daß sich bei Verwendung einer für die Hfr-DNS restriktiven F$^-$-Zelle die Kopplungswahrscheinlichkeit der Genorte des Spenders im Empfänger drastisch verringern. Alle diese Beobachtungen legten die Hypothese nahe, daß die Restriktion nicht adäquat modifizierter Fremd-DNS als Abbau dieser DNS durch Endonuclease vorgenommen wird.

Auch über die Art der chemischen Reaktion, welche zur Modifikation der DNS führt, ergaben sich bald Hinweise. GOLD und HURWITZ sowie FUJIMOTO und Mitarbeiter beschrieben zwei DNS-Methylasen, welche Adenin in 6'-Methylaminopurin und Cytosin in 5'-Methylcytosin umwandeln. Als Spender der Methylgruppe wird S-adenosyl-methionin (SAM) verwendet. Dieses entsteht unmittelbar aus L-Methionin. Entscheidende Bedeutung für den Nachweis dafür, daß die Modifikation tatsächlich durch Methylierung spezifischer Orte der DNS hervorgerufen wird, kam daher einer von ARBER gemachten Beobachtung zu: Entzog er den Zellen eines λ-lysogenen, für Methionin auxotrophen K12-Stammes das Methionin, so wurde von diesen teilweise unmodifizierte λ-Phagen synthetisiert. Der Entzug anderer Aminosäuren dagegen blieb ohne eine derartige Wirkung.

Gegenstand der im vorstehenden beschriebenen und der meisten übrigen Versuche waren vor allem die E. coli-Stämme K12, B und T. Jeder von ihnen weist mehrere verschiedene, einander ausschließende Modifikations-Restriktionstypen auf. Sie werden jeweils durch unterschiedliche Mutationszustände alleler Gene hervorgerufen. E. coli C dagegen ist ein Beispiel für einen bakteriellen Wirt, dem, wohl durch Verlustmutation verursacht, ein solches, Wirtsspezifität hervorrufendes System fehlt. Aber nicht nur Bakterien-DNS vermag die genetischen Informationen für die Ausprägung solcher Systeme zu beherbergen. Diese Fähigkeit kommt auch Plasmiden, wie dem temperierten Phagen P1, sowie Episomen wie substituierten F-Faktoren und dem R-Faktor zu. Sind mehrere solcher genetischer Determinanten voneinander unabhängiger Systeme in einer Zelle vorhanden, dann addiert sich deren Wirkung. In einigen Fällen mit drei gleichzeitig wirkenden, nicht verwandten Systemen läßt sich ein eop-Wert von 10^{-8} nachweisen.

Die Art der Wirtsspezifität des jeweiligen Systems wird durch die Buchstaben K, B und T beschrieben. Die E. coli-Stämme gleicher Bezeichnung erzeugen die betreffenden Spezifitäten. Die von dem R-Faktor hervorgebrachte Wirtsspezifität wird mit fi benannt. Der Buchstabe O gibt an, daß, wie bei E. coli C, keine Wirtsspezifität, welche durch Modifikation und Restriktion hervorgerufen wird, nachweisbar ist. Zur Kennzeichnung der Art der Modifikation, welche eine Phagen-DNS durch ihren Wirt erfuhr, dient die Bezeichnung des Phagen, die von dem Symbol für die Wirtsspezifität gefolgt wird. λ · B beispielsweise bedeutet daher, daß die betreffende Suspension von λ durch Synthese in Zellen von E. coli B entstand, und die für die Wirtsspezifität B bezeichnende DNS-Modifikation aufweist. Der zur Restriktion führende Phänotyp des bakteriellen Wirtes wird mit r^+, der die Modifikation hervorrufende mit m^+ bezeichnet. Ein hinter beiden Symbolen tiefgestellter Buchstabe gibt dabei die Spezifität des betreffenden bakteriellen Systems an. Der Wildtyp von E. coli K12 erhält somit die Bezeichnung $r^+_K m^+_K$. Durch Mutation hervorgerufene Phänotypen mit fehlender Restriktion oder dem Ausfall beider Funktionen sind beispielsweise als $r^-_K m^+_K$ und $r^-_K m^-_K$ beschrieben worden. Tab. 19 zeigt einige Beispiele für den eop-Wert, welcher in verschiedenen Restriktionssystemen mit unterschiedlich modifizierten Phagen erreicht wird.

Die Beschreibung von Einzelheiten des Reaktionsmechanismus der Restriktions-Endonuclease wurde durch die 1968 erfolgte Reinigung und Charakterisierung dieses Enzyms aus E. coli K12 durch MESELSON und YUAN möglich. Ihr Molekulargewicht beträgt 250 000. Bald danach erfolgte auch die Reinigung der Restriktions-Endonuclease aus E. coli B, der R-Faktors und aus Haemophilus influenzae. Sie gehören zwei verschiedenen Typen an: Typ I, vertreten durch die Endonuclease aus E. coli B und K12 benötigt Mg^{++}, ATP und SAM, Typ II dagegen nur Mg^{++}. Die Restriktions-Endonucleasen von E. coli B und K bauen nicht adäquat modifizierte DNS in zwei aufeinanderfolgenden Stufen ab. Dabei entstehen zunächst im Abstand von 2500–5000 Basenpaaren Einstrangbrüche, zu denen im Schwesterstrang in unmittelbarer Nähe der erstgelegenen jeweils ein zweiter Bruch erzeugt wird. Diese zeitliche Aufeinanderfolge ist von der Lösung des Enzym-Substratkomplexes während der beiden Reaktionen begleitet. Wenige Sekunden nach Einsetzen der ersten, zu Einzelstrangbrüchen an Doppelstrang-DNS führenden Reaktion hindert daher zusätzlich dem Reaktionsgemisch zugesetzte Doppelstrang-DNS

Tabelle 19. Plattierungs-(eop-)Werte bei spezifischer Restriktion verschieden modifizierter λ- und fd-Phagenstämme. Aus ARBER et al. 1969

Phage \ Wirt	0	K	B	15	A	0 (P1)	K (P1)
λ · 0	1	4×10^{-4}	10^{-4}	3×10^{-5}	3×10^{-2}	2×10^{-5}	10^{-7}
λ · K	1	1	10^{-4}	3×10^{-5}	3×10^{-2}	2×10^{-5}	2×10^{-5}
λ · B	1	4×10^{-4}	1	4×10^{-5}	2×10^{-2}	2×10^{-5}	10^{-7}
λ · 15	1	3×10^{-4}	3×10^{-4}	1	4×10^{-2}	2×10^{-5}	–
λ · A	1	4×10^{-4}	2×10^{-4}	4×10^{-5}	1	2×10^{-5}	–
λsA–1° · 0	1	4×10^{-4}	2×10^{-4}	5×10^{-5}	1	2×10^{-5}	10^{-7}
λ · 0, P1	1	4×10^{-4}	10^{-4}	3×10^{-5}	4×10^{-2}	1	4×10^{-4}
λ · K, P1	1	1	10^{-4}	–	–	1	1
fd · 0	1	1	7×10^{-4}	1	1	0.3	0.3
fd · B	1	1	1	1	1	0.3	0.3
fd · 0, P1	1	1	7×10^{-4}	1	1	1	1
fds B–1° sB–2 · 0	1	1	3×10^{-2}	1	1	0.3	0.3
fds B–1° sB–2° · 0	1	1	1	1	1	0.3	0.3

zunächst den Beginn der zweiten, Doppelstrangbrüche hervorrufenden Reaktion. Als Substrat dieser Reaktionsfolge ist Einstrang-DNS ungeeignet. Das gilt auch für Hybrid-Doppelstränge, in denen nur ein Strang modifiziert ist. Dieser Tatbestand verhindert, daß unmittelbar nach semikonservativer Replikation vorliegende DNS-Doppelstränge abgebaut werden, von denen ja zunächst nur der dem Muttermolekül entstammende Einzelstrang modifiziert ist. LARK und ARBER konnten nachweisen, daß dadurch nicht zuletzt die Zell-DNS gegen das zelleigene Restriktionssystem geschützt ist. Wird nämlich durch die Hemmung der Methylation während der Dauer einer Replikationsrunde die Modifikation der neusynthetisierten DNS unmöglich gemacht, dann unterliegt auch diese in der nächsten Replikationsrunde dem Abbau durch die eigene Restriktions-Endonuclease.

Diese erkennt bestimmte Nucleotidsequenzen der Doppelstrang-DNS und benutzt sie als Substrat. Methylierung einer Base in je einem der beiden Einzelstränge macht diese Basensequenz für die Restriktions-Endonuclease völlig unkenntlich. Veränderung der Sequenz durch Mutation dagegen führt nicht unbedingt zum völligen Verlust der Bindungsbefähigung für ein Endonucleasemolekül. KELLY und SMITH haben 1970 mit der Methode des schrittweisen, enzymatischen Abbaues der Enden von DNS-Strängen, welche zuvor durch zum Typ II gehörende Restriktions-Endonuclease aus Haemophilus influenzae gespalten worden waren, die Nucleotidsequenz des DNS-Bindungsortes analysiert. Sie lautet:

$$5' \quad G_P T_P Py_P \downarrow Pu_P A_P C \quad 3'$$
$$3' \quad C^P A^P Pu^P \uparrow Py^P T^P G \quad 5'$$

Die beiden Pfeile geben den jeweiligen Ort der Spaltung einer Phosphodiesterbindung an, wobei freie 5'-Phosphoryl- und 3'-Hydroxyl-Enden entstehen. Überraschend ist die doppelte Symmetrie der Basenfolge. Sie dürfte eine gleichartige Symmetrie des Aufbaues der Restriktions-Endonuclease widerspiegeln. Es liegt außerdem nahe, in ihr ein bezeich-

nendes Bauprinzip der gesamten Gruppe vergleichbarer Enzyme auch anderer Bakterienarten zu sehen.
Statistische Überlegungen ergeben, daß die oben dargestellte Nucleotidsequenz durchschnittlich nach jeweils 10^3 Mononucleotidpaaren verwirklicht wird. Im Einklang damit steht die Bildung von Oligonucleotiden gleicher Kettenlänge durch Einwirkung von Endonucleasen des Typs II, wie der von Haemophilus influenzae. Die im weiteren Verlauf des Abbaues zu beobachtenden kurzen Bruchstücke bis Mononucleotidgröße werden mit hoher Wahrscheinlichkeit sekundär durch zelleigene Exonucleasen erzeugt. Jedes Phagengenom weist damit eine, seiner artbedingten Größe und Nucleotidsequenz der DNS entsprechende, begrenzte Anzahl spezifischer Bindungsstellen für die Restriktions-Endonuclease auf. Experimente am fd-Phagen konnten dies bestätigen. Der eop-Wert des nicht modifizierten Wildtyps fd · O auf E. coli B (r^+_B m^+_B) beträgt 10^{-4}. In einem Mutationsschritt entsteht eine fd-Mutante (sB-1°), welche teilweise gegen das B-System resistent ist und daher mit dem eop-Wert von 10^{-2} plattiert. Ein zweiter, davon unabhängiger Mutationsschritt schließlich führt zur Doppelmutante sB-2° mit völliger Resistenz gegen B-Restriktion und dem eop-Wert 1. M13, ein mit fd verwandter Phage, weist unmodifiziert den eop-Wert 10^{-2} und nach einem einzigen Mutationsschritt, Vollresistenz mit eop = 1 auf. An fd-Phagen-DNS durchgeführte Untersuchungen der Protein-DNS-Bindung ergaben, daß die Wildtyp fd-DNS doppelt soviele Restriktions-Endonuclease-Bindungsorte aufweist, wie diejenige der halbresistenten einfachen Mutante sB-1°. Daraus ist zu schließen, daß ein Molekül der ersteren zwei Bindungsorte besitzt. Die DNS von M13 dürfte daher auch im Wildtypzustand nur einen einzigen derartigen Bindungsort beherbergen.
Herstellung und Analysen permanenter Diploider aus jeweils zwei verschiedenen Mutanten der Modifikation und Restriktion von E. coli K oder B durch eine Reihe von Autoren (BOYER, GLOVER, HUBACEK, ARBER) haben ergeben, daß mindestens drei Cistrons an der Codierung der Modifikations-Methylase und Restriktions-Endonuclease beteiligt sind. Sie lassen erkennen, daß die Moleküle beider Enzyme aus mehr als einer Funktionseinheit bestehen. Eine solche Diploide beherbergt beispielsweise die Genome zweier, durch jeweils einen Mutationsschritt entstandener Mutanten des Phänotyps r^-_X m^+_X und r^-_Y m^-_Y (Abb. 290a). Im Gegensatz zu jeder der Einzelmutanten ist sie befähigt, Restriktion vorzunehmen. Der Restriktions-Typ folgt jedoch dabei stets dem derjenigen Einzelmutante, welche Modifikation zeigt, im vorstehenden Beispiel also dem Typ X. Beide Beobachtungen lassen sich durch die Annahme erklären, daß in der weder Restriktion noch Modifikation zeigenden Mutante, deren Genom ebenfalls in der Diploiden vorliegt, der Ausfall beider Funktionen durch eine, beiden Enzymen gemeinsame, funktionsunfähige Erkennungseinheit hervorgerufen wird. Das diese Einheit codierende Cistron wird mit hss bezeichnet. Die erstgenannte Einfachmutante des Phänotyps r^-_X m^+_X, die Modifikationsbefähigung zeigt, muß dagegen in der Lage sein, eine solche Erkennungseinheit von Wildtyp-Struktur zu codieren. Ihr Cistron hss ist somit nicht mutiert. In der Diploiden $r^-_X m^+_X / r^-_Y m^-_Y$ steuert sie diese Wildtyp-Information für den Aufbau einer funktionsfähigen Restriktions-Endonuclease bei. Das Fehlen ihrer Restriktions-Befähigung muß daher durch die Mutation eines weiteren Cistrons hervorgerufen sein. Es wird mit hsr bezeichnet und codiert im Wildtyp die Struktur eines Polypeptids, welches diese Restriktion verursacht. Das Cistron hsr beherbergt daher mit großer Wahrscheinlichkeit die Information über die Molekularstruktur eines Polypeptids mit Endonuclease-Wirkung. Die Restriktions-Endonuclease und die Modifikations-Methylase enthalten, wie die genannten Komplementationsversuche zeigen, die gleiche, vom Genort hss codierte Erkennungseinheit. Im Einklang damit steht die Beobachtung, daß die DNS restriktionsresistenter Mutanten des fd-Phagen für die Modifikationsmethylase als Substrat nicht mehr geeignet ist.

Auch die Funktion des dritten Cistrons (hsm) wird, wie BOYER, ROULLAND und DUSSOIX zeigen konnten, durch die Komplementation von Funktionsausfällen in Diploiden, welche

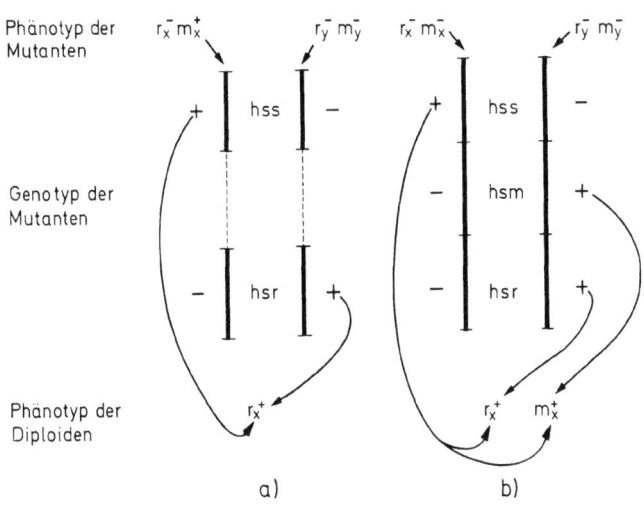

Abb. 290. Mutationszustände der drei Cistrons hss, hsm und hsr der für die Analyse der genetischen Steuerung des DNS-Restriktions- und Modifikationsmechanismus von E. coli benützten Mutanten (Mitte) mit Angabe ihres Phänotyps (oben) sowie des Phänotyps der aus ihnen konstruierten, partiell diploiden Stämme (unten)

aus zwei verschiedenen Mutanten konstruiert wurden, erhellt. Dazu dienen einerseits Doppelmutanten, welche aus hsr$^-$-Mutanten des Phänotyps r$^-$m$^+$ durch einen zweiten Mutationsschritt entstanden sind, und nun den Phänotyp r$^-$m$^-$ aufweisen. Wird ihr Genom mit dem einer der obengenannten hss-Einfachmutanten des Phänotyps r$^-$m$^-$ kombiniert (Abb. 290b), so entstehen Diploide, welche wieder die Befähigung zur Modifikation und Restriktion aufweisen. Der Typ der Modifikation und Restriktion gleicht demjenigen der hsr-Mutante, aus der die Doppelmutante entstand. Der hss-Genort der letzteren muß daher Wildtypstruktur aufweisen. Die zweite, den m$^-$-Phänotyp erzeugende Mutation kann weder in diesem, noch im hsr-Cistron vor sich gegangen sein, letzteres war ja bereits mutiert. Sie liegt in einem dritten Cistron mit der Bezeichnung hsm, welches den Vorgang der Modifikation kontrolliert und daher mit hoher Wahrscheinlichkeit ein Polypeptid mit Methylasewirkung codiert.

BOYER hat 1971 die bisher erarbeiteten Aussagen zur Schaffung einer Modellvorstellung über die Reaktion der Restriktions-Endonuclease und Modifikations-Methylase mit ihrem Substrat benutzt. In Abb. 291 sind dabei die molekularen Mechanismen von Enzymen des Typs I, wie sie beispielsweise in E. coli-Stämmen vorkommen, beschrieben, unter der Voraussetzung, daß auch deren DNS-Erkennungsort in gleicher Weise wie der an Haemophilus influenzae untersuchte und für die Enzyme des Typs II bezeichnende eine doppelte Symmetrie aufweist. Die Modifikations-Methylase (Abb. 291a) beherbergt zwei Wirkeinheiten der Methylation und zwei Erkennungseinheiten. Die Ergebnisse der Komplementationsversuche beweisen, daß die letztgenannten identisch mit denen der Restriktions-Endonuclease sein müssen. Sie erkennen daher die gleiche Basensequenz des DNS-Bindungsortes wie die Restriktions-Endonuclease. Diese liegt in miteinander gepaarten Mononucleotidsträngen und wurde im vorstehenden für die Restriktions-Endonuclease von Haemophilus influenzae mit G-T-A angegeben. SAM ist Teil der Methylations-Wirkeinheit und dient als Methyldonator. Dabei wird in jedem der beiden Einzelstränge die 6'-Aminogruppe des Adenins methyliert. Dieses liegt jeweils in demjenigen Teil der Pu-A-C-Basensequenz des Substratortes, welcher nicht unmittelbar mit der Erken-

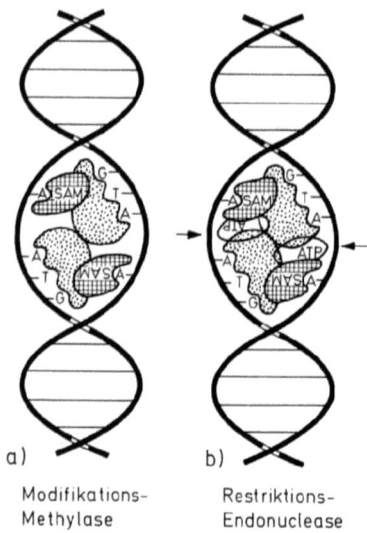

a) Modifikations-Methylase

b) Restriktions-Endonuclease

Abb. 291. Schematische Darstellung der aus den Befunden zahlreicher Autoren abgeleiteten Zusammensetzung der Wirkeinheit je eines Moleküls der Modifikations-Methylase und Restriktions-Endonuclease des Typs I sowie ihrer Reaktion mit den symmetrisch aufgebauten Nucleotidsequenzen der Schwesterstrang-Abschnitte des DNS-Bindungsortes beider Molekültypen. Einzelheiten im Text. Aus BOYER 1971

nungseinheit des Enzyms reagiert. Die Restriktions-Endonuclease (Abb. 291b) besteht aus den beiden, die Modifikations-Methylase bildenden Untereinheiten zusätzlich eines dritten Polypeptids, welches für die Endonucleasewirkung verantwortlich ist. An ihm wird sehr wahrscheinlich das ATP gebunden, welches für die Lösung der Phosphodiesterbindung notwendig ist. Das Modell erklärt, warum ein solcher Einzelstrangbruch von dem Enzym nicht vorgenommen werden kann, wenn einer der beiden Stränge innerhalb des Substratortes bereits ein methyliertes Adenin aufweist: Die in dem Molekül ebenfalls vorhandene Modifikationseinheit tritt in Wechselwirkung mit der betreffenden Methylgruppe, wobei das gesamte Molekül durch allosterische Reaktion zur Endonucleasewirkung unfähig wird. Als Substrat des Modifikations- und Restriktionsvorganges ist nur DNS in Doppelstrangform geeignet. Beide symmetrisch angeordneten Erkennungseinheiten müssen daher gleichzeitig wirksam werden. In Übereinstimmung damit steht die Beobachtung, daß für Komplementationsversuche hergestellte diploide Zellen, welche Erkennungseinheiten zweier verschiedener Wirtsspezifitäten codieren, im Vergleich zu den diploiden Ausgangsstämmen einen Verlust der Restriktionsaktivität aufweisen. In ihnen dürfte ein Teil der Moleküle der Restriktions-Endonuclease als Hybrid mit zwei unterschiedlichen Erkennungseinheiten vorliegen.

Das Modell erlaubt eine Aussage über die Anzahl möglicher, unterschiedlicher Wirtsspezifitäten, welche durch mutative Veränderung der Erkennungssequenz der Wirts-DNS hervorgebracht werden können. Sie ist direkt abhängig von der Anzahl der Basen des Substratortes, welche mit der Erkennungseinheit der beiden Enzyme reagieren müssen. Für die oben dargestellte, durch das Enzymsystem von Haemophilus influenzae erkannte Basensequenz ergeben sich 16 verschiedene Kombinationsmöglichkeiten, wenn ein Basenpaar für die Methylierung unverändert bleiben und die Erkennung der beiden jeweils mittelständigen Basen nicht mehr auf die Entscheidung Purin oder Pyrimidin beschränkt sein muß. Wird die Methylierung an einer anderen der drei möglichen Basen vorgenommen, so entsteht eine weitere Familie von 16 möglichen Wirtsspezifitäten. Unter Einschluß der dritten Base als Methylierungsort ergeben sich schließlich 48 Möglichkeiten. Bei Zusammensetzung der Erkennungsregion aus 4 Basen sind gar 256 verschiedene Wirtsspezifitäten möglich.

Die Erkennungseinheiten der Methylase und Endonuclease des Typs I sind identisch. Durch einen Mutationsschritt im Cistron, welches diese Einheit codiert, wird daher die Spezifität sowohl des Restriktions- wie des Modifikationsmechanismus gleichzeitig und in gleicher Weise verändert. Aus dieser Gleichheit der Erkennungseinheiten beider Enzyme ergibt sich ein weiterer Zusammenhang. Jedes von ihnen katalysiert eine andere von zwei möglichen Reaktionen am gleichen Substratort. Gelangt nicht adäquat modifizierte DNS in eine Zelle, welche ein derartiges Restriktions-Modifikations-System beherbergt, dann beginnt daher ein Wettbewerb zwischen Einzelstücken beider Enzymtypen, um dieselben Substratorte. Bezogen auf ihre biologische Wirkung gewinnt dieses Wettrennen in jedem Falle die Endonuclease. Ein einziger von ihr erzeugter Doppelstrangbruch genügt, die Replikation der eingedrungenen DNS unmöglich zu machen. Die Modifikations-Methylase dagegen muß alle, meist in Mehr- oder Vielzahl vorhandenen Substratorte methylieren, um die biologische Wirkung eines vollkommenen Schutzes gegen die Endonuclease zu erreichen. Die Chancenungleichheit beider Enzyme drückt sich in der weiter oben beschriebenen, drastischen Reduktion des eop-Wertes aus, die selbst bei Vorhandensein nur eines einzigen Erkennungsortes je M13-Molekül bereits zwei Zehnerpotenzen beträgt.

Die biologische Bedeutung des Restriktionsmechanismus liegt in der Verhinderung der Replikation injizierter Phagen-DNS. Davon sind jedoch nicht alle Phagenarten, für die eine bestimmte Zelle als Wirt geeignet ist, betroffen. Die gradzahligen Phagen der T-Reihe (T2, T4, T6) unterliegen in E. coli nicht der Restriktion. Die DNS der ungradzahligen T1, T3, T5 und T7 wird in der gleichen Wirtszelle nur dann abgebaut, wenn das von dem Plasmid P1 codierte Restriktionssystem wirksam ist. Die temperierten Phagen von E. coli dagegen sind das eigentlich Objekt der Restriktion. Während so der Restriktionsmechanismus Fremd-DNS zurückweist, dürfte der Modifikations-Mechanismus primär dem Schutze der eigenen DNS gegen das zelleigene Restriktionssystem dienen. Eine Nebenwirkung, die in der Natur wohl wesentlich seltener als im Laborexperiment auftritt, ist dabei die Modifikation und damit der Schutz auch fremder DNS gegenüber dem eigenen Restriktionssystem.

Modifikations- und Restriktionssysteme sind unter Bakterien weit verbreitet. Ihre Erforschung ist bei weitem noch nicht abgeschlossen, sodaß die Methylation als Mittel der Modifikation sehr wahrscheinlich nicht den einzigen, in der Natur verwirklichten Modifikationsmechanismus darstellt.

H. Reparatur-Mechanismen der DNS

Der semikonservative Modus der DNS-Replikation sorgt dafür, daß diese mit einem hohen Grade der Fehlerlosigkeit vor sich geht. Dennoch werden dabei Replikationsdefekte nicht völlig ausgeschlossen. Darüber hinaus ist die DNS vor allem der Mikroorganismen ständig Einflüssen ausgesetzt, welche zur Änderung ihrer Molekularstruktur führen können. Dazu gehören die Wirkungen einer Reihe chemischer, meistens gleichzeitig auch mutagener Verbindungen, aber auch diejenigen ionisierender Strahlen, wie UV- und Röntgenstrahlen. Die Zellen der verschiedenartigsten Organismen beherbergen Enzyme oder Enzymsysteme, welche derartig erzeugte, biologisch bedeutsame Veränderungen der Molekularstruktur der DNS zu erkennen und reparieren vermögen. Der hohen biologischen Bedeutung dieser Reparatur-Mechanismen entspricht das lebhafte Interesse, welches die Forschung ihnen entgegenbringt. Das bevorzugte, experimentell leicht zu handhabende Mittel der DNS-Schädigung und -Veränderung ist die Bestrahlung. Als Objekt der Untersuchungen dient dabei die enzym-katalysierte Reparatur nach Setzen einer solchen UV-induzierten Schädigung.

1. Photo-Reaktivierung

Von allen Zellbestandteilen absorbieren Nucleinsäuren ultraviolette Strahlen der Wellenlänge 254 nm bei weitem am stärksten. Veränderungen der Zelle, die durch UV hervorgerufen werden, sind daher vorherrschend in dieser Verbindungsklasse zu vermuten. Der Wirkung auf die DNS wird dabei eine weit höhere biologische Bedeutung zukommen als derjenigen auf die RNS. Die Moleküle der ersteren sind ja im haploiden Organismus je Zelle nur einmal, im diploiden nur in doppelter Ausfertigung vorhanden. Ihre Veränderung oder gar Inaktivierung muß Schäden im Steuerungsmechanismus, den Ausfall ganzer Bereiche des Trägers der genetischen Information oder gar die letal wirkende Zerstörung seiner Befähigung zur identischen Duplikation zur Folge haben. Es ist daher nicht überraschend, daß es in der Zelle Mechanismen gibt, deren Aufgabe die Reparatur solcher Schäden ist. Ihre Entdeckung reicht in das Ende der 40-er Jahre dieses Jahrhunderts zurück. Damals beobachtete der amerikanische Forscher KELNER ein zunächst unerklärbares Phänomen. Bestrahlte er Actinomyceten, eine Bakterienart, welche fadenförmig als Mycel im Boden wächst, mit UV, so ergab sich mit zunehmender Bestrahlungsdauer eine Abnahme der Anzahl überlebender Zellen. Diese Inaktivierung einzelner Individuen einer Zellpopulation, deren Ausmaß mit Erhöhung der Bestrahlungsdosis zunimmt, war damals wohlbekannt. Interessant wurden die Versuche KELNERS erst durch eine zusätzliche Beobachtung: Der Prozentsatz der Überlebenden einer gegebenen Bestrahlungsdosis ließ sich um ein Vielfaches dadurch erhöhen, daß die bestrahlten Zellen unmittelbar nach Bestrahlung für einige Stunden der Wirkung sichtbaren Lichtes der Wellenlängen von 300–400 nm ausgesetzt wurden. Ein erheblicher Teil der durch die UV-Bestrahlung zuvor inaktivierten Zellen wurde dabei wieder reaktiviert. Es zeigte sich im weiteren Verlauf der Versuche, daß die Befähigung zur Photoreaktivierung – so nannte man diesen Vorgang – erbgebunden ist und nicht bei allen Tier- und Pflanzenarten vorkommt.

Wir wissen heute recht genau, welcher Art die Veränderungen der DNS sind, die durch UV-Bestrahlung entstehen. Sie reichen von Einstrangbrüchen über Doppelstrangbrüche bis zum Verlust ganzer DNS-Stücke. Weit wichtiger, weil häufiger, ist dagegen eine Gruppe von Veränderungen der Molekularstruktur der DNS. Es bilden sich Querverbindungen zwischen einzelnen Guanin-Basen der beiden Schwesterstränge (Abb. 292a), welche nicht durch Wasserstoffbrücken, sondern durch echte chemische Bindungen geknüpft werden. Die häufigste Art der Veränderung schließlich ist die Dimerisierung von Pyrimidinen (Abb. 292b und 293). Betrifft die Bildung von Querverbindungen zwei Basen beider einander gegenüberliegender DNS-Stränge, so ist dagegen die Dimerisierung nur zwischen benachbarten Pyrimidinbasen des gleichen Stranges möglich. Als Reaktionsprodukt können, freilich mit unterschiedlicher Häufigkeit, sowohl das Thymin wie das Cytosin, aber auch dessen Reaktionsprodukt. das Uracil vorkommen. Es entstehen dabei T–T, C–C, C–T und T–U-Dimere, wobei die gegebene Reihenfolge gleichzeitig deren Häufigkeitsabnahme angibt. Sie werden, wie Abb. 293 zeigt, unter der Wirkung der UV-Strahlung durch Öffnen von Doppelbindungen des einzelnen Pyrimidins und Knüpfen neuer chemischer Verbindungen von Pyrimidin-Molekül zu benachbartem Pyrimidin-Molekül erzeugt. Derartige Dimere konnten direkt nachgewiesen werden. Sie ließen sich aus UV-bestrahlten Zellen von E. coli isolieren.

Die Kenntnis dieser Reaktionsweise des UV mit nativer DNS erlaubte die Erforschung des Mechanismus der Photoreaktivierung. Aus den Zellen der verschiedensten Mikroorga-

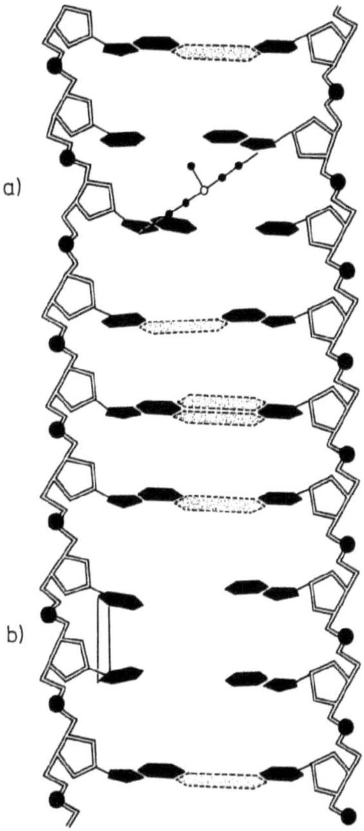

Abb. 292. Die beiden hauptsächlichen Typen durch UV-Bestrahlung erzeugter molekularer Veränderungen der DNS.
a) Querverbindung zwischen schräg gegenüberliegenden Guaninresten.
b) Dimerisierung zwischen zwei benachbarten Pyrimidinresten des gleichen Einzelstranges.
Aus HANAWALT et al. 1967

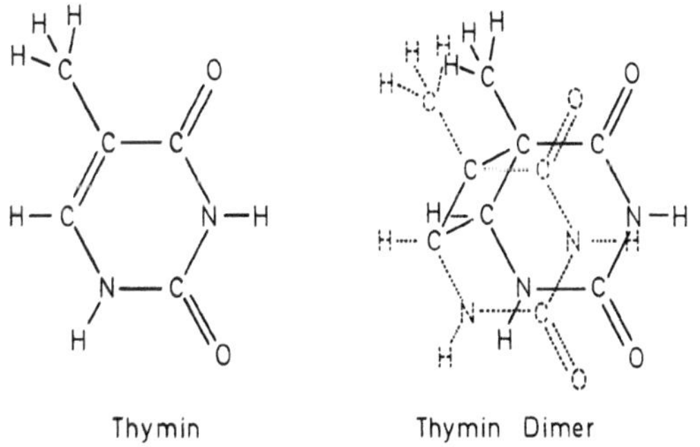

Abb. 293. Strukturformeln des Thymins und eines durch UV-Bestrahlung erzeugten Thymin-Dimers.
Aus HANAWALT et al. 1967

Thymin   Thymin Dimer

nismen, wie beispielsweise Hefe und E. coli, wurde ein Enzym isoliert, welches in der Lage ist, photoreaktivierend zu wirken. Um diese Wirkung nachzuweisen, ließ sich mit Erfolg das System der Transformation, die Übertragung von Genorten aus einer Spenderin eine Empfängerzelle, gebunden an reine DNS, verwenden. Zellen von Bacillus subtilis weisen keine Photoreaktivierung nach UV-Schaden auf. Ihnen fehlt das photoreaktivierende Enzym. Ihre DNS ist jedoch geeignet, als transformierendes Agens zwischen verschiedenen subtilis-Stämmen benutzt zu werden. Wird beispielsweise DNS aus einem Wildstamm von B.s. gewonnen, so vermag sie unter den Nachkommen einer Population aus Zellen einer Mangelmutante der gleichen Bakterienart, einen von der Art der Versuchsbedingungen abhängigen Prozentsatz von Zellen zum Wildtyp zu transformieren. Dieser Prozentsatz sinkt, wenn die Wildtyp-DNS zuvor mit UV bestrahlt wird. Auch dabei gilt wieder, daß mit zunehmender Strahlungsdosis der Anteil inaktivierter DNS-Moleküle zunimmt. Setzt man nach UV-Bestrahlung vor Benutzung der DNS zur Transformation jedoch unter gleichzeitiger Belichtung photoreaktivierendes Enzym hinzu, so wird ein Teil dieser DNS wieder zur Transformation befähigt, also reaktiviert (Abb. 294). Das Enzym kann dabei aus E. coli, Hefe oder anderen zur Photoreaktivierung befähigten Mikroorganismen stammen.

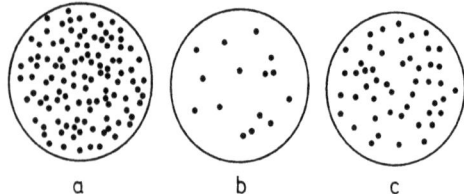

Abb. 294. Versuch zum Nachweis der Photoreaktivierung UV-bestrahlter DNS von B. subtilis: Wildtyp-Kolonien, welche nach Ausstreichen der gleichen Anzahl von Einzelzellen eines Transformationsgemisches (Empfängerzellen = trp⁻, DNS aus trp⁺-Spendern) auf je einer Minimalagarplatte heranwuchsen.
a) Kontrolle nach Transformation mit unbestrahlter DNS,
b) Transformation mit UV-bestrahlter DNS,
c) Transformation mit der gleichen DNS wie bei b, welche jedoch vor Transformation nach Zugabe von photoreaktivierendem Enzym aus Hefe einige Stunden bei Tageslicht bebrütet wurde = Photoreaktivierung

Immer erweist es sich als wirksam und damit als nicht artspezifisch. Es vermag sogar UV-erzeugte Strahlungsschäden in Einstrang-DNS zu beheben, die mit Hilfe des Kornberg-Enzyms synthetisiert wurde. Das photoreaktivierende Enzym adsorbiert im Dunkeln an UV-bestrahlte DNS, und nur an diese. Sichtbares Licht aktiviert es und dient dem Enzymmolekül als Energiequelle zur Durchführung der Photoreaktivierung. Diese besteht darin, Pyrimidindimere voneinander zu trennen, ein Vorgang, der sich in vitro an synthetischen Polymeren nachweisen ließ.

2. Dunkel- (Exzisions-) Reparatur

Der experimentelle Ansatzpunkt zur Entdeckung und Analyse der Photoreaktivierung war die Bestrahlung UV-inaktivierter Zellen mit sichtbarem Licht. Die Isolierung UV-resistenter Mutanten eröffnete den Weg zum Studium eines weiteren DNS-Reparaturmechanismus: 1946 bereits beschrieb die amerikanische Forscherin WITKIN die Isolierung eines Mutantentyps von E. coli, den sie aus Zellen des Stammes B erhalten hatte und daher B/r nannte. Diese Mutante zeigt (Abb. 295a) eine vor allem bei UV-Bestrahlung mit niederen Dosen im Vergleich zum Wildtyp (Abb. 295b) stark erhöhte Resistenz gegenüber UV-induzierten Strahlenschäden. 1958 isolierte HILL eine E. coli-Mutante, die sich gegen UV empfindlicher, sensitiver als Zellen des Wildtyps erwies (Abb. 295c) und daher mit B_{s-1} bezeichnet wurde. Ihre Befähigung zur Photoreaktivierung war normal. Homologe Mutanten konnten auch für den Stamm K 12 der gleichen Bakterienart nachgewiesen werden. Sie wurden mit uvr bezeichnet. Die genetische Analyse durch Chromosomentransfer ergab, daß der Ausfall der Wirksamkeit mindestens eines von 3 verschiedenen, in ihrer Lage bestimmbaren und mit uvr A, uvr B, uvr C bezeichneten Genorten ausreicht, um erhöhte UV-Sensibilität hervorzurufen. Mit der Auffindung dieser Mutanten war bewiesen, daß der Wildtyp von E. coli neben der Photoreaktivierung einen weiteren Reparaturmechanismus beherbergt, welcher in derartigen Mutanten gestört und in B/r-Mutanten durch erhöhte Wirksamkeit ausgezeichnet ist. Da er unabhängig vom sichtbaren Licht arbeitet, wurde er Dunkelreaktivierung oder Dunkel-Reparatur (dark-repair) genannt.

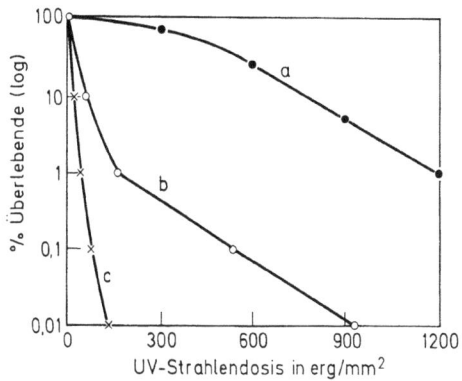

Abb. 295. Überlebenskurven dreier unterschiedlich UV-Sensibler Stämme von E. coli bei Bestrahlung mit UV. a) E. coli B/r, b) E. coli B, c) E. coli B_{s-1}

Die DNS zahlreicher Phagenarten enthält keine genetische Information über die molekulare Struktur eines Proteinmoleküls, welches als Enzym an der Dunkelreaktivierung beteiligt ist. Wird eine Suspension von Partikeln einer solchen Phagenart mit UV bestrahlt, so zeigt sie mit fortschreitender Bestrahlungsdauer ebenso wie lebende Zellen eine Abnahme der Anzahl von Partikeln, die zur Plaque-Bildung befähigt sind. Die Rate dieser UV-Inaktivation ist für jede Phagenart verschieden, dann aber sehr gut reproduzierbar. Werden Partikel aus solchen, zuvor UV-bestrahlten Phagensuspensionen an Zellen des Wildtyps von E. coli, also eines uvr^+-Stammes adsorbiert, so läßt sich aus der Zahl entstehender Phagenplaques die Anzahl plaquebildender Einheiten/ml Phagensuspension errechnen (Abb. 296 rechts). Die gleiche Phagensuspension zur Infektion von Zellen einer uvr^--Mutanten benutzt, ergibt wesentlich weniger Plaques (Abb. 296 links). Dies ist darauf zurückzuführen, daß in der uvr^+-Zelle ein Teil der Phagen-DNS, welche durch UV-Bestrahlung inaktiviert wurde, wieder durch den Vorgang der Dunkelreaktivierung ihre Befähigung zur Auslösung der Plaquebildung zurückerhält, in der uvr^--Mutante dagegen nicht. Das die Reaktivierung durchführende Enzymsystem der Zellen des uvr^+-Stammes vermag also auch mit fremder DNS zu reagieren. In der Phagenforschung werden daher uvr^+-Zellen als hcr^+ bezeichnet, eine Abkürzung für host-cell-reactivation = Wirtszell-Reaktivierung, d. h. Reaktivierung der inaktiven Phagen-DNS durch die Wirtszelle. Die uvr-Gene von E. coli vermögen keine Wirtszell-Reaktivierung UV-inaktivierter DNS der Phagen T2 und T4 hervorzubringen. Deren Genom beherbergt jedoch einen von seinem Entdecker HARM mit v bezeichneten Genort, welcher ein die Dunkelreparatur katalysierendes Enzym codiert. Dessen Wirkung erstreckt sich nicht nur auf die DNS der eigenen Art, sondern auch auf diejenige anderer Phagenarten und von E. coli-Zellen.

Erste Hinweise auf die Art des Mechanismus der Dunkelreaktivierung ergaben zwei Beobachtungen: Werden unbestrahlte E. coli-Zellen in ein neues Nährmedium transferiert,

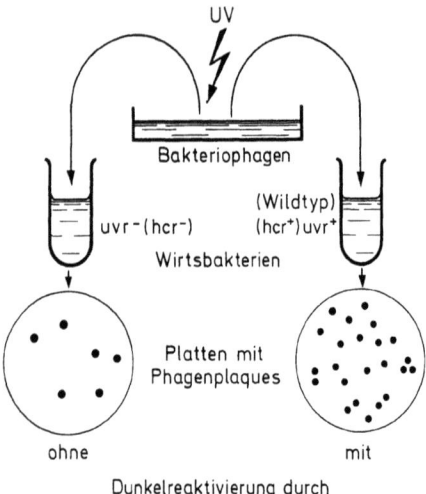

Abb. 296. Schematische Darstellung des Versuchsablaufes zum Nachweis der Wirtszellreaktivierung UV-inaktivierter Phagenpartikel (rechts) durch Wildtyp (hcr$^+$)-Zellen von E. coli im Gegensatz zum Ausfall der Reaktivierung (links) in hcr$^-$-Mutanten

so beginnen sie nach sehr kurzer Ruhephase sofort mit der Vermehrung. Erfolgt jedoch zuvor UV-Bestrahlung der gleichen Zellen, so ist die Ruhephase stark verlängert. Sie wächst mit Zunahme der Strahlungsdosis. Die makromolekulare Bakterien-DNS läßt sich aus zuvor aufgebrochenen Zellen leicht durch Säure fällen. Geschieht dies unmittelbar nach Bestrahlung, so enthält die DNS UV-erzeugte Pyrimidindimere, vor allem solche des Thymins. Mit fortschreitender Zeit nach Bestrahlung verschwinden diese aus der mit Säure fällbaren DNS und treten zunehmend in der säurelöslichen Fraktion auf, welche aus niedermolekularer DNS, in der Hauptsache kurzen DNS-Bruchstücken besteht. Erst wenn die meisten Dimere aus der DNS einer Zelle entfernt worden sind, beginnt die DNS-Replikation als erster Schritt der Zellvermehrung. Im Vorgange der Dunkelreaktivierung werden also im Gegensatz zur Photoreaktivierung Dimere als ganzes aus der DNS herausgeschnitten und nicht in ihre monomere Form überführt. Ein von HANAWALT vorgenommener Versuch zeigt dies in aller Deutlichkeit. Um ihn zu verstehen, müssen wir von der semikonservativen Vermehrung der DNS ausgehen. Als Versuchsobjekt wird eine Thyminmangelmutante von E. coli benutzt. Eine genügend große Population ihrer Zellen möge während mehrerer aufeinanderfolgender Generationen in Minimalmedium gewachsen sein, dem Thymin beigefügt wurde, welches mit ^{14}C markiert ist. Daher ist die gesamte DNS der Zellen mit dieser Markierung versehen. Der Versuch (Abb. 297a) beginnt damit, daß die Zellen abzentrifugiert und in ein Medium überführt werden, welches anstelle des Thymins das Thymin-Analog Bromuracil enthält, welches ^{3}H-markiert ist. Nachdem etwa die Zeit einer halben Generationsdauer vergangen ist, werden die Bakterien abgetötet und gewaschen. Ihre DNS wird gewonnen und durch geeignete Behandlung in mittelgroße Stücke zerlegt. Ein Teil dieser Stücke wird aus demjenigen Abschnitt des DNS-Moleküls stammen, das bereits vor Zugabe des Bromuracils vorlag, also nur mit ^{14}C-Thymin markiert ist. Der Rest dagegen wird aus einem neusynthetisierten, mit ^{3}H-Bromuracil markiertem Tochterstrang und einem zweiten bestehen, welcher diesem als Matrize diente, also bereits vor Zugabe des Bromuracils fertig war und nur ^{14}C-Thymin

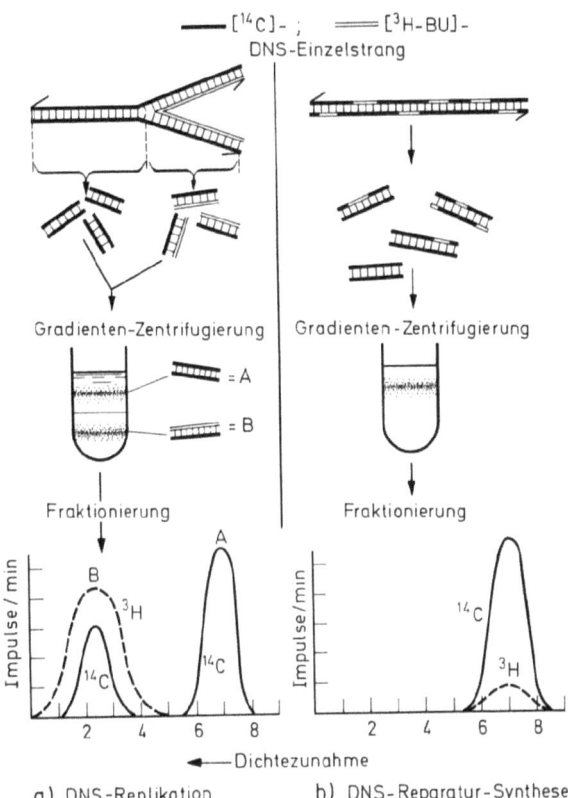

Abb. 297. Nachweis der Exzisionsreparatur als Mechanismus des Dunkelreparaturvorganges. a) Vorversuch: Lage, Herkunft und Markierung der nach ³H-BU-Markierung des neu synthetisierten Stranges im Dichtegradienten beobachtbaren Banden bei normaler DNS-Replikation. b) Zusammenfallen des ³H-Maximums mit der Lage der einzigen, nach Dunkelreparatur-Synthese im CsCl-Gradienten beobachtbaren DNS-Bande. Einzelheiten im Text. Nach SEDLOW et al. aus HANAWALT et al. 1967

enthält. Bromuracil weist wegen des schweren Brom-Atoms (Abb. 47) eine größere Dichte als Thymin auf. Zentrifugiert man daher das Gemisch der DNS-Bruchstücke im Dichtegradienten, dann werden sich zwei klar voneinander getrennte Banden bilden. Die zentripetale enthält die leichtere Thymin-DNS, die zentrifugale dagegen die Hybridstücke aus Thymin- und Bromuracil-DNS. Zum Beweis wird der Röhrcheninhalt in einzelne Fraktionen zerlegt und die Radioaktivität jeder Fraktion einzeln bestimmt. Dabei erfolgt die Unterscheidung zwischen Thymin und Bromuracil durch die verschiedene Strahlungsenergie des ^{14}C und ^{3}H, welche eine voneinander getrennte Zählung ermöglicht.

HANAWALT wendete die gleiche Versuchstechnik auf UV-bestrahlte Zellen von E. coli an (Abb. 297b). Vor der Bestrahlung wurde mit ^{14}C-Thymin gefüttert und unmittelbar nach der Bestrahlung in ein Medium mit ^{3}H-Bromuracil überführt. Nun mußte noch die Zeit der nach der UV-Bestrahlung verlängerten Ruhephase abgewartet werden. Dann

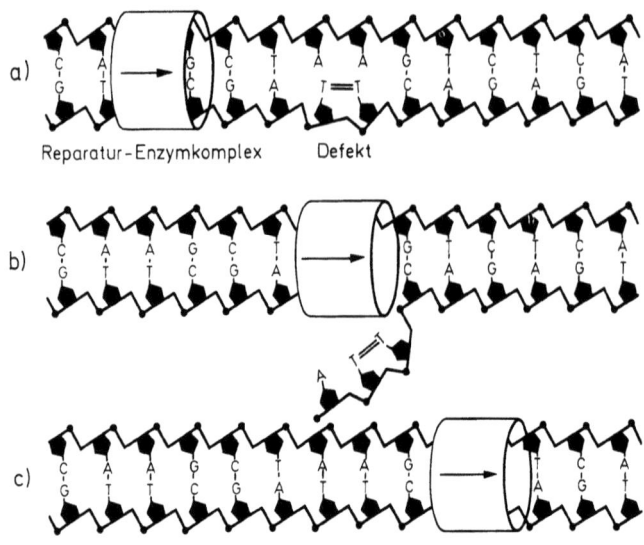

Abb. 298. Einzelschritte der Exzisions (Dunkel-)-Reparatur: a) Der Reparatur-Enzym-Komplex erkennt ein durch UV-Bestrahlung erzeugtes Pyrimidindimer. b) Das Dimer und ihm benachbarte Mononucleotide werden aus dem Einzelstrang herausgeschnitten = DNS-Endo- und Exonucleasewirkung. c) Die Reparatursynthese schließt die durch Exzision zuvor erzeugte Lücke. = DNS-Polymerase und Ligasewirkung. Aus HANAWALT et al. 1967

erfolgte wieder Tötung und Waschung der Zellen sowie Aufarbeitung der DNS und Zerlegen in mittelgroße Bruchstücke. Im Cs Cl-Gradienten bildete die DNS eine deutliche Bande in der gleichen Region, welche zuvor die reine Thymin-DNS eingenommen hatte. Und dennoch enthält sie, wie die Bestimmung der Art ihrer Radioaktivität ergab, auch Bromuracil, wenn auch nur in geringen Mengen. Wie war dies zu erklären? Während der Ruhephase hatten in der Zelle keine DNS-Verdopplungen stattgefunden. Dagegen war die Dunkelreaktivierung vor sich gegangen. Eine zu ihrem Enzymsystem gehörende Endonuclease hatte überall dort, wo zuvor durch UV-Bestrahlung Pyrimidindimere entstanden waren, Einzelstrangbrüche erzeugt (Abb. 298b). In anderen Untersuchungen konnte gezeigt werden, daß eine auf diesem Wege entstandene Lücke in einem DNS-Einzelstrang in der weiteren Reaktionsfolge durch Exonucleasewirkung ausgeweitet wird. Dabei werden die Dimere zusammen mit einer mehr oder weniger großen Anzahl der ihnen benachbarten Mononucleotide aus dem Verbande des Einzelstranges gelöst. Die dadurch entstandenen Lücken in jeweils einem der beiden Schwesterstränge waren dann im Verlauf einer Reparaturreplikation durch eine DNS-Polymerase wieder geschlossen worden (Abb. 298c). Dazu hatte das betreffende Enzym jeweils als Matrize die Basenaufeinanderfolge der Nucleotide des gegenüberliegenden Schwesterstranges benutzt. Bei diesem Vorgang konnte wegen der im Versuch inzwischen stattgefundenen Änderung des Mediums anstelle von Thymin immer nur ^{3}H-Bromuracil eingebaut worden sein. Da die ausgebesserten Stellen im Vergleich zur Gesamtlänge des DNS-Fadens nur sehr kurz sind, war dadurch keine im Gradienten erkennbare Veränderung der Dichte der Thymin-DNS verursacht worden. Die relativ geringfügige Menge eingebauten Bromuracils hatte sich jedoch durch die Besonderheit der Strahlung ihrer ^{3}H-Markierung zu erkennen gegeben.

Als dritter Schritt der Dunkelreaktivierung erfolgt die Verbindung der beiden Enden des im Verlaufe der Reparatursynthese hergestellten Oligo- oder Polynucleotids mit den ebenfalls freien inneren Enden des DNS-Einzelstranges, an dem die Exzision vor sich ging. Sie wird durch eine Polynucleotid-Ligase vorgenommen. Den Beweis für die Beteiligung dieses Enzyms an der Dunkelreparatur bildet die Beobachtung, daß Ligase-Mutanten von E. coli erhöhte UV-Sensibilität aufweisen. Untersuchungen von HOWARD-FLANDERS, BOYCE und THERIOT ergaben für die uvrA-, uvrB- und uvrC-Mutanten eine sehr starke Verringerung der Exzisionsrate. Durch sie dürfte die erhöhte UV-Sensibilität bedingt sein. Gleichermaßen erhöht ist die Empfindlichkeit gegen die letale Wirkung des Antibioticums Mitomycin C sowie gegen Mutagene, welche, wie Senfgas und salpetrige Säure, zumindest als Nebenreaktion Pyrimidindimere oder Quervernetzungen der DNS erzeugen. Der in vitro-Reaktionsmechanismus der DNS-Polymerase I von E. coli legt nahe, in ihr ein Enzym zu sehen, welches beides, die Exzision und die Reparatursynthese zu katalysieren vermag. Damit in Einklang steht die Beobachtung einer stark erhöhten UV-Sensibilität der pol-A-Mutanten. Sie ist jedoch nicht absolut, sodaß die DNS-Polymerase I wohl an der Exzisionsreparatur beteiligt, im Sinne der Interpretation der Beobachtungen an uvr-Mutanten jedoch nicht ihr ausschließliches Enzym ist.

3. Rekombinations-Reparatur

Ein hervorstechendes Merkmal der bereits aus der Darstellung der Enzyme der Rekombination bekannten Mutanten des Typs rec A, rec B und rec C ist ihre im Vergleich zum Wildtyp stark erhöhte Sensibilität gegenüber UV-Bestrahlung. Die Tab. 20 gibt dafür Werte, welche zeigen, daß der in der Aufstellung benutzte Standardwert von 37% Überlebensrate von einer rec A-Mutante bereits bei einem 167stel derjenigen UV-Dosis erreicht wird, welche zur gleichen Überlebensrate von Wildtypzellen führt. Doppelmutanten des Typs uvrA/recA sind noch 40mal sensibler als die Einfachmutante uvrA. Auf den Sachverhalt, daß die gesteigerte UV-Sensibilität der letzteren durch den Verlust der Befähigung zur Exzision hervorgerufen wird, baut sich die Arbeitshypothese auf, daß in E. coli neben der Photo- und Exzisionsreparatur ein dritter, von rec gesteuerter Reparaturmodus wirksam ist, welcher den Mechanismus der Rekombination benutzt. Diese Rekombinations-Reparatur schließt neben UV-induzierten Schäden auch solche ein, welche durch einige Mutagene mit Einschluß von MMS, aber auch Röntgenstrahlen

Tabelle 20. UV-Dosen für die Überlebensrate von 37% für Zellen aus verschiedenen uvrA und recA Einfach- und Doppelmutanten von E. coli K12 im Vergleich zum Wildtyp. Die Zellen der mit * bezeichneten Versuchsansätze wurden unmittelbar nach UV-Bestrahlung sechs Stunden lang in Glukose-freier Salzlösung bebrütet und erst dann auf Vollmedium plattiert. Aus HOWARD-FLANDERS 1968

Mutanten-Nummer	Genotyp		Besondere Eigenschaften	UV-Dosis (37% Überlebensrate)	
	uvrA	recA		erg/mm^2	Dimere/10^7 Basen
AB 1157	+	+	Wildtyp	500	3200
AB 1886	−	+	exzisionsdefekt	8	50
AB 2483	+	−	rekombinationsdefizient	3	20
AB 2480	−	−	exzisionsdefekt	50*	300*
			+ rekombinations-	0.2	1.3
			defizient	0.2*	1.3*

verursacht werden. Wie die Tab. 20 weiter zeigt, läßt sich die Wirkung des Ausfalles der recA-Aktivität auf das Ausmaß der Reparatur stark durch eine Hungerperiode verringern, welche zwischen UV-Bestrahlung und später erfolgender Plattierung auf Vollmedium eingeschaltet wird. Da diese Erscheinung in recA/uvrA-Doppelmutanten nicht auftritt, wird angenommen, daß in dieser Zeit unter der Wirkung des uvr A-Produktes eine während der Gesamtdauer der Hungerperiode vor sich gehende Dimer-Exzision stattfindet. Bei der Entstehung von substituierten F-Faktoren, aber auch von Deletionsmutanten konnte nachgewiesen werden, daß der Ausfall der rec A-Funktion eine gleichzeitig nach Dimer-Exzision notwendig werdende Vereinigung der freien Einzelstrangenden nicht beeinflußt. Dagegen bauen rec A-Mutanten spontan ihre eigene DNS ab und vermögen die am Ende eines Rekombinationsereignisses notwendige Vereinigung der dabei entstandenen freien Enden von Einzelsträngen nicht vorzunehmen, ein Sachverhalt, welcher zeigt, daß die Exonucleasereaktionen bei Exzisionsreparatur und Rekombination sich unterscheiden.

Aus Tab. 20 ist ersichtlich, daß 37% von Zellen einer E. coli uvrA-Mutante eine UV-Dosis überleben, welche rund 50 Pyrimidin-Dimere je Bakteriengenom erzeugt. Da diese Mutante zur Exzision der Dimere nicht befähigt ist, muß die Replikation der DNS der Überlebenden trotz dieser Dimere vor sich gehen. SWENSON und SETLOW sowie RUPP und HOWARD-FLANDERS wiesen nach, daß der Fortgang der Replikation durch jedes Dimer 5 bis 10 sec lang aufgehalten wird. Schlüsse auf die Ursache dieser Erscheinung erlauben die von den gleichen Autoren vorgenommenen Bestimmungen des Molekulargewichtes der DNS in exzisionsdefekten Mutanten nach UV-Bestrahlung. Sie ergeben, daß die Einzelstränge, welche unmittelbar nach UV-Bestrahlung synthetisiert werden, diskontinuierlich sind, also Lücken aufweisen. Bei wechselnden UV-Dosen erweist sich dabei die Anzahl und Grösse der Einzelstrangfragmente identisch mit derjenigen, welche für die DNS-Abschnitte zwischen den statistisch verteilten Pyrimidin-Dimeren errechnet werden kann. Letztere scheinen damit Stellen zu markieren, denen gegenüberliegend der neusyntheti-

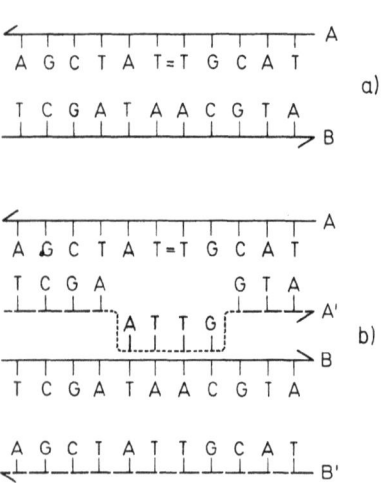

Abb. 299. Schematische Darstellung der Arbeitshypothese für den Verlauf einer Rekombinationsreparatur im Bereich der einem Thymindimer gegenüberliegenden, im neu synthetisierten Schwesterstrang durch die DNS-Polymerase ausgesparten Lücke. Als Ergebnis entstehen formal die Produkte einer Genkonversion (1×TAAC; 3×ATTG)

sierte DNS-Strang Lücken aufweist, welche die DNS-Polymerase beim Passieren eines Dimers im neusynthetisierten Schwesterstrang jeweils aussparte. Solche Lücken könnten Anlaß zur Rekombination sein: Bei der Replikation eines Dimere-führenden Doppelstranges entstehen zwei Doppelstränge. Dabei wird der Abschnitt, welcher in dem einen Doppelstrang einen Dimer im A-Strang, und diesem gegenüberliegend im neusynthetisierten A′-Strang eine Lücke aufweist (Abb. 299), im Schwesterdoppelstrang B/B′ normal aufgebaut sein. Die Hypothese geht davon aus, daß durch die freien, die Lücke begrenzenden Enden des A′-Stranges eine Rekombination als Genkonversion ausgelöst wird, welche, die Nucleotidsequenz des homologen Abschnittes des B-Stranges benutzend, diese Lücke schließt. Dieser Rekombinationsvorgang wäre an DNS-Replikation gebunden. Er würde in der Wildtypzelle zeitlich der Exzisionsreparatur folgen.

Den Nachweis für die Richtigkeit der letztgenannten Voraussage erbringen Untersuchungen, welche von RADMAN, CORDONE, KRSMANOVIC-SIMIC und ERRERA unter Verwendung des Phagen λ vorgenommen wurden. Das λ-Genom beherbergt, mit red bezeichnet, einen Genort, dessen sekundäres Genprodukt die Rekombination der λ-DNS steuert. Durch Verwendung von λ-Wildtyp (red$^+$) und red$^-$-Mutanten zur Infektion von E. coli-Wirten, welche rec$^+$ uvr$^+$; rec$^-$ uvr$^+$; rec$^+$ uvr$^-$ und rec$^-$ uvr$^-$ waren, untersuchten die Autoren den Einfluß der drei Genorte auf die Reparatur von UV-Schäden, die durch Bestrahlung der λ-Phagenpartikel vor Infektion erzeugt worden waren. Die Verwendung einer temperaturempfindlichen λ-Mutante des Genortes O erlaubte dabei die reversible Hemmung der λ-DNS-Synthese. Mit Hilfe dieser experimentellen Anordnung konnte nachgewiesen werden, daß die von uvr gesteuerte Exzisionsreparatur in Zellen vor sich geht, deren DNS sich nicht in Replikation befindet, während die durch red und rec induzierte Rekombinationsreparatur an replizierende DNS gebunden ist. Dieser Zusammenhang weist der Regulation der DNS-Replikation einen bedeutenden Einfluß auf die DNS-Reparatur zu. Die gleichen Untersuchungen zeigen darüber hinaus, daß das von uvr katalysierte Exzisions- und das durch red und rec gesteuerte Rekombinations-Reparatursystem bei unterschiedlich hohen UV-Dosen alternativ zu wirken vermag. Der Kurvenverlauf der Abb. 300 zeigt für red$^+$/rec$^+$ uvr$^+$; red$^-$/rec$^-$ uvr$^+$ sowie red$^+$/rec$^+$ uvr$^-$ und red$^-$/rec$^-$ uvr$^-$ für Strahlendosen, die größer als 300–400 erg sind, exponentielle Charakteristik: Die Kurven bilden bei der verwendeten halblogarithmischen Abtragung Geraden. Dabei verlaufen die Inaktivationskurven für die uvr$^+$-Stämme unabhängig davon, ob λ red$^+$ oder red$^-$ verwendet, oder die bakteriellen Wirte dem rec$^+$- oder rec$^-$-Genotyp angehörten, nahezu parallel. Bei höheren UV-Dosen als 300–400 erg/mm^2 ist daher die Wirkung des durch uvr$^+$ gesteuerten Excisionsreparatursystems bei weitem vorherrschend. Die Inaktivationskurve für red$^-$/rec$^-$ uvr$^-$ weist bei einer Überlebensrate von 10% einen deutlichen Knick auf, den Übergang aus einem steilen in einen weniger steilen Neigungswinkel kennzeichnet. Bis zu dieser Überlebensrate trägt somit uvr$^+$ relativ wenig zur Reparatur der UV-Schäden bei, sie wird bei niedrigen Dosen vorwiegend durch die Produkte von red$^+$ und rec$^+$ als Rekombinationsreparatur vorgenommen.

Von COOPER und HANAWALT vorgenommene Messungen haben ergeben, daß die Größe der nach UV-Bestrahlung reparierten DNS-Abschnitte von E. coli wenige einzelne bis mehrere tausend Mononucleotide beträgt. Dieser Befund legt die Beteiligung von mehr als einem Enzym an der Exzisionsreparatur nahe. Die Autoren untersuchten daher, ob die Produkte der Genorte rec A und rec B, deren Beteiligung an Reparaturmechanismen feststand, nicht auch bei der Exzisionsreparatur mitwirken. Bei ihren Untersuchungen kam die gleiche Methode der Markierung mit ^{3}H-Bromuracil zur Anwendung, welche im vorstehenden bei der Darstellung des Nachweises der Reparatursynthese im Verlaufe der Dunkelreparatur geschildert wurde. Sie ergab für pol A-Mutanten, welche nur noch eine geringfügige Restaktivität der DNS-Polymerase I zeigen, nicht wie erwartet stark verringerte, sondern drastisch erhöhte Einbauwerte durch Reparatursynthese. Im Gegensatz dazu zeigte eine rec A/rec B-Doppelmutante nur geringe Einbauwerte, wobei die

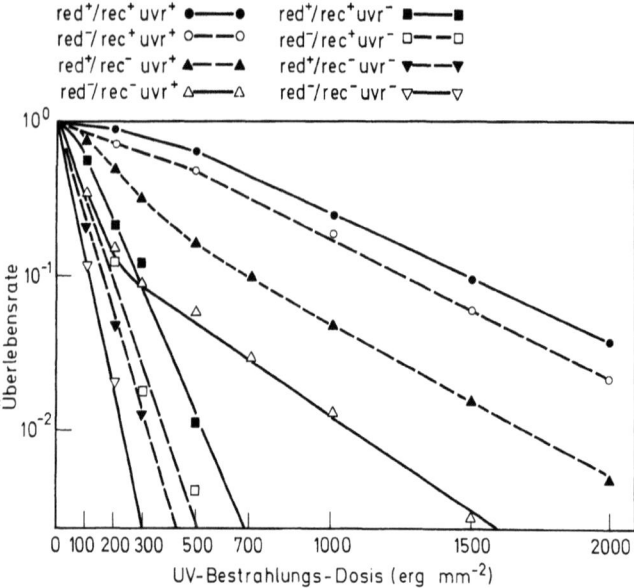

Abb. 300. Überlebenskurven UV-bestrahlter Phagen von λ-Wildtyp (geschlossene Symbole) und λ red⁻ (offene Symbole) bei Prüfung ihrer Befähigung zur Plaquebildung in Wirtsstämmen unterschiedlichen Mutationszustandes der Genorte rec und uvrA. Aus RADMAN et al. 1970

Markierung niemals in großen DNS-Abschnitten auftrat. Die Autoren erklären diese Beobachtung durch die Annahme, daß die DNS-Polymerase I und die von den rec-Genorten codierten Enzyme gemeinsam an der Exzisionsreparatur beteiligt sind. Dabei ist das letztgenannte System weniger wirkungsvoll, da es Exzisionen verschieden großer Länge hervorbringt, welche bis zu mehrere tausend Mononucleotide umfassen können. Es kommt in der pol A-Mutante voll zur Wirkung, welche daher hohe Markierungswerte zeigt. Die DNS-Polymerase I dagegen führt nur zur Exzision kurzer Nucleotidsequenzen. Sie ergibt daher relativ geringe Einbauwerte, welche in der recA/recB-Doppelmutante nachweisbar sind. Dieser Mechanismus ist aber wegen der, bezogen auf die Anzahl entfernter Mononucleotide, großen Zahl herausgeschnittener Dimere sehr wirkungsvoll. Diese Hypothese wird durch die Beobachtungen von TOWN, SMITH und KAPLAN gestützt, welche für die Reparatur von röntgen-induzierten DNS-Schäden ein schnellarbeitendes, durch pol-A kontrolliertes und ein durch rec gesteuertes, langsam wirkendes System nachwiesen. Es bleibt abzuwarten, wie weit diese Befunde den sekundären Produkten der rec-Gene eine Beteiligung an Reparaturmechanismen zuweisen, welche sich des Exzisionsmodus bedienen, und in welchem Ausmaße, wie die im vorstehenden dargestellten Ergebnisse und Arbeitshypothesen unterstellen, ein davon unabhängiges, ebenfalls durch rec-Gene gesteuertes Rekombinations-Reparatursystem besteht.

4. UV-induzierte Mutagenese und DNS-Reparatur

Die UV-Bestrahlung inaktiviert nicht nur die Befähigung zur Koloniebildung von Bakterienzellen und die Plaquebildung durch Bakteriophagen. Sie induziert gleichzeitig auch Mutationen. Dabei erweisen sich gleiche Veränderungen der Molekularstruktur der DNS als die Ursache von Inaktivation, aber auch Mutagenese. Diese Aussage erlauben Untersuchungen zahlreicher Autoren wie WITKIN, KAPLAN, KONDO, JÄGGER und andere. Sie gingen davon aus, daß das Enzym der Photoreaktivierung ausschließlich durch Überführung von Pyrimidin-Dimeren in die monomere Form wirkt. E. coli-Mutanten, denen die Aktivität dieses Enzyms fehlt, die daher keine Photoreaktivierung zeigen, sind bekannt und werden mit phr$^-$ bezeichnet. Der Vergleich der mutagenen Wirkung, welche durch eine bestimmte UV-Dosis bei einer solchen Mutanten hervorgerufen wird, mit derjenigen beim Wildtyp phr$^+$ ergab Aussagen über die Beteiligung von Pyrimidin-Dimeren an der Erzeugung UV-induzierter Mutationen: Bei UV-Dosen von 900 erg/mm^2 werden mindestens 90% davon durch sie verursacht.

Dafür, daß ein Pyrimidin-Dimer mutagen wirkt, sind drei unterschiedliche Reaktionsmechanismen denkbar: Die Mutation kann 1. durch einen Fehler im Verlauf der Exzisionsreparatur, 2. als Fehler der beim Hinweggleiten der DNS-Polymerase über das noch in der DNS befindliche Dimer und 3. als Fehler bei der nach der Replikation erfolgenden Rekombinationsreparatur entstehen. Der Vergleich des Ausmaßes der UV-induzierten Mutagenese in hcr$^+$ und hcr$^-$ oder uvr$^+$ und uvr$^-$-Stämmen, von HILL sowie WITKIN und anderen Autoren vorgenommen, hat für die Exzisionsmutante uvr$^-$ (hcr$^-$) eine gesteigerte Mutationsrate ergeben. Daraus ist zu schließen, daß die in der uvr$^-$-Mutante zusätzlich induzierten Mutationen von den durch das Fehlen des Exzisionssystems nicht herausgeschnittenen Dimeren verursacht werden. Die Anwesenheit solcher Dimere wirkt somit wesentlich stärker mutagen als der Vorgang ihrer Excision. Für diese qualitative Aussage ist eine quantitative Betrachtung möglich, die durch WITKIN vorgenommen wurde: 20 erg/mm^2 als UV eingestrahlt, erzeugen im E. coli-Genom rund 120 Pyrimidin-Dimere. In der uvr$^+$-Zelle werden diese nahezu quantitativ eliminiert, in der uvr$^-$-Zelle unverändert gelassen. Unter 10^8 überlebenden uvr$^-$-Zellen entstehen dadurch neben allen möglichen anderen Mutanten-Typen 2000 Streptomycin-resistente Mutanten, unter der gleichen Anzahl Wildtypzellen dagegen nur 4. Da somit nahezu alle Mutationen in der uvr$^-$-Population durch die nicht entfernten Pyrimidin-Dimere hervorgerufen sind, besitzt ein in der DNS verbleibendes Dimer die 500fach höhere Wahrscheinlichkeit, eine Mutation hervorzurufen, als der Vorgang seiner Exzision aus der DNS.

Der Exzisionsreparatur-Mechanismus besteht aus mindestens drei Teilvorgängen: Der Exzision, der Reparatursynthese und der Ligase-katalysierten Vereinigung der Einzelstrangenden. Die erhöhte UV-Mutabilität der uvr$^-$-Mutanten schließt den erstgenannten, die Exzision als Ursache der Mutation aus. Die Frage, ob diese durch einen Fehler während des zweiten Teilvorganges, der Reparatursynthese entsteht, hat WITKIN 1971 untersucht. pol A-Mutanten zeigen eine stark erhöhte UV-Sensibilität (Abb. 301) bei unverändert gebliebener Exzisionsleistung und Rekombinationsrate. Die Ursache dafür dürfte daher in der drastischen Reduktion der Wirkung der DNS-Polymerase I liegen, welche Reparatursynthese nahezu unmöglich macht. Die Autorin verwendete zu ihren Untersuchungen je eine trp$^-$- und his$^-$-Mutante des pol A-Stammes sowie einen Abkömmling davon, dessen pol A-Gen unter Beibehaltung der Histidin- und Tryptophan-Auxotrophie zum Wildtyp (pol A$^+$) rückmutiert war. Die Untersuchung der UV-induzierten Rückmutation von trp$^-$ zu trp$^+$ und von his$^-$ zu his$^+$ ergab sowohl für den pol A$^-$-Stamm sowie seinen pol A$^+$-Abkömmling gleiche Mutationsraten. Der nahezu quantitative Verlust der Befähigung zur Reparatursynthese in pol A$^-$ bleibt somit ohne Einfluß auf die UV-induzierte Mutabilität. Auch die zweite der obengenannten Möglichkeiten für die Erzeugung von Mutanten durch Fehler bei der Reparatursynthese wird damit widerlegt. Eine weitere quantitative Betrachtung ergibt darüber hinaus, daß alle drei Teilvorgänge

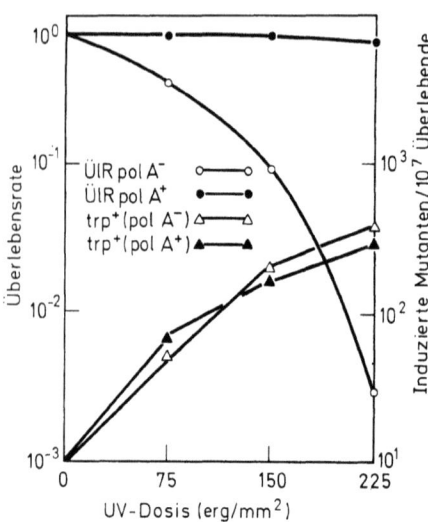

Abb. 301. Überlebensrate (Kreise und Punkte) und Häufigkeit induzierter Rückmutanten zur Prototrophie (Dreiecke) der Zellen je einer polA$^-$/trp$^-$- und polA$^+$/trp$^-$-Mutante von E. coli bei Bestrahlung mit verschiedenen UV-Dosen. Aus WITKIN 1971

der Exzisions-Reparatur mit einem sehr hohen Genauigkeitsgrad arbeiten, welcher dafür sorgt, daß auf mindestens 10^6 Exzisionen höchstens eine nachweisbare Mutation kommt.

Die weiter oben genannte Hypothese 3 sieht in Fehlern bei der Rekombinationsreparatur die Ursache für das Auftreten UV-induzierter Mutationen. Eine Prüfung dieser Annahme wird durch Mutanten des exr-locus bei E. coli B oder des wahrscheinlich homologen lex-locus bei E. coli K12 möglich. exr$^-$- und lex$^-$-Mutanten weisen um den Faktor 2–3 gesteigerte UV-Sensibilität sowie eine um den gleichen Faktor verringerte Rekombinationsrate auf, während das Ausmaß ihrer Exzisionsreparatur dem Wildtyp entspricht. Die Erhöhung der UV-Sensibilität wird somit durch eine Veränderung hervorgerufen, welche gleichzeitig die Befähigung zur Rekombination verringert. WITKIN wies nach, daß exr$^-$-Mutanten keinerlei UV-induzierte Mutabilität aufweisen, auch wenn sie uvr$^+$ sind. Die Autorin postuliert aus dieser Beobachtung, daß alle UV-induzierten Mutationen durch Fehler entstehen, die in der oben dargestellten Hypothese 3 beschrieben werden: Das eigentliche mutagene Ereignis ist danach ein mit Fehlermöglichkeiten behafteter Schritt in der auf die DNS-Replikation folgenden Rekombinationsreparatur. Durch sie wird die einem Pyrimidin-Dimer im neusynthetisierten Schwesterstrang gegenüberliegende, von der DNS-Polymerase offengelassene Einzelstranglücke geschlossen. In exr$^-$-Mutanten ist dieser Rekombinationsvorgang in einer Weise verändert, welche die Entstehung solcher Fehler ausschließt und gleichzeitig die Rekombinationshäufigkeit verringert. Für die UV-Induktion von Mutanten ist somit die Wildtypfunktion des Genortes exr notwendig. Aber auch die übrigen Enzyme der Rekombination der E. coli-Zelle sind an dieser Mutagenese gleichermaßen beteiligt. In rec A$^-$-Mutanten, welche keine Rekombination zeigen, vermag UV auch keine Mutationen auszulösen. rec B$^-$ und rec C$^-$, die durch verminderte Rekombinationsbefähigung charakterisiert sind, zeigen gleichermaßen verringerte, UV-induzierte Mutagenese. Die Aktivität von mindestens vier Genorten und damit aller für die Katalyse der molekularen Vorgänge der Rekombination notwendigen Enzyme wird somit zur UV-induzierten Mutagenese benötigt. Es erscheint daher als sehr wahrscheinlich, daß sich deren Verwirklichung nicht nur auf Teilvorgänge, sondern auf den Gesamtvorgang der Rekombination stützt.

LITERATURVERZEICHNIS

Das Literaturverzeichnis enthält die unmittelbar zitierten Arbeiten sowie, mit * bezeichnet, zusammenfassende Darstellungen, wie Übersichtsartikel, Reviews und Buchveröffentlichungen über Teilgebiete aus dem Bereich der Molekular- und Mikrobengentik. Für ein weiterführendes Studium sind die folgenden, mit umfangreichem Literaturverzeichnis versehenen Werke geeignet:

*HAYES, W.: The Genetics of Bacteria and their Viruses – Studies in Basic Genetics and Molecular Biology. Second Edition. Oxford and Edinburgh: Blackwell Scientific Publications 1968.
*WATSON, J.D.: Molecular Biology of the Gene. Second Edition. New York, Amsterdam: W.A. Benjamin, Inc. 1970.
*FINCHAM, J.R.S., DAY, P.R.: Fungal Genetics. Third Edition. Botanical Monographs 4. Oxford and Edinburgh: Blackwell Scientific Publications 1971.
*ESSER, K., KUENEN, R.: Genetik der Pilze. Heidelberg, New York: Springer-Verlag Berlin 1967.
*MATHEWS, C.K.: Bacteriophage Biochemistry. ACS Monographs **166**, New York, Cincinnati, Toronto, London, Melbourne: Van Nostrand Reinhold Comp. 1971

Zu I. C. Die Desoxyribonucleinsäure als Träger genetischer Informationen

GRIFFITH, F.: Significance of pneumococcal types. J.Hyg. Camb. **27**, 113 (1928).
AVERY, O.T., MACLEOD, C.M., MCCARTY, M.: Studies on the chemical nature of the substance inducing transformation of pneumococcal types. Induction of transformation by a desoxyribonucleic acid fraction isolated from pneumococcus Type III. J. exp. Med. **79**, 137 (1944).
*ADAMS, M.H.: Bacteriophages. New York: Interscience 1959.
*MATHEWS, Ch.K.: Bacteriophage Biochemistry. ACS Monograph. New York: Van Nostrand Reinhold Company 1971.
*WOOD, W.B., EDGAR, R.S.: Building of a bacterial virus. Scientific Americ. **217**, No. 1, p. 63 (1967).
HERSHEY, A.D., CHASE, M.: Independent functions of viral protein and nucleic acid in growth of bacteriophage. J. gen. Physiol. **36**, 39 (1952).
SIMON, L.D., ANDERSON, Th.F.: The infection of Escherichia coli by T 2 and T 4 bacteriophages as seen in the electron microscope. Virology **32**, 279 (1967).

Zu I. D. Der molekulare Aufbau der DNS

FRANK, H., ZARNITZ, M.L., WEIDEL, W.: Über die Rezeptorsubstanz für den Phagen T 5 -- VII. Mitt. Elektronenoptische Darstellung und Längenbestimmung der aus T 5/R 5-Komplexen freigesetzten DNS. Z. Naturforschg. **18b**, 281 (1963).
WATSON, J.D., CRICK, F.H.C.: A structure for desoxyribose nucleic acids. Nature (Lond.) **171**, 737 (1953).
*WILKINS, M.H.F.: Die molekulare Konfiguration der Nucleinsäuren. Angew. Chemie **75**, 429 (1963).

MARMUR, J., LANE, D.: Strand separation and specific recombination in deoxyribonucleic acids: biological studies. Proc. nat. Acad. Sci. (Wash.) **46**, 453 (1960).
SCHILDKRAUT, C.L., MARMUR, J., DOTY, P.: The formation of hybrid DNA molecules and their use in studies of DNA homologies. J. molec. Biol. **3**, 595 (1961).

Zu I. E. Fragen zur genetischen Information

BEADLE, G.W., TATUM, E.L.: Genetic control of biochemical reactions in Neurospora. Proc. nat. Acad. Sci. (Wash.) **27**, 499 (1941).
*KAUDEWITZ, F.: Die Formung des modernen Genbegriffs durch Ergebnisse der Erbforschung an Bakterien. Behring-Werk Mitteilungen Heft 38, 3, (1960).
*KÜHN, A.: Versuche zur Entwicklung eines Modells der Genwirkungen. Naturw. **43**, 25 (1956).
MENDEL, G.: Versuche über Pflanzenhybriden. (1866) Abdr. in J. Heredity **42**, 1 (1951).
*GARROD, A.E.: Inborn errors of metabolism. 2. Aufl. Oxford: University Press 1923.
*FUHRMANN, W., VOGEL, F.: Genetische Familienberatung. Heidelberger Taschenbücher. Berlin, Heidelberg, New York: Springer Verlag 1968.
*LINNEWEH, F.: Erbliche Stoffwechselkrankheiten. München, Berlin: Urban und Schwarzenberg 1962.
*VOGEL, F.: Lehrbuch der allgemeinen Humangenetik. Berlin, Göttingen, Heidelberg: Springer Verlag 1961.

Zu I. F. Die semikonservative Duplikation der DNS

WATSON, J.D., CRICK, F.H.C.: Genetical implications of the structure of desoxyribose nucleic acid. Nature (Lond.) **171**, 964 (1953).
DELBRÜCK, M., STENT, G.S.: On the mechanism of DNA replication. In: „The chemical basis of heredity" pag. 699. Herausgegeben von MCELROY E.D., GLASS, B. Baltimore: John Hopkins Press 1957.
MESELSON, M., STAHL, F.W.: The replication of DNA in Escherichia coli. Proc. nat. Acad. Sci. (Wash.) **44**, 671 (1958).
CAIRNS, J.: The chromosome of Escherichia coli. Cold Spr. Harb. Symp. quant. Biol. **28**, 43 (1963)).

Zu I. G. Die chemische Mutagenese

SCHUSTER, H., SCHRAMM, G.: Bestimmung der biologisch wirksamen Einheit in der Ribonucleinsäure des Tabakmosaikvirus auf chemischem Wege. Z. Naturforschg. **13b**, 11 (1958).
SCHUSTER, H.: Die Reaktionsweise der Desoxyribonucleinsäure mit salpetriger Säure. Z. Naturforschg. **15b**, 5 (1960).
MUNDRY, K.W., GIERER, A.: Die Erzeugung von Mutationen des Tabakmosaikvirus durch chemische Behandlung seiner Nucleinsäure in vitro. Z. Vererbungsl. **89**, 614 (1958).
KAUDEWITZ, F.: Inaktivierende und mutagene Wirkung salpetriger Säure auf Zellen von Escherichia coli. Z. Naturforschg. **14b**, 528 (1959).
HOLLIDAY, R.: A new method for the identification of biochemical mutants of micro-organisms. Nature (Lond.) **178**, 987 (1956).
*HOLLAENDER, A.: Chemical mutagens. Principles and methods for their detection. Vol 1 & 2. New York, London: Plenum Press 1971.
CHAMPE, S.P., BENZER, S.: Reversal of mutant phenotypes by 5-Fluorouracil: An approach to nucleotide sequences in messenger-RNA. Proc. nat. Acad. Sci. (Wash.) **48**, 532 (1962).

BENZER, S.: The elementary units of heredity. In: „The chemical basis of heredity" (eds. MCELROY, W.D., GLASS, B.) pag. 70 John Hopkins Press Baltimore: 1957.
FREESE, E.: The specific mutagenic effect of base analogues on phage T 4. J. molec. Biol. **1**, 87 (1959).
WARING, M.J.: Drugs which effect the structure and function of DNA. Nature (Lond.) **219**, 1320 (1968).
*KAUDEWITZ, F.: Grundlagen der Vererbungslehre. Dalp Taschenbücher. München: Lehnen-Verlag 1957.
*PENROSE, L.S.: Einführung in die Humangenetik. Heidelberger Taschenbücher. Berlin, Heidelberg, New York: Springer Verlag 1965.
DOERMANN, A.H., HILL, M.B.: Genetic structure of bacteriophage T 4 as described by recombination studies of factors influencing plaque morphology. Genetics **38**, 79 (1953).
FRIEDMAN, T., ROBLIN, R.: Gene therapy for human genetic disease? Science **175**, 949 (1972).
MALLING, H.V.: Mutation induction in Neurospora crassa incubated in mice and rats. Molec. gen. Genet. **116**, 211 (1972).

Zu I. H. Rekombination zwischen Trägern homologer Koppelungsgruppen genetischer Informationen

TATUM, E.L., LEDERBERG, J.: Gene recombination in the bacterium Escherichia coli. J. Bact. **53**, 673 (1947).
*JACOB, F., WOLLMAN, E.L.: Sexuality and the genetics of bacteria. New York, London: Academic Press 1961.
*CAMPBELL, A.: Episomes. Advanc. in Genetics **11**, 101 (1962).
*Bacterial Episomes and Plasmids; A Ciba Foundation Symposium. Ed. by G.E.W. WOLSTENHOLME and M. O'CONNOR. London: J. & A. Churchill, Ltd 1969.
LEDERBERG, J., LEDERBERG, E.M., ZINDER, N.D., LIVELY, E.R.: Recombination analysis of bacterial heredity. Cold Spr. Harb. Symp. quant. Biol. **16**, 413 (1951).
*ZINDER, N.D.: RNA phages. Ann. Rev. Microbiol. **19**, 455 (1965).
DATTA, N., LAWN, A.M., MEYNELL, E.: The relationship of F-type piliation and F-phage sensitivity to drug resistance transfer in R^+F^+-Escherichia coli K 12. J. gen. Microbiol. **45**, 365 (1966).
*WATANABE, T.: Infectious drug resistance. Scientific Americ. **217**, Heft 6, pag. 19 (1967).
ANDERSON, T.F., WOLLMAN, E.L., JACOB, F.: Sur les processus de conjugaison et de recombinaison génétique chez E. coli. III. Aspects morphologiques en microscopie électronique. Ann. Inst. Pastcur **93**, 450 (1957).
WOLLMAN, E.L., JACOB, F., HAYES, W.: Conjugation and genetic recombination in Escherichia coli. Cold Spr. Harb. Symp. quant. Biol. **21**, 141 (1956).
*TAYLOR, A.L., TROTTER, C.D.: Revised linkage map of Escherichia coli. Bact. Rev. **31**, 322 (1967).
HAYES, W.: The kinetics of the mating process in E.coli. J.gen.Microbiol. **16**, 97 (1957).
ZINDER, N.D., LEDERBERG, J.: Genetic exchange in Salmonella. J. Bact. **64**, 679 (1952).
*SIGNER, E.R.: Lysogeny: The Integration Problem. Ann. Rev. Microbiol. **22**, 451 (1968).
*OZEKI, H., IKEDA, H.: Transduction Mechanisms. Ann. Rev. Gen. **2**, 245 (1968).
VETAKE, H., LURIA, S.E., BURROWS, J.W.: Conversion of somatic antigens in Salmonella by phage infection leading to lysis or lysogeny. Virology **5**, 68 (1958).
*KAUDEWITZ, F.: Genetische Steuerung bakterieller Merkmale durch Episomen. Zentralbl. Bakteriol., Parasitenkd., Infektionskr. v. Hygiene **205**, 9 (1967).
OKUBO, S., STODOLSKY, M., BOTT, K.F., STRAUS, B.: Separation of the transforming and viral dioxyribonucleic acids of a transducing bacteriophage of Bacillus subtilis. Proc. nat. Acad. Sci. (Wash.) **50**, 679 (1963).

STOCKER, B.A.D.: Abortive transduction of motility in Salmonella, a nonreplicated gene transmitted through many generations to a single descendant. J. gen. Microbiol. **15**, 5757 (1956).
STOCKER, B.A.D., ZINDER, N.D., LEDERBERG, J.: Transduction of flagellar characters in Salmonella. J. gen Microbiol. **9**, 410 (1953).
*KAUDEWITZ, F.: Zur Genetik antigener Strukturen von Enterobacteriaceen. Path. Microbiol. **24**, 910 (1961).
OZEKI, H.: Abortive transduction in purine-requiring mutants of Salmonella typhimurium. Carnegie Inst. Wash. Publ. **612**, 97 (1956).
KAUDEWITZ, F., SCHMIEGER, H.: Zur Frage des Zeitpunktes der Entscheidung zwischen abortivem und rekombinativem Verhalten eines transduzierten Chromosomenfragmentes der Empfängerzelle. Z. Naturforsch. **20b**, 284 (1965).
HARTMAN, P.E., HARTMAN, Z., ŠERMAN, D.: Complementation mapping by abortive transduction of histidine-requiring Salmonella mutants. J. gen. Microbiol. **22**, 354 (1960).
HARTMAN, P.E., LOPER, J.C., ŠERMAN, D.: Finestructure mapping by complete transduction between histidine-requiring Salmonella mutants. J. gen. Microbiol. **22**, 323 (1960).
BEADLE, G.W., COONRADT, V.L.: Heterocaryosis in Neurospora crassa. Genetics **29**, 291 (1944).
LEUPOLD, U., GUTZ, H.: Genetic fine structure in Schizosaccharomyces. In: Genetics Today **2**, 3 (1965). Proc. XI. Int. Congr. Genetics (The Hague) Pergamon Press, Oxford.
*SZYBALSKI, K., BØVRE, K., FIANDT, M., HAYES, W., HRADECNA, Z., KUMAR, S., LOZERON, H.O., NIJKAMP, H.J.J., STEVENS, W.F.: Transcriptional units and their controls in Escherichia Phage λ: Operons and Scriptons. Cold Spr. Harb. Symp. quant. Biol. **35**, 341 (1970).
HERSHEY, A.D. (Editor): The bacteriophage Lambda. Cold Spring Harbor Laboratory 1971.
WEIGLE, J., MESELSON, M., PAIGEN, K.: Density alterations associated with transducing ability in the bacteriophage Lambda. J. molec. Biol. **1**, 379 (1959).
DELBRÜCK, M., BAILEY, W.T.: Induced mutations in bacterial viruses. Cold Spr. Harb. Symp. quant. Biol. **11**, 33 (1946).
BECKWITH, J.R., SIGNER, E.R., EPSTEIN, W.: Transposition of the Lac-region of E. coli. Cold Spr. Harb. Symp. quant. Biol. **31**, 393 (1966).
CUZIN, F., JACOB, F.: Délétions chromosomiques et integration d'un épisome sexuel F-lac$^+$ chez Escherichia coli K 12. C.R. Acad. Sci. (Paris) **248**, 3490 (1959).
SHIMADA, K., WEISBURG, R.A.: Prophage Lambda at unusual chromosomal locations. I. Location at the secondary attachment sites and the properties of the lysogens. J. molec. Biol. **63**, 483 (1972).
TAYLOR, H.J.: Sister chromatid exchanges in Tritium-labeled chromosomes. Genetics **43**, 515 (1958).
MESELSON, M., WEIGLE, J.J.: Chromosome breakage accompanying genetic recombination in bacteriophage. Proc. nat. Acad. Sci. (Wash.) **47**, 857 (1961).
MESELSON, M.: The molecular basis of recombination. In: „Heritage from Mendel". Proc. Mendel Centennial Symposium 1965, ed. by R.A. BRINK. Madison, Milwaukee London: The University of Wisconsin Press 1967.
AMATI, P., MESELSON, M.: Localized negative interference in bacteriophage λ. Genetics **51**, 369 (1965).
MARQUARDT, H., F.K. ZIMMERMANN, H. DANNENBERG, G.-C. NEUMANN, A. BODENBERGER und M. METZLER: Die genetische Wirkung von aromatischen Aminen und ihren Derivaten: Induktion mitotischer Genkonversionen bei der Hefe Saccharomyces cerevisae Z.f. Krebsforsch. in the press
ZIMMERMANN, F.K.: Induction of mitotic gene conversion by mutagens. Mutation Res. **11**, 327 (1971).

MITCHELL, M.B.: Aberrant recombination of pyridoxin mutants of Neurospora. Proc. nat. Acad. Sci. (Wash.) **41**, 215 (1955).
MITCHELL, M.B.: Further evidence of aberrant recombination in Neurospora. Proc. nat. Acad. Sci. (Wash.) **41**, 935 (1955).
BELLING, J.: Crossing over and gene rearrangement in flowering plants. Genetics **18**, 388 (1931).
LEDERBERG, J.: Recombination mechanisms in bacteria. J. cell. comp. Physiol. (Suppl. 2) **45**, 75 (1955).
WHITEHOUSE, H.L.K.: A theory of crossing over by means of hybrid deoxyribonucleic acid. Nature (Lond.) **199**, 1034 (1963).
CASSUTO, E., RADDING, M.: Mechanism for the action of λ-Exonuclease in genetic recombination. Nature (Lond.) New Biol. **229**, 13 (1971).
*CLARK, A.: Toward a metabolic interpretation of genetic recombination of E. coli and its phages. Ann. Rev. Microbiol. **25**, 437 (1971).

Zu II. A. Die Informationen werden transportiert (Transkription)

BRENNER, S., JACOB, F., MESELSON, M.: An unstable intermediate carrying information from genes to ribosomes for protein synthesis. Nature (Lond.) **190**, 576 (1961).
*NIERHAUS, K., WEBER, J.: Struktur u. Funktion d. Ribosomen. Umschau **72**, 346 (1972).
GROS, F., GILBERT, W., HIATT, H., KURLAND, C.G. RISEBROUGH, R.W., WATSON, J.D.: Unstable ribonucleic acid revealed by pulse labelling of Escherichia coli. Nature (Lond.) **190**, 581 (1961).
RAFF, R.A., COLAT, H.V., SELVIG, S.E., GROSS, P.R.: Oogenetic origin of messenger RNA for embryonic synthesis of microtubule proteins. Nature (Lond.) **235**, 211 (1972).
GEIDUSCHEK, E.P., NAKAMATO, T., WEISS, S.B.: The enzymatic synthesis of RNA: complementary interaction with DNA. Proc. nat. Acad. Sci. (Wash.) **47**, 1405 (1961).
MARMUR, J., GREENSPAN, C.M., PALACE, K.E., KAHAN, F.N., LEVINE, J., MANDEL, M.: Specificity of the complementary RNA formed by Bacillus subtilis infected with bacteriophage SP 8. Cold Spr. Harb. Symp. quant. Biol. **28**, 191 (1963).
GUHA, A., TABAZCYNSKI, M., SZYBALSKI, W.: Orientation of transcription for the galactose operon as determined by hybridisation of gal mRNA with the separated DNA strands of coliphage λdg. J. molec. Biol. **35**, 207 (1968).
*CHAMBERLIN, M.: Transcription 1970: A Summary. Cold. Spr. Harb. Symp. quant. Biol. **35**, 851 (1970).
*BURGESS, R.R.: RNA Polymerase. Ann. Rev. Biochem. **40**, 711 (1971).
BELL, E.: I-DNA; its packaging into I-somes and its relation to protein synthesis during differentiation. Nature (Lond.) **224**, 326 (1969).

Zu II. B. Die Informationen werden übersetzt (Translation)

CRICK, F.H.C., BARNETT, L., BRENNER, S., WATTS-TOBIN, R.J.: General nature of the genetic code for proteins. Nature (Lond.) **192**, 1227 (1961).
WITTMANN, H.G.: Proteinuntersuchungen an Mutanten des Tabakmosaikvirus als Beitrag zum Problem des genetischen Codes. Z. Vererbungsl. **93**, 491 (1962).
TSUGITA, A., FRAENKEL-CONRAT, H.: The composition of proteins of chemically evoked mutants of TMV RNA. J. molec. Biol. **4**, 73 (1962).
ZACHAU, H.G., TADA, M., LAWSON, W.B., SCHWEIGER, M.: Fraktionierung der löslichen Ribonucleinsäure Biochim. biophys. Acta (Amst.) **53**, 221 (1961).
NIRENBERG, M.W., MATTHAEI, J.H.: The dependence of cell-free protein synthesis in Escherichia coli upon naturally occurring or synthetic polyribonucleotides. Proc. nat. Acad. Sci. (Wash.) **47**, 1588 (1961).

LENGYEL, P., SPEYER, J., OCHOA, S.: Synthetic polynucleotides and the amino acid code. Proc. nat. Acad. Sci. (Wash.) **47**, 1936 (1961).
SPEYER, J.F., LENGYEL, P., BASILIO, C., OCHOA, S.: Synthetic polynucleotides and the amino acid code, II. Proc. nat. Acad. Sci. (Wash.) **48**, 64 (1962).
LENGYEL, P., SPEYER, J.F., BASILIO, C., OCHOA, S.: Synthetic polynucleotides and the amino acid code, III. Proc. nat. Acad. Sci. (Wash.) **48**, 282 (1962).
SPEYER, J.F., LENGYEL, P., BASILIO, C., OCHOA, S.: Synthetic polynucleotides and the amino acid code, IV. Proc. nat. Acad. Sci. (Wash.) **48**, 441 (1962).
BASILIO, C., WAHBA, A.J., LENGYEL, P., SPEYER, J.F., OCHOA, S.: Synthetic polynucleotides and the amino acid code, V. Proc. nat. Acad. Sci. (Wash.) **48**, 613 (1962).
WAHBA, A.J., BASILIO, C., SPEYER, J.F., LENGYEL, P., MILLER, R.S., OCHOA, S.: Synthetic polynucleotides and the amino acid code, VI. Proc. nat. Acad. Sci. (Wash.) **48**, 1683 (1962).
GARDNER, R.S., WAHBA, A.J., BASILIO, C., MILLER, R.S., LENGYEL, P., SPEYER, J.F.: Synthetic polynucleotides and the amino acid code, VII. Proc. nat. Acad. Sci. (Wash.) **48**, 2087 (1962).
WAHBA, A.J., GARDNER, R.S., BASILIO, C., MILLER R.S., SPEYER, J.F., LENGYEL, P.: Synthetic polynucleotides and the amino acid code, VIII. Proc. nat. Acad. Sci. (Wash.) **49**, 116 (1963).
JONES, O.W., NIRENBERG, M.W.: Qualitative survey of RNA codewords. Proc. nat. Acad. Sci. (Wash.) **48**, 2115 (1962).
NIRENBERG, M.W., LEDER, P., BERNFIELD, M., BRIMACOMBE, R., TRUPIN, J., ROTTMAN, F., O'NEAL, C.: RNA codewords and protein synthesis, VII On the general nature of the RNA code. Proc. nat. Acad. Sci. (Wash.) **53**, 1161 (1965).
*NIRENBERG, M., LEDER, P.: RNA codewords and protein synthesis. Science, **145**, 1399 (1964).
JONES, D.S., NISHIMURA, S., KHORANA, H.G.: Studies on polynucleotides, LVI. Further syntheses, in vitro, of copolypeptides containing two amino acids in altering sequence depending on DNA-like polymers containing two nucleotides in alternating sequence. J. molec. Biol **16**, 454 (1966).
*CRICK, F.H.C.: The genetic code III. Scientific Americ. **215**, No. 4, p. 55 (1966).
*NIRENBERG, M.: Der genetische Code (Nobel-Vortrag). Angew. Chemie **81**, 1017 (1969).
HENNING, U., YANOFSKY, C.: An alteration in the primary structure of A protein predicted on the basis of genetic recombination data. Proc. nat. Acad. Sci. (Wash.) **48**, 183 (1962a).
HENNING, U., YANOFSKY, C.: Amino acid replacements associated with reversion and recombination within the A gene. Proc. nat. Acad. Sci. (Wash.) **48**, 1497 (1962b).
*SPEYER, J.F.: The genetic code, in: Molecular Genetic II ed. Taylor H.J. pag. 137 Academic Press, New York, London 1967.
STREISINGER, G., OKADA, Y., EMRICH, J., NEWTON, J., TSUGITA, A., TERZAGHI, E., INOUYE, M.: Frameshift mutations and the genetic code. Cold Spr. Harb. Symp. quant. Biol. **31**, 77 (1967).
PAULING, L., ITANO, H.A., SINGER, S.J., WELLS, I.C.: Sickle cell anemia, a molecular disease. Science, **110**, 543 (1949).
*HEILMEYER, L., BEGEMANN, A.: Handbuch der inneren Medizin, 4. Aufl. II. Berlin, Göttingen, Heidelberg: Springer-Verlag 1951.
*VOGEL, F.: Lehrbuch der allgemeinen Humangenetik. Berlin, Göttingen, Heidelberg: Springer-Verlag 1951.
INGRAM, V.M.: Gene mutations in human haemoglobin: the chemical difference between normal and sickle cell haemoglobin. Nature (Lond.) **180**, 326 (1957).
HUNT, J.A., INGRAM, V.M.: Allelomorphism and the chemical differences of the human haemoglobins A, S and C. Nature (Lond.) **181**, 1062 (1958).

Amos, H., Kearns, K.E.: Synthesis of ‚bacterial' protein by cultured chick cells. Nature (Lond.) **195**, 806 (1962).

Lane, C.D., Marbaix, G., Gordon, J.B.: Rabbit haemoglobin synthesis in frog cells: the translation of reticolocyte 9 S RNA in frog oocytes. J. molec. Biol. **61**, 73 (1971).

Moar, V.A., Gordon, J.B., Lane, C.D.: Translational capacity of living frog eggs and oocytes as judged by messenger RNA injection. J. molec. Biol. **61**, 93 (1971).

Merril, C.R., Geier, M.R., Petricciani, J.C.: Bacterial virus gene expression in human cells. Nature (Lond.) **233**, 398 (1971).

Benzer, S., Champe, S.P.: Ambivalent r_{II} mutants of phage T 4. Proc. nat. Acad. Sci. (Wash.) **47**, 1025 (1961).

Sarabhai, A.S., Stratton, A.O.W., Brenner, S.: Co-linearity of the gene with the polypeptide chain. Nature (Lond.) **201**, 13 (1964).

Ehrenstein, G. v., Davis, D.: A leucin acceptor sRNA with ambiguous coding properties in polynucleotide-stimulated polypeptide synthesis. Proc. nat. Acad. Sci. (Wash.) **50**, 81 (1963).

*Wilkins, M.H.F.: Die molekulare Konfiguration der Nucleinsäuren. (Nobel-Vortrag) Angew. Chemie **75**, 437 (1963).

Holley, R.W., Apgar, J., Everett, G.A., Madison, J.T., Marquesee, M., Merril, S.H., Penswick, J.R., Zamir, A.: Structure of a ribonucleic acid. Science **147**, 1462 (1965).

Ninio, J., Favre, A., Yaniv, M.: Molecular model for transfer RNA. Nature (Lond.) **223**, 1333 (1969).

*Zachau, H.G.: Zur Struktur und Funktion von Transfer-Ribonucleinsäuren. Angew. Chemie **81**, 645 (1969).

*Gauss, H.D., Haar, F. von der, Maelicke, A., Cramer, F.: Recent results of tRNA research. Ann. Rev. Biochem. **40**, 1045 (1971).

Chapeville, F., Lipman, F., Ehrenstein, G. v., Weisblum, B., Ray, W.J.Jr., Benzer, S.: On the role of soluable ribonucleic acid in coding for amino acids. Proc. nat. Acad. Sci. (Wash.) **48**, 1086 (1962).

Ehrenstein, G. v., Weisblum, B., Benzer, S.: The function of sRNA as amino acid adaptor in the synthesis of hemoglobin. Proc. nat. Acad. Sci. (Wash.) **49**, 669 (1963).

Goodman, H.M., Abelson, J., Landy, A., Brenner, S., Smith, J.D.: Amber suppression: a nucleotide change in the anticodon of a tyrosine transfer RNA. Nature (Lond.) **217**, 1019 (1968).

Champe, S.P., Benzer, S.: Reversal of mutant phenotypes by 5-Fluoro-uracil: an approach to nucleotide sequences in messenger RNA. Proc. nat. Acad. Sci. (Wash.) **48**, 532 (1962).

Marcker, K., Sanger, F.: N-Formyl-Methionyl-sRNA in Protein biosynthesis. J. molec. Biol. **17**, 394 (1966).

*Clark, B.F.C., Marcker, K.A.: How proteins start. Scientific Americ. **218**, No. 1 pag. 36 (1968).

Lipman, F.: Polypeptide Chain Elongation in Protein Biosynthesis. Science **164**, 1024 (1969).

Ono, Y., Skoultchi, A., Waterson, I., Lengyel, P.: Peptide Chain Elongation. Nature (Lond.) **222**, 645 (1969).

Waterson, J., Beaud, G., Lengyel, P.: The S-factor in peptide chain elongation. Nature (Lond.) **227**, 34 (1970).

Beaudet, A.L., Caskey, C.T.: Release factor translation of RNA phage terminator codons. Nature (Lond.) **227**, 38 (1970).

*Nomura, M.: Bacterial Ribosome. Bact. Rev. **34**, 228 (1970).

*Nierhaus, K., Weber, J.: Struktur und Funktion der Ribosomen. Umschau **72**, 346 (1972).

Osawa, S., Otaka, E., Itoh, T., Fukui, T.: Biosynthesis of 50 S Ribosomal Subunit in Escherichia coli. J. molec. Biol. **40**, 321 (1969).

TRAUB, P., NOMURA, M.: Mechanism of Assembly of 30 S Ribosomes studied in vitro. J. molec. Biol. **40**, 391 (1969).
HINDENNACH, J., KALTSCHMIDT, E., WITTMANN, H.G.: Isolation of Proteins from 50 S Ribosomal Subunits of Escherichia coli. Europ. J. Biochem. **23**, 12 (1971).
VOYNOW, P., KURLAND, C.G.: Stoichiometry of the 30 S Ribosomal Proteins of Escherichia coli. Biochem. **10**, 517 (1971).
*WILKIE, D.: The cytoplasm in heredity.
*EPHRUSSI, B.: Nucleo-cytoplasmic relations in microorganisms. Oxford: Clarendon Press 1953.
SCHATZ, G., HASLBRUNNER, E., TUPPY, H.: Desoxyribonucleic acid associated with yeast mitochondria. Biochem. biophys. Res. Comm. **15**, 127 (1964).
*MORTIMER, R.K., HAWTHORNE, C.C.: Yeast Genetics. Aus: "The Yeasts" Vol. 1. Biology of Yeasts. ed. by. A.H. ROSE and J.S. HARRISON, Academic Press 1969.
WINTERSBERGER, E., VIEHAUSER, G.: Function of mitochondrial DNA in yeast. Nature (Lond.) **220**, 699 (1968).
KÜNTZEL, H.: Mitochondrial and cytoplasmic ribosomes from Neurospora crassa: characterization of their subunits. J. molec. Biol. **40**, 315 (1969).
CHAMB, A.J., CLARK-WALKER, G.D., LINNANE, A.L.: The differentiation of mitochondrial and cytoplasmic protein synthesis in vitro by antibiotics. Biochim. biophys. Acta (Amst.) **161**, 415 (1968).
SIEGEL, M.R., SISTER, H.D.: Site of action of CHX in cells of S. Pastorianus. I. Effect of the antibiotic on cellular metabolism. Biochim. biophys. Acta (Amst.) **87**, 70 (1964).
COEN, D., DEUTSCH, J., NETTER, P., PETROCHILO, E., SLONIMSKI, P.P.: Mitochondrial genetics. I. Methodology and Phenomenology. In: Symposia of the Society for Experimental Biology XXIV. Control of the organelle develeopment. pag 449. Cambridge Univ. Press 1970.
BALETIN, M., COEN, D., DEUTSCH, J., D UJON, B., NETTER, P., PETROCHILO, E., SLONIMSKI, P.P.: La récombinaison des mitochondries chez Saccharomyces cerevisiae. Bull. Inst. Pasteur **69**, 215 (1971).
SCHWEYEN, R., KAUDEWITZ, F.: Protein synthesis by yeast mitochondria in vivo. Quantitative estimate of mitochondrially governed synthesis of mitochondrial protein. Biochem. biophys. Res. Commun. **38**, 128 (1970).
SCHWEYEN, R., KAUDEWITZ, F.: Differentiation between mitochondrial and cytoplasmic protein synthesis in vivo by use of a temperature-sensitive mutant of Saccharomyces cerevisiae. Biochem. biophys. Res. Commun. **44**, 1351 (1971).
PIGOTT, G.H., CARR, N.G.: Homology between nucleic acids of blue-green algae and chloroplasts of Euglena gracilis. Science, Lond. **175**, 1259 (1972).
CLARK-WALKER, G.D., LINNANE, A.L.: In vivo differentiation of yeast cytoplasmic and mitochondrial protein synthesis with antibiotics. Biochem. biophys. Res. Commun. **25**, 8 (1966).
*PREER, J.R.: Extrachromosomal inheritance: Hereditary symbionts, mitochondria, chloroplasts. Ann. Rev. Genetics **5**, 361 (1971)

Zu II. C. Die scheinbare Umkehr des zentralen Dogmas der Molekulargenetik: RNS-abhängige DNS-Synthese

CRICK, F.: Central dogma of molecular biology. Nature (Lond.) **227**, 561 (1970).
*TEMIN, H.M.: Mechanism of cell transformation by RNA tumor viruses. Ann. Rev. Microbiol. **25**, 609 (1971).
*TEMIN, H.M.: RNA-directed DNA synthesis. Scientific Americ. **226**, No. 1 p. 14 (1972).
TEMIN, H.M., MIZUTANI, S.: RNA-dependent DNA Polymerase in virions of Rous sarcoma virus. Nature (Lond.) **226**, 1211 (1970).

BALTIMORE, D.: Viral RNA dependent DNA polymerase. Nature (Lond.) **226**, 1209 (1970).
SPIEGELMAN, S., BURNY, A., DAS, M.R., KEYDAR, J., SCHLOM, J., TRAVNICEK, M., WATSON, K.: Characterization of the products of RNA-directed DNA polymerases in oncogenic RNA viruses. Nature (Lond.) **227**, 563 (1970).
GALLO, R.C., SARIN, P.S., ALLEN, P.T., NEWTON, W.A., PRIORI, E.S., BOWEN, J.M., DMOCHOWSKI, L.: Reverse transcriptase in type C virus particles of human origin. Nature (Lond.) New Biol. **232**, 140 (1971).
MCALLISTER, R.M., NICOLSON, M., GARDNER, M.B., RONGEY, R.W., RASHEED, S., SARMA, P.S., HUEBNER, R.J., HATANAKA, M., OROSZLAN, S., GILDEN, R.V., KABIGTING, A., VERNON, L.: C-type virus released from cultured human rhabdomyosarcoma cells. Nature (Lond.) New Biol. **235**, 3 (1972).
AXEL, R., SCHLOM, J., SPIEGELMAN, S.: Presence in human breast cancer of RNA homologous to mouse mammary tumor virus RNA. Nature (Lond.) **235**, 32 (1972).
SCHLOM, J., SPIEGELMAN, S.: Detection of high molecular weight RNA in particles from human milk. Science **175**, 542 (1972).
VERMA, J.M., TEMPLE, G.F., HUNG FAN, BALTIMORE, D.: In vitro synthesis of DNA complementary to rabbit reticulocyte 10 S RNA. Nature (Lond.) New Biol. **235**, 163 (1972).
KACIAN, D.L., SPIEGELMAN, S., BANK, A., TERADA, M., METAFORA, S., DOW, L., MARKS, P.A.: In vitro synthesis of DNA components of human genes for globins. Nature (Lond.) New Biol. **235**, 167 (1972).

Zu II. D. Protein-Moleküle als Genprodukte

BLAKE, F.C.C., KÖNIG, D.F., MOIR, G.A., NORTH, C.T., PHILLIPS, D.C., SARMA, V.R.: Structure of hen egg-white lysozyme. A three-dimensional Fourier synthesis of 2 Å resolution. Nature (Lond.) **206**, 757 (1965).
PAULING, L., COREY, R.B.: Compound helical configurations of polypeptide chains: structure of proteins of the α-keratin type. Nature (Lond.) **171**, 59 (1953).
*PHILLIPS, D.C.: The three-dimensional structure of an enzyme molecule. Scientific Americ. **215**, No. 5 p. 78 (1966).
*BRAUNITZER, G.: Die Primärstruktur der Eiweißstoffe. Naturwissenschaften **54**, 407 (1967).
JONES, R.T., BRIMHALL, B., HUISMAN, T.H.J., KLEINHAUER, E., BETKE, K.: Hemoglobin Freiburg: Abnormal Hemoglobin due to deletion of a single amino acid residue. Science **154**, 1024 (1966).
*PERUTZ, M.F.: The hemoglobin molecule. Scientific Americ. **211**, No. 5 p. 64 (1964).
MUIRHEAD, H., PERUTZ, M.F.: A three-dimensional Fourier-synthesis of reduced human haemoglobin at 5,5 Å resolution. Nature (Lond.) **199**, 633 (1963).
PERUTZ, M.F., KENDREW, J.C., WATSON, H.C.: Structure and function of haemoglobin. II. Some relations between polypeptide chain configuration and amino acid sequence. J. molec. Biol. **13**, 669 (1965).
*DICKERSON, R.E.: The structure and history of an ancient protein. Scientific Americ. **226**, No. 4 p. 58 (1972).
DICKERSON, R.E.: Structure of cytochrome c and the rates of molecular evolution. J. molec. Evolution **1**, 26 (1971).
DELANGE, R.J., FAMBROUGH, D.M., SMITH, E.L., BONNER, J.: Calf and pea histone IV. III Complete amino acid sequence of pea seedling histone IV; comparison with the homologous calf thymus histone. J. biol. Chem. **244**, 5669 (1969).
FITCH, W.M., MARGOLIASH, E.: Construction of phylogenetic trees. Science **155**, 279 (1967).
*DAYHOFF, M.O.: Computer analysis of protein evolution. Scientific Americ. **221**, No. 1 p. 86 (1969a).

SÖDERQVIST, T., BLOMBÄCK, B.: Fibrogen structure and evolution. Naturw. **58**, 16 (1971).
*DAYHOFF, M.O.: Atlas of protein sequence and structure Vol. 4. Nat. Biomed. Res. Found. Silver Springs Md. (1969b).
*ZUCKERKANDL, E.: The evolution of hemoglobin. Scientific Americ. **212**, No. 5 p. 110 (1965).

Zu II. E. Die Regulation der Genwirkung

*The Lactose Operon, ed: BECKWITH, J.R., ZIPSER, D., Cold Spring Harbor Monograph series, Cold Spring Harbor Laboratory, 19
*EPSTEIN, W., BECKWITH, J.R.: Regulation of Gene Expression. Ann. Rev. Biochem. **37**, 411 (1968).
*CALVO, J.M., FINK, G.R.: Regulation of Biosynthetic Pathways in Bacteria and Fungi. Ann. Rev. Biochem. **40**, 943 (1971).
JACOB, F., MONOD, J.: Genetic regulatory mechanisms in the synthesis of proteins. J. molec. Biol. **3**, 318 (1961).
PARDEE, A.B., JACOB, F., MONOD, J.: The genetic control and cytoplasmic expression of inducibility in the synthesis of β-galactosidase by E. coli. J. molec. Biol. **1**, 165 (1959).
OSHIMA, Y., MATSUURA, M., HORIUCHI, T.: Conformational change of the lac repressor induced with the inducer. Biochem. biophys. Res. Commun. **47**, 1444 (1972).
GILBERT, W., MÜLLER-HILL, B.: Isolation of the lac-repressor. Proc. nat. Acad. Sci. (Wash.) **56**, 1891 (1966).
GILBERT, W., MÜLLER-HILL, B.: The lac operator is DNA. Proc. nat. Acad. Sci. (Wash.) **58**, 2415 (1967).
MORSE, D.E., MOSTELLER, R., BAKER, R.F., YANOFSKY, C.: Direction of in vivo degradation of tryptophan messenger RNA – A correction. Nature (Lond.) **223**, 40 (1969).
ATTARDI, G., NAONO, S., ROUVIERE, J., JACOB, F., GROS, F.: Production of messenger RNA and regulation of protein synthesis. Cold Spr. Harb. Symp. quant. Biol. **28**, 363 (1964).
KIHO, Y., RICH, A.: A polycistronic messenger RNA associated with β-galactosidase induction. Proc. nat. Acad. Sci. (Wash.) **54**, 1751 (1965).
BECKWITH, J.R.: A deletion analysis of the lac operator region in Escherichia coli. J. molec. Biol. **8**, 427 (1964).
NEWTON, W.A., BECKWITH, J.R., ZIPSER, D., BRENNER, S.: Nonsense mutants and polarity in the lac operon of Escherichia coli. J. molec. Biol. **14**, 290 (1965).
MARTIN, R.G., SILBERT, D.F., SMITH, D.W.E., WHITEFIELD, H.J.: Polarity in the histidine operon. J. molec. Biol., **21**, 357 (1966).
WEBSTER, R.E., ZINDER, N.D.: Fate of the message-ribosome complex upon translation of termination signals. J. molec. Biol. **42**, 425 (1969).
MORSE, D.E., MOSTELLER, R., YANOFSKY, C.: Dynamics of synthesis, translation, and degradation of trp operon messenger RNA in E. coli. Cold Spr. Harb. Symp. quant. Biol. **34**, 725 (1969).
MORSE, D.E., GUERTIN, M.: Regulation of mRNA utilization and degradation by amino acid starvation. Nature (Lond.) New Biol. **232**, 165 (1971).
IMAMATO, F., KONO, Y.: Inhibition of transcription of the tryptophan operon in Escherichia coli by a block in initiation of translation. Nature (Lond.) New Biol. **232**, 169 (1971).

JACOB, F., ULLMANN, A., MONOD, J.: Le promoteur élément génétique nécessaire a l'expression d'un opéron. C.R. Acad. Sci. (Paris) **258**, 3125 (1964).
BECKWITH, J.R.: Regulation of the lac operon. Science **156**, 597 (1967).
IPPEN, K., MILLER, J.H., SCAIFE, J., BECKWITH, J.: New controlling element in the lac operon of E. coli. Nature (Lond.) **217**, 825 (1968).

SCAIFE, J., BECKWITH, J.: Mutational alteration of the maximal level of the lac operon expression. Cold Spr. Harb. Symp. quant. Biol. **31**, 403 (1966).

ERON, L., MORSE, D., REZNIKOFF, W., BECKWITH, J.: Fusions of the lac and trp regions of Escherichia coli: Covalently fused messenger RNA. J. molec. Biol. **60**, 203 (1971).

ULLMANN, A., MONOD, J.: Cyclic AMP as an antagonist of catabolic repression in Escherichia coli. FEBS Letters **2**, 57 (1968).

PERLMAN, R., PASTAN, I.: Cyclic 3'-5'-AMP: Stimulation of β-galactosidase and tryptophanase induction in E. coli. Biochem. biophys. Res. Commun. **30**, 656 (1968).

PASTAN, I., PERLMAN, R.: Cyclic adenosine monophosphate in bacteria. Science **169**, 339 (1970).

CROMBRUGGHE, B., CHEN, B., ANDERSON, W., NISSLEY, P., GOTTESMAN, M., PASTAN, I.: Lac DNA, RNA polymerase and cyclic AMP receptor protein, cyclic AMP, lac repressor and inducer are the essential elements for controlled lac transcription. Nature (Lond.) New Biol. **231**, 139 (1971).

RAMIREZ, J., CONDE, F., DEL CAMPO, F.F.: Transcriptional control of tryptophanase synthesis by cyclic AMP in Escherichia coli. Eur. J. Biochem. **25**, 471 (1972).

*JOST, J.-P., RICKENBERG, H.V.: Cyclic AMP. Ann. Rev. Bioch. **40**, 741 (1971).

SHAPIRO, J., MACHATTIE, L., ERON, L., IHLER, G., IPPEN, K., BECKWITH, J.: Isolation of pure lac operon DNA. Nature (Lond.) **224**, 768 (1969).

JAYARAMAN, K., MÜLLER-HILL, B., RICKENBERG, H.V.: Inhibition of the synthesis of β-glactosidase in Escherichia coli by 2-nitrophenyl-β-D-fucoside. J. molec. Biol. **18**, 339 (1966).

DEMEREC, M., HARTMAN, Z.: Tryptophan mutants in Salmonella typhimurium. In: Genetic Studies with Bacteria. Carnegie Inst. Wash. Publ. **612**, 5 (1956).

ITO, J., CRAWFORD, I.: Regulation of the enzymes of the tryptophan pathway in Escherichia coli. Genetics **52**, 1303 (1965).

MATSUSHIRO, A.: On the transcription of the tryptophan operon in Escherichia coli. I. The tryptophan operator. J. molec. Biol. **11**, 54 (1965).

BLUME, A.J., BALBINDER, E.: The tryptophan operon of Salmonella typhimurium. Fine structure analysis by deletion mapping and abortive transduction. Genetics **53**, 577 (1966).

HARTMAN, P.E.: Linked loci in the control of consecutive steps in the primary pathway of histidine synthesis in salmonella typhimurium. In: Genetic studies with bacteria; Carnegie Inst. Wash. Publ. **612**, 35 (1956).

*AMES, B.N., HARTMAN, P.E.: The histidine operon. Cold Spr. Harb. Symp. quant. Biol. **28**, 349 (1963).

AMES, B.N., HARTMAN, P.E.: Chromosomal alterations affecting the regulation of histidine biosynthetic enzymes in Salmonella. J.. molec. Biol. **7**, 13 (1963).

ROTH, J.R., ANTON, D.N., HARTMAN, P.E.: Histidine regulatory mutants in Salmonella typhimurium. I. Isolation and general properties. J. molec. Biol. **22**, 305 (1966).

ROTH, J.R., AMES, B.N.: Histidine regulatory mutants in Salmonella typhimurium. II. Histidine regulatory mutants having altered histidyl-tRNA synthetase. J. molec. Biol. **22**, 325 (1966).

SILBERT, D.F., FINK, G.R., AMES, B.N.: Histidine regulatory mutants in Salmonella typhimurium. III. A class of regulatory mutants deficient in tRNA for histidine. J. molec. Biol. **22**, 335 (1966).

JACOBY, G.A., GORINI, L.: Genetics of control of the arginine pathway in Escherichia coli B and K. J. molec. Biol. **24**, 41 (1967).

ENGLESBERG, E., IRR, J., POWER, J., LEE, N.: Positive control of enzyme synthesis by gene C in the l-arabinose system. J. Bact. **90**, 946 (1965).

SHEPPARD, D.E., ENGLESBERG, E.: Further evidence for positive control of the l-arabinose system by gene araC. J. molec. Biol. **25**, 443 (1967).

LAVALLÉ, R., DE HAUWER, G.: Tryptophan messenger translation in Escherichia coli. J. molec. Biol. **51**, 435 (1970).

LAVALLÉ, R.: Regulation at the level of translation in the arginine pathway of Escherichia coli K 12. J. molec. Biol. **51**, 449 (1970).

ZAMENHOF, F., EICHHORN, H.H.: Study of microbial evolution through loss of biosynthetic functions: establishment of "defective" mutants. Nature (Lond.) **216**, 456 (1967).

YOURNO, J., KOHNO, R., ROTH, J.: Enzyme evolution: Generation of a bifunctional enzyme by fusion of adjacent genes. Nature (Lond.) **226**, 820 (1970).

GERHART, J.C., PARDEE, A.B.: The effect of the feedback inhibitor, CTP, on subunit interactions in aspartate transcarbamylase. Cold Spr. Harb. Symp. quant. Biol. **28**, 491 (1963).

*UMBARGER, H.E.: Regulation of amino acid metabolism. Ann. Rev. Bioch. **38**, 323 (1969).

*SZYBALSKI, S.Z., BØVRE, K., FIANDT, M., HAYES, S., HRADECNNA, Z., KUMAR, S., LOZERON, H.A., NIJKAMP, H.J.J., STEVENS, W.F.: Transcriptional units and their controls in Escherichia coli phage: operons and scriptons. Cold Spr. Harb. Symp. quant. Biol. **35**, 341 (1970).

BLATTNER, F.R., DAHLBERG, J.E.: RNA synthesis startpoints in bacteriophage λ: Are the promoter and operator transcribed? Nature (Lond.) New Biol. **237**, 227 (1972).

*THOMAS, R.: Regulation of gene expression in bacteriophage lambda. In: Current topics in microbiol. and immunol. **56**, 13 (1971).

*WOOD, W.B., EDGAR, R.S.: Building of a bacterial virus. Scientific Americ. **217**, No. 1, p. 60 (1967).

KING, J.: Assembly of the tail of bacteriophage T 4. J. molec. Biol. **32**, 231 (1968).

EDGAR, R.S., LIELAUSIS, I.: Some steps in the assembly of bacteriophage T 4. J. molec. Biol. **32**, 263 (1968).

Zu III. A. Synthese biologisch aktiver ΦX 174 Phagen-DNS

*KORNBERG, A.: Enzymatic synthesis of DNA. Ciba lectures in microbial biochemistry. New York, London: John Wiley & Sons, Inc. 1961.

SINSHEIMER, R.L.: A single-stranded DNA from bacteriophage Φx 174. J. molec. Biol. **1**, 43 (1959).

*SINSHEIMER, R.L.: Single-stranded DNA. Scientific Americ. **207**, No. 1, p. 109 (1962).

GOULIAN, M., KORNBERG, A.: Enzymatic synthesis of DNA. XXIII. Synthesis of circular replicative form of phage Φx 174 DNA. Proc. nat. Acad. Sci. (Wash.) **58**, 1723 (1967).

GOULIAN, M., KORNBERG, A., SINSHEIMER, R.L.: Enzymatic synthesis of DNA. XXIV. Synthesis of infectious phage Φ x 174 DNA. Proc. nat. Acad. Sci. (Wash.) **58**, 2321 (1967).

*KORNBERG, A.: The synthesis of DNA. Scientific Americ. **219**, No. 4, p. 64 (1968).

Zu III. B. De novo-Totalsynthese eines Genortes

AGARWAL, K.L., BÜCHI, H., CARUTHERS, M.H., GUPTA, N., KHORANA, H.G., KLEPPE, K., KUMAR, A., OTHSUKA, E., RAJBHANDARY, U.L., SANDE, J.H. VAN DE, SGARAMELLA, V., WEBER, H., YAMADA, T.: Total Synthesis of the Gene for an Alanine Transfer Ribonucleic Acid from Yeast. Nature (Lond.) **227**, 27 (1970).

Zu IV. A. Das Replikon-Modell

*JACOB, F., BRENNER, S., CUZIN, F.: On the Regulation of DNA Replication in Bacteria. Cold Spr. Harb. Symp. quant. Biol. **28**, 329 (1963).

Zu IV. B. Sequentielle DNS-Replikation

*LARK, K.G.: Initiation and Control of DNA Synthesis. Ann. Rev. Biochem. **38**, 569 (1969).
*BONHOEFFER, F., MESSER, W.: Replication of the Bacterial Chromosome. Ann. Rev. Genetics, **3**, 233 (1969).
NAGATA, T.: The molecular Synchrony and sequential Replication of DNA in Escherichia coli. Proc. nat. Acad. Sci. (Wash.) **49**, 551 (1963).
NAGATA, T., MESELSON, M.: Periodic Replication of DNA in steadily growing E. coli: the localized origin of replication. Cold Spr. Harb. Symp. quant. Biol. **33**, 553 (1968).
CERDA-OLMEDA, E., HANAWALT, P.: The replication of Escherichia coli chromosome studied by sequential nitrosoguanadine mutagenesis. Cold Spr. Harb. Symp. quant. Biol. **33**, 599 (1968).
WOLF, B., PATO, M.L., WARD, C.B., GLASER, D.A.: On the origin and direction of replication of the E. coli chromosome. Cold Spr. Harb. Symp. quant. Biol. **33**, 575 (1968).
BARNER, H.D., COHEN, S.S.: The isolation and properties of amino acid requiring mutants of a thymineless bacterium. J. Bact. **74**, 350 (1957).
MAALØE, O., HANAWALT, P.C.: Thymine deficiency and the normal DNA replication cycle. J. molec. Biol. **3**, 144 (1961).
LARK, K.G., REPKO, T., HOFFMAN, E.J.: The effect of amino acid deprivation on subsequent DNA replication. Biochim. biophys. Acta (Amst.) **76**, 9 (1963).
PRITCHARD, R.H., LARK, K.G.: Induction of Replication by Thymine Starvation at the Chromosome Origin in Escherichia coli. J. molec. Biol. **9**, 288 (1964).
VIELMETTER, W., MESSER, W., SCHÜTTE, A.: Growth direction and segregation of the E. coli chromosome. Cold Spr. Harb. Symp. quant. Biol. **33**, 585 (1968).
KAUDEWITZ, F., VIELMETTER, W., FRIEDRICH-FREKSA, H.: Mutagene Wirkung des Zerfalles von radioaktivem Phosphor nach Einbau in Zellen von Escherichia coli. Z. Naturforsch. **13b**, 193 (1958).
WOLF, B., NEWMAN, A., GLASER, D.A.: On the Origin and Direction of Replication of the Escherichia coli K 12 Chromosome. J. molec. Biol. **32**, 611 (1968).
PATO, M.L., GLASER, D.A.: The Origin and Direction of the Chromosome of Escherichia coli B/r. Proc. nat. Acad. Sci. (Wash.) **60**, 1268 (1968).
CUTLER, R.G., EVANS, J.E.: Relative Transcription Activity of Different Segments of the Genome throughout the Cell Division Cycle of Escherichia coli. The Mapping of Ribosomal and Transfer RNA and the Determination of the Direction of Replication. J. molec. Biol. **26**, 91 (1967a).
CUTLER, R.G., EVANS, J.E.: Isolation of Selected Segments from the Genome of Hfr Escherichia coli. J. molec. Biol. **26**, 81 (1967b).
CARO, L.G., BERG, C.M.: Chromosome replication in some strains of Escherichia coli K 12. Cold Spr. Harb. Symp. quant. Biol. **33**, 559 (1968).
KLEINSCHMIDT, A.K., LANG, D., JACHERTS, D., ZAHN, R.K.: Darstellung und Längenmessungen des gesamten Desoxyribonucleinsäureinhaltes von T 2-Bakteriophagen. Biochim. biophys. Acta (Amst.) **61**, 857 (1962).
OGAWA, T., TOMIZAWA, J., FUKE, M.: Replication of Bacteriophage DNA, II. Structure of Replicating DNA of Phage lambda. Proc. nat. Acad. Sci. (Wash.) **60**, 861 (1968).
CAIRNS, J.: The Bacterial Chromosome and its Manner of Replication as seen by Autoradiography. J. molec. Biol. **6**, 208 (1963).
SUEOKA, N., YOSHIKAWA, H.: Regulation of Chromosome Replication in Bacillus subtilis. Cold. Spr. Harb. Symp. quant. Biol. **33**, 47 (1963).
OISHI, M., YOSHIDAWA, H., SUEOKA, N.: Synchronous and Dichotomous Replications of the Bacillus subtilis Chromosome during Spore Germination. Nature (Lond.) **204**, 1069 (1964).

STEVENS, W.F., ADHYA, S., SZYBALSKI, W.: Origin and Bidirectional Orientation of DNA Replication in Coliphage Lambda. In: The bacteriophage λ (A.D. HERSHEY, ed.), p. 515. Cold Spring Harbor (N.Y.): Cold Spring Harbor Laboratories 1971.

Zu IV. C. Der Replikationsort

BIRD, R., LARK, K.G.: Initiation and termination of DNA replication after amino acid starvation of E. coli 15 T. Cold Spr. Harb. Symp. quant. Biol. **33**, 799 (1968).

CHAN, H., LARK, K.G.: Chromosome Replication in Salmonella typhimurium. J. Bact. **97**, 848 (1969).

BOUCK, N., ADELBERG, E.A.: The relationship between DNA synthesis and conjugation in Escherichia coli. Biochem. biophys. Res. Commun. **11**, 24 (1963).

COOPER, S., HELMSTETTER, C.E.: Chromosome Replication and the Division Cycle of Escherichia coli B/r. J. molec. Biol. **31**, 519 (1968).

CARO, L.: Chromosome Replication in Escherichia Coli III. Segregation of Chromosomal Strands in Multi-forked Replication. J. molec. Biol. **48**, 329 (1970).

Zu IV. D. DNS-Replikation und -Transfer bei E. coli K 12

GROSS, J.D., CARO, L.G.: DNA Transfer in Bacterial Conjugation. J. molec. Biol. **16**, 269 (1966).

VIELMETTER, W., BONHOEFFER, F., SCHÜTTE, A.: Genetic Evidence for Transfer of a Single DNA Strand during Bacterial Conjugation. J. molec. Biol. **37**, 81 (1968).

COHEN, A., FISHER, W.D., CURTISS, III, R., ADLER, H.I.: The properties of DNA transferred to minicells during conjugation. Cold Spr. Harb. Symp. quant. Biol. **33**, 635 (1968).

*CURTISS, III, R., CHARAMELLA, L.J., STALLIONS, D.R., MAYS, J.A.: Parental Functions During Conjugation in Escherichia coli K-12. Bact. Rev. **32**, 320 (1968).

RUPP, W.D., IHLER, G.: Strand selection during bacterial mating. Cold Spr. Harb. Symp. quant. Biol. **33**, 647 (1968).

FULTON, C.: Continuous Chromosome Transfer in Escherichia coli. Genetics **52**, 55 (1965).

PTASHNE, M.: Replication and Host Modification of DNA Transferred during Bacterial Mating. J. molec. Biol. **11**, 829 (1965).

VAPNEK, D., RUPP, W.D.: Asymmetric Segregation of the Complementary Sex-factor DNA Strands during Conjugation in Escherichia coli. J. molec. Biol. **53**, 287 (1970).

Zu IV. E. Enzyme des DNS-Stoffwechsels

*RICHARDSON, C.C.: Enzymes in DNA Metabolism. Ann. Rev. Biochem. **38**, 795 (1969).

*GOULIAN, M.: Biosynthesis of DNA. Ann. Rev. Biochem. **40**, 855 (1971).

FREESE, E.B., FREESE, E.: On the Specificity of DNA Polymerase. Proc. nat. Acad. Sci. (Wash.) **57**, 650 (1967).

Zu IV. F. Schritte zur Erforschung der Enzym-katalysierten DNS-Replikation in vivo

LUCIA, P. DE, CAIRNS, J.: Isolation of an E. coli Strain with a Mutation affecting DNA Polymerase. Nature (Lond.) **224**, 1164 (1969).

GROSS, J., GROSS, M.: Genetic Analysis of an E. coli Strain with a Mutation affecting DNA Polymerase. Nature (Lond.) **224**, 1166 (1969).

SMITH, D.W., SCHALLER, H.E., BONHOEFFER, F.J.: DNA Synthesis in vitro. Nature (Lond.) **226**, 711 (1970).

KNIPPERS, R., STRÄTLING, W.: The DNA Replicating Capacity of Isolated E. coli Cell Wall-Membrane Complexes. Nature (Lond.) **226**, 713 (1970).

Moses, R.E., Richardson, C.C.: A new DNA Polymerase Activity of Escherichia coli. II. Properties of the Enzyme Purified from Wildtype E. coli and DNA_{ts} Mutants. Biochem. biophys. Res. Commun. **41**, 1565 (1970).
Knippers, R.: DNA Polymerase II. Nature (Lond.) **228**, 1050 (1970).
Kornberg, T., Gefter, M.L.: Purification and DNA Synthesis in Cell-Free Extracts: Properties of DNA Polymerase II. Proc. nat. Acad. Sci. (Wash.) **68**, 761 (1971).
Gefter, M.L., Hirota, Y., Kornberg, T., Wechsler, J.A., Barnoux, C.: Anlaysis of DNA Polymerases II and III in Mutants of Escherichia coli Thermosensitive for DNA Synthesis. Proc. nat. Acad. Sci. (Wash.) **68**, 3150 (1971).
Nüsslein, V., Otto, B., Bonhoeffer, F., Schaller, H.: Function of DNA Polymerase III in DNA Replication. Nature (Lond.) New Biol. **234**, 285 (1971).
Schaller, H., Otto, B., Nüsslein, V., Huf, J., Herrmann, R., Bonhoeffer, F.: Deoxyribonucleic Acid Replication in vitro. J. molec. Biol. **63**, 183 (1972).
*Ryter, A.: Association of the Nucleus and the Membrane of Bacteria: a Morphological Study. Bact. Rev. **32**, 39 (1968).
Fareed, G.C., Richardson, C.C.: Enzymatic Breakage and Joining of Deoxyribonucleic Acid, II. The structural Gene for Polynucleotide Ligase in Bacteriophage T 4. Proc. nat. Acad. Sci. (Wash.) **58**, 665 (1967).
Berger, H., Kozinski, A.W.: Suppression of T4D Ligase Mutations by rIIA and rIIB Mutations. Proc. nat. Acad. Sci. (Wash.) **64**, 897 (1969).
Pauling, C., Hamm, L.: Properties of a Temperature-sensitive Radiation-sensitive Mutant of Escherichia coli. Proc. nat. Acad. Sci. (Wash.) **60**, 1495 (1968).
Okazaki, R., Okazaki, T., Sakabe, K., Sugimoto, K., Sugino, A.: Mechanism of DNA Chain Growth, I. Possible Discontinuity and Unusual Secondary Structure of Newly Synthesized Chains. Proc. nat. Acad. Sci. (Wash.) **59**, 598 (1968).
Sugimoto, K., Okazaki, T., Okazaki, R.: Mechanism of DNA Chain Growth, II. Accumulation of Newly Synthesized Short Chains in E. coli Infected with Ligase-defective T 4 Phages. Proc. nat. Acad. Sci. (Wash.) **60**, 1356 (1968).
Guha, A., Szybalski, W.: Fractionation of the Complementary Strands of Coliphage T 4 DNA Based on the Asymmetric Distribution of the poly U and poly U, G Binding Sites. Virology **34**, 608 (1968).
Sugimoto, K., Okazaki, T., Imae, Y., Okazaki, R.: Mechanism of DNA Chain Growth, III. Equal Annealing of T 4 Nascent Short DNA Chains With the Separated Complementary Strands of the Phage DNA. Proc. nat. Acad. Sci. (Wash.) **63**, 1343 (1969).
Okazaki, T., Okazaki, R.: Mechanism of DNA Chain Growth, IV. Direction of Synthesis of T4 Short DNA Chains as Revealed by exonucleolytic Degradation. Proc. nat. Acad. Sci. (Wash.) **64**, 1242 (1969).
Iwatsuki, N., Okazaki, R.: Mechanism of DNA Chain Growth, V. Effect of Chloramphenicol on the Formation of T 4 Nascent Short DNA Chains. J. molec. Biol. **52**, 37 (1970).
Okazaki, R., Sugimoto, K., Okazaki, T., Imae, Y., Sugino, A.: DNA Chain Growth: In Vivo and in Vitro Synthesis in a DNA Polymerase-negative Mutant of E. coli. Nature (Lond.) **228**, 223 (1970).
Haskell, E.H., Davern, C.I.: Pre-fork Synthesis: A Model for DNA Replication. Proc. nat. Acad. Sci. (Wash.) **64**, 1065 (1969).
Guild, W.R.: Diskussionsbemerkung in: Cold Spr. Harb. Symp. quant. Biol. **33**, 142 (1968).
Werner, R.: Mechanism of DNA Replication. Nature (Lond.) **230**, 570 (1971a).
Werner, R.: Nature of DNA Precursors. Nature (Lond.) New Biol. **233**, 99 (1971b).
Alberts, B.M., Frey, L.: T 4 Bacteriophage Gene 32: A Structural Protein in the Replication and Recombination of DNA. Nature (Lond.) **227**, 1313 (1970).
Gilbert, W., Dressler, D.: DNA Replication: The Rolling Circle Model. Cold Spr. Harb. Symp. quant. Biol. **33**, 473 (1968).

IHLER, G., KAWAI, Y.: Alternate Fates of the Complementary Strands of Lambda DNA after Infection of Escherichia coli. J. molec. Biol. **61**, 311 (1971).
DRESSLER, D., WOLFSON, J., MAGAZIN, M.: Initiation and Reinitiation of DNA Synthesis during Replication of Bacteriophage T 7. Proc. nat. Acad. Sci. (Wash.) **69**, 998 (1972).
SCHNÖS, M., INMAN, R.B.: Position of Branch Points in Replicating λ-DNA. J. molec. Biol. **51**, 61 (1970).

Zu IV. G. Restriktion und Modifikation zellfremder DNS

*ARBER, W., LINN, S.: DNA Modification and Restriction. Ann. Rev. Biochem. **38**, 467 (1969).
*BOYER, H.W.: DNA Restriction and Modification Mechanisms in Bacteria. Ann. Rev. Biochem. **25**, 153 (1971).
*LURIA, S.E.: The Recognition of DNA in Bacteria. Scientific Americ. **222**, No. 1, p. 88 (1970).
ARBER, W., DUSSOIX,D.: Host Specificity of DNA Produced by Escherichia coli. J. molec. Biol. **5**, 18 (1962).
LEDERBERG, S.: Suppression of the Multiplication of Heterologous Bacteriophages in Lysogenic Bacteria. Virology **3**, 496 (1957).
PITTARD,J.: Effect of Phage-controlled Restriction on Genetic Linkage in Bacterial Crosses. J. Bact. **87**, 1256 (1964).
COPELAND, J.C., BRYSON, V.: Restriction in Matings of Escherichia coli Strain K-12 with Strain B. Genetics **54**, 441 (1966).
BOYER, H.: Genetic Control of Restriction and Modification in Escherichia coli. J. Bact. **88**, 1652 (1964).
GOLD, M., HURWITZ, J.: The Enzymatic Methylation of the Nucleic Acids. Cold Spr. Harb. Symp. quant. Biol. **28**, 149 (1963).
ARBER, W.: Host Specificity of DNA produced by Escherichia coli, V. The Role of Methionine in the Production of Host Specificity. J. molec. Biol. **11**, 247 (1965).
MESELSON, M., YUAN, R.: DNA Restriction Enzyme from E. coli. Nature (Lond.) **217**, 1110 (1968).
LARK, C., ARBER, W.: Host Specificity of DNA produced by Escherichia coli, XIII. Breakdown of Cellular DNA upon Growth in Ethionine of Strains with r_{15}^+ r_{P1}^+ or r_{N3}^+ Restriction Phenotypes. J. molec. Biol. **52**, 337 (1970).
KELLY, T.J.Jr., SMITH, H.O.: A Restriction Enzyme from Hemophilus influenzae, II. Base Sequence of the Recognition Site. J. molec. Biol. **51**, 393 (1970).
LINN, S., ARBER, W.: Host Specificity of DNA Produced by Escherichia coli, X. In vitro Restriction of Phage FD Replicative Form. Proc. nat. Acad. Sci. (Wash.) **59**, 1300 (1968).
BOYER, H.W., ROULLAND-DUSSOIX, D.: A Complementation Analysis of the Restriction and Modification of DNA in Escherichia coli. J. molec. Biol. **41**, 459 (1969).
HUBACEK, J., GLOVER, S.W.: Complementation Analysis of Temperature-sensitive Host Specificity Mutations in Escherichia coli. J. molec. Biol. **50**, 111 (1970).

Zu IV. H. Reparatur-Mechanismen der DNS

*HOWARD-FLANDERS, P.: DNA Repair. Ann. Rev. Biochem. **37**, 175 (1968).
*HANAWALT, P.C., HAYES, R.H.: The Repair of DNA. Scientific Americ. **216**, No. 2, p. 36 (1967).
KELNER, A.: Photoreactivation of ultraviolet-irradiated Escherichia coli with special reference to the dose-reduction principle and to ultraviolet induced mutations. J. Bact. **58**, 511 (1949).

HILL, R.F.: A radiation-sensitive mutant of Escherichia coli. Biochim. biophys. Acta (Amst.) **30**, 636 (1958).

HARM, W.: Repair of lethal ultraviolet damage in phage DNA. In: Repair from Genetic Radiation Damage p. 107, ed. SOBELS, F.H., MacMillan, New York (1963).

SETLOW, R.B., CARRIER, W.L.: The Disappearance of Thymine Dimers from DNA: an Error-correcting Mechanism. Proc. nat. Acad. Sci. (Wash.) **51**, 226 (1964).

COOPER, P.K., HANAWALT, P.C.: Heterogeneity of Patch Size in Repair Replicated DNA in Escherichia coli. J. molec. Biol. **67**, 1 (1972).

HOWARD-FLANDERS, P., BOYCE, R.P., THERIOT, L.: Three Loci in Escherichia coli K-12 that Control the Excision of Pyrimidine Dimers and Certain Other Mutagen Products from DNA. Genetics **53**, 1119 (1966).

SWENSON, P.A., SETLOW, R.B.: Effects of Ultraviolet Radiation on Macromolecular Synthesis in Escherichia coli. J. molec. Biol. **15**, 201 (1966).

RUPP, W.D., HOWARD-FLANDERS, P.: Discontinuities in the DNA Synthesized in an Excision-defective Strain of Escherichia coli following Ultraviolet Irradiation. J. molec. Biol. **31**, 291 (1968).

RADMAN, M., CORDONE, L., KRSMANOVIC-SIMIC, D., ERRERA, M.: Complementary Action of Recombination and Excision in the Repair of Ultraviolet Irradiation Damage to DNA. J. molec. Biol. **49**, 203 (1970).

COOPER, P., HANAWALT, P.C.: Role of DNA Polymerase I and the rec System in Excision-Repair in Escherichia coli. Proc. nat. Acad. Sci. (Wash.) **69**, 1156 (1972).

TOWN, C.D., SMITH, K.C., KAPLAN, H.S.: DNA Polymerase Required for Rapid Repair of X-ray-Induced DNA Strand Breaks in vivo. Science, **172**, 851 (1971).

*WITKIN, E.M.: Ultraviolet-Induced Mutation and DNA Repair. Ann. Rev. Microbiol. **23**, 487 (1969).

*WITKIN, E.M.: Radiation-Induced Mutations and Their Repair. Science, **152**, 1345 (1966).

HILL, R.F.: Ultraviolet-induced lethality and revision to prototrophy in Escherichia coli strains with normal and reduced dark repair ability. Photochem. Photobiol. **4**, 563 (1965).

WITKIN, E.M.: The Role of DNA Repair and Recombination in Mutagenesis. Proc. XII International Congress of Genetics, Tokyo, Japan, August 1968.

WITKIN, E.M.: Ultraviolet Mutagenesis in Strains of E. coli deficient in DNA Polymerase. Nature (Lond.) New Biol. **229**, 81 (1971).

AUTORENVERZEICHNIS

Adelberg 344, 345
Adhya 338, 378
Adler 348
Agarwal 317, 320
Alberts 373, 374
Ames 281
Anderson 12, 14, 83
Arber 379, 380, 381, 382
Attardi 266
Avery 8
Axel 228

Bader 225
Baily 121
Baker 265
Balduzzi 225
Baltimore 225
Barner 328
Barnoux 363
Bautz 61
Beadle 31
Beckwith 123, 124, 126, 267, 268, 270, 271, 272
Begemann 189
Bell 163, 164, 165
Belling 137
Benzer 58, 59, 62, 109, 194, 203, 208
Berg 334, 348, 349
Berger 366
Bethke 239
Bird 340, 341, 342, 343
Blake 229, 231, 232
Blattner 293
Blombäck 255
Boettiger 225
Bonhoeffer 347, 362, 364
Book 344, 345
Boyce 393
Boyer 382, 383, 384
Braunitzer 237, 238, 239, 240
Brenner 150, 151, 152, 154, 322, 344, 345, 364
Brinton 82

Cairns 44, 335, 361
Campbell 81
Canfield 229
Carnahan 82
Caro 334, 335, 345, 347, 348, 349
Carr 223
Cassuto 143, 145, 147
Cerda-Olmedo 326
Champe 59, 194, 203, 208, 209
Chan 341
Chapeville 204
Charamella 348
Chase 10, 153
Clark 212, 214
Cohen 328, 348, 349
Cohn 258
Cole 365
Colot 157
Conde 274
Coonradt 110
Cooper 395
Cordone 395
Corey 230
Crick 17, 19, 169, 170, 171, 181, 210, 223, 224
Crombrugghe 274
Curtiss 348
Cutler 332, 333
Cuzin 123, 322, 344, 345, 364

Datta 81
Davern 371, 372
Dayhoff 254, 255
De Lange 253
Delbrück 40, 121
Del Campo 274
De Lucia 361
Demerec 280
Dickerson 245, 247, 249, 250, 251, 252
Doerman 74
Doty 25, 26, 27, 28

Dressler 375, 376, 377
Dussoix 379, 382

Edgar 9, 298
v. Ehrenstein 197, 204
Englesberg 282, 283, 284
Eron 272
Errera 395
Ephrussi 220
Epstein 123
Evans 332

Fareed 365
Finch 253
Fincham 112
Fischer 348
Fitch 253
Fraenckel-Conrad 173
Frank 15
Freese 59, 61, 358
Frey 373
Friedrich-Freksa 329
Fuhrmann 36
Fujimoto 380
Fulton 352

Gallo 227
Garen 263
Garrod 33
Gefter 363
Geiduschek 159, 160
Geier 192
Gilbert 155, 264, 375, 376, 377
Glaser 326, 331, 334
Glover 382
Gold 380
Goodman 204, 206
Gordon 192
Goulian 314, 359, 372
Griffith 6, 7, 8
Gros 155, 156
Gross 157, 224, 345, 346, 347
Guha 163, 370

417

Guild 372
Guertin 269

Hahn 365
Hamm 366
Hanawalt 328, 387, 390, 391, 392, 395
Hartman 110, 280
Haskell 371, 372
Haslbrunner 221
Hayes 49, 50, 54, 55, 57, 64, 86, 102, 110, 112
Heilmeyer 189
Hennig 184, 185, 186, 187
Herrick 189
Herrmann 364
Hershey 10, 146, 153, 340
Hialt 155
Hill 388, 397
Hirota 363
Hof 364
Hoffmann 328
Hoffmann-Berling 363
Holley 199
Holliday 52
Howard-Flanders 393, 394
Hradecna 144
Hubacek 382
Hurwitz 380

Ihler 349, 377
Imae 370
Imamoto 269
Inder 228
Ingram 189, 190
Inman 378
Ipen 271
Ito 279
Iwatsuki 370

Jacob 82, 123, 150, 154, 257, 258, 259, 262, 263, 265, 266, 267, 270, 322, 323, 344, 345, 364, 365
Jägger 397
Jayaraman 277, 278
Jervis 36
Jones 182, 240

Kacian 228
Kaplan 396, 397
Kaudewitz 21, 48, 51, 73, 103, 105, 107, 128, 129, 130, 131, 222, 329
Kawei 377
Kelner 386
Kelly 381
Kendrew 243
Khorana 181, 182, 212, 315, 316
Kiho 266
King 298, 300
Kleinschmidt 334
Knippers 362, 363, 371
Kondo 397
Kono 269
Kornberg, A. 308, 309, 310, 311, 312, 314
Kornberg, T. 363, 364
Kozinski 366
Krsmanovic-Simic 395
Kühn 129
Küntzel 221
Kurland 155

Lane 22, 23, 192
Lark 328, 329, 341, 381
Lavallé 284, 285
Leder 179
Lederberg 75, 76, 79, 95, 96, 99, 105, 137, 379
Leonardo da Vinci 39
Leupold 110
Lewis 109
Lielausis 298
Lima de Faria 221
Liu 229

Maaløe 328
MacLeod 8
Marbaix 192
Marcker 211
Margoliash 253
Marmur 22, 23, 25, 26, 27, 28, 78, 161, 162
Marquardt 137
Martin 268
Masushiro 279
Matthaei 175, 176, 212
Mays 348
McAllister 228
McCarthy 8
Merril 192
Meselson 42, 44, 132, 133, 134, 138, 139, 150, 154, 324, 325, 326, 341, 380
Mitchell 136
Mizutani 225
Moar 192
Monod 257, 258, 259, 262, 263, 265, 266, 267, 270, 273, 290
Morgan 74
Morse 265, 269, 272
Moses 363
Mosteller 265, 269
Müller-Hill 263, 264, 273

Nagata 324, 325, 326, 329, 331, 334, 341
Newman 331, 334
Newton 267
Ninio 199
Nirenberg 175, 176, 179, 180, 212
Nüsslein 364

Ochoa 177
Oda 297
Ogawa 336
Oishi 337, 338
Okazaki 367, 368, 369, 370, 371, 373
Otto 364
Ozeki 102, 106, 108

Pardee 258
Pastan 273
Pato 326
Pauling 189, 229, 230, 366
Penrose 71
Penso 12
Perlman 273
Perutz 171, 241, 243, 244
Petricciani 192
Philips 230, 234
Pigott 223
Pritchard 328, 329
Ptashne 352, 353

Radding 143, 147
Radman 395, 396
Ramirez 274
Repko 328
Reznikoff 272
Rich 266
Richardson 356, 363, 365

Risebrough 155
Rizet 137
Roulland 382
Rous 224
Rupp 349, 350, 351, 353, 394

Sanger 211
Sarabhai 194, 196
Schaller 362, 364
Schatz 221
Schildkraut 25, 26, 27, 28
Schlom 228
Schmieger 107
Schnös 378
Schramm 47, 298
Schuster 47, 48
Schütte 329, 347
Schweyen 221
Selvig 157
Setlow 294
Shapiro 114, 274, 275, 276
Shimada 125
Signer 123, 146
Simon 12, 14
Sinsheimer 311, 313, 314
Slonimski 222
Smith 362, 371, 381, 396
Söderqvist 255
Speyer 177, 194, 202, 213
Spiegelman 226, 228
Stahl 42, 44, 324
Stallions 348
Stent 40
Stevens 338, 339, 340, 378
Stocker 104, 105
Strätling 362
Streisinger 187, 188
Sueoka 336, 337
Sugimoto 369, 370
Swenson 394
Szybalski 113, 144, 293, 294, 295, 296, 338, 370, 378

Tatum 31, 75, 76
Taylor 86, 131, 132
Temin 225, 228
Theriot 393
Town 396
Trotter 86
Tuppy 221

Uetake 98
Ukobo 100
Ullmann 270, 273
Umbarger 290

Vapnek 353, 354
Viehauser 221
Vielmetter 329, 330, 347, 348
Vinci 39
Vogel 189

Ward 326
Waring 63
Watanabe 82
Watson 17, 19, 155, 216, 243
Webster 269
Weidel 15
Weigle 118, 132, 134
Weisburg 125
Werner 373, 374
Wexler 363
Whitehouse 139, 140
Wilkie 218
Wilkins 17, 20, 198
Wintersberger 221
Witkin 388, 397, 398
Wittmann 173
Wolf 326, 327, 331, 332, 334
Wollman 82, 84
Wood 9, 300, 302, 303, 304, 305, 306

Yanofski 184, 185, 186, 187, 265, 269
Yoshikawa 336, 337
Yourno 287, 288
Yuon 380

Zachau 175, 200
Zamenhof 286, 287
Zarnitz 15
Zinder 95, 96, 98, 99, 101, 105, 269
Zuckerkandl 255

SACHVERZEICHNIS

Ein erheblicher Teil der dargestellten Untersuchungen wurde an Echerichia coli vorgenommen. Sie sind im einzelnen duch die sie bezeichnenden Stichworte im Sachverzeichnis aufgeführt. Auf das Stichwort E. coli wurde daher verzichtet.

Ablöse (releasing)-Faktor 216
Acridinfarbstoffe als Mutagene 63
Actinomycin D 225, 228
Adenosin-Diphosphat (ADP) 219, 307
Adenosin-monophosphat (AMP)
–, cyclisches – (cAMP) 273
–, cAMP – Rezeptor-Protein 274
Adenosin-Triphosphat (ATP) 219, 307, 355
Albinismus 37
Alcaptonurie 34, 37
Amethopterin 225
Aminoacyl-Synthetase 201–203
2-Aminopurin als Mutagen 56, 57
Aminosäuren 166–167
–, polare 243, 248
–, unpolare 243
–, hydrophobe 248
–, aromatische 248
–, hydrophile 248
–, basische 248
–, saure 248
–, ambivalente 248
Anaerobier 218
Anticodon
–, Aminosäure-Erkennungsfunktion des 203
Anti-Terminationsfaktor 295
Askospore 128, 129
Askus 129
Aspartat-Transcarbamylase 289

Äthyläthansulfonat (EES) 60
Auxotrophie 33, 51, 52

Bacillus subtilis
–, synchrone Sporenkeimung 338
Bäckerhefe
–, petite-Mutanten der 220
–, mitochondriale DNS (M-DNS) der 221
–, Kartierung von Genorten der M-DNS 222
–, Operons der 291
Bakteriophagen
–, Genkarte s. Chromosomenkarte
–, Konversion 98, 99
–, Kopfprotein (T4) 195
–, λ (Lambda)
–, β – Protein 142
–, Deletionsmutanten
–, DNS
  –, Exzision 118, 127
  –, Grösse transduzierender 117
  –, Integration 118
  –, Integrationsort 113
  –, Permutation, zirkuläre 113
  –, Ringform 113
  –, Transkriptions-Kontrolle der 113
–, Exonuclease 142
–, Genkarte 113, 294, 339
–, Gen-Rettung defekter 117
–, Gewinnung transduzierender λ-Partikel 114–116

–, Heterogenoten 116, 117
–, Hft-Lysate 116
–, Immunitäts-Region 294
–, int-System 113, 144, 145
–, Partikel dg 117
–, Prophagenintegration, erzwungene 125
–, Rekombination
  –, allgemeine, in vivo Mechanismus 142, 143
  –, spezielle 142
–, red-System 142
–, L2-Skripton 295
–, Zweifaktoren-Kreuzung 134
–, Mischung des Phänotyps
–, Mutanten
  –, amber- 195, 196
  –, r- 59
  –, Plaqueform- 58
–, Partikel
  –, Aufbau eines T4- 9
  –, Form der – versch. Arten 311
  –, Morphopoese der T4- 298–306
–, ΦX174 (PHI-X-174) DNS
  –, in vitro Synthese 311–315
  –, in vivo Replikation 376–377
  –, replikative Form 311, 375
  –, Transferase 375
–, Prophage 96, 227

Bakteriophagen
–, Prophage
–, Transkriptionsaktivität von 333
–, Rezeptoren 9, 14, 99
–, Superinfektion 125
–, Synthese
–, virulenter Arten 10
–, temperierter Arten 96, 97
–, genet. Regulation der – 292–306
–, Einzelschritte der – (T4) 306
–, Wirtsspezifität 10, 379
Basenanaloge
–, mutagener Reaktionsmechanismus der 53–56
Biosynthesen
–, genetischer Steuerung der 31, 32
Boten-RNS (m-RNA)
–, Entdeckung der 148–157
–, Lebensdauer der 155–157
–, Syntheserichtung der – = Richtung der Transkription 162, 163
–, Aminosäure-Codons der 165–191
–, Polycistronische 266
5'-Bromuracil (BU) 54, 55
–, als Mutagen 225
Brotschimmel
–, s. Neurospora crassa

Centromer 129
Chemostat 286
Chiasmabildung 129, 130
Chloroplasten 222
Chloramphenicol 343, 371
Chromatid 128
Chromomer 70
Chromonema 70
Chromosom 70, 71
Chromosomen-Karte
–, Bacillus subtilis 337
–, Escherichia coli K12 86–91
–, Phage λ 294, 339
–, Phage T4 300

Chromosomen-Satz 71
–, -theorie der Vererbung 70
–, transfer (E. c. K12) 75–85
–, unterbrochener 83
–, Geschwindigkeit des 85
–, und DNS-Replikation 344–354
Cis-Dominanz 259
Cistron 108–112
Cis/Trans-Test 109
–, Dominanz 259
Code, genetischer 169, 183, 184
–, Co-Linearität des 169, 195, 196
–, Universalität des 191–194
Codon 169
–, Triplett-Natur der 169–172
–, Aminosäurebedeutung der 174–191
–, Basensequenz der 178–182
–, amber- 184
–, ochre- 184
–, nonsense- 184
–, Artspezifität des – Musters 194
Colchicin 132
Copy Choice 137, 138
Crossing-over 127, 130
Cross-reacting material (CRM) 261
Cycloheximid 222
Cytidin
–, -Monophosphat 307
–, -Triphosphat 307
Cytochrom c 243–250
–, -Oxydase 220
–, Raumstruktur des 245, 248–250
–, -Reduktase 220
–, Sequenz der AS-Reste 246, 247
–, Variabilität der AS-Reste 245, 250
Cytochrome 220

Dehydrogenasen 219
Deletions-
–, Kartierung 115, 126
–, Mutante, molekulare 64
Desoxyribose 15
Desoxyribonucleasen 355
Desoxy-Ribonucleinsäure = DNS = DNA
–, Ablesestrang 274
–, s. a. Informationsstrang
–, Anfangsstück (primer) 356
–, Defektmutanten 361–364
–, Dunkel (Exzisions)-Reparatur 388–393, 395
–, Endonucleasen 355, 370, 372, 379, 392
–, Exonucleasen 355, 356, 370
–, Exonuclease I–IV 356
–, Hybridisierung 26–30
–, Informationsstrang 162
–, s. a. Ablesestrang
–, Komplementarität der – Schwesterstränge 20
–, des lac-Operons
–, Isolierung der 275
–, Ligasen 312
–, Reaktionsmechanismus der 355–356
–, -Mangelmutanten 365–369
–, Methylasen 380
–, Modifikations- 383–385
–, Erkennungseinheit der 382–385
–, Modifikation 379–385
–, molekulare Paarung der
–, Basen der 21
–, molekularer Aufbau 14–16
–, Photo-Reaktivierung 386–388
–, Polymerasen 355
–, Polymerase I 308–315
–, molekulare Wirkungsmechanismen 360
–, Reaktions- und Bindungsorte 357

421

Desoxy-Ribonucleinsäure
–, Polymerase I
–, Reaktionstypen 358–360
–, Polymerase II 363, 364
–, Polymerase III 363, 364
–, Polymerase von T4 357
–, Polymerase, RNS-abhängige 225–228
–, Provirus-Hypothese 225
–, Rekombinations-Reparatur 393–396
–, Reparatur-Mechanismen 385–398
–, und UV-induz. Mutagenese 397, 398
–, Reparatur-Replikation 392
–, Beziehungen zur Rekombination 142
–, Replikations-Runde 46, 343
–, Replikationsort 339, 344
–, Restriktion 379–385
–, -Endonuclease 380–385
–, -RNS-Hybrid 226, 266, 272, 333
–, Ringstruktur 43
–, Replikation in vitro
–, s. a. Synthese in vitro
–, Replikation in vivo 321–379
–, Alberts Protein 373, 374
–, diskontinuierliche 366–374
–, gegenläufige 377–379
–, u. F-Duktion 352–354
–, infektiöse 351–352
–, Initiation 322
–, „Messer- und Gabel"-Mechanismus 372
–, und NG-induzierte Mutagenese 326, 327
–, Replikation in vivo
–, „Rollender Ring" 375–377
–, optische Darstellung 334

–, sequenzielle 366–379
–, Anfangspunkt (O) 46, 324, 329–339
–, Endpunkt (T) 324, 335, 337
–, und DNS-Transfer 344–354
–, unsymmetrische 375–377
–, Vorlage (template) 356
–, Zellwandbindung 362
–, Schweremarkierung der 27
–, semikonservative Duplikation der 38–46
–, als Speicher genetischer Informationen 30
–, Superknäuel 375
–, Synthese in vitro 307–320
–, Bausteine 307, 308
–, Nachbarschaftsbeziehungen der 4 Nucleosidtypen 310
–, Systeme, membranhaltige 362, 363
–, Synthese in vivo
–, s. a. DNS-Replikation
–, Transfer, Einzelstrangselektivität 349, 350
–, Richtung 350
–, Thermische De- und Renaturierung der Doppelstrang-DNS 22–30
–, Veränderungen, UV-induzierte 386
–, Watson-Crick-Modell der 16–22
–, Zwischen-Matrize 227
Dialyse 263
diploid 128
Dissotationsfaktor DF 216
dominant 35, 67

EES, s. Äthyläthansulfonat
Ein-Gen-ein-Polypeptid-Hypothese 235
Ein-Gen-ein-Enzym-Hypothese 31
Ein-Cistron-ein-Polypeptid-Hypothese 109, 235

Eizelle 1, 2
Elektronenmikroskop, Bildentstehung im 18, 19
Elektronentransport 220
Endogenote 117, 119, 120
Enzyme
–, zusammengesetzte 111, 112
–, Tertiär- u. Quartärstruktur der 112
–, multifunktionelle 287–289
–, allosterische 289–291
–, morphopoetische 305
–, des DNS-Stoffwechsels 355–360
–, photoreaktivierendes 387
Enzymbildung, adaptive 154, 258
Enzyminduktion, koordinierte 257–276
Enzympathologien, menschliche 33–38
Enzymrepression, koordinierte 277–281
eop-Wert 379
Erbfaktor 1, 2
–, Wirtsspezifität des 2
Erbmerkmal 1
Erythromycin 222
Eukaryonten 70, 127, 163, 291
Evolutionsperiodeneinheit 252
Evolution
–, der Proteine 250–255
–, und Regulation der Genwirkung 286, 287
Exogenote 117, 119, 120

F-Duktion 94
–, und DNS-Replikation 352–354
–, Einstrang-Charakter der 353
–, asymmetrische Einzelstrang-Selektivität der 354
feed-back-inhibition 289
F-Episom 77
–, autonomer Zustand des 78

F-Episom
–, integrierter Zustand des 80
–, Integrationsort des 91
–, substituiertes 94
–, temperaturempfindliches 123
F'-Episom
–, s. substituiertes F-Episom
Fermentbildung
–, adaptive 154
Fertilitäts-Faktor
–, s. F-Episom
Fettsäure-Dehydrierung 219
Fibrinopeptide 252
finger-print-Technik 184, 190
F lac-Episom 322
–, temperaturempfindliches 322–323
Flavoprotein 219
Fluoruracil (FU) 208
Formylmethionin 211, 212, 214, 222

Gen 1
–, Struktur- 263
–, Regulator- 263
–, -Cluster 257, 273
–, -Karte s. Chromosomen-Karte
–, -Konversion 135
–, -Ort
 –, de novo Totalsynthese eines 315–320
–, -Wirkung
 –, Effektor der 278
 –, negative Kontrolle der 257–281
–, Regulation der 256–306
genetischer Block 33
genetische Information
–, Speicherung der 1
–, stoffliches Äquivalent 1
–, Rekombination zwischen homologen – 69
–, Transkription der 157–163
–, Translation der 165–217
Genotyp 66
Galactosämie 192

Galactose
–, Abbauschritte der 193
 – Galactosidase 205, 206, 258–262
–, Induktionskinetik der 258
 – Galactosid Permease 258–262
Globin-Mutanten 189
Gradienten-Ultrazentrifugierung 23, 24

Häm-Gruppe 189, 236
–, Proteine, Homologie der 235
Hämoglobin 235
–, Aminos.-Sequenz 238–240
α, β, γ, ε, -Ketten 237
–, Fötal- 238
–, -Freiburg 239
, Funktion der 236
–, invariante Aminos. 240
–, Prä- 237
–, Raumstruktur der Einzelketten 241
–, -Synthese 192
–, Winkelbildung im -Molekül 249
haploid 127
Haplonten 127
Hardy-Weinbergsches Gesetz 35
Heparin 158
Heterochromatin 70
Heterogenote 116, 117, 119
–, des lac-Operons 258, 259
Heterokaryon 111
heterozygot 35, 36
Hfr 79
Hfr-Chromosom
–, Öffnungsstelle des 92
–, Permutation der 92
Histone 291
Histon IV 252
Homogentisinsäure 34, 36
homozygot 35, 36
Hühnertumor 224
Hydroxylamin
–, als Mutagen 57
Hyphen 128

Indol-3-Proprionsäure
Induktor 260
Informationstransfer 1
Insertionsmutante 63
Interferenz
–, positive 135
–, lokalisierte negative 135
Inversion 163
I-DNS 163–165
I-somen 165
Isopropyl-Thiogalactosid 263

Katabolit-Repression 273
Kernteilung 128
Komplementation
–, in vitro – (T4) 302–306
–, -Gruppen (T4) 303
–, interallele 108
–, -s-Karten 109, 110
Konidien 128
Kopplungsgrad genetischer Orte 73
Kopplungsgruppe, genetische 70
Kornberg-Enzym
–, s. DNS-Polymerase I
Krebsforschung 224

Lactose-Operon 257–276
Lymphoma 227
Lysogenie 97, 227, 293
Lysozym 14, 187, 229–234, 314
–, Raumstruktur des -Moleküls 231
–, Reaktionsschritte der -Wirkung 233, 234

Mäuse-Leukämie 226
Mangelmutante 33
Matrix, chromosomale 70
Meiose 128, 129
Merozygote 92
messenger-RNA, s. Boten-RNS
Methyl-Methansulfonat (MMS) 361
Methyl-l-thio-β-D-Galaktosid 277
Micrococcus lysodeikticus 356

423

Minizellen (E. c. K12) 348
Mitochondrium 217–223
–, Protein synthetisierendes System des 217
–, Aufbau eines 217, 218
Mitomycin C 393
Mitose 128
Molekulargenetik, „Zentrales Dogma der –" 223–224
–, scheinbare Umkehr des z.D. der – 223–227
Mononucleotid 15
Morgan-Einheit 74
Multiplizität der Phageninfektion 99
Mutagene
–, chemische Umweltverschmutzung durch 69
Mutagenese
–, chemische 46–64
–, Reaktionsmechanismen der 46–64
–, hot spots der 62
Mutanten
–, amber 195
–, B/r 388
–, Defektmutanten der DNS-Synthese 361–364
–, Deletions- 64
–, hcr 389
–, konstitutive 258
–, Morphopoese- (T4) 299–306
–, phr⁻ 397
–, polare 267–270
–, rec- 393
–, temperatursensible 322
–, Thymin-Mangel- 328
–, Transitions- 60
–, Transpositions- 123, 124, 271
–, Transversions- 60
–, unstabile 62
–, uvr- 388, 393
Mutation 2
–, -s-Abstand 253
–, -s-Verzögerung 65
Myoglobin 236, 238, 241, 256

N-Acetyl-Glucosamin 233
N-Acetyl-Muraminsäure 233
Neurospora crassa 4, 31, 127
–, Vermehrungskreislauf von 106, 107
–, Kreuzung von 129, 130
–, Cytochrom c von 244, 246, 247
–, Operons bei 291
Nicotinamid-adenin-dinucleotid (NAD) 219, 355
2-nitrophenyl-β-D-Fucosid 277
Nitrosoguanidin 347
Nucleolus 70

„Okazaki-Stücke" 369–373
Olygomycin 222
Operator 259
Operon 257–298
–, des Lactose-Abbaues 257–276
–, der Tryptophan-Synthese 278–280
–, Syntheserate des 280
–, der Histidin-Synthese 280–282
–, negative Kontrolle im 257–282
–, positive Kontrolle im 282–284
–, des Arabinose-Abbaues 282–284

Paarung
–, illegitime 118
paranemisch 39
Paromomycin 222
Pentosurie 38
Peptidbindung 168
Peptidyl-Transferase 216
Permutation, zirkuläre 113
Phagen, s. Bakteriophagen
Phänotyp 66
phänotypische Verzögerung 66, 93
Phenäthyl-Alkohol 343
Phenylbrenztraubensäure 35

Phenylketonurie 35, 36
plektonemisch 40
Polaron 137
Polynucleotidphosphorylase 177
Polypeptid-Bildung 213
Polysaccharidmolekül, der bakteriellen Zellwand 332
Polyuridylsäure 177
Porphyrine 236
Postreduktion 130
Prä-Prophage 96
Präreduktion 130
Promoter 270–274
–, -Mutanten 272
Proteine
–, als Genprodukte 228–255
–, Molekülaufbau und Funktion der 228–234
–, α-Helix der 229
–, Faltblattstruktur der 229, 230
–, Teritärstruktur der 231
–, Evolutionsraten der 250–255
Protoperithecium 128
Protoplast 314
Prototrophie 33
Provirus 225
Pseudo-Wildtyp 170
Puff 291
Puromycin 214
Pyrimidindimere 392
Pyrophosphat 355

Rasterschub-Mutanten 187, 268
Reaktionen
–, anabolische 256
–, katabolische 256
–, endotherme 256
Regulation der Genwirkung 256–306
–, und Evolution 286, 287
–, bei der Phagensynthese 292–306
–, Entwicklungsphysiologie und 292
Regulon der Arginin-Synthese 282, 286
Reifungsteilung 128

Rekombination 69
–, Analyse 72
–, Auflösungsvermögen bei Transduktion 104
–, Bruch-Fusions-Modell der 127–135
–, Bruch-Kopier-Modell der 134
–, Enzyme der 141–147
–, Häufigkeit und genetische Kartierung 73
–, Hybrid-DNS bei 138
–, Mangelmutanten der 141, 142
–, Mechanismen der 127–147
–, molekulare Mechanismen der 135–141
–, Reziprozität der 135
–, -s-Systeme von λ-Lysogenen 145
Replikator 322
Replikon-Modell 321–324
–, und Zellteilung 364
Repressor 259
–, des lac-Operons 263–265
–, Apo- 280
–, Co- 280
–, Holo- 280
Resistenz-Transfer-Faktoren 95
Reticulum
–, endoplasmatisches 148
rezessiv 35, 67
Rho-Faktor 158, 295
Ribose 150
Ribonucleinsäure 148
Ribosom 148
–, Akzeptor-Ort 213
–, Aminosäureempfangsort des 213, 214
–, Aufbau des 148, 149
–, Donator-Ort 213, 214
–, Initial-Komplex 215
–, Peptid-Ort 213
–, Spender-Ort 213, 214
–, Start-Komplex 215
–, Translationsvorgang am 211–216
Rifampicin 158, 274
RNS = RNA, s. Ribonucleinsäure

–, Phagen 81, 82, 211
–, Polymerase, DNS-abhängige 157
–, Viren, tumorerzeugende (onkogene) 224–228
–, Vogel-Myoblastosis-Viren 228
Röntgenstruktur
–, -Analyse 17, 240
–, -Diagramm 19, 198
Rous-Sarkoma-Virus 224, 225
Rückmutanten 53
–, der r-Mutanten (T4) 59
Rückkopplungs-Hemmung 289

S-adenosyl-methionin (SAM) 380
salpetrige Säure
–, als Mutagen 47, 49
Segregationsverzögerung 67
Selbstvereinigungsprozess 298, 299
self-assembly 298, 299
Sex-Duktion, s. F-Duktion
Sexual-Pilus 81
Sichelzellanämie 189
–, -Globin 189
Sicklemia 189
Sigma-Faktor 157, 293
Skripton 296
Spindelfaseransatzstelle 70
Spiromycin C 222
Stammbäume 253–255
Stempeltechnik 51
Streptococcus 365
stringent-Phänotyp 269
Succinat-Dehydrierung 219
Superrepressor 262
Suppressor, genetischer 53, 171
Swetberg-Einheit 148

Tabakmosaik-Virus 172–173
Terminationscodons 216
Terminator 293
Tetanus-Erreger 99

Tetrade 129
–, aberrante 136
Thymin-Dimer 387
Thymin-Mangeltod 328
Transduktion 95–127
–, abortive 104–108
–, allgemeine 95–108
–, begrenzte 113–119
–, Ausweitung der – auf beliebige Genorte 122–127
–, gekoppelte = Co- 101
–, rekombinative 95–104
–, Wildtyp- 102, 103
Transfer-RNS (tRNS) 174, 175
–, Akzeptorregion der 201
–, Alanin-tRNS, Basensequenz 315
–, amber-Suppressor-tRNS 207
–, Evolution der 199–200
–, Kleeblattform der 199
–, molekularer Aufbau der 197–203
–, Röntgenstrukturdiagramm der 198
–, seltene Nucleoside der 203
–, Sequenz-Bestimmung der 197
Transformation
–, bakterielle 6, 75
–, onkogene 224
Translation 165–216
–, Regulation der 284–286
Transkriptase
–, umgekehrte 226, 227
Transkription 157–163
Transkripton 296
Transacetylase 258–262, 267
Tryptophan-Synthetase 184, 284
Tyrosinose 37

Ubichinon 219
Umweltverschmutzung
–, durch Mutagene 69

Vegetative Vermehrung 127
Verzögerte Ausprägung 64

Verzögerungsphase des Wachstums 321
Wachstumskurve 321
Wachstumsphase
–, exponentielle 321
–, stationäre 321
Wildtyp-Rekombinante 76
Wirtzellreaktivierung 390
Wobble-Hypothese 205 206, 210, 211

Zweifaktoren-Kreuzung 74
Zygote 1, 128
zygotische Induktion 126

Heidelberger Taschenbücher

Medizin – Biologie

- 3 W. Weidel: Virus- und Molekularbiologie. 2. Auflage. DM 5,80
- 4 L. S. Penrose: Einführung in die Humangenetik. In Vorbereitung.
- 5 H. Zähner: Biologie der Antibiotica. DM 8,80
- 18 F. Lembeck/K.-F. Sewing: Pharmakologie-Fibel. DM 5,80
- 24 M. Körner: Der plötzliche Herzstillstand. DM 8,80
- 25 W. Reinhard: Massage und physikalische Behandlungsmethoden. DM 8,80
- 29 P. D. Samman: Nagelerkrankungen. DM 14,80
- 32 F. W. Ahnefeld: Sekunden entscheiden – Lebensrettende Sofortmaßnahmen. DM 8,80
- 41 G. Martz: Die hormonale Therapie maligner Tumoren. DM 8,80
- 42 W. Fuhrmann/F. Vogel: Genetische Familienberatung. DM 8,80
- 45 G. H. Valentine: Die Chromosomenstörungen. DM 14,80
- 46 R. D. Eastham: Klinische Hämatologie. DM 8,80
- 47 Ch. N. Barnard/V. Schrire: Die Chirurgie der häufigen angeborenen Herzmißbildungen. DM 12,80
- 48 R. Gross: Medizinische Diagnostik – Grundlagen und Praxis. DM 9,80
- 52 H. M. Rauen: Chemie für Mediziner – Übungsfragen. DM 7,80
- 53 H. M. Rauen: Biochemie – Übungsfragen. DM 9,80
- 54 G. Fuchs: Mathematik für Mediziner und Biologen. DM 12,80
- 55 H. N. Christensen: Elektrolytstoffwechsel. DM 12,80
- 57/58 H. Dertinger/H. Jung: Molekulare Strahlenbiologie. DM 16,80
- 59/60 C. Streffer: Strahlen-Biochemie. DM 14,80
- 61 Herzinfarkt. Hrsg. von W. Hort. DM 9,80
- 68 W. Doerr/G. Quadbeck: Allgemeine Pathologie. DM 5,80
- 69 W. Doerr: Spezielle pathologische Anatomie I. DM 6,80
- 70a W. Doerr: Spezielle pathologische Anatomie II. DM 6,80
- 70b W. Doerr/G. Ule: Spezielle pathologische Anatomie III. DM 6,80
- 76 H.-G. Boenninghaus: Hals-Nasen-Ohrenheilkunde für Medizinstudenten. 2. Auflage. DM 14,80
- 77 F. D. Moore: Transplantation. DM 12,80
- 79 E. A. Kabat: Einführung in die Immunchemie und Immunologie. DM 18,80
- 82 R. Süss/V. Kinzel/J. D. Scribner: Krebs – Experimente und Denkmodelle. DM 12,80
- 83 H. Witter: Grundriß der gerichtlichen Psychologie und Psychiatrie. DM 12,80
- 84 H.-J. Rehm: Einführung in die industrielle Mikrobiologie. DM 14,80
- 88 F. W. Bronisch: Psychiatrie und Neurologie. DM 16,80
- 89 G. L. Floersheim: Transplantationsbiologie. DM 14,80
- 94 F. Anschütz, Die körperliche Untersuchung. DM 14,80
- 95 H. Moll/J. H. Ries: Pädiatrische Unfallfibel. 2., überarbeitete und ergänzte Auflage. DM 14,80
- 96 Grundriß der Neurophysiologie. Hrsg. von R. F. Schmidt. DM 14,80
- 97 W. D. Keidel: Sinnesphysiologie. Teil I. DM 14,80
- 100 W. F. Angermeier: Kontrolle des Verhaltens: Das Lernen am Erfolg. DM 14,80
- 101 A. A. Bühlmann/E. R. Froesch: Pathophysiologie. DM 14,80
- 106 H. H. Balmer: Die Archetypentheorie von C. G. Jung. DM 14,80
- 111 H. Mellerowicz/W. Meller: Training. DM 12,80
- 112 Kursus: Radiologie und Strahlenschutz. DM 16,80
- 113 A. Greither: Dermatologie und Venerologie. DM 14,80

115 F. Kaudewitz: Molekular- und Mikroben-Genetik. DM 16,80
116 T. J. Franklin/G. A. Snow: Biochemie antimikrobieller Wirkstoffe. DM 16,80
118 O. Hallen: Klinische Neurologie. In Vorbereitung
119 K.-H. Bäßler/K. Lang/W. Fekl: Grundbegriffe der Ernährungslehre. In Vorbereitung
121 Humanbiologie – Ergebnisse und Aufgaben. Hrsg. von H. Autrum, U. Wolf. In Vorbereitung
122 W. Piper: Innere Medizin. In Vorbereitung

Aus den übrigen Fachgebieten (Eine Auswahl):

9 K. W. Ford: Die Welt der Elementarteilchen. DM 10,80
11 P. Stoll: Experimentelle Methoden der Kernphysik. DM 10,80
49 Selecta Mathematica I. Hrsg. von K. Jacobs. DM 10,80
50 H. Rademacher/O. Toeplitz: Von Zahlen und Figuren. DM 8,80
51 E. B. Dynkin/A. A. Juschkewitsch: Sätze und Aufgaben über Markoffsche Prozesse. DM 14,80
56 M. J. Beckmann/H. P. Künzi: Mathematik für Ökonomen I. DM 12,80
62 K. W. Rothschild: Wirtschaftsprognose: Methoden und Probleme. DM 12,80
63 Z. G. Szabó: Anorganische Chemie. DM 14,80
64 F. Rehbock: Darstellende Geometrie. 3. Auflage. DM 12,80
65 H. Schubert: Kategorien I. DM 12,80
66 H. Schubert: Kategorien II. DM 10,80
67 Selecta Mathematica II. Hrsg. von K. Jacobs. DM 12,80
71 O. Madelung: Grundlagen der Halbleiterphysik. DM 12,80
72 M. Becke-Goehring/H. Hoffmann: Komplexchemie. DM 18,80
73 G. Pólya/G. Szegö: Aufgaben und Lehrsätze aus der Analysis I. DM 12,80
74 G. Pólya/G. Szegö: Aufgaben und Lehrsätze aus der Analysis II. DM 12,80
75 Technologie der Zukunft. Hrsg. von R. Jungk. DM 15,80
78 A. Heertje: Grundbegriffe der Volkswirtschaftslehre. DM 10,80
80 F. L. Bauer/G. Goos: Informatik. Eine einführende Übersicht I. DM 9,80
81 K. Steinbuch: Automat und Mensch. 4. Auflage. DM 16,80
85 W. Hahn: Elektronik-Praktikum für Informatiker. DM 10,80
86 Selecta Mathematica III. Hrsg. von K. Jacobs. DM 12,80
87 H. Hermes: Aufzählbarkeit, Entscheidbarkeit, Berechenbarkeit. DM 14,80
90 A. Heertje: Volkswirtschaftslehre. Grundbegriffe der Volkswirtschaftslehre II. DM 12,80
91 F. L. Bauer/G. Goos: Informatik II. DM 12,80
92 J. Schumann: Grundzüge der mikroökonomischen Theorie. DM 14,80
93 O. Komarnicki: Programmiermethodik. DM 14,80

MIX
Papier aus verantwortungsvollen Quellen
Paper from responsible sources
FSC® C105338

If you have any concerns about our products,
you can contact us on
ProductSafety@springernature.com

In case Publisher is established outside the EU,
the EU authorized representative is:
**Springer Nature Customer Service Center GmbH
Europaplatz 3, 69115 Heidelberg, Germany**

Printed by Libri Plureos GmbH
in Hamburg, Germany